普通高等教育"十三五"规划教材

PUTONG GAODENGJIAOYU SHISANWU GUIHUAJIAOCAI

制造工程训练教程

◎主　编：何玉辉　舒金波　蔡小华
副主编：李　燕　彭高明　刘诗月
主　审：吴万荣

ZHIZAOGONGCHENGXUNLIANJIAOCHENG

附《制造工程训练报告》

U0747878

中南大学出版社
www.csupress.com.cn

内容简介

"制造工程训练"是一门实践性很强的技术基础课程，是机械类及近机械类专业学生学习工程材料、材料成形技术、机械制造技术等后续课程必不可少的先修课。

本书共分为四章，内容包括机械产品的制造过程与加工方法、常用材料与热处理、常用表面处理技术、常用量具的使用、工程材料铸造、锻压、焊接、快速成形技术、陶瓷材料成形、车削、刨削、铣削、磨削、钻削、镗削、齿形齿面加工、钳工、数控加工、特种加工和先进生产管理技术等内容，覆盖了机械制造通用基础知识、材料成形加工、金属切削加工和先进制造技术等方面的主要知识点。

本书可作为高等院校机械类和近机械类专业制造工程训练(或工程实践)的教材，也可供从事机械制造的工程技术人员参考。

图书在版编目(CIP)数据

制造工程训练教程 / 何玉辉，舒金波，蔡小华主编.
—长沙：中南大学出版社，2015.5(2020.1 重印)
ISBN 978 - 7 - 5487 - 1471 - 2

Ⅰ.制…　Ⅱ.①何…②舒…③蔡…　Ⅲ.机械制造工艺—高等学校—教材　Ⅳ.TH16

中国版本图书馆 CIP 数据核字(2015)第 091959 号

制造工程训练教程

何玉辉　舒金波　蔡小华　主　编
李　燕　彭高明　刘诗月　副主编

□责任编辑	谭　平
□责任印制	易建国
□出版发行	中南大学出版社
	社址：长沙市麓山南路　　邮编：410083
	发行科电话：0731 - 88876770　　传真：0731 - 88710482
□印　　装	长沙印通印刷有限公司

□开　　本	787 mm×1092 mm 1/16	□印张 26.5	□字数 658 千字
□版　　次	2015 年 7 月第 1 版	□印次	2020 年 1 月第 2 次印刷
□书　　号	ISBN 978 - 7 - 5487 - 1471 - 2		
□定　　价	65.00 元		

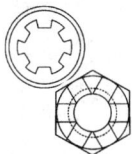

普通高等教育机械工程学科"十三五"规划教材编委会

主 任

（以姓氏笔画为序）

王艾伦　刘　欢　刘舜尧　孙兴武　李孟仁
邵亘古　尚建忠　唐进元　潘存云　黄梅芳

委 员

（以姓氏笔画为序）

丁敬平　万贤杞　干剑彬　王菊槐　王湘江　尹喜云
龙春光　叶久新　母福生　朱石沙　伍利群　刘　滔
刘吉兆　刘忠伟　刘金华　安伟科　李　岚　李　岳
李必文　杨舜洲　何国旗　何哲明　何竞飞　汪大鹏
张敬坚　陈召国　陈志刚　林国湘　罗烈雷　周里群
周知进　赵又红　胡成武　胡仲勋　胡争光　胡忠举
胡泽豪　钟丽萍　侯　苗　贺尚红　莫亚武　夏宏玉
夏卿坤　夏毅敏　高为国　高英武　郭克希　龚曙光
彭如恕　彭佑多　蒋寿生　蒋崇德　曾周亮　谭　蓬
谭援强　谭晶莹

总序 F☼REWORD.

　　机械工程学科作为联结自然科学与工程行为的桥梁，它是支撑物质社会的重要基础，在国家经济发展与科学技术发展布局中占有重要的地位，21 世纪的机械工程学科面临诸多重大挑战，其突破将催生社会重大经济变革。当前机械工程学科进入了一个全新的发展阶段，总的发展趋势是：以提升人类生活品质为目标，发展新概念产品、高效高功能制造技术、功能极端化装备设计制造理论与技术、制造过程智能化和精准化理论与技术、人造系统与自然世界和谐发展的可持续制造技术等。这对担负机械工程人才培养任务的高等学校提出了新挑战：高校必须突破传统思维束缚，培养能适应国家高速发展需求的具有机械学科新知识结构和创新能力的高素质人才。

　　为了顺应机械工程学科高等教育发展的新形势，湖南省机械工程学会、湖南省机械原理教学研究会、湖南省机械设计教学研究会、湖南省工程图学教学研究会、湖南省金工教学研究会与中南大学出版社一起积极组织了高等学校机械类专业系列教材的建设规划工作。成立了规划教材编委会。编委会由各高等学校机电学院院长及具有较高理论水平和教学经验的教授、学者和专家组成。编委会组织国内近20所高等学校长期在教学、教改第一线工作的骨干教师召开了多次教材建设研讨会和提纲讨论会，充分交流教学成果、教改经验、教材建设经验，把教学研究成果与教材建设结合起来，并对教材编写的指导思想、特色、内容等进行了充分的论证，统一认识，明确思路。在此基础上，经编委会推荐和遴选，近百名具有丰富教学实践经验的教师参加了这套教材的编写工作。历经两年多的努力，这套教材终于与读者见面了，它凝结了全体编写者与组织者的心血，是他们集体智慧的结晶，也是他们教学教改成果的总结，体现了编写者对教育部"质量工程"精神的深刻领悟和对本学科教育规律的把握。

　　这套教材包括了高等学校机械类专业的基础课和部分专业基础课教材。整体看来，这套教材具有以下特色：

1

（1）根据教育部高等学校教学指导委员会相关课程的教学基本要求编写。遵循"重基础、宽口径、强能力、强应用"的原则，注重科学性、系统性、实践性。

（2）注重创新。本套教材不但反映了机械学科新知识、新技术、新方法的发展趋势和研究成果，还反映了其他相关学科在与机械学科的融合与渗透中产生的新前沿，体现了学科交叉对本学科的促进；教材与工程实践联系密切，应用实例丰富，体现了机械学科应用领域在不断扩大。

（3）注重质量。本套教材编写组对教材内容进行了严格的审定与把关，教材力求概念准确、叙述精练、案例典型、深入浅出、用词规范，采用最新国家标准及技术规范，确保了教材的高质量与权威性。

（4）教材体系立体化。为了方便教师教学与学生学习，本套教材还提供了电子课件、教学指导、教学大纲、考试大纲、题库、案例素材等教学资源支持服务平台。

教材要出精品，而精品不是一蹴而就的，我将这套书推荐给大家，请广大读者对它提出意见与建议，以利进一步提高。也希望教材编委会及出版社能做到与时俱进，根据高等教育改革发展形势、机械工程学科发展趋势和使用中的新体验，不断对教材进行修改、创新、完善，精益求精，使之更好地适应高等教育人才培养的需要。

衷心祝愿这套教材能在我国机械工程学科高等教育中充分发挥它的作用，也期待着这套教材能哺育新一代学子茁壮成长。

中国工程院院士　钟　掘

前言 PREFACE.

　　"制造工程训练"课程是由"金属工艺学"和"金工实习"改革发展而来。

　　"金属工艺学"课程一般只有金属制造成为零件的加工工艺内容,"金工实习"则是通过实践使学生获取机械制造的基本工艺知识,仅有锻造、铸造、焊接、冲压、车工、铣工、刨工、磨工和钳工等工种的实习。随着制造技术的不断发展,机械零件的制造不仅使用金属材料,还大量使用非金属材料,如工程塑料、陶瓷材料、复合材料以及各种功能材料,零件的毛坯成形方法增加了少、无切削加工、快速原形制造等新方法;此外,零件的切削加工在传统机床切削基础上,发展到了数控加工、CAD/CAM、电火花加工、激光加工、化学加工、超声波加工、加工中心技术等。所以,"制造工程训练"课程作为高等学校培养学生工程意识和实践能力的重要环节,应该在重视学生的基本技能训练和基本工艺知识学习的基础上,使其教学内容朝着体现机械、电子、信息、系统工程和现代管理的方向发展,从而提高学生的工程素质和综合能力,建立大机械、大制造、大工程的概念。

　　本书根据教育部制定并实施的"高等教育面向 21 世纪教学内容和课程体系改革计划"的精神,以"学习工艺知识,提高工程素质,培养创新精神"为宗旨,探索现代制造工程训练的内涵和方式,遵循实践教学的特点而编写。本书具有以下特点:

　　(1)树立"以学生为中心"、"以读者为中心"的思想,把学生阅读的便利性放在首位,力求通俗易通,深入浅出。

　　(2)囊括了工艺理论与工程实践两部分必备的教学内容,以常规制造工艺内容为主,并扩充了制造领域的新材料、新技术和新工艺,但不刻意追求理论体系的完整性。

　　(3)认真总结了近年来本课程建设与教学改革的经验,在教材编写上多选取实用知识,增加了设计参与、创新意识启发和实训范例的内容。

　　本书可作为高等院校机械类和近机械类专业制造工程训练(或工程实践)的教材,可以教师授课和学生自学相结合、理论与实践相结合的方式组织教学。本课程总学时为3~6周，可采取灵活的教学方式分层次、分模块选择教学内容。

　　本书由中南大学何玉辉、舒金波、蔡小华担任主编，全书共四章二十二节。参加编写的有何玉辉（第1.1、1.2、1.4、3.1、3.2、4.1节），舒金波（第2.1、2.2、2.4、4.3节），蔡小华（第2.3、3.6、3.7、3.9节），李燕（第3.3、3.4、3.5、3.8节），彭高明（第4.2节），刘诗月（第1.3、2.5、4.4节）。全书由吴万荣教授审稿，并提出了很多宝贵意见，在此表示衷心的感谢。

　　本书在编写过程中，参考了许多有关的教材和其他资料，在此一并致以谢意。

　　由于编者水平所限，加之时间仓促，书中不当之处在所难免，恳望读者批评指正。

编　者

CONTENTS. 目录

第 1 章
机械制造通用基础知识

1.1　机械产品的制造过程与加工方法

1.1.1　机械产品的制造过程

机械产品的制造过程是指从原材料或半成品经过加工和装配后形成最终成品的过程(如图 1 - 1 所示), 包括产品设计、工艺设计、零件加工、检验、装配调试和入库等过程。

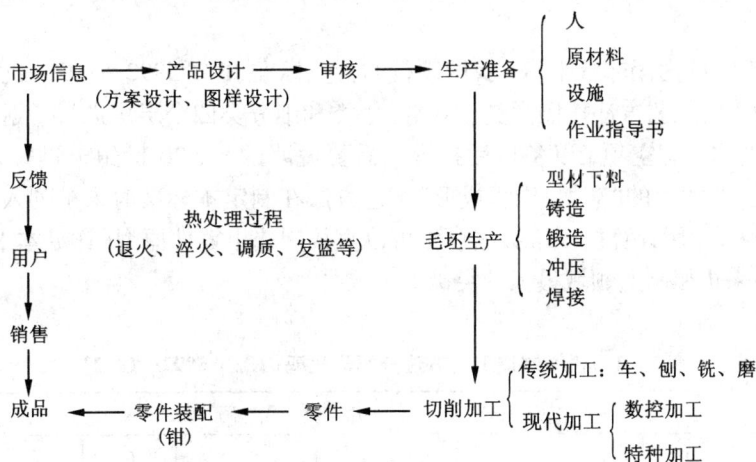

市场信息 —— 产品设计 —— 审核 —— 生产准备 { 人　原材料　设施　作业指导书 }
(方案设计、图样设计)

反馈

热处理过程　　　　　毛坯生产 { 型材下料　铸造　锻造　冲压　焊接 }
(退火、淬火、调质、发蓝等)

用户

销售

传统加工: 车、刨、铣、磨
成品 ← 零件装配 ← 零件 ← 切削加工　现代加工 { 数控加工　特种加工 }
(钳)

图 1 - 1　机械产品制造生产过程

(1)产品设计过程　产品设计阶段要全面确定整个产品的策略、外观、结构和功能, 从而确定整个生产系统的布局, 具有"牵一发而动全身"的重要意义。好的产品设计, 不仅表现为功能上的优越性, 而且便于制造, 产品效益高, 从而使产品在市场上具有强劲的综合竞争力。根据设计中含有的创造性程度把设计分为三种类型: ①创新设计(亦称首次设计), 是指产品的工作原理、主体结构和所实现的功能, 这三者中至少有一项是首创的才可以认定为创新性设计; ②适应性设计, 是指在总方案原理基本保持不变的情况下, 对现有产品进行局部修改, 使产品的性能和质量增加某些附加值, 因此也叫改进设计; ③变型设计, 是指提取已存在的设计或设计计划, 做出特定的修改以产生一个和原设计相似、但在功能或外观上有创新意义的新产品。据统计, 产品设计中 70% 左右为变型设计和适应性设计, 只有小部分才是创新设计。

（2）工艺设计过程　为了制造高质量、高产量、低耗能的产品，企业需要根据产品的质量指标和生产批量，确定最佳的工艺方法、工艺路线和生产计划，以保证生产出的产品符合设计的要求。

（3）零件加工过程　包括毛坯和零件的加工，即采用传统的（例如铸造、锻压、车削、铣削、磨削等）和现代的（主要是数控加工和特种加工方法）加工方法直接改变工件的形状、尺寸和表面性能，使之成为合格零件的过程。

（4）检验过程　是指采用合适的测量工具对加工好的零件进行检测的过程。

（5）装配调试过程　任何机械产品都是由零部件组成的。在这个过程中要求按照产品设计规定的技术要求，将组成机器的全部零部件连接和固定在一起，并通过调试、试验、检验等工序使之成为合格成品。机械装配调试工艺过程是决定机械产品质量的关键环节。

（6）入库　生产出的合格成品等放入仓库保管，等待产品出库销售。

1.1.2　机械制造工艺方法

机械制造工艺是指制造机械产品的方法与过程，是机械工业的基础技术之一。采用科学合适的制造工艺及设备是保证产品质量、节能降耗、高效减排、提高企业经济和社会效益的主要途径。

机械制造工艺的内涵非常丰富，我国现行的行业标准 JB/T 5992—1992《机械制造工艺方法分类与代码》，将工艺方法按照大类、中类、小类和细分类四个层次进行了划分，如表 1-1 所示。表中各类均留有空项，以备以后扩展。需要说明的是，20 世纪末迅猛发展起来的以"快速原型制造"为代表的"离散/堆积成形"工艺方法在制定本标准时未被列入，该方法颠覆了传统的制造模式，用计算机三维数据模型可以直接制造出零件原型（详见本书 2.4 节），被称为最近 20 年来机械制造领域最大的突破。

表 1-1　机械制造工艺方法分类与代码（JB/T 5992—1992）

大类		中类		小 类 代 码									
代码	名称	代码	名称	0	1	2	3	4	5	6	7	8	9
				小 类 名 称									
0	铸造	01	砂型铸造		湿型铸造	干型铸造	表面干型铸造	自硬型铸造					其他
		02	特种铸造		金属型铸造	压力铸造	离心铸造	熔模铸造	壳型铸造	实型铸造	连续铸造		其他
1	压力加工	11	锻造		自由锻	胎模锻	模锻	平锻	墩锻	辊锻			其他
		12	轧制			冷轧	热轧						
		13	冲压		冲裁	弯曲	成形	精整					
		14	挤压		冷挤压	温挤压	热挤压						其他
		15	旋压		普通旋压	变薄旋压							
		16	拉拔		冷拔	热拉拔							
		19	其他		其他成形方法								

续表

大类代码	名称	中类代码	名称	0	1	2	3	4	5	6	7	8	9
				小类名称									
2	焊接	21	电弧焊		无气体保护电弧焊	埋弧焊	溶化极气体保护电弧焊	非溶化极气体保护电弧焊	等离子弧焊			其他电弧焊	
		22	电弧焊		点焊	缝焊	凸焊		电阻对焊				其他
		23	气焊		氧燃气焊	空气燃气焊	氧—乙炔喷焊					气割	
		24	压焊		超声波焊	摩擦焊	锻焊	高机械能焊	扩散焊		气压焊	冷压焊	
		27	特种焊接		铝热焊	电渣焊	气电立焊	感应焊	光束焊	电子束焊	储能焊	螺柱焊	
		29	钎焊		硬钎焊			软钎焊		钎接焊			
3	切削加工	31	刀具切削	车削	铣削	刨削	插削	钻削	镗削	拉削	刮剃削		其他
		32	磨削		砂轮磨削	砂带磨削	珩磨	研磨	超精加工				其他
		34	钳加工	划线	手工锯削	錾削	锉削	手工刮削	手工打磨	手工研磨	平衡		其他
4	特种加工	41	电物理加工		电火花加工	电子束加工	离子束加工	等离子加工		激光加工	超声加工		其他
		42	电化学加工		电解电工				电铸				其他
		43	化学加工										
		46	复合加工①		电解磨削	加热机械切削		振动切削	超声研磨		超声电火花加工		
		49	其他		高压水切割②		爆炸索切割						
5	热处理	51	整体热处理		退火	正火	淬火	淬火与回火	调质	稳定化处理	固溶处理	时效	
		52	表面热处理		表面淬火	物理气相沉积	化学气相沉积		等离子体化学气相沉积				
		53	化学热处理		渗碳	碳氮共渗	渗氮	氮碳共渗	渗其他非金属	渗金属	多元共渗	熔渗	
6	覆盖层	61	电镀		镀单金属	镀合金	镀复合层	镀复合材料层					
		62	化学镀		无电流镀		接触镀						
		63	真空沉积		化学气相沉积	物理气相沉积	离子溅射	离子注入					
		64	热浸镀										
		65	转化膜		化学转化	电化学转化							
		66	热喷涂		熔体热喷涂	燃气热喷涂	电弧喷涂	等离子喷涂	电热喷涂	激光喷涂	喷焊		
		67	涂装		手工涂	喷涂	浸涂	淋涂	机械辊涂	电泳			
		69	其他		包覆	衬里	搪瓷	机械镀					

续表

大类代码	大类名称	中类代码	中类名称	小类代码/小类名称 0	1	2	3	4	5	6	7	8	9
8	装配与包装	81	装配	部件装配	总装								
		82	试验与检验	试验	检验								
		85	包装	内包装	外包装								
9	其他	91	粉末冶金	轴向压实	等静压压实	挤压与轧制							
		92	冷作	弯形	扩胀	收缩	整形						
		93	非金属材料成形	聚合材料成形	橡胶材料成形	玻璃成形	复合材料成形						
		94	表面处理	清洗	粗化	光整	强化						
		95	防锈	水剂防锈	油剂防锈	气相防锈	环境封存防锈	可剥性塑料防锈					
		96	缠绕	弹簧缠绕	绕组绕制								
		97	编织	筛网编织									
		99	其他	黏接	铆接								

①近年来在半导体工业中广泛应用的"光刻加工"属于"化学—光"复合加工，还未列入标准。

②又称"水喷射加工"，除用于切割外，也可用于孔加工等。

1.1.3 机械制造加工工艺过程及其组成

通过采用机械加工方法直接改变毛坯的形状、尺寸、各表面间相互位置及表面质量，使之成为合格零件的过程，称为机械加工工艺过程。它包括工序、安装、工位、工步、走刀等。

（1）工序 工序是指由一个或一组工人在同一台机床或同一个工作地，对一个或几个工件连续完成的那部分工艺过程，是机械加工工艺过程的基本单元。工序的四要素是：工作地、工人、工件和连续作业。如果其中任意一要素发生变换，则变为了另一道工序。如图1-2所示的阶梯轴，根据不同的生产批量，从而有不同的工艺过程及工序，如表1-2和表1-3所示。

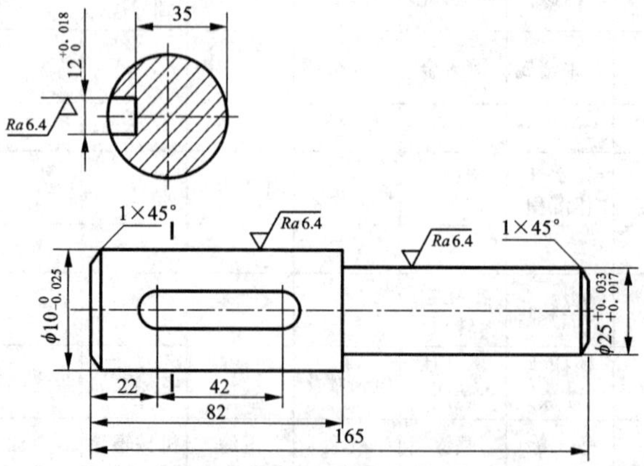

图1-2 阶梯轴零件图

4

表 1-2　阶梯轴单件生产的工艺过程

工序号	工序内容	设备
1	加工小端面，小端面钻中心孔，粗车小端外圆，小端倒角；加工大端面，大端面钻中心孔，粗车大端外圆，大端倒角　精车外圆	车床
2	铣键槽，手工去毛刺	铣床

表 1-3　阶梯轴大批大量生产的工艺过程

工序号	工序内容	设备
1	加工小端面，小端钻中心孔，粗车小端外圆，小端倒角	车床
2	加工大端面，大端钻中心孔，粗车大端外圆，大端倒角	车床
3	精车外圆	车床
4	铣键槽，手工去毛刺	铣床

（2）安装　在一道工序中，工件在加工位置上要装夹一次或多次，工件每经一次装夹后所完成的那部分工序称为安装。因为安装是有误差的，故应尽可能减少装夹的次数。例如表1-2中工序1在加工过程中需要3次掉头装夹才能完成全部工序内容，因此该工序共有4个安装；表1-2中工序2一次装夹下可以完成全部工序内容，故该工序只有1个安装。

（3）工位　现实生产中，常采用多工位夹具或多轴机床，以减少装夹次数，使工件可以在一次安装中先后经过若干个不同位置依次进行加工。而工件在机床上所在的每一个位置所完成的那部分工序称为工位。

（4）工步　在加工表面、切削刀具不变的情况下所连续完成的那部分工序称为工步。

（5）走刀　一次走刀是指在同一加工表面上因加工余量较大，可以作几次进给，每次进给时所完成的工步。

1.2　常用材料与热处理知识

1.2.1　金属材料的性能

金属材料的性能一般分为使用性能和工艺性能，其中使用性能是指金属零件在使用条件下金属材料所表现出来的性能，包括力学性能、物理性能和化学性能；工艺性能是指金属材料在制造机械零件的过程中适应各种冷、热加工和热处理的性能。在工业装备的设计与制造中，主要考虑材料的力学性能与工艺性能，某些特定条件下工作的零件还要求材料具备一定的物理性能和化学性能。

1. 金属材料的力学性能

金属材料在外力作用下所反映出来的抵抗能力称为力学性能，常用的力学性能包括：强度、塑性、硬度和冲击韧性等。

（1）强度

强度是指金属材料在静载荷作用下抵抗变形或断裂的能力。由于载荷的作用方式有拉伸、压缩、弯曲、剪切等形式，所以强度也分为抗拉强度、抗压强度、抗弯强度、抗剪强度等。抗拉强度是最基本的强度指标，一般所说的强度指的是抗拉强度。

抗拉强度是将金属试样夹持在拉伸试验机上测试出来的。试验时，对拉伸试样缓慢增加载荷，在拉力作用下，试样产生变形且被不断拉长，直至断裂，如图1-3所示。

用低碳钢试样作拉伸试验时，可得到如图1-4所示的拉伸曲线。曲线上，纵坐标表示外力的大小，横坐标表示试样的变形量。由图可知，当外力小于 F_e 时，OE 段为直线，试样的变形与外力成正比例关系，若外力消失，试样能恢复至初始长度，表明试样仅发生弹性变形；当外力大于 F_e 时，ES 段为曲线，试样除了发生弹性变形外，还发生塑性变形（即不能恢复的变形），若外力消失，试样不能完全恢复到初始长度，表明试样的弹性变形消失，而塑性变形不能消失，E 点称为弹性极限点；当外力增加到 F_s 时，S 点附近的曲线近似于水平线，会发生外力基本不变，而试样却在连续伸长的现象，这种现象称为"屈服"，S 点称为屈服点；当外力增大到 F_b 时，SB 段为曲线，试样发生明显的塑性变形，在 B 点出现"缩颈"现象，即局部截面明显缩小、试样承载能力降低，拉伸力达到最大值，B 点称为极限载荷点；当外力降低至 F_k 时，试样变形量增大，在 K 点试样在缩颈处断裂，K 点称为断裂点。

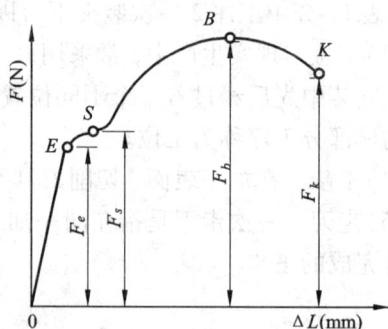

图 1 - 3　拉伸试样的拉伸断裂过程

图 1 - 4　低碳钢的拉伸曲线

根据拉伸曲线所反映出的试样拉伸变形与断裂的情况，可以得到如下的概念：

1）弹性极限 σ_e　在外力作用下，金属材料能保持弹性变形的最大应力，即：

$$\sigma_e = F_e / S_0 (\text{MPa})$$

式中，F_e 为试样发生最大弹性变形时的拉伸力（N）；S_0 为试样原始横截面积（mm^2）。

为方便比较，根据国家标准，把产生残余伸长为 0.01% 的应力规定为弹性极限，用 $\sigma_{p0.01}$ 表示，并将 $\sigma_{p0.01}$ 称为规定非比例伸长应力。

2）屈服强度 σ_s　在外力作用下，金属材料开始发生屈服现象时的最小应力，即：

$$\sigma_s = F_s / F_0 (\text{MPa})$$

式中，F_0 为试样发生屈服现象时的拉伸力（N）。

3）抗拉强度 σ_b　在拉伸力作用下，金属材料断裂前能承受的最大应力，即：

$$\sigma_b = F_b / S_0 (\text{MPa})$$

式中，F_b 为试样断裂前的最大拉伸力（N）。

金属材料的强度在机械设计中具有重要意义。设计弹簧和弹性零件时，材料的许用应力不应超过其弹性极限，即 $\sigma_{许} < \sigma_e$；采用韧性材料制造机械零件时，材料的许用应力不应超过其屈服点，即 $\sigma_{许} < \sigma_s$；采用脆性材料制造机械零件时，其许用应力不应超过抗拉强度，即 $\sigma_{许} < \sigma_b$。倘若违反这些规则，机械零件就不能正常使用。

6

（2）塑性

塑性是指金属材料在外力作用下，产生永久变形而不破坏的能力。如图1-3所示，用断后伸长率 δ 与断面收缩率 ψ 来表示，其计算式如下：

$$\delta = \frac{L_1 - L_0}{L_0} \times 100\%$$

$$\psi = \frac{S_0 - S_1}{S_0} \times 100\%$$

式中，L_0 为试样原始标距长度（mm）；L_1 为试样拉断后的标距长度（mm）；S_1 为试样拉断后缩颈处的最小横截面积（mm^2）。

用同一种材料不同长度的试样测定金属材料的断后伸长率时，得到的 δ 值不同。用长比例试样（$L_0 = 10d_0$）测得的断后伸长率用 δ_{10} 表示，简写为 δ；用短比例试样（$L_0 = 5d_0$）测得的断后伸长率用 δ_5 表示。对于同一种金属材料而言，其断后伸长率 δ 随标距长度 L_0 增加而变小，故有 $\delta_5 > \delta_{10}$。断面收缩率则不受试样长短的影响。

金属材料的断后伸长率与断面收缩率数值越大，表示材料的塑性越好。塑性好的金属可以发生大塑性变形而不被破坏，适用于通过各种压力加工的形状复杂的零件。对于大多数零件而言，只要 $\delta \geq 5\%$ 或 $\psi \geq 10\%$ 就可以满足使用要求，过高地追求材料的塑性指标将导致强度偏低，不利于提高零件的使用寿命。

（3）硬度

硬度是金属材料抵抗集中载荷作用或抵抗硬物压入的能力，是衡量金属材料软硬程度的指标。常用的方法有布氏硬度（HBS 或 HBW）、洛氏硬度（HRA、HRB、HRC）和维氏硬度（HV）等方法。

1）布氏硬度

布氏硬度值在布氏硬度计上测定。如图1-5所示，用直径为 D 的钢球或硬质合金球作为压头，以规定的试验力压入待测表面，保持规定时间后，卸载后测量材料表面压痕直径，以此计算出硬度值，其计算式为：

$$HBS(HBW) = 0.102 \frac{2F}{\pi D(D - \sqrt{D^2 - d^2})}$$

式中，HBS 为压头为钢球时的布氏硬度值；HBW 为压头为硬质合金球时的布氏硬度值；D 为压头直径（mm）；F 为试验压力（N）；d 为压痕平均直径（mm）。

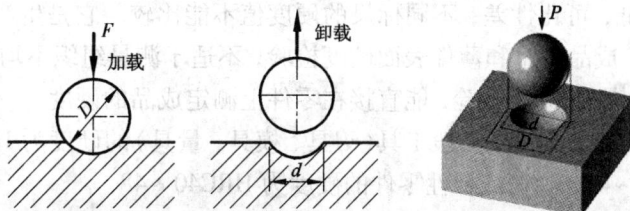

图1-5 布氏硬度试验

在实际生产中，布氏硬度试验值无须计算，只需要测出材料表面压痕直径 d 后，直接查

阅布氏硬度表，从而得到 HBS（或 HBW）的数值。在进行布氏硬度试验时，若布氏硬度值 <
450HBS 的材料，选用淬火钢球压头；若布氏硬度值处于 450～650HBS 之间，则选用硬质合
金球压头。布氏硬度的优点是测量误差小，数据稳定，重复性强；其缺点是压痕面积较大，
测量费时。它常用于测量较软材料、灰铸铁、有色金属、退火正火钢材的硬度，而不适于测
量成品零件或薄件的硬度。

　　2）洛氏硬度

　　洛氏硬度试验是用顶角为
120° 的金刚石圆锥体或直径为
1.588 mm 的淬火钢球作为压头，
在初载荷 F_0 与总载荷 F（为初载
荷 F_0 与主载荷 F_1 的总和）分别
作用下压入待测材料表面，保持
规定时间，然后卸除主载荷 F_1，
在初载荷作用下测量压痕深度残

图 1-6　洛氏硬度试验

余增量 e 来计算出硬度值，如图 1-6 所示。e 值较小，表明金属材料硬度较高；e 值较大，表
明材料的硬度较低。试验时，可以通过洛氏硬度计上的刻度盘直接读出洛氏硬度值。

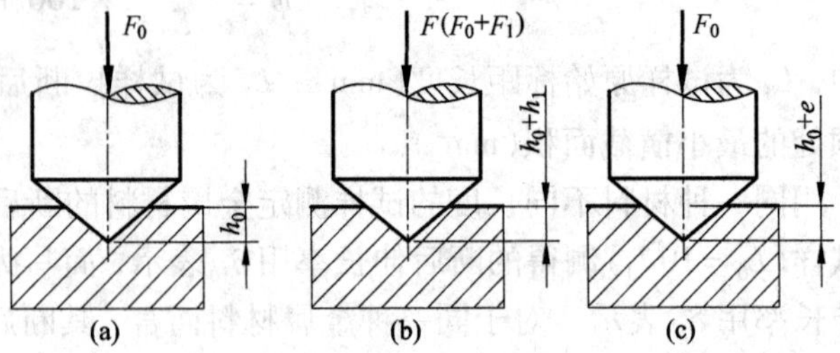

　　根据试验时所用的压头和载荷不同，洛氏硬度有如表 1-4 所示的三种硬度标尺。

表 1-4　三种洛氏硬度标尺的试验条件和应用范围

符号	压　头	初载荷（N）	主载荷（N）	测量范围	应用范围
HRA	顶角 120°金刚石圆锥	98.1	490.3	60～85	硬质合金或表面处理过的零件等
HRB	直径 1.588 mm 钢球	98.1	882.6	25～100	退火钢、灰铸铁及有色金属等
HRC	顶角 120°金刚石圆锥	98.1	1373	20～67	淬火钢、调质钢等

　　注：三种标尺的硬度值 HRA，HAB，HRC 的计算公式如下：

$$HRA(HRC) = 100 - \frac{e}{0.002}, \quad HRB = 130 - \frac{e}{0.002}$$

式中，e 为卸除主载荷后，在初载荷下的压痕深度残余增量（mm）。

　　洛氏硬度的优点是测量操作简单，方便快捷，压痕小；测量范围大，能测较薄工件。其
缺点是测量精度较低，可比性差，不同标尺的硬度值不能比较。它是生产中应用最广泛的硬
度试验方法，可用于成品检验和薄件表面硬度检验，不适于测量组织不均匀的材料。

　　硬度试验是一种非破坏性试验，能直接在零件上测定成品的硬度。一般零件图上都标有
硬度值范围的技术要求。例如，一般工具（刃具、模具、量具）的硬度为 HRC60～66，结构零
件的硬度为 HRC25～40，弹簧或弹性零件的硬度为 HRC40～48。

　　金属材料的硬度与其他性能指标之间有一定的关系。例如，在一定的范围内的钢材，硬
度 HB 与抗拉强度 σ_b 之间的经验关系为：

　　低碳钢　　　　　　$\sigma_b \approx 0.36HBS$；

　　合金调质钢　　　　$\sigma_b \approx 0.33HBS$；

8

高碳钢　　　　　$\sigma_b \approx 0.34 \text{HBS}$。

3）维氏硬度

维氏硬度的试验原理与布氏硬度试验原理基本相同，仅仅是压头改用了锥面夹角为 136° 的金刚石正四棱锥体。用一定的试验力将压头压入试样表面，保持规定时间卸载后，在试样表面会留下一个四方锥形的压痕，测量压痕两对角线的平均长度来计算硬度值，如图 1 - 7 所示。

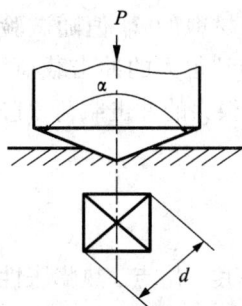

维氏硬度的优点是适用范围广，从极软到极硬材料都可以测量；测量精度高，可比性强；能测量较薄的

维氏硬度试验原理　　　　　维氏硬度压痕

图 1 - 7　维氏硬度试验

工件。其缺点是测量操作较麻烦，测量效率低。它广泛用于科研单位和高校，以及薄件表面硬度检验，不适于大批生产和测量组织不均匀的材料。

（4）冲击韧性

以很大速度作用于机件上的载荷称为冲击载荷，金属材料抵抗冲击载荷作用而不破坏的能力称为冲击韧性。

冲击韧度的测定是在冲击试验机上进行的，如图 1 - 8 所示。标准冲击试验试样有两种，一种是 U 形缺口试样，另一种是 V 形缺口试样，其冲击韧度值分别为 a_{KU} 和 a_{KV}。试验时，把冲击试样放在摆锤冲击试验机的支座上，然后摆锤从一定高度 H_1 将试样冲断，摆锤反向升到 H_2 高度。冲击韧度值 $a_{KV}(a_{KU})$ 就是试样缺口处单位截面积上所消耗的冲击吸收功，其计算式为：

$$a_{KV}(a_{KU}) = A_{KV}(A_{KU})/S \quad (\text{J/cm}^2)$$

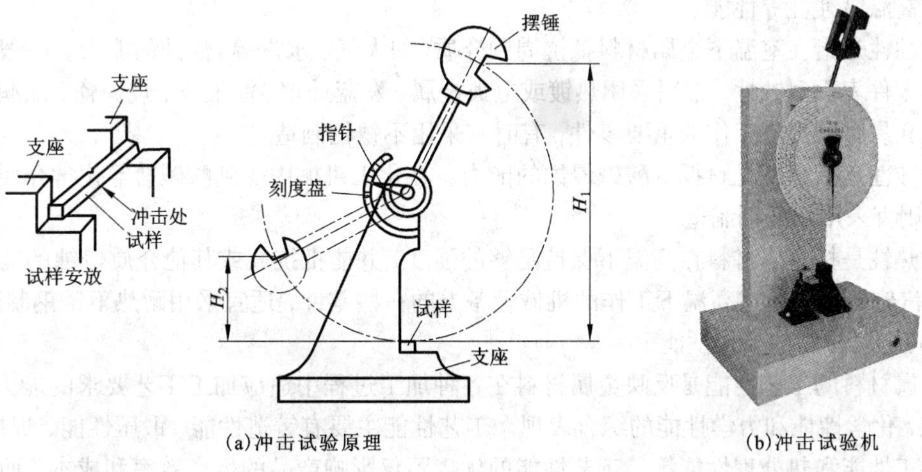

（a）冲击试验原理　　　　　　　　（b）冲击试验机

图 1 - 8　冲击试验

式中，$a_{KV}(a_{KU})$ 为冲击韧度值（J/cm^2）；$A_{KV}(A_{KU})$ 为冲击吸收功（J）；S 为试样缺口底部横截面积（cm^2）。

材料的 a_K 值越大，韧性就越好；材料的 a_K 值越小，材料的脆性越大。通常把 a_K 值小的材料称为脆性材料。研究表明，材料的 a_K 值随试验温度的降低而降低。如发动机活塞、连杆、曲轴等零件在作功行程中受到很大的冲击载荷，汽车起步、换挡、制动时钢板弹簧、齿轮、传动轴、半轴等零件会受到很大的冲击载荷，它们都要求具有一定的冲击韧度值才能满足使用要求。

2. 金属材料的其他性能

（1）金属材料的物理性能

金属材料的物理性能包括密度、熔点、热膨胀性、导热性、导电性和磁性等。

金属材料密度大于 5 g/cm^3 的称为重金属，主要用于制造普通的机械设备；金属材料小于 5 g/cm^3 的称为轻金属，对于如航空等工业部门，具有重要的意义。

金属材料的熔点对材料的使用和制造工艺有很大的影响。例如：电阻丝、锅炉零件、燃气轮机的喷嘴等，要求材料有高的熔点，保险丝则要求熔点低。在制造工艺上，熔点低的共晶合金流动性好，便于铸造成形。

金属材料的热膨胀性主要是指它的线膨胀系数。热膨胀性可能会导致零件的变形、开裂及改变配合状态，从而影响机器设备的精度和使用寿命。例如，高精度的机床和仪器，要求在一定温度下加工和测量产品，就需要考虑这个因素。

金属材料的导热性影响加热和冷却的速度，因此，在制定金属热处理工艺或其他热加工工艺时，需要考虑该因素。导热性差的材料在加热或冷却时，由于工件内外温差大，容易产生大的内应力，因而可能会导致零件变形，甚至产生裂纹。

在设计制造电机、电器产品中，金属材料的导电性和磁性是很重要的性能参数。如铜、铝导线要求导电性好，镍铬合金的电阻丝则要求有大的电阻，变压器和电机的铁芯则采用磁性好的铁磁材料。

（2）金属材料的化学性能

金属材料的化学性能主要是指金属抵抗活泼介质化学侵蚀的能力，包括耐蚀性、耐酸碱性和抗高温腐蚀性等性能。

耐蚀性是指在室温下金属材料抵抗周围介质（如大气、水汽等）侵蚀的能力。一般为了提高机器零件表面耐蚀性，常用采用热镀或电镀金属、发蓝处理、涂油漆、烧搪瓷、加润滑油等方法。在易腐蚀环境工作的重要零件，有时宜采用不锈钢制造。

耐酸性是指金属材料抵抗酸碱侵蚀的能力。在化工机械中受到酸碱盐等化学介质侵蚀的零件，则宜采用耐酸钢制造。

耐热性是指金属材料在高温下保持足够的强度，并能抵抗氧或其他介质侵蚀的能力。在锅炉、汽轮机及其他在高温下工作的机械设备上的一些零件，适宜采用耐热不锈钢制造。

（3）金属材料的工艺性能

金属材料的工艺性能是反映金属材料在各种加工过程中适应加工工艺要求的能力，是物理性能、化学性能和力学性能的综合表现。工艺性能主要有铸造性能、锻压性能、焊接性能、切削加工性能和热处理性能等。工艺性能的优劣不仅影响产品的生产效率和成本，而且还影响产品的质量和性能。

1）铸造性

铸造性是指金属材料能用铸造的方法获得合格铸件的性能，主要包括流动性、收缩性和偏析。流动性是液态金属充满铸型的能力，流动性好，能得到力学性能合格、尺寸准确和轮廓清晰的铸件。收缩性是指金属材料在冷却凝固中，体积和尺寸缩小的性能，是使铸件产生缩孔、气孔、内应力、变形、开裂的基本原因。偏析是指金属材料在凝固时造成零件内部化学成分不均匀现象的性能，使零件各部分力学性能不一致，并影响零件使用的可靠性。

2）可锻性

可锻性是指金属材料在压力加工时，能改变形状而不产生裂纹的性能，包括在热态或冷态下能够进行锤锻、轧制、拉伸、挤压等加工。常用金属的塑性和变形抗力来综合衡量可锻性。可锻性好的金属材料，塑性好、变形抗力小，可锻温度范围较宽，变形时不易产生裂纹，易于获得高质量的锻件。例如，低碳钢、中碳钢、低合金等都有良好的可锻性，高碳钢、高合金钢的可锻性较差，而铸铁不能锻造。

3）焊接性（可焊性）

焊接性是指金属材料在一定条件下获得优质焊接接头的难易程度。对于易氧化、吸气性强、导热性好（或差）、膨胀系数大、塑性低的材料，一般焊接性差。焊接性好的金属材料，在焊缝内不易产生裂纹、气孔、夹渣等缺陷，同时焊接接头强度高。例如，低碳钢具有良好的可焊性，而铸铁、高碳钢、高合金钢、铝合金等材料的可焊性较差。

4）切削加工性

切削加工性是指金属材料被刀具切削加工后而成为合格工件的难易度。通常用加工后工件的表面粗糙度、允许的切削速度以及刀具的磨损程度来衡量切削加工性好坏。金属材料的切削加工性与它的强度、硬度、塑性、导热性等诸多因素有关。例如，灰铸铁、铜合金及铝合金等均有较好的切削加工性，而高碳钢的切削性能较差。

5）热处理性

金属材料适应各种热处理工艺的性能称为热处理性。衡量金属材料热处理性的指标包括导热系数、淬硬性、淬透性、淬火变形、开裂趋势、表面氧化及脱碳趋势、过热及过烧的敏感趋势、晶粒长大趋势、回火淬性等。而钢的热处理性主要考虑钢接受淬火的淬透性。

1.2.2　钢铁材料

无论是钢还是铸铁，主要由铁和碳两种元素组成，统称为铁碳合金。除了铁和碳以外，还有少量的其他元素，如锰、硅、硫、磷等。这些元素与铁共存在钢铁中，对材料的性能产生不同的影响。

1. 钢

（1）钢的分类

工业生产中，根据钢的化学成分、冶炼质量、浇注前脱氧程度及用途等方面的不同，可将钢分为各种类别，以便于选用。

1）按化学成分分类

根据钢材化学成分的差别，可以将钢材分为碳素钢和合金钢两大类。

①碳素钢　碳素钢主要含有铁和碳两种元素，碳对碳素钢的力学性能影响很大，随着含碳量的增加，碳素钢内部的组织发生变化，强度和硬度随之提高，而塑性和韧性降低。当含

碳量超过0.9%以后，再增加含碳量，钢的硬度继续增加，但强度开始下降，如图1-9所示。根据含碳质量分数的多少又可分成低碳钢、中碳钢和高碳钢：

a. 低碳钢　$w_c \leqslant 0.25\%$　低碳钢的强度、硬度较低，而塑性、韧性较高；

b. 中碳钢　$0.25\% \leqslant w_c \leqslant 0.55\%$　中碳钢的综合力学性能较好；

c. 高碳钢　$w_c > 0.60\%$　高碳钢的强度、硬度较高，而塑性、韧性较低。

②合金钢　在碳素钢的基础上加入铬、镍、钼、钨、锰、硅等元素而成为合金钢。钢中加入一种或几种合金元素，可以改善力学性能和工艺性能，有时可以使钢获得特殊的物理性能和化学性能。合金钢的性能比碳钢优越，可以满足多方面的使用要求，成为现代工业中不可或缺的基础材料。按合金元素含量又可分为低合金钢、中合金钢和高合金钢：

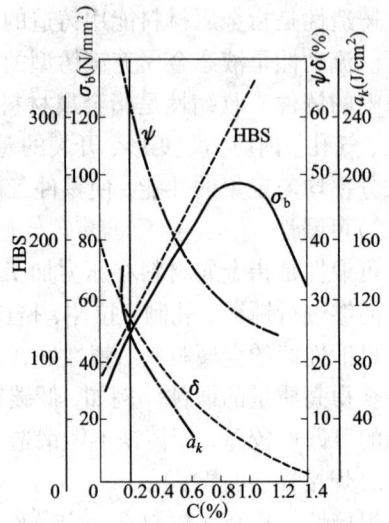

图1-9　碳对碳钢的力学性能的影响

a. 低合金钢　合金元素总含量 $\leqslant 5\%$。

b. 中合金钢　合金元素总含量在 $5\% \sim 10\%$ 之间。

c. 高合金钢　合金元素总含量 $> 10\%$。

此外，根据钢中所含主要合金元素种类不同，也可分为锰钢、铬钢、铬镍钢、铬锰钛钢等。

2）按照冶炼质量分类

在钢铁材料中，硫和磷是两种有害杂质，硫和磷存在于钢铁中，使得工艺性能和力学性能下降，所以在钢铁冶炼时，应当严格限制杂质硫和磷的含量。根据钢在冶炼过程中杂质硫和磷的去除程度，可以分为普通钢、优质钢、高级优质钢。

①普通钢　钢中杂质元素较多，一般含硫量 $w_s \leqslant 0.050\%$，含磷量 $w_p \leqslant 0.045\%$，如碳素结构钢、低合金结构钢等。

②优质钢　钢中杂质元素较少，含硫量 $w_s \leqslant 0.035\%$，含磷量 $w_p \leqslant 0.030\%$，如优质碳素结构钢、合金结构钢、碳素工具钢和合金工具钢、弹簧钢、轴承钢等。

③高级优质钢　钢中杂质元素极少，含硫量 $w_s \leqslant 0.020\%$，含磷量 $w_p \leqslant 0.030\%$，如合金结构钢和工具钢等。高级优质钢在钢号后面，通常加符号"A"或"高"，以此加以识别。

3）按照浇注前脱氧程度分类

根据钢在冶炼时的脱氧方法将钢分为沸腾钢（以"F"表示）、半镇静钢（以"b"表示）、镇静钢（以"Z"表示）和特殊镇静钢（以"TZ"表示）。通常，"Z"与"TZ"可以省略。

①沸腾钢　属脱氧不完全的钢，浇注时在钢锭模里产生沸腾现象。其优点是冶炼损耗少、成本低、表面质量及深冲性能好；缺点是成分和质量不均匀、抗腐蚀性和力学强度较差。一般用于轧制碳素结构钢的型钢和钢板。

②镇静钢　属脱氧完全的钢，浇注时在钢锭模里钢液镇静，没有沸腾现象。其优点是成分和质量均匀；缺点是金属的收获率低而成本较高。一般合金钢和优质碳素结构钢都是镇静钢。

③半镇静钢　脱氧程度介于镇静钢和沸腾钢之间的钢。由于生产较难控制，目前产量较少。

4）按钢的用途分类

根据用途而将钢分为结构钢、工具钢、特殊性能钢和专业用钢。

①结构钢　结构钢用来制造机械零件和工程结构，其特点是强度和硬度较高，且塑性与韧性较好。如碳素结构钢、钢筋钢、弹簧钢、轴承钢等。

②工具钢　工具钢用于制造刃具、模具与餐具等，其特点是硬度高和耐磨性高。如碳素工具钢、合金工具钢、高速工具钢等。

③特殊性能钢　强度要求较高，又具有较好的塑性，如不锈耐酸钢、耐热不起皮钢、高电阻合金、耐磨钢、磁钢等。

④专业用钢　用于各个工业的专业部门的钢，如汽车用钢、农机用钢、航空用钢、锅炉用钢、焊条用钢等。

（2）钢的编号与用途

1）碳素结构钢

按国家标准GB700—88规定，我国碳素结构钢分五个牌号，即Q195、Q215、Q235、Q255和Q275。各牌号钢又根据其硫、磷含量由多至少分为A、B、C、D四个质量等级：A级含硫量$w_s \leqslant 0.050\%$，含磷量$w_p \leqslant 0.040\%$，而D级含硫量$w_s \leqslant 0.035\%$，含磷量$w_p \leqslant 0.035\%$。

碳素结构钢的牌号表示按顺序由代表屈服点的字母（Q）、屈服点数值（N/mm²）、质量等级符号（A、B、C、D）、脱氧程度符号（F、B、Z、TZ）等四部分组成。例如Q235—A·F.表示：屈服点为235 N/mm²的平炉或氧气转炉冶炼的A级沸腾碳素结构钢。当为镇静钢或特殊镇静钢时，则牌号表示"Z"与"TZ"符号可予以省略。

碳素结构钢主要用来制造一般要求的机械零件与工程结构，如表1-5所示。

表1-5　碳素结构钢的牌号、化学成分、力学性能和用途

牌　号		化学成分（%）			脱氧方法	力学性能			用　　　途
		C	S	P≤		σ_s（N/mm²）≥	σ_b（N/mm²）≥	δ_5（%）≥	
Q195		0.06 ~ 0.12	0.050	0.045	F、b、Z	195	315 ~ 390	33	承受载荷不大的金属结构件、垫圈、地脚螺栓、冲压件及焊接件
Q215	A	0.09 ~ 0.15	0.050	0.045	F、b、Z	215	335 ~ 410	31	
	B		0.045						
Q235	A	0.14 ~ 0.20	0.050	0.045	F、b、Z	235	375 ~ 460	26	金属结构件,心部要求强度不高的渗碳或氰化零件、钢板、钢筋、型钢、螺栓、螺母、心轴等；Q235C、Q235D可用作重要焊接结构件
	B	0.12 ~ 0.20	0.045						
	C	≤ 0.18	0.040	0.040	Z				
	D	≤ 0.17	0.035	0.035	TZ				
Q255	A	0.18 ~ 0.28	0.050	0.045	Z	255	410 ~ 510	24	键、销、转轴、拉杆、链轮、链环片等
	B		0.045						
Q275		0.28 ~ 0.38	0.050	0.045	Z	275	490 ~ 610	20	

2）优质碳素结构钢

该类钢的钢号用钢中平均含碳量的两位数字表示，单位为万分之一。如钢号45，表示平均含碳量为0.45%的钢。对于含锰量较高的钢，必须将锰元素标出来，即含碳量大于0.6%而含锰量在0.9%~1.2%之间的钢或含碳量小于0.6%而含锰量在0.7%~1.0%之间的钢，数字后面附加汉字"锰"或者化学元素符号"Mn"。如钢号25Mn，表示平均含碳量为0.25%，含锰量为0.7%~1.0%之间的钢。优质碳素结构钢的力学性能较高，常用于制造较重要的机械零件和工程结构，如表1-6所示。

表1-6　部分优质碳素结构钢的牌号、力学性能及用途

类别	牌号	力　学　性　能					应　用　举　例
		$\sigma_s(\text{N/mm}^2)\geqslant$	$\sigma_b(\text{N/mm}^2)\geqslant$	$\delta_5(\%)\geqslant$	$\psi(\%)\geqslant$	$a_K(\text{J/cm}^2)$	
优质碳素结构钢	08	195	325	33	60	—	这类低碳钢由于强度低，塑性好，易于冲压与焊接，一般用于制造受力不大的零件，如螺栓、螺母、垫圈、小轴、销子、链等。经过表面渗碳与氰化处理可用作表面要求耐磨、耐腐蚀的机械零件
	10	205	335	31	55	—	
	15	225	375	27	55	—	
	20	245	410	25	55	—	
	25	275	450	23	50	71	
	30	295	490	21	50	63	这类中碳钢的综合力学性能和切削加工性能均较好，可用于制造受力较大的零件，如主轴、曲轴、齿轮、连杆、活塞销等
	35	315	530	20	45	55	
	40	335	570	19	45	47	
	45	355	600	16	40	39	
	50	375	630	14	40	31	
	55	380	645	13	35	—	这类钢有较高的强度、弹性和耐磨性，主要用于制造凸轮、车轮、板弹簧、螺旋弹簧和钢丝绳等
	60	400	657	12	35	—	
	65	410	695	10	30	—	
	70	420	715	9	39	—	

3）合金结构钢

该类钢的钢号由"数字＋元素＋数字"三部分组成。前两位数字表示平均含碳量的万分之几，合金元素以汉字或化学元素符号表示，合金元素后面的数字表示该元素的近似含量，单位是百分之几。若合金元素平均含量低于1.5%时，则不标明其含量；若平均含量超过1.5%、2.5%、3.5%时，则在元素后面相应标2、3、4。若是高级优质钢，则在钢号后面加"高"或"A"。例如36Mn2Si表示含碳为0.36%，含锰量为1.5%~1.8%，含硅量为0.4%~0.7%的钢。

常用的合金结构钢有低合金结构钢、合金渗碳钢、合金调质钢、合金弹簧钢和滚动轴承钢等，其牌号和用途如表1-7所示。

表 1 – 7　几种合金结构钢的牌号、热处理工艺、性能与用途

类型	牌号	热处理工艺	力学性能				用途举例
			σ_b (N/mm²)	σ_s (N/mm²)	σ_5 (%)	σ_K (J/cm²)	
低合金结构钢	Q295	正火	440～590	275	22	27	低压锅炉汽包,中、低压化工容器,薄板冲压件,输油管道等
合金渗碳钢	20Cr	880℃油淬 220℃回火	835	540	10	47	截面在 30 mm 以下形状复杂、心部要求较高强度、工作表面承受磨损的零件,如机床变速箱齿轮、凸轮等
合金调质钢	40Cr	850℃油淬 520℃回火	980	785	9	47	制造承受中等载荷和中等速度工作下的零件,如汽车后半轴及机床上齿轮、轴等
合金弹簧钢	50CrVA	850℃油淬 500℃回火	1275	1128	10		用作较大截面的高载荷重要弹簧及工作温度 <300℃ 的阀门弹簧、安全阀弹簧等
滚动轴承钢	GCr15	845℃油淬 160℃回火		HRC>62			一般工作条件下的滚动体和内外套圈,广泛用于汽车、拖拉机等设备的轴承

4) 工具钢

工具钢是主要用于制造切削工具、模具、量具和其他耐磨工具的钢种,由于工具在工作中需要高硬度和高耐磨性,因此工具钢的含碳量一般大于 0.70%。工具钢有碳素工具钢、合金工具钢和高速工具钢三类。碳素工具钢是在钢号前加"碳"或"T"表示,其后跟的数字是表示钢中平均含碳量的千分之几,如平均含碳量为 0.8% 的钢,记为"碳 8"或"T8"。含锰量较高者须注出。高级优质则在钢号末端加"高"或"A",如"碳 10 高"或"T10A"。合金工具钢的钢号表示法与合金结构钢类似,但它们的平均含碳量以千分数表示,且当钢中的含碳量超过 1.0% 时不标出含碳量,钢中合金元素的表示方法与合金结构钢相同,如"9Mn2V"钢的平均含碳量为 0.85%～0.95%。高速工具钢的钢号,一般不标出含碳量,仅标出合金元素含量平均值的百分之几,如 W6Mo5Cr4V2。常用的几种工具钢的牌号和用途如表 1 – 8 所示。

5) 特殊性能钢

在钢的冶炼过程中向钢水里加入一定量的某些合金元素,可获得具有特殊物理性能和化学性能的特殊钢种,如不锈钢、耐热钢、耐磨钢等。

不锈钢和耐热钢的钢号前面的数字表示含碳量的千分之几,如"9Cr18"表示该钢平均含碳量为 0.9%。如果含碳量 $w_c \leqslant 0.03\%$ 及 $w_c \leqslant 0.08\%$ 的钢,在钢号前分别加"00"及"0",如"00Cr18Ni10"。

2. 铸铁

铸铁是指碳的质量分数大于 2.11%(一般为 2.5%～4%)的铁碳合金。它是以铁、碳、硅为主要组成元素,并比碳钢含有较多的硫、磷等杂质元素的多元合金。此外,为了提高铸铁的力学性能或物理、化学性能,还可加入一定量的合金元素如锰、钼、铬、铝等化学元素。

表 1 - 8　几种工具钢的牌号和用途

类别	牌号	热处理规范				应用举例
		淬火		回火		
		温度(℃)	硬度(HRC)	温度(℃)	硬度(HRC)	
碳素工具钢	T7、T7A	800 ~ 820	61 ~ 63	180 ~ 200	60 ~ 62	制造承受振动与冲击载荷，要求较高韧性的工具，如凿子、锤子等
低合金刃具钢	9Mn2V	780 ~ 820	>62	150 ~ 200	58 ~ 63	丝锥、板牙、量规、精密丝杠等
高速工具钢	W18Cr4V	1260 ~ 300		560 ~ 570	63 ~ 66	制造一般高速车刀、刨刀、钻头、铣刀等
冷作模具钢	Cr12	950 ~ 1000		150 ~ 200	>60	制造冲头、冷冲模、量规、拉丝模等
热作模具钢	5CrNiMo	830 ~ 860	>58	560 ~ 580	34 ~ 37	制造冲击载荷大的大、中型锤锻模

铸铁与钢的主要区别：铸铁的碳含量及硅含量高，并且碳多以石墨形式存在；铸铁中硫、磷杂质多。与钢相比，铸铁的抗拉强度、塑性和韧性比较差，不能进行压力加工，但它具有优良的铸造性、可切削加工性、减震性和耐磨性，而且它的价格低廉。因此，铸铁在机械制造业中得到广泛应用。

碳在铸铁中既可以化合状态的渗碳体(Fe_3C)形式存在，也可以游离状态的石墨(C)形式存在。据此可以把铸铁分为四类：白口铸铁、灰口铸铁、可锻铸铁和球墨铸铁。

（1）白口铸铁

白口铸铁中碳主要以渗碳体的形式存在，断口呈银白色。白口铸铁性硬而脆，很难进行切削加工，某些抗磨件可用白口铸铁制造，而大量的白口铸铁是用作炼钢的原料。

（2）灰口铸铁

灰口铸铁中碳主要以游离的石墨形式存在，如图 1 - 10 所示，断口呈灰色。灰口铸铁根据抗拉强度分级，共有 6 个牌号。HT + 3 位数字，其中"HT"代表灰口铸铁，HT 后面的数字代表铸铁的最低抗拉强度值。如 HT200 表示 $\sigma_b \geq 200$ N/mm^2 的灰口铸铁。

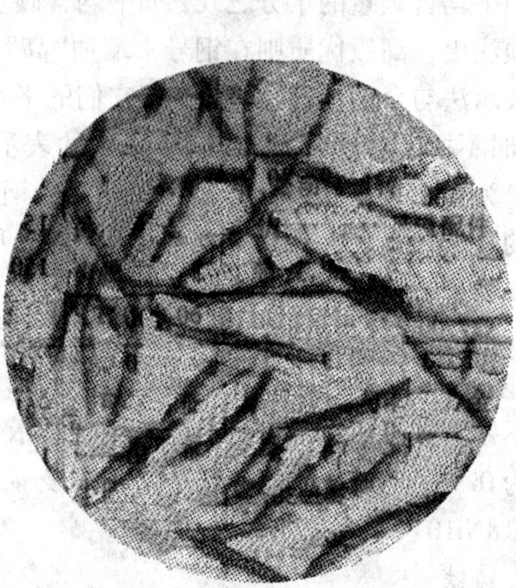

图 1 - 10　灰铸铁中的片状石墨

表 1-9 列出了灰口铸铁的牌号、性能与用途。灰口铸铁的力学性能与铸件壁厚有关，同一牌号的铸铁薄壁件冷却速度较快，组织细小，抗拉强度较高；厚壁处则冷却速度较慢，内部组织粗大，抗拉强度较低。在选用灰口铸铁时，应注意铸件壁厚和性能的关系。

表 1-9 灰口铸铁牌号、不同壁厚铸件的力学性能和用途

牌　号	铸件壁厚（mm）	力 学 性 能		用 途 举 例
		σ_b（N/mm^2）$\geqslant$	HBS	
HT100	2.5~10	130	110~166	适用于载荷小、对摩擦和磨损无特殊要求的不重要零件，如防护罩、盖、油盘、手轮、支架、底板、重锤、小手柄等
	10~20	100	93~140	
	20~30	90	87~131	
	30~50	80	82~122	
HT150	2.5~10	175	137~205	承受中等载荷的零件，如机座、支架、箱体、刀架、床身、轴承座、工作台、带轮、法兰、泵体、阀体、管路、飞轮、马达座等
	10~20	145	119~179	
	20~30	130	110~166	
	30~50	120	105~157	
HT200	2.5~10	220	157~236	承受较大载荷和要求一定的气密性或耐蚀性等较重要零件，如汽缸、齿轮、机座、飞轮、床身、气缸体、气缸套、活塞、齿轮箱、刹车轮、联轴器盘、中等压力阀体等
	10~20	195	148~222	
	20~30	170	134~200	
	30~50	160	129~192	
HT250	4.0~10	270	175~262	
	10~20	240	164~247	
	20~30	220	157~236	
	30~50	200	150~225	
HT300	10~20	290	182~272	承受高载荷、耐磨和高气密性的重要零件，如重型机床、剪床、压力机、自动车床的床身、机座、机架、高压液压件，活塞环，受力较大的齿轮、凸轮，大型发动机的曲轴、汽缸体、缸套、汽缸盖等
	20~30	250	168~251	
	30~50	230	161~241	
HT350	10~20	340	199~298	
	20~30	290	182~272	
	30~50	260	171~257	

（3）可锻铸铁

可锻铸铁是白口铸铁经石墨化退火而获得的一种铸铁。如图 1-11 所示，铸铁中石墨呈团絮状分布，对基体破坏作用减弱，具有较高的力学性能，尤其具有较高的塑性和韧性，但实际上是不可锻的。

在可锻铸铁的生产中，可以通过控制退火工艺获得"黑心"和"白心"两种可锻铸铁。可锻铸铁的牌号是用"KT + 表示类别的字母 + A 组数字 - B 组数字"表示，其中"KT"代表可锻铸铁，表示类别的字母有 H、B、Z，分别表示黑心、白心、珠光体，两组数字分别表示最低抗拉强度和最低断后伸长率。如 KTH330-08 表示 $\sigma_b \geqslant 330$ N/mm^2，$\delta \geqslant 8\%$ 的黑心可锻铸铁。可锻铸铁的牌号、性能与用途如表 1-10 所示。

表 1-10　可锻铸铁的牌号、不同壁厚铸件的力学性能和用途

类别	牌　号	试样直径（mm）	$\sigma_b \geqslant$（N/mm²）	$\sigma_{0.2} \geqslant$（N/mm²）	$\delta(\%)$（$L_0 = 3d$）	HBS	用　途　举　例
黑心可锻铸铁	KTH300-06	12或15	300	—	6	≤150	用于承受冲击、振动与扭转负荷的零件如农机、汽车、机床零件与管道配件、内燃机车制动装置，螺母防松挡块用 KTH300-06
	KTH330-08		330	—	8	≤150	
	KTH350-10		350	200	10	≤150	
	KTH370-12		370	—	12	≤150	
珠光体可锻铸铁	KTZ450-06		450	270	6	150~200	可代替低碳钢、中碳钢与有色合金，制造要求较高强度和耐磨性的零件，如小曲轴、连杆、齿轮、凸轮轴、活塞环等
	KTZ550-04		550	340	4	180~230	
	KTZ650-02		650	430	2	210~260	
	KTZ700-02		700	530	2	240~290	
白心可锻铸铁	KTB350-04	9	340	—	5	≤230	韧性较好，可焊性优良，切削性好，可制作厚度为 15 mm 以下的铸件 由于白心可锻铸铁强度及耐磨性较差，生产工艺复杂，故在生产中应用很少
		12	350	—	4		
		15	360	—	3		
	KTB380-12	9	320	170	13	≤200	
		12	380	200	12		
		15	400	210	8		
	KTB400-05	9	360	200	8	≤220	
		12	400	220	5		
		15	420	230	4		
	KTB450-07	9	400	230	10	≤220	
		12	450	260	7		
		15	480	280	4		

图 1-11　可锻铸铁的团絮状石墨

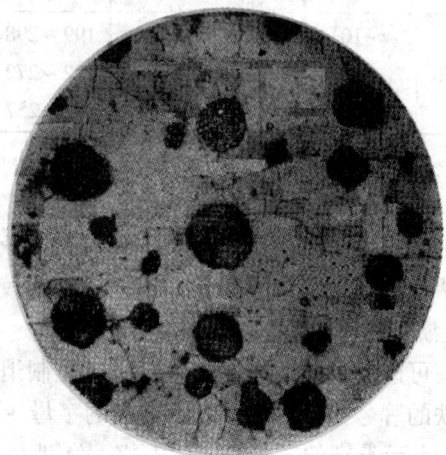

图 1-12　球墨铸铁的显微组织

（4）球墨铸铁

球墨铸铁是石墨呈球体的灰铸铁，简称为球铁。如图 1 - 12 所示，由于球墨铸铁中的石墨呈球状，对基体的割裂作用大为减少，与灰铸铁、可锻铸铁相比，球铁具有高得多的强度、塑性和韧性。因此，球铁可以用来制造一些重要的零件，如曲轴、连杆、缸套、活塞等。

球铁的牌号是用"QT + 两组数字"表示，其中"QT"表示球墨铸铁，第一组数字表示最低抗拉强度，第二组数字表示断后最低伸长率。球墨铸铁的牌号、性能与用途如表 1 - 11 所示。

表 1 - 11　球墨铸铁的牌号、不同壁厚铸件的力学性能和用途

牌号	力学性能				用途举例
	σ_b（N/mm²）	$\sigma_{0.2}$（N/mm²）	δ（%）	HBS	
	不小于				
QT400 - 18	400	250	18	130 ~ 180	承受冲击、振动的零件，如汽车、拖拉机的轮毂，中低压阀门，齿轮箱，飞轮壳等
QT500 - 7	500	320	7	170 ~ 230	机器座架、传动轴、飞轮、电动机架、内燃机的机油泵齿轮、铁路机车车辆轴瓦等
QT600 - 3	600	370	3	190 ~ 270	载荷大、受力复杂的零件，如汽车的曲轴，机床蜗杆，涡轮，桥式起重机大小滚轮等
QT900 - 2	900	600	2	280 ~ 360	高强度齿轮，如汽车后桥螺旋锥齿轮、大减速器齿轮，内燃机曲轴、凸轮轴等

1.2.3　钢铁材料的热处理

热处理是将固态金属或合金采用适当的方式进行加热、保温和冷却，改变金属的晶体结构和组织，以获得所需要的组织结构与性能的一种工艺方法。

热处理在生产中越来越广泛，据调查，80% ~ 90% 的工件需要进行热处理。根据加热与冷却的不同，热处理可按图 1 - 13 所示分类。

热处理方法虽然很多，但任何一种热处理工艺都是由加热、保温和冷却三个阶段所组成的。热处理工艺过程可用在温度 - 时间坐标系中的曲线图表示，这种曲线称为热处理工艺曲线，如图 1 - 14 所示。

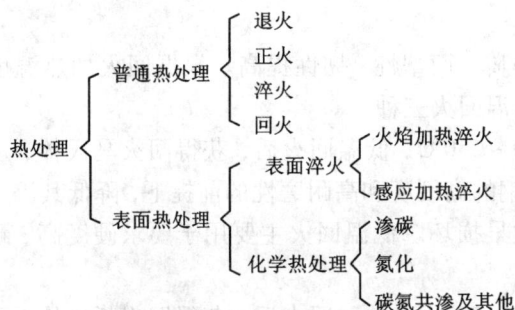

图 1 - 13　热处理的分类

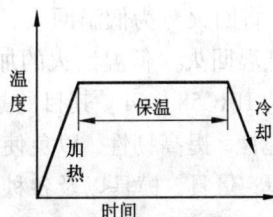

图 1 - 14　热处理方法示意图

1.普通热处理

(1)退火

退火是将钢加热到适当温度,保持一定时间,然后缓慢冷却(一般随炉冷却)的热处理工艺,其目的是使金属内部组织达到或接近平衡状态,以获得良好的工艺性能和使用性能,或者为进一步淬火作准备。退火时,钢材的加热温度范围一般在800~900℃之间,低碳钢的退火加热温度较高,高碳钢的退火加热温度较低,保温时间的长短则主要取决于零件的尺寸大小和同炉所装工件的数量。

如果只是为了消除工件内应力,防止变形和开裂,可将工件加热到600~650℃,保温一段时间后,使之缓慢冷却,这种方法称为去应力退火或低温退火。

(2)正火

正火是指把工件加热到组织转变为奥氏体的临界温度以上保温,使其完全奥氏体化,在空气中冷却的热处理工艺。钢材的正火加热温度的范围通常在820~950℃之间。正火的冷却速度比退火快,正火之后工件的硬度比退火略高,而正火消除应力的效果不如退火彻底。

在实际生产中,正火处理的目的与退火相似,只是得到的组织更细,常用于改善材料的切削性能,有时也用于对一些要求不高的零件作为最终热处理。

(3)淬火

淬火是将工件加热到转变为奥氏体的临界温度以上,保温一定时间,以大于临界冷却速度快速冷却的热处理工艺,其目的是获得马氏体。钢材的淬火加热温度的范围一般在780~880℃之间。淬火后工件变硬,同时也变脆。因此,工件在淬火处理后,应进行适当的回火处理,以改善零件的使用性能和延长使用寿命。

淬火操作时为避免出现如氧化与脱碳、过热与过烧、变形与开裂和硬度不够等淬火缺陷,必须选择具有足够冷却能力的淬火冷却介质使钢材实现快速冷却,常用的冷却介质为水和矿物油。水是最经济且冷却能力很强的一种冷却介质,主要用于一般碳钢零件的淬火冷却剂。如果在水中加入少量盐,则其冷却能力可以进一步提高,这对于一些大尺寸碳钢件淬火冷却大有益处。油的冷却能力比水低,工件在油中淬火冷却的速度较慢,但可以避免出现淬火缺陷。

(4)回火

钢的回火是指将淬火后的钢,在组织转变为奥氏体的临界温度以下加热,保温一定时间,然后冷却到室温的热处理工艺,其主要作用是消除内应力,获得所需要的力学性能,并保持稳定的组织和尺寸。

随着回火温度的升高,钢的强度、硬度下降,而塑性、韧性提高。根据回火加热温度的高低,可将回火分为低温回火、中温回火和高温回火三种。

a.低温回火 低温回火的加热温度为150~250℃,低温回火后,获得回火马氏体,工件硬度可达HRC58~64。其目的是在保持淬火钢的高硬度和高耐磨性的前提下,降低其淬火内应力和脆性,提高韧性,以免使用时崩裂或过早损坏。低温回火主要用于要求硬度高、耐磨损的刀具、量具、模具以及各种耐磨零件。

b.中温回火 中温回火的加热温度为350~500℃,中温回火后,获得回火托氏体,硬度一般为HRC35~50。其目的是使工件具有较高的强度、弹性极限和韧性。中温回火主要适用于弹簧零件和热锻模具等。

　　c.高温回火　高温回火的加热温度为 500~650℃,高温回火后,获得回火索氏体,硬度一般为 HRC15~36。其目的是得到具有足够强度和高韧性的良好的综合力学性能。高温回火主要是用于齿轮、轴、连杆和要求较高综合力学性能的各种零件。

　　工件淬火和高温回火的复合热处理工艺称为调质,其目的是使工件获得一定的强度和韧性。调质不仅作最终热处理,也可作一些精密零件或感应淬火件预先热处理。调质零件的硬度为 200~330HBS。

　　2.表面热处理

　　在机械设备中,有许多零件(如齿轮、曲轴、轧辊等)是在冲击载荷及表面摩擦条件下工作的,这时可以通过表面热处理的方法来使这些零件表面具有高的硬度和耐磨性,而心部要有足够的塑性和韧性。表面热处理的主要方法有表面淬火和化学热处理,常用的热源有氧 - 乙炔或氧丙烷等火焰、感应电流、激光和电子束等。

　　(1)表面淬火

　　表面淬火是将钢件的表面层淬透到一定的深度,而心部分仍保持未淬火状态的一种局部淬火的方法。表面淬火时通过快速加热,使钢件表面很快到淬火的温度,在热量来不及穿到工件心部就立即冷却,实现局部淬火。

　　根据供热方式不同,表面淬火主要有感应加热表面淬火、火焰加热表面淬火、电接触加热表面淬火等。

　　a.火焰加热表面淬火

　　火焰加热表面淬火是利用氧 - 乙炔气体或其他可燃气体以一定比例混合进行燃烧,形成强烈的高温火焰,将零件迅速加热至淬火温度,然后用水或乳化液进行急速冷却,使表面获得所要求的硬度和一定的硬化层深度,而中心保持原有组织的一种表面淬火方法,如图 1 - 15 所示。火焰加热表面淬火的成本低,淬硬层深度一般为 2~6 mm,然而加热温度及淬硬层不

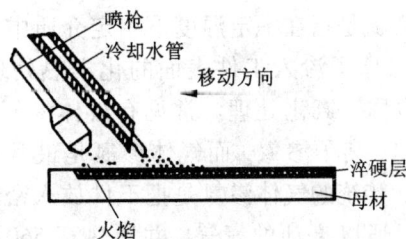

图 1 - 15　火焰加热表面淬火示意图

易受控制,易产生过热和加热不均匀的现象,淬火质量不稳定。

　　b.感应加热表面淬火

　　感应加热表面淬火是将工件放在感应器中,当感应器中通过交变电流时,在感应器周围产生与电流频率相同的交变磁场,在工件中相应地产生了感应电动势,在工件表面形成感应电流(即涡流),而工件心部则无涡流加热。涡流在工件的电阻的作用下,电能转化为热能,使工件表面快速达到淬火温度,位于感应圈下部的喷液套立即喷出冷却水或乳化液,使工件表层淬硬,即实现表面淬火,如图 1 - 16 所示。感应加热表面淬火的淬火质量好,淬硬层深度易于控制。

　　(2)化学热处理

　　化学热处理是指将钢件放入一定温度的活性介质中保温,使一种或几种元素渗入它的表层,以改变其表层化学成分、组织和性能的热处理工艺。化学热处理种类很多,最常用的是渗碳和渗氮。

a.钢的渗碳

渗碳是将工件置于渗碳介质中加热并保温，使碳原子渗入工件表层的化学热处理工艺。渗碳方法有固体渗碳（以木炭为主剂）、液体渗碳法（以氰化钠为主剂）和气体渗碳（以天然气、丙烷、丁烷等气体为主剂）三种，生产中广泛应用的是气体渗碳法。如图1-17所示，将工件装入密闭的气体渗碳炉内，加热到930℃左右长时间保温，并不断通入气体渗碳剂（甲烷、乙烷等）或液体渗碳剂（煤油或苯、酒精、丙酮等），在高温下分解出活性炭原子，这些活性炭原子吸附在工件表面并不断地渗入工件表层，从而获得高碳表面层。渗碳可以提高工件表面硬度、耐磨性及疲劳强度，同时保持心部良好的韧性。适合用渗碳方法的钢是低碳钢和合金渗碳钢。

b.钢的渗氮

渗氮是指在一定温度下一定介质中，使活性氮原子渗入工件表面的化学热处理工艺，也称为氮化处理。常见有液体渗氮、气体渗氮、离子渗氮，而气体渗氮是最常用的方法。传统的气体渗氮是把工件放入密封容器中，通以流动的氨气，并加热至560℃左右，保温较长时间后，氨气热分解产生活性氮原子，不断吸附到工件表面，并扩散渗入工件表层内，从而改变表层的化学成分和组织，获得优良的表面性能。如果在渗氮过程中同时渗入碳以促进氮的扩散，则称为氮碳共渗。经过渗氮的零件表面硬度高、耐磨损、抗腐蚀能力强，使用时寿命显著提高。适合用渗氮方法的钢多为合金钢，38CrMoAl是典型的氮化钢。

图1-16　感应加热表面淬火示意图

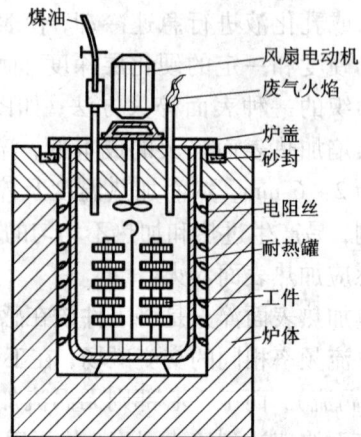

图1-17　气体渗碳法示意图

1.2.4　有色金属及非金属材料简介

1.有色金属

由于钢铁表面通常覆盖一层黑色的四氧化三铁，而锰及铬主要应用于冶炼黑色的合金钢。因此，工业上将铁、铬和锰及这三种金属的合金统称为黑色金属，除此之外的金属称为有色金属。生产上常用的有色金属主要是铝及铝合金、铜及铜合金、轴承合金等。

（1）铝及铝合金

铝及其合金具有如下的性能特点：

①密度小，比强度高　纯铝的密度为 2.7 g/cm³，大约是钢铁材料的 1/3，铝合金的密度也很小。采用各种强化手段后，铝合金的强度可以接近低合金高强度钢，因此其比强度（强度与密度之比）比一般的高强度钢高得多。

②加工性能良好　铝及其合金（退火状态）的塑性很好，能通过冷、热压力加工制成各种型材，如丝、线、箔、片、棒、管等。气切削加工性能也很好。

③具有优良的物理、化学性能　铝的导电性和导热性好，仅次于银、铜和金。纯铝及其合金有相当好的抗大气腐蚀的性能，这是因为在铝的表面能生成一层致密的氧化铝薄膜，它能有效地隔绝铝与氧的接触，从而阻止铝的进一步氧化。

因此，铝及铝合金是有色金属中应用最广的一类金属材料，其产量仅次于钢铁材料，广泛用于电气、车辆、化工、航空等部门。

1）纯铝

铝的质量分数不低于 99.00% 时称为纯铝。纯铝是一种银白色金属，具有面心立方晶格，无同素异构转变，塑性好，强度低，适于压力加工。工业纯铝的牌号、化学成分和用途见表 1 – 12。

表 1 – 12　工业纯铝的牌号、化学成分和用途

现牌号	曾用牌号	化学成分/%		用途	实物图片
		Al	杂质		
1070	L1	99.7	0.3	垫片、电容、电子管隔离罩、电缆、导电体和装饰体	 铝电容
1060	L2	99.6	0.4		
1050	L3	99.5	0.5		
1035	L4	99.35	0.65		
1200	L5	99.0	1.00	不受力而具有某种特性的零件，如电线保护导管、通信系统的零件、垫片和装饰件	 铝垫片

2）铸造铝合金

铸造铝合金要求具有良好的铸造性能，为此，合金组织中应有适当数量的共晶体，合金元素总量为 8% ~ 25%，一般高于变形镁合金。铸造铝合金有铝硅系、铝铜系、铝镁系、铝锌系四种，其中以铝硅系合金应用最广。常用铸造铝合金的牌号（代号）、力学性能和用途见表 1 – 13。

表 1 –13   常用铸造铝合金的牌号（代号）、力学性能和用途（GB/T 1173—1995）

类别	牌号 （代号）	铸造方法与 合金状态	力学性能			用途
			δ /MPa	δ /%	HBS	
铝硅 合金	ZAlSi12 （ZL102）	金属型铸造，退火 砂型/金属型铸造，变质处理 砂型/金属型铸造，变质处理，退火	155 145 135	2 4 4	50 50 50	抽水机壳体、在 200℃以下工作、承 受低载荷的气密性 零件
	ZAlSi5Cu1Mg （ZL105）	金属型铸造，淬火＋不完全时效 砂型铸造，淬火＋不完全时效 砂型铸造，淬火＋人工时效	235 195 225	0.5 1.0 0.5	70 70 70	在225℃以下工作的 零件，如风冷发动机 的气缸头
铝铜 合金	ZAlCu5Mn （ZL201）	砂型铸造，淬火＋自然时效 砂型铸造，淬火＋不完全时效	295 335	8 4	70 90	支臂、挂架梁、内燃 机气缸头、活塞等
	ZAlCu4 （ZL203）	砂型铸造，淬火＋自然时效 砂型铸造，淬火＋不完全时效	195 215	6 3	60 70	形状简单、粗糙度要 求高的中等承载件
铝镁 合金	ZAlMg10 （ZL301）	砂型铸造，淬火＋自然时效	280	10	60	砂型铸造、在大气或 海水中工作的零件
铝锌 合金	ZAlZn11Si7 （ZL401）	金属型铸造，不淬火，人工时效 砂型铸造，不淬火，人工时效	245 195	1.5 2	90 80	结构形状复杂的汽 车、飞机零件

①铝硅系合金   其特点是铸造性能好，线收缩小，流动性好，热裂倾向小，具有较高的抗蚀性和足够的强度，在工业上应用十分广泛。最常见的是 ZL102，其铸造性能好，但强度低，经过变质处理可提高其力学性能。在此合金成分基础上加入一些合金元素，可组成复杂硅铝明，通过固溶处理和时效处理实现合金强化，可满足较大负荷零件的要求。

②铝铜系合金   这类合金可以通过时效强化提高强度，并且时效强化的效果可以保持到较高温度，使合金具有较高的热强性。由于合金中只含少量共晶体，故铸造性能不好，抗蚀性和比强度也较优质硅铝明低。

③铝镁系合金   这类合金密度小，强度高，比其他铸造铝合金耐蚀性好，但铸造性能不如铝硅合金好，流动性差，线收缩率大，铸造工艺复杂。

④锌系合金   这类合金密度较大，耐蚀性差，但铸造性能很好，铸造冷却时能够自行淬火，经自然时效后就有较高的强度，可在铸态下直接使用。

3）变形铝合金

按照主要合金元素的种类以及合金性能的突出特点，变形铝合金可分为防锈铝（Al – Mn、Al – Mg 系）、硬铝（Al – Cu – Mg 系）、超硬铝（Al – Mg – Zn – Cu 系）、锻铝（Al – Mg – Si – Cu、Al – Cu – Mg – Ni – Fe 系）等。常用变形铝合金的牌号、化学成分和力学性能见表 1 – 14（摘自 GB/T 3190—1996，GB/T 3191—1998）。牌号中的第一位数字表示主要合金元素的种类，第二位数字或字母表示改型情况，最后两位数字没有特殊意义，仅用来区分同一组中不同的铝合金。

表 1 - 14　常用变形铝合金的牌号、化学成分和力学性能

类别	新牌号	化学成分（质量分数/%）					力学性能	
		Cu	Mg	Mn	Zn	其他	σ_b /MPa	δ /%
防锈铝	5A05	0.18	4.8 ~ 5.5	0.3 ~ 0.6	0.20	—	265	15
	3A21	0.20	0.05	1.0 ~ 1.6	0.10	Ti0.15	≤165	20
硬铝	2A11	3.8 ~ 4.8	0.4 ~ 0.8	0.4 ~ 0.8	0.30	Ti0.15	370	12
	2A12	3.8 ~ 4.9	1.2 ~ 1.8	0.3 ~ 0.9	0.30	Ti0.10 ~ 0.15	390 ~ 420	12
超硬铝	7A04	1.4 ~ 2.0	1.8 ~ 2.8	0.2 ~ 0.6	5.0 ~ 7.0	Cr0.10 ~ 0.25Ti0.10	530 ~ 550	6
锻铝	6A02	0.2 ~ 0.6	0.45 ~ 0.9	0.15 ~ 0.35	0.20	Si0.5 ~ 1.2	295	12
	2A50	1.8 ~ 2.6	0.4 ~ 0.8	0.4 ~ 0.8	0.30	Si0.7 ~ 1.2	380	10
	2A14	3.9 ~ 4.8	0.4 ~ 0.8	0.4 ~ 1.0	0.30	Ni0.10	460	8

①防锈铝合金　防锈铝合金包含 Al - Mn 系合金和 Al - Mg 系合金，其中 Al - Mn 系合金有比纯铝更高的强度和耐蚀性，并具有良好的塑性和焊接性，但切削加工性较差；Al - Mg 系合金比纯铝的密度小，强度比 Al - Mn 系合金高，并有较好的耐蚀性。这类合金的时效强化效果极弱，冷变形可以提高合金强度，但会显著降低塑性。主要用于制造各种耐蚀性薄板容器（如油箱）、蒙皮及一些受力小的构件，在飞机、车辆和日用器具中应用很广。

②硬铝合金　硬铝合金（Al - Cu - Mg 系）中铜、镁含量较多，有一定的固溶强化作用，通常采用自然时效，也可采用人工时效，故强度、硬度高，比强度高，耐热性好，可在 150℃以下工作，但塑性低、韧性差。常用来制造飞机的大梁、螺旋桨、铆钉机蒙皮等，在仪器制造中也得到广泛应用。

③超硬铝合金　超硬铝合金（Al - Mg - Zn - Cu 系）是室温强度最高的铝合金，经过固溶处理和人工时效后，可获得很高的强度和硬度，其比强度相当于超高强度钢，但最大缺点是抗蚀性差，对应力腐蚀敏感。主要用于工作温度不超过 120 ~ 130℃ 的受力构件，如飞机蒙皮、大梁、起落架等。

④锻铝合金　锻铝合金（Al - Mg - Si - Cu、Al - Cu - Mg - Ni - Fe 系）中的元素种类很多，但含量少，通常要进行淬火和人工时效处理，具有良好的热塑性、铸造性能和锻造性能，并有较高的力学性能。常用于制造形状复杂的大型锻件。

（2）铜及铜合金

1）纯铜

纯铜呈紫红色，故又称为紫铜，其密度为 8.96 g/cm³，熔点为 1083℃，其导电性和导热性仅次于金和银，塑性非常好，易于冷、热压力加工，在大气及淡水中有良好的抗腐蚀性能。铜中常含有 0.05% ~ 0.30% 的杂质（主要是铅、铋、氧、硫和磷等），它们对铜的力学性能和工艺性能有很大的影响，尤其是铅和铋的危害最大。由于铜的强度不高，所以一般用作结构零件。常用冷加工方法制造电线、电缆、铜管以及配置铜合金等。

铜加工产品按化学成分不同可分为纯铜材料和无氧铜材料两类，详见表 1 - 15 所示。

25

表 1-15　铜加工产品的牌号、化学成分和用途

组别	牌号	化学成分/%				用途
		Cu（不小于）	杂质		杂质总量	
			Bi	Pb		
纯铜	T1	99.95	0.001	0.003	0.05	导电、导热、耐腐蚀器具材料，如电线、蒸发器、雷管、储藏器等
	T2	99.9	0.001	0.005	0.1	
	T3	99.7	0.002	0.01	0.3	一般用铜材，如电气开关管道、铆钉等
无氧铜	TU1	99.97	0.001	0.003	0.03	电真空器件、高导电性导线等
	TU2	99.95	0.001	0.004	0.05	

2）黄铜

黄铜是以锌为主加元素的铜合金。如果只是由铜、锌组成的黄铜就叫作普通黄铜。如果是由两种以上的元素组成的多种合金就称为特殊黄铜。如由铅、锡、锰、镍、铅、铁、硅组成的铜合金。

①普通黄铜　普通黄铜分为单相黄铜和双相黄铜两类：当锌含量小于39%时，锌全部溶于铜中，形成均匀的单相固溶体α，即单相黄铜；当锌的含量大于等于39%时，除了有α固溶体外，还有以化合物CuZn为基体的β固溶体，即$\alpha+\beta$的双相黄铜。单相黄铜塑性很好，适于冷、热变形加工。双相黄铜强度高，热状态下塑性良好，故适于热变形加工。

普通黄铜的牌号用"H"+数字表示。其中"H"表示普通黄铜的"黄"字汉语拼音字母的字头，数字表示平均含铜量的百分数。

②特殊黄铜　在普通黄铜中加入其他合金元素所组成的合金，称为特殊黄铜。特殊黄铜常加入的合金元素有锡、硅、锰、铅和铝等，分别称为锡黄铜、硅黄铜、锰黄铜、铅黄铜和铝黄铜等。锡提高了黄铜的强度和在海水中的抗腐蚀性，又称海军黄铜。硅能提高黄铜的强度和硬度，与铅一起还能提高黄铜的耐磨性。铅虽然使黄铜的力学性能恶化，但能改善其切削工艺性能。

特殊黄铜的牌号"H"+主加元素符号（锌除外）+铜含量的百分数+主加元素含量的百分数组成。例如 HPb59-1 表示铜平均含量为59%，铅为1%的铅黄铜。

常用黄铜牌号、化学成分、力学性能及用途见表 1-16。

3）青铜

除了黄铜和白铜（铜和镍的合金）外，所有的铜基合金都称为青铜。按主加元素种类的不同，青铜分为锡青铜、铝青铜、铍青铜和硅青铜等。

青铜的代号由"Q"+主加元素及含量+其他元素及含量组成，其中"Q"表示青铜的"青"字汉语拼音字母的字头。例如 QSn4-3 表示含锡4%，含锌3%，其余为铜的锡青铜。QAl7表示含铝7%，其余为铜的铝青铜。

①锡青铜　通常含锡量小于8%的锡青铜，具有较好的塑性和适当的强度，适于压力加工，含锡量大于10%的锡青铜，由于塑性较差，只适合铸造。锡青铜在铸造时，因体积收缩小，易形成分散细小的缩孔，可铸造形状复杂的铸件，但铸件的致密性差，在高压下易渗漏，

故不适合制造密封性要求高的铸件。锡青铜在大气及海水中的耐蚀性好,故广泛用于制造耐腐蚀零件。在锡青铜中加入磷、锌、铅等元素,可以改善锡青铜的耐磨性、铸造性及切削加工性,使性能更佳。锡青铜中 QSn4 - 3 通常制造弹性元件、管配件、化工机械中耐磨零件及抗磁零件;QSn6.5 - 0.1 用来制造弹簧、接触片、振动片、精密仪器中的耐磨零件等;QSn4 - 4 - 4 常用来制造重要减磨零件,如轴承、涡轮、丝杠等。

表 1 - 16　常用黄铜牌号、化学成分、力学性能及用途

组别	牌号	力学性能				用　　途
		Cu/%	σ_b/MPa	δ/%	HBS	
普通黄铜	H90	88.0 ~ 91.0	260/480	Apr - 45	53/130	双金属片、供水和排水管、艺术品、证章
	H68	67.0 ~ 70.0	320/660	Mar - 55	/150	复杂的冲压件、散热器外壳、波纹管、轴套、弹壳
	H62	60.5 ~ 63.5	330/600	Mar - 49	56/140	销钉、铆钉、螺钉、螺母、垫圈、夹线板、弹簧
特殊黄铜	HSn90 - 1	88.0 ~ 91.0	280/520	May - 45	/82	船舶零件、汽车和拖拉机的弹性套管
	HSi80 - 3	79.0 ~ 81.0	300/600	Apr - 58	90/110	船舶零件、蒸汽(< 265℃)条件下工作的零件
	HPb59 - 1	57.0 ~ 60.0	400/650	45/16	44/80	热冲压及切削加工零件,如销、螺钉、螺母、轴套等

注:表中如 HSn90 - 1,其中"1"表示杂质 Sn 的平均含量为 1%。

②铝青铜　通常铝青铜的铝含量为 5% ~ 12%。铝青铜比黄铜和锡青铜具有更好的耐腐蚀性、耐磨性和耐热性,并具有更好的力学性能,还可以进行淬火和回火以进一步强化其性能,常用来铸造承受重载、耐蚀和耐磨的零件,如 QAl7 常用来制造重要的弹性元件;QAl9 - 4 用来制造轴承、涡轮、蒸汽及海水中工作的高强度、耐蚀零件。

③铍青铜　常用的铍青铜的含铍量为 1.7% ~ 2.5%。铍在铜中的溶解度随温度的增加而增加,因此,经淬火后加以人工时效可获得较高的强度、硬度、抗腐蚀性和抗疲劳性,还具有良好的导电性和导热性,是一种综合性能较好的结构材料,主要用于制造弹性零件和有耐磨性要求的零件,如 QBe2 常用来制造重要的弹性元件,耐磨件及在高速、高压、高温下工作的轴承。

④硅青铜　硅青铜具有很高的力学性能和耐腐蚀性能,并具有良好的铸造性能和冷、热变形加工性能,常用来制造耐腐蚀和耐磨零件,如 QSi3 - 1;用来制作弹性元件,腐蚀介质下工作的耐磨零件,如齿轮等。

(3)轴承合金

滑动轴承由轴承体和轴瓦组成,轴瓦与轴颈直接接触,支承着轴工作。轴承合金应满足下列性能要求:

①摩擦系数低,并能贮存润滑油,减少磨损。

②适当的硬度,既保证有良好的磨合性,又保证轴瓦本身有一定的耐磨性。

③足够的抗压强度和疲劳强度，以承受较大周期性载荷的作用。

④足够的塑性和韧性，以抵抗冲击和振动。

⑤良好的导热性，以利于热量散失并防止发生咬合现象。

⑥良好的耐腐蚀性，以抵抗润滑油的腐蚀。

⑦良好的铸造性能。

常见的轴承合金有锡基轴承合金、铅基轴承合金、铜基轴承合金、铝基轴承合金、珠光体灰铸铁等。

1)锡基轴承合金(锡基巴氏合金)

锡基轴承合金是以锡为基础，加入锑、铜等元素组成的合金，具有良好的减摩性、塑性和韧性，良好的导热性和耐腐蚀性，但疲劳强度较低，价格昂贵。一般用于制造重要的滑动轴承，如发动机、汽轮机、压缩机中的高速轴承。

2)铅基轴承合金(铅基巴氏合金)

铅基轴承合金是以铅锑为基础，加入锡、铜等元素组成的合金。铅基轴承合金的强度、硬度、韧性都比锡基轴承合金低，而且摩擦系数大，但价格便宜，一般只适于制造承受中等载荷作用的中速轴承，如汽车、拖拉机中的曲轴轴承及电动机轴承等。常用锡基与铅基轴承合金的牌号、力学性能及用途举例见表1-17。

表1-17 常用锡基与铅基轴承合金的牌号、力学性能及用途

类别	牌号	铸造方法	硬度 HBS	用途举例
锡基轴承合金	ZSnSb8Cu4	金属型铸造	24	大型机器轴承、汽车发动机轴承等
	ZSnSb11Cu6		27	蒸汽机、涡轮机、涡轮泵及内燃机中的高速轴承等
铅基轴承合金	ZPbSb15Sn5		20	低速、轻压力机械轴承
	ZPbSb16Sn16Cu2		30	工作温度低于120℃、无明显冲击载荷作用的高速轴承，如汽车和拖拉机中曲轴轴承、电动机轴承、起重机轴承、重载荷推力轴承等

无论是锡基还是铅基轴承合金，强度都比较低，不能承受很大的压力。因此，需将其镶铸在08钢制作的轴瓦上，形成一层薄而均匀的内衬，来发挥轴承合金的作用。这种工艺方法称为"挂衬"，挂衬后形成双金属轴承。

3)铜基轴承合金

常用的铜基轴承合金是铅青铜，适宜制造高速、重载荷下工作的轴承，如航空发动机、高速柴油机及其他高速机器中的主轴承等。铅青铜也需挂衬处理，制成双金属轴承后使用。另外，锡青铜也是常用的轴承合金。可用于制造中等速度及受较大固定载荷作用的轴承，如电动机、水泵、金属切削机床中的轴承。

4)铝基轴承合金

铝基轴承合金是以铝为基础，加入锡、锑、铜等元素组成的合金。它是20世纪60年代发展起来的一种新型减摩材料，其特点是原料丰富，价格便宜，导热性好，疲劳强度与高温

硬度较高，耐腐蚀性好，能承受较大压力与速度。但它的线膨胀系数较大，抗咬合性较低。常用的铝基轴承合金主要有铝锑镁轴承合金和铝锡轴承合金两种，其中高锡铝基轴承合金应用最广。目前已在汽车、拖拉机、内燃机车上推广使用。

铝基轴承合金也需要在 08 钢制作的轴瓦上挂衬，由于它与钢的粘结性较差，须先将其与纯铝箔轧制成双金属板，然后再与 08 钢一起轧制，形成由钢、铝、高锡铝基轴承合金组成的三金属轴承。

5) 珠光体灰铸铁

珠光体灰铸铁也是常用的滑动轴承制作材料，它的显微组织是由硬基体 (珠光体) 和软质点 (石墨) 组成，石墨还可以起润滑的作用。铸铁轴承可以承受较大的压力，价格便宜，但摩擦系数较大，导热性较低，故只适于制造低速的不重要轴承。

2. 常用非金属材料

(1) 工程塑料

工程塑料指用于制作工程结构、机器零件、工业容器和设备的塑料，主要有热塑性塑料和热固性塑料两大类，要求具有较高的强度和较好的韧性、耐磨性、耐蚀性和耐热性。常用工程塑料的种类、性能和用途见表 1 - 18。

表 1 - 18　常用工程塑料的种类、性能和用途

类别	名称	代号	主要特点	用途
热塑性塑料	聚乙烯	PE	具有良好的耐蚀性和电绝缘性，高压聚乙烯柔软性、透明性较好、低压聚乙烯强度高、耐磨、耐蚀、绝缘性良好	高压聚乙烯制造薄膜，软管和塑料瓶；低压聚乙烯制造塑料管、塑料板、塑料绳以及承载不高的零件，如齿轮、轴承等
	聚酰胺 (尼龙)	PA	具有韧性好、耐磨、耐疲劳、耐水等综合性能，但吸水性强，成形收缩不稳定	制造一般机器零件，如轴承、齿轮、凸轮轴、涡轮、铰链等
	浓缩塑料 (聚甲醛)	POM	具有优良的综合力学性能，尺寸稳定性高，耐磨、耐老化性能良好，吸水性小，可在 104℃ 下长期使用。遇火易燃，长期在大气中暴晒会老化	制造减磨、耐磨件，如轴承、齿轮、凸轮、仪表外壳和接触器等
	聚砜	PSF	具有良好的耐寒、耐热、抗蠕变及尺寸稳定性。耐酸、碱和高温蒸汽。可在 -65 ~ 150℃ 下长期工作	制造耐蚀、减磨、耐磨、绝缘零件，如齿轮、凸轮、仪表外壳和接触器等
	有机玻璃 (聚甲醛丙烯酸甲酯)	PMMA	透光性好，可透过 92% 的太阳光，强度高，耐紫外线和大气老化，易于成形加工	制造航空、仪器仪表和无线电工业中的透明件，如飞机的座舱、电视机屏幕、汽车风挡、光学镜片等
	ABS 塑料 (聚乙烯-丁二烯-丙烯腈)	ABS	兼有三组元的性能，坚韧、质硬、刚性好。同时，耐热、耐蚀、尺寸稳定性好，易于成形加工	制造一般机械的减磨、耐磨件，如齿轮、电视机外壳、转向盘、凸轮等

类别	名称	代号	主要特点	用途
热固性塑料	环氧塑料	EP	强度较高。韧性好，电绝缘性优良，化学稳定性和耐有机溶剂性好。因填料不同，性能也有所不同	制造塑料模具、精密量具、电工电子元件及线圈的灌封与固定
	酚醛塑料	PF	采用木屑做填料的酚醛塑料俗称"电木"，具有优良的耐热性、绝缘性、化学稳定性、尺寸稳定性和抗蠕变性，这些性能均优于热塑性塑料。电性能及耐热性随填料不同而有差异	制造一般机械零件、绝缘件、耐蚀零件及水润滑零件
	氨基塑料	UF	具有优良的电绝缘性和耐电弧性。硬度高、耐磨、耐油脂及溶剂。难于自燃、着色性好，使用过程中不会失去其光泽	制造一般机器零件、绝缘件和装饰件，如：玩具、餐具、开关、纽扣等
	有机硅塑料		电绝缘性能优良；可在 180～200℃ 下长期使用；憎水性好，防潮性强；耐辐射、耐臭氧	主要为浇铸料和粉料：浇铸料用于制造电工电子元件及线圈的灌封与固定。粉末用于压制耐热件和绝缘件

（2）橡胶

橡胶制品是以生胶为基础，加入适量的配合剂制成，在室温下具有高弹性，优良的伸缩性和积蓄能量的能力，同时还有良好的耐磨性、隔音性、阻尼性和绝缘性，因此常用于制作轮胎、密封件（如管道接口密封件）、减振防振件（如机座减振垫片、汽车底盘橡胶弹簧）、传动件（如三角皮带、传动滚子）、运输胶带、管道、电线电缆、电工绝缘性材料等。

工业上常用橡胶的种类、特点和用途见表 1-19。

表 1-19 常用橡胶的品种、性能和用途

品种（代号）	化学组成	性能特点	主要用途
天然橡胶（NR）	以聚异戊二烯为主，含有少量蛋白质、水分树脂酸、糖类和无机盐等	弹性大、定伸强力高、抗撕裂性和电绝缘性优良，耐磨性和耐寒性良好，加工性能佳，易与其他材料粘合，在综合性能方面优于多数合成橡胶。缺点耐氧及臭氧性差，容易老化变质，耐油和耐溶剂性不好，抵抗酸碱腐蚀能力差，耐热性不高，不适用于 100℃ 以上环境	轮胎、胶鞋、胶管、胶带、电线电缆的绝缘护套及其他通用场所
丁苯橡胶（SBR）	丁乙烯和苯乙烯的聚合物	性能接近天然橡胶，是目前产量最大的通用合成橡胶，耐磨性、耐老化性、耐热性优于天然橡胶，质地比天然橡胶均匀；但弹性较低，抗曲绕、抗撕裂性差，加工性能差，特别是自粘性差、生胶强度低，制成的轮胎使用时发热量大、寿命较短	代替天然橡胶制作轮胎、胶板、胶管、胶带及其他通用场所

续表

品种 （代号）	化学组成	性能特点	主要用途
氯丁 橡胶 （CR）	是由氯丁二烯作 单体、乳液聚合 而成的聚合物	含有氯原子，有抗氧、臭氧性，不易燃、着火后能自 灭，耐油、溶剂、酸碱、老化，气密性好，物理机械性 能同天然橡胶。可作通用橡胶和特殊橡胶使用。但耐 寒性差、比重大、成本较高，电绝缘性差，加工性差； 生胶稳定性差、不易保存。产量次于 SBR、BR 居第 3 位	抗臭氧、耐老化性高 的重型电缆护套，耐 油、化学腐蚀的胶 管、胶带、化工设备 衬里，地下设备及各 种垫圈、密封圈、黏 结剂
硅橡胶 （Si）	主链含有硅，氧 原子的特殊橡 胶，主要是硅起 作用	无毒无味，耐高低温（ - 100 ~ 300℃），电绝缘性好， 耐氧化和臭氧，化学惰性大；但机械强度低，耐油、 耐溶剂、耐酸碱性差，难硫化，价格较贵	高低温制品（胶管、 密封件），高温电缆 绝缘层
氟橡胶 （FPM）	含氟单体共聚而 得的有机弹性体	耐高温（300℃），耐油，耐酸碱，抗辐射，高真空性， 电绝缘性、机械性能、耐化学药品腐蚀、耐臭氧、耐 老化，综合性能好；但加工性差，价格高，耐寒性差， 弹性，透气性低	国防及要求高的密封 场所，气门密封圈

1.3　常用表面处理技术

表面处理技术是在零件的基本形状和结构形成之后，通过不同的工艺方法对零件表面进行处理，使其获得与基体材料不同的性能的一项专门技术，它是跨多种学科的通用技术。研究应用和发展表面处理技术，对于提高零件的使用寿命和可靠性、充分发挥材料的潜力、提高产品质量以及推动新技术的发展等都具有十分重要的意义。

根据表面处理技术的工艺特点，其分类见表 1 - 20。

表 1 - 20　表面处理技术的分类、工艺方法和用途

分类	工艺方法	具体工艺用途
电化学法	电镀	镀锌、镀锡、镀铬、镀铜
	阳极氧化	铝合金、钛合金阳极化
化学法	化学转化膜	磷化、钝化、化学氧化、发蓝发黑、铬酸盐处理
	化学镀	化学镀镍、化学镀铜
热加工法	热浸镀	热浸锌、热浸铝
	热喷涂	热喷涂锌、热喷涂铝
	化学热处理	渗碳、渗氮、渗硼等
	表面淬火	火焰表面淬火、高频表面淬火
	堆焊	堆焊耐磨合金
	热烫印	热烫印金、热烫印铝

分类	工艺方法	具体工艺用途
真空法	物理气相沉积 PVD	蒸发镀、溅射镀、离子镀
	化学气相沉积 CVD	气相沉积氯化硅或氮化硅
	离子注入	注硼
其他法	涂装	烤漆、粉末涂装
	激光处理	激光淬火，激光重熔
	超硬膜处理	金刚石薄膜，立方氮化硼
	机械强化	喷丸处理，滚压加工，磨光和抛光

1.3.1 表面机械强化

工业中常采用机械处理方法来清理、强化及光整金属表面，如喷丸处理、滚压加工、内孔挤压以及磨光和抛光等，其中喷丸处理、抛光处理在生产中应用很广泛。

1. 喷丸处理

喷丸处理是利用高速喷射的沙丸或铁丸，对工件表面进行强烈的冲击，使其表面发生塑性变形，从而达到强化表面和改变表面状态的一种工艺方法。喷丸的方法通常有手工操作和机械操作两种。常用的喷丸有：铸铁弹丸、钢弹丸、玻璃弹丸、沙丸等，其中黑色金属常选用铸铁弹丸、钢弹丸和玻璃弹丸，而有色金属与不锈钢常用玻璃弹丸和不锈钢弹丸。

喷丸处理是工厂广泛采用的一种表面强化工艺，其设备简单、成本低廉，不受工件形状和位置限制，操作方便，但工作环境较差。喷丸广泛用于提高零件机械强度以及耐磨性、抗疲劳和耐腐蚀性等。还可用于表面抛光、去氧化皮和消除铸、锻、焊件的残余应力等。

2. 磨光和抛光

（1）磨光

磨光是用磨光轮对零件表面进行加工，以获得平整光滑磨面的一种表面处理方法。其作用在于去掉零件表面的锈蚀、砂眼、焊渣、划痕等缺陷，提高零件的表面平整度。

磨光分粗磨和细磨两种。粗磨是将粗糙的表面和不规则的外形修整成形，可用手工或机械操作。手工操作多数用于有色金属；机械操作用于钢材，一般在砂轮上进行。经过粗磨后金属表面磨痕很深，需要通过细磨加以消除，为抛光做准备。细磨有手工细磨和机械细磨。手工细磨是由粗到细在各号金相砂轮上进行；机械细磨常用预磨机、蜡盘、抛光膏加速细磨过程。

（2）抛光

抛光是指利用机械、化学或电化学的作用，消除磨光工序后残留在表面上的细微磨痕，获得光亮的外观。抛光方法有机械抛光、化学抛光、电解抛光和超声波抛光等，其中最常见的是机械抛光。

机械抛光是靠切削、材料表面塑性变形去掉被抛光后的凸部而得到平滑面的抛光方法，一般使用油石条、羊毛轮、砂纸等，以手工操作为主，特殊零件如回转体表面，可使用转台等辅助工具，表面质量要求高的可采用超精研抛的方法。超精研抛是采用特制的磨具，在含有磨料的研抛液中，紧压在工件被加工表面上，作高速旋转运动。利用该技术可以达到 $Ra0.008\ \mu m$ 的表面粗糙度，是各种抛光方法中最高的。光学镜片模具常采用这种方法。

1.3.2　转化膜处理

转化膜处理是将工件浸入某些溶液中，在一定条件下使其表面产生一层致密的保护膜，提高工件防腐蚀的能力，增加装饰作用。常用的转化膜处理有氧化处理和磷化处理。

1. 氧化处理

（1）钢的氧化处理

钢的氧化处理是将钢件在空气—水蒸气或化学药物中加热到适当温度，使其表面形成一层蓝色（或黑色）的氧化膜，以改善钢的耐蚀性和外观，这种工艺称为氧化处理，又叫发蓝处理。氧化膜是一层致密而牢固的 Fe_3O_4 薄膜，有 $0.5\sim1.5\ mm$ 厚，对钢件的尺寸精度无影响。氧化处理后的钢件还要进行肥皂液浸渍处理和浸油处理，以提高氧化膜的防腐蚀能力和润滑性能。

钢的氧化处理有以下基本工艺过程：

化学除油→热水洗→流动冷水洗→酸洗→流动冷水洗→一次氧化→二次氧化→冷水洗→热水洗—补充处理→流动冷水洗→流动热水洗→干燥。

氧化处理过程中溶液中的氧化剂含量越高，生成氧化膜速度也越快，而且膜层致密、牢固。溶液中碱的浓度适当增大，获得氧化膜的厚度增大；碱浓度过低，氧化膜薄而脆弱。溶液的温度适当升高，可以提高氧化膜的致密度。工件含碳量越高，越容易氧化，氧化时间越短。氧化处理时间主要根据钢件的含碳量和工件氧化要求来调整。氧化处理工艺不影响零件的精度，常用于仪器、仪表、工具、枪械及某些机械零件的表面，使其达到耐磨、耐蚀以及防护与装饰的目的。

（2）铝及其合金的氧化处理

铝（或铝合金）在自然条件下很容易生成致密的氧化膜，可以防止空气中水分和有害气体的氧化和侵蚀，但是在碱性和酸性溶液中易被腐蚀。为了在铝和铝合金表面获得更好的保护氧化膜，应进行氧化处理。常用的处理方法有化学氧化法与电化学氧化法。

化学氧化法是把铝（或铝合金）零件放入化学溶液中进行氧化处理而获得牢固的氧化膜，其厚度为 $0.3\sim4\ mm$。按处理溶液的性质可分碱性和酸性溶液氧化处理。例如，碱性氧化液为 Na_2CO_3（50 g/L）、Na_2CrO_4（15 g/L）、$NaOH$（25 g/L），处理温度为 $80\sim100℃$，处理时间为 $10\sim20\ min$。经氧化处理后的铝表面呈现厚度为 $0.5\sim1\ mm$ 的金黄色氧化膜。此方法适用于纯铝、铝镁、铝锰合金。化学氧化法主要用于提高铝和铝合金的耐蚀性和耐磨性，并且此工艺方法操作简单，成本低，适于大批量生产。

电化学氧化法是在电解液中使铝和铝合金表面形成氧化膜的方法，又称阳极氧化法，将以铝（或铝合金）为阳极的工件置于电解液中，通电后阳极上产生氧气，使铝或铝合金发生化学或电化学溶解，结果在阳极表面形成一层氧化膜。阳极氧化膜不仅具有良好的力学性能与抗蚀性能，而且还具有较强的吸附性，采用不同的着色方法后，还可获得各种不同颜色的装饰外观。

为了在铝及铝合金表面获得不同性质的氧化膜，常采用不同种类的电解液来实现。常用的电解液有硫酸、铬酸和草酸等。

铝及铝合金氧化处理的基本工艺过程如下：

电化学除油→热水洗→冷水洗→出光→冷水洗→阳极氧化→冷水洗→染色→冷水洗→封闭→冷水洗→干燥。

由于阳极氧化膜的多孔结构和强吸附性能，表面易被污染，特别是腐蚀介质进入孔内易引起腐蚀。因此阳极氧化膜形成后，必须进行封闭处理，封闭氧化膜的孔隙，提高抗蚀、绝缘和耐磨等性能，减弱对杂质或油污的吸附。常用的封闭方法有蒸汽封闭法和石蜡、油类、树脂封闭法等。

2. 磷化处理

把钢件浸入磷酸盐为主的溶液中使其表面沉积，形成不溶于水的结晶型磷酸盐转化膜的过程称为磷化处理。常用的磷化处理溶液为磷酸锰铁盐和磷酸锌溶液，磷化处理后的磷化膜厚度一般为 0.5 ~ 1.5 mm，其抗腐蚀能力是发蓝处理的 2 ~ 10 倍。磷化膜与基体结合力较强，有较好的防蚀能力和较高的绝缘性能，在大气、油类、苯及甲苯等介质中均有很好的抗蚀能力，对油、蜡、颜料及漆等具有极佳的吸收力，适合做油漆底层。但磷化膜本身的强度、硬度较低，有一定的脆性，当钢材变形较大时易出现细小裂纹，不耐冲击，在酸、碱、海水及水蒸气中耐蚀性较差。在磷化处理后进行表面浸漆、浸油处理，抗蚀能力可较大提高。

磷化处理所需设备简单，操作方便，成本低，生产效率高。在一般机械设备中可作为钢铁材料零件的防护层，也可作为各种武器的润滑层和防护层。

3. 电镀与化学镀

（1）电镀

电镀是将被镀金属制品作为阴极，外加直流电，使金属盐溶液的阳离子在工件表面沉积形成电镀层，为材料或零件覆盖一层比较均匀、具有良好结合力的镀层，以改变其表面特性和外观，达到材料保护或装饰的目的。电镀除了可使产品美观、耐用外，还可获得特殊的功能，可提高金属制品的耐蚀性、耐磨性、耐热性、反光性、导电性、润滑性、表面硬度以及修复磨损零件尺寸及表面缺陷等，如在半导体器件上镀金，可以获得很低的接触电阻；在电子元件上镀铝—锡合金可以获得很好的钎焊性能；在活塞环及轴上镀铬可以获得很高的耐磨性；以及防止局部渗碳的镀铜、防止局部渗氮的镀锡等。目前，广泛应用的电镀工艺有镀铜、镀镍、镀铬、镀锌、镀银、镀金等。

（2）化学镀

化学镀亦称无外接电源镀。其原理是在水溶液中金属沉积。溶液中存在两个正价电荷的金属离子 M^{+2}，当它接受两个电子后转变为金属原子 M，在适当条件下沉积于工件表面形成镀层。化学镀获得电子是通过化学反应直接在溶液中产生的，它一般有电荷交换沉积、接触沉积、还原沉积等几种。目前，化学镀镍、镀铜、镀银、镀金、镀钴、镀钯、镀铂、镀锡等已在工业生产中应用，尤其在电子工业中应用更为广泛。

1.4 常用量具的使用

量具是一种用来检验加工工件是否符合图样要求的工具。根据被测量工件的尺寸、形状等不同，量具的种类相应也很多，常用的量具有游标卡尺、螺旋测微器、百分表。

1.4.1　游标卡尺

　　游标卡尺是一种常用的量具,具有结构简单、使用方便、精度中等和测量的尺寸范围大等特点,可以用它来测量零件的外径、内径、长度、宽度、厚度、深度和孔距等,应用范围很广。

　　根据测量读数的精确度,游标卡尺可分为0.1 mm、0.05 mm 和 0.02 mm 三种规格;根据测量范围,游标卡尺可分为0~125 mm、0~200 mm 和 0~300 mm 等规格。

　　1. 游标卡尺的结构形式

　　测量范围为0~125 mm 的游标卡尺,制成带有刀口形的上下量爪和带有深度尺的形式,如图1-18。

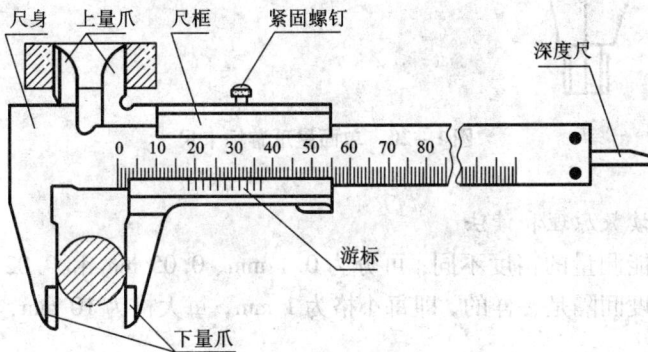

图1-18　三用游标卡尺

　　测量范围为0~200 mm 和 0~300 mm 的游标卡尺,可制成带有内外测量面的下量爪和带有刀口形的上量爪的形式,如图1-19。

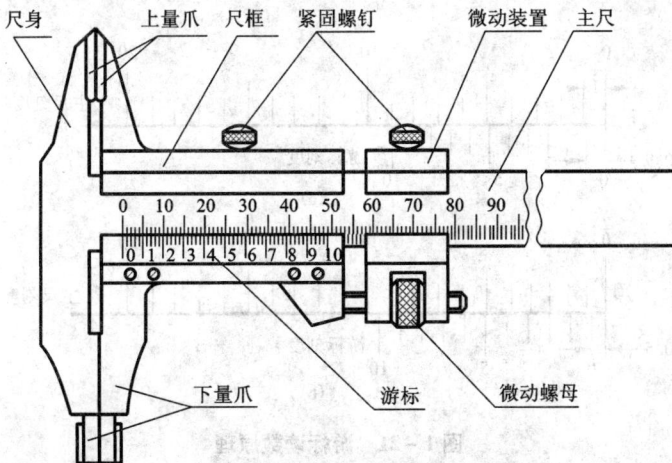

图1-19　双面量爪游标卡尺

测量范围为 0~200 mm 和 0~300 mm 的游标卡尺，也可制成只带有内外测量面的下量爪的形式，如图 1-20。而测量范围大于 300 mm 的游标卡尺，只制成这种仅带有下量爪的形式。

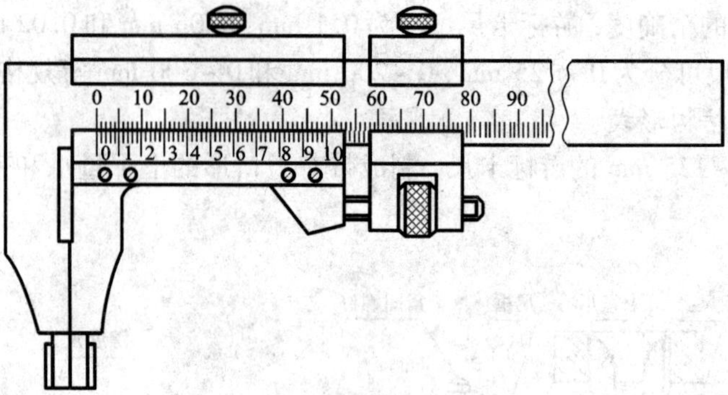

图 1-20　单面量爪游标卡尺

2. 游标卡尺的读数原理和读法

游标卡尺按其能测量的精度不同，可分为 0.1 mm、0.05 mm 和 0.02 mm 三种。这三种游标卡尺的尺身刻度间隔是一样的，即每小格为 1 mm，每大格为 10 mm，而游标与尺身相对应的刻线宽度不同。

（1）0.1 mm 精度的游标卡尺

如图 1-21(a)所示，主尺刻线间距(每格)为 1 mm，当游标零线与主尺零线对准(两爪合并)时，游标上的第 10 刻线正好指向等于主尺上的 9 mm，而游标上的其他刻线都不会与主尺上任何一条刻线对准。游标每格间距为 0.9 mm(9 mm÷10)，主尺每格间距与游标每格间距之差为 0.1 mm(1 mm-0.9 mm)，所以该类游标卡尺的读数精度为 0.1 mm。

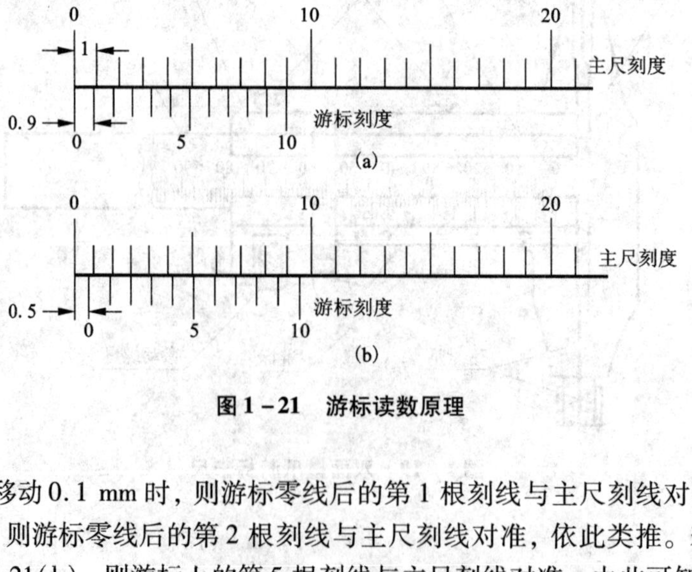

图 1-21　游标读数原理

当游标向右移动 0.1 mm 时，则游标零线后的第 1 根刻线与主尺刻线对准。当游标向右移动 0.2 mm 时，则游标零线后的第 2 根刻线与主尺刻线对准，依此类推。若游标向右移动 0.5 mm，如图 1-21(b)，则游标上的第 5 根刻线与主尺刻线对准。由此可知，游标向右移动

36

不足 1 mm 的距离，虽不能直接从主尺读出，但可以由游标的某一根刻线与主尺刻线对准时，该游标刻线的次序数乘其读数值而读出其小数值。例如，图 1－21(b) 的尺寸即为 0.5 mm(5×0.1 mm)。

另有一种读数值为 0.1 mm 的游标卡尺，如图 1－22(a) 所示，是将游标上的 10 格对准主尺的 19 mm，则游标每格为 1.9 mm(19 mm÷10)，使主尺 2 格与游标 1 格之差为 0.1 mm(2 mm－1.9 mm)。这是一种增大游标间距的方法，其读数原理并未改变，但使游标线条更清晰，读数更准确。

读数时，首先要看游标零线的左边，读出主尺上尺寸的整数部分，其次是找出游标上第几根刻线与主尺刻线对准，该游标刻线的次序数乘以其游标精度，即为尺寸的小数部分，最后将整数和小数相加，即为被测零件尺寸的数值。

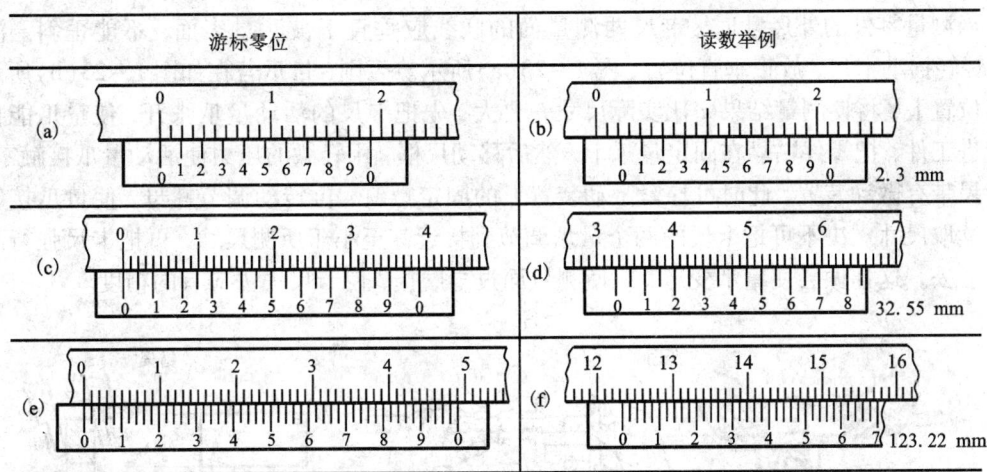

图 1－22　各精度的游标卡尺游标零位及读数举例

在图 1－22(b) 中，游标零线在 2 与 3 mm 之间，其左边的主尺刻线是 2 mm，所以被测尺寸的整数部分是 2 mm，再观察游标刻线，这时游标上的第 3 根刻线与主尺刻线对准。所以，被测尺寸的小数部分为 0.3 mm(3×0.1 mm)，被测尺寸即为 2.3 mm(2 mm＋0.3 mm)。

(2) 0.05 mm 精度的游标卡尺

图 1－22(c) 所示，主尺每小格 1 mm，当两爪合并时，游标上的 20 格刚好与主尺的 39 mm 重合，即有游标每格间距为 1.95 mm(39 mm÷20)，主尺 2 格间距与游标 1 格间距之差为 0.05 mm(2 mm－1.95 mm)，该类游标卡尺的精度为 0.05 mm。同理，也有用游标上的 20 格刚好与主尺上的 19 mm 重合，其读数原理不变。

如图 1－22(d) 所示，游标零线在 32 mm 与 33 mm 之间，游标上的第 11 格刻线与主尺刻线对准。所以，被测尺寸的整数部分为 32 mm，小数部分为 0.55 mm(11×0.05 mm)，被测尺寸为 32.55 mm(32 mm＋0.55 mm)。

(3) 0.02 mm 精度的游标卡尺

图 1－22(e) 所示，主尺每小格 1 mm，当两爪合并时，游标上的 50 格刚好与主尺上的 49 mm 重合，即有游标每格间距为 0.98 mm(49 mm÷50)，主尺每格间距与游标每格间距之差为

0.02 mm(1 mm - 0.98 mm)，该类游标卡尺的精度为 0.02 mm。

在图 1 - 22(f)中，游标零线在 123 mm 与 124 mm 之间，游标上的 11 格刻线与主尺刻线对准。所以，被测尺寸的整数部分为 123 mm，小数部分为 0.22 mm(11 × 0.02 mm)，被测尺寸为 123.22 mm(123 mm + 0.22 mm)。

3.使用游标卡尺的注意事项

测量前应把卡尺擦拭干净，检查卡尺的两个测量面和测量刃口是否平直无损，把两个量爪紧密贴合时，应无明显的间隙，同时游标和主尺的零位刻线要相互对准。这个过程称为校对游标卡尺的零位。

移动尺框时，活动要自如，不应有过松或过紧，更不能有晃动现象。用固定螺钉固定尺框时，卡尺的读数不应有所改变。在移动尺框时，不要忘记松开固定螺钉，亦不宜过松，以免掉了。

当测量零件的外尺寸时，卡尺两测量面的联线应垂直于被测量表面，不能歪斜。测量时，轻轻摇动卡尺，放正垂直位置，图 1 - 23(a)所示。否则，量爪若在如图 1 - 23(b)所示的错误位置上，将使测量结果 a 比实际尺寸 b 要大；先把卡尺的活动量爪张开，使量爪能自由地卡进工件，把零件贴靠在固定量爪上，然后移动尺框，用轻微的压力使活动量爪接触零件。如卡尺带有微动装置，此时可拧紧微动装置上的固定螺钉，再转动调节螺母，使量爪接触零件并读取尺寸。决不可把卡尺的两个量爪调节到接近甚至小于所测尺寸，再把卡尺强行卡到零件上去。这样做会使量爪变形，或使测量面过早磨损，使卡尺失去应有的精度。

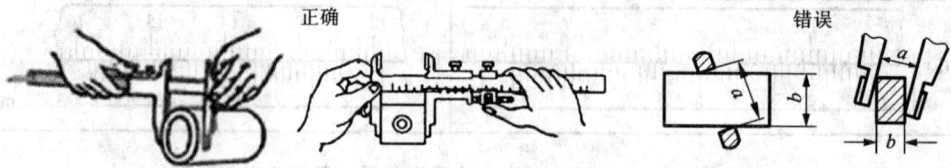

图 1 - 23　测量外尺寸时正确与错误的位置

测量沟槽时，应当用量爪的平面测量刃进行测量，尽量避免用端部测量刃和刀口形量爪去测量外尺寸。而对于圆弧形沟槽尺寸，则应当用刃口形量爪进行测量，不应当用平面形测量刃进行测量，如图 1 - 24 所示。

图 1 - 24　测量沟槽时正确与错误的位置

测量沟槽宽度时，也要放正游标卡尺的位置，应使卡尺两测量刃的连线垂直于沟槽，不能歪斜，否则，量爪若在如图 1 - 25 所示的错误的位置上，也将使测量结果不准确(可能大也可能小)。

正确　　　　　　　　　　错误

图 1 - 25　测量沟槽宽度时正确与错误的位置

当测量零件的内尺寸时(如图 1 - 26 所示)，要使量爪分开的距离小于所测内尺寸，进入零件内孔后，再慢慢张开并轻轻接触零件内表面，用固定螺钉固定尺框后，轻轻取出卡尺来读数。取出量爪时，用力要均匀，并使卡尺沿着孔的中心线方向滑出，不可歪斜，免使量爪扭伤、变形和受到不必要的磨损，同时会使尺框走动，影响测量精度。

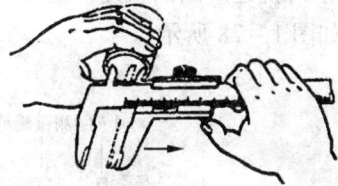

图 1 - 26　内孔的测量方法

卡尺两测量刃应在孔的直径上，不能偏歪。图 1 - 27 为带有刀口形量爪和带有圆柱面形量爪的游标卡尺，在测量内孔时正确的和错误的位置。当量爪在错误位置时，其测量结果将比实际孔径 D 要小。

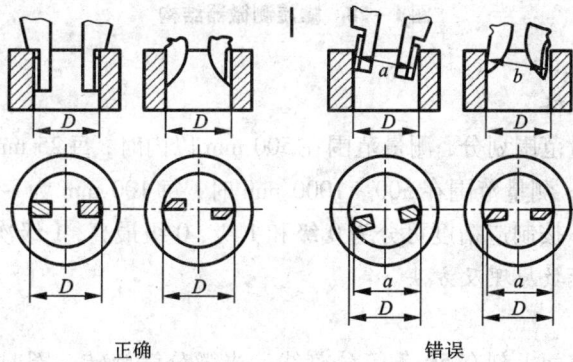

正确　　　　　　　　　　错误

图 1 - 27　测量内孔时正确与错误的位置

用游标卡尺测量零件时，不允许过分地施加压力，所用压力应使两个量爪刚好接触零件表面。如果测量压力过大，不但会使量爪弯曲或磨损，且量爪在压力作用下产生弹性变形，使测量得到的尺寸不准确，产生外尺寸小于实际尺寸、内尺寸大于实际尺寸的结果。

在游标卡尺上读数时，应把卡尺水平地拿着，朝着亮光的方向，使人的视线尽可能和卡尺的刻线表面垂直，以免由于视线的歪斜造成读数误差。

为了获得正确的测量结果，可以多测量几次。即在零件的同一截面上的不同方向进行测量。对于较长零件，则应当在全长的各个部位进行测量，务使获得一个比较正确的测量结果。

1.4.2 螺旋测微器

螺旋测微器又名为千分尺，是一种应用广泛的精密量具，其测量精度高于游标卡尺，可精确到 0.01 mm。

1. 螺旋测微器的原理

螺旋测微器是依据螺旋放大的原理制成的，即螺杆在螺母中旋转一周，螺杆便沿着旋转轴线方向前进或后退一个螺距的距离。因此，沿轴线方向移动的微小距离，就能用圆周上的读数表示出来。当小砧和测微螺杆并拢时，可动刻度的零点若恰好与固定刻度的零点重合，旋出测微螺杆，并使小砧和测微螺杆的面正好接触待测长度的物体两端，那么测微螺杆向右移动的距离就是所测的长度。这个距离的整毫米数由固定刻度上读出，小数部分由可动刻度读出，如图 1 – 28 所示。

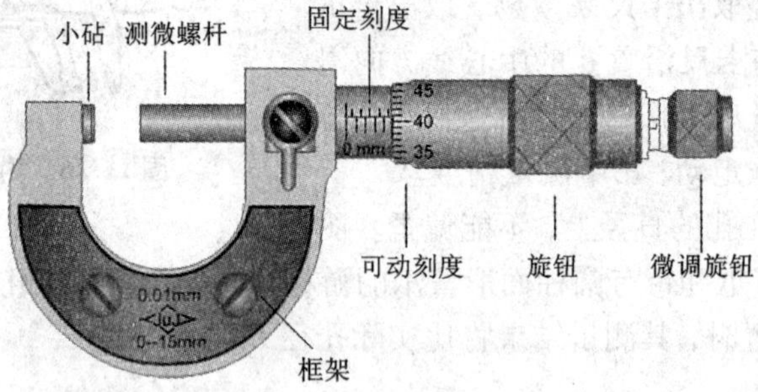

图 1 – 28　螺旋测微器结构

2. 螺旋测微器的规格

螺旋测微器按测量范围划分，测量范围在 500 mm 以内时，每 25 mm 为一种规格，如 0 ~ 25 mm、25 ~ 50 mm 等；测量范围在 500 ~ 1000 mm 时，每 100 mm 为一种规格，如 500 ~ 600 mm、600 ~ 700 mm 等；按制造精度可分为 0 级和 1 级，0 级最高，1 级次之。

3. 螺旋测微器的读数原理及方法

（1）读数原理

微分筒左端的圆锥面上刻有 50 条等分刻线。当微分筒旋转一圈时，由于测微螺杆的螺距为 0.5 mm，因此它就轴向移动了 0.5 mm；当微分筒旋转一格时，测微螺杆轴向移动距离为 0.01 mm（0.5 mm ÷ 50），因此螺旋测微器的分度值为 0.01 mm。

（2）读数方法

a. 整数部分：在固定套筒上读出与微分筒相邻近的刻线数值（包括整数与 0.5 mm 数）；

b. 小数部分：在微分筒上读出与固定筒的基准线对齐的刻线数值，并估读一位，再乘以 0.01，即为小数值；

c. 待测长度为两者之和。

如图 1 – 29（a），在固定套筒上读出整数为 8 mm，微分筒上读数为 0.269 mm（26.9 ×

40

0.01 mm），将两数相加即为被测零件的尺寸 8.269 mm；图 1-29(b)，在固定套筒上读出整数为 8.5 mm，在微分筒上读数为 0.269 mm(26.9×0.01 mm)，将两数相加即为被测零件的尺寸 8.769 mm。

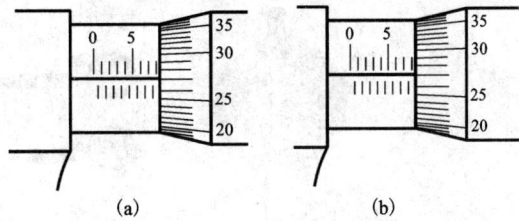

图 1-29　螺旋测微器读数方法

4.使用螺旋测微器的注意事项

1）根据不同公差等级的工件，应正确选择千分尺。通常，0 级千分尺适用于测量 IT8 级公差等级以下的工件，1 级千分尺适用于测量 IT9 级公差等级以下的工件。

2）使用前，应先用清洁纱布将千分尺擦拭干净，然后检查其各活动部分是否灵活可靠，接触面上应没有间隙和漏光现象，同时微分筒和固定套筒要对准零位。

3）测量前，应把工件被测面擦拭干净，以免影响测量精度。

4）用千分尺测量零件时，应当手握测力装置的转帽来转动测微螺杆，使测砧表面保持标准的测量压力，即听到"咔、咔"的声音，表示压力合适，并可开始读数。要避免因测量压力不等而产生测量误差。

5）读数时，最好在被测件上直接读数。若必须取下千分尺读数时，应当用锁紧装置把测微螺杆锁住后再轻轻滑出千分尺。

6）在读取百分尺上的测量数值时，要特别留心不要读错 0.5 mm。

7）为了获得正确的测量结果，可在同一位置上再测量一次。尤其是测量圆柱形零件时，应在同一圆周的不同方向测量几次，检查零件外圆有没有圆度误差，再在全长的各个部位测量几次，检查零件外圆有没有圆柱度误差等。

8）对于超常温的工件，不要进行测量，以免产生读数误差。

9）不要用千分尺测量运动的工件、表面有研磨剂或表面非常粗糙的工件，因为这样会使千分尺的测量面过早磨损，甚至会使测微螺杆或尺架发生变形而失去精度。

1.4.3　百分表

百分表是一种精度较高的比较量具，读数精确度为 0.01 mm，它只能测出相对数值，不能测出绝对数值，主要用于测量形状和位置误差，也可用于机床上安装工件时的精密找正。

按其结构和用途不同，可将百分表分为：百分表、内径百分表、杠式百分表等，分别如图 1-30(a)、(b)、(c)所示。

百分表的分度值为 0.01 mm，测量范围一般有 0～3 mm、0～5 mm 和 0～10 mm 三种。按照制造精度，可将百分表分为 0 级和 1 级，0 级最高，1 级次之。

1.百分表的结构原理

百分表的结构原理如图 1-31 所示。当测量杆 1 向上或向下移动 1 mm 时，通过齿轮传动系统带动大指针 5 转一圈，小指针 7 转一格。刻度盘在圆周上有 100 个等分格，各格的读数值为 0.01 mm。小指针每格读数为 1 mm。测量时指针读数的变动量即为尺寸变化量。刻度盘可以转动，以便测量时大指针对准零刻线。

图 1-30 百分表的类型

2. 百分表的读数方法

百分表的读数方法为：先读小指针转过的刻度线(即毫米整数)，再读大指针转过的刻度线(即小数部分)，并乘以 0.01，然后两者相加，即得到所测量的数值。

3. 使用百分表的注意事项

1)根据被测工件的尺寸和精度，选用合适的百分表。

2)根据工件的形状、表面粗糙度和材质，选用适当的测量头。

图 1-31 百分表及传动原理
1—量杆；2、3、4、6—齿轮；5—大指针；7—小指针

3)测量前，应检查测量杆活动的灵活性。即轻轻推动测量杆时，测量杆在套筒内的移动要灵活，没有任何轧卡现象，每次手松开后，指针能回到原来的刻度位置。

4)测量时，必须把百分表固定在可靠的夹持架上。切不可贪图省事，随便夹在不稳固的地方，否则容易造成测量结果不准确，或摔坏百分表。

5)测量时，不要使测量杆的行程超过它的测量范围，不要使表头突然撞到工件上，也不要用百分表测量表面粗糙度大或有显著凹凸不平的工件。

6)测量平面时，测量面和测杆要垂直；测量圆柱形工件时，测杆的中心线要与被测工件的中心线垂直，否则，将使测量杆活动不灵或测量结果不准确。

7)为方便读数，在测量前一般都让大指针指到刻度盘的零位。

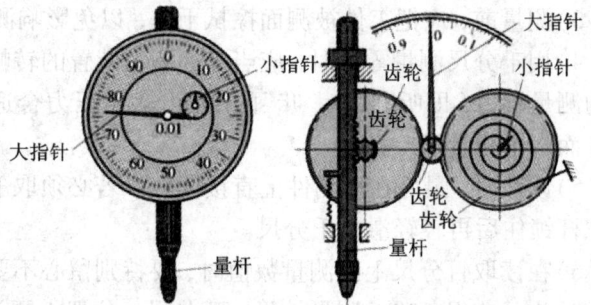

42

第 2 章
材料成形加工

2.1　铸造成形

将熔融金属浇到具有与零件形状相适应的铸型中，等冷却凝固后获得一定形状和性能毛坯或零件的方法称为铸造。利用铸造方法获得的金属物件称为铸件。

铸造生产具有如下的优点：

1）铸造可以形成形状复杂的铸件　这是利用了液体的特性，因为液体具有与容器一致的形状。一些形状复杂，特别是内腔复杂的零件，如各种壳体、床身、发动机缸体等，大都采用铸造方法获取零件的毛坯。

2）铸造的适应性广泛　铸件的尺寸与重量一般不受限制，重量小至几克，大至数百吨，壁厚从 0.5 mm 到 1 m 左右，长度从几毫米到十几米，并且几乎各种合金都能浇注成铸件，铸造生产既适应于单件、小批生产，又适应于成批、大量生产；各种工程金属都可以采用铸造方法成形，有些脆性金属（如铸铁）只能用铸造方法制成零件毛坯。

3）铸造生产成本较低　铸造所用原材料来源广泛，价格低廉，可以利用报废的机件、切屑以及铸造生产中的金属废料和废件回炉重熔，而且铸造生产中设备的投资较少，所以铸件的价格较低。

4）铸件形状与零件相近　铸件的形状与零件相近，因而减少了切削加工工作量，降低了金属的消耗，可以降低零件的造价。一些先进的铸造方法甚至可以实现铸件无切削加工，这在经济上具有很大的意义。

铸造也存在一些缺点。例如，铸件的内部组织比较粗大，常容易产生缩孔、气孔、夹渣、裂纹等各种铸造缺陷，因而其力学性能比锻件低，承受动载荷和冲击载荷的能力较差；铸造生产过程中工序多，一些工艺过程不易控制，使得铸件质量不易稳定，容易因工艺原因出现废品；此外，砂型铸件的表面比较粗糙，加工余量较多。

铸造在机械制造业中有广泛的应用。如果按重量计算，机械设备中约有 50% ～80% 的零件需采用铸件毛坯。在农业机械中占 40% ～70%，在金属切削机床中占 70% ～80%，在重型机械、矿山机械、水力发电设备中占 85% 以上。在国民经济的其他各个部门中，铸件也得到了广泛的应用。

2.1.1　铸造工艺基础

合金在铸造过程中所表现出来的工艺性能，称为合金的铸造性能，主要指标有流动性、收缩性、偏析和吸气性等。铸件的质量与合金的铸造性能密切相关，其中流动性和收缩性对铸件的质量影响最大。

1. 液态合金的充型

液态合金填充铸型的过程，简称充型。液态合金充满铸型型腔，获得轮廓清晰、形状准确的铸件的能力称为液态合金的充型能力。若充型能力不强，则易产生浇不到、冷隔等缺陷，造成废品。

影响充型能力的因素如下：

① 流动性

液态合金本身的流动能力，叫做合金的流动性，它是合金的主要铸造性能之一。合金的流动性差时，铸件容易产生浇不足、冷隔、气孔和夹杂等缺陷。流动性好的合金，充型能力强，便于浇铸出轮廓清晰、薄而复杂的铸件；也有利于液态金属中的气体和非金属夹杂物的上浮；还有利于对铸件进行补缩。

液态合金流动性的好坏，通常用螺旋形试样的长度来衡量。如图 2-1 所示，浇出的试样愈长，说明流动性愈好。试验得知：常用铸造合金中灰铸铁、硅黄铜的流动性最好，铸钢的流动性最差。

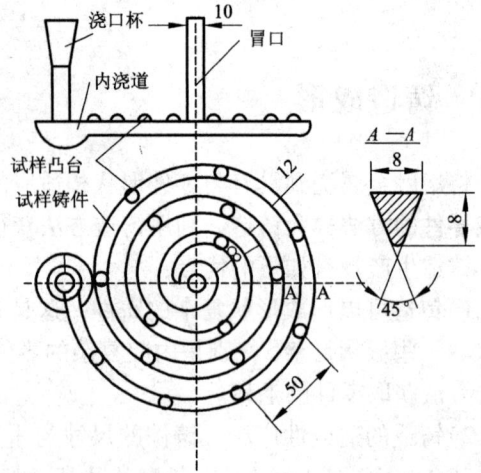

图 2-1 螺旋形金属流动性试样

影响合金流动性的因素很多，但以化学成分的影响最为显著。纯金属和共晶成分的合金，由于是在恒温下进行结晶，液态合金从表层逐渐向中心凝固，固液界面比较光滑，因此对液态合金的流动阻力较小。同时，共晶成分合金的凝固温度最低，可获得较大的过热度，推迟了合金的凝固，故流动性最好。其他成分的合金是在一定温度范围内结晶的，由于初生树枝状晶体与液体金属两相共存，粗糙的固液界面使合金的流动阻力加大，合金的流动性下降。

Fe-C 合金的流动性与含碳量之间的关系如图 2-2 所示。由图可见，亚共晶铸铁随含碳量增加，结晶温度区间减小，流动性逐渐提高，越接近共晶成分，合金的流动性愈好。

② 浇注条件

浇注条件主要指浇注温度和充型压力。

a. 浇注温度　提高合金的浇注温度会使合金的黏度下降，且因过热度高，合金在铸型中保持流动的时间长，故充型能力提高；反之，充型能力差。合金的充型能力随浇注温度的提高呈直线上升，因此，对薄壁铸件或流动性较差的合金可适当提高浇注温度，以防浇不足、冷隔等缺陷。但浇注温度太

图 2-2 Fe-C 合金的流动性与含碳量的关系

44

高，将使合金的收缩量增加，吸气增多，容易产生缩孔、缩松、气孔、粗晶等缺陷。因此，在保证充型能力足够的前提下，浇注温度不宜过高。每种合金都有一定的浇注温度范围，一般铸钢为 1520～1620℃，铸铁为 1230～1450℃，铝合金为 680～780℃。

b.充型压力　液态合金在流动方向上所受的压力越大，充型能力越好。砂型铸造时充型压力是由直浇道所产生的静压力取得的，故直浇道的高度必须适当。压力铸造、低压铸造和离心铸造时，因充型压力得到提高，所以充型能力强。

③铸型填充条件

液态合金充型时，铸型的阻力将影响合金的流动速度，铸型与合金之间的热交换又将影响合金保持流动的时间。因此，铸型的如下因素对充型能力均有显著影响：

a.铸型的蓄热能力　铸型的蓄热能力即铸型从金属中吸收和储存热量的能力。铸型材料的导热系数和比热越大，对液态合金的激冷能力越强，合金的充型能力越差。

b.铸型温度　在金属型铸造和熔模铸造时，可将铸型预热到一定温度，由于减少了铸型和合金间的温差，减缓了冷却速度，故使充型能力得到提高。

c.铸型中的气体　在金属液的热作用下，型腔中的气体膨胀，砂型中的水分汽化，煤粉和其他有机物燃烧，将产生大量的气体。如果铸型的排气能力差，则型腔中的气体压力增大，以致阻碍液态合金的充型。为了减少气体压力，除设法减少气体来源外，应使砂型具有良好的透气性，并在远离浇口的最高部位开设出气口。

此外，铸件的结构对充型能力也有相当的影响。

2.铸件的凝固与收缩

①铸件的凝固方式

在铸件的凝固过程中，其断面上一般存在三个区域，即固相区、凝固区和液相区，其中，对铸件质量影响较大的主要是液相和固相并存的凝固区的宽窄。铸件的"凝固方式"就是依据凝固区的宽窄来划分的。

a.逐层凝固　纯金属或共晶成分合金在凝固过程中因不存在液、固并存的凝固区，见图 2－3(a)，故断面上外层的固体和内层的液体由一条界限(凝固前沿)清楚地分开。随着温度的下降，固体层不断加厚，液体层不断减少，最后到达铸件的中心，这种凝固方式称为逐层凝固。

b.糊状凝固　如果合金的结晶温度范围很宽，且铸件的温度分布较为平坦，则在凝固的某段时间内，铸件表面并不存在固体层，而液、固并存的凝固区贯穿整个断面，见图 2－3(c)。由于这种凝固方式与水泥类似，即先呈糊状而后固化，故称为糊状凝固。

c.中间凝固　大多数合金的凝固介于逐层凝固和糊状凝固之间，见图 2－3(b)，称为中间凝固。

铸件质量与其凝固方式密切相关。一般说来，逐层凝固时，合金的充型能力强，有利于防止缩孔和缩松；糊状凝固时，难以获得结晶紧实的铸件。在常用合金中，灰铸铁、铝硅合金等倾向于逐层凝固，易于获得紧实铸件；球墨铸铁、锡青铜、铝铜合金等倾向于糊状凝固，为获得紧实铸件常需采用适当的工艺措施，以便补缩或减小其凝固区域。

②铸造合金的收缩

液态合金在凝固和冷却过程中，体积和尺寸减小的现象称为液态合金的收缩。收缩是绝大多数合金的物理性质之一。收缩能使铸件产生缩孔、缩松、裂纹、变形和内应力等缺陷，影响铸件质量。为了获得形状和尺寸符合技术要求、组织致密的合格铸件，必须研究合金收

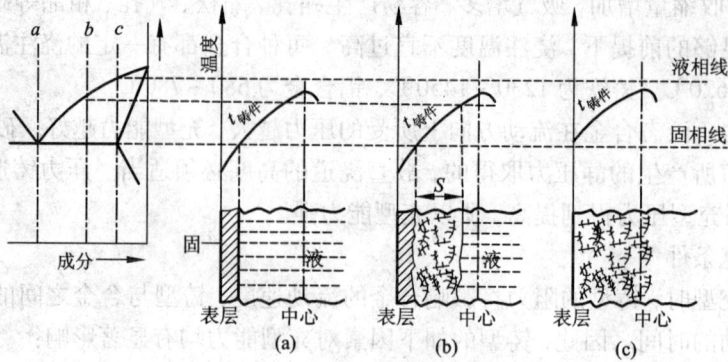

图 2-3 铸件的凝固方式

缩的规律。

合金的收缩经历三个阶段，如图 2-4 所示。

a. 液态收缩　从浇注温度($T_浇$)到凝固开始温度(即液相线温度 T_1)间的收缩。

b. 凝固收缩　从凝固开始温度(T_1)到凝固终止温度(即固相线温度 T_S)间的收缩。

c. 固态收缩　从凝固终止温度(T_S)到室温间的收缩。

合金的收缩率为上述三个阶段收缩率的总和。

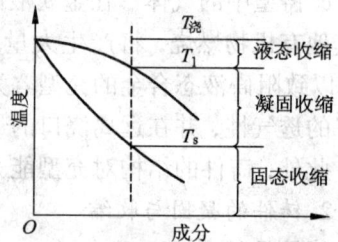

图 2-4　合金收缩的三个阶段

表 2-1　几种铁碳合金的体积收缩率

合金种类	含碳量 /%	浇注温度 /℃	液态收缩 /%	凝固收缩 /%	固态收缩 /%	总收缩 /%
碳素铸钢	0.35	1610	1.6	3.0	7.86	12.46
白口铸铁	3.0	1400	2.4	4.2	5.4 ~ 6.3	12 ~ 12.9
灰口铸铁	3.5	1400	3.5	0.1	3.3 ~ 4.2	6.9 ~ 7.8

因为合金的液态收缩和凝固收缩体现为合金体积的缩减，故常用单位体积收缩量(即体积收缩率)来表示。合金的固态收缩不仅引起体积上的缩减，同时还使铸件在尺寸上缩减，因此常用单位长度上的收缩量(即线收缩率)来表示。

不同合金的收缩率不同，常用合金中，铸钢的收缩率最大，灰铸铁最小。几种铁碳合金的体积收缩率见表 2-1。常用铸造合金的线收缩率见表 2-2。

表 2-2　常用合金的线收缩率

合金种类	灰口铸铁	可锻铸铁	球墨铸铁	碳素铸钢	铝合金	铜合金
线收缩率/%	0.8 ~ 1.0	1.2 ~ 2.0	0.8 ~ 1.3	1.38 ~ 2.0	0.8 ~ 1.6	1.2 ~ 1.4

46

③缩孔和缩松

液态合金在铸型内冷凝过程中，若其液态收缩和凝固收缩所缩减的容积得不到补足时，将在铸件最后凝固的部位形成孔洞。根据孔洞的大小和分布，可将其分为缩孔和缩松两类。

a.缩孔 缩孔是指集中在铸件上部或最后凝固部位、容积较大的孔洞。缩孔多呈倒圆锥形，内表面粗糙。

假设铸件呈逐层凝固，则缩孔形成过程如图2-5所示。液态合金充满型腔后，见图2-5(a)，由于铸型的吸热，靠近型内表面的金属很快凝固形成一层外壳，而内部液体因液态收缩和补充凝固层的收缩，体积缩减，液面下降，使铸件内部出现了空隙，见图2-5(c)，至内部完全凝固，在铸件上部形成了缩孔，见图2-5(d)。继续冷至室温，整个铸件发生固态收缩，缩孔的绝对体积略有减小，见图2-5(e)。

图2-5 缩孔形成过程示意图

合金的液态收缩和凝固收缩越大，浇注温度越高，铸件的壁越厚，缩孔的容积越大。

b.缩松 缩松是指分散在铸件某些区域内的细小缩孔。当缩松和缩孔的容积相同时，缩松的分布面积要比缩孔大得多。

缩松的形成也是由于铸件最后凝固区域的收缩未能得到补足，或者因合金呈糊状凝固，被树枝状晶体分隔开的小液体区难以得到补缩所致。

缩松可分为宏观缩松和显微缩松两种，宏观缩松是肉眼或放大镜可以看出的小孔洞，多分布在铸件中心轴线部位、热节处、冒口根部、内浇道附近或缩孔下方，如图2-6所示。显微缩松是分布在晶粒之间的微小孔洞，要用显微镜才能观察出来，这种缩松分布面积更加广泛，有时遍及整个截面。显微缩松难以完全避免，对于一般铸件多不作缺陷对待，但对气密性、力学性能、物理性能或化学性能要求很高的铸件，必须设法减少缩松。

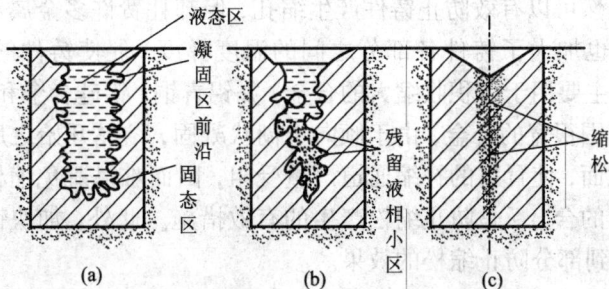

图2-6 缩松示意图

不同铸造合金的缩孔缩松倾向不同，逐层凝固合金的缩孔倾向大、缩松倾向小；糊状凝固合金的缩松倾向大、缩孔倾向小。生产中可采用一些工艺措施，如控制冷却速度来控制铸件的凝固方式，使产生缩孔和缩松的倾向在一定条件下、一定范围内相互转化。

c. 缩孔和缩松的防止　缩孔和缩松都会使铸件的力学性能下降，缩松还可使铸件因渗漏而报废。因此，必须采取适当的工艺措施，防止缩孔和缩松的产生。采用定向凝固可有效防止铸件出现缩孔。所谓定向凝固，是在铸件可能出现缩孔的厚大部位，通过安放冒口等工艺措施，使铸件上远离冒口的部位最先凝固，见图2-7 Ⅰ 区，然后是靠近冒口的部位凝固，见图2-7 Ⅱ、Ⅲ 区，最后是冒口本身凝固。按照这样的凝固顺序，先凝固部位的收缩，由后凝固部位的金属液来补充，后凝固部位的收缩，由冒口中的金属液来补充，从而使铸件各个部位的收缩均能得到补充，而将缩孔转移到冒口之中。冒口为铸件的多余部分，在铸件清理时去除。

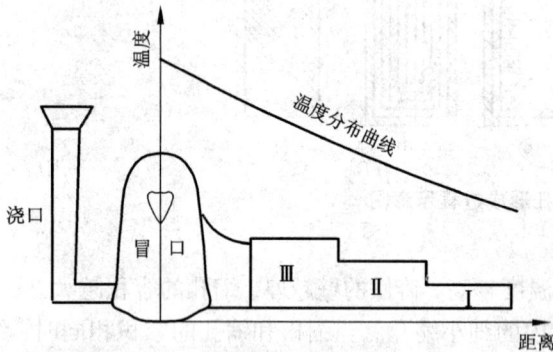

图2-7　定向凝固示意图

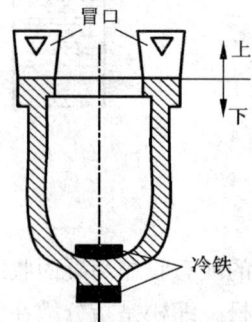

图2-8　冷铁的应用

为了实现定向凝固，在安放冒口的同时，还可在铸件上某些厚大部位增设冷铁。如图2-8所示，铸件的厚大部位不止一个，仅靠顶部冒口，难以向底部的凸台补缩，为此，在该凸台的型壁上安放了两块外冷铁。冷铁加快了铸件在该处的冷却速度，使厚度较大的凸台反而最先凝固，从而实现了自下而上的定向凝固，防止了凸台处缩孔、缩松的产生。可以看出，冷铁的作用是加快某些部位的冷却速度，用以控制铸件的凝固顺序，冷铁通常用铸钢或铸铁加工制成。

采用定向凝固虽然可以有效防止铸件产生缩孔，但却耗费许多金属和工时，增加铸件成本。同时，定向凝固也加大了铸件各部分之间的温度梯度，促使铸件的变形和裂纹倾向加大。因此，定向凝固主要用于体积收缩大的合金，如铝青铜、铝硅合金和铸钢件等。

对于结晶温度范围很宽的合金，由于倾向于糊状凝固，结晶开始之后，发达的树枝状骨架布满了铸件整个截面，使冒口的补缩通道严重受阻，因而难以避免缩松的产生。显然，选用结晶温度范围较窄的合金，是防止缩松产生的有效措施。此外，加快铸件的冷却速度，或加大结晶压力，可达到部分防止缩松的效果。

3.铸造内应力、变形和裂纹

（1）铸造内应力

铸件在凝固之后的继续冷却过程中，若固态收缩受到阻碍，将会在铸件内部产生内应力。这些内应力有的是在冷却过程中暂存的，有的则一直保留到室温，称为残余应力。铸造内应力有热应力和机械应力两类，它们是铸件产生变形和裂纹的基本原因。

1）热应力的形成

热应力是由于铸件壁厚不均匀，各部分冷却速度不同，以致在同一时期铸件各部分收缩不一致而引起的。

为了分析热应力的形成，首先必须了解金属自高温冷却到室温时应力状态的变化。固态金属在弹—塑临界温度以上的较高温度时，处于塑性状态，在应力作用下会产生塑性变形，变形之后，应力可自行消除。而在弹—塑临界温度以下，金属呈弹性状态，在应力作用下发生弹性变形，变形之后，应力仍然存在。

下面用图 2 - 9（a）所示的框形铸件来分析热应力的形成。该铸件中的杆Ⅰ较粗，杆Ⅱ较细。当铸件处于高温阶段（图中 $T_0 \sim T_1$ 间），两杆均处于塑性状态，尽管两杆的冷却速度不同，收缩不一致，但瞬时的应力均可通过塑性变形而自行消失。继续冷却后，冷速较快的杆Ⅱ已进入弹性状态，而粗杆Ⅰ仍处于塑性状态（图中 $T_1 \sim T_2$ 间）。由于细杆Ⅱ冷却快，收缩大于粗杆Ⅰ，所以细杆Ⅱ受拉伸，粗杆Ⅰ受压缩，见图 2 - 9（b），形成了暂时内应力，但这个内应力随之因粗杆Ⅰ的微量塑性变

图 2 - 9　热应力的形成

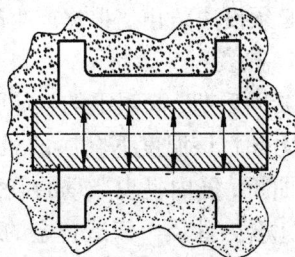

形（压短）而消失，见图 2 - 9（c）。当进一步冷却到更低温度时（图中 $T_2 \sim T_3$ 间）已被塑性压短的粗杆Ⅰ也处于弹性状态，此时，尽管两杆长度相同，但所处的温度不同。粗杆Ⅰ的温度较高，还会进行较大的收缩；细杆Ⅱ的温度较低，收缩已趋停止。因此，粗杆Ⅰ的收缩必然受到细杆Ⅱ的强烈阻碍，于是，细杆Ⅱ受压缩，粗杆Ⅰ受拉伸，直到室温，形成了残余内应力，见图 2 - 9（d）。

由此可见，不均匀冷却使铸件的厚壁或心部受拉应力，薄壁或表层受压应力。铸件的壁厚差别愈大、合金的线收缩率愈高、弹性模量愈大，热应力也愈大。

2）机械应力的形成

机械应力是合金的线收缩受到铸型或型芯的机械阻碍而形成的内应力，如图 2 - 10 所示。

机械应力使铸件产生的拉伸或剪切应力，是暂时存在的，在铸件落砂之后，这种内应力便可自行消除。但机械

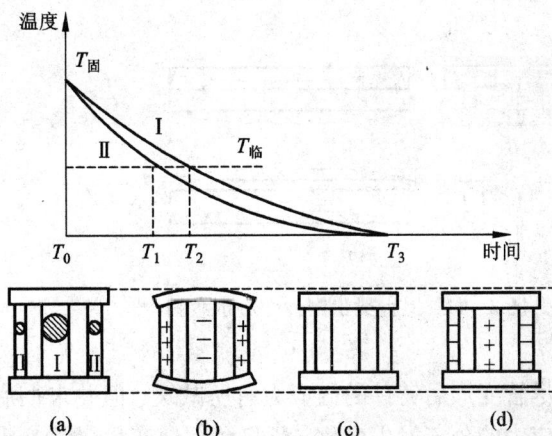

图 2 - 10　机械应力

应力在铸型中可与热应力共同起作用，增大某些部位的拉应力，增加铸件的裂纹倾向。

3）减小应力的措施

在铸造工艺上采取同时凝固，即尽量减小铸件各部位间的温度差，使铸件各部位同时冷却凝固。如在铸件的厚壁处加冷铁，并将内浇道设在薄壁处。但采用该原则容易在铸件中心区域产生缩松，组织不致密，所以该原则主要用于凝固收缩小的合金，如灰铸铁，以及壁厚均匀、结晶温度范围宽且对致密性要求不高的铸件等。改善铸型和型芯的退让性，以及浇注后早开铸型，可以有效减少机械应力。

（2）铸件的变形

存在残余应力的铸件是不稳定的，它将自发地通过变形来减缓其内应力，以便趋于稳定状态。图2－11是T形铸件在热应力作用下的变形情况，双点画线表示变形的方向。为防止铸件变形，在设计时，应尽量使铸件壁厚均匀、形状简单而对称。对于细长、大而薄的易变形铸件，可在模样上预留与铸件变形形状相同、方向相反的变形，待铸件冷却后两者相互抵消，此方法称为"反变形法"，图2－12是箱体件"反变形法"的应用示例。

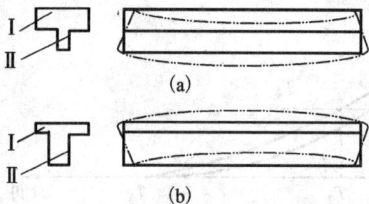

图2－11 T型梁铸钢件变形示意图　　　图2－12 箱体件反变形方向示意图

尽管变形后铸件的内应力有所减缓，但并未彻底去除，这样的铸件经机械加工之后，由于内应力的分布发生变化，还将缓缓地产生微量变形，以致零件的加工精度下降。为此，对于不允许发生变形的重要零件，必须进行时效处理。时效处理可分为自然时效和人工时效两种。自然时效是将铸件置于露天场地一段时间，使其缓慢地发生变形，从而使内应力消除。人工时效是将铸件加热到$550 \sim 650 \, ^{\circ}\!C$之间保温，进行去应力退火，它比自然时效快，内应力去除较彻底，获得广泛应用。

（3）铸件的裂纹

当铸造内应力超过金属材料的抗拉强度时，铸件便会产生裂纹。裂纹是严重的铸件缺陷，必须设法防止。根据产生时温度的不同，裂纹可分为热裂和冷裂两种：

1）热裂

凝固后期，高温下的金属强度很低，如果金属较大的线收缩受到铸型或型芯的阻碍，机械应力超过该温度下金属的最大强度，便产生热裂。其形状特征是：尺寸较短，缝隙较宽，形状曲折，缝内呈现严重的氧化色。影响热裂的主要因素是合金性质和铸型阻力：

①合金性质 铸造合金的结晶特点和化学成分对热裂的产生均有明显的影响。合金的结晶温度范围愈宽，凝固收缩量愈大，合金的热裂倾向也愈大。灰铸铁和球墨铸铁由于凝固收缩甚小，故热裂倾向也较小。铸钢、某些铸铝合金、白口铸铁的热裂倾向较大。铸件中的硫、磷含量越多，热裂倾向越大。

②铸型阻力　铸型的退让性对热裂的形成有着重要影响。退让性越好，机械应力越小，形成热裂的可能性也越小。

防止热裂的方法主要是：合理设计铸件结构；改善型砂和芯砂的退让性；严格控制合金的化学成分。此外，砂箱的箱带与铸件过近，型芯骨的尺寸过大，浇注系统位置不合理等，均可增大铸型阻力，引发热裂的形成，必须防范。

2）冷裂

铸件凝固后在较低温度下形成的裂纹叫冷裂。其形状特征是：表面光滑，具有金属光泽或呈微氧化色，裂口常穿过晶粒延伸到整个断面，常呈圆滑曲线或直线状。脆性大、塑性差的合金，如白口铸铁、高碳钢及某些合金钢，最易产生冷裂纹，大型复杂铸铁件也易产生冷裂纹。冷裂往往出现在铸件受拉应力的部位，特别是应力集中的部位。有些冷裂纹在落砂时并未形成，而是在铸件清理、搬运或机械加工时受到震击才出现的。

防止冷裂的方法主要是尽量减小铸造内应力和降低合金的脆性。如铸件壁厚要均匀；增加型砂和芯砂的退让性；降低钢和铸铁中的含磷量，因为磷能显著降低合金的冲击韧度，使钢产生冷脆。如铸钢的含磷量大于0.1%、铸铁件的含磷量大于0.5%时，因冲击韧度急剧下降，冷裂倾向明显增加。

4. 合金的吸气性和氧化性

(1) 合金的吸气性

合金在熔炼和浇注时吸收气体的能力称为合金的吸气性。如果液态时吸收气体多，在凝固时，侵入的气体若来不及逸出，就会出现气孔、白点等缺陷。

根据气体的来源不同，气孔可分为侵入气孔、析出气孔和反应气孔三类。

1）侵入气孔　侵入气孔是由于型砂表层聚集的气体侵入金属液中而形成的。侵入气孔的特征是：多位于铸件表面附近，尺寸较大，呈椭圆形或梨形，孔的内表面被氧化，侵入铸件中的气体主要来自造型材料中的水分、粘结剂和各种附加物。预防侵入气孔的基本途径是降低型砂的发气量和增加铸型的排气能力。

2）析出气孔　溶解于金属液中的气体在冷凝过程中因气体溶解度下降而析出，铸件因此而形成的气孔称为析出气孔。

金属之所以吸收气体是由于金属在熔化和浇注过程中很难与气体隔离，一些双原子气体 (如 H_2、N_2、O_2 等)可以从炉料、炉气等进入金属液中。其中，氢因不与金属形成化合物，且原子直径最小，故较易熔解于金属。

合金的吸气性随温度的升高而加大。气体在液态合金中的溶解度较固态大得多，合金的过热度越高，气体的含量越高。溶有氢、氮、氧等原子的液态合金在冷凝过程中，由于其溶解度下降，呈过饱和状态，于是结合成分子，以气泡的形式从合金中析出，上浮的气泡若遇有阻碍，或由于金属液冷却黏度增加使其不能上浮，则在铸件中就产生了气孔。

析出气孔的特征是：分布面积较广，有时遍及整个铸件截面，而气孔的尺寸较小。析出气孔在铝合金中最为多见。

3）反应气孔　浇入铸型中的金属液与铸型材料、型芯撑、冷铁或熔渣之间，因化学反应产生气体而形成的气孔，称为反应气孔。

反应气孔的种类很多，形状各异。如金属液与砂型界面因化学反应生成的气孔，多分布在铸件表层下 1~2 mm 处，呈皮下气孔。

为了减少合金的吸气性,可采取缩短熔炼时间、选用烘干过的炉料、提高铸型和型芯的透气性、降低造型材料中的含水量和对铸型进行烘干等措施。

（2）合金的氧化性

合金的氧化性是指合金液体与空气接触,被空气中的氧气氧化,形成氧化物。生成的氧化物若不及时清除,则在铸件中就会出现夹渣缺陷。

2.1.2 砂型铸造

砂型铸造是在砂型中生产铸件的铸造方法。砂型铸造用型砂制作铸型,一个铸型只能使用一次。钢、铁和大多数有色合金铸件都可用砂型铸造方法获得,是铸造生产中的基本工艺。

1. 砂型铸造工艺过程及铸型组成

①砂型铸造工艺过程

铸造生产是一种非常复杂的综合性工艺,包括模样与芯盒制备、原材料准备、金属熔化、造型、烘干、合型、浇注、清理、检验及铸件热处理等。铸造按生产方法的不同,可分为砂型铸造和特种铸造。用砂型铸造生产的铸件约占铸件总产量的80%以上。

图2-13是压盖砂型铸造生产工艺过程示意图。它是砂型铸造生产工艺流程的典型。

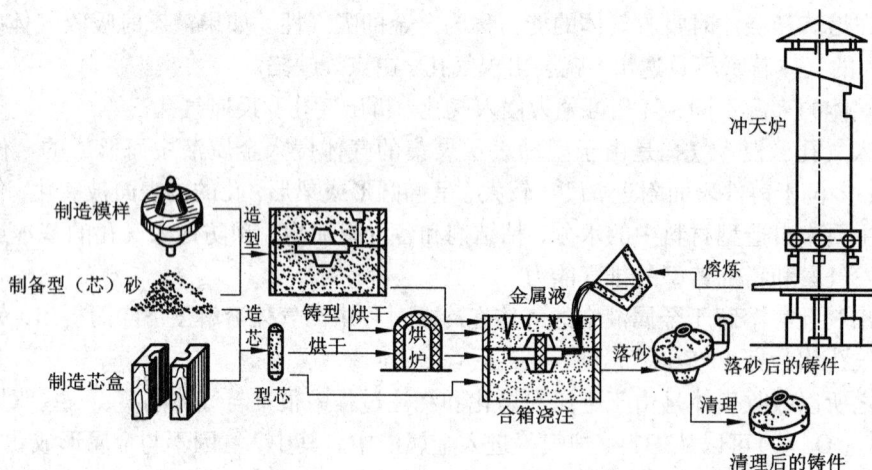

图2-13 压盖砂型铸造生产的工艺过程图

②铸型的组成

铸型主要由上型、下型、砂芯、型腔、芯子、浇注系统等部分组成。图2-14为压盖合型后的铸型形状,即压盖铸型装配图。在铸型装配图上,可以较清楚地看到上型、下型、型腔、芯子、浇注系统等几个组成部分的相互位置关系。

2. 造型材料

造型材料是指制造铸型所需的材料,广义而言制造砂型所用的型（芯）砂、涂料和它们的组成材料,制造金属型所用的钢、铸铁或铜,制造其他特种铸型用的陶瓷浆料、石膏等都是造型材料。由于砂型铸造应用最广,往往"造型材料"是指制造砂型所用的型砂、芯砂、涂料等。

(1)型(芯)砂的性能

型(芯)砂应具备强度、透气性、耐火性、退让性、可塑性等方面的性能。

①强度

型砂与芯砂成形之后抵抗外力破坏的能力称为强度。强度高的铸型在搬运、合型时不易损坏，浇注时不易被熔融金属冲塌，铸件可避免产生砂眼、夹砂和塌箱等缺陷。

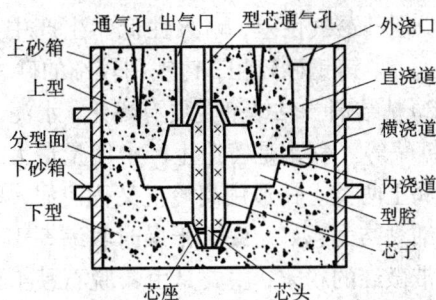

图 2 - 14 压盖铸型装配图

型(芯)砂的强度可分为湿强度、干强度、热强度和表面强度。按受力状态又可分为抗压、抗弯和抗剪强度等。配制好的型砂在使用前一般需要做强度试验，检测其强度指标是否达到要求。

型(芯)砂的强度与原砂的粒度及形状、黏土质量、含水量的多少、砂型紧实程度、混砂工艺等因素有关。

②透气性

型砂与芯砂透过气体的能力称为透气性。熔融金属浇入铸型时，砂型中会产生大量气体，熔融金属中也随温度下降而析出一些气体。这些气体如不能从砂型中及时排出，就会使铸件形成气孔。

配制好的型砂在使用前一般也需做透气性试验，检测其透气性指标是否达到要求。

透气性与原砂粒度、黏土含量及水分等因素有关。

③耐火性

型砂与芯砂在高温熔融金属的作用下不软化、不熔化的性质叫做耐火性。耐火性差的型(芯)砂容易使铸件表面产生粘砂缺陷，导致铸件切削加工困难。

耐火性的高低主要与原砂的化学成分、杂质含量、粒度大小等有关。

④退让性

铸件凝固时体积要缩小，型砂与芯砂随铸件收缩而被压缩的性能称为退让性。退让性好的型(芯)砂不会阻碍铸件的收缩，使铸件避免产生裂纹，减少应力。

⑤可塑性

可塑性是指型砂在外力作用下，能形成一定的形状，当外力去掉后，仍能保持此形状的能力。可塑性好，可使铸型清楚地保持模型外形的轮廓。

型(芯)砂的性能由其所组成的原材料性质和配砂工艺操作等因素决定。

由于芯子被熔融金属包围，所以芯砂的性能比型砂要求更高。

(2)型(芯)砂的组成

型(芯)砂的基本组成是：原砂 + 粘结剂 + 附加物 + 水。

1)原砂　原砂主要有硅砂(石英砂)、石灰石砂和特种砂等种类，其中硅砂的应用最广，其熔化温度在 1700℃ 以上，化学成分为二氧化硅(SiO_2)，其中含有少量杂质，杂质降低了硅砂的耐火度。铸铁用硅砂中二氧化硅含量应不少于 85%，铸钢用硅砂中二氧化硅含量应不少于 92%。人工硅砂二氧化硅含量在 90% 以上，优质硅砂二氧化硅含量在 97% 以上。型砂粒度分布一般在 0.025~3.35 mm，砂粒应均匀且呈圆形。砂粒细小则有利于增加型(芯)砂的强度，但其透气性差，耐火性低。生产中要根据熔融金属温度的高低选择不同粒度的石英砂。通常，铸钢砂较粗，铸铁用较细的砂，有色金属铸造选用的砂更细一些。

2)粘结剂 粘结剂主要有黏土、水泥、水玻璃和树脂等，其次还有植物油、合脂、纸浆残液、糖浆等。黏土是铸造生产中用量最大的一种粘结剂，黏土主要分为铸造用高岭土和铸造用膨润土两类。铸造用高岭土又称白泥，呈白色或灰白色，主要是由高岭石矿物所组成，黏土越细黏结力越好。黏土干燥时收缩率小，不易产生裂纹。铸造用膨润土又称陶土，为白色或略带微红的粉末，主要是由蒙脱石黏土矿物所组成。膨润土分为酸性和碱性两大类，水湿润后的膨润土体积会膨胀几倍到十几倍，黏结力比高岭土高2~4倍。干燥时收缩率大，易产生裂纹。

3)附加物 附加物主要有煤粉、锯木屑等。在型砂中加入少量煤粉可以增加型砂的耐火性、提高铸件表面质量、防止湿型铸造生产铸铁件时产生粘砂和夹砂。木屑用于背砂中增加砂型退让性。

(3)涂料

涂料是指型腔和型芯表面的涂覆材料，有液态、稠体或粉状之分，它可以提高铸型表面的耐火度、化学稳定性等。在砂型(芯)表面刷涂料可提高表面强度和防止铸件粘砂、夹砂，减少清砂的劳动量。

3. 模样与芯盒

模样是以零件图为依据，在零件形状尺寸的基础上考虑铸造生产工艺的特点，对起模斜度、加工余量、芯头座等内容综合考量后设计制造出来的模型。模样用来形成铸型的型腔，以获得铸件的外形。对于有铸出孔的铸件，需要用芯盒来制造型芯，以获得铸件的内腔。模样与芯盒常被看成铸造工艺装备之一。

4. 造型方法

在砂型铸造中，造型是一项重要的工作，在单件和小批量生产中用手工造型，大批量生产则采用机器造型。

(1)手工造型

手工造型是用手工操作完成造型工序。砂箱及常用的手工造型工具如图2-15所示。

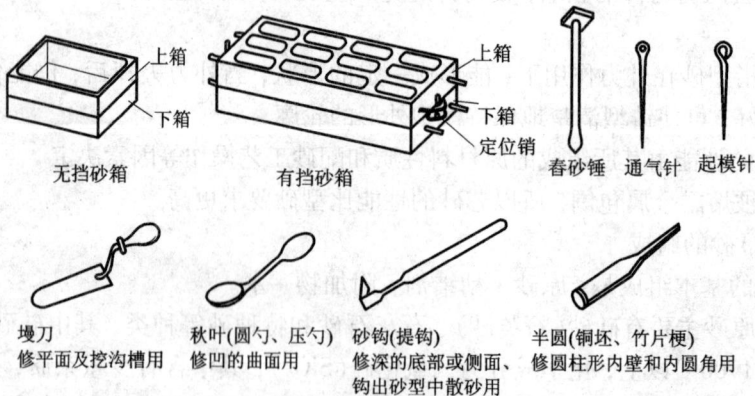

无挡砂箱　有挡砂箱　春砂锤　通气针　起模针

上箱　上箱　下箱　定位销

墁刀　秋叶(圆勺、压勺)　砂钩(提钩)　半圆(铜坯、竹片梗)
修平面及挖沟槽用　修凹的曲面用　修深的底部或侧面、　修圆柱形内壁和内圆角用
　　　　　　　　　　　钩出砂型中散砂用

图 2-15　砂箱及常用的手工造型工具

54

手工造型操作灵活，适应性强，不需要特殊的工艺装备。但其生产率低，劳动强度大，劳动条件差。

手工造型方法有许多种，按模样特征可分为：整模造型、分模造型、挖砂造型、假箱造型、活块造型、刮板造型等；按砂箱特征可分为：两箱造型、三箱造型、地坑造型、脱箱造型、叠箱造型等。要根据零件的形状、生产批量的大小、生产条件等来选择合适的手工造型方法。下面介绍几种常用的手工造型方法。

1）整模造型

整模造型时，模样放置在一个砂箱中，分型面位于模样的一侧。图 2 – 16 是整模造型铸型装配图。模样是整体的，多数情况下，型腔全部在下半型内，上半型无型腔。造型简单，铸件不会产生错型缺陷。这种方法适用于生产形状比较简单，一端为最大截面，且为平面的铸件。

整模造型的操作过程如图 2 – 17 所示，造型前将砂箱、模样、平板、造型工具、造型材料等准备好后，就可以按照以下步骤开始造型操作。

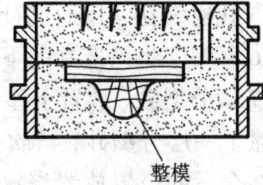

图 2 – 16　整模造型

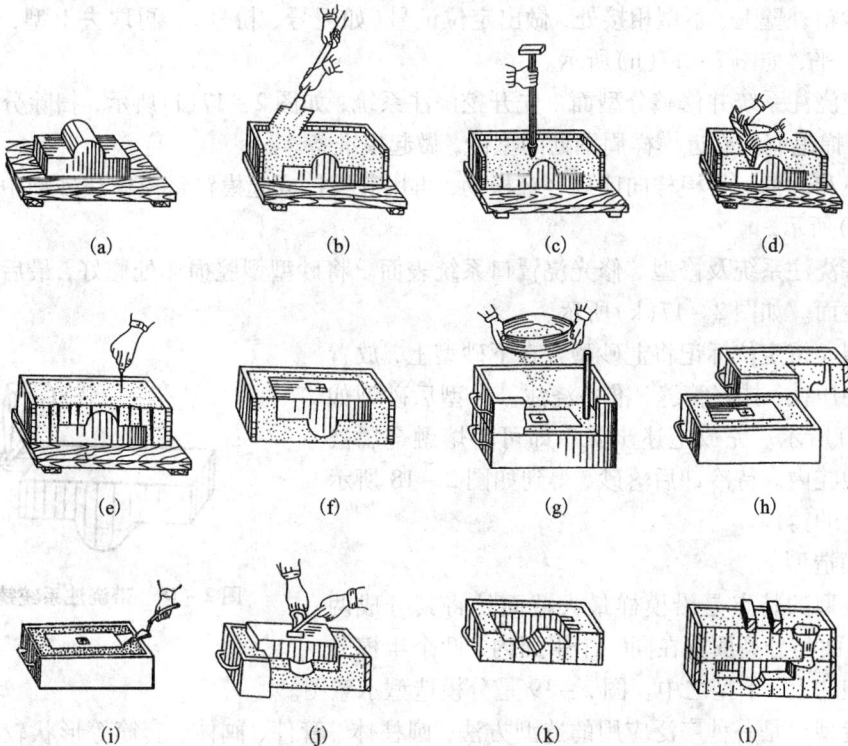

图 2 – 17　整模造型过程

①安放平板、模样及砂箱　按铸造工艺方案将模样安放在造型平板的适当位置，如图 2 – 17（a）所示。套上下砂箱，使模样与砂箱内壁之间有足够的吃砂量。若模样容易粘砂，

可撒（或涂）一层防粘模材料，如石英粉等。

②填砂　在已安放好的模样表面筛上或铲上一层面砂，将模样盖住。在面砂上面铲加一层背砂，如图2－17(b)所示。

③紧实　用砂春将分批填入的型砂逐层春实，如图2－17(c)所示。最后填入一层背砂，要用砂春的平头春实。

④刮平　用刮板刮去砂型上面多余的型砂，使其表面与砂箱四边平齐，如图2－17(d)所示。

⑤扎通气孔　用通气针扎出分布均匀、深度适当的出气孔，如图2－17(e)所示。

⑥翻型　将已造好的下砂型翻转180°，如图2－17(f)所示。

⑦撒分型砂、放置上型砂箱、布置浇冒口　用镘刀将分型面模样周围的砂型表面压光修平，撒上一层分型砂，再吹去落在模样上的分型砂。将与下砂箱配套的上砂箱安放在下砂型上，在合适的位置放置浇冒口模样，再均匀地撒上防粘模材料，筛上或铲上一层面砂，将模样盖住，如图2－17(g)所示。

⑧填砂、紧实、刮平、修整、扎通气孔、做定位记号、开型　先用面砂固定浇冒口模样的位置。其填砂春砂刮平等操作与下砂型相同。刮平后的上砂箱用镘刀光平浇冒口处的型砂。用通气针扎出气孔，取出浇冒口模样，在直浇道上端开挖浇口盆。如砂箱没有定位装置，则还需要在砂箱外壁上、下型相接处，做出定位记号（如泥号、粉号）。再取去上型，将上型翻转180°后放平，如图2－17(h)所示。

⑨开挖浇注系统并修整分型面　先开挖浇注系统，如图2－17(i)所示，扫除分型面上的分型砂，用掸笔润湿靠近模样周围处的型砂，做起模准备。

⑩敲模和起模　将模样向四周轻轻松动，再用起模针或起模钉将模样从砂型中起出。如图2－17(j)所示。

⑪完善浇注系统及修型　修光浇冒口系统表面。将砂型型腔损坏处修好，最后修整光平全部型腔表面。如图2－17(k)所示。

⑫合型　按定位标记将上砂型合在下砂型上，放置适当重量的压铁，抹好箱缝，准备浇注。合型后砂型如图2－17(1)所示。完成上述步骤后即可将熔融金属液浇入砂型型腔内。待冷却后落砂，得到如图2－18所示带浇注系统的铸件。

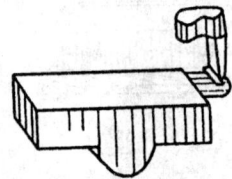

图2－18　带浇注系统铸件

2）分模造型

分模造型的特点是沿模样最大截面处将其分成两部分，分模面与分型面可在同一个平面内，两个半模分别位于铸型的上、下型之中。图2－19是分模造型示意图。

分模造型也是一种广泛应用的造型方法，圆柱体、管件、阀体、套筒等形状较复杂的铸件一般采用分模造型。

3）挖砂造型

有些铸件的形状为曲面或阶梯形，难以找到一个平面作为分型面，只能采用整模造型，造型时需挖出阻碍起模的型砂，将分型面修挖出来，这种方法叫做挖砂造型。挖砂造型时分型面是一个曲面或者是高低变化的阶梯状。图2－20是挖砂造型的过程示意图。挖砂造型

图 2-19　分模造型过程

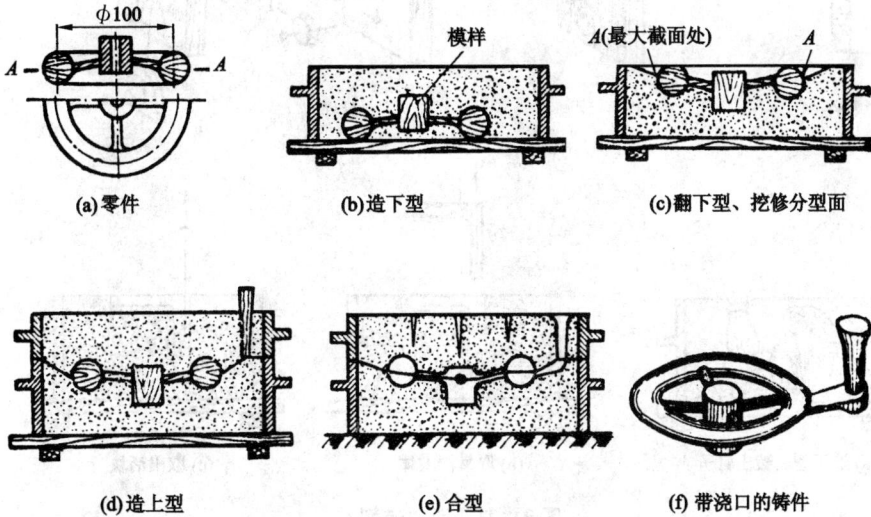

图 2-20　挖砂造型过程

时，分型面要挖到模样的最大截面处，修挖分型面时坡度应尽量小一些，表面应平整光洁。挖砂造型操作技术要求高，造型工时多，生产率低，只适宜于单件和小批量生产，大批量生产时，应采用假箱造型。

4）假箱造型

假箱造型是利用预先制备好的半个铸型（假箱）承托模样，造型时先造出下型，这样就省去修挖分型面的工时，提高了铸型的质量与生产效率。图 2−21 是假箱造型示意图。如果铸件批量很大，则可采用成形底板代替假箱。

图 2−21　假箱造型

5）活块造型

有些铸件上有一些小的凸台、肋条等。造型时妨碍起模，制模时将此部分作成活块，在主体模样起出后，从侧面取出活块。活块造型比较费工，要求操作者的技术水平较高。主要用于单件、小批量生产带有突出部分、难以起模的铸件。图 2−22 是活块造型示意图。

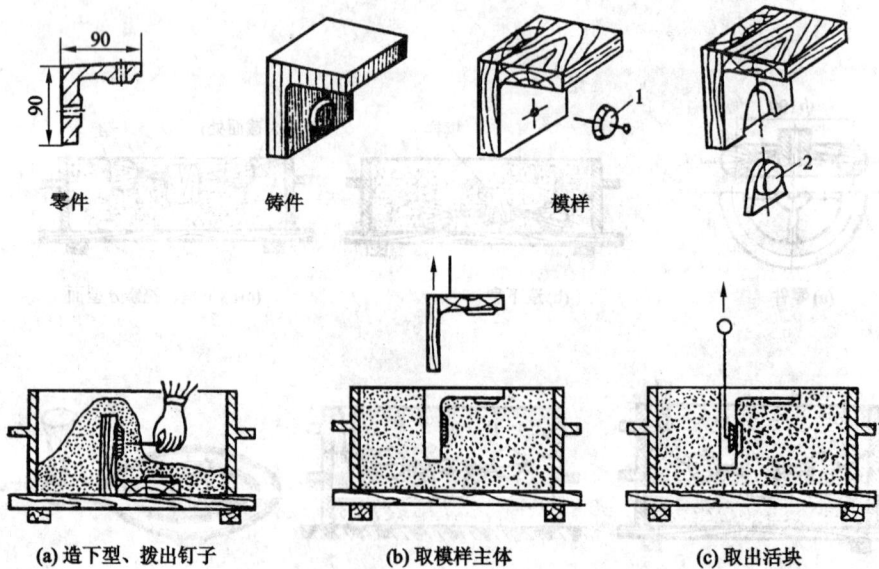

图 2−22　活块造型

6）刮板造型

如图 2−23 所示，用刮板代替模样造型。可大大降低模样成本，节约木材，缩短生产周期。但生产率低，要求操作者的技术水平较高。主要用于有等截面或回转体的大、中型铸件的单件或小批量生产。

58

皮带轮铸件　　刮板(轮廓*abcde*与铸件相应)

零件图　　　刮板

(a)刮制下型

(b)刮制上型

(c)合型

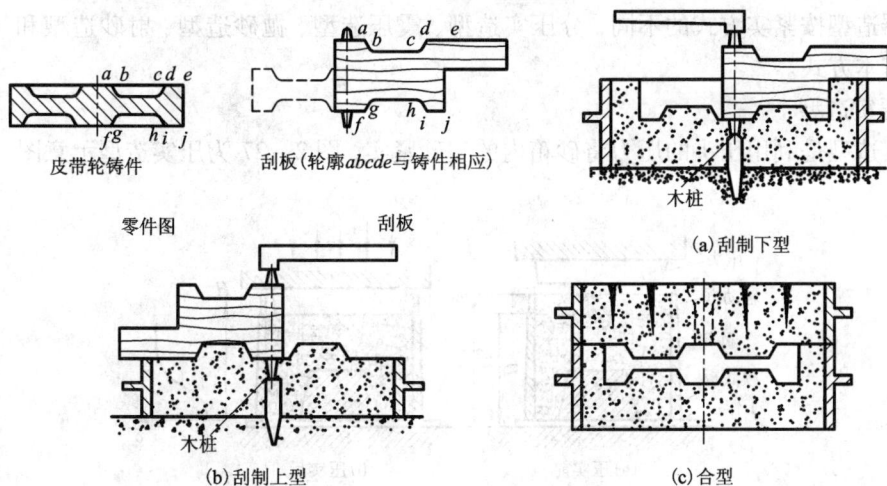

图 2 – 23　刮板造型

7) 三箱造型

如图 2 – 24 所示，铸型由上、中、下三部分组成，中型的高度须与铸件两个分型面的间距相适应。三箱造型费工，应尽量避免使用。主要用于单件、小批量生产形状复杂具有两个分型面的铸件。

8) 地坑造型

如图 2 – 25 所示，在车间地坑内造型，用地坑代替下砂箱，只要一个上砂箱，可减少砂箱的投资。但造型费工，而且要求操作者的技术水平较高。常用于砂箱数量不足，制造批量不大的大、中型铸件。

上型
中型
下型

图 2 – 24　三箱造型

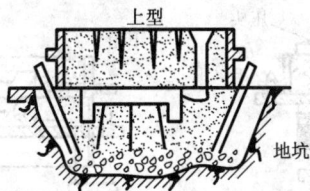

上型
地坑

图 2 – 25　地坑造型

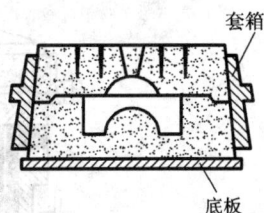

套箱
底板

图 2 – 26　脱箱造型

9) 脱箱造型

铸型合型后，将砂箱脱出，重新用于造型。浇注前，须用型砂将脱箱后的砂型周围填紧，也可在砂型上加套箱。主要用于生产小铸件，砂箱尺寸较小。如图 2 – 26 所示。

(2) 机器造型

机器造型是用机器来完成填砂、紧实和起模等操作的造型工艺方法，也是现代化铸造车间的基本造型方法。与手工造型相比，可以提高生产率和铸型质量，减轻劳动强度。机器造型的铸件精度高、加工余量小，表面粗糙度低。但设备及工装模具投资较大，生产准备周期较长，主要用于成批大量生产。

机器造型按紧实方式的不同，分压实造型、震压造型、抛砂造型、射砂造型和气流紧实等多种基本方式。

1）压实造型

压实造型是利用压头的压力将砂箱内的型砂紧实，图2-27为压实造型示意图。

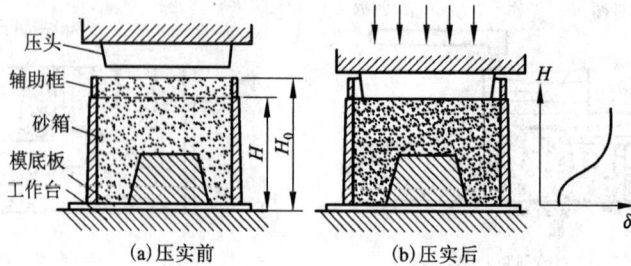

（a）压实前　　　　（b）压实后

图2-27　压实造型示意图

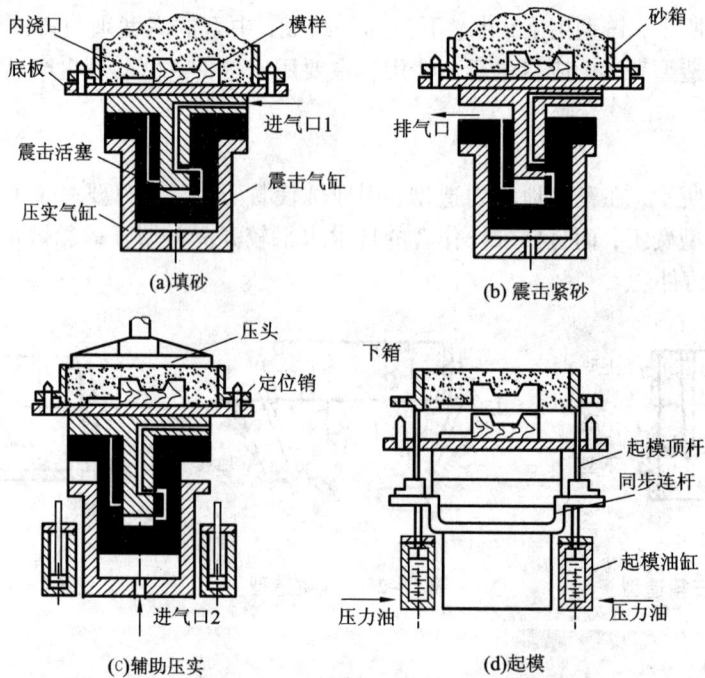

（a）填砂　　　　　　　　　　　　（b）震击紧砂

（c）辅助压实　　　　　　　　　　（d）起模

图2-28　震压式造型机的工作过程示意图

先将型砂填入砂箱和辅助框中，然后压头向下将型砂紧实。辅助框是用来补偿紧实过程中型砂被压缩的高度。压实造型生产率较高，但砂型沿砂箱高度方向的紧实度不够均匀，一般越接近模底板，紧实度越差。因此，只适于高度不大的砂箱。

2）震击造型

60

这种造型方法是利用震动和撞击力对型砂进行紧实。图 2 - 28 所示为顶杆起模式震压造型机的工作过程。

①填砂　如图 2 - 28(a)所示。打开砂斗门,向砂箱中放满型砂。

②震击紧砂　先使压缩空气从进气口 1 进入震击汽缸底部,活塞上升至一定高度便关闭进气口,接着又打开排气口,使工作台与震击汽缸顶部发生了一次撞击,如图 2 - 28(b)所示。如此反复进行震击,使型砂在惯性力的作用下被初步紧实。

③辅助压实　如图 2 - 28(c)所示。由于震击后砂箱上层的型砂紧实度仍然不足,还必须进行辅助压实。此时,压缩空气从进气口 2 进入压实气缸底部,压实活塞带动砂箱上升,在压头的作用下,使型砂受到了压实。

④起模　如图 2 - 28(d)所示。当压力油进入起模液压缸后,四根顶杆平稳地将砂箱顶起,从而使砂箱与模样分离。

3)射砂造型

借助压缩空气气流赋予型砂动能,预紧之后再用压头补压成型,紧实度及均匀性较高,有顶射、底射和侧射之分。

4)抛砂造型

借高速旋转的叶片把砂团抛出,打在砂箱内的砂层上,使型砂逐层紧实,砂团的速度越高,砂型紧实度越高。

5. 造芯

芯子的主要作用是用来形成铸件的内腔,有些铸型有时用外芯组成难以起模部分的局部铸型。浇注时芯子被高温熔融金属包围,所受到的冲刷及烘烤比铸型强烈得多,因此芯子比铸型应具有更高的强度、透气性、耐火性与退让性。芯砂的组成与配比比型砂要求更严格。一般芯子用黏土砂,要求较高的芯子用桐油砂、合脂砂或树脂砂等。芯砂一般都使用新砂,很少用旧砂。为了增加芯砂的透气性与退让性,芯砂中可适当加锯木屑。

造芯时,芯子中应放入芯骨以提高其强度。小芯子用铁丝作芯骨,中型与大型芯子要用铸铁浇注或用钢筋焊接成骨架。为了吊运方便,芯子上要做出吊环。

造芯时应该做出通气道,使芯子产生的气体能顺利地排出来,芯子的通气道要与铸型的排气孔连通。大型芯子心部常放入焦炭增加透气功能。

常用造芯方法有:整体式芯盒制芯,对开式芯盒制芯、刮板制芯等多种形式,图 2 - 29 是对开式芯盒造芯过程。

芯子制成之后,表面刷上一层涂料,防止铸件内腔粘砂,然后放入烘房,在250℃左右的温度下烘干,以提高芯子的性能。

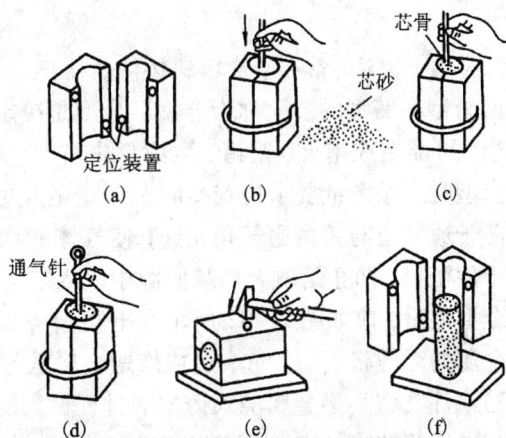

图 2 - 29　对开式芯盒造芯过程

6. 浇注系统

将熔融金属导入型腔的通道称为浇注系统。为了保证铸件质量，浇注系统应能平稳地将熔融金属导入并充满型腔，避免熔融金属冲击芯子和型腔，同时能防止熔渣及砂粒等进入型腔。设计合理的浇注系统还能调节铸件的凝固顺序，防止产生缩孔、裂纹等缺陷。

浇注系统通常由外浇口(浇口杯)、直浇道、横浇道及内浇道、冒口等组成，见图2-30。

1)外浇口　外浇口的形状多为漏斗形，浇注时外浇口应保持充满状态，以便熔融金属比较平稳地流到铸型内并使熔渣上浮。

2)直浇道　直浇道是外浇口下面的一段直立通道，利用其高度产生一定的液态静压力，使熔融金属产生充填能力。大件浇注有时有几个直浇道进行浇注。

3)横浇道　横浇道承接直浇道流入的熔融金属，其断面形状一般为梯形，它的作用是将熔融金属分配进入内浇道并起挡渣作用。横浇道应开设在内浇道的上部，以便熔渣上浮而不致流入型腔内。

4)内浇道　内浇道与型腔直接相连，其断面形状多为梯形或半圆形。内浇道的作用是控制熔融金属流入型腔的速度与方向。为防止冲毁芯子，内浇道不宜正对着芯子(如图2-31所示)。

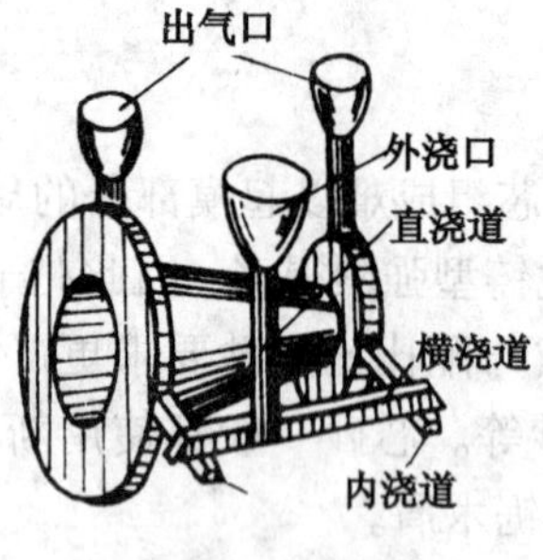

图2-30　浇注系统

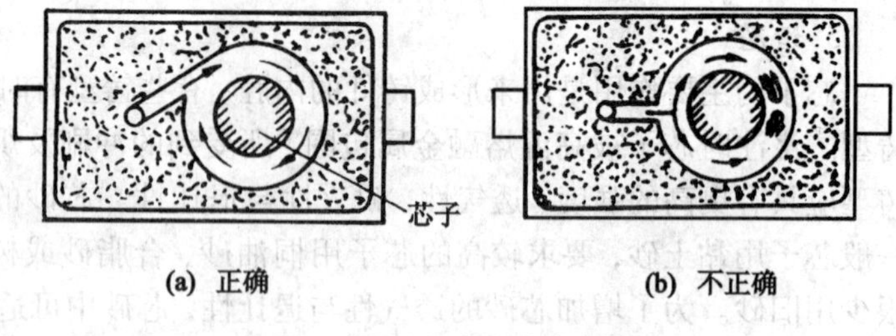

图2-31　开内浇道的方法

7. 合型、浇注、落砂、清理及铸件热处理

1)合型　铸型的装配称为合型。合型是决定铸型型腔形状与尺寸精度的关键工序，若操作不当，可能造成跑火、错箱、塌箱等缺陷。

合型时应按图纸要求检查型腔及芯子的尺寸与形状，清除型腔中的散砂；装配芯子时，应使芯子通气道与铸型通气孔相连，使气体能从铸型中引出；芯头与芯座的间隙中，要用泥条或干砂密封，防止熔融金属从间隙中流入芯头端面，堵塞芯子的通气道。

合型之后，应如图2-32所示在上型上应加压铁，或用夹具夹紧上、下型，防止浇注时熔融金属的浮力将上型抬起，造成熔融金属从分型面流出(跑火)。

2)浇注　将熔融金属浇入铸型的过程称为浇注，浇注不当，常引起浇不足、冷隔、气孔、缩孔和夹渣等缺陷。浇注前应做好准备工作。例如，浇包及浇注用具要烘干，防止降低熔融金属温度及引起飞溅；浇注场地应畅通无阻，地面干燥无积水。

浇注时浇包与铸型外浇口对准，浇注中不能断流，防止产生冷隔；要控制好浇注温度，对于铸铁件浇注，中小件浇注温度为1250~1350℃、薄壁件为1350~1400℃；浇注速度也是一个重要的问题，一般开始时速度稍低，以减少熔融金属对铸型的冲刷作用，并有利于气体

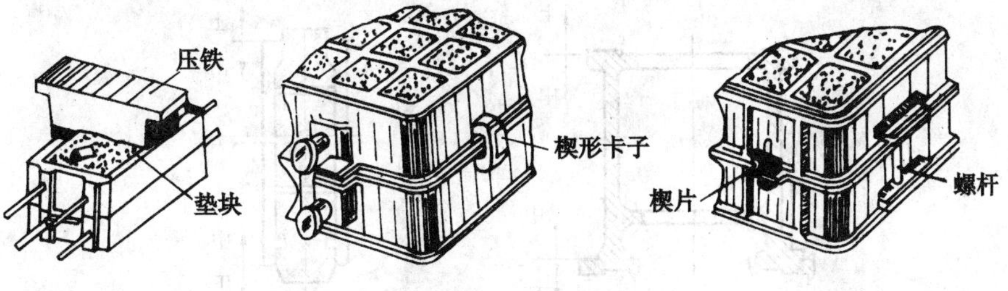

图 2 – 32　压铁及砂箱紧固装置

从型腔中逸出,防止铸件产生气孔,然后加大浇注速度,防止冷隔,型腔快充满时又要慢浇,以减少熔融金属对上型的抬箱力。

3)落砂　将铸件从铸型中取出的过程称为落砂。落砂应注意铸件温度,温度很高时落砂,会使铸件急冷而产生变形、裂纹或使铸铁件表层产生硬脆的白口组织。铸件何时落砂与铸件的形状、大小、壁厚等因素有关。一般形状简单的小件,浇注后 1.5 h 左右即可落砂。

4)清理　落砂后的铸件必须经过清理,清理工序包括去除浇冒口、清除芯砂和铸件表面的粘砂。

铸件的表面清理一般用钢丝刷、錾子、风铲、手提式砂轮等工具进行手工清理,手工清理劳动条件差、效率低。机器清理有清理滚筒、喷丸机等设备,可提高效率和避免繁重的手工劳动。

5)热处理　经过清理的铸件有时要进行热处理,一般是进行去应力退火(人工时效),以消除铸造应力。铸铁件的去应力退火在 650℃ 左右保温一定时间然后炉冷降温,如果为了消除铸铁件表面的白口组织和改善切削加工性能,则应加热到 930℃ 左右保温一定时间,随炉冷却降温。

清理完毕的铸件要进行检验,合格的铸件转入到切削加工车间或入库备用。

8.铸造工艺设计及铸造工艺图

铸造生产前,必须根据零件图、技术要求、生产批量、生产率、生产条件和经济性等因素合理地进行铸造工艺设计。铸造工艺设计的主要内容有:浇注位置、分型面的选择、加工余量、起模斜度、铸造圆角、型芯头、收缩余量的确定等。

(1)浇注位置的选择

浇注位置是指浇注时铸件在铸型中所处的位置。铸件浇注位置正确与否,对铸件的质量影响很大,选择浇注位置时一般应遵循如下原则:

1)铸件的重要加工面应朝下或位于侧面。这是因为铸件的上表面容易产生砂眼、气孔、夹渣等缺陷,组织也没有下表面致密。如果某些加工面难以做到朝下,则应尽力使其位于侧面。当铸件的重要加工面有数个时,则应将较大的平面朝下。

图 2 – 33(a)所示为车床床身铸件的浇注位置方案。由于床身导轨面是重要表面,不允许有明显的表面缺陷,而且要求组织致密,因此应将导轨面朝下浇注。图 2 – 33(b)为起重机卷扬筒的浇注位置方案。卷扬筒的圆周表面质量要求高,不允许有明显的铸造缺陷,若采用水平浇注,圆周朝上的表面质量难以保证;反之,若采用立式浇注,由于全部圆周表面均处于侧立位置,其质量均匀一致,较易获得合格铸件。

(a)车床床身的浇注位置　　　　　(b)卷扬筒的浇注位置

图2－33

2)铸件的大平面应朝下。型腔的上表面除了容易产生砂眼、夹渣等缺陷外，大平面还常容易产生夹砂缺陷。因此，平板、圆盘类铸件的大平面应朝下。如图2－34(b)所示平台浇注时大平面朝下是合理的浇注位置。

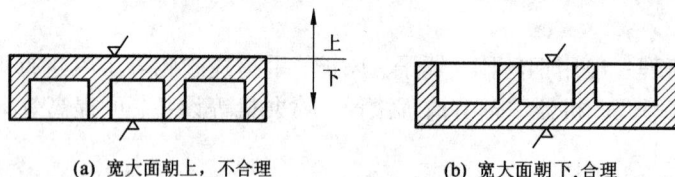

(a) 宽大面朝上，不合理　　　　(b) 宽大面朝下，合理

图2－34　平台的浇注位置

3)铸件的壁薄面应朝下。面积较大的薄壁部分置于铸型下部或使其处于垂直或倾斜位置，可以有效防止铸件产生浇不足或冷隔等缺陷。图2－35(b)为箱盖薄壁铸件的合理浇注位置。

4)铸件的厚壁处应朝上，以便于补缩。对于容易产生缩孔的铸件，应将厚大部分放在分型面附近的上部或侧面，以便在铸件厚壁处直接安置冒口，使之实现自下而上的定向凝固。如图2－33(b)所示起重机卷扬筒，浇注时厚端放在上部是合理的。反之，若厚端在下部，则难以补缩。

(a)不合理

(b)合理

图2－35　薄壁铸件的浇注位置

(2)分型面的选择

分型面是指两半铸型互相接触的表面。分型面的选择合理与否是铸造工艺合理与否的关键。如果选择不当，不仅影响铸件质量，而且还会使制模、造型、造芯、合型或清理等工序复杂化，甚至还会增大切削加工的工作量。因此，分型面的选择应能在保证铸件质量的前提下，尽量简化工艺。选择分型面应遵循如下原则：

64

1）分型面的选择应尽量使造型工艺简化

①尽量使铸型只有一个分型面，并尽可能选平直的分型面，以便采用工艺简便的两箱造型，图 2-36 所示的三通铸件，其内腔必须采用一个 T 字型芯来形成，但不同的分型方案，其分型面数量不同。显然，图 2-36(d) 是合理的分型方案。图 2-37 为起重机臂的分型面，所选择的分型面对简化造型工艺十分有利。

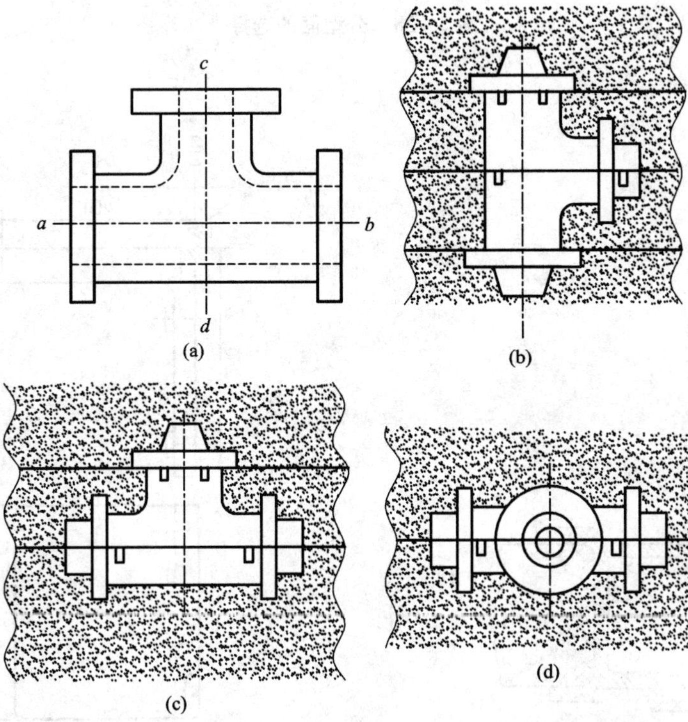

图 2-36　三通铸件分型面

②分型面应选择在铸件的最大截面处，以便于起模。图 2-38(a) 所示铸件，采用图 2-38(c)、(d) 分型方案是正确的。

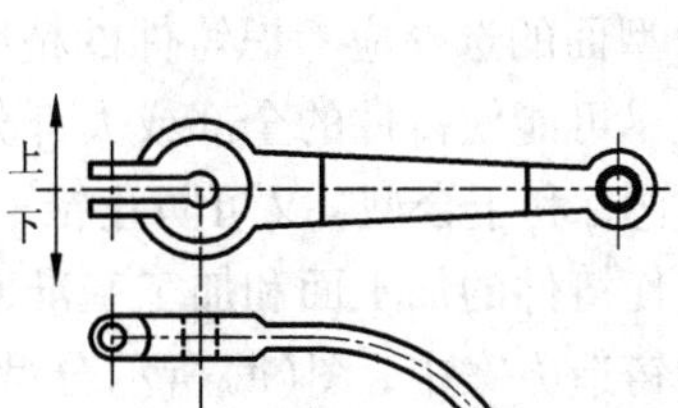

③应尽量使型腔及主要型芯位于下型，以便于造型、下芯、合型和检验。但下型型腔也不宜过深，并应尽量避免使用吊芯。图 2-39 为机床支柱的两个分型方案。方案Ⅱ的型腔及型芯大部分位于下型，有利于起模及翻箱，故较为合理。

图 2-37　起重机臂铸件分型面

④分型面的选择应尽量避免不必要的活块造型。图 2-40 所示支架分型方案是避免活块的示例。按图中方案Ⅰ，凸台必须采用四个活块方可制出，而下部两个活块的部位甚深，取出困难。当改用方案Ⅱ时，可省去活块，仅在 A 处稍加挖砂即可。

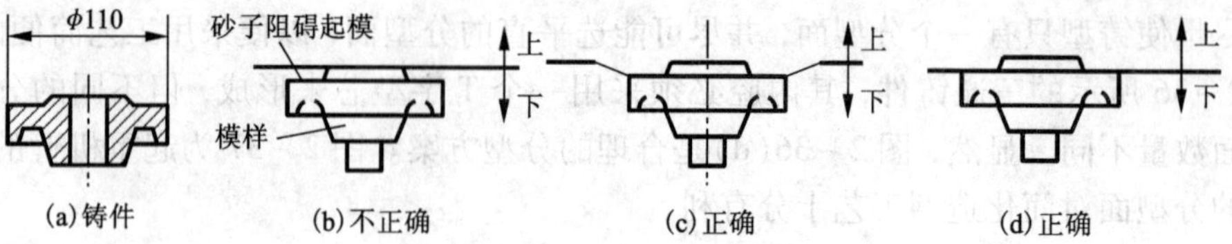

图 2-38 分型面的选择

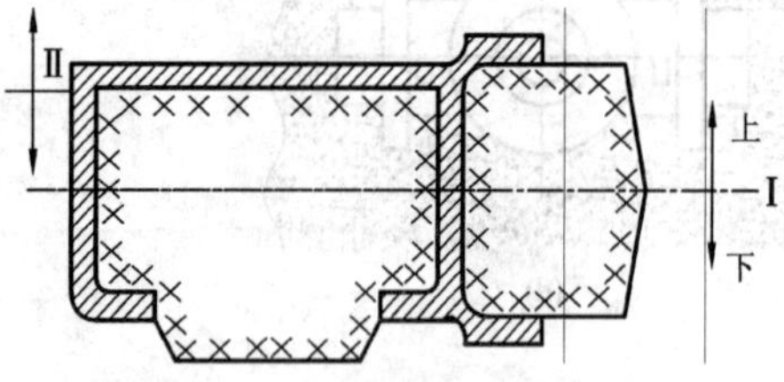

图 2-39 机床支柱的分型方案

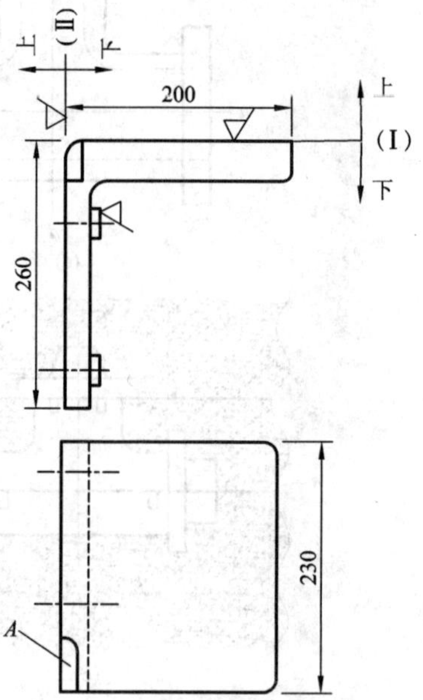

图 2-40 支架分型方案

2）分型面的选择应考虑铸件的精度要求

①应尽可能使铸件的全部或大部分置于同一砂型中。图 2-41 中压筒铸件的分型面 A 是正确的，它有利于合型，又可防止错型，保证了铸件的精度要求。分型面 B 是不合理的。

②应使铸件的加工面和加工基准面处于同一砂型中。图 2-42 所示水管堵头，铸造时采用的两种铸造方案中，图(a)所示分型面位置可能导致螺塞部分和扳手方头部分不同轴，而(b)所示分型面位置使铸件位于同砂箱中，不会产生错型缺陷。

浇注位置和分型面的选择原则，对于某个具体铸件来说，多难以同时满足，有时甚至是相互矛盾的，因此必须抓住主要矛盾。对于质量要求很高的重要铸件，应以浇注位置为主，在此基础上，再考虑简化造型工艺。对于质量要求一般的铸件，则应以简化铸造工艺、提高经济效益为主，不必过多考虑铸件的浇注位置，仅对朝上的加工表面留较大的加工余量即可。对于机床立柱、曲轴等圆周面质量要求很高，又需沿轴线分型的铸件，在批量生产中有时采用"平作立浇"法。即采用专用砂箱，先按轴线分型来造型、下芯，合箱之后，将铸型翻转 90°，竖立后再进行浇注。

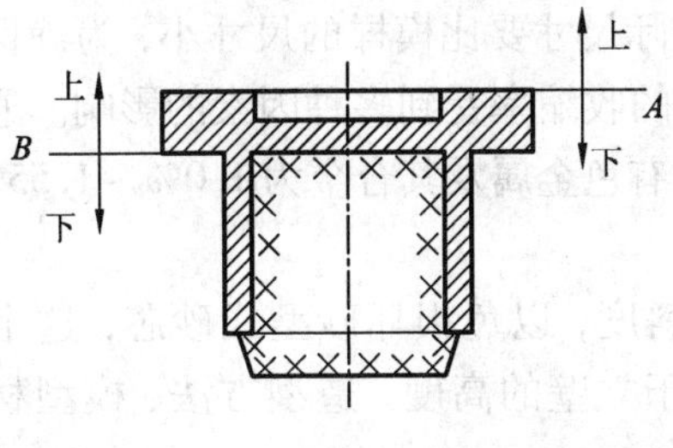

图 2－41　压筒铸件的分型面

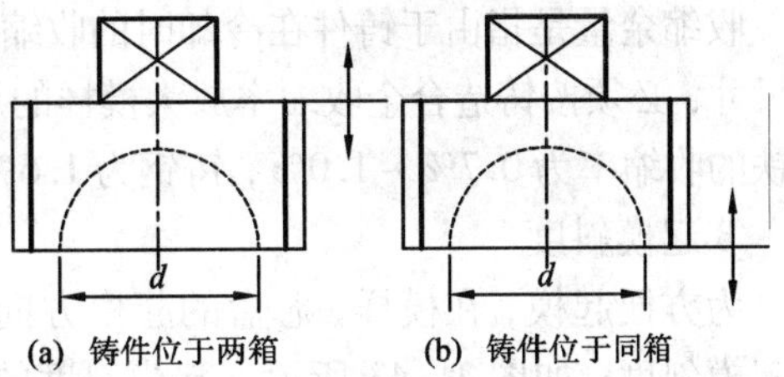

(a) 铸件位于两箱　　(b) 铸件位于同箱

图 2－42　水管堵头的分型面

（3）铸造工艺参数

铸造工艺参数包括机械加工余量、收缩余量、起模斜度、型芯头、最小铸出孔及槽等。

①机械加工余量

在铸件上为切削加工而加大的尺寸称为机械加工余量。余量过大，切削加工费时，且浪费金属材料；余量过小，因铸件表层过硬会加速刀具的磨损甚至会因残留黑皮而报废。

机械加工余量的具体数值取决于铸件生产批量、合金的种类、铸件的大小、加工面与基准面之间的距离及加工面在浇注时的位置等。采用机器造型，铸件精度高，余量可减小；手工造型误差大，余量应加大。铸钢件因表面粗糙，余量应加大；非铁合金铸件价格昂贵，且表面光洁，余量应比铸铁小。铸件的尺寸愈大或加工面与基准面之间的距离愈大，尺寸误差也愈大，故余量也应随之加大。浇注时铸件朝上的表面因产生缺陷的几率较大，其余量应比底面和侧面大。灰铸铁的机械加工余量见表 2－3。

表 2－3　灰口铸件的加工余量

铸件最大尺寸/mm	浇注时位置	加工面与基准面之间的距离/mm					
		< 50	50 ~ 120	120 ~ 260	250 ~ 500	500 ~ 800	800 ~ 1250
< 120	顶面	3.5 ~ 4.5	4.0 ~ 4.5				
	底、侧面	2.5 ~ 3.5	3.0 ~ 3.5				
120 ~ 260	顶面	4.0 ~ 5.0	4.5 ~ 5.0	5.0 ~ 5.5			
	底、侧面	3.0 ~ 4.0	3.5 ~ 4.0	4.0 ~ 4.5			
250 ~ 500	顶面	4.5 ~ 6.0	5.0 ~ 6.0	6.0 ~ 7.0	6.5 ~ 7.0		
	底、侧面	3.5 ~ 4.5	4.0 ~ 4.5	4.5 ~ 5.0	5.0 ~ 6.0		
500 ~ 800	顶面	5.0 ~ 7.0	6.0 ~ 7.0	6.5 ~ 7.0	7.0 ~ 8.0	7.5 ~ 9.0	
	底、侧面	4.0 ~ 5.0	4.5 ~ 5.0	4.5 ~ 5.5	4.5 ~ 5.5	6.5 ~ 7.0	
800 ~ 1250	顶面	6.0 ~ 7.0	6.5 ~ 7.5	7.0 ~ 8.0	7.5 ~ 8.0	8.0 ~ 9.0	8.5 ~ 10.0
	底、侧面	4.5 ~ 5.5	5.0 ~ 5.5	5.0 ~ 6.0	5.5 ~ 6.0	5.5 ~ 7.0	6.5 ~ 7.5

②收缩余量

收缩余量是指由于铸件在冷却时的收缩，铸件的实际尺寸要比模样的尺寸小，为确保铸件的尺寸，必须按铸造合金收缩率放大模样的尺寸。合金的收缩率受到多种因素的影响。通常灰铸铁的收缩率为 0.7% ~ 1.0%，铸钢为 1.6% ~ 2.0%，有色金属及其合金为 1.0% ~ 1.55%。

③起模斜度

为方便起模，在模样、芯盒的起模方向留有一定斜度，以免损坏砂型或砂芯，这个斜度叫起模斜度，如图 2 - 43 所示。起模斜度的大小取决于立壁的高度、造型方法、模型材料等因素。对木模，起模斜度通常为 15′ ~ 3°。

④型芯头

型芯头是指型芯端头的延伸部分。它主要用于定位和固定砂芯，使砂芯在铸型中有准确的位置。垂直型芯一般都有上、下芯头，如图 2 - 44(a)，但短而粗的型芯也可省去上芯头。芯头必须留有一定的斜度 α。下芯头的斜度应小些(5° ~ 10°)，上芯头的斜度为便于合箱应大些(6° ~ 15°)。水平型芯头，如图 2 - 44(b)，其长度取决于型芯头直径及型芯的长度。如果是悬壁型芯头必须加长，以防合箱时型芯下垂或被金属液抬起。为便于铸型的装配，型芯头与铸型型芯座之间应留有 1 ~ 4 mm 的间隙。

图 2 - 43 起模斜度

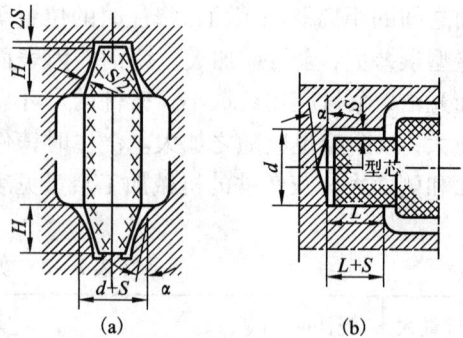

图 2 - 44 型芯头

⑤最小铸出孔及槽

零件上的孔、槽、台阶等，是否要铸出，应从工艺、质量及经济等方面全面考虑。一般来说，较大的孔、槽等应铸出，不但可减少切削加工工时，节约金属材料，同时，还可避免铸件的局部过厚所造成的热节，提高铸件质量。若孔、槽尺寸较小而铸件壁较厚，则不易铸孔，而依靠直接加工反而方便。有些特殊要求的孔，如弯曲孔，无法实现机械加工，则一定要铸出。可用钻头加工的受制孔最好不要铸，铸出后很难保证铸孔中心位置准确，再用钻头扩孔无法纠正中心位置。表 2 - 4 为最小铸出孔的数值。

(4)铸造工艺图

为了获得合格的铸件、减少制造铸型的工作量、降低铸件成本，必须合理地制订铸造工艺方案，并绘制出铸造工艺图。铸造工艺图是在零件图上用各种工艺符号及参数表示出铸造工艺方案的图形。内容包括：浇注位置，铸型分型面，型芯的数量、形状、尺寸及其固定方法，加工余量，收缩余量，浇注系统，起模斜度，冒口和冷铁的尺寸和布置等。铸造工艺图是指导模样(芯盒)设计、生产准备、铸型制造和铸件检验的基本工艺文件。

表 2 – 4　铸件的最小铸出孔

生产批量	最小铸出孔直径/mm	
	灰口铸件	钢件
大批大量生产	12 ~ 15	~
成批生产	15 ~ 30	30 ~ 50
单件、小批量生产	30 ~ 50	50

典型零件铸造工艺图:

图 2 –45 所示支座为一普通支承件,没有特殊质量要求,同时,它的材料为铸造性能优良的灰口铸铁(HT150),无须考虑补缩。因此,在制订铸造工艺方案时,不必考虑浇注位置要求,主要着眼于工艺上的简化。

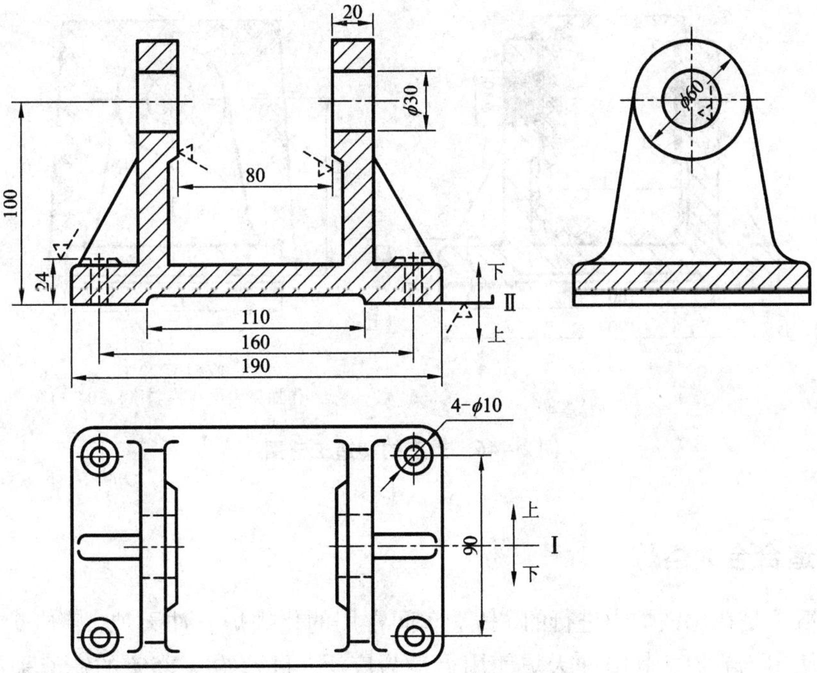

图 2 –45　支座零件图

支座虽属简单件,但底板上四个 $\phi10$ 孔的凸台及两个轴孔内凸台可能妨碍起模。同时轴孔如若铸出,还须考虑下芯的可能性。

该件可供选择的分型面主要如下。

方案Ⅰ　沿底板中心线分型,即采用分模造型。

优点:轴孔下芯方便。

缺点:底板上四个凸台必须采用活块,同时铸件在上、下箱各半,容易产生错箱缺陷,飞边的清理工作量较大。

方案Ⅱ　沿底面分型，铸件全部在下箱，即采用整模造型。

优点：上箱为平面，不会产生错箱缺陷，铸件清理简便。

缺点：轴孔内凸台妨碍起模，必须采用活块或下芯来克服；当采用活块时，$\phi 30$ 轴孔难以下芯。

上述两个方案通过如下进一步分析，便可作出对比：

1）单件、小批生产　由于轴孔直径较小，在批量不大的情况不需铸出，因此，方案Ⅱ已不存在下芯难的缺点，只是轴孔内凸台需采用活块造型，所以选择方案Ⅱ进行较为合理。

2）大批量生产　由于机器造型难以进行活块造型，所以宜采用型芯克服起模的困难。其中方案Ⅱ下芯简便，型芯数量少，若轴孔需要铸出，采用一个组合型芯便可完成。

综上所述，方案Ⅱ适于各种批量生产，是合理的工艺方案。图 2 - 46 为其铸造工艺简图（轴孔不铸出），由图可见，它是采用一个方型芯使铸件形成内凸台，而型芯的宽度大于底板是为使上箱压住该型芯，以防浇注时上浮。

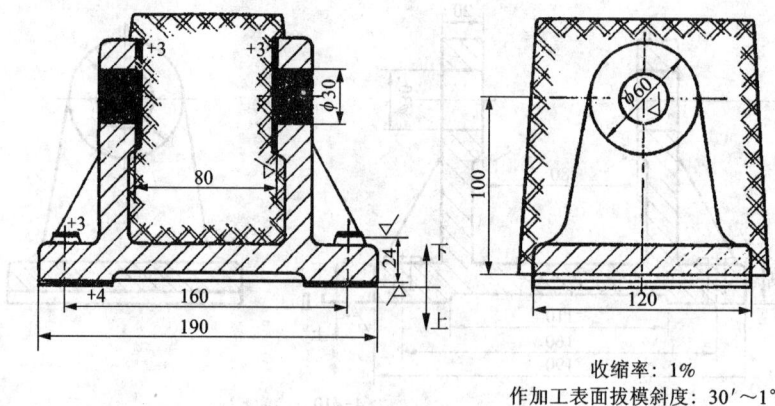

收缩率：1%
作加工表面拔模斜度：$30' \sim 1°$

图 2 - 46　支座的铸造工艺图

2.1.3　铸造合金的熔炼

铸铁的熔炼是在化铁炉中进行的，铸造车间常用的化铁炉有冲天炉、感应炉，有的小型铸造车间还使用三节炉。其中冲天炉使用得最为广泛，目前约有 85% 的铁液采用冲天炉熔化。三节炉因热效率低而逐步被淘汰。随着科学技术的发展，国内已逐步开始使用感应电炉来熔炼铁液，它具有金属液质量高、金属烧损小、劳动条件好等优点。有的工厂还用平炉和电弧炉熔化铁液。铸钢的熔炼多采用电弧炉，铜、铝等有色金属熔点较低，多采用坩埚炉。

1. 冲天炉熔炼

（1）冲天炉的构造

冲天炉的种类较多，但基本结构大致相同，图 2 - 47 为直筒形冲天炉结构，可分为如下几部分。

1）炉身　位于加料台与进风口之间的部分。炉身是冲天炉的主要部分，炉料的预热及整个熔化过程都在此进行。炉身由炉壳和炉衬组成，炉壳用钢板焊接而成，炉衬用耐火砖砌

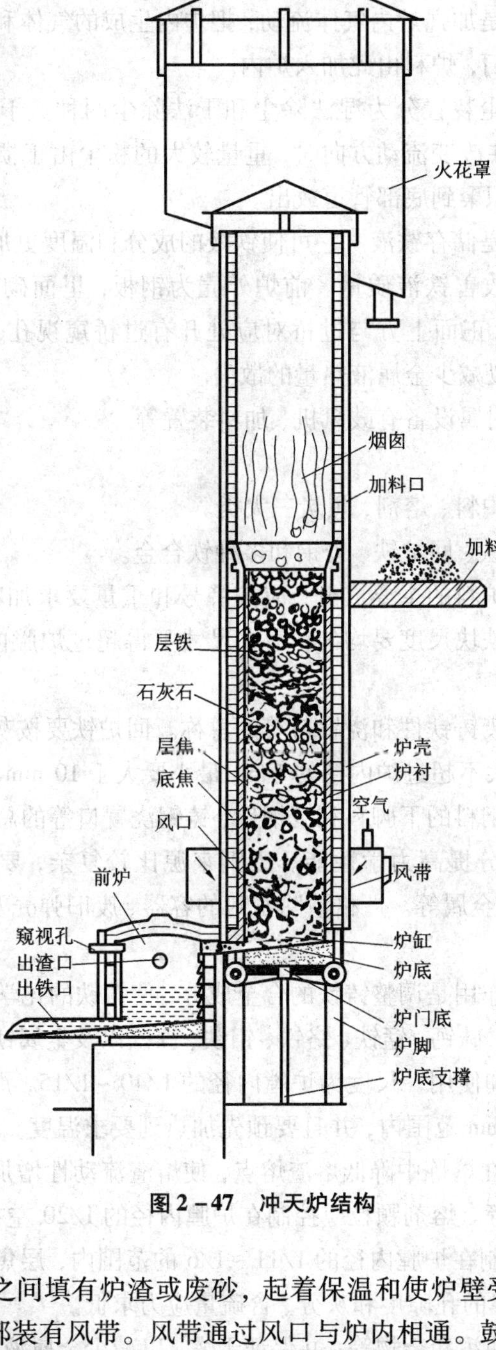

火花罩

烟囱
加料口

加料台

层铁
石灰石
层焦
底焦
风口

炉壳
炉衬
空气
风带

前炉
窥视孔
出渣口
出铁口

炉缸
炉底
炉门底
炉脚
炉底支撑

图 2 - 47　冲天炉结构

成。金属炉壳与耐火砖之间填有炉渣或废砂,起着保温和使炉壁受热时有膨胀余地的作用。炉身上部有加料口,下部装有风带。风带通过风口与炉内相通。鼓风机鼓的风经过风管、风带、风口进入炉内,供焦炭燃烧用。

　　2)炉缸　风口以下到炉底之间这一部分为炉缸。它的下部有出铁口和过桥,侧面开有一个工作门,工作门的作用是传递修炉材料、封底和进行点火操作。

　　3)炉底及支撑　它是由炉门、炉底、炉底支撑、炉腿等组成。炉底下面装有两扇半圆形的炉门，是为熔炼结束后放出炉料用的，熔化前先将炉门合上封好底，用支撑铁柱撑好。整个炉内炉料重量都由支撑柱承受，故要求结实、牢固。

4）烟囱　烟囱的作用是加强炉内气体流动，把炉内生成的气体和火花引出室外。烟囱下部与炉身相接处开有加料门，炉料由此加入炉内。

5）炉顶除尘装置　除尘装置分为湿法除尘和干法除尘两种。干法除尘即在炉顶装上火花捕集器，它是利用废气在改变流动方向时，重量较大的粉尘由于惯性和重力的作用而下沉的原理制成，下沉的灰尘积聚到底部管道放出。

6）前炉　前炉的作用是储存铁液。它可使铁液的成分和温度更加均匀，减少铁液从焦炭中吸碳和吸硫的机会，以改善铁液质量。前炉外壳为钢板，里面砌有耐火砖并筑有耐火内衬，正面底部开有出铁口，正面上方与过桥对应处开有过桥窥视孔，炉侧中部开有出渣口，前炉顶部有金属炉盖，可以减少金属液热量的散失。

此外，冲天炉熔炼的附属设备有鼓风机、加料装置等。

（2）炉料

冲天炉的炉料有金属炉料、熔剂、焦炭三大类。

1）金属炉料　包括生铁、回炉铁、废钢和多种铁合金。

①生铁　生铁是金属炉料的主要成分，应按牌号和重量要求加料，严防牌号混杂使用，以保证铁液符合要求。生铁块尺度要均匀，最大尺寸不得超过炉膛内径的1/3，以保证熔化迅速，不出现棚料事故。

②回炉铁　回炉铁是废铸铁件和浇冒口等的总称。回炉铁要按灰铸铁、球墨铸铁等分类堆放和使用，块料尺度最大不超过炉内径的1/3，最小要大于10 mm，对厚大件要破碎处理。

③废钢　废钢是各种钢料的下脚料和废钢件、铸钢浇冒口等的总称。废钢的作用是降低铁液含碳量和调整化学成分提高力学性能。废钢来源比较复杂，要注意成分，清除有害金属，如含铬的废钢、铝、铅金属等。严格清除密封的容器、废旧弹壳及中空容器等，以防熔炼时产生爆炸现象。

④铁合金　铁合金的作用是调整铸铁的合金成分，使铸铁的化学成分和性能达到牌号要求。常用的铁合金有硅铁、硅钙、锰铁、铬铁、钼铁、镍铁以及金属镁、金属铜、稀土合金等。应严格按种类、牌号保管和使用。尺度为炉膛内径的1/40～1/15，严禁使用粉末，炉前处理用合金块度控制在5～20 mm范围内，并且要预先加热到要求温度。

2）熔剂　熔剂是用来在熔炼中降低熔渣熔点，使熔渣流动性增加或便于扒渣的物质，包括石灰石、氟石和白云石等。熔剂颗粒应控制在炉膛内径的1/20左右。

3）焦炭　底焦颗粒控制在炉膛内径的1/11～1/6的范围内，层焦颗粒控制在炉膛内径的1/18～1/7的范围内。焦炭的孔隙度和灰分、含硫量应力求低。

要求炉料上无砂土、油污和杂物等，并保证干燥，以减少金属液中的夹杂物混入。

（3）冲天炉的熔炼过程

冲天炉是间歇工作的，每次开炉前要进行修炉工作，将炉内侵蚀处用耐火材料修补并筑好炉底，然后烘干。烘干后，在底部加入刨花和木柴，待引燃烧旺，加入部分底焦焖火一段时间再加入全部底焦并鼓风燃烧。底焦的高度一般为主风口以上800～1500 mm处。

底焦烧红之后，开始加入炉料。每批料按熔剂、金属料和层焦的顺序加入，直到加料口为止。

炉料加满并经预热(10~20 min)之后，打开风口放出 CO 气体，即开始鼓风熔化，随后关闭风口。在熔炼过程中要不断加料，使炉料与加料口平齐。

大约半小时后即开始出铁水，准备进行烧注工作。熔炼结束时，停止加料、停风、熄炉，打开炉底板，放出未熔的金属炉料、熔剂以及未燃完的焦炭。

在冲天炉的熔炼过程中，燃料的燃烧和金属炉料的熔化同时进行，并且发生高温炉气上升和炉料下降两种逆向运动。

冲天炉开风后，经风口进入炉内的空气与底焦发生完全燃烧反应，放出大量的热，即：

$$C + O_2 === CO_2 + Q$$

由此而生成的高温炉气与剩余的氧气一起上升。在上升过程中，氧气与焦炭继续发生燃烧反应，并不断将热量传给由加料口加入的炉料，使炉气温度下降而炉料温度上升。

炉料由加料口加入之后，迎着上升的高温炉气下降，金属炉料在下降过程中逐渐被加热到熔化温度，当温度达到 1100~1200℃ 时开始熔化成熔滴。熔化后的熔滴在底焦层内下降过程中，进一步被炽热焦炭加热(约 1600℃)。这种过热高温铁水经炉缸、过桥流入前炉，此时铁水温度有所下降(约 1350~1420℃)。

在高温炉气作用下，石灰石从 700℃ 左右开始分解成 CaO 与 CO_2，碱性 CaO 与焦炭中的灰分以及被侵蚀的酸性炉衬等物结合形成熔点较低、易于流动的浮渣，与铁水分离而由出渣口排出。

在熔炼过程中，由于铁水与焦炭接触而含碳量有所增加，硅、锰等合金元素的含量有所烧损，杂质元素磷基本不变，硫含量约增加 50%，这是由焦炭中的硫熔于铁水所致。

2. 感应电炉熔炼

熔炼铸造合金还可以利用感应电炉。根据熔炼合金种类不同，感应电炉的频率可以是工频(50 Hz)、中频(500~10000 Hz)和高频(100~300 kHz)，炉子的容量从几千克到几吨不等。

感应电炉是利用感应电流在炉料中发热熔化金属的炉子，图 2-48(a)是感应电炉构造示意图。它的内部是用硅砂或镁砂筑成的坩埚，坩埚外面绕有感应线圈，线圈内通水冷却。工作时，将金属料置于坩埚内，当感应线圈通过交流电时，坩埚内的金属料就能在交变磁场的作用下产生感应电流，由于金属料具有电阻而发热，从而使其熔化成熔融态。感应线圈相当于变压器的初级线圈，产生感应电流的金属炉料相当于次级线圈。所以感应电炉的工作原理类似于变压器。

感应电炉熔炼金属时，熔化速度快，炉子热效率高，温度易于控制，合金元素烧损少，熔融金属质量高，环境污染小。所以，目前感应电炉的应用越来越广泛。

3. 坩埚炉熔炼

在小规模铸造生产中，常采用坩埚炉来熔炼金属，用燃烧焦炭、燃油、煤气或电能作为热源。图 2-48(b)为电阻坩埚炉结构示意图。

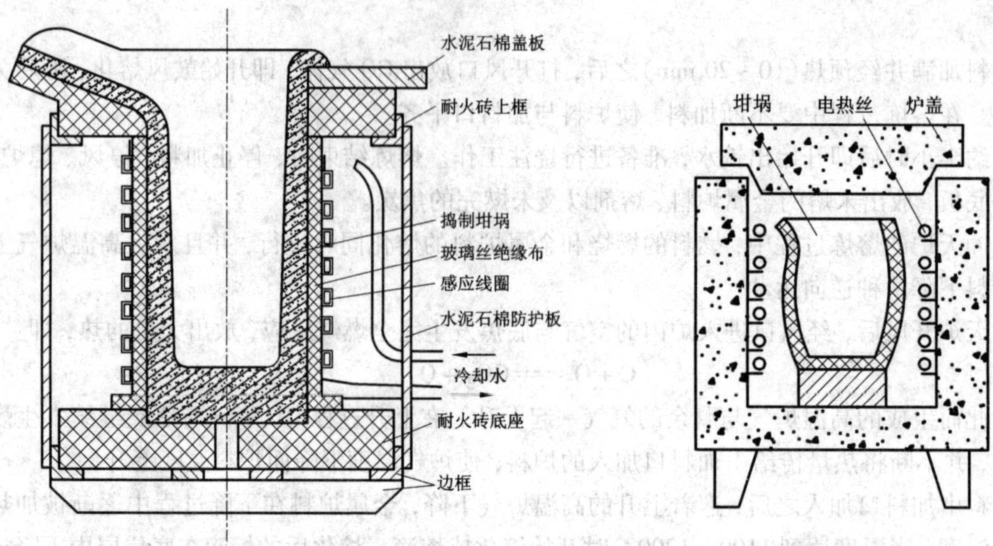

（a）感应电炉构造示意图　　　　　　　（b）电阻坩埚炉结构示意图

图2-48　感应炉与坩埚炉

电阻坩埚炉利用电流通过电阻丝发热使金属熔化。熔炼过程中金属炉料不与炉气接触，减少了金属的氧化和吸气倾向，易于获得纯净的熔融金属；炉温也易于控制，并且操作简便。这种炉子的缺点是熔炼时间较长，坩埚容量不大，一般只能熔炼250 kg以下的熔融金属。

目前，坩埚炉主要用于熔炼铝合金、锌合金等熔点较低的金属，有些铸造车间也常用坩埚炉熔炼铜合金。

2.1.4　特种铸造

生产中采用的铸型用砂较少或不用砂，使用特殊工艺装备进行铸造的方法，统称为特种铸造。如熔模铸造、金属型铸造、压力铸造、低压铸造、离心铸造、陶瓷型铸造和实型铸造等。与砂型铸造相比，特种铸造具有铸件精度和表面质量高、内部组织结构及力学性能好、原材料消耗低、工作环境好等优点。每种特种铸造方法均有其优越之处和适用的场合。但铸件的结构、形状、尺寸、重量、材料种类往往受到某些限制。

1. 熔模铸造

熔模铸造是用易熔材料制成模样，然后在模样上涂挂耐火材料，经硬化之后，再将模样熔化排出型外，从而获得无分型面的铸型。由于模样一般采用蜡质材料来制造，故又将熔模铸造称为"失蜡铸造"。

（1）熔模铸造工艺过程

如图2-49所示，主要包括蜡模制造、结壳、脱蜡、焙烧和浇注等过程。

a. 蜡模制造　通常是根据零件图制造出与零件形状尺寸相符合的母模，见图2-49（a）；再根据母模做成压型，见图2-49（b）；把熔化成糊状的蜡质材料压入压型，等冷却凝固后取出，就得到蜡模，见图2-49（c），（d），（e）。在铸造小型零件时，常把若干个蜡模粘合在一个浇注系统上,构成蜡模组,见图2-49(f),以便一次浇出多个铸件。

b.结壳 把蜡模组放入粘结剂与硅粉配制的涂料中浸渍,使涂料均匀地覆盖在蜡模表层,然后在上面均匀地撒一层硅砂,再放入硬化剂中硬化。如此反复4~6次,最后在蜡模组外表面形成由多层耐火材料组成的坚硬的型壳,见图2-49(g)。

c.脱蜡 通常将附有型壳的蜡模组浸入85~95℃的热水中,使蜡料熔化并从型壳中脱除,以形成型腔。

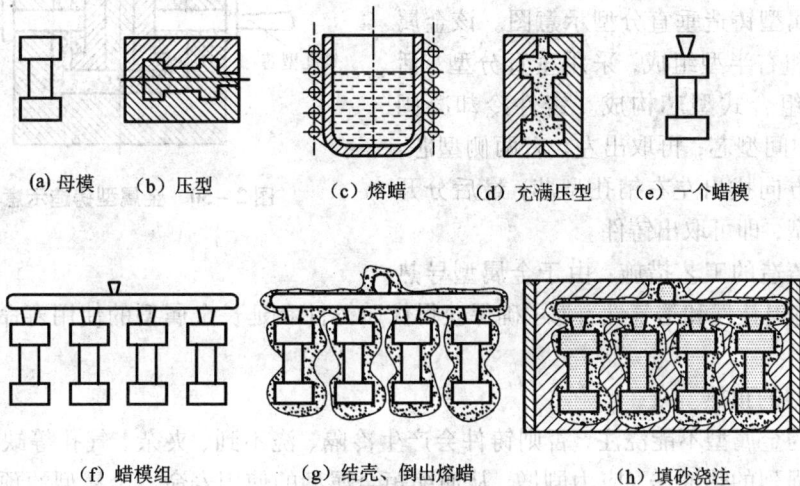

(a) 母模 　(b) 压型 　　　(c) 熔蜡 　　(d) 充满压型 　(e) 一个蜡模

(f) 蜡模组 　　　　(g) 结壳、倒出熔蜡 　　　　(h) 填砂浇注

图2-49 熔模铸造工艺过程

d.焙烧和浇注 型壳在浇注前,必须在800~950℃下进行焙烧,以彻底去除残蜡和水分。为了防止型壳在浇注时变形或破裂,可将型壳排列于砂箱中,周围用砂填紧,见图2-49(h)。焙烧后通常趁热(600~700℃)进行浇注,以提高充型能力。待铸件冷却凝固后,将型壳打碎取出铸件,切除浇口,清理毛刺。

(2)熔模铸造的特点和应用

熔模铸造的特点如下:

1)铸件精度高、表面质量好,是少、无切削加工工艺的重要方法之一,其尺寸精度可达IT11~IT14,表面粗糙度为Ra12.5~1.6 μm。如熔模铸造的涡轮发动机叶片,铸件精度已达到无加工余量的要求。

2)可制造形状复杂铸件,其最小壁厚可达0.3 mm,最小铸出孔径为0.5 mm。对由几个零件组合成的复杂部件,可用熔模铸造一次铸出。

3)铸造合金种类不受限制,用于高熔点和难切削合金,更具显著的优越性。

4)生产批量基本不受限制,既可成批、大批量生产,又可单件、小批量生产。

但熔模铸造也存在工序繁杂、生产周期长、原辅材料费用比砂型铸造高等缺点,生产成本较高。另外,受蜡模与型壳强度、刚度的限制,铸件不宜太大、太长,一般限于25公斤以下。

熔模铸造主要用于生产汽轮机及燃汽轮机的叶片、泵的叶轮、切削刀具,以及飞机、汽车、拖拉机、风动工具和机床上的小型零件。

2. 金属型铸造

金属型铸造是将液态金属浇入金属型内，以获得铸件的铸造方法。由于金属型可重复使用，故又称永久型铸造。

（1）金属型的结构及其铸造工艺

金属型的结构有整体式、水平分型式、垂直分型式和复合分型式几种。图2-50为铸造铝活塞的金属型铸造垂直分型示意图。该金属型由左半型和右半型组成，采用垂直分型，活塞的内腔由组合式型芯构成。铸件冷却凝固后，先取出中间型芯，再取出左、右两侧型芯，然后沿水平方向拔出左右销孔型芯，最后分开左右两个半型，即可取出铸件。

金属型铸造的工艺措施：由于金属型导热速度快，没有退让性和透气性，为了确保获得优质铸件和延长金属型的使用寿命，应采取下列工艺措施：

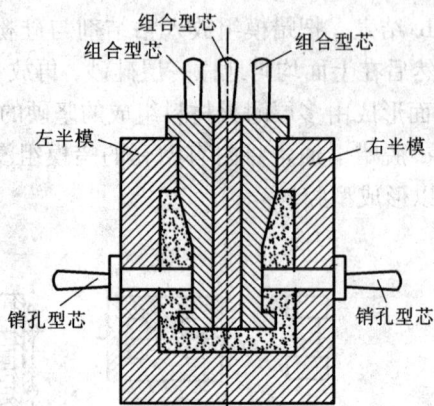

图2-50 金属型铸造示意图

1）金属型的预热

未预热的金属型不能浇注，否则铸件会产生冷隔、浇不到、夹杂、气孔等缺陷。浇注时铸型将受到强烈的热冲击，应力剧增，从而缩短金属型的使用寿命。金属型的预热温度随合金种类、铸件结构及大小而定，表2-5所列是不同合金对金属型预热温度的要求。

此外，凡新投产的金属型或长期未用的金属型，在使用之前，还需除锈及充分地预热，除去油污和水汽。

表2-5 金属型预热温度 /℃

铝合金	镁合金	锡青铜	铅青铜	铸铁	铸钢
200~300	200~250	150~250	50~125	250~350	150~300

注：薄壁复杂件取上限，厚壁简单件取下限。

金属型的预热方法如下：

①用喷灯或煤气火焰预热，此法简单方便，但金属型温度分布不均匀。

②采用电阻加热器预热，用于大中型金属型。

③用电阻炉加热，用于小型金属型，金属型温度分布均匀。

2）涂刷涂料

在金属型的工作表面涂刷涂料，其作用是调节铸件的冷却速度，保护金属型，利用涂料层蓄气排气。

3）金属型的浇注

由于金属型壁的导热能力强，如果浇注温度过低，将会导致铸件产生冷隔、气孔、夹杂等缺陷，因此浇注温度一般比砂型铸造时稍高。表2-6所列是常用合金的浇注温度。

表 2 - 6　常用合金的浇注温度　　　　　　　　　/℃

合金种类	浇注温度	合金种类	浇注温度
铅锡合金	350 ~ 450	黄铜	900 ~ 950
锌合金	450 ~ 480	锡青铜	1100 ~ 1150
铝合金	680 ~ 740	铝青铜	1150 ~ 1300
镁合金	715 ~ 740	铸铁	1300 ~ 1370

注：薄壁小件浇注温度取上限；厚壁大件浇注温度取下限。

由于金属型的激冷作用和不透气，浇注速度应采取先慢、后快、再慢的顺序。先慢可防止飞溅；后快可使金属液很好地充型；再慢是防止浇注末期金属液溢出型外。在浇注过程中应尽量保证液流平稳。

4）开型时间

由于金属型没有退让性，铸件宜早些从金属型中取出。铸件在型内停留时间过长，温度愈低，收缩愈大，则铸件应力增大，易产生裂纹，取出铸件的困难也愈大，还会降低生产率；若停留时间过短，则因铸件强度较低易产生变形。合适的拔型和开型时间，一般要通过实验进行确定。

（2）金属型铸造的特点及应用

金属型铸造的特点如下：

1）有较高的尺寸精度（IT12 ~ IT16）和较小的表面粗糙度（$Ra12.5 ~ 6.3 \mu m$），机械加工余量小。

2）由于金属型的导热性好，冷却速度快，铸件的晶粒较细，力学性能好。

3）可实现"一型多铸"，提高劳动生产率。且节约造型材料，可减轻环境污染，改善劳动条件。

4）金属铸型的制造成本高，不宜生产大型、形状复杂和薄壁铸件。由于冷却速度快，铸铁件表面易产生白口，使切削加工困难。受金属型材料熔点的限制，熔点高的合金不适宜用金属型铸造。

金属型铸造主要用于铜合金、铝合金等非铁金属铸件的大批量生产，如活塞、连杆、气缸盖等。铸铁件的金属型铸造目前也有所发展，但其尺寸限制在 300 mm 以内，重量不超过 8 公斤，如电熨斗底板等。

3. 压力铸造

压力铸造是将熔融的金属在高压下快速压入金属铸型中，并在压力下凝固，以获得铸件的方法。压铸时所用的压力为 5 ~ 150 MPa，充填速度为 5 ~ 100 m/s，充满铸型的时间约为 0.05 ~ 0.15 s。高压和高速是压铸法区别于一般金属型铸造的两大特征。

（1）压铸机和压铸工艺过程

压力铸造通常在压铸机上完成。压铸机分为立式和卧式两种。图 2 - 51 为立式压铸机工作过程示意图。合型后，用定量勺将金属注入压室中，图 2 - 51（a）所示。压射活塞向下推进，将金属液压入铸型，见图 2 - 51（b）。金属凝固后，如压射活塞退回，下活塞上移顶出余料，动型移开，取出铸件，见图 2 - 51（c）。

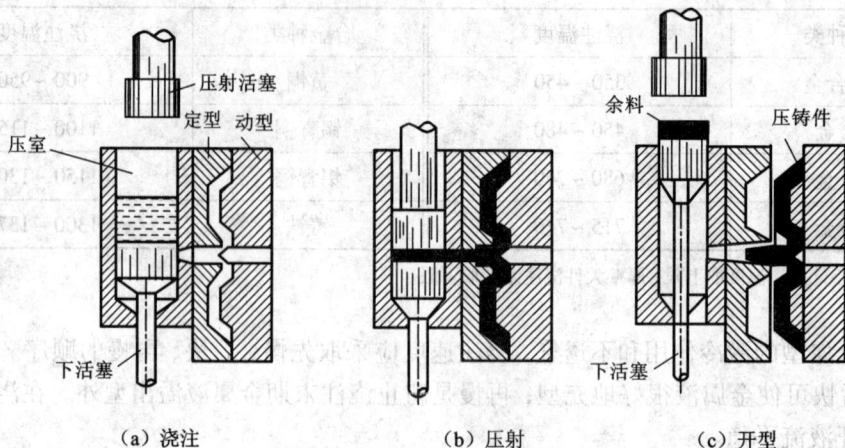

（a）浇注　　　　　　　　（b）压射　　　　　　　　（c）开型

图 2-51　立式压铸机工作过程示意图

（2）压力铸造的特点及应用

压力铸造的优点如下：

1）压铸件尺寸精度高，表面质量好，尺寸公差等级为 IT11～IT13，表面粗糙度 Ra 值为 6.3～1.6μm，可不经机械加工直接使用，而且互换性好。

2）可以压铸壁薄、形状复杂以及具有很小孔和螺纹的铸件，如锌合金的压铸件最小壁厚可达 0.8 mm，最小铸出孔径可达 0.8 mm，最小可铸螺距达 0.75 mm，还能压铸镶嵌件。

3）压铸件的强度和表面硬度较高。由于在压力下结晶，加上冷却速度快，铸件表层晶粒细密，其抗拉强度比砂型铸件高 25%～40%。

4）生产率高，可实现半自动化及自动化生产。

但压铸也存在一些不足。由于充型速度快，型腔中的气体难以排出，在压铸件皮下易产生气孔，故压铸件不能进行热处理，也不宜在高温下工作，否则气孔中气体产生热膨胀压力，可能使铸件开裂。金属液凝固快，厚壁处来不及补缩，易产生缩孔和缩松。设备投资大，铸型制造周期长，造价高，不宜小批量生产。

压力铸造应用广泛，可用于生产锌合金、铝合金、镁合金和铜合金等铸件。在压铸件产量中，占比重最大的是铝合金压铸件，约为 30%～50%，其次为锌合金压铸件，铜合金和镁合金的压铸件产量很小。应用压铸件最多的是汽车、拖拉机制造业，其次为仪表和电子仪器工业。此外，在农业机械、国防工业、计算机、医疗器械等制造业中，压铸件也用得较多。

4. 离心铸造

离心铸造是指将熔融金属浇入旋转的铸型中，使液体金属在离心力作用下充填铸型并凝固成型的一种铸造方法。

（1）离心铸造类型及工艺

为使铸型旋转，离心铸造必须在离心铸造机上进行。根据铸型旋转轴空间位置的不同，离心铸造机通常可分为立式和卧式两大类，如图 2-52 所示。在立式离心铸造机上，铸型是绕垂直轴旋转的，见图 2-52（a）。由于离心力和液态金属本身重力的共同作用，使铸件的内表面呈抛物面形状，造成铸件上薄下厚。显然，在其他条件不变的前提下，铸件的高度愈高，壁厚的差别也愈大，因此，立式离心铸造主要用于高度小于直径的圆环类铸件。

在卧式离心铸造机上，铸型是绕水平轴旋转的，见图2－52(b)。由于铸件各部分的冷却条件相近，故铸出的圆筒形铸件壁厚均匀，因此卧式离心铸造适合于生产长度较大的套筒、管类铸件。

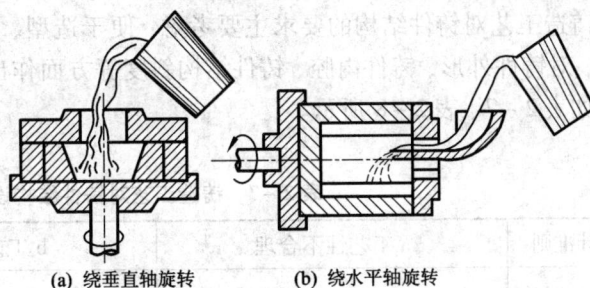

(a) 绕垂直轴旋转　　(b) 绕水平轴旋转

图2－52　离心铸造机原理图

(2)铸型转速的确定

离心力的大小对铸件质量有着十分重要的影响。没有足够大的离心力，就不能获得形状正确和性能良好的铸件。但是，离心力过大又会使铸件产生裂纹，用砂套铸造时还可能引起胀砂和粘砂。因此，在实际生产中，通常根据铸件的大小来确定离心铸造的铸型转速，一般情况下，铸型转速在250～1500 r/min范围内。

(3)离心铸造的特点及应用

离心铸造的优点如下：

1)不用型芯即可铸出空心铸件。液体金属能在铸型中形成空心自由表面，大大简化了套筒、管类铸件的生产过程。

2)可以提高金属液充填铸型的能力。由于金属液体旋转时产生离心力作用，因此一些流动性较差的合金和薄壁铸件可用离心铸造法生产，形成轮廓清晰、表面光洁的铸件。

3)改善了补缩条件。气体和非金属夹杂物易于从金属中排出，产生缩孔、缩松、气孔和夹渣等缺陷的比率很小。

4)无浇注系统和冒口，节约金属。

5)便于铸造"双金属"铸件，如钢套镶铜轴承等。

离心铸造也存在不足。由于离心力的作用，金属中的气体、熔渣等夹杂物，因密度较轻而集中在铸件的内表面上，所以内孔的尺寸不精确，质量也较差，必须增加机械加工余量；铸件易产生成分偏析和密度偏析。

目前，离心铸造已广泛用于制造铸铁管、汽缸套、铜套、双金属轴承、特殊钢的无缝管坯、造纸机滚筒等铸件的生产。

2.1.5　铸件结构设计

进行铸件设计时，不仅要保证其力学性能和工作性能要求，还必须考虑铸造工艺和合金铸造性能对铸件结构的要求。当产品是大批量生产时，则应使所设计的铸件结构便于采用机器造型；当产品是单件、小批生产时，则应使所设计的铸件尽可能在现有条件下生产出来。当某些铸件需要采用熔模铸造、金属型铸造或压力铸造等特种铸造方法生产时，还必须考虑这些方法对铸件结构的特殊要求。下面介绍砂型铸件对结构设计的要求。

1.铸造工艺对铸件结构设计的要求

铸造工艺对铸件结构的要求主要考虑：便于造型、制芯、合箱、清理及减少铸造缺陷等因素，对铸件外形、铸件内腔、铸件结构斜度等方面作出要求。铸造工艺对铸件结构设计的要求如表2-7、表2-8所示。

表2-7 铸造工艺对铸件结构设计的要求

设计准则	a 工艺性不合理	b 工艺性合理	说 明
尽量避免起模方向存在外部侧凹，以便于起模	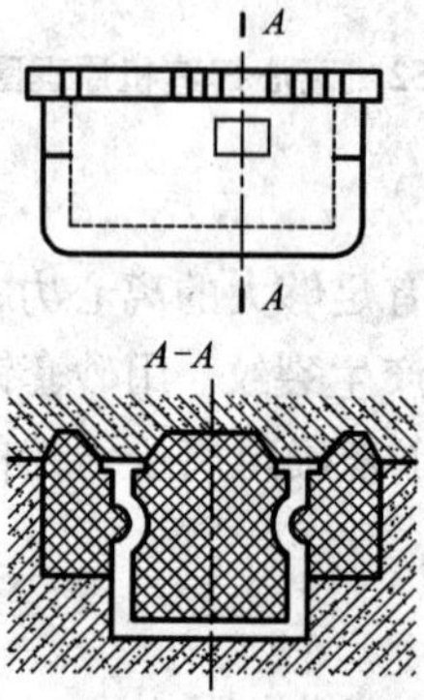	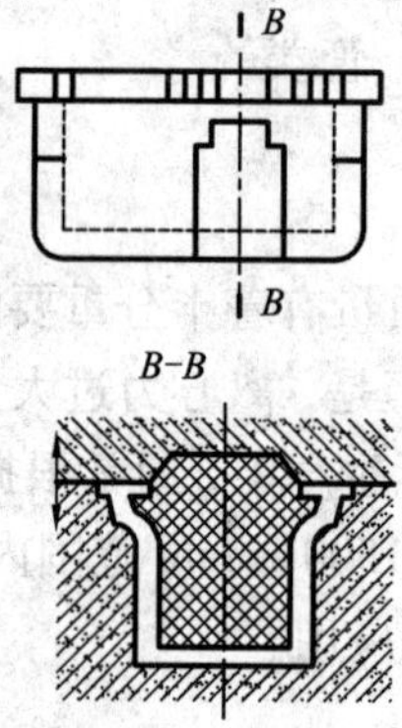	图 a 需增加外部圈芯，才能起模，图 b 去掉了外部圈芯。简化了制模和造型工艺
凸台和筋条结构应便于起模	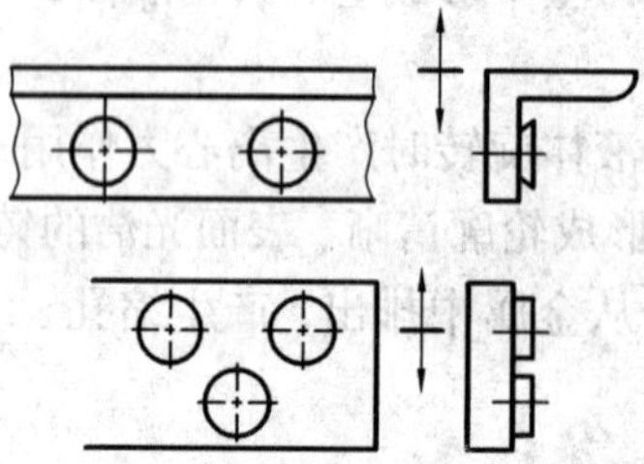	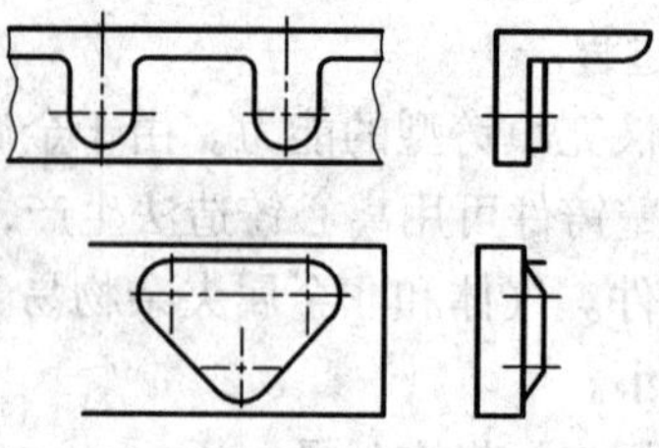	(1)图 a 需用活块或增加外部型芯才能起模。图 b 将凸台延长到分型面，省去了活块或型芯
	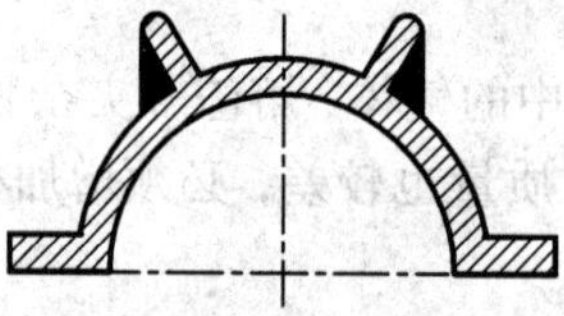	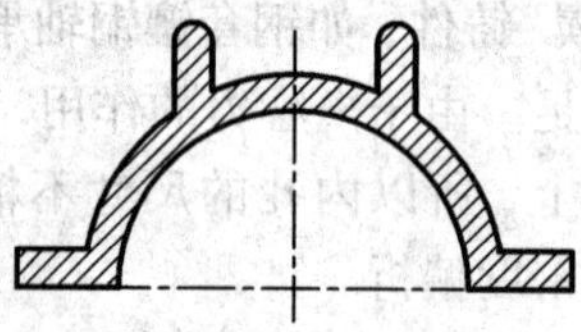	(2)图 a 筋条阴影处阻碍起模。图 b 将筋条顺着起模方向布置，容易起模
尽量使铸件结构具有简单、平直的分型面	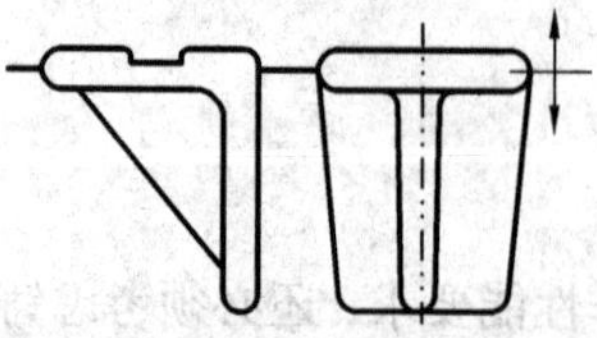	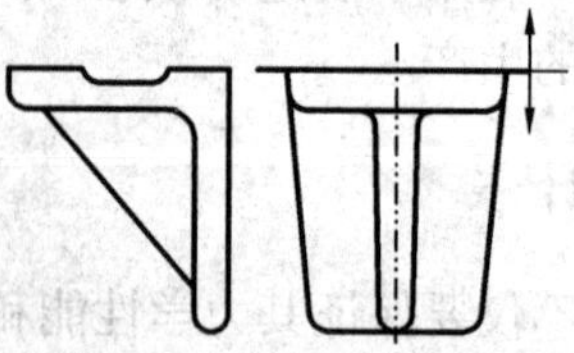	图 a 分型面需采用挖砂造型，图 b 去掉了不必要的外圆角，使造型简化
	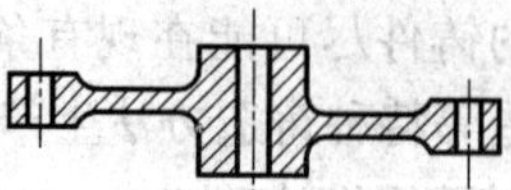	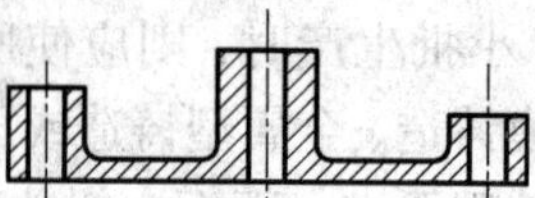	分型面不规则，使造型工艺复杂化

80

续表

设计准则	a 工艺性不合理	b 工艺性合理	说　明
垂直分型面上的不加工表面应有结构斜度	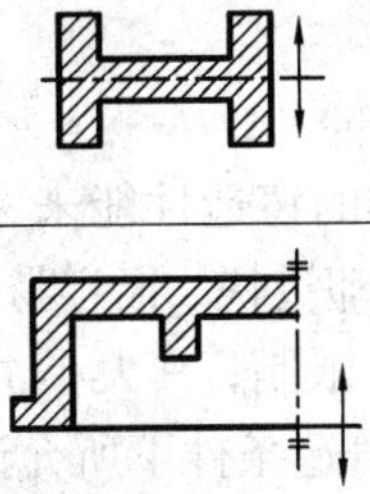	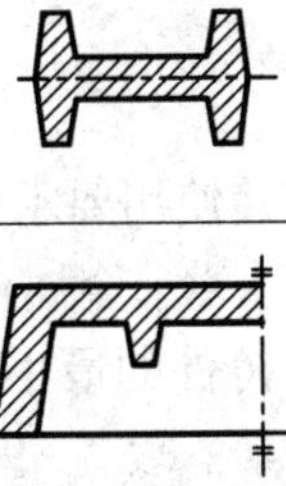	结构斜度的主要作用是便于起模，通常由设计人员给定
铸件内腔形状应尽量避免或减少芯子数量	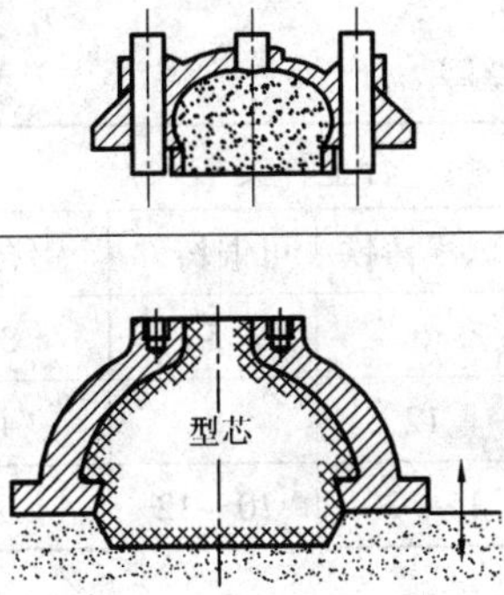	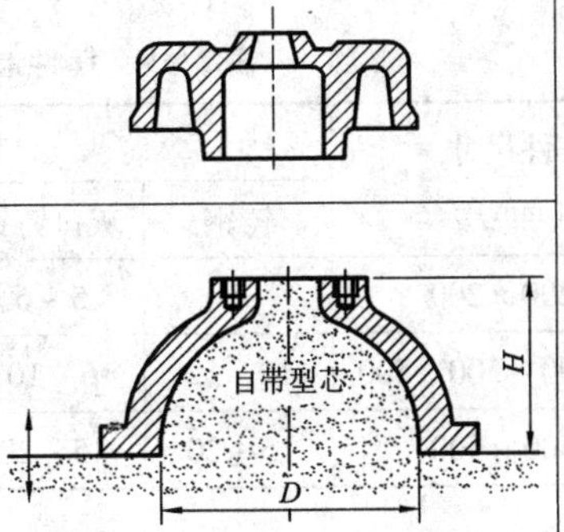	减少造芯和下芯工作量
型芯在铸型中应支撑牢固	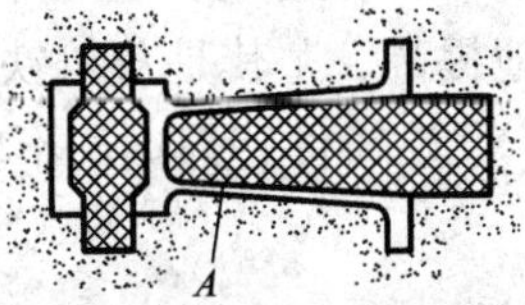	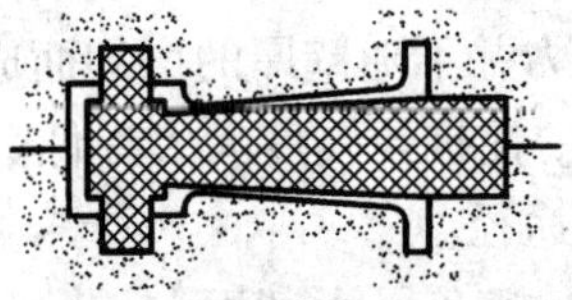	图 a 采用型芯撑加固，下芯、合箱和清理费工，图 b 支撑牢固
可增加型芯头或工艺孔，用以固定型芯	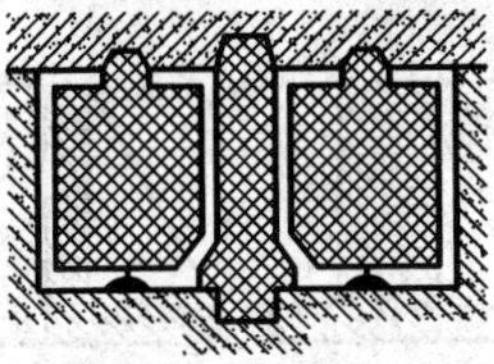	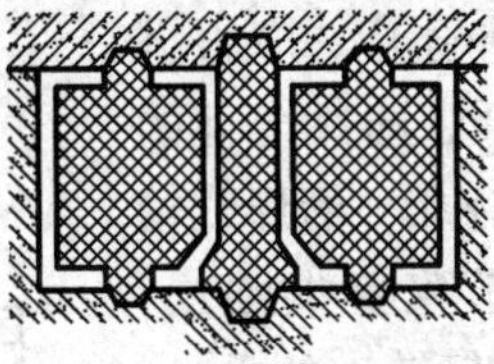	图 a 不太牢固，图 b，增加了型芯头和工艺孔，定位稳固

表 2-8　铸件的结构斜度

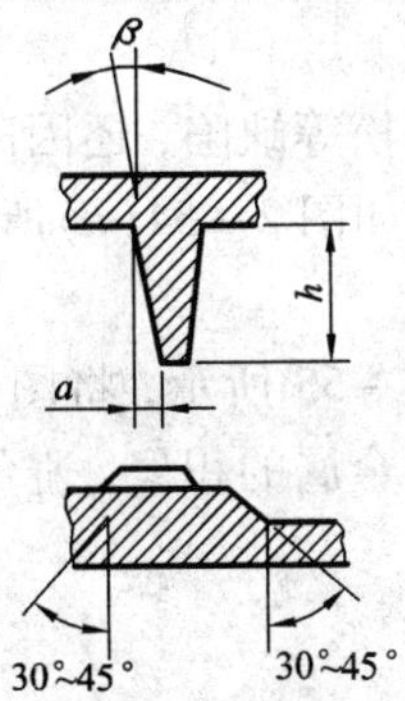	斜度 $a:h$	角度 β	适用范围
	1:5	11°30′	$h < 25$ mm 钢和铸铁件
	1:10	5°30′	$h = 25 \sim 500$ mm 钢和铸铁件
	1:20	3°	
	1:50	1°	$H > 500$ mm 钢和铸铁件
	1:100	30′	非铁合金铸件

2.铸造性能对铸件结构设计的要求

合金的铸造性能影响铸件的内在质量,进行铸件结构设计时,必须充分考虑适应合金的铸造性能,否则容易产生缩孔、缩松、变形、裂纹、冷隔、浇不足、气孔等多种铸造缺陷,使铸件废品率增多。

(1)合理设计铸件壁厚

铸件的壁厚,首先要根据其使用要求设计。但从合金的铸造性能来考虑,则铸件壁既不能太薄,也不宜过厚。铸件壁太薄,金属液注入铸型时冷却过快,很容易产生冷隔、浇不足、变形和裂纹等缺陷。为此,对铸件的最小壁厚必须有一个限制,其大小主要取决于合金的种类、铸造方法和铸件尺寸等因素。表2-9是在一般砂型铸造条件下所允许的铸件最小壁厚。

表2-9 铸件最小壁厚

铸造方法	铸件尺寸 (mm)	合金种类					
		铸钢	灰口铸铁	球墨铸铁	可锻铸件	铝合金	铜合金
砂型铸造	<200×200	8	5~6	6	5	3	3~5
	200×200~500×500	10~12	6~10	12	8	4	6~8
	>500×500	15~20	15~20	15~20	10~12	6	10~12

铸件壁也不宜过厚,否则金属液聚集会引起晶粒粗大,且容易产生缩孔、缩松等缺陷,所以铸件的实际承载能力并不随壁厚的增加而成比例地提高,尤其是灰铸铁件,在大截面上会形成粗大的片状石墨,使抗拉强度大大降低。因此,设计铸件壁厚时,不应以增加壁厚作为提高承载能力的唯一途径。

为了节约合金材料,避免厚大截面,同时又保证铸件的刚度和强度,应根据零件受力大小和载荷性质,选择合理的截面形状,如T字形、工字形、槽形或箱形等结构,并在薄弱环节安置加强筋,如图2-53所示。为了减轻铸件的重量,便于型芯的固定、排气和铸件的清理,还常在铸件的壁上开设窗口。

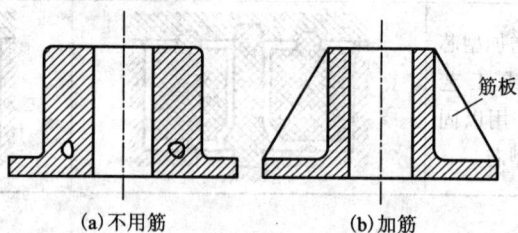

(a)不用筋　　　　(b)加筋

图2-53 用加强筋来减小壁厚

(2)铸件壁厚应尽量均匀

铸件各部分壁厚差异过大,不仅在厚壁处因金属聚集产生缩孔、缩松等缺陷,还因冷却速度不一致而产生较大的热应力,致使薄壁和厚壁的连接处产生裂纹,如图2-54(a)所示,设计中应尽可能使壁厚均匀,避免过大的热节存在,见图2-54(b)。

铸件上的筋条分布应尽量减少交叉,以防形成较大的热节。如图2-55所示,将图(a)交叉接头改为图(b)交错接头结构,或采用图(c)的环形接头,可以减少金属的积聚,避免缩孔、缩松缺陷的产生。

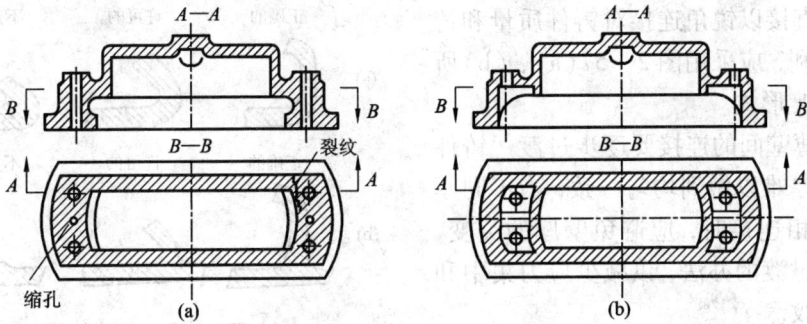

图 2 – 54　顶盖结构设计

（3）铸件壁的连接

铸件壁的连接处和转角处，是铸件的薄弱环节，在设计时，应注意设法防止金属液的集聚和内应力的产生。

①铸件的圆角结构　在铸件壁的连接处和转角处，应设计圆角，避免直角连接。这是由于直角处易产生应力集中现象，使直角处内侧的应力大大增加。同时，由于晶体结晶的方向性，使直角处形成了晶间的脆弱面，见图 2 – 56（a）。当采用圆角结构时 [见图 2 – 56（b）]，可避免上述不良影响，防止裂纹产生，提高了转角处的力学性能。此外，圆角结构还有利于造型，并使铸件外形美观。铸件内圆角的大小必须与壁厚相适应，其内接圆直径一般不应超过相邻壁厚的 1.5 倍，过大则增大了转角处缩孔倾向。铸造内圆角的具体数值可参阅表 2 – 10。

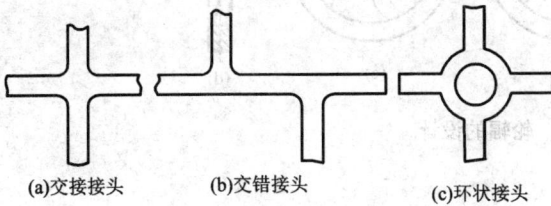

(a)交接接头　　(b)交错接头　　(c)环状接头

图 2 – 55　筋条的几种布置形式

(a) 直角相交　　(b) 圆弧过渡

图 2 – 56　铸件转角处结晶示意图

表 2 – 10　铸造内圆角半径 R 值

$\dfrac{(a+b)}{2}$	≤8	8 ~ 12	12 ~ 16	16 ~ 20	20 ~ 27	27 ~ 35	35 ~ 45	45 ~ 60
铸件	4	6	6	8	10	12	16	20
铸钢	6	6	8	10	12	16	20	25

②避免锐角连接　当铸件壁需以90°夹角连接时，直接以锐角连接对铸件质量和铸造工艺都不利，应采用图2－57(a)、(b)所示的正确过渡形式。

③厚、薄壁间的连接要逐步过渡　铸件各部分的壁厚难以做到均匀一致，当不同厚度的铸件壁相连接时，应避免壁厚的突变，应采取逐步过渡的办法，以减少应力集中和防止产生裂纹。

图2－57　接头结构

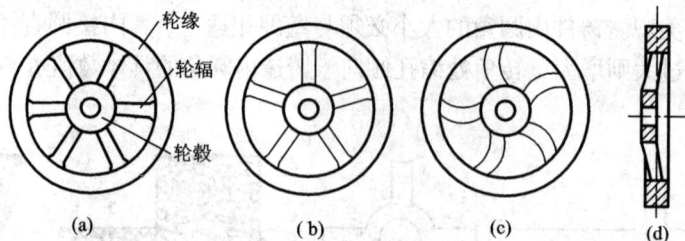

(4)避免收缩受阻

当铸件的线收缩率较大而收缩又受阻时，会产生较大的内应力甚至开裂。因此，在进行铸件结构设计时，可考虑设有"容让"的环节，该环节允许微量变形，以减少收缩阻力，从而自行缓解其内应力。图2－58所示为轮辐的几种设计，图(a)为直条形偶数轮辐，结构简单，制造方便，但如果合金收缩大时，轮辐的收缩力互相抗衡，容易开裂。而图(b)、(c)、(d)三种轮辐结构则可分别以轮缘的变形、轮毂的转动和移动来缓解应力。图2－59所示的砂箱箱带的两种结构设计也是同样道理，(a)不合理，(b)合理。

图2－58　轮辐的设计

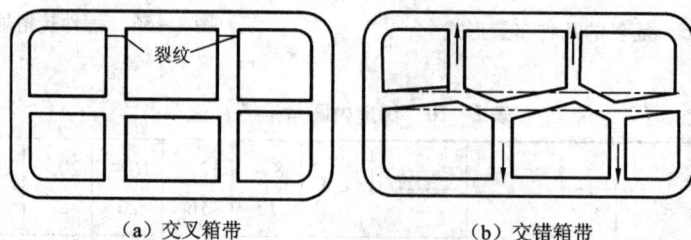

(a)交叉箱带　　　　　(b)交错箱带

图2－59　砂箱箱带的两种形式

(5)避免大的水平面

图2－60所示为薄壁罩壳铸件。图(a)结构的大平面在浇注时处于水平位置，气体和非金属夹杂物上浮后容易滞留，影响铸件表面质量。若改成图(b)结构，浇注时，金属液沿斜

壁上升，能顺利地将气体和杂质带出。同时，金属液的上升流动也使铸件不易产生浇不足等缺陷。

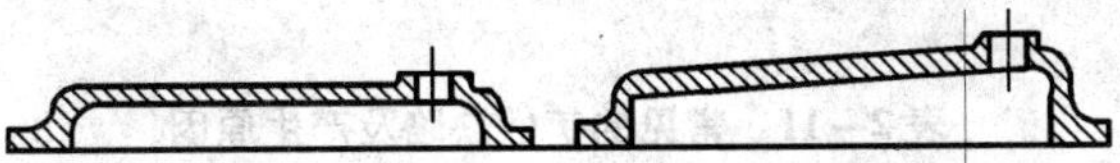

(a) 原结构　　　　　　　(b) 改进后的结构

图 2 – 60　罩壳铸件

2.1.6　铸件的常见缺陷及其分析

由于铸件生产工艺繁多，产生缺陷的原因十分复杂。它不仅与合金性质、铸型工艺、合金熔炼、造型材料等因素有关，而且也与铸件结构有关。铸件清理后应进行质量检验。

1. 铸件缺陷的分类

铸件缺陷多种多样，按其性质可分为以下几类：

①多肉类缺陷　包括飞翅、毛刺、抬型、胀砂、冲砂、掉砂、外渗物等缺陷。这类缺陷影响铸件的外观质量，增加清理铸件的工作量。

②孔洞类缺陷　包括气孔、针孔、缩孔、缩松、疏松等缺陷。这类缺陷降低铸件的力学性能，影响铸件的使用性能，而且常位于铸件内部不易发现，因此危害最大，要采取积极的措施进行防止。其中以气孔和缩孔最常见，对铸件质量的影响也最大。

③表面缺陷　包括鼠尾、沟槽、夹砂结疤、机械粘砂、化学粘砂、表面粗糙、皱皮、缩陷等缺陷；此类缺陷影响铸件的表面质量，并增加清理铸件的工作量。其中以粘砂最为普遍，特别是当型砂耐火度较低或浇注温度较高时，铸件表面粘砂最严重，因此应严格选用造型材料，控制浇注温度。

④残缺类缺陷　包括浇不到、冷隔、未浇满、跑火、型漏、损坏等缺陷。这类缺陷严重时通常都会导致铸件报废，而且还影响操作人员安全。因此铸件浇注前，应进行仔细检查，防止此类缺陷产生。

⑤形状及重量差错类缺陷　包括拉长、超重、变形、错型、错芯、偏芯等缺陷。此类缺陷影响铸件的外观质量，增加修补工作量。生产中因铸件尺寸不合格或超重等降低铸件质量等级，甚至使铸件报废。

⑥夹杂类缺陷　包括夹杂物、冷豆、内渗物、渣气孔、砂眼等缺陷。此类缺陷降低铸件的力学性能，降低铸件寿命。

⑦裂纹类缺陷　包括冷裂、热裂、热处理裂纹、白点、冷隔、浇注断流等缺陷。此类缺陷极大地降低铸件的力学性能，严重时将导致铸件报废。其中以热裂最常见，特别是在合金钢铸件中。

⑧性能、成分、组织不合格类缺陷　包括亮皮、菜花头、石墨漂浮、石墨集结、组织粗大、偏析、硬点、反白口、球化不良、球化衰退、脱碳等缺陷。此类缺陷将影响铸件的切削加工性能和使用性能。

影响铸件质量的因素很多，从原材料的准备，到造型、熔炼、浇注、热处理等工序，都有可能导致铸件缺陷的产生，而且经常在同一铸件上同时存在几种缺陷。要防止铸件缺陷的产生，应了解各种缺陷的特征及产生的主要原因，做到防患于未然。

2. 常见缺陷

表2-11列出一些常见的铸件缺陷特征及其产生的主要原因。

表2-11　常见的铸件缺陷及产生原因

名称	特　征		产生原因
气孔	铸件内部或表面有大小不等的孔眼，孔的内壁圆滑，多呈现圆形	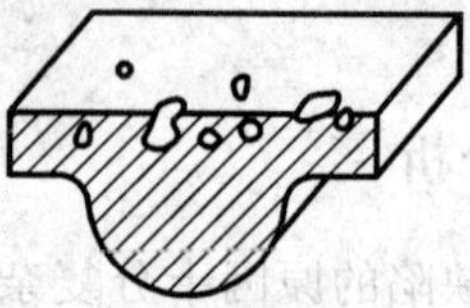	1. 舂砂太紧或型砂透气性差； 2. 起模、修型刷水过多； 3. 芯子未烘干或通气孔堵塞； 4. 浇注速度太快。
缩孔与缩松	缩孔：铸件最后凝固的部位(厚截面处)出现的形状极不规则、孔壁粗糙并带有枝晶状的孔洞。缩松：铸件断面上出现的分散而细小的缩孔	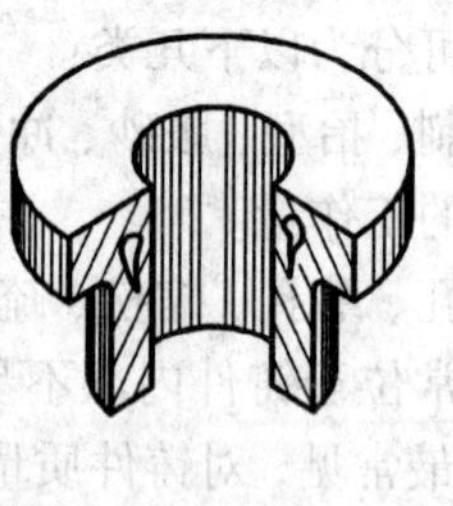	1. 铸件结构设计不合理，壁厚不均匀； 2. 浇注系统或冒口设置不正确，无法补缩或补缩不足； 3. 浇注温度过高，熔融金属收缩过大； 4. 与熔融金属的化学成分有关。
砂眼	铸件内部或表面带有砂粒的孔洞。形状不规则	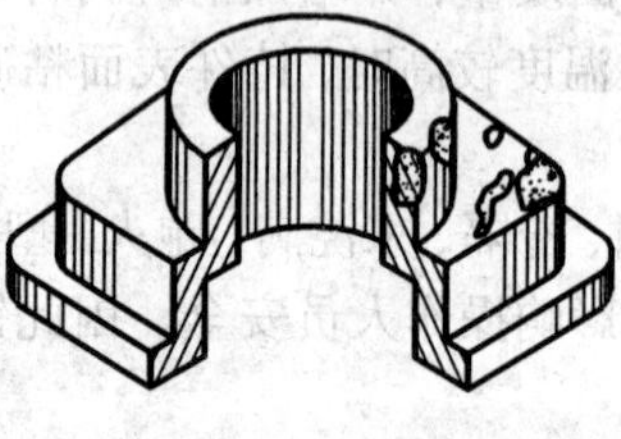	1. 型砂或浇道内散砂未吹净； 2. 型砂和芯砂强度不够，被铁水部坏； 3. 合型时砂型局部损坏； 4. 铸件结构不合理； 5. 砂型或芯子局部薄弱，被铁水冲坏。
渣眼	孔眼内充满熔渣，孔形不规则	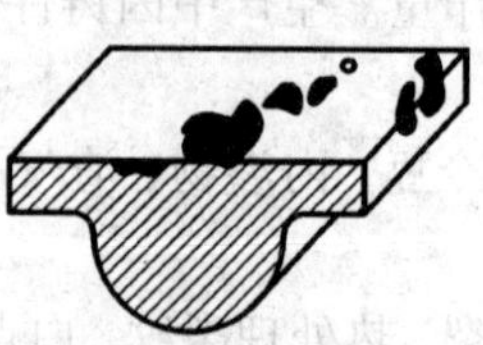	1. 浇注温度太低，熔渣不易上浮； 2. 浇注时没有挡住熔渣； 3. 浇注系统不正确，挡渣作用差。
粘砂	锻件表面粗糙，粘有烧结砂粒	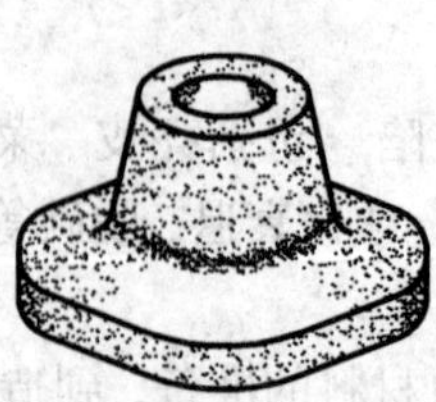	1. 未刷涂料或涂料太薄； 2. 浇注温度过高； 3. 型砂耐火度不够。

86

续表

名称	特　征	产生原因
冷隔	铸件上有未完全融合的缝隙，接头处边缘圆滑 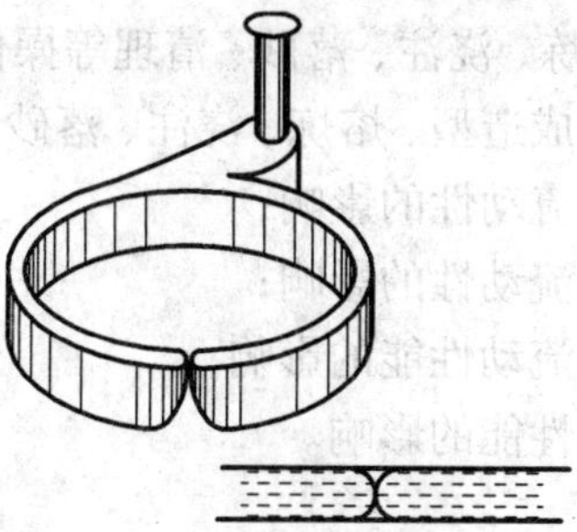	1. 浇注温度过低； 2. 浇注速度太慢； 3. 浇口位置不当或浇口太小。
浇不到	铸件形状不完整 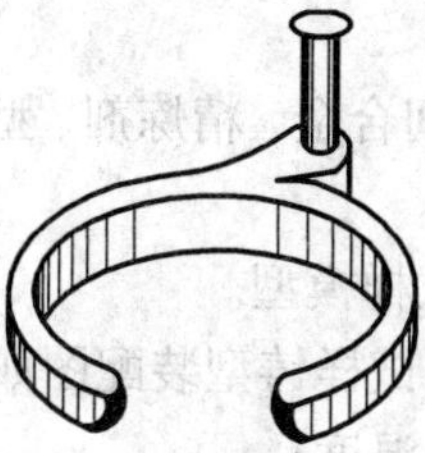	1. 浇注温度太低； 2. 浇注速度太慢或铁水不够； 3. 铸件太薄。
错箱	铸件沿分型面有相对错位 	1. 合型时上下砂箱未对准； 2. 砂箱定位销不准确； 3. 模样的上下模未对准。
裂纹	1. 热裂：断面严重氧化，无金属光泽，断口沿晶界产生和发展，外形曲折而不规则的裂纹。 2. 冷裂：穿过晶体而不沿晶界断裂，断口有金属光泽或有轻微氧化色 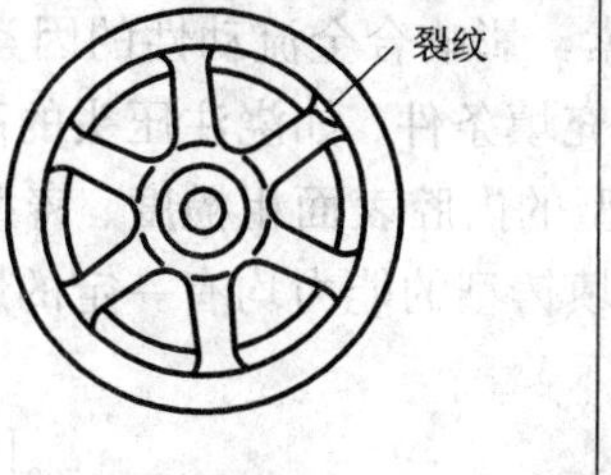	1. 铸件设计不合理，壁厚差别太大； 2. 砂型（芯）退让性差阻碍铸件收缩； 3. 浇注系统不当，使铸件各部分冷却收缩不均匀，造成过大的内应力。

2.1.7　铸造综合实训

砂型铸全过程实训及铸造铝−硅合金流动性数据测量

1. 要求与内容

（1）实训要求：

①了解铝硅合金砂型铸造全过程；

②通过合金流动性数据测量，加深对合金流动性概念的理解，掌握影响合金流动性的主要因素。

实训内容：

①自制模型并完成造型、熔炼、浇注、落砂、清理等操作，得到铸件；

②选择实习车间现有模型完成造型、熔炼、浇注、落砂、清理等操作，得到铸件；

③测量不同化学成分对合金流动性的影响；

④测量不同浇注温度对合金流动性的影响；

⑤测量不同浇注压头对合金流动性能的影响；

⑥测量石墨涂料对合金流动性能的影响。

2. 实训所用设备及材料

（1）设备与装备：坩埚电阻炉、热电偶、动圈式温度指示仪、模型及螺旋线试样模型、砂箱及造型工具等；

（2）实训材料：铝锭、铝－硅中间合金、精炼剂、型砂、涂料。

3. 操作步骤

1）分别准备铸件模型与螺旋型试样模型。

2）分组造型，造型完成的螺旋型试样铸型装配图如图2－61；

3）熔炼铝硅合金，测量熔融合金温度；

4）将温度适当的熔融合金浇注于铸型中；

5）打开铸型，落砂清理得到铸件并观察铸件上有无铸造缺陷，或打开铸型取出螺旋线试样，测量螺旋线长度，填写实习报告；

6）交流数据。

4. 结果分析

（1）检查铸件，如果存在铸造缺陷，分析产生铸造缺陷的原因。

（2）影响合金流动性的因素　影响合金流动性的因素很多，其中以化学成分和熔化浇注温度最为重要，其次是铸型的充填条件，如浇注压头的高低、浇注系统各部分的形状、尺寸和位置，铸型的干湿情况、铸型的内腔表面粗糙度、铸型的种类（金属型、砂型、泥型等）以及铸件结构等因素，对合金充填铸型的能力均有一定的影响。这些因素控制不当，也严重影响铸件质量，因而不能忽视。

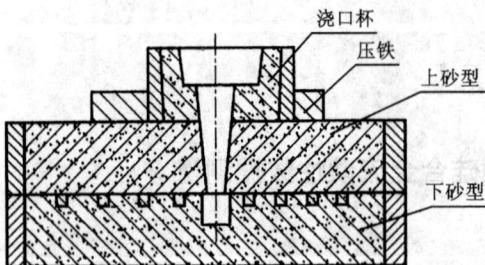

图2－61　螺旋试样铸型装配图

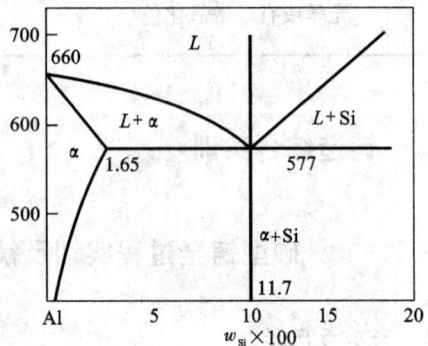

图2－62　铝－硅合金相图

①合金成分的影响 共晶成分的合金具有最佳流动性。从图 2 – 62 铝 – 硅合金相图可知，在相同浇注温度下，共晶合金的过热度最大，它的晶粒是由颇多核心同时结晶的，在结晶前为均匀的熔融金属，合金流动的阻力小，结晶潜热释放集中，有利于保持熔融合金温度；而且凝固温度范围小，熔融金属在铸型中形成外壳后，其内表面较平滑，对尚未凝固的熔融金属流动阻力小，合金还可继续流动。而亚共晶和过共晶成分合金的凝固温度范围大，初生树枝状晶体混杂在熔融金属中，阻碍熔融合金流动，故流动性差。

②浇注温度的影响 合金的浇注温度愈高，则熔融金属的黏度愈低，表面张力也愈小，流动性就愈好。合金的熔化温度愈高，过热温度就愈大，合金保持熔融态流动的时间就愈长，因而大幅度提高了合金的流动性。浇注温度的高低对合金流动性的影响非常敏感，但是，熔化浇注温度过高，会使铸件的收缩量增加，吸气增多，氧化严重，还有可能使晶粒粗大，铸件力学性能下降。

③浇注压头高度及铸型涂料的影响 显然，增加浇注时压头的高度，会使熔融合金的静压力增大，流动速度加快，有利于充填铸型。型腔内表面涂刷石墨等涂料，使型腔粗糙度下降，熔融金属流动阻力减小，熔融合金充填能力提高。而且涂料保温性能好，使熔融金属保持流动态的时间增长，流程加大。

2.2 锻压成形

锻压是利用锻压机械对金属坯料施加外力，使其产生塑性变形，改变尺寸、形状及性能，用以制造毛坯、机械零件的成形加工方法。锻压包括锻造与冲压。锻压具有如下特点：

1）锻件的力学性能高，承载能力强 锻压加工后，可使金属获得较细密的晶粒，可以压合铸态组织内部的气孔、缩孔、缩松等缺陷，能合理控制金属纤维方向，使纤维方向与应力方向一致，以提高零件的性能（强度，特别是冲击韧度）。经锻压加工方法生产的机器零件承受荷载能力比铸件高，所以承受重载及冲击载荷的重要零件，其毛坯多用锻造方法制造。

2）生产率高 锻压生产效率高，适用于大量生产。例如，在热模锻压力机上锻造一根汽车发动机的六拐曲轴仅需 40 s；在弧形板行星搓螺纹机上加工 M5 螺钉，生产率高达 12000 件/min，可相当于 18 台自动车床的总生产率。

3）金属材料的加工损耗较少 锻压是通过坯料的塑性变形来改变其形状和尺寸，体积基本保持不变。使用精密锻造方法，可使锻压件的尺寸精度和光洁程度接近成品，可以不产生切屑，材料利用率高，节约大量的金属材料。例如，精密模锻的伞齿轮，其齿形部分可不经切削加工而直接使用；精锻叶片的复杂曲面可达到只需磨削的精度。

4）适用范围广 锻压能加工各种形状及大小的零件。从形状简单的螺钉到形状复杂的曲轴，从质量不到 1 g 的针表零件到重达数百吨的大轴都可锻造。

锻压也存在一些不足之处：

1）不能直接锻制成形状复杂的零件，特别是具有复杂内腔的零件；自由锻件的尺寸精度不高。

2）需要重型的机器设备和复杂的模具。

3）生产现场劳动条件较差。

锻压加工是生产机器零件毛坯的重要加工方法，在冶金、有色金属加工、汽车、拖拉机、宇航、船舶、军工、仪器仪表、电器和日用五金等工业部门中得到了越来越广泛的应用。例如，发电设备中主轴、转子、叶轮、护环等重要零件均是由锻件制成的。飞机上锻件的重量占85%，坦克上锻件的重量占70%，汽车上锻件的重量占80%，机车上锻件的重量占60%，兵器上大部分零件都是经锻造制成的。

2.2.1 金属塑性成形基础

1. 金属塑性成形的主要方式

塑性成形的主要方式有：

1）轧制 轧制是将金属坯料通过旋转辊之间的间隙而变形的加工方法，如图2-63(a)所示；

2）挤压 挤压是将放在模具内的金属坯料从一端的模孔中挤出而变形的加工方法，如图2-63(b)；

3）拉拔 拉拔是将金属坯料通过模孔拉出而变形的加工方法，如图2-63(c)；

4）锻造 锻造是将金属坯料放在上下砧铁或锻模之间受到冲击力或压力而变形的加工方法。锻造可以分为自由锻和模锻图，如图2-63(d)、(e)两种类型；

5）冲压 冲压是将板材放在冲模之间受压产生分离或变形的加工方法，如图2-63(f)。

在机器制造工业中常使用锻造方法来生产毛坯或零件，用冲压方法制造各种薄壁零件及日用工业品；而轧制、挤压、拉拔等加工方法主要是生产板材、管材、型材、线材等不同截面形状的工程金属材料。

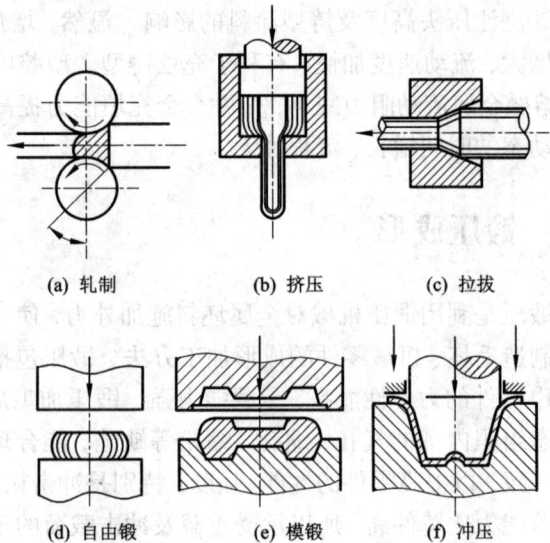

(a) 轧制　　　(b) 挤压　　　(c) 拉拔

(d) 自由锻　　(e) 模锻　　　(f) 冲压

图2-63　金属的塑性成形方式

2. 金属塑性成形的实质

金属在外力作用下，其内部将产生应力，该应力迫使原子离开原来的平衡位置，从而改变了原子间的距离，使金属发生变形，并引起原子位能的增高。处于高位能的原子具有返回到原来低位能平衡位置的倾向。因而当外力停止作用后，应力消失，变形也随之消失。金属的这种变形称为弹性变形，当外力增大到使金属的内应力超过该金属的屈服点之后，即使外力停止作用，金属的变形也并不消失，这种变形称为塑性变形。金属塑性变形的实质是晶体内部产生了滑移。

（1）单晶体的塑性变形

单晶体的塑性变形主要通过滑移和孪生两种方式进行，其中最常见的方式是滑移。如图2-64所示，晶体在切应力的作用下，一部分沿一定的晶面(滑移面)和晶向(滑移方向)相对

90

于另一部分产生滑移。

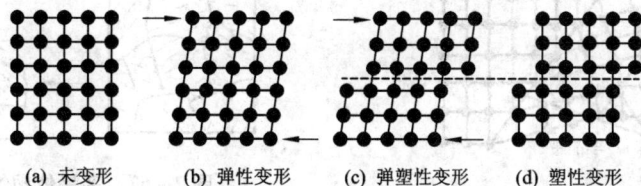

(a) 未变形　　(b) 弹性变形　　(c) 弹塑性变形　　(d) 塑性变形

图 2 - 64　晶体滑移变形示意图

实际上，单晶体的滑移变形并不是晶体内两部分彼此刚性的整体相对滑动，晶体内部存在位错、空位等晶体缺陷，这些晶体缺陷只需要很小的力(相当于晶体整体刚性移动的千分之几)就可以在晶体内部滑动，因此，单晶体的塑性变形实质是晶体内的位错等晶体缺陷滑动的结果，如图 2 - 65 所示。

(a) 未变形　　(b) 弹性变形　　(c) 弹塑性变形　　(d) 塑性变形

图 2 - 65　位错运动引起滑移变形示意图

除位错的滑移外，晶体变形的另一种方式是孪生。孪生变形是在切应力作用下，晶体的一部分对应于一定的晶面(孪晶面)沿一定方向进行的相对移动，如图 2 - 66 所示。

(2)多晶体金属的塑性变形

通常使用的金属都是由大量微小晶粒组成的多晶体。其塑性变形可以看成是由组成多晶体的许多单个晶粒产生变形的综合效果。多晶体的塑性变形虽然是以单晶体的塑性变形为基础的，但取向不同的晶粒彼此之间在变形过程中有约束作用，晶界的存在对塑性变形会产生影响，所以多晶体变形还有自己的特点：

a.晶粒取向对塑性变形的影响

多晶体中各个晶粒的取向不同，如图 2 - 67 所示。在大小和方向一定的外力作用下，各个晶粒中沿一定滑移面和一定滑移方向上的分切应力并不相等，因此在某些取向合适的晶粒中，分切应力有可能先满足滑移的临界应力条件而产生位错运动，这些晶粒的取向称为"软位向"。与此同时，另一些晶粒由于取向的原因可能还不符合发生滑移的临界应力条件而不会发生位错运动，这些晶粒的取向称为"硬位向"。在外力作用下，金属中处于软位向的晶粒中的位错首先发生滑移运动，但是这些晶粒变形到一定程度后就会受到处于硬位向尚未发生变形的晶粒的障碍，只有当外力进一步增加才能使处于硬位向的晶粒也满足滑移的临界应力条件，产生位错运动从而出现均匀的塑性变形。

图 2 – 66　孪生变形示意图

李晶面　李晶带

图 2 – 67　多晶体塑性变形示意图

所以在多晶体金属中，由于各个晶粒取向不同，一方面使塑性变形表现出很大的不均匀性，另一方面也会产生强化作用。同时，在多晶体金属中，当各个取向不同的晶粒都满足临界应力条件后，每个晶粒既要沿各自的滑移面和滑移方向滑移，又要保持多晶体金属的结构连续性，所以实际的滑移变形过程比单晶体金属复杂、困难得多。在相同的外力作用下，多晶体金属的塑性变形量一般比相同成分单晶体金属的塑性变形量小。

　　b.晶界对塑性变形的影响

在多晶体金属中，晶界原子的排列是不规则的，局部晶格畸变十分严重，还容易产生杂质原子和空位等缺陷的偏聚。当位错运动到晶界附近时容易受到晶界的阻碍。在常温下多晶体金属受到一定的外力作用时，首先在各个晶粒内部产生滑移或位错运动，只有当外力进一步增大后，位错的局部运动才能通过晶界运动，从而出现更大的塑性变形。这表明与单晶体金属相比，多晶体金属的晶界可以起到强化作用，金属晶粒越细小，晶界

图 2 – 68　纯铁的强度与其晶粒直径的关系

在多晶体中占的体积百分比越大，它对位错运动产生的阻碍也越大，因此细化晶粒可以对多晶体金属起到明显的强化作用，如图 2 – 68 所示。同时，在一定的常温和外力作用下，当总的塑性变形量一定时，细化晶粒后可以使位错在更多的晶粒中产生运动，这就会使塑性变形更均匀，因而不容易产生应力集中，所以细化晶粒在提高金属强度的同时也改善了金属材料的塑性。

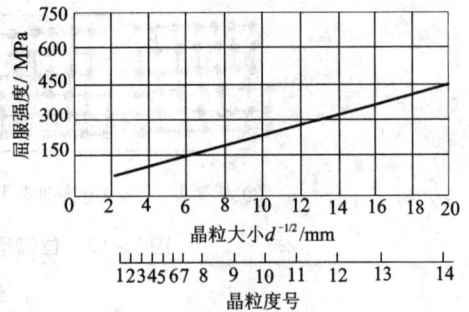

　　3.金属的冷变形强化与再结晶

　　(1)金属的冷变形强化

金属在冷塑性变形后，其强度和硬度提高，塑性(伸长率和断面收缩率)降低，这种现象称为冷变形强化(常称加工硬化)。图 2 – 69 表示低碳钢和黄铜的加工硬化现象。在加工硬化的同时，金属内部存在残余应力(内应力)。

加工硬化对金属冷变形加工产生很大影响。加工硬化后金属强度提高，要求压力加工设备的功率增大。加工硬化后金属塑性下降，使金属继续塑性变形困难，需要进一步加工时，必须增加中间退火工序。这样降低了生产率，提高了生产成本。

另一方面，也可利用加工硬化作为一种强化金属的工艺用于生产。一些不能用热处理方

92

法强化的金属材料,可应用加工硬化来提高金属构件的承载能力,例如用滚压方法提高青铜轴瓦的承载能力和耐磨性,用喷丸方法提高铸件的疲劳强度等。

（2）再结晶

要消除加工硬化,降低因塑性变形而产生的残余应力,必须对冷态下的塑性变形金属加热,因为金属塑性变形后晶体的晶格畸变,处于不稳定状态,它虽有自发地恢复到原来稳定状态的趋势,但在室温下,原子活动能量小,不可能自行恢复到未变形前的稳定状态。当加热后,原子活动能力增加,就能恢复到原来的稳定状态,消除晶格畸变和降低残余应力。随着加热温度的升高,再结晶过程可分为回复、再结晶和晶粒长大三个阶段。

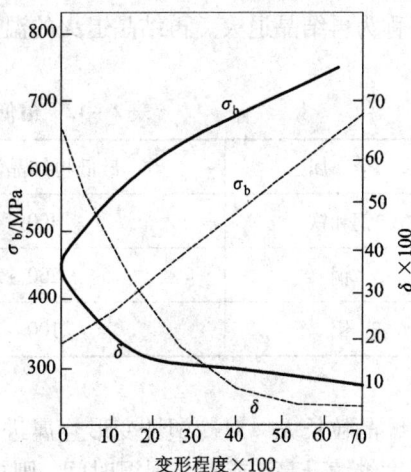

图 2 - 69 金属冷变形强化
实线——冷轧的低碳钢;虚线——冷轧的黄铜

再结晶温度 $T_{再}$ 可用经验关系式表示如下:

$$T_{再} = 0.4 T_{熔}$$

式中, $T_{再}$ 为最低的再结晶温度, $T_{熔}$ 为金属熔点的温度。

a. 回复 当加热温度低于 $T_{再}$ 时,晶格中的原子只能作短距离扩散,使空位与间隙原子合并,空位与位错发生交互作用而消失,使晶格畸变减轻,残余应力显著下降。但变形金属的显微组织无明显变化,仍保持纤维组织,其力学性能变化也不大,见图 2 - 70。

b. 再结晶 当加热温度超过 $T_{再}$ 时,在变形晶粒的晶界、滑移带等晶格严重畸变的区域,形成新的晶核（再结晶核心）,晶核向周围长大形成新的等轴晶粒,已经变形的晶粒逐渐消失,直到金属内部的变形晶粒全部为新的等轴晶粒所取代,这个过程称为再结晶。

再结晶后形成的是无晶格畸变的、位错密度很低的、新的等轴晶粒。再结晶消除了变形的晶粒,消除了冷变形强化的残余应力,金属又恢复到塑性变形以前的力学性能。

再结晶过程需要一定的时

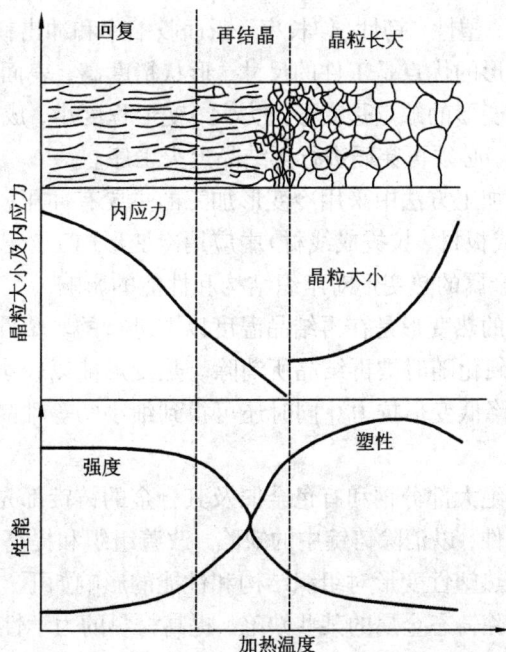

图 2 - 70 加热温度对冷塑性变形金属组织与性能的影响

间。加热温度愈高，所需时间愈少，再结晶速度愈快。为了消除冷变形强化所采用的热处理方法称为再结晶退火。再结晶退火的温度应比最低再结晶温度高 150~250℃，见表 2-12。

表 2-12　最低再结晶温度和再结晶退火温度

金　属	最低再结晶温度(℃)	再结晶退火温度(℃)
钢和铁	400~450	600~700
铜	200~270	400~500
铝	100~150	250~350

c.晶粒长大　对冷塑性变形金属进行再结晶退火后，一般都得到细小均匀的等轴晶粒。如温度继续升高，或延长保温时间，则再结晶后的晶粒又会长大而形成粗大晶粒，从而使金属的强度、硬度和塑性降低。所以要正确选择再结晶温度和加热时间。

4.金属的冷、热塑性变形对组织结构和性能的影响

金属在再结晶温度以下进行的塑性变形称为冷态塑性变形，简称冷变形；在再结晶温度以上进行的塑性变形称为热态塑性变形，简称热变形。显然，冷、热变形不是以一个固定的温度界限来区分的，而是随材料不同而变化。例如，钨的最低再结晶温度约为 1200℃，所以钨即使在稍低于 1200℃ 的高温下塑性变形仍属于冷变形；而锡的最低再结晶温度约为 -7℃，所以锡即使在室温下塑性变形也属于热变形。

(1)金属的冷变形对组织结构和性能的影响

冷变形使金属晶粒的晶格畸变，位错密度升高，形成纤维组织。冷变形使金属的硬度、强度增加，塑性、韧性(伸长率、断面收缩率和冲击韧度)降低。

冷变形的优点是工件的尺寸、形状精度高，表面质量好。材料强度、硬度提高。劳动条件好。冷变形的缺点是变形抗力大，变形程度小，成形件内部残余应力大。要想继续进行冷加工变形，必须再穿插进行再结晶退火工序。

锻压加工方法中采用冷变形加工的主要有冲压、冷镦、精压等。在金属材料的成材加工(如轧制成板材、拉拔成线材)中应用冷变形加工较普遍。

(2)金属的热变形对组织结构和性能的影响

金属的热变形是在再结晶温度以上进行的。塑性变形时产生的加工硬化和再结晶同时进行，加工硬化随时被再结晶所消除。热变形能以较小的能量获得较大的变形，即可提高金属的塑性，降低变形抗力。同时还可得到细小的等轴晶粒、均匀致密的组织和力学性能优良的制品。

所以绝大部分钢和有色金属及其合金的铸锭都先通过热变形(热锻、热轧等)成形或制成所需的坯件，以消除铸锭中的缺陷、改善组织和提高材料的力学性能。

金属热塑性变形对组织结构和性能的影响如下：

a.消除铸态金属的某些缺陷，提高材料的力学性能　通过热轧和锻造可使金属铸锭中的疏松、气泡压合，部分消除某些偏析，将粗大的柱状晶粒和枝晶压碎，再结晶成细小均匀的等轴晶粒，改善夹杂物、碳化物的形态与分布，结果提高了金属材料的致密度和力学性能。

例如，钢铸锭的密度为 6.9，经热轧后可提高到 7.85。表 2-13 说明碳钢铸锭经锻造后其力学性能提高的情况。

表 2-13　碳钢(碳含量为 0.3%)铸造与锻造状态力学性能的比较

毛坯状态	抗拉强度(MPa)	屈服强度(MPa)	延伸率(%)	断面收缩率(%)	冲击韧度(J·cm^{-2})
铸造	500	280	15	27	35
锻造	530	310	20	45	70

从表中可看出，钢材经热变形后其强度、塑性和冲击韧度均有所提高。所以，受力大，承受冲击和交变载荷的机械零件(如齿轮、连杆和传动轴等)以及要求偏析小、组织致密的工具(如刀具、量具和模具等)常需经过热塑性成形加工。

b. 形成纤维组织(热加工流线)　热加工时因铸锭中的非金属夹杂物沿金属流动方向被拉长而形成纤维组织。这些夹杂物在再结晶时不会改变其纤维状。存在的纤维组织会导致金属材料的力学性能呈现各向异性。顺差纤维方向(纵向)的力学性能(强度、塑性和冲击韧度)较垂直于纤维方向(横向)的力学性能都较高，见表 2-14。

表 2-14　45# 钢的力学性能与纤维方向的关系

性能 取样	抗拉强度 (MPa)	屈服强度 (MPa)	延伸率 (%)	断面收缩率 (%)	冲击韧度 (J·cm^{-2})
横向	675	440	10	31	30
纵向	715	470	17.5	62.8	62

因此，用热塑性成形加工方法制造零件时，必须考虑流线在零件上的合理分布，应使零件上所受最大拉力方向与流线方向一致，所受剪力和冲击力方向与流线方向相垂直。生产中用模锻方法制造曲轴，用局部镦粗法制造螺钉，用轧制齿形法制造齿轮等，如图 2-71 所示，形成的流线就能较好地适应零件的受力情况。

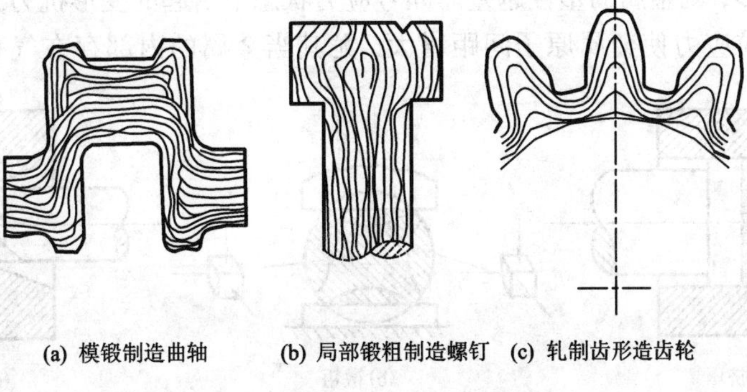

(a) 模锻制造曲轴　　　(b) 局部镦粗制造螺钉　(c) 轧制齿形造齿轮

图 2-71　合理的热加工流线

热加工形成的纤维组织，不能用热处理方法消除。对不希望出现各向异性的零件和工具，则在锻造时可采用交替镦粗与拔长来打乱其流线。

5. 金属的锻造性能及影响锻造性能的因素

金属的锻造性能是衡量材料在经受压力加工时获得合格制品难易程度的工艺性能。金属的锻造性能好，表明该金属适合于塑性加工成形。锻造性能差，表明该金属不宜选用塑性加工成形。锻造性能常用金属的塑性和变形抗力来综合衡量。塑性越好，变形抗力越小，则金属的锻造性能好。反之则差。金属的锻造性能取决于金属的本质和加工条件。

（1）金属的本质

a. 化学成分的影响　不同化学成分的金属其锻造性能不同。一般情况下，纯金属的锻造性能比合金好；

b. 组织结构的影响　金属内部的组织结构不同，对金属的锻造性能影响很大。具有单相组织的金属比具有多相组织的金属锻造性能好。铸态柱状组织和粗晶粒结构不如晶粒细小而又均匀的组织的锻造性能好。

（2）加工条件

a. 变形温度的影响　在一定的变形温度范围内，提高金属变形时的温度，是改善金属锻造性能的有效措施，并对生产率、产品质量及金属的有效利用有极大的影响。

b. 变形速度的影响　变形速度即单位时间内的变形程度。它对金属锻造性能的影响是矛盾的，一方面随着变形速度的增大，回复和再结晶过程不能充分进行，金属则表现出塑性下降，变形抗力增大，锻造性能变差。另一方面，金属在变形过程中，消耗于塑性变形的能量有一部分转化为热能（称为热效应现象），使金属温度升高。变形速度越大，热效应现象越明显，使金属的塑性提高、变形抗力下降，可锻性变得更好。但这种热效应现象除在高速锤等设备的锻造中较明显外，一般压力加工的变形过程中，因变形速度低，不易出现。

c. 应力状态的影响　金属在经受不同方法产生变形时，所承受的应力性质和大小是不同的。例如，挤压变形时为三向受压状态，即三向压应力状态，见图2－72（a）。镦粗时坯料中心部分的应力状态是三向压应力，而周边部分上下和径向是压应力，切向是拉应力，见图2－72（b），塑性较差，所以周边部分容易被镦裂。而拉拔时则为两向受压、一向受拉的状态，见图2－72（c）。实践证明，三个方向的应力中，压应力的数目越多，则金属的塑性越好。拉应力的数目越多，则金属的塑性越差。同号应力状态下引起的变形抗力大于异号应力状态下的变形抗力。拉应力使金属原子间距增大，尤其当金属的内部存在气孔、微裂纹等缺陷

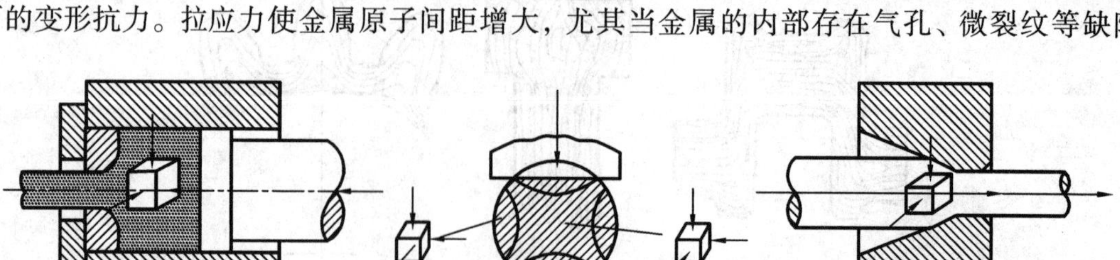

(a)挤压　　　　　　　　(b)镦粗　　　　　　　　(c)拉拔

图2－72　应力状态

96

时，在拉应力作用下，缺陷处易产生应力集中，使裂纹扩展，甚至达到破坏报废的程度。压应力使金属内部原子间距离减小，使缺陷不易扩展，故金属的塑性会增高。但压应力使金属内部摩擦阻力增大，变形抗力亦随之增大。

6. 锻造比

锻造可以改善铸态金属组织结构和性能，改善的程度取决于塑性变形程度。塑性变形程度常用锻造前后金属坯料的横截面积比值或长度（或高度）比值来表示，这种比例关系称为锻造比。锻造比分为拔长锻造比和镦粗锻造比。

拔长锻造比（$Y_{拔}$）用金属坯料拔长前的横截面积（F_0）与拔长后的横截面积（F）之比或拔长后的长度（L）与拔长前的长度（L_0）之比来表示，即

$$Y_{拔} = F_0/F$$

$$Y_{拔} = L/L_0$$

镦粗锻造比（$Y_{镦}$）用金属坯料镦粗后的横截面积（F）与镦粗前的横截面积（F_0）之比或镦粗前高度（H_0）与镦粗后高度（H）之比来表示，即

$$Y_{镦} = F/F_0$$

$$Y_{镦} = H_0/H$$

锻造比的正确选择对于保证锻件质量具有重要意义，应根据金属材料的种类和锻件尺寸及所需性能、锻造工序等多方面因素来选择锻造比。

用轧材或锻坯作为锻造坯料时，由于坯料已经过热变形，内部组织和力学性能已得到改善，并具有纤维流线组织，应选择较小锻造比（>1.5）。

用钢锭作为锻造坯料时，因钢锭内部组织不均，存在柱状晶和粗大晶粒及较多的缺陷，为消除铸造缺陷，改善性能，并使纤维分布符合要求，应选择适当的锻造比进行锻造。对碳素结构钢，拔长锻造比≥3，镦粗锻造比≥2.5。对合金结构钢，锻造比为3~4。

对铸造缺陷严重，碳化物粗大的高合金钢钢锭，应选择较大的锻造比。如不锈钢的锻造比选为4~6，高速钢的锻造比选为5~12。

2.2.2　坯料加热与锻件冷却

1. 加热的目的和锻造温度范围

锻造之前，金属坯料需要加热，目的是提高塑性、降低变形抗力，以便用较小的外力使坯料产生较大的变形量而不破裂。

金属材料随着温度的升高，强度和硬度降低而塑性与韧性升高，有利于塑性变形。各种金属在锻压时所允许的最高加热温度称为始锻温度。若加热温度超过始锻温度，会使锻件质量下降，甚至造成废品。始锻温度一般应低于金属的熔点，约200℃。

在锻压过程中，坯料不断散热，温度下降，塑性变低，变形抗力随之升高。当坯料温度下降到一定程度时，不仅继续变形难以进行，且容易锻裂，必须重新加热才能继续锻造。金属停止锻造的温度称为终锻温度。

从始锻温度到终锻温度之间的温度区间称为锻造温度范围。几种常用金属材料的锻造温度范围见表2-15。

表 2 - 15 常用材料的锻造温度范围

材料种类	始锻温度(℃)	终锻温度(℃)
低碳钢	1200 ~ 1250	800
中碳钢	1150 ~ 1200	800
合金结构钢	1100 ~ 1180	850
铝合金	450 ~ 500	350 ~ 380
铜合金	800 ~ 900	650 ~ 700

锻造时金属的温度可以用仪表测量,也可以用观察金属火色的方法判断。碳钢火色与其对应的温度关系见表 2 - 16。

表 2 - 16 碳钢火色与其对应的温度关系

加热温度(℃)	1300	1200	1100	900	800	700	600
火色	黄白	淡黄	黄	淡红	橙红	暗红	赤褐

2. 加热炉

a. 手锻炉 这种加热炉的结构如图 2 - 73(a)所示。常用的燃料为烟煤、焦炭等固体燃料,坯料直接放在炉膛内的燃料中加热。这种加热炉结构简单、体积小、操作方便,但生产率低,加热质量不高,主要用于小锻件的单件、小批量生产。

b. 反射炉 反射炉的结构如图 2 - 73(b)所示。燃烧时鼓风机供给的空气经过换热器预热后送入燃烧室,燃烧室产生的高温炉气越过隔火墙进入加热室加热坯料,废气经烟道排出,坯料从炉门装入和取出。反射炉以煤为燃料,由于有隔火墙将燃烧室与加热室隔开,避免了氧化性火焰直接接触坯料:加热温度比较均匀,可以加热不同尺寸的坯料。不过,反射炉的热效率较低。反射炉多用于自由锻车间。

c. 室式加热炉 室式加热炉以重油或煤气为燃料。图 2 - 73(c)是室式重油加热炉结构简图,加热时燃油与压缩空气分别进入喷嘴,压缩空气由喷嘴喷出时,将燃油带出并喷射成雾状,与空气均匀混合并燃烧,坯料堆放在燃烧室内直接加热。室式加热炉是大、中型锻压车间加热用的主要设备,常用于加热各种大、中型锻压件。

d. 电加热炉 电加热炉有电阻加热炉、接触电加热炉和感应加热炉等。如图 2 - 74 所示。与火焰加热相比,它具有许多优点:升温快(如感应加热和接触加热),炉温易于控制(如电阻炉),氧化和脱碳少,劳动条件好,便于实现机械化和自动化。缺点是毛坯尺寸形状变化的适用性不够强,设备结构复杂,投资费用较大。

3. 锻造加热缺陷

①氧化与脱碳

钢中的主要组成元素是铁和碳,在一般加热条件下,钢件表面与高温氧化性气氛接触,发生剧烈的氧化反应,使坯料的表层产生氧化皮及脱碳层。每次加热一次,氧化烧损量可达坯料重量的 1% ~ 3%,表面氧化还使锻压件表面质量下降。模锻时,氧化皮还会加速模具的

(a)手锻炉

(b)反射炉

(c)室式重油炉

图 2-73　火焰加热炉的形式

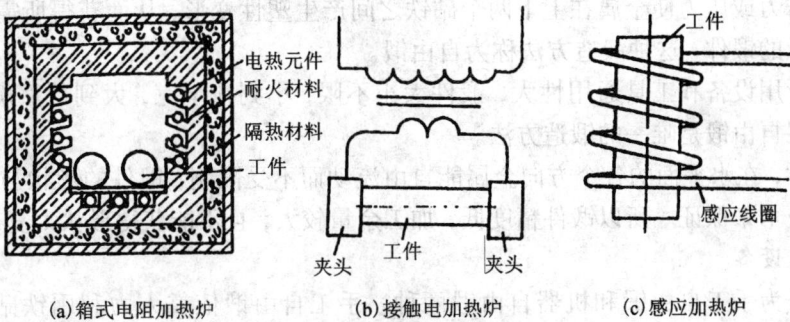

(a)箱式电阻加热炉　　　(b)接触电加热炉　　　(c)感应加热炉

图 2-74　电加热炉的形式

磨损。钢件脱碳使表层硬度下降而软化，脱碳层较浅时，切削加工可切去脱碳层；脱碳严重时，将降低零件使用寿命。

防止氧化脱碳的方法是：采用快速加热，减少坯料在高温炉气中的停留时间；控制炉气成分、避免过量供氧；采用更先进的加热方法，例如在保护气氛下利用电加热等。

②过热与过烧

钢坯在超过始锻温度情况下加热或在高温下保温时间过长，内部的晶粒组织会变得粗大，称为过热。过热的坯料锻造时塑性下降，并且影响锻件的使用性能。过热坯料可以通过反复锻造使粗晶粒细化，也可以在锻后进行热处理来细化晶粒，以改善其力学性能。

钢坯在超过始锻温度较多甚至接近熔点温度下加热，晶粒边界会发生严重氧化或出现局部熔化现象，称为过烧。过烧的坯料晶粒间的联系遭到严重破坏，锻造时会发生碎裂。所以，过烧的钢坯只能报废。

为防止加热时出现过热与过烧的现象，要严格控制加热温度和加热时间，要使炉内加热温度均匀，并注意观察炉内坯料加热情况。

③开裂

一些复杂的锻件或尺寸较大的锻件在加热过程中，如果加热速度太快或装炉温度过高，可能发生坯料内外温差太大，由于温差应力而导致锻件裂纹。高碳高合金钢等塑性较低、导热性较差的钢件产生裂纹的倾向较大，塑性较好的中低碳钢一般不会产生裂纹。为防止加热时出现裂纹，对于高碳高合金钢，加热时要严格操作规范，控制加热速度，必要时可采用预热的办法防止开裂。

④锻件的冷却

锻件的冷却是保证质量的一个重要环节。锻后冷却不当，可能使锻件表面硬度过高，产生翘曲，严重时会产生裂纹。大锻件和形状复杂的锻件尤其要选择合适的冷却方式，防止冷却过程中产生缺陷。

对于低碳钢和中碳钢及低合金结构钢的中小锻件，锻后一般采用空冷；高碳钢和合金工具钢，锻后要埋在沙子、炉灰或其他绝热材料的灰坑中冷却；高合金工具钢和高速工具钢锻件，锻后要放入 $600 \sim 700\,^{\circ}\text{C}$ 的加热炉中，随炉缓慢冷却。

2.2.3 自由锻

利用冲击力或压力使金属在上下两个砧铁之间产生塑性变形，从而获得所需的形状、尺寸与内部质量的锻件，这种锻造方法称为自由锻。

自由锻所用设备和工具通用性大，锻件大小不限，小到几十克，大到数百吨均可锻造，对于大型锻件自由锻是唯一的锻造方法。

自由锻时，在水平面的各个方向金属能自由流动而不受限制，锻件的形状与尺寸主要由锻工的操作技术来保证。所以锻件精度低，加工余量较大，且不能获得形状太复杂的锻件。

1. 自由锻设备

自由锻分为手工自由锻和机器自由锻两种。手工自由锻依靠人力利用铁砧、大锤、手锤、夹钳、冲子、錾子和型锤等工具(见图 2 - 75)，使坯料变形而获得锻件。手工自由锻所用的设备和工具简单，投资少，但劳动强度大、生产率低，主要适用于机修及机器锻的辅助工序。

机器自由锻依靠机器产生的冲击力或压力使坯料变形获得锻件，它生产率较高，是一种广泛应用的锻造方法。

(a) 铁砧　(b) 大锤　(c) 手锤　(d) 夹钳　(e) 冲子　(f)錾子　(g)型锤

图 2-75　常用手工锻工具

机器自由锻的设备有空气锤、蒸汽－空气自由锻锤和水压机等,其中空气锤的应用最为普遍。

空气锤主要用于自由锻造的各种基本操作,例如镦粗、拔长、冲孔、弯曲、扭转和锻接等,也能进行各种胎模锻。图 2-76 是空气锤构造图。它有压缩气缸和工作气缸,压缩气缸内有压缩活塞,压缩活塞由电动机经减速机构再借助曲柄—连杆机构带动而作上下运动。当压缩活塞上升时,将空气压入工作气缸的上部,使工作活塞连同锤头和上砧块下击。当压缩活塞下降时,将空气压入工作气缸的下部,使工作活塞连同锤头上升。调节阀可使锤头做以下几个动作:

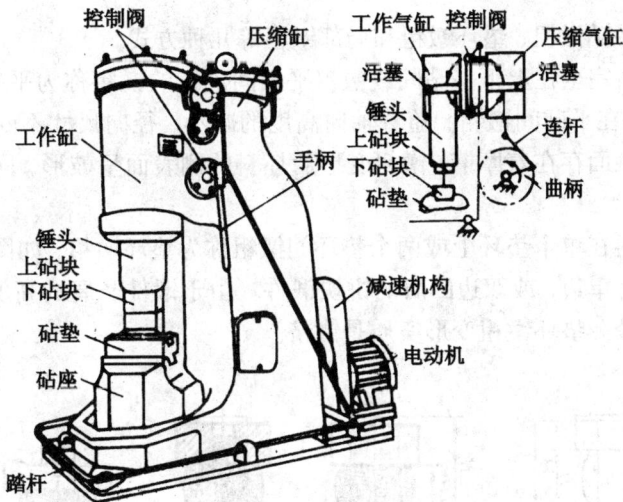

图 2-76　空气锤构造图

1)悬锤　这时上旋阀与大气相通,压缩空气只能单向从下旋阀进入工作缸,推动活塞和锤杆上升,并停留在工作缸上部。

2)下压　与悬锤相反,此时下旋阀与大气相通,压缩空气只能单向从上旋阀进入工作缸上部,推动活塞和锤杆向下,使上、下砧铁相互压紧。

3)连续打击　上下阀均不与大气相通,压缩活塞依次不断将空气压入工作缸的上、下部分,推动锤头上、下往复运动,进行连续打击。控制旋阀的大小,还能实现重击和轻击。

101

4）单次打击　断续的操纵打击，即将踏杆下压后立即抬起，或将手柄推到打击位置后迅速退回上悬位置，即可实现单次打击。单次打击是连续打击的演变。

5）空转　上下阀均与大气相通，没有压缩空气进入工作缸，活塞与锤杆靠自重落在下砧上。

空气锤的规格是以落下部分（包括工作活塞、锤头、上砧块）的总重量来表示的。锻锤产生的打击力，一般是落下部分重量的 1000 倍以上。常用的空气锤规格为 40～750 kg。要根据锻件的材质、大小和形状来选择空气锤的规格。

空气锤只能锻造中小型锻件，较大的锻件可用蒸汽－空气自由锻锤锻造，大型锻件需用水压机来锻造。

2. 自由锻基本工序

根据各工序变形性质和变形程度的不同，自由锻造工序可分为基本工序、辅助工序和精整工序三大类。基本工序是使金属坯料实现主要的变形要求，达到或基本达到锻件所需形状和尺寸的工序，有镦粗、拔长、冲孔、弯曲、扭转、错移、切割、锻接等；辅助工序是为方便基本工序的操作而对坯料预先进行的少量变形工序，如压肩、压钳口、倒棱等；精整工序是在基本工序完成之后的整形工序，有矫正、滚圆、摔圆等，精整的目的使锻件尺寸及位置精度提高。

（1）镦粗

使坯料高度减小而横截面增大的锻造工序称为镦粗，是自由锻中最常见的工序之一。

①镦粗方式

镦粗一般可分为平砧镦粗、垫环镦粗和局部镦粗等几种方式。

a. 平砧镦粗　坯料完全在上下平砧间或镦粗平板间进行的镦粗称为平砧镦粗，如图 2－77(a)所示。圆柱坯料在平砧间镦粗，随着轴向高度的减小，径向尺寸不断增大。由于坯料与上下平砧之间的接触面存在着摩擦，镦粗变形后坯料的侧表面呈鼓形，同时造成坯料变形分布不均匀。

b. 垫环镦粗　坯料在单个垫环上或两个垫环间镦粗称为垫环镦粗，如图 2－77(b)、(c)所示。可用于锻造带有单边，或双边凸肩的饼块锻件。由于锻件凸肩的高度较小，采用的坯料直径要大于环孔直径。垫环镦粗变形实质是镦挤。

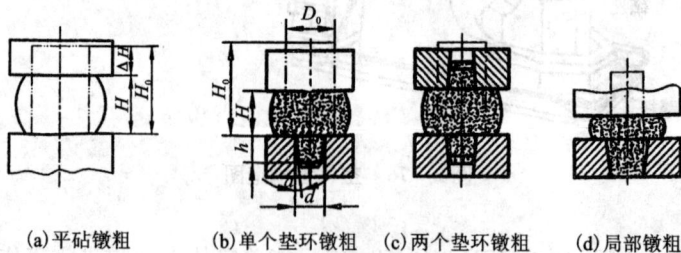

(a)平砧镦粗　　(b)单个垫环镦粗　(c)两个垫环镦粗　(d)局部镦粗

图 2－77　镦粗

c. 局部镦粗　坯料只是在局部（端部或中间）进行镦粗，称为局部镦粗。局部镦粗可以锻造凸肩直径和高度较大的饼块锻件或带有较大法兰的轴杆类锻件，如图 2－77(d)所示。

②镦粗工艺操作要点

为了避免镦粗时产生纵向弯曲，坯料变形部分高径比应小于$2.5\sim3$。操作过程一旦出现弯曲现象应及时校正。被镦锻件端面应平整，并且与轴线垂直，否则会镦歪，歪锻坯应及时校正。每击一次，应立即将坯料绕其轴线转动一下，以免因锤头、砧面磨损不平而产生不均匀变形和造成锻件镦偏、镦歪。镦粗部分的加热要均匀，否则锻件因变形不均匀产生畸形，对塑性差的材料还可能镦裂。

③镦粗的应用

镦粗常用于以下几种锻件：

a. 将高径(宽)比大的毛坯锻成高径(宽)比小的饼(块)状锻件。

b. 锻造空心锻件时，在冲孔前使毛坯横截面增大和平整。

c. 反复镦粗、拔长，可以提高后续拔长工序的锻造比；同时可破碎金属中碳化物，使内部组织均匀分布，提高锻件的横向力学性能，减小力学性能的各向异性。

(2)拔长

使坯料的横截面减小而长度增加的锻造工序称为拔长。拔长工序是自由锻中最常见的工序之一，特别是大型锻件的锻造。

①拔长的方式

拔长可分为实心件拔长和空心件拔长(芯轴拔长)，通常指实心件拔长，如图$2-78$(a)。心轴拔长是为了减小空心件壁厚而增加长度的锻造工序，如图$2-78$(b)所示。

(a)拔长　　(b)芯轴拔长

图2-78 拔长

②拔长工艺操作要点

a. 锻击时，锻件应沿砧铁的宽度方向(横向)送进，每次送进的量l_0不宜过大，一般送进量为砧铁宽度b_0的$0.3\sim0.7$倍；送进量太大，金属主要沿坯料宽度方向流动，反而降低拔长的效率，送进量也不宜太小，以免产生夹层。

b. 将圆截面的坯料拔长成直径较小的圆截面锻件时，必须先把坯料锻成方形截面，当拔长到边长接近锻件的直径时，再锻成八角形，然后滚打成形，见图$2-79$。

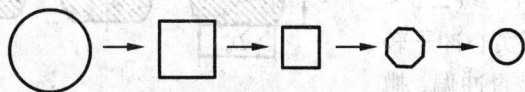

图2-79 平砧拔长圆形截面坯料时的截面变化过程

c. 拔长过程中要不断翻转坯料，坯料的送进和翻转有三种操作方法。一是螺旋式翻转送进，如图 2 - 80(a)所示，适合于锻造台阶轴；二是往复翻转送进，如图 2 - 80(b)所示，常用于手工操作拔长；三是单面压缩，即沿整个坯料长度方向压缩一面，再翻转 90°压缩另一面，如图 2 - 80(c)所示，为便于翻转后继续拔长，压下量要适当，应使坯料横截面的宽度与厚度之比不要超过 2.5，单面压缩常用于大锻件锻造。

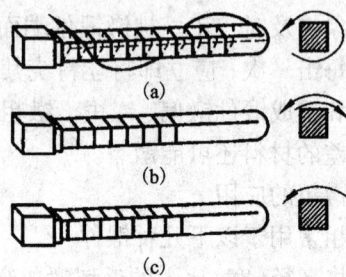

图 2 - 80　拔长操作方法

d. 锻制台阶或凹档时，要先在截面分界处压出凹槽，称为压肩。

e. 拔长后要进行修整，使截面形状规则，矫直弯曲了的中心线，并减小表面的锤痕。修整时，坯料沿砧铁长度方向(纵向)送进。

f. 拔长锻件端部时，为防止产生端部内凹和夹层现象，端部压料长度的最小值应满足下列规定：对圆形断面毛坯应使端部压料长度大于坯料直径的 0.3 倍。对于矩形截面坯料宽高比大于 1.5 时，端部压料长度大于坯料宽度的 0.4 倍；宽高比小于 1.5 时，端部压料长度大于坯料宽度的 0.5 倍。

g. 每次锤击的压下量应小于材料塑性所允许的数值，沿方形毛坯的对角线锻压时应当锻得轻些，以免中心部分产生裂纹。在拔长操作时，对于长的坯料应由中间向两端拔，这有助于使金属平衡。

③拔长的应用

拔长主要用于以下锻件：

a. 由横截面积较大的坯料得到横截面积较小而轴向伸长的锻件。

b. 反复拔长与镦粗可提高锻造比，使合金钢中碳化物破碎且均匀分布，提高锻件质量。

c. 心轴拔长用于锻造各种长筒形锻件。

(3)冲孔

用冲子将坯料冲出通孔或盲孔的锻造工序称为冲孔。冲孔工序常用于以下情况：锻件带有孔径大于 30 mm 以上的通孔或盲孔；需要扩孔的锻件应先冲出通孔；需要拔长的空心件应先冲出通孔。

①冲孔方式

冲孔常用的方法有实心冲子冲孔、空心冲子冲孔和在垫环上冲孔三种。

a. 实心冲子冲孔　实心冲子双面冲孔的一般过程如下：先将坯料预镦，得到平整端面和合理形状 [$H_0 < D_0$，$H_0 = (1.1 \sim 1.2)H$，$D_0 \geq (2.5 \sim 3)d$，见图 2 - 81]，后用实心冲子轻冲，目测或用卡钳测量是否冲偏，撒入煤粉，重击冲子直至冲子深入锻件 2/3。翻转毛坯，把冲子放在毛坯出现黑印的地方，迅速冲除心料，得到通孔。

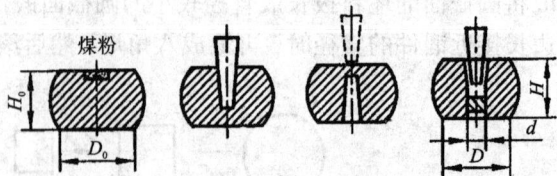

图 2 - 81　双面冲孔

由此可见，双面冲孔第一阶段是开式冲挤。坯料局部加载，整体变形。毛坯高度减小，

104

直径增大。变形区分为冲头下面的圆柱区和冲头以外的圆环区两部分。冲孔过程中，圆柱区的变形相当于在圆环包围下的镦粗，被压缩的圆柱区和圆环区是同一连续整体，被压缩的金属必然拉着环形金属下移，其结果使坯料产生拉缩现象，即上端面下凹，高度稍有减小。同时由于圆柱区金属被挤向四周，圆环区金属在圆柱区金属的挤压下，径向扩大，并在环的切向产生拉应力。当坯料塑性不足或冲孔温度偏低时，在坯料侧面容易引起纵向裂纹，因此冲孔要求在高温下进行。

冲孔后毛坯形状与毛坯直径 D_0 与孔径 d 之比有关。当 $D_0/d \leqslant 2 \sim 3$ 时，外径明显增大，上端面拉缩严重；当 $D_0/d = 3 \sim 5$ 时，外径有所增大，端面几乎无拉缩；当 $D_0/d > 5$ 时，因环壁较厚，扩径困难，圆环区内层金属挤向端面形成凸台。

双面冲孔第二阶段变形实质上是冲裁冲孔连皮。冲裁时可能会出现冲偏、夹刺、梢孔等缺陷。

双面冲孔工具简单，心料损失小，但冲孔后毛坯易走样变形，易冲偏，适用于中小型锻件初次冲孔。

b. 空心冲子冲孔　空心冲子的冲孔过程如图 2-82 所示。冲孔时坯料形状变化较小，但心料损失较大，当锻造大锻件时，正好能将钢锭中心质量差的部分冲掉。为此，钢锭冲孔时，应把钢锭冒口端朝下放置。这种方法主要用于孔径大于 400 mm 以上的大锻件。

c. 垫环上冲孔　在垫环上冲孔时，坯料形状变化很小，但心料损失较大，如图 2-83 所示。这种方法只适应于高径比 $H/D < 0.125$ 的薄饼类锻件。

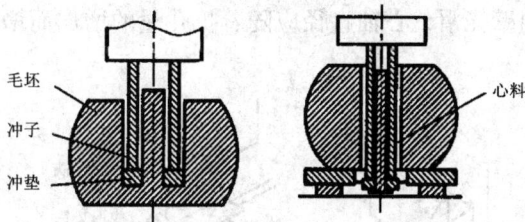

图 2-82　空心冲子冲孔　　　　　图 2-83　在垫环上的冲孔

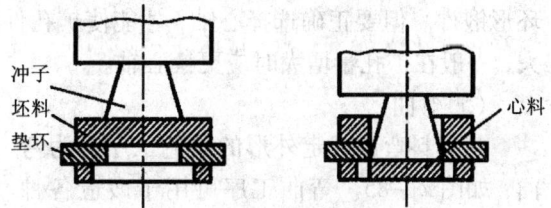

②冲孔工艺操作要点

冲孔前坯料一般需要进行镦粗，使端面平整，高度减小，直径增大；冲头必须放正，打击方向应和冲头端面垂直；在冲出的初孔内应撒上煤末或木炭粉，以便取出冲头；在冲孔过程中要不断地移动冲头并把坯料绕轴心线转动，以免冲头卡在坯料内，并可防止孔形位置的偏斜；冲制深孔时要经常取出冲头在水中冷却。

(4)扩孔

减小空心毛坯壁厚而使其外径和内径均增大的锻造工序称为扩孔，用于锻造各种圆环锻件和带孔锻件。在自由锻中，常用的扩孔方法有冲子扩孔和心轴扩孔两种。另外，还有在专门扩孔机上碾压扩孔、液压扩孔和爆炸扩孔等。

a. 冲子扩孔

采用直径比空心坯料内孔大并带有锥度的冲子，穿过坯料内孔使其内外径扩大，如图 2-84(a)所示。扩孔时由于沿坯料径向胀孔，坯料切向受拉应力，容易胀裂，故每次扩孔量不宜过大，一般取 25 ~ 30 mm。冲子扩孔一般用于 $D/d > 1.7$ 和 $H_0 > 0.125D$ 时壁厚不太薄的锻件。

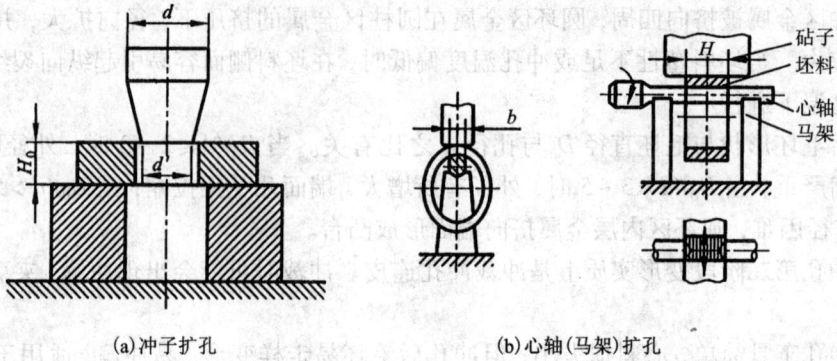

(a)冲子扩孔　　　　(b)心轴(马架)扩孔

图 2 - 84　自由锻扩孔方法

b.心轴扩孔

将空心坯料穿过心轴放在马架上，坯料每转过一个角度压下一次，逐步将坯料的壁厚压薄、内外径扩大。这种扩孔也称为马架扩孔，如图 2 - 84(b)所示。心轴扩孔的变形实质相当于毛坯沿圆周方向拔长。坯料变形区为一窄长扇形，宽度方向阻力大于切向阻力，变形区的金属主要沿切向流动。心轴扩孔应力状态较好，锻件不易产生裂纹，适合于扩孔量大的薄壁环形锻件。但要正确选择心轴，才能使扩孔件内壁光滑，心轴直径应随着扩孔量的增加而增大，一般在扩孔量增大时应更换心轴。

(5)弯曲

将坯料弯成规定外形的锻造工序称为弯曲，如图 2 - 85。弯曲工序可用于锻造各种弯曲类锻件，如起重吊钩、弯曲轴杆等。

(6)错移

将坯料的一部分相对于另一部分平移错开，但仍保持轴心平行的工序称为错移，如图 2 - 86。错移时，应先在错移部位压肩，然后加垫板及支撑，锻打错开，最后修整。

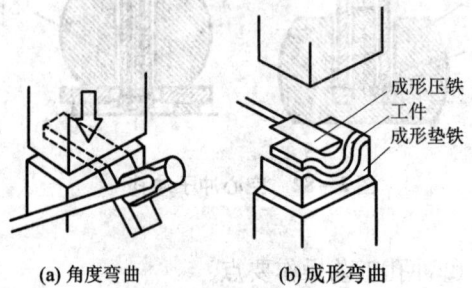

(a)角度弯曲　　　　(b)成形弯曲

图 2 - 85　弯曲

(a)压肩　　　　　(b)锻击　　　　(c)修整　　　　图 2 - 87　扭转

图 2 - 86　错移

（7）扭转

使坯料的一部分相对另一部分绕着轴线转动一定角度的锻造工艺过程叫做扭转，如图2－87。铁栏杆、弯头曲轴等都是由扭转工艺制成的。扭转时，受扭部分沿全长横截面积要均匀一致。表面光滑无缺陷，面与面的相交处要有圆角过渡，以免扭裂；受扭部分应加热到较高的始锻温度，并保证均匀热透；扭转后要缓冷或退火处理。

（8）切割

切割是分割坯料或切除锻件余料的工序，图2－88是切割方料与圆料的示意图。

(a) 方料的切割 (b) 圆料的切割

图2－88 切割

3. 自由锻工艺规程

自由锻工艺规程的主要内容包括：根据零件图绘制锻件图、计算坯料的重量和尺寸、确定锻造工序、选择锻造设备、确定坯料加热规范和填写工艺卡片等。

①绘制锻件图

锻件图是制定锻造工艺和检验的依据，绘制时主要考虑工艺余块、余量及锻件公差。绘制出的自由锻锻件图如图2－89所示。图中双点画线为零件轮廓。

图2－89 典型锻件图

a.确定锻件形状 某些零件上的精细结构，如键槽、齿槽、退刀槽以及小孔、不通孔、台阶等，难以用自由锻锻出，必须暂时添加一部分金属以简化锻件形状，这部分添加的金属称为工艺余块，它将在切削加工时去除。

b.确定锻件余量 由于自由锻造的精度较低，表面质量较差，一般需要进一步切削加工，所以零件表面要留加工余量。余量大小与零件形状、尺寸等因素有关。其数值应结合生产的具体情况而定。

c.确定锻件公差 锻件公差是锻件名义尺寸的允许变动量。公差的数值可查有关国家标

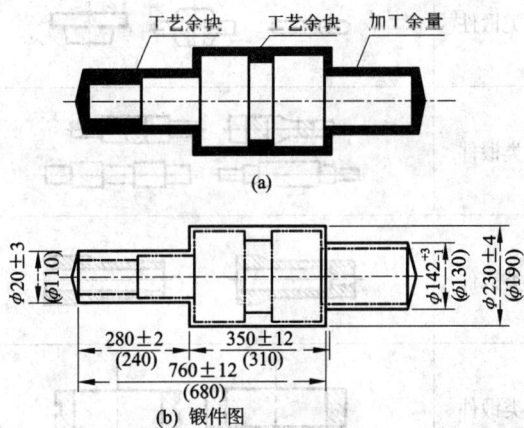

准，通常为加工余量的 1/4 ~ 1/3。

②计算坯料重量及尺寸

a.坯料重量的计算　根据锻件形状和尺寸，可先计算出锻件重量，再考虑加热时的氧化损失、冲孔时冲掉的料心以及切头损失，即可计算出锻件所用坯料的重量，其计算公式为

$$m_{坯} = m_{锻} + m_{烧} + m_{芯} + m_{切}$$

式中：$m_{坯}$ 为坯料重量；$m_{锻}$ 为锻件重量；$m_{烧}$ 为加热时坯料表面氧化而烧损的重量，第一次加热取被加热金属的 2% ~ 3%，以后各次加热取 1.5% ~ 2%；$m_{芯}$ 为冲孔时芯料的重量；$m_{切}$ 为端部切头损失重量。

$m_{锻}$ 的计算可用形体分析法，即按毛坯形状和结构特点，划分成几个简单几何形体而分别计算体积，再按公式 $m_{锻} = \rho V_{总}$（式中 ρ 为材料密度 kg/dm^3，$V_{总}$ 为各部分体积总和 dm^3）计算出 $m_{锻}$，且 $V_{总}$ 一般等于锻件毛坯尺寸加上 1/2 偏差值。

b.坯料尺寸的确定　首先根据材料的密度和坯料重量计算坯料的体积，然后再根据基本工序的类型（如拔长、镦粗）及锻造比计算坯料横截面积、直径、边长等尺寸。

③选择锻造工序　根据不同类型的锻件选择不同的锻造工序，一般锻件的大致分类及所用工序见表 2 – 17。

表 2 – 17　自由锻件分类及锻造工序

锻件类型	图例	锻造工序	实例
盘类锻件	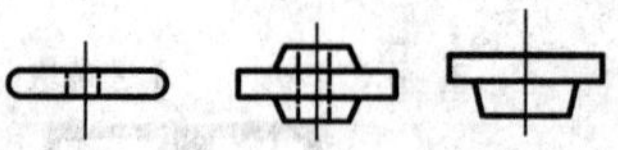	镦粗（或拔长及镦粗），冲孔	齿圈、法兰等
轴类锻件	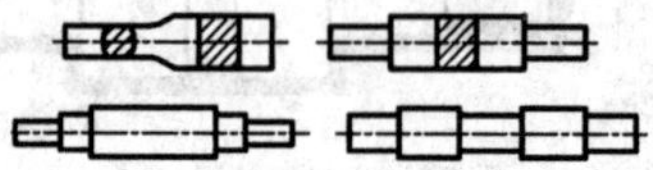	拔长（或镦粗及拔长），切肩和锻台阶	主轴、传动轴等
筒类锻件	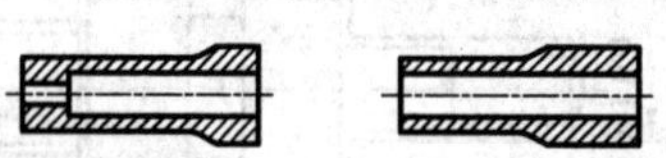	镦粗（或拔长及镦粗），冲孔，在心轴上拔长	套筒、圆筒等
环类锻件	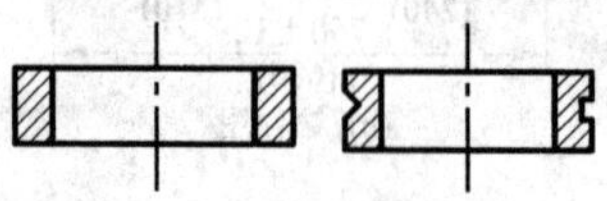	镦粗（或拔长及镦粗），冲孔，在心轴上扩孔	圆环、套筒等
曲轴类锻件	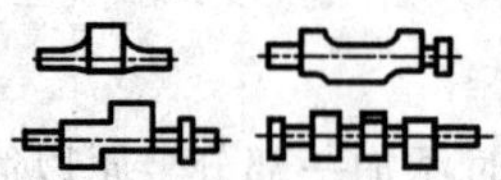	拔长（或镦粗及拔长），错移，锻台阶，扭转	曲轴、偏心轴等
弯曲类锻件	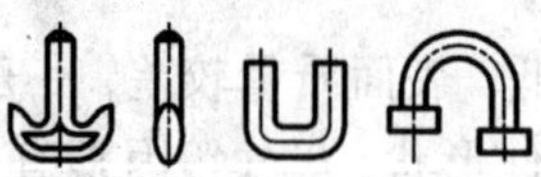	拔长，弯曲	吊钩、弯杆等

④典型自由锻件工艺　表 2 – 18 为汽车半轴的锻造工艺卡。

表 2 –18　半轴自由锻工艺卡

锻件名称	半轴	锻件图
坯料重量	25 kg	
坯料尺寸	φ130 mm × 240 mm	
材料	18CrMnTi	
火次	工序	图例
1	锻出头部	
	拔长	
	拔长及修整台阶	
	拔长并留出台阶	
	锻出凹档及拔出端部并修整	

4. 自由锻件的结构工艺性

由于自由锻只限于使用简单的通用工具成形，因此自由锻件外形结构的复杂程度受到很大限制。典型的自由锻件如图 2 –90 所示。

在设计自由锻锻件时，除满足使用性能的要求外，还应考虑锻造时是否可能，是否方便和经济，即零件结构要符合自由锻的工艺性要求。表 2 –19 列出了自由锻零件的结构工艺性。

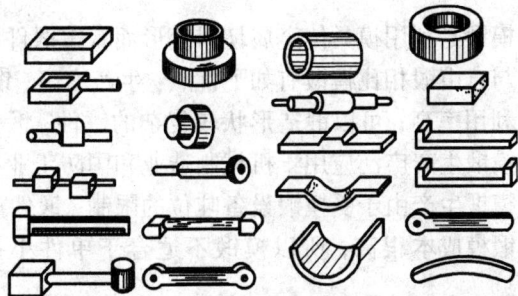

图 2 –90　典型自由锻件

表 2 – 19 自由锻件的结构工艺性

工艺要求	不合理结构	合理结构
尽量避免锥体或斜面结构	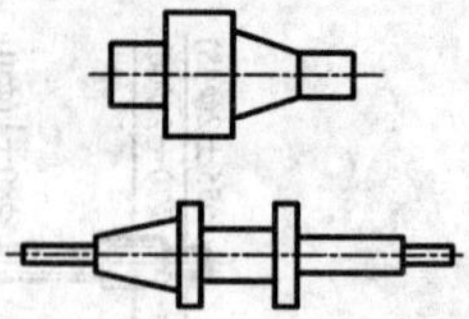	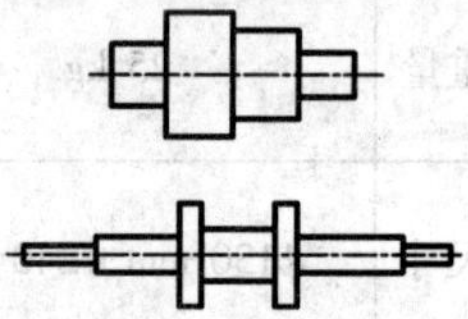
应避免圆柱面与圆柱面相交	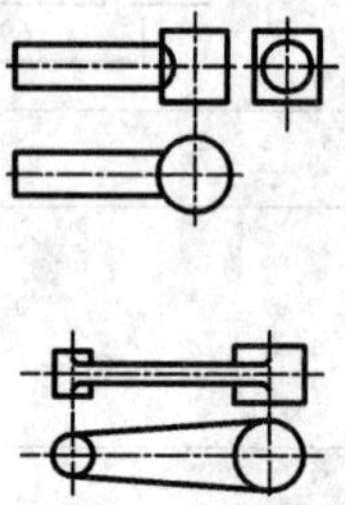	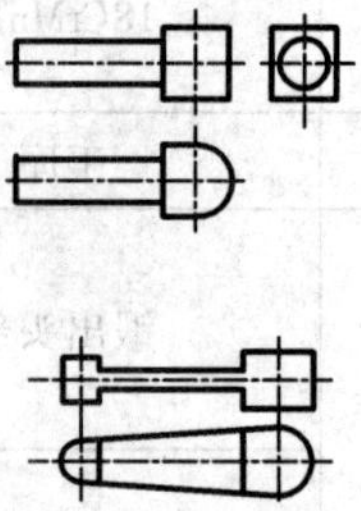
避免加强筋和凸台等结构	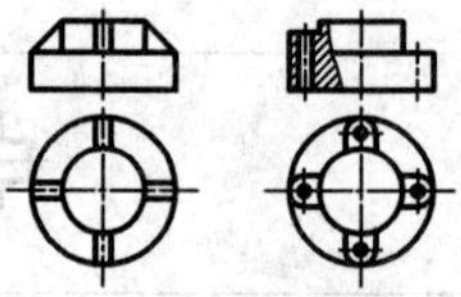	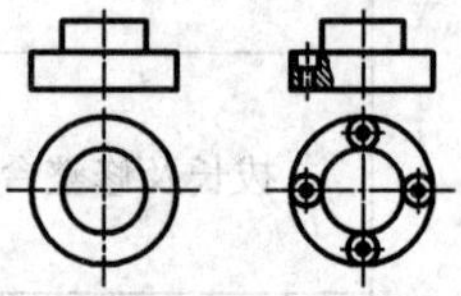
复杂件应设计成为由简单件构成的组合件	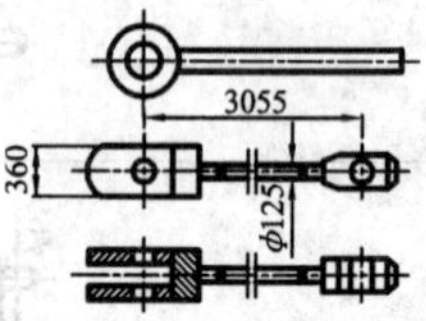	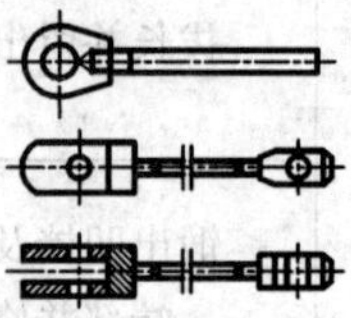

2.2.4 模锻

模锻是利用模具使金属坯料变形而获得锻件的锻造方法。

与自由锻相比模锻有如下优点：生产率高；锻件的尺寸和精度较高，机械加工余量较小，材料利用率高；可以锻造形状较复杂的锻件；锻件内部流线分布合理；操作方便，劳动强度低。模锻生产广泛应用于机械制造业和国防工业中。

模锻生产由于受模锻设备吨位的限制，锻件重量不能太大，一般在 150 kg 以下。又由于制造锻模成本很高，所以模锻不适合于单件小批量生产，而适合于中小型锻件的大批量生产。

模锻按使用的设备不同分为：锤上模锻、压力机上模锻、胎模锻等。

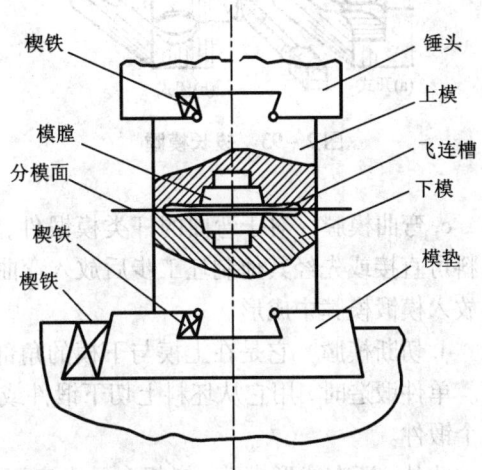

图 2 – 91　蒸汽 – 空气模锻锤

图 2 – 92　锤上模锻用锻模

1. 锤上模锻

（1）模锻锤的构造

锤上模锻所用设备为模锻锤，由它产生的冲击力使金属变形。图 2 – 91 所示为常用的蒸汽—空气模锻锤。该设备上运动副之间的间隙小，运动精度高，可保证锻模在合模时的准确性。模锻锤的吨位（落下部分的重量）范围在 1 ~ 16 t 之间。

（2）锻模结构

锤上模锻生产所用的锻模由上模和下模组成，如图 2 – 92 所示。锻模模膛根据其功用的不同，可分为制坯模膛和模锻模膛两种。

1）制坯模膛

对于形状复杂的模锻件，为了使坯料形状基本接近模锻件形状，使金属能合理分布和很好地充满模锻模膛，就必须预先在制坯模膛内制坯。制坯模膛有以下几种：

a. 拔长模膛　拔长模膛是用来减小坯料某部分的横截面积，以增加该部分的长度。当模锻件沿轴向横截面积相差较大时，常采用这种模膛进行拔长。拔长模膛分为开式和闭式两种，如图 2 – 93 所示。一般情况下，把它设置在锻模的边缘处。生产中进行拔长操作时，坯料除向前送进外并需不断翻转。

b. 滚压模膛　在坯料长度基本不变的前提下用它来减小坯料某部分的横截面积，以增大另一部分的横截面积。滚压模膛分为开式和闭式两种，如图 2 – 94 所示。当模锻件沿轴线的横截面积相差不很大或对拔长后的毛坯作修整时，采用开式滚压模膛。当模锻件的截面相差较大时，则应采用闭式滚压模膛。滚压操作时需不断翻转坯料，但不作送进运动。

111

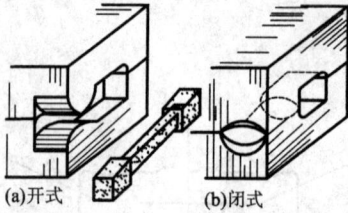

图 2 - 93 拔长模膛

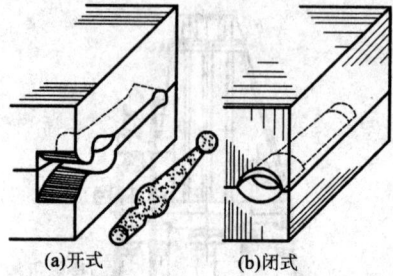

图 2 - 94 滚压模膛

c. 弯曲模膛 对于弯曲的杆类模锻件，需采用弯曲模膛来弯曲坯料，如图 2 - 95 所示。坯料可直接或先经其他制坯工步后放入弯曲模膛内进行弯曲变形。弯曲后的坯料需翻转 90°再放入模锻模膛中成形。

d. 切断模膛 它是在上模与下模的角部组成的一对刃口，用来切断金属，如图 2 - 96 所示。单件锻造时，用它从坯料上切下锻件或从锻件上切下钳口。多件锻造时，用它来分离成单个锻件。

此外，还有成形模膛、镦粗台及击扁面等制坯模膛。

图 2 - 95 弯曲模膛

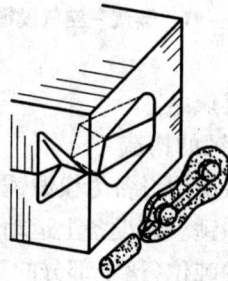

图 2 - 96 切断模膛

2）模锻模膛

模锻模膛又分为终锻模膛和预锻模膛两种。

a. 预锻模膛 预锻模膛的作用是使坯料变形到接近于锻件的形状和尺寸，这样再进行终锻时，金属容易充满终锻模膛。同时减少了终锻模膛的磨损，以延长锻模的使用寿命。预锻模膛与终锻模膛的主要区别是，前者的圆角和斜度较大，没有飞边槽。对于形状简单或批量不够大的模锻件也可以不设预锻模膛。

b. 终锻模膛 终锻模膛的作用是使坯料最后变形到锻件所要求的形状和尺寸，因此它的形状应和锻件的形状相同。但因锻件冷却时要收缩，终锻模膛的尺寸应比锻件尺寸放大一个收缩量（如钢件收缩率取 1.5%）。另外，沿模膛四周有飞边槽，用以增加金属从模膛中流出的阻力，促使金属更好地充满模膛，同时容纳多余的金属。对于具有通孔的锻件，由于不可能靠上、下模的突起部分把金属完全挤压到旁边去，故终锻后在孔内有一层薄金属，称为冲孔连皮，见图 2 - 97，最后把冲孔连皮和飞边冲掉后，才能得到具有通孔的模锻件。

112

根据模锻件的复杂程度不同，所需变形的模膛数量不等，可将锻模设计成单膛锻模或多膛锻模。单膛锻模是在一副锻模上只有一个终锻模膛。如齿轮坯模锻件就可将截下的圆柱形坯料，直接放入单膛锻模中一次终锻成形。多膛锻模是在一副锻模上具有两个以上模膛的锻模。如弯曲连杆模锻件的锻模即为多膛锻模，见图 2-98。

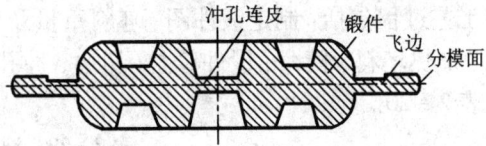

图 2-97 带有冲孔连皮及飞边的模锻件

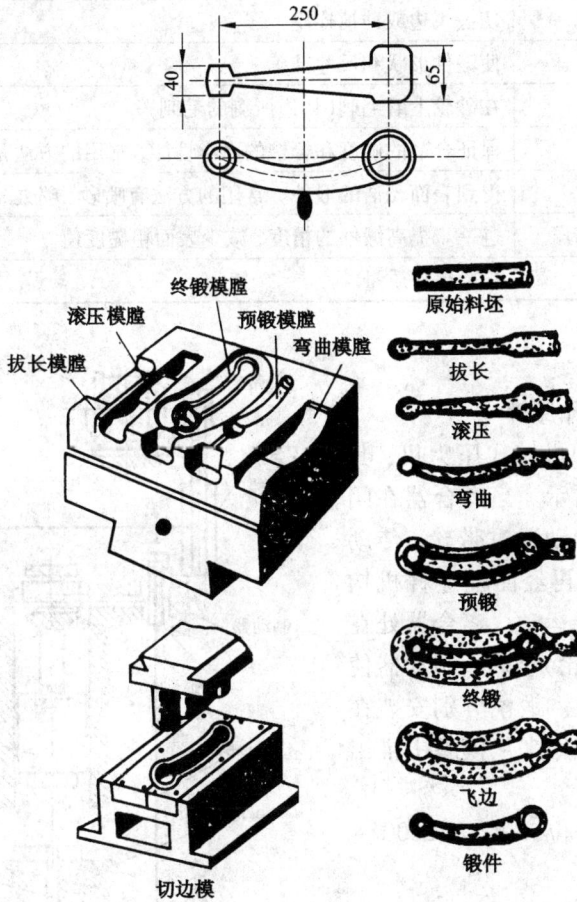

图 2-98 弯曲连杆锻造过程

锤上模锻虽具有设备投资较少、锻件质量较好、适应性强、可以实现多种变形工步、锻制不同形状的锻件等优点，但由于其震动大、噪声大，完成一个变形工步往往需要经过多次锤击，故难以实现机械化和自动化，生产率在模锻中相对较低。

（3）锤上模锻工艺过程

工艺过程包括：制定锻件图、坯料重量及尺寸计算、确定变形工步、设计模膛、选择设备吨位、加热坯料、模锻、锻件修整（切边、冲孔、校正）和热处理等内容。锤上模锻的生产工序见表2-20。

表2-20 锤上模锻的工序

序号	工序	说明
1	下料	将原材料切割成所需尺寸的坯料
2	加热	为了提高金属的塑性，降低变形抗力，便于模锻成形
3	模锻	得到锻件的形状和尺寸
4	切边或冲孔	切去飞边或冲掉连皮
5	热校正或热精压	使锻件形状和尺寸准确
6	去毛刺	在砂轮上磨毛刺（切边所剩的毛刺）
7	热处理	保证合适的硬度和合格的力学性能，常用的方法是退火、正火和调质
8	清除氧化皮	得到表面光洁的锻件。常用的方法有喷砂、喷丸、滚筒抛光、酸洗
9	冷校正或冷精压	进一步提高锻件的精度，减少表面粗糙度值
10	检验	检验锻件质量

2. 曲柄压力机上模锻

（1）曲柄压力机工作原理

曲柄压力机是一种机械式压力机，其传动系统如图2-99所示。当离合器在闭合状态时，电动机的转动通过带轮、传动轴和齿轮、传给曲柄，再经曲柄连杆机构使滑块做上下往复直线运动。离合器处在脱开状态时，带轮（飞轮）空转，制动器使滑块停在确定的位置上。锻模分别安装在滑块和工作台上。顶杆用来从模膛中推出锻件，实现自动取件。

曲柄压力机的吨位一般为2000～120000 kN。

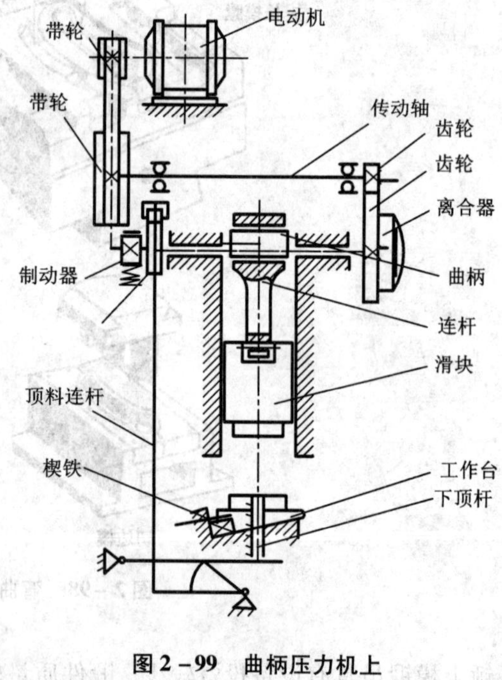

（2）曲柄压力机上模锻的特点

1）曲柄压力机工作时震动和噪声小。这是因为曲柄压力机作用于金属上的变形力是静压力，且变形抗力由机架本身承受，不传给地基。

图2-99 曲柄压力机上

2）滑块行程固定，每个变形工步在滑块的一次行程中即可完成。

3）曲柄压力机具有良好的导向装置和自动顶件机构，因此锻件的余量、公差和模锻斜度都比锤上模锻小。

114

4) 曲柄压力机上模锻所用锻模都设计成镶块式模具。这种组合模制造简单，更换容易，能节省贵重的模具材料。

5) 坯料表面上的氧化皮不易被清除，影响锻件质量。曲柄压力机上也不宜进行拔长和滚压工步。如果是横截面变化较大的长轴类锻件，可采用周期轧制坯料或用辊锻机制坯来代替这两个工步。

由于曲柄压力机上模锻所用设备和模具具有上述特点，因而这种模锻方法具有锻件精度高、生产率高、劳动条件好和节省金属等优越性，故适合于大批量生产条件下锻制中、小型锻件。

3. 摩擦压力机上模锻

(1) 摩擦压力机的工作原理

摩擦压力机的工作原理如图 2 - 100 所示。锻模分别安装在滑块和机座上。滑块与螺杆相连，沿导轨上下滑动。螺杆穿过固定在机架上的螺母，其上端装有飞轮。两个摩擦盘同装在一根轴上，由电动机经皮带使摩擦盘轴旋转。改变操纵杆位置可使摩擦盘沿轴向串动，这样就会把某一个摩擦盘靠紧飞轮边缘，借摩擦力带动飞轮转动。飞轮分别与两个摩擦盘接触，产生不同方向的转动，螺杆也就随飞轮做不同方向的转动，在螺母的约束下，螺杆的转动变为滑块的上下滑动，实现模锻生产。

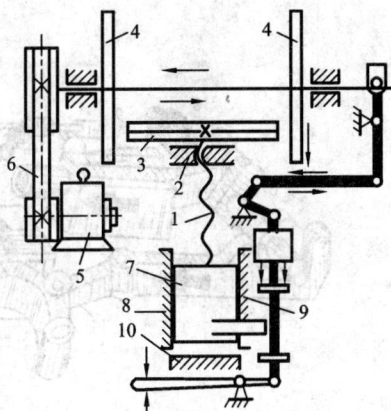

图 2 - 100　摩擦压力机传动简图

1—螺杆；2—螺母；3—飞轮；

4—摩擦盘；5—电动；6—皮带；

7—滑块；8、9—导轨；10—机座

在摩擦压力机上进行模锻，主要靠飞轮、螺杆及滑块向下运动时所积蓄的能量来实现。

摩擦压力机工作过程中，滑块运动速度为 0.5 ~1.0 m/s，具有一定的冲击作用，且滑块行程可控，这与锻锤相似。坯料变形抗力由机架承受，形成封闭力系，这又是压力机的特点。所以摩擦压力机具有锻锤和压力机的双重工作特性。

(2) 摩擦压力机上模锻的特点

1) 适应性强，行程和锻压力可自由调节，因而可实现轻打、重打，可在一个模腔内对锻件进行多次锻打。不仅能满足模锻各种主要成形工序的要求，还可以进行弯曲、热压、切飞边、冲孔连皮及精压、校正等工序。

2) 滑块运行速度低，锻击频率低，金属变形过程中的再结晶可以充分进行。适合于再结晶速度慢的低塑性合金钢和有色金属的模锻。

3) 设备本身带有顶料装置，故可以采用整体式锻模，也可以采用特殊结构的组合式模具，使模具设计和制造简化、节约材料、降低成本。同时，可以锻制出形状更为复杂、工艺余块和模锻斜度都较小的锻件。此外，还可将轴类锻件直立起来进行局部镦粗。

4) 摩擦压力机承受偏心载荷的能力差，一般只能进行单膛锻模。对于形状复杂的锻件，需要在自由锻设备或其他设备上制坯。

摩擦压力机上模锻适合于中小型锻件的小批或中批生产，如铆钉、螺钉、螺母、配气阀、齿轮、三通阀等。

综上所述，摩擦压力机具有结构简单、造价低、投资少、使用及维修方便、基建要求不高、工艺用途广泛等优点，所以中小型锻造车间大多拥有这类设备。

4. 平锻机上模锻

（1）平锻机的工作原理

平锻机的主要结构与曲柄压力机相同，如图2－101所示。只不过其滑块水平运动，故被称为平锻机。电动机1的转动经过带轮5、齿轮7传至曲轴8后，通过主滑块9带动凸模10作纵向往复运动，同时又通过凸轮6、杠杆14带动副滑块和活动模13作横向往复运动。挡料板11通过辊子与主滑块9上的轨道相连，当主滑块向前运动时（工作行程），轨道斜面迫使棍子上升，并使挡料板绕其轴线转动，挡料板末端便移到一边，以便凸模10向前运动。

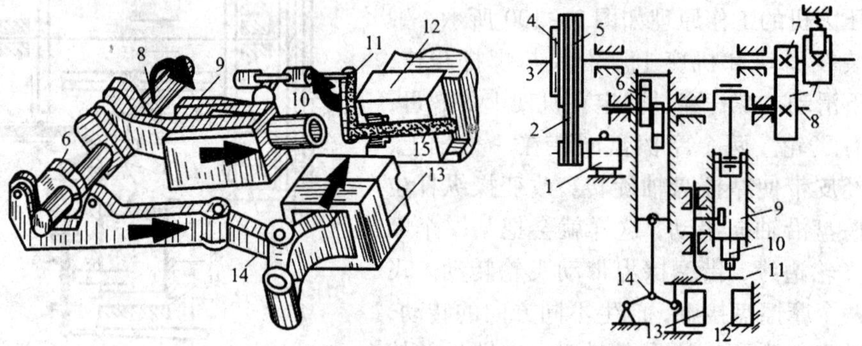

图2－101 平锻机传动图

1—电动机；2—皮带；3—传动轴；4—离合器；5—带轮；6—凸轮；7—齿轮；8—曲轴；9—主滑块；10—凸模；11—挡料板；12—固定凹模；13—副滑块和活动凹模；14—杠杆；15—坯料

（2）平锻机上模锻的特点

1）扩大了模锻的范围，可以锻出锤上模锻和曲柄压力机上模锻无法锻出的锻件，模锻工步主要以局部镦粗为主，也可以进行切飞边、切断和弯曲等工步。

2）锻件尺寸精度高，表面粗糙度值小，生产率高。

3）节省金属，材料利用率高。

4）对非回转体及中心不对称的锻件较难锻造。平锻机的造价较高，适用于大批量生产。

5. 胎模锻

胎模锻是在自由锻设备上使用胎模生产模锻件的工艺方法。胎模锻一般采用自由锻方法制坯，然后在胎模中成形。

胎模的种类较多，主要有扣模、套筒模及合模三种。

1）扣模 扣模如图2－102（a）所示。扣模用来对坯料进行全部或局部扣形，生产长杆非回转体锻件。也可以为合模锻造进行制坯。用扣模锻造时，坯料不转动。

2）套筒模 套筒模如图2－102（b）、（c）所示。套筒模主要用于锻造齿轮、法兰盘等盘类锻件。如果是组合筒模，采用两个半模（增加一个分模面）的结构，可锻出形状更复杂的胎模锻件，能扩大胎模锻的应用范围。

3）合模 合模如图2－102（d）所示。合模由上模和下模组成，并有导向结构，可生产形状复杂、精度较高的非回转体锻件。

图 2-100 胎模的几种结构

由于胎模结构较简单，可提高锻件的精度，不需昂贵的模锻设备，故扩大了自由锻生产的范围。但胎模易损坏，较其他模锻方法生产的锻件精度低，劳动强度大，故胎模锻只适用于没有模锻设备的中小型工厂中生产中小批量锻件。

2.2.4 冲压成形

冲压是利用装在压力机上的冲模，对板料加压，使其产生分离或变形，从而获得零件的加工方法。

冲压较薄的板料一般不需加热，所以又叫冷冲压。当板料厚度较大时，才采用热冲压。

冲压可以压制形状复杂的零件，冲压件尺寸精确、表面光洁、重量轻、刚度大，而且冲压操作简单、生产率高、冲压过程易于机械化与自动化。所以，冲压在汽车、拖拉机、航空、电器、仪表、国防及日用品等工业部门中占有极其重要的地位。

1. 冲压设备与冲压模具

冲压生产中常用的设备是剪床和冲床，剪床用来把板料剪切成一定宽度的条料，以供下一步冲压工序用。冲床用来实现冲压工序，以制成所需形状和尺寸的成品零件。

(1)剪床(又叫剪板机)

图 2-103 为剪床结构示意图，电动机带动带轮和齿轮转动，踩下踏板后，离合器闭合，带动曲轴转动，曲轴再带动装有上刃的滑块沿导轨上下运动，与装在工作台上的下刀刃相配

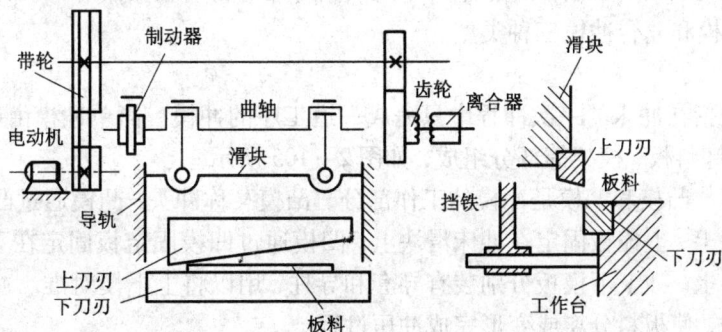

图 2-103 剪床传动机构及剪切示意图

合，进行剪切。挡铁使板料定位，以便控制下料尺寸。制动器的作用是使上刀刃剪切后停留在最高位置上，为下次剪切做好准备。

（2）冲床

冲床是冲压加工的基本设备，也叫压力机。图 2 - 104 为开式双柱冲床示意图，电动机通过三角胶带减速系统带动大带轮转动。踩下踏板后，离合器闭合并带动曲轴旋转，再经过连杆带动滑块沿导轨作上、下往复运动，进行冲压加工。如果将踏板踩下后立即抬起，滑块冲压一次后便在制动器的作用下，停止在最高位置上；如果踏板不抬起，滑块就连续冲压。

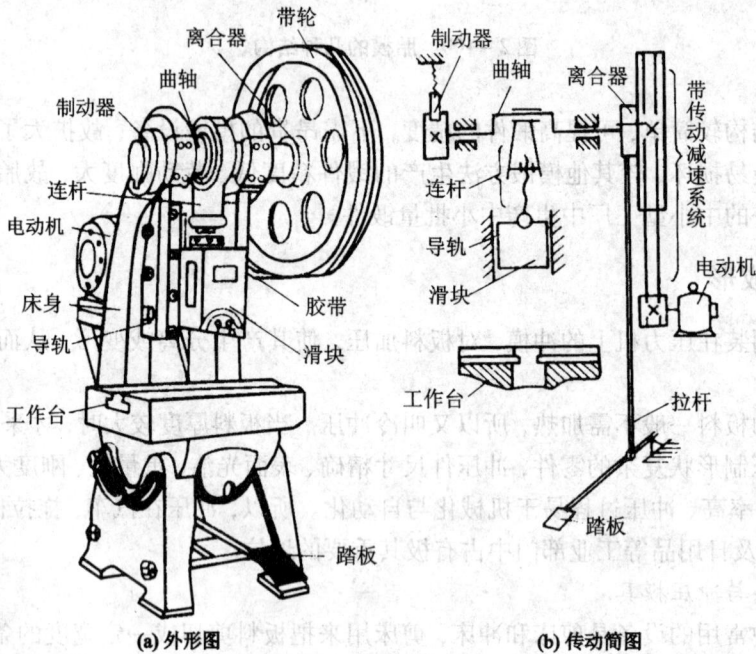

(a) 外形图　　　　　　　　**(b) 传动简图**

图 2 - 104　开式双柱冲床

（3）冲模

冲模是通过加压将金属或非金属板料或型材分离、成形或接合而得到制件的工艺装备。冲模的结构合理与否对冲压件质量、生产率及模具寿命等都有很大的影响。冲模一般分为简单冲模、连续冲模和复合冲模三种类型。

a. 简单冲模

简单冲模是指在冲床的一次冲程中只完成一道工序的冲模。简单冲模由凸模、凹模、导料板、挡料销、卸料板、模架等部分组成，如图 2 - 105 所示。

凸模与凹模　凸模和凹模是冲模的工作部分。凸模又称冲头，凸模通过凸模固定板及模柄固定在上模板上，上模板固定在冲床滑块上，凹模通过凹模固定板固定在下模板上，下模板固定在工作台上。上、下模板分别装有导套和导柱，用以将上下模对准。冲压过程中凸模与凹模共同作用，使板料分离或变形完成冲压过程。

导料板与挡料销　导料板控制坯料的进给方向；挡料销控制送进量。

118

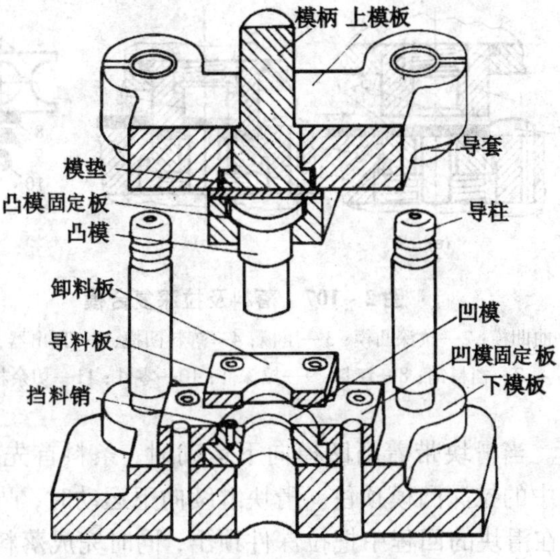

图 2 – 105　冲模的构造

　　卸料板　冲压后用来卸除套在凸模上的工件或废料。

　　模架　由上下模板、导柱和导套组成。上模板用以固定凸模、模柄等零件，下模板则用以固定凹模、送料和卸料构件等。导套和导柱分别固定在上、下模板上，用以保证两者对准。

　　b. 连续冲模

　　连续冲模是指在冲床的一次冲程中，坯料在冲模中只经过一次定位就可以完成数道工序的冲模，如图 2 – 106 所示。工作时，上模向下运动，定位销进入预先冲出的孔中使坯料定位，凸模进行落料，凸模同时进行冲孔。上模回程中卸料板推下废料。再将坯料送进（距离由挡料销控制）进行第二次冲裁。

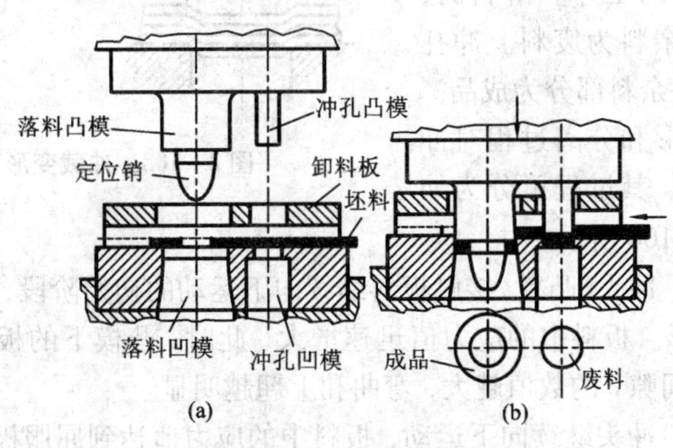

图 2 – 106　连续冲模

　　c. 复合冲模

　　复合冲模是指在冲床的一次冲程中，在模具同一部位同时完成数道工序的冲模，如图 2 – 107 所示。复合冲模的最突出的特点是模具中有一个凸凹模。它的外圆是落料凸模刃口，

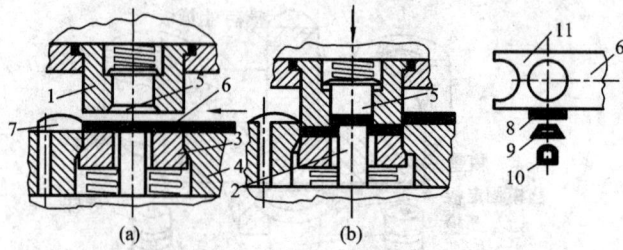

图 2 – 107　落料及拉深复合模

1—凸凹模；2—拉深凸模；3—压板；4—落料凹模；5—顶出器；6—条料；
7—档料销；8—坯料；9—拉深件；10—零件；11—切余材料

内孔则成为拉深凹模。当滑块带着凸凹模向下运动时，条料首先在凸凹模和落料凹模中落料。落料件被下模当中的拉深凸模顶住。滑块继续向下运动时，凸凹模随之向下运动进行拉深，顶出器和卸料器在滑块的回程中把拉深件顶出，同时完成落料和拉深两道工序。复合模适用于产量大、精度要求较高的冲压件生产。

2. 冲压基本工序

（1）分离工序

使板料的一部分与另一部分相互分离的工序称为分离工序。包括剪切、落料、冲孔和修整等。

1）剪切

剪切是利用剪床使板料按不封闭轮廓分离的工序。

2）冲裁

落料及冲孔统称为冲裁，冲裁是使坯料按封闭轮廓分离的工序。落料时，冲落部分为成品，而余料为废料。冲孔时，冲落部分是废料，余料部分为成品。

冲裁时板料的变形和分离过程对冲裁件质量有很大影响。其过程可分为如下三个阶段，如图 2–108 所示。

图 2 – 108　冲裁变形和分离过程

①弹性变形阶段　冲头（凸模）接触板料继续向下运动的初始阶段，将使板料产生弹性压缩、拉伸与弯曲等变形。板料中的应力值迅速增大，此时，凸模下的板料略有弯曲，凸模周围的板料则向上翘。间隙 c 的数值越大，弯曲和上翘越明显。

②塑性变形阶段　冲头继续向下运动，板料中的应力值达到屈服极限，板料金属产生塑性变形。变形达到一定程度时，位于凸、凹模刃口处的金属硬化加剧，出现微裂纹。

③断裂分离阶段　冲头继续向下运动，已形成的上下裂纹逐渐扩展。上下裂纹相迎重合后，板料被剪断分离。

冲裁件分离面的质量与凸凹模间隙、刃口锋利程度有关，同时也受到模具结构、材料性能及板料厚度等因素影响。

120

①凸凹模间隙 凸凹模间隙不仅严重影响冲裁件的断面质量，也影响着模具寿命、卸料力、推件力、冲裁力和冲裁件的尺寸精度。冲裁断面特征如图2-109所示。冲裁断面明显分为圆角带、光亮带、断裂带和毛刺四个部分。当冲裁间隙合理时，凸、凹模刃口冲裁所产生的上下剪裂纹会基本重合，获得的工件断面较光洁，毛刺最小；间隙过小，上下剪裂纹向外错开，在冲裁件断面上会形成毛刺和叠层；间隙过大，材料中拉应力增大，塑性变形阶段过早结束，裂纹向里错开，不仅光亮带小，毛刺和断裂带均较大，见图2-110。

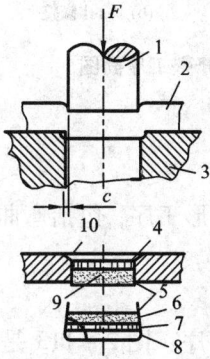

图2-109 冲裁面的特征

1—凸模；2—板料；3—凹模；

4、7—光亮带；5—毛刺；

6、9—断裂带；8、10—圆角带

（a）间隙过小　（b）间隙合适　（c）间隙过大

图2-110 冲裁间隙对断面质量的影响

②间隙的大小 间隙越小，摩擦越严重，模具的寿命将降低。间隙对卸料力、推件力也有较明显的影响。间隙越大，则卸料力和推件力越小。

因此，正确选择合理的间隙值对冲裁生产是至关重要的。当冲裁件断面质量要求较高时，应选取较小的间隙值。对冲裁件断面质量无严格要求时，应尽可能加大间隙，以利于提高冲模寿命。

③冲裁件的排样 排样是指落料件在条料、带料或板料上合理布置的方法。排样合理可使废料最少，材料利用率提高。图2-111为同一个冲裁件采用四种不同排样方式时材料消耗的对比情况。落料件的排样有两种类型：无搭边排样和有搭边排样。

无搭边排样是利用落料件开头的一个边作为另一个落料件的边缘，见图2-111（d）。这种排样材料利用率很高，但毛刺不在同一个平面上，而且尺寸不容易准确，因此只能用于对冲裁件质量要求不高的场合。

有搭边排样是在各个落料件之间均留一定尺寸的搭边。其优点是毛刺小，而且在同一个平面上，冲裁件尺寸准确，质量较高，但材料消耗多。

3）修整

修整是利用修整模沿冲裁件外缘或内孔刮削一薄层金属，以切掉冲裁件上的剪裂带和毛刺，从而提高冲裁件的尺寸精度，降低表面粗糙度值。

修整冲裁件的外形称外缘修整，修整冲裁件的内孔称内孔修整，如图2-112所示。

(a) 182.7mm² (b) 177mm² (c) 112.63mm² (d) 97.5mm²

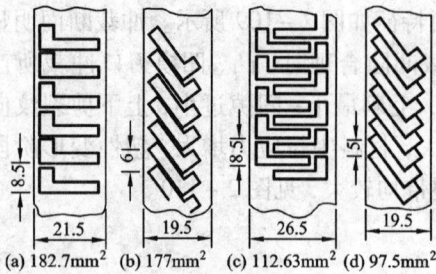

图2-111 不同排样方式材料消耗对比

(a) 外缘修整　　(b) 内孔修整

图2-112 修整工序简图

（2）变形工序

使板料的一部分相对于另一部分产生位移而不破裂的工序称为变形工序，包括弯曲、成形、翻边等。

1）弯曲

弯曲是使板料的一部分相对于另一部分弯成一定曲率和角度的工序。图2-113是金属弯曲变形简图。弯曲时板料内侧受压缩而外侧受拉伸，当外侧拉应力超过一定极限时，即会出现破裂现象。板料愈厚，内弯曲半径 r 愈小，压缩与拉伸力便愈大。为防止破裂，最小弯曲半径以 $r_{min} = (0.25 \sim 1)t_0$ 为宜。材料塑性愈好时，r 可以较小些。弯曲时还应尽可能使弯曲线与板料纤维垂直，如图2-114所示。若弯曲线与纤维方向一致，则容易产生破裂。此时应增大弯曲半径。在弯曲结束后，由于弹性变形的恢复，板料略微弹回一点，使被弯曲的角度增大，此现象称为回弹。一般回弹角为 $0 \sim 10°$。因此，在设计弯曲模时，必须使模具的角度比成品件角度小一个回弹角，以保证成品件的弯曲角度准确。

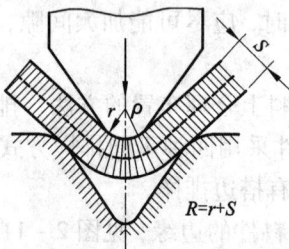

图2-113 弯曲过程中金属变形简图

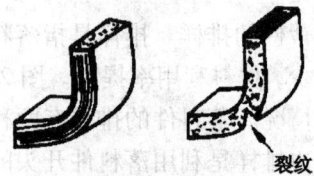

图2-114 弯曲时的纤维方向

2）拉深

拉深是利用模具使冲裁后得到的平板坯料变形成开口空心零件的工序，见图2-115。其变形过程为：把直径为 D 的平板坯料放在凹模上，在凸模作用下，将坯料拉入凸模和凹模的间隙中，形成空心拉深件。拉深件的底部金属一般不变形，只起传递拉力的作用，厚度基本不变。坯料外径 D 与内径 d 之间的环形部分的金属，切向受压应力作用，径向受超过屈服点的拉应力作用，逐步进入凸模和凹模之间的间隙，形成拉深件的直壁。直壁本身主要受轴向拉应力作用，厚度有所减小，而直壁与底部之间的过渡圆角部分被拉薄得最为严重。

图 2 - 115 拉深工序

3）翻边

如图 2 - 116 所示，凸模圆角半径 $r_{凸} = (4 \sim 9)t$。在进行翻边工序时，如果翻边直孔的直径超过允许值，会使孔的边缘造成破裂。其允许值用翻边系数 K_0 来衡量。

$$K_0 = d_0/d$$

式中，d_0 为翻边前板料的孔径尺寸；d 为翻边后内孔尺寸。对于镀锡铁皮，K_0 不小于 0.65；对于酸洗钢，K_0 不小于 0.68。

当零件所需凸缘的高度较大，用一次翻边成形计算出的翻边系数 K_0 值很小时，直接成形无法实现，则可采用先拉深、后冲孔、再翻边的工艺来实现。

4）成形

成形是利用局部变形使坯料或半成品改变形状的工序，如图 2 - 117 所示。主要用于制造刚性的筋条，或增大半成品的部分内径等。图 2 - 117(a) 是用橡皮压筋条操作；图 2 - 117(b) 是用橡皮芯子来增大半成品中间部分的直径，即胀形。

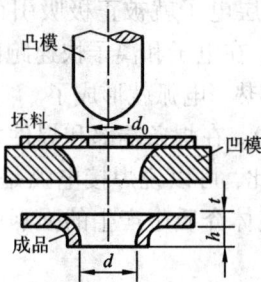

图 2 - 116 翻边简图

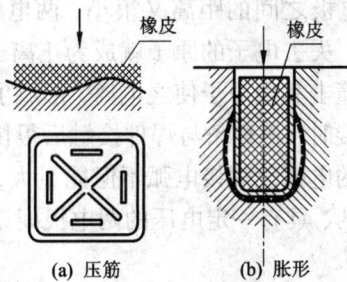

(a) 压筋   (b) 胀形

图 2 - 117 成形工序简图

2.3 焊接成形

焊接是一种永久性连接金属材料的工艺方法。焊接过程的实质是利用加热或加压力等手段，使用或不使用填充材料，借助金属原子的结合与扩散作用，使分离的金属材料牢固地连接起来。

焊接有连接性能好、省工省料、成本低、重量轻、简化工艺、焊缝密封性好、便于实现机械化与自动化等优点。但同时也存在一些不足之处：如结构不可拆，更换修理不方便；焊接接头组织性能变化；存在焊接应力；容易产生焊接变形；容易出现焊接缺陷等。

焊接主要用于制造金属结构件，如压力容器、船舶、桥梁、建筑、管道、车辆、冶金设备等。生产机器零件或毛坯，如重型机械和冶金设备中的机架、底座、箱体等。对于一些单件生产的特大型零件或毛坯，可通过焊接以小拼大，简化工艺。还能修补铸、锻件的缺陷和局部损坏的零件。这在生产中具有很大的经济意义。

2.3.1 焊接工艺基础

1. 焊接的本质

金属等固态物质之所以能保持固定的形状是因为其内部原子的间距(晶格)十分小，原子之间形成了牢固的结合力，除非施加足够的外力破坏原子间的结合力，否则，一块固体金属是不会变形或分离成两块的。相反，要把两个分离的金属物体连接在一起，从物理本质上来说，就是要使两个金属物体连接面上的原子彼此接近到金属的晶格距离(0.3 ~ 0.5 nm)。在一般情况下，当把两个物体放在一起时，由于两个物体的表面较粗糙或存在着氧化膜等污染物，阻碍着这两个金属物体表面原子间接近到晶格距离并形成结合力，因此这两个金属物体是不会连接在一起的。

焊接过程的本质就是通过适当的物理化学过程，使两个分离固态物体表面的原子(分子)之间接近到晶格距离，并形成结合力。为达到这一目的，可以有许多的方法和途径。根据采取的基本途径的不同，也形成了不同的焊接方法。

2. 焊接电弧及其形成

电弧是两个电极间的气体在电压或热的作用下被电离而产生持久放电的现象。如图2-118所示，在两个电极之间接通电源，就形成了电场，如果两极间的电位差(电压)足够高，两电极之间的距离又很小，两电极之间气体原子的外层电子就被正极吸引而飞向阳极(正极)，失去电子的原子就成为正离子而聚向阴极(负极)，在电子和离子快速跑向两极的过程中又撞击其他原子使之电离，形成了电流，同时发出光和热，电弧就形成了。

焊接时，将焊条与焊件接触后很快拉开(相距2 ~ 5 mm)，在焊条端部和焊件之间立即产生明亮的电弧。焊接电弧不但能量大，而且连续持久。因此，可以说焊接电弧是"由焊接电源供给的、具有一定电压的两电极间或电极与焊件间，在气体介质中产生的强烈而持久的放电现象"。

焊接电弧不同于一般电弧，它有一个从点到面的几何轮廓，点是电极电弧的端面，面是电弧覆盖工件的面积，电弧由电极(如电焊条)端部扩展到工件。电弧的形状如图2-119所示。

图2-119给出的是直流电源正接级情况下的电弧组成情况。反接级时阳极区在焊条，阴极区在工件，交流电源时阴阳交替。但无论在何种情况下，电弧都分为三部分，即阴极区、弧柱区和阳极区，以弧柱区压降最大，长度最长。

图 2 - 118　电弧的产生

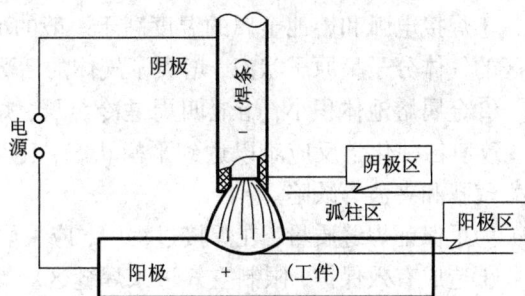

图 2 - 119　焊接电弧

焊接电弧开始引燃时的电压称为引弧电压,即电焊机的空载电压,一般为 50 ~ 90 V。电弧稳定时的电压称为电弧电压,即焊接时的工作电压,其大小随电弧长度的增减而升降,一般为 15 ~ 35 V。当焊条直径和焊接电流一定时,如果电弧长度增加,则电弧电压升高,此时,焊件的熔化深度减小,空气中的氧、氮容易侵入熔化金属,而且电弧不稳,所以焊接时应该使电弧保持较短的长度,一般为 2 ~ 6 mm。

3. 焊接接头与焊缝

熔化焊的焊接接头如图 2 - 120 所示。被焊的工件材料称为母材。焊接过程中局部受热熔化的金属冷却凝固后形成焊缝。焊缝两侧的母材受焊接加热的影响,引起金属内部组织和力学性能变化的区域,称为焊接热影响区。焊缝和热影响区的分界线称为熔合线。焊缝和热影响区一起构成焊接接头。

图 2 - 120　熔化焊焊接接头

焊缝各部分的名称如图 2 - 121 所示。焊缝表面上的鱼鳞状波纹为焊波。焊缝表面与母材的交界处称为焊趾。超出母材表面焊趾连线上面的那部分焊缝金属的高度,称为余高。单道焊缝横截面中,两焊趾之间的距离称为焊缝宽度,也叫熔宽。在焊接接头横截面上,母材熔化的深度称为熔深。

图 2 - 121　焊缝各部分的名称

4. 焊接冶金过程的特点

焊接过程中液态金属、熔渣和气体之间进行着金属的氧化与还原,气体的溶解与析出,有害杂质的去除等一系列冶金反应。焊接熔池可看成一座微型炼钢炉,但焊接冶金过程的条

125

件更差。

①焊接电弧和熔池金属的温度高于一般的冶金温度，因此使金属元素强烈蒸发，并使电弧区的气体分子呈原子状态，增大了气体的活泼性，导致金属烧损或形成有害杂质。

②金属熔池体积小，熔池四周是冷金属，熔池处于液态的时间很短，一般在10秒钟以内，致使各种化学反应难以达到平衡状态，化学成分不够均匀，气体和杂质来不及浮出，易产生气孔和夹渣等缺陷。

为了保证焊缝质量，在焊接过程中，应采取措施：

①造成有效保护，限制空气进入焊缝区。焊条药皮、惰性气体及自动焊焊剂都能起到这个作用。

②渗入有用的合金元素以保证焊缝的化学成分。如在焊条药皮（焊剂）中加入锰铁等合金，焊接时过渡到焊缝金属中，以弥补有用合金元素的烧损。

③进行脱氧脱硫和脱磷。焊接时，熔化金属除可能被空气氧化外，还可能被工件表面的铁锈、油垢、水分或保护气体中分解出来的氧所氧化，所以在焊前应仔细清除这些杂质，还应在焊条药皮中加入锰铁、硅铁和氧化钙等用以脱氧、脱硫、脱磷和造渣。

5. 焊接接头金属组织与性能的变化

（1）焊接工件温度变化与分布

焊接时，电弧沿着工件逐渐移动并对工件进行局部加热。因此在焊接过程中，焊缝及其附近金属都是由常温状态开始被加热到较高的温度，然后再逐渐冷却到常温。但随着各点金属所在位置的不同，其最高加热温度是不同的。图2-122给出了焊接时焊件横截面上不同点的温度变化情况。由于各点离焊缝中心距离不同，所以各点最高温度不同。但总的看来，在焊接过程中，焊缝的形成是一次冶金过程，焊缝区附近区域金属相当于受到一次不同规范的热处理，必然会产生相应的组织与性能的变化。

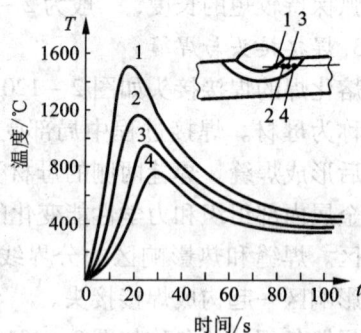

图2-122 焊缝区各点温度变化

（2）焊接接头的组织与性能

以低碳钢为例说明焊缝和焊缝附近区域由于受到电弧不同程度的加热而产生的组织性能的变化。如图2-123左侧下部是焊件的横截面，上部是相应各点在焊接过程中被加热的最高温度曲线（并非某一瞬时该截面的实际温度分布曲线）。图中1、2、3等各段金属组织的获得，可用右侧所示的部分铁—碳合金状态图来对照分析。

a. 焊缝区　接头金属及填充金属熔化后，又以较快的速度冷却凝固后形成。焊缝组织是液体金属结晶时形成柱状的铸态组织，晶粒粗大，成分偏析，组织不致密，将影响焊缝的力学性能。但是，由于焊接材料的渗合金作用，使其含有一定的合金元素，因此，焊缝金属的性能可能不低于母材的性能，可以满足性能要求，特别是强度容易达到。

b. 热影响区　热影响区包括熔合区、过热区、正火区、部分相变区。

①熔合区　熔化区和非熔化区之间的过渡部分。熔合区化学成分不均匀，组织粗大，往往是粗大的过热组织或粗大的淬硬组织。其性能常常是焊接接头中最差的，会严重影响焊接接头的质量。

126

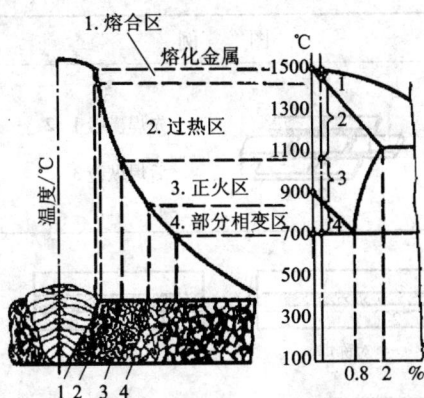

图 2 - 123　低碳钢焊接接头的组织变化

②过热区　最高加热温度 1100℃以上的区域,晶粒粗大,甚至产生过热组织,叫过热区。过热区的塑性和韧性明显下降。

③正火区　最高加热温度从 Ac_3 至 1100℃的区域,焊后空冷得到晶粒较细小的正火组织,叫正火区。正火区的机械性能较好。

④部分相变区　最高加热温度从 Ac_1 至 Ac_3 的区域,只有部分组织发生相变,叫部分相变区。此区晶粒不均匀,性能也稍差。

焊接热影响区的大小和组织性能的变化程度,决定于焊接方法、焊接规范、接头形式和焊后冷却速度等因素。

(3)改善焊接热影响区的方法

焊接热影响区在电弧焊接中是不可避免的。用焊条电弧焊或埋弧焊焊接一般低碳钢时,因热影响区较窄,危害性较小,焊后不进行处理就可以使用。但对重要的碳钢构件、合金钢构件或用电渣焊的构件,则必须注意热影响区带来的不利影响。为了消除其影响,一般采用焊后正火处理,使焊缝和焊接热影响区的组织转变为均匀的细晶组织,以改善焊接接头的性能。

对焊后不能进行热处理的金属材料或构件,则只能在正确选择焊接方法与焊接工艺上来减少焊接热影响区的范围。

6.焊接应力和变形

(1)焊接应力与变形产生的原因

焊接过程中,由于焊件局部加热温度高,加热速度快,且高温停留时间短,冷却速度快,是一种不均匀的加热过程,使得焊缝及其附近区域的组织和性能发生很大的变化,由此引起不均匀的膨胀与收缩,使焊件不可避免地产生应力,导致其形状与尺寸改变,甚至产生焊接裂纹。

(2)防止和减少焊接变形的措施

防止和减少焊接变形,只要从两个方面采取措施,一是合理设计焊接结构,二是采用合理的焊接工艺。焊接结构的设计将在 2.3.7 小节单独讨论,表 2 - 21 列出一些常用的防止焊接应力与变形的工艺措施。可供参考。

表 2-21　减少焊接应力与变形的工艺措施

名　称	图　例	说　明
合理选择焊接顺序	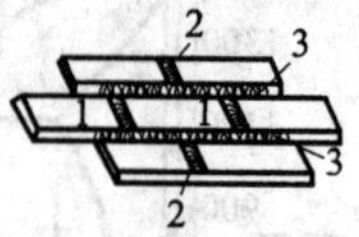 先焊横缝 1、2　后焊纵缝 3	应使焊件能自由地膨胀和收缩，而不受约束
对称焊、跳焊	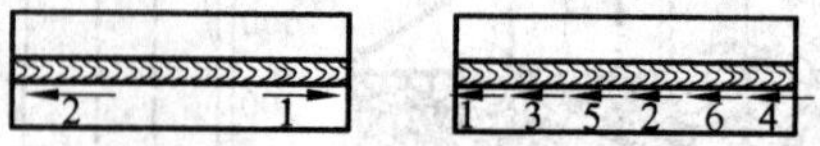 对称焊　　跳焊	长焊缝变为短焊缝，使变形量限制到最低值，但焊接应力较大
反变形	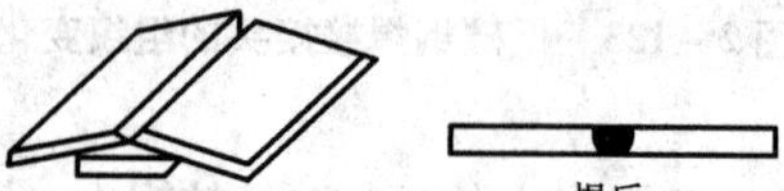 焊前　　焊后	用相反方向的变形来抵消焊后变形
刚性固定	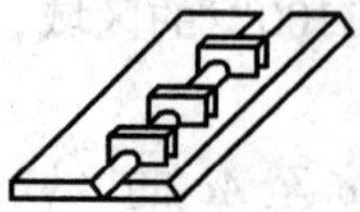	用强制方法来减少焊接变形，但应力较大
焊后锤击	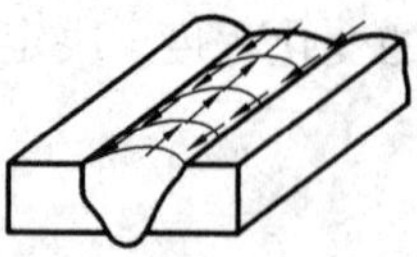	使焊缝延伸，以补偿其缩短，从而减少变形和应力
对称焊	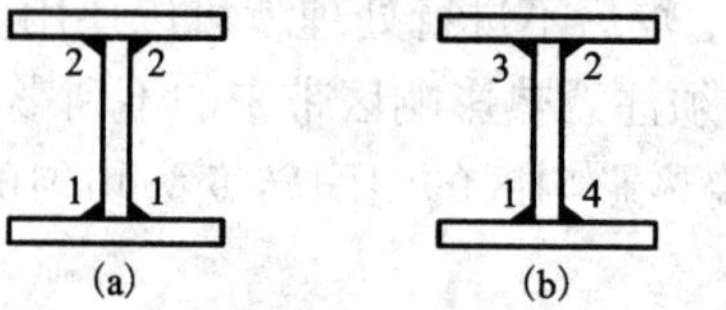 (a)　　(b)	(a) 两位焊工同时从两面施焊；(b) 一名焊工施焊，可使产生的变形相互抵消
选择能使裂纹张开的加热区	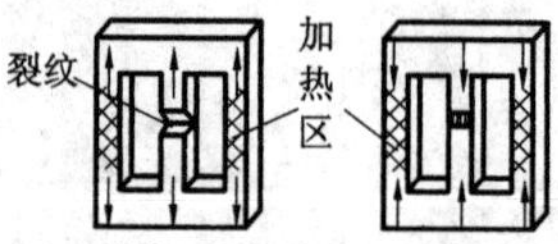 裂纹　加热区	使焊接区和加热区同时受热和冷却，以减少焊接应力

对于已经产生了焊接变形的焊件，可以采用机械矫正或火焰加热矫正等方法来矫正变形。为了防止重要的焊件产生变形和焊接裂纹，可以用退火的方法消除焊接应力，避免产生质量事故。

7. 金属材料的焊接性能

(1) 金属材料的焊接性能的概念

金属材料的焊接性能是指金属在一定焊接工艺条件下，获得优质接头的难易程度。一种金属，如果能用普通又简便的焊接工艺获得优质接头，则认为这种金属具有良好的焊接性能。焊接性能包括两方面的内容：其一为接合性能：金属材料在一定焊接工艺条件下，形成焊接缺陷的敏感性。决定接合性能的因素有包括工件材料的物理性能，如熔点、导热率和膨胀率，工件和焊接材料在焊接时的化学性能和冶金作用等。当某种材料在焊接过程中经历物理、化学和冶金作用而形成没有焊接缺陷的焊接接头时，这种材料就被认为具有良好的接合性能。其二为使用性能：某金属材料在一定的焊接工艺条件下其焊接接头对使用要求的适应性，也就是焊接接头承受载荷的能力，如承受静载荷、冲击载荷和疲劳载荷等，以及焊接接头的抗低温性能、高温性能和抗氧化、抗腐蚀性能等。

（2）影响焊接性能的因素

钢材焊接性能的好坏主要取决于它的化学组成。而其中影响最大的是碳元素，也就是说金属含碳量的多少决定了它的焊接性能。钢中的其他合金元素大部分也不利于焊接，但其影响程度一般都比碳小得多。钢中含碳量增加，淬硬倾向就增大，塑性则下降，容易产生焊接裂纹。通常，把金属材料在焊接时产生裂纹的敏感性及焊接接头区力学性能的变化作为评价材料焊接性能的主要指标。含碳量越高，焊接性能越差。所以，常把钢中含碳量的多少作为判别钢材焊接性能的主要标志。含碳量小于 0.25% 的低碳钢和低合金钢，塑性和冲击韧性优良，焊后的焊接接头塑性和冲击韧性也很好。焊接时不需要预热和焊后热处理，焊接过程普通简便，因此具有良好的焊接性能。钢中其他元素的影响可折合成碳的影响，因此可用碳当量方法来估算被焊钢材的焊接性能。

（3）碳当量的估算

由于碳的影响最为明显，其他元素的影响可折合成碳的影响。

碳钢及低合金结构钢的碳当量（$W_{碳当量}$）经验公式：

$$W_{碳当量} = W(C) + 1/6[W(Mn)] + 1/5[W(Cr) + W(Mo) + W(V)] + 1/15[W(Ni) + W(Cu)]$$

式中，W 表示元素百分含量。

根据经验：$W_{碳当量} \leq 0.4\%$ 时，钢材塑性良好，淬硬倾向不明显，焊接性良好。在一定的焊接工艺条件下，焊件不会产生裂纹。但厚大工件或在低温下焊接时，应考虑预热。

$W_{碳当量} = 0.4\% \sim 0.6\%$ 时，钢材塑性下降，淬硬倾向明显，焊接性能相对较差。焊前工件需要适当预热，焊后应注意缓冷。要采取一定的焊接工艺措施才能防止裂纹。

$W_{碳当量} \geq 0.6\%$ 时，钢材塑性较低，淬硬倾向很强，焊接性不好。焊前工件必须预热到较高温度，焊接时要采取减少焊接应力和防止开裂的工艺措施，焊后要进行适当的热处理，才能保证焊接接头质量。

利用碳当量法估算钢材焊接性是粗略的，因为钢材的焊接性还受结构刚度、焊后应力条件、环境温度等因素的影响。

8. 焊接方法分类

通常把焊接方法分为熔化焊、压焊和钎焊三大类，如图 2 – 124 所示。

熔化焊是将焊件连接部位局部加热至熔化状态，加入填充金属，随后冷却凝固成一整体。

压焊是对焊件施加压力，使接合面紧密接触并产生一定的塑性变形而完成焊接的方法。

钎焊是采用比母材低熔点的金属材料作钎料，焊接时同时加热被焊件与钎料，并使钎料熔化填充到焊缝中，冷却凝固后使工件连接成为一整体。钎焊过程中被焊件不熔化。

气　焊

电弧焊 → 焊条电弧焊 / 埋弧焊

电渣焊

等离子弧焊

气体保护电弧焊 → CO_2保护焊 / 混合气体保护焊 / 氩弧焊

电子束焊

激光焊

熔焊

钎焊 → 烙铁钎焊 / 火焰钎焊 / 盐浴钎焊 / 炉中钎焊 / 高频钎焊 / 真空钎焊

金属焊接

锻　焊

摩擦焊

气压焊

电阻焊 → 点　焊 / 缝　焊 / 对　焊

超声波焊

爆炸焊

压焊

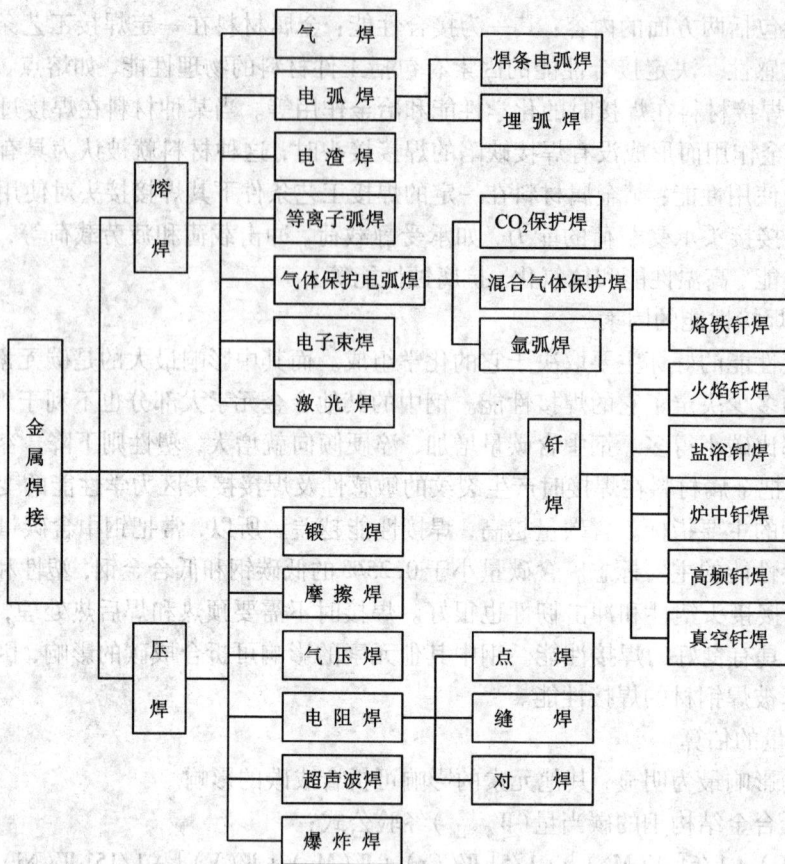

图 2 - 124　焊接方法分类

2.3.2 焊条电弧焊

1. 工作原理及焊接过程

焊条电弧焊是利用焊条与工件之间产生的电弧热,将工件局部金属和焊条熔化而进行焊接的方法。

焊条电弧焊可以在室内外各种场合进行,设备简单,容易维护,焊钳小,使用灵活、方便,适用于焊接 2 mm 以上各种形状结构的高强度钢、铸钢、铸铁和非铁金属,其焊接接头可与工件(母材)的强度相近,是焊接生产中应用最广泛的焊接方法。

焊条电弧焊的焊接过程如图 2 - 125 所示。焊接前,把焊钳和焊件分别接到弧焊机输出端的两极,并用焊钳夹持焊条;焊接时,首先在焊条和焊件之间引出电弧,由于电弧产生高温(弧柱区温度可达 5000 ~ 8000℃)使焊条和焊件局部金属同时熔化,形成熔池,随着电弧沿焊接方向移动,熔池金属迅速冷却而凝固成焊缝。

2. 焊接设备

(1)弧焊机的要求

为了便于焊接操作,弧焊机必须满足下列要求:

1)容易引弧。弧焊机的空载电压(未焊接时的输出端电压)有一定的要求,对于交流弧

130

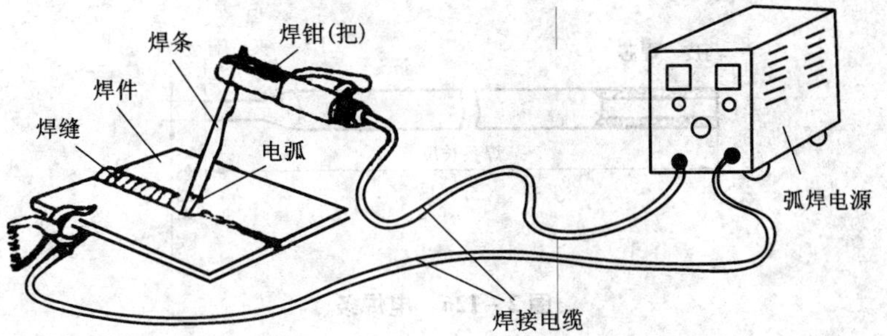

图 2－125　焊条电弧焊

焊机应为 $U_空 = 60 \sim 80$ V，直流弧焊机应为 $U_空 = 50 \sim 90$ V，以便于引燃电弧。

2) 焊接过程稳定。在焊接过程中，频繁出现短路和弧长变化现象，所以要求手弧焊机在焊接短路时迅速引燃电弧，而在弧长不断变化时能够自动而迅速地回复到稳定燃烧的状态，这就要求焊接电源的外特性是陡降的。

3) 短路电流不能太大，以免引起弧焊机过载和金属飞溅严重。

4) 焊接电流能够调节，这样可以根据不同材料和不同厚度的工件选择所需的焊接电流大小。

（2）弧焊机的种类

1) 交流弧焊机　交流弧焊机实际上是一种有一定特性的降压变压器，因此又称为弧焊变压器。

2) 直流弧焊机　直流弧焊机由一台三相感应电动机和一台直流发电机组成，故又称为直流弧焊发电机。

3) 整流弧焊机　整流弧焊机又称为直流弧焊整流器，它的功能是将交流电经过降压、整流后获得直流电供焊接用。它由三相降压变压器、磁饱和电抗器、整流器组、输出电抗器、通风机组及控制系统等组成。

（3）弧焊机的选用

手工弧焊机主要有交流和直流两类。选用弧焊机时，首先根据焊条药皮类型选择焊机种类。低氢钠型碱性焊条必须选用直流焊机（弧焊整流器或逆变焊机，如在野外没有电网的地方则要选用柴油或汽油驱动的直流弧焊发电机），以保证电弧能稳定燃烧。酸性焊条既可使用交流焊机也可使用直流焊机，但从经济考虑，一般选用结构简单、价格较低的交流焊机。其次，根据焊接产品所需要的焊接电流范围和实际负载持续率来选择焊机额定电流。再次根据工作条件和节能要求选择焊机。在维修性的焊接工作条件下，由于焊缝不长，连续使用电源的时间较短，可选用额定负载率较低的弧焊电源。从节能要求出发，应尽可能选用高效节能的弧焊电源，如先考虑弧焊逆变器，再考虑弧焊整流器、弧焊变压器。在需要经常移动的场合，最好选用体积小、重量轻的电源。

3. 焊接材料

焊条是焊条电弧焊的焊接材料，它由焊芯和药皮组成（如图 2－126 所示）。

焊芯是专门用于焊接的金属丝，具有一定的直径和长度，直径有 1.6 mm、2.0 mm、2.5

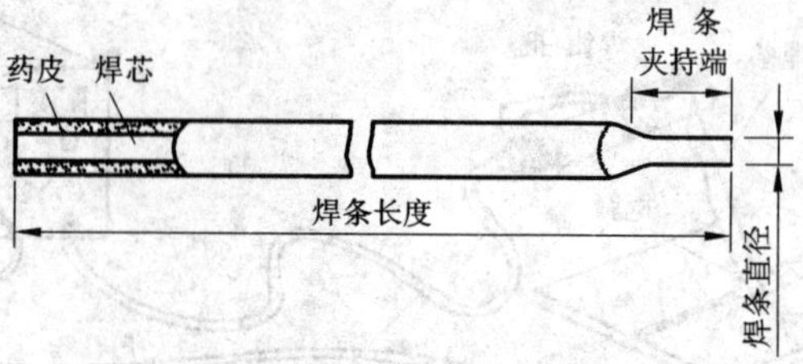

图 2－126　电焊条

mm、3.2 mm、4.0 mm、5.0 mm、6.0 mm 等几种，长度为 250 mm、300 mm、350 mm、400 mm、450 mm 等几种。焊芯的直径和长度就是焊条的直径和长度。

焊条有十大类，分别用于焊接不同的金属焊件，常用的有结构钢焊条、不锈钢焊条、铸铁焊条、镍和镍合金焊条、铜和铜合金焊条、铝和铝合金焊条等。焊芯的材料与被焊件的材料(母材)必须相同或相近，焊芯材料中杂质含量要低，质量要高。例如，常用的结构钢焊条的焊芯是专门冶炼的优质或高级优质钢，常用牌号有 H08、H08A 等。

焊芯在焊接时有两个作用：一是作为电极产生电弧和传导焊接电流，二是熔化后作为填充焊缝的金属材料，与熔化的母材一起凝固后形成焊缝。

药皮是焊芯表面上的涂料层，它由一定成分的矿石粉和铁合金粉按比例配制而成。药皮的作用为：

1) 改善焊接工艺性能。使电弧易于引燃，保持其稳定燃烧，减少飞溅和有利于焊缝成形；

2) 保护熔池。由于电弧的高温作用，药皮分解产生大量气体并形成熔渣，保护熔化的金属不被氧化，并去除有害的氢、磷、硫等杂质；

3) 向焊缝渗入有益合金元素。如锰、铬、钨等，提高焊缝力学性能。

按照焊条药皮焊接后形成的熔渣性质，可将焊条分为酸性和碱性两个类别。酸性焊条形成的熔渣以酸性氧化物(如 SiO_2 等)为主，碱性焊条形成的熔渣以碱性氧化物(如 CaO 等)为主。

常用的酸性焊条有 E4303(旧牌号为 J422)、E5001(J503)等；常用的碱性焊条有 E4315(J427)、E5015(J507)等。型号中 E 表示焊条，后面的第一、二位数字代表焊缝金属的抗拉强度大小，第三位数值代表焊接空间位置。如 E4303 表示为结构钢焊条，焊接后焊缝强度可达 430 kg f/mm^2)(420 MPa)，"0"表示可全方位焊接，第三位和第四位数字组合起来表示焊接电流种类及药皮类型，03 表示药皮为钛钙型(属酸性)，可以是交、直流两用。

4. 焊接工艺

(1) 焊接参数

焊接参数包括焊条直径、焊接电流、焊接速度和电弧长度，选择正确的焊接参数是获得良好焊接质量的基础。

a. 焊条直径　焊条直径是根据焊件的厚度来选择的，表 2－22 是平焊时板厚与焊条直径的关系，立焊、横焊或仰焊时，焊条直径应比平焊小一些。

表 2 - 22　平焊时板厚与焊条直径的关系

焊件厚度(mm)	2	3	4~5	6~12	>12
焊条直径(mm)	2	3.2	3.2 或 4.0	4 或 5	4、5、6

b. 焊接电流　焊接电流要根据焊条直径来确定，在焊接低碳钢与低合金钢时，焊接电流与焊条直径的关系为：

$$I = (30 \sim 50)d$$

式中：I 为焊接电流(A)，d 为焊条直径(mm)。

在实际施焊时，要根据焊件厚度、焊条种类、焊接位置等因素，通过试焊来调节焊条电流的大小。焊接电流太小，电弧不易引燃，燃烧不稳定，熔宽与熔深减小，焊缝成形不良；焊接电流太大，则燃烧剧烈，飞溅增多，熔宽与熔深增加，焊薄件时容易烧穿。焊接电流的大小通过弧焊机的调节手柄在施焊前调节。

c. 焊接速度　焊接速度是指单位时间内完成的焊池长度，焊条电弧弧焊中，焊接速度由焊工凭经验来掌握。焊接速度太慢时，熔宽与熔深增加，焊薄板时容易烧穿；焊接速度太快时，熔宽与熔深减小，焊缝成形不良。图 2 - 127 是焊接电流与焊接速度对焊缝形状的影响。

d. 电弧长度　电弧长度是焊芯端部与熔池之间的距离。一般要求电弧长小于或等于焊条直径。电弧过长，燃烧不稳定，熔深减小，容易产生焊接缺陷。

(2)焊接操作

a. 引弧　引弧时，将焊条末端与工件表面接触形成短路，然后迅速将焊条向上提起，电弧即引燃。引燃方法有敲击法和摩擦法两种(如图 2 - 128 所示)，初学者在引弧时，常会出现粘条现象，此时应将焊条左右摆动，然后立即拉开，使焊条与焊件脱离。此外，电弧引燃后，焊条提起时离焊件不应大于 5 mm，再调整电弧长度，否则容易灭弧。

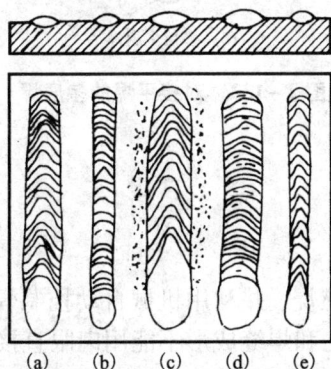

图 2 - 127　电流和焊速对焊缝形状的影响
(a)电流、焊速合适；(b)电流太小；
(c)电流太大；(d)焊速太慢；(e)焊速太快

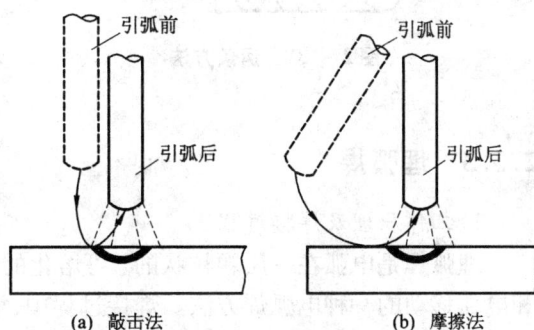

图 2 - 128　引弧方法
(a) 敲击法　(b) 摩擦法

b. 运条　初学焊接，要掌握好焊条角度(图 2 - 129)和运条基本动作(图 2 - 130)。焊条有三种运动：焊条下降、前进和横向摆动。图 2 - 131 是焊条前进和横向摆动的几种方式。

133

c.多层焊　焊接较厚的焊件时,焊缝不可能一次成形,需要采用多层焊(图2-132)。多层焊时,每焊完一道焊波后,必须仔细清理后再继续施焊下一道焊波,否则易于形成夹渣等焊接缺陷。

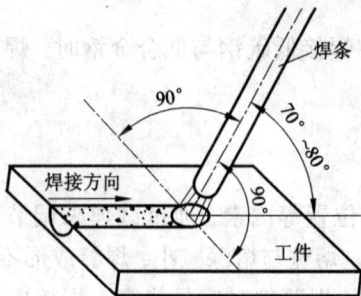

图 2-129　平焊的焊条角度

图 2-130　运条基本动作
1—向下送进;2—沿焊接方向移动;
3—横向摆动

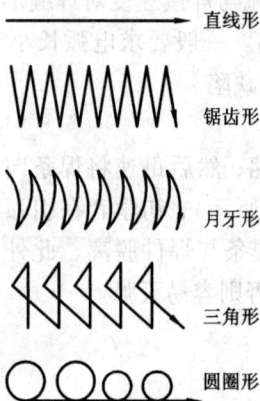

图 2-131　运条方法

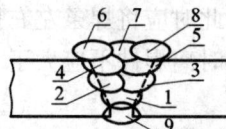

(a) 多层焊

(b) 多层多道焊

图 2-132　对接平焊的多层焊

2.3.3　埋弧焊

1.工作原理及焊接过程

埋弧焊是电弧在一层颗粒状的、可熔化的焊剂层下燃烧,并利用机械自动控制焊丝送进和电弧移动的一种电弧焊方法。焊接过程中,熔池的变化和焊缝成形不能用肉眼直接观察。

埋弧焊焊缝形成过程如图2-133所示。焊丝末端与焊件之间产生电弧之后,电弧热量使焊丝、焊件和焊剂熔化,有一部分甚至蒸发,金属和焊剂的蒸发气体将电弧周围已熔化的焊剂排开,形成一个封闭的空间,将电弧和熔池与外界空气隔绝。随着电弧向前移动,电弧不断熔化前方的焊件、焊丝和焊剂,而熔池后部边缘开始冷却凝固形成焊缝。与此同时,质量较轻的熔渣浮在熔池表面,冷却后形成渣壳。

埋弧自动焊如图2-134所示。焊接过程中,引燃电弧、送进焊丝、保持弧长一定和电弧在焊接方向的移动等全部是由焊机自动进行的。焊接时,可以利用控制箱选择焊接电流、电弧电压和焊接速度，还可以调节焊丝上下位置，也可以在焊接过程中调节焊接参数，调节之后能自动保持焊接参数不变。

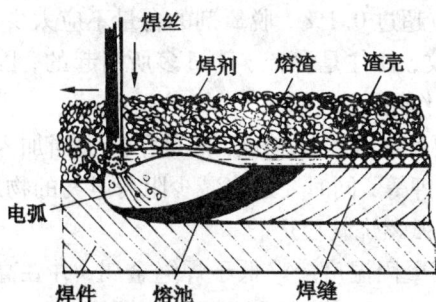

图2-133　埋弧焊焊缝形成过程

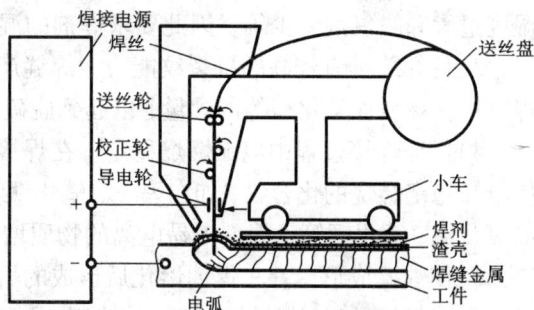

图2-134　埋弧自动焊示意图

2. 焊接设备

埋弧焊机分为自动埋弧焊机和半自动埋弧焊机两种。自动埋弧焊机的焊丝送进和电弧移动由专门的机头自动完成；半自动埋弧焊机的焊丝送进由机械自动完成，电弧移动则由人工完成。自动埋弧焊机适合于长直焊缝的焊接，要求有较大的施焊空间；而半自动埋弧焊机则适合于短段曲线焊缝的狭小空间焊接。

1）半自动埋弧焊机　半自动埋弧焊机主要由送丝机构、控制箱、带软管的焊接把手及焊接电源组成。

2）自动埋弧焊机　自动埋弧焊机主要由机头、控制箱、导轨（或支架）及焊接电源组成（见图2-135所示），常用的自动埋弧焊机有等速送丝和变速送丝两种。

3. 焊接材料

（1）焊剂

①焊剂的作用

a. 机械保护作用　焊剂熔化后形成的熔渣保护焊缝金属免受空气中的氧和氮等气体

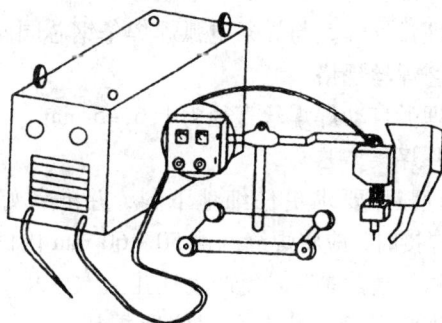

图2-135　自动埋弧焊机

侵入，避免焊缝出现气孔等缺陷。但焊剂中无造气剂，这一点和焊条药皮是不同的。

b. 向熔池过渡有益的合金元素　埋弧焊过程中，熔化了的焊剂与液态金属之间进行着复杂的冶金反应（主要是氧化和还原反应）。焊剂通过冶金反应，向熔池过渡有益的合金元素，使焊缝的化学成分得到改善，从而提高了焊缝的力学性能。

c. 改善焊缝成形　由于规范稳定，化学成分和性能应比较均匀，促使焊缝表面光洁平整。

②对焊剂的要求

焊缝质量的好坏，与所选用焊剂的化学成分有很大的关系，因此焊剂必须满足下列要求：

1）保证焊缝金属的化学成分和力学性能　要求焊剂能向焊缝金属中渗入一定量的合金元素。

2）保证焊缝不产生气孔　造成焊缝产生气孔的原因很多，与焊剂有关的因素主要是焊剂湿度过大和脱氧剂太少等。因此要求焊剂的湿度不应超过0.1%，脱氧剂的含量不应太少。

3）使焊缝具有较高的抗裂纹能力　焊缝产生裂纹，往往是含硫、磷过多所引起的，因此焊剂中应该增加氧化锰等的含量，以起到脱硫、磷的作用。

4）保证焊接过程中电弧燃烧稳定　在焊接时，要使电弧稳定燃烧，焊剂中应适当加入能使电弧稳定燃烧的化合物，如白垩、二氧化钛和碳酸钾等；同时要适当减少阻碍电离的物质，如氯化钠、氟化钙等。焊剂中易电离的物质增多，电弧燃烧就稳定。

5）使焊缝成形良好　焊剂熔化后形成的熔渣，其凝固温度应略低于焊缝金属，并在高温时具有一定的黏度，使熔渣易于在焊缝金属的表面流动，以达到控制焊缝表面成形的目的。

6）具有良好的脱渣性　焊剂在焊后所产生的熔渣，应当与焊缝金属有不同的膨胀系数，膨胀系数相差越大，脱渣性能就越好。

7）析出有害气体要少　为了保证焊工身体健康，改善工作条件，在焊接时焊剂析出有害气体应尽可能少。

8）抗潮性好　为防止焊剂含有过多水分，焊剂应具有良好的抗潮性。

9）要有足够的强度　焊剂的颗粒应有足够的强度，以保证焊剂多次使用。

（2）焊丝

①焊丝牌号及主要化学成分

埋弧焊焊丝与焊条电弧焊焊条钢芯同属一个国家标准（GB/14957—1994）。

②焊丝规格

埋弧自动焊焊丝直径为1.6~5 mm。

4. 焊接工艺

埋弧焊要求更仔细地下料，并准备好焊接坡口，焊接时，应将焊缝两侧50~60 mm内的一切污垢与铁锈清除掉，以免产生气孔。

埋弧焊缝一般在平焊位置焊接。焊接厚度在20 mm以下工件时，可以采用单面焊。如果设计上有要求（如锅炉或容器）也可双面焊接。当厚度超

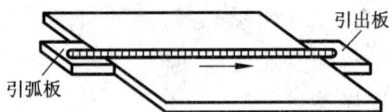

图2-136　埋弧焊引弧板与引出板

过20 mm时，可进行双面焊接，或采用开坡口单面焊接。由于引弧处和断弧处质量不易保证，焊前应在接缝两端焊上引弧板和引出板（图2-136），引弧板和引出板待焊后再去掉。

2.3.4　CO_2气体保护焊

1. 工作原理及焊接过程

二氧化碳气体保护焊是利用CO_2作为保护气体，依靠焊丝与焊件之间产生的电弧来熔化金属的一种气体保护的电弧焊方法，简称CO_2焊（如图2-137所示）。

CO_2气体保护熔池的效果好，焊接变形小，焊接质量较好，又不需清渣，生产效率高，且CO_2气体价格低。不过，CO_2在高温下可分解出氧原子，使电弧气体具有强烈的氧化性，碳、硅、锰等元素容易烧损，焊接过程中飞溅比较厉害。为此，必须采用含锰、硅等脱氧元素较

多的焊丝并采用直流电源。

　　CO_2 焊的焊接过程如图 2 – 138 所示,电源的两输出端分别接在焊枪和焊件上。盘状焊丝由送丝机构带动,经软管和导电嘴不断地送向电弧区域;同时,CO_2 气体以一定的压力和流量送入焊枪,通过喷嘴后,形成一股保护气体,使熔池和电弧不受空气的侵入。随着焊枪的移动,熔池金属冷却凝固而形成焊缝。

图 2 – 137　二氧化碳气体保护焊原理

图 2 – 138　CO_2 气体保护焊的过程

2. 焊接设备

CO_2 焊设备的组成如图 2 – 139 所示。

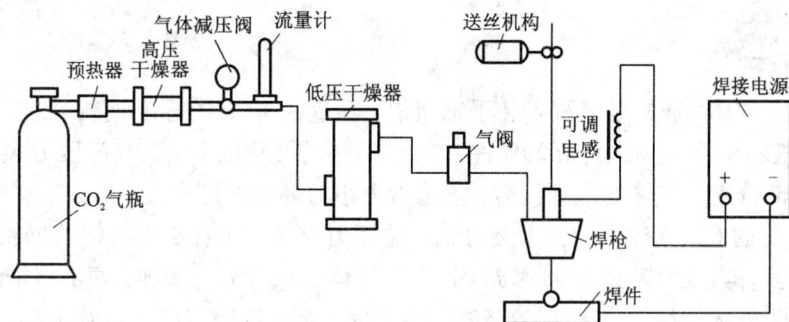

图 2 – 139　CO_2 焊设备的组成

　　①焊接电源　焊接电源的负载状态不断地在负载、短路、空载三态转换,CO_2 电弧的静特性是上升的,所以必选用平(恒压)的和下降外特性的电源。

　　②送丝机构　送丝机构通常是由送丝机(包括电动机、减速器、校直机、送丝滚轮)、送丝软管、焊丝盘等组成。送丝机构将焊丝送至焊枪中,送丝方式如图 2 – 140 所示。送丝方式主要有图中所示的推丝式、拉丝式和推拉丝式三种。

　　③焊枪　按其用途可分为半自动焊焊枪(手持式)和自动焊焊枪(安装在机械装置上)两种。

图 2-140 送丝方式示意图

自动焊焊枪的基本构造与半自动焊焊枪相同，但其载流容量较大(1500 A)，工作时间较长，采用内部循环水冷却，直接装在焊接机头的下部。

④供气装置 CO_2 气体保护焊供气装置组成如图 2-141 所示。

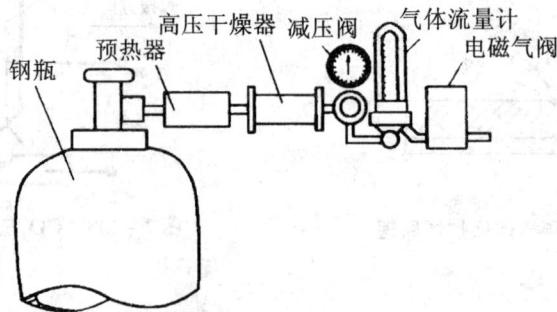

图 2-141 CO_2 气体保护焊供气装置组成

3. 焊接材料

(1) CO_2 气体

焊接用 CO_2 气体，通常是以液态装于钢瓶中，容量为 40 L 的标准钢瓶可灌入 25 kg 液态 CO_2 ，约占钢瓶容积的 80% ，其余 20% 左右的空间充满气化的 CO_2 ，气瓶压力表上所指出的压力值，是这部分气化气体的饱和压力，该压力大小与环境温度有关。

气瓶内气化的 CO_2 气体中的含水量与瓶内的压力有关，随着使用时间的增长，瓶内压力降低，水汽增多。当压力降到 0.98 MPa 时， CO_2 气体含水量大为增加，便不能继续使用。

焊接用 CO_2 气体的纯度应大于 99.5% ，含水量、含氮量均不应超过 0.1% ，否则会降低焊缝的力学性能，焊缝也易产生气孔。如果 CO_2 气体的纯度达不到标准，可进行提纯处理。

(2) 焊丝

为了保证焊缝的力学性能，防止气孔和减少飞溅， CO_2 气体保护焊的焊丝对化学成分有具体要求，主要是：

1) 焊丝内必须含有足够数量的脱氧元素，以减少焊缝金属中的含氧量和防止产生气孔。

2) 焊丝的含碳量要低。通常要求小于 0.1% ，以减少气孔和飞溅。

3) 要保证焊缝具有满意的力学性能和抗裂性能。

CO_2 气体保护焊所用焊丝直径在 0.5~5 mm 范围内， CO_2 半自动焊常用的焊丝直径有 0.8 mm、1.0 mm、1.2 mm、1.6 mm 等几种，自动焊大多采用直径为 2.0 mm、2.5 mm、3.0 mm、

138

4.0 mm、5.0 mm 的焊丝。焊丝表面有镀铜和不镀铜两种，镀铜可以防止生锈，有利于保存，并可改善焊丝的导电性及送丝的稳定性。

4. 焊接工艺

（1）工艺参数

CO_2 气体保护焊的工艺参数包括电源极性、焊丝直径、焊接电流、电弧电压、气体流量、焊接速度、焊丝伸出长度、直流回路电感等。

（2）焊接操作

1）焊前准备

①检查焊接电流　在等速送丝下使用平硬特性直流电源，极性采用直流反接。

②检查 CO_2 焊设备是否工作正常　推丝式送丝机构要求送丝软管不宜过长（2~4 m 之间），确保送丝无阻。检查导电嘴是否磨损，若超标则更换。出气孔是否出气通畅。预热器、干燥器、减压器及流量计是否工作正常，电磁气阀是否灵活可靠。

③检查焊接材料　检查焊丝，确保外表光洁，无锈迹、油污和磨损。检查 CO_2 气体纯度（应大于 99.5%，含水量和含氮量均不超过 0.1%），压力降至 0.98 MPa 时，禁止使用。

④检查施焊环境：确保施焊周围风速小于 2.0 m/s。

⑤清理工件表面　清除焊缝两侧 10 mm 以内的油、污、水、锈等，重要部位要求清理至露出金属光泽。

⑥检查焊接工艺指导书（或焊接工艺卡）是否与实际施焊条件相符。

2）引弧

①引弧前先按遥控器的点动开关或按焊枪上的控制开关，送出一段焊丝，焊丝伸出长度小于喷嘴与焊件间应保持的距离，超出部分应剪去。

②将焊枪按要求（保持要求的倾角或喷嘴高度）放在引弧处，注意此时焊丝端部与焊件未接触。喷嘴高度根据焊接电流大小确定。

③按焊枪上的控制开关，焊机自动提前送气，延时接通电源，保持高电压，慢送丝，当焊丝碰撞到焊件短路后，自动引燃电弧。

短路时，焊枪有自动顶起的倾向，如图 2-142 所示，故引弧时要稍用力下压焊枪，防止因焊枪抬起过高、电弧太长而熄灭。

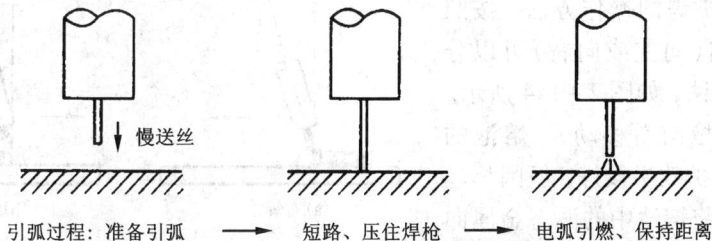

慢送丝

引弧过程：准备引弧 ⟶ 短路、压住焊枪 ⟶ 电弧引燃、保持距离

图 2-142　CO_2 气体保护焊引弧过程

3）收弧

焊接结束前必须收弧，若收弧不当容易产生弧坑并出现弧坑裂纹、气孔等缺陷，操作时

可以采取以下措施：

①焊枪在收弧处停止前进，同时接通CO_2气体保护焊机的弧坑控制电路，焊接电流与电弧电压自动变小，待熔池填满时断电。

②如果所用焊机没有弧坑控制电路，或因焊接电流小没有使用弧坑控制电路时，在收弧处焊枪停止前进，并在熔池未凝固时反复断弧、引弧几次，直道弧坑填满为止。操作时动作要快，若熔池已凝固才引弧，则可能产生未熔合及气孔等缺陷。

4）CO_2气体保护焊焊枪的摆动方式

CO_2气体保护焊的焊枪，可根据坡口间隙的大小采用不同的摆动方式，当坡口间隙较小为$0.2 \sim 1.4$ mm时，采用直线焊接或者小幅摆动；当坡口间隙为$1.2 \sim 20$ mm时，采用锯齿形的小幅摆动，在焊道中心移动快一些，而在坡口两侧大约停留$0.5 \sim 1$ s；当坡口间隙更大时，焊枪摆动方式在横向摆动的同时还要纵向摆动，为了单道焊得到较大的焊脚尺寸，焊接平角焊缝时，可以采用小电流纵向摆动。如图$2-143$所示。

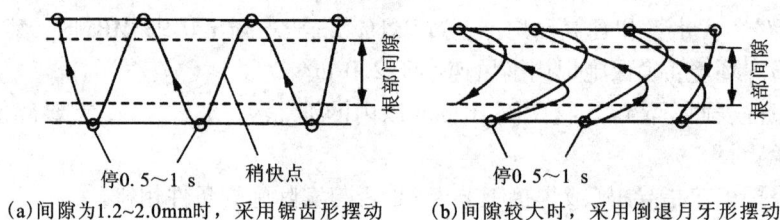

停$0.5 \sim 1$ s　稍快点
(a)间隙为1.2~2.0mm时，采用锯齿形摆动

停$0.5 \sim 1$ s
(b)间隙较大时，采用倒退月牙形摆动

图2-143　CO_2气体保护焊焊枪摆动方式

5）CO_2气体保护焊的定位焊

焊前为装配和固定焊件上的接缝位置进行的焊接操作称为定位焊（也称点固焊）。定位焊形成的短小而断续的焊缝称为定位焊缝。通常定位焊缝都比较短小，且焊接过程中都不去掉，而成为正式焊缝的一部分保留在焊缝中，因此定位焊缝的质量好坏，位置、长度和高度是否合适，都将直接影响正式焊缝的质量及焊件的变形。

6）CO_2气体保护焊左焊法及右焊法。

CO_2气体保护焊的操作方法，按照焊枪的移动方向（向左或向右）可以分为右焊法和左焊法，如图$2-144$所示。

右焊法（焊枪向右移动），熔池的可见度及气体保护效果较好，但因焊丝直指熔池，电弧将熔池中的液态金属向后吹，容易造成余高和焊波过大，影响焊缝成形，焊接时喷嘴挡住待焊的焊缝，不便观察焊缝的间隙，容易焊偏。

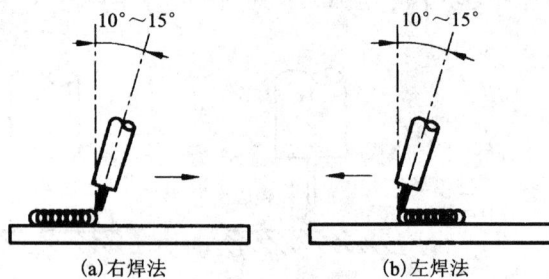

$10° \sim 15°$　　$10° \sim 15°$
(a)右焊法　　　　(b)左焊法

图2-144　右焊法和左焊法示意图

左焊法（焊枪向左移动），喷嘴不会挡住视线，能够清楚地看见焊缝，故不会焊偏，并且熔池受到的电弧吹力小，能得到较大的熔宽，焊缝成形美观，所以左焊法应用比较普遍。

140

2.3.5 气焊与气割

1. 气焊

（1）工作原理及焊接过程

气焊是利用可燃性气体火焰作为热源来熔化母材与填充金属并形成焊缝的一种焊接方法（如图2-145所示）。气焊中常用的是氧—乙炔焊。氧—乙炔焰的温度可达3150℃。

气焊时火焰加热容易控制熔池温度，易于实现均匀焊透和单面焊双面成形；而且，气焊不需要电源，适用于室外作业。气焊一般应用于焊接3 mm以下的低碳钢板、铸铁管等焊件，也可以用于焊接铝、铜及其合金。

但是，由于气焊火焰的温度比电弧温度低，热量分散，故加热较缓慢，生产率低，焊接变形严重；气焊火焰有使熔融金属氧化或增碳的缺点，其熔池保护效果较差，焊缝质量不高。

（2）气焊设备

气焊所用的设备与工具主要有乙炔瓶、氧气瓶与焊炬等（如图2-146所示）。

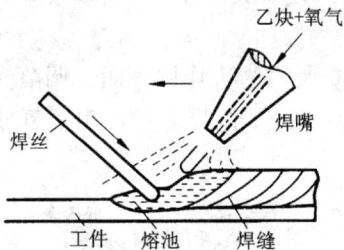

图2-145 气焊示意图

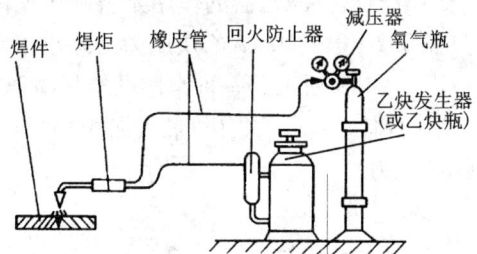

图2-146 气焊设备组成示意图

1）乙炔瓶 乙炔瓶的结构如图2-147所示。乙炔瓶瓶体为白色，其上用红色漆写上"乙炔"和"火不可近"字样。瓶内装多孔性填料（如活性炭、木屑、硅藻土等），同时注入丙酮，以溶解乙炔，灌注乙炔的压力一般为1.5 MPa，此时丙酮的溶解度可达400以上。使用时，溶解在丙酮内的乙炔分解出来，通过乙炔瓶阀流出，阀下面的长孔内放着石棉，其作用是帮助乙炔从多孔填料中分解出来。乙炔气通过减压器（图2-148）后供气焊使用。当气体耗尽以后，剩下丙酮，可供再次灌气时使用。

乙炔瓶使用时不得靠近气焊工作场地，也不能与高温热源（如火炉等）接近。瓶体温度必须在40℃以下，乙炔瓶只能直立，不能卧放，不得遭受剧烈震动和撞击，瓶体上严禁沾染油脂。

2）氧气瓶 氧气瓶是储存和运输氧气的高压容器，其工作压力为15 MPa，容积为40 L。氧气瓶的瓶体为天蓝色，并用黑色漆写上"氧气"二字。使用氧气瓶时必须防止爆炸事故。氧气瓶不能与其他气瓶混放在一起，不得靠近气焊工作场地，不得接近火炉等热源，夏天要防止曝晒，氧气瓶在冬季冻结时只能用热水解冻，不能用火烤，氧气瓶上严禁沾污油脂。

图 2-147 乙炔瓶

图 2-148 带夹环的乙炔减压器

3）减压器 减压器的作用是将高压气体降压为低压气体，供气焊使用，如气焊时氧气压力只需 $0.2 \sim 0.3$ MPa，乙炔压力必须小于 0.15 MPa。

图 2-149 所示是一种常用的氧气减压器，图 2-150 所示为工作原理图。调节螺丝松开时，活门弹簧将活门关闭，氧气瓶中的高压氧气停留在高压室，高压表指示出氧气瓶内高压气体的压力。

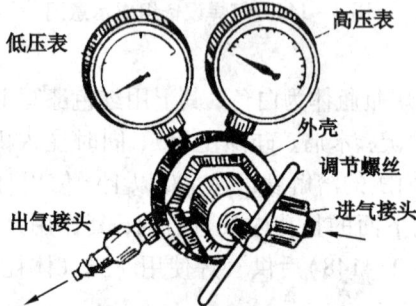

图 2-149 氧气减压器外形

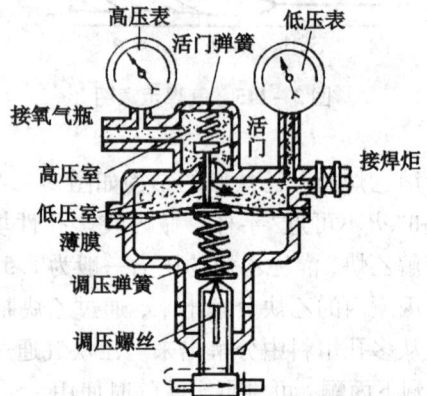

图 2-150 氧气减压器构造和工作示意图

拧紧调压螺丝时，调压弹簧受压，活门被顶开，高压气体进入低压室，由于气体体积膨胀，压力降低，低压表指示出低压气体压力，随着气体压力增加，压迫薄膜及调压弹簧，使活门的开启度逐渐减小，当低压室内气体压力达到一定值时，会将活门关闭。控制调压螺丝拧入的程度，可以改变低压室气体的压力，获得所需要的工作压力。

气焊时，低压氧气从出气口通往焊炬，低压室内压力降低，这时薄膜上鼓，使活门重新开启，高压气体进入低压室，以供气体输出。当输出的气体增大或减小时，活门的开启度也相应地增大或减小，以自动维护输出的气体压力稳定。

4）焊炬 焊炬的作用是使氧气与乙炔均匀混合，并能调节其混合比例，以形成适合焊接

142

要求的火焰。

射吸式焊炬的外形如图 2 - 151 所示，打开焊炬上的氧气与乙炔阀门，两种气逆便进入混合室内均匀地混合，从焊嘴喷出点火燃烧，焊嘴可根据工件厚度不同而调换，一般备有 5 种直径不同的焊嘴，常用的型号有 H01 - 2、H01 - 6 等。型号中"H"表示焊炬，"0"表示手工，"1"表示射吸式，"2"或"6"表示可焊接低碳钢件的最大厚度为 2 mm 或 6 mm。

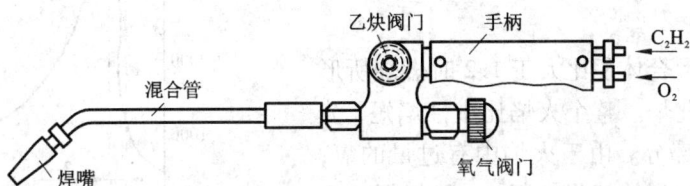

图 2 - 151　射吸式焊炬

（3）焊接材料

1）焊丝　焊丝是气焊的填充金属，焊接低碳钢时，常用 H08A 焊丝，重要焊接件可用 H08MnA；焊接有色金属时，选用与该合金成分相同或含有少量脱氧元素的合金焊丝。焊丝的直径一般为 2 ~ 6 mm，气焊时根据焊件厚度来选择，焊丝的直径与焊件厚度相差不宜太大。

2）焊剂　焊剂的作用是保护气焊熔池金属，去除焊接过程中形成的氧化物，增加熔融金属的流动性。

我国焊剂的牌号有 CJ101、CJ201、CJ301 和 CJ401 四种，其中 CJ101 为不锈钢和耐热钢焊剂，CJ201 用于焊接铸铁，CJ301 为铜及铜合金焊剂，而 CJ401 则用于焊接铝及铝合金。

低碳钢在气焊时，因火焰本身对熔池有较好的保护作用，一般不需要使用焊剂。

（4）焊接工艺

1）气焊火焰

气焊火焰是由可燃气体与氧混合燃烧而成的。常用的气焊火焰由乙炔与氧混合燃烧所形成的火焰，故称氧—乙炔焰。改变氧气和乙炔的混和比例，可获得三种不同性质的火焰，如图 2 - 152 所示。

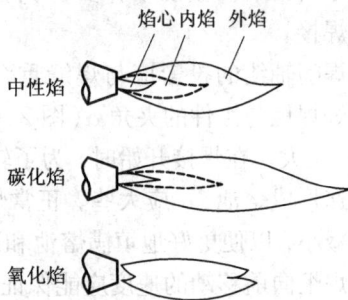

图 2 - 152　氧 - 乙炔焰

① 中性焰

氧气和乙炔的混合体积比为 1.0 ~ 1.2 时，燃烧区内形成既无过量氧又无游离碳的火焰称为中性焰，又称为正常焰。它由焰心、内焰和外焰三部分构成。焰心成尖锥状，色白明亮、轮廓清楚；内焰颜色发暗，轮廓不清楚，与外焰无明显界限；外焰由里向外逐渐为淡紫色变为橙黄色。中性焰在距离焰心前面 2 ~ 4 mm 处温度最高，可达 3150℃ 左右。中性焰的温度分布如图 2 - 153 所示。

中性焰适用于焊接低碳钢、中碳钢、低合金钢、不锈钢、紫铜、铝及铝合金等金属材料。

② 碳化焰

碳化焰是指氧与乙炔的混合体积比小于 1.1 时燃烧所形成的火焰。由于氧气不足，燃烧不完全，过量的乙炔分解为碳和氢，火焰中含有游离碳，故碳会渗到熔池中造成焊缝增碳。

碳化焰比中性焰长，由焰心、内焰和外焰三部分组成。焰心呈白色，内焰呈淡白色，外焰呈橙黄色。乙炔量多时还会带黑烟。碳化焰的最高温度约为2700~3000℃。

碳化焰适用于焊接高碳钢、铸铁、硬质合金和高速钢等材料。

③氧化焰

氧和乙炔的混合体积比大于1.2时燃烧所形成的火焰称为氧化焰。整个火焰比中性焰短，分为焰心和外焰两部分。由于火焰中有过量的氧，故对熔池金属有强烈的氧化作用，一般气焊时不宜采用。只有在气焊黄铜时才采用轻微氧化焰，以利用其氧化性，在熔池表面形成一层氧化物薄膜，减少低沸点的锌的蒸发。氧化焰的最高温度约为3100~3300℃。

2）基本操作

①点火、调节火焰与灭火　点火时，先微开氧气阀门，再打开乙炔阀门，随后点燃火焰。这时的火焰是碳化焰。然后，逐渐开大氧气阀门，将碳化焰调整成中性焰。灭火时，应先关乙炔阀门，后关氧气阀门。

②堆平焊波　气焊时，一般用左手拿焊丝，右手拿焊炬，两手的动作要协调，沿焊缝向左或向右焊接。

焊嘴轴线的投影应与焊缝重合，同时要注意掌握好焊炬与工件的夹角α（图2-154）。工件越厚，α越大。在焊接开始时，为了较快地加热工件

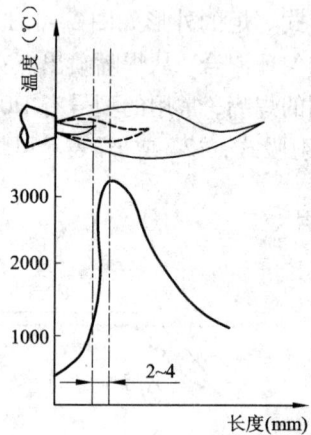

图2-153　中性焰的温度分布

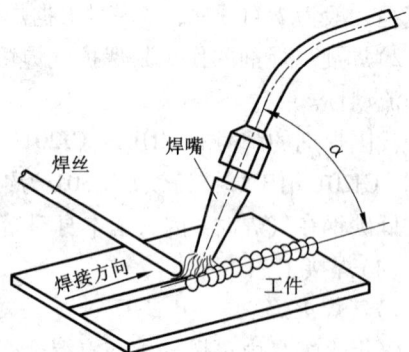

图2-154　平焊时的焊接操作

和迅速形成熔池，α应大些。正常焊接时，一般保持α在30°~50°范围内。当焊接结束时，α适当减小，以便更好地填满熔池和避免焊穿。

焊炬向前移动的速度应能保证焊件熔化并保持熔池具有一定的大小。工件熔化形成熔池后，再将焊丝适量地点入熔池内熔化。

2.气割

（1）气割原理及过程

氧气切割（简称气割）是利用某些金属在纯氧气中燃烧的原理来实现金属切割的方法。

气割时用割炬代替焊炬，其余设备与气焊相同。割炬的外形如图2-155所示。常用的割炬有G01-30、G01-100等几种型号。型号中"G"表示割炬，"0"表示手工，"1"表示射吸式，"30"、"100"表示最大的切割低碳钢厚度为30 mm和100 mm。

氧气切割的过程如图2-156所示。开始时，用氧—乙炔火焰将切口始端附近的金属预热到燃烧点（约1300℃，呈黄白色）。然后打开切割氧阀门，氧气射流时产生的热量和氧—乙

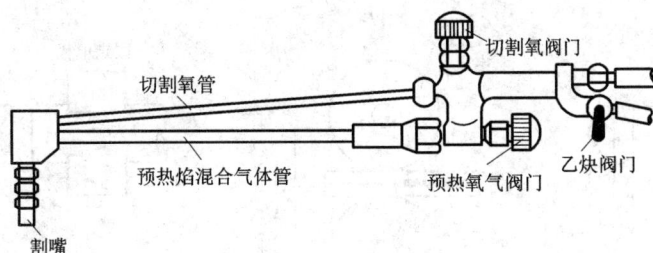

图 2 - 155　割炬

焰火焰一起又将附近的金属预热到燃点，沿切割线以一定
的速度移动割炬，即可形成切口。

(2)金属材料氧气切割的条件

1)金属材料的燃点必须低于其熔点。这是保证切割在
燃烧过程中进行的基本条件。否则，切割时金属先熔化变
为熔割过程，使切口过宽，而且不整齐。

2)燃烧生成的金属氧化物的熔点，应低于金属本身的
熔点。同时流动性要好。否则，就会在切口表面形成固态
氧化物，阻碍氧气流与下层金属的接触，使切割不能正常
进行。

3)金属燃烧时能放出大量的热，而且金属本身的导热
性要低。这是为了保证下层金属有足够的预热温度，使切
割过程能连续进行。

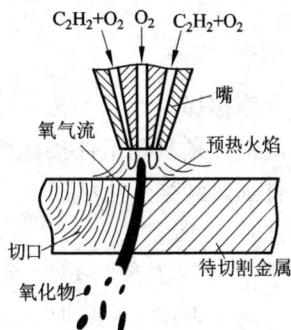

图 2 - 156　气割过程

满足上述条件的金属材料有纯铁、低碳钢、中碳钢和低合金结构钢。而高碳钢、铸铁、
高合金钢及铜、铝等有色金属及其合金，均难以进行氧气切割。

2.3.6　其他焊接方法

1. 压焊

常用的压焊有电阻焊和摩擦焊等。

①电阻焊

电阻焊又称接触焊，是利用电流通过焊件接头的接触面及邻近区域产生的电阻热，把焊
件加热到塑性状态或局部熔化状态，再在压力作用下形成牢固接头的一种压力焊方法。

电阻焊有点焊、缝焊和对焊三种，如图 2 - 157 所示。

电阻焊的生产率高，不需要填充金属，焊接变形小。其操作简单，易于实现机械化和自
动化。电阻焊时，焊接电压很低(几伏至十几伏)，但焊接电流很大(几千安至几万安)，故要
求电源功率大。电阻焊通常适用于成批量生产。

点焊主要适用于薄板壳体和钢筋构件；缝焊主要用于有密封性要求的薄壁容器；对焊广
泛用于焊接杆状零件，如刀具、钢筋、钢轨等。

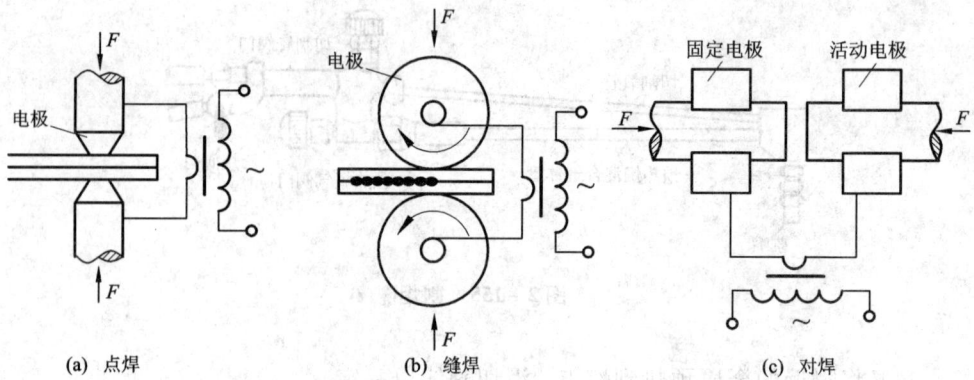

(a) 点焊　　　　　　　　　(b) 缝焊　　　　　　　　　(c) 对焊

图 2-157　电阻焊的基本形式

②摩擦焊

摩擦焊是利用工件接触面摩擦所产生的热量作为热源，把工件加热到半熔化状态，然后在压力作用下进行焊接的一种方法。

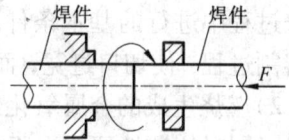

图 2-158　摩擦焊示意图

图 2-158 是摩擦焊过程示意图。焊接时，先将焊件的两部分夹在焊机上，施加一定压力，使之紧密接触，然后使焊件的一端高速旋转，焊件接触面相对摩擦产生热量，待工件端面加热到高温塑性状态时，焊件 1 停止旋转，并使焊件 2 的一端增加压力，从而使接触部分产生塑性变形而焊接成一整体。

摩擦焊操作简单，生产率高，可进行同种材料焊接，也可焊接异种材料，而且，可对不同形状焊件施焊。所以，应用较为广泛。

2. 钎焊

钎焊是利用熔点比母材低的金属材料（称为钎料）熔化后填充到被焊件的焊缝之中，并使之连接起来的一种焊接方法。钎焊的特点是焊接过程中钎料熔化填充焊缝，而被焊件只加热到高温而不熔化。

按钎料熔点不同，钎焊分为硬钎焊和软钎焊两类。

1) 硬钎焊钎料熔点高于 450℃ 的钎焊称为硬钎焊。常用钎料有铜基钎料和银基钎料等。硬钎焊接头强度较高(>200 MPa)，适用于钎焊受力较大、工作温度较高的焊件。

2) 软钎焊钎料熔点在 450℃ 以下的钎焊称为软钎焊。常用钎料是锡铅钎料。软钎焊接头强度低(<70 MPa)，主要用于钎焊受力不大或工作温度低的焊件。

钎焊时，一般要用钎剂。钎剂能去除钎料和母材表面的氧化物，保护母材连接表面的钎料在钎焊过程中不被氧化，并改善钎料的润湿性（钎焊时液态钎料对母材浸润和附着的能力）。硬钎焊时，常用钎剂有硼砂、硼砂和硼酸的混合物等；软钎焊时，常用钎剂是松香、氯化锌溶液等。

按钎焊过程中加热方式不同，钎焊可分为：烙铁钎焊、火焰钎焊、电阻钎焊、感应钎焊和炉中钎焊等。

146

钎焊和熔焊相比，加热温度低，接头的金属组织和性能变化小，变形也小。焊件尺寸容易保证。钎焊可以连接同种或异种金属，也可以连接金属和非金属。钎焊还可以连接一些其他焊接方法难以进行连接的复杂结构，且生产率高。但钎焊接头强度较低，耐热能力较差，焊前准备工作要求较高。钎焊主要用于电子工业、仪表制造工业、航天航空和机电制造工业等。

2.3.7　焊接结构设计

合理地设计焊接结构，是保证焊接质量和获得优质焊接件的基本条件之一。设计焊接结构包括正确选择焊接件的材料、焊接方法及结构工艺性等。

1. 焊接件材料的选择

选择焊接结构材料时，在满足力学性能要求的前提下，应该选用焊接性能好的材料来制造焊接件。低碳钢和低合金结构钢由于焊接性能优良，应该优先采用，对难以得到合格焊缝，应该选用合适的焊接方法或采取合理的工艺措施才能进行焊接。

此外，在设计焊接结构时，应尽量采用工字钢、槽钢、角钢和钢管等成形材料进行焊接，以减少焊缝数量，简化焊接工艺，并且可以增加结构件的强度和刚性。

2. 焊接接头形式

常见的接头形式有对接、搭接、角接与 T 形接头等。如图 2-159 所示。对接接头从力学角度看是较理想的接头形式，受力状况较好，应力集中较小，能承受较大的静载荷或动载荷，是焊接结构中采用最多的一种接头形式。搭接接头因两工件不在同一平面，受力时将产生附加弯矩，而且金属消耗也大，一般应避免采用。但搭接接头不需要开坡口，装配时尺寸要求不高，对某些受力不大的平面联接与空间构件，采用搭接接头节省工时。

角接与 T 形接头受力情况都较对接接头复杂，但接头成直角或一定角度时必须采用。

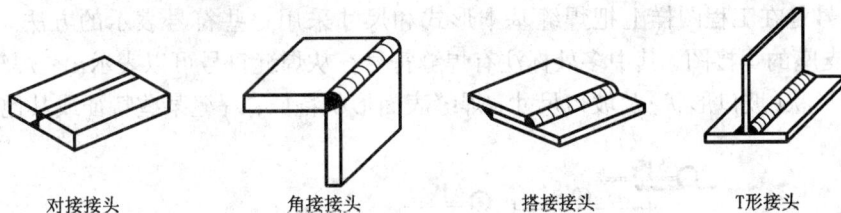

对接接头　　角接接头　　搭接接头　　T形接头

图 2-159　接头形式

3. 焊接坡口

为了保证焊透，大于 6 mm 厚度的焊件都要开坡口，即将待焊工件接头处加工成一定的几何形状。为了便于施焊和防止烧穿，坡口的下部要留有 2 mm 的直边，称为钝边。由于材料厚度和焊接质量要求的不同，其焊接坡口形状也不尽相同，如图 2-160 所示。

一般而言，从节约焊接材料出发，U 形坡口较 Y 形坡口好，但加工费用高；双面坡口明显地优于单面坡口，同时焊接变形小。双面坡口焊接时需要翻转焊件，增加了辅助工时，所以在板厚小于 25 mm 时，一般不采用 Y 形坡口。受力大而要求焊接变形小的部位应采用 U 形坡口。利用焊条电弧焊接 4 mm 以下的钢板时，选用 I 形坡口可得到优质焊缝；用埋弧焊焊

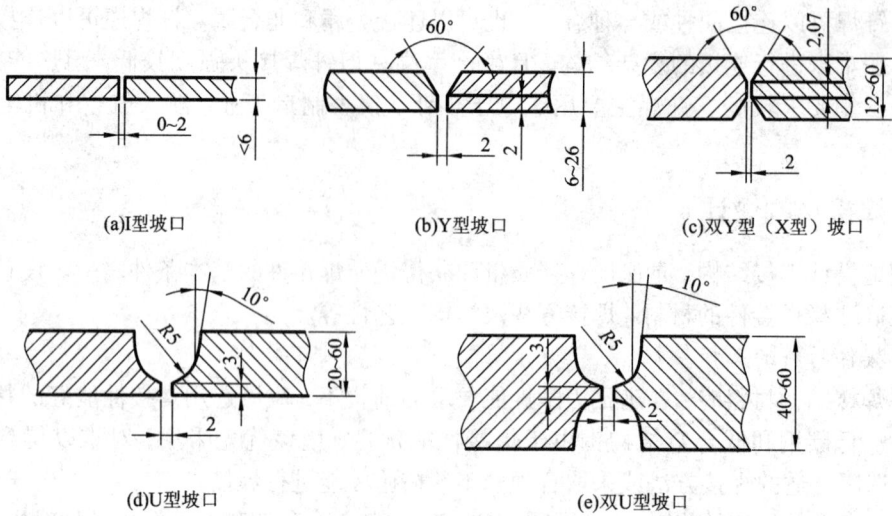

図 2 – 160 焊条电弧焊常用坡口形式

接 12 mm 以下的钢板,采用 I 形坡口能焊透。

坡口角度的大小与板厚和焊接方法有关,其作用是使电弧能深入根部使其焊透。坡口角度越大,焊缝金属越多,焊接变形也会增大。

焊前在接头本部之间预留的空隙称为根部间隙,采用根部间隙是为了保证焊缝根部能焊透,一般情况下,坡口角度小,需要同时增加根部间隙;而根部间隙较大时,又容易烧穿,为此,需要采用钝边防止烧穿。根部间隙过大时,还需要加垫板。

4.焊缝符号

焊缝符号是在工程图样上把焊缝基本形式和尺寸采用一些符号表示的方法。如图 2 – 161 所示是支座的焊接图,其中多处标注有焊缝符号。从焊缝符号可以表示出:焊缝的位置;焊缝横截面形状(坡口形状)及坡口尺寸;焊缝表面形状特征;焊缝某些特征或其他要求。

图 2 – 161 支座焊接图

焊缝符号一般由基本符号和指引线组成，必要时可以加上辅助符号、补充符号和焊缝尺寸及数据。

(1)基本符号　表示焊缝端面(坡口)形状的符号，见表2－23。

表2－23　焊缝基本符号

焊缝名称	焊缝横截面形状	符号	焊缝名称	焊缝横截面形状	符号
I形焊缝		||	封底焊缝		
V形焊缝		V	角焊缝		
带钝边V形焊缝		Y			
单边V形焊缝			塞焊缝或槽焊缝		
钝边单边V形焊缝					
带钝边U形焊缝			喇叭形焊缝		
点焊缝		○	缝焊缝		

(2)辅助符号　表示焊缝表面形状特征的符号，见表2－24。当不需要确切说明焊缝的表面形状时，可以不用辅助符号。

表2－24　焊缝辅助符号

名　称	焊缝辅助形式	符　号	说　明
平面符号		—	表示焊缝表面平齐
凹面符号			表示焊缝表面凹陷
凸面符号			表示焊缝表面凸出

（3）补充符号　为了补充说明焊缝某些特征而采用的符号，见表2-25。

表2-25　焊缝补充符号

名　称	形　式	符　号	说　明
带垫板符号			表示焊缝底部有垫板
三面焊缝符号			表示三面焊缝和开口方向
周围焊缝符号			表示环绕工件周围焊缝
现场符号			表示在现场或工地上进行焊接
尾部符号			指引线尾部符号可参照 GB/T 5185—1999 标注焊接方法

（4）焊缝尺寸符号　用来代表焊缝的尺寸要求，表2-26所示为常用的焊缝尺寸符号。当需要标注尺寸要求时才标注。

表2-26　常用焊缝尺寸符号及标注实例

名　称	符号	示　意　图	标　注　示　例
工件厚度 坡口角度 坡口深度 根部间隙 钝边高度	δ α H b P		
焊缝段数 焊缝长度 焊缝间隙 焊角尺寸	n l e K		
熔核直径	d		
相同焊缝 数量符号	N		

150

（5）指引线　由箭头和基准线组成，箭头指向焊接处，基准线由两条相互平行的细实线和虚线组成，如图 2 – 162 所示。当需要说明焊接方法时，可以在基准线末端增加尾部符号。

5．焊接结构工艺性

在设计焊接结构时，确保良好的工艺性是十分重要的问题，工艺性不好的结构不仅制造困难，使焊件成本增加，而且影响焊件质量。表 2 – 27 是设计焊接结构时的一些结构工艺性准则，可以参考。

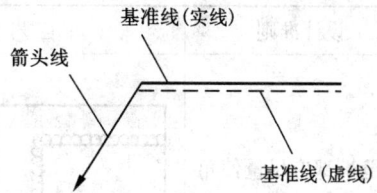

图 2 – 162　指引线的画法

表 2 – 27　焊接结构的工艺性

设计准则	工 艺 性 不 合 理	工 艺 性 合 理
焊条电弧焊要留出操作空间		
点焊和缝焊的电极应伸入方便		
尽量减少焊缝数量		
焊接接头要逐渐过渡		

设计准则	工艺性不合理	工艺性合理
焊缝端部应尽量使角度变缓		
焊缝尽可能分散		
焊缝尽可能对称		
焊缝布置应考虑受力情况。应避开最大应力或应力集中部位		

2.3.8 焊缝缺陷及检验

焊接质量的优劣直接影响到焊接结构的安全使用。因此，在焊接生产中应该高度重视焊接质量，并且要做好焊件质量的检验工作，采取措施防止出现焊接缺陷，切实保证焊接件达到使用性能要求，避免发生质量事故。

1. 焊缝缺陷的产生及原因分析

焊缝缺陷常见的有外形尺寸不合格、焊瘤、夹渣、咬边、焊接裂纹、气孔、未焊透等。其中焊接裂纹、未焊透等缺陷的危害最严重。表2-28列出了焊缝缺陷及其原因分析。

表 2 – 28　焊缝缺陷及其产生原因

缺 陷 名 称	特　征	主 要 原 因
焊缝外形不符合要求尺寸 (a) (b) (c)	a. 焊缝高低不平； b. 焊缝宽度不均匀，焊波粗劣； c. 余高过剩和下塌	坡口角度不当或装配间隙不均匀，电流过大或过小；焊缝施焊角度不合适或运条不均匀
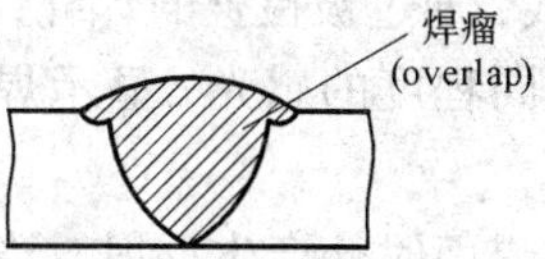 焊瘤 (overlap)	焊缝边缘上存在多余的未与焊件熔合的堆积金属	焊条熔化太快；电弧过长；运条不正确；焊速太快
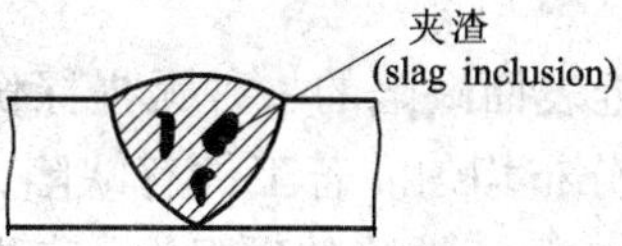 夹渣 (slag inclusion)	焊缝内部存在着焊渣	施焊中焊条未搅拌熔池；焊件不洁；电流过小；焊缝冷却太快；多层焊时各层焊渣未清除干净
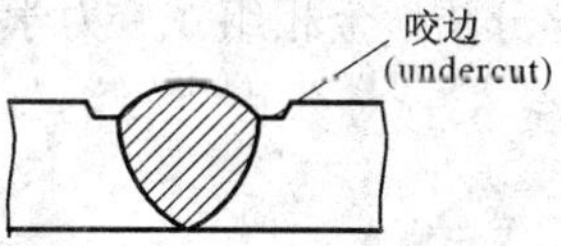 咬边 (undercut)	沿焊址的母材部分产生小的沟槽或凹陷	电流太大；焊条角度不对；运条方法不正确
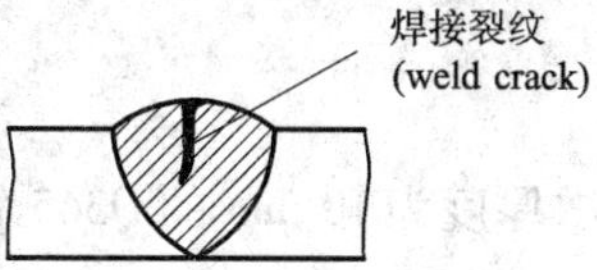 焊接裂纹 (weld crack)	在焊缝和焊件表面或内部存在裂纹	焊件含碳、硫、磷高；焊缝冷速太快；焊接顺序不正确；焊接应力过大；气候寒冷
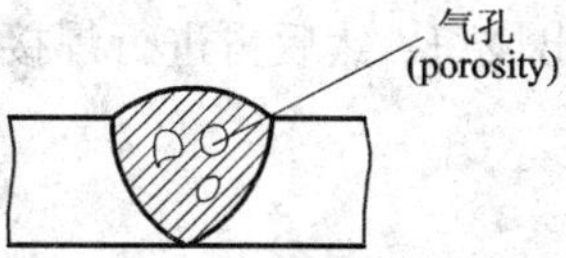 气孔 (porosity)	焊缝的表面或内部存在气泡	焊件不洁；焊条潮湿；电弧过长；焊速太快；焊件含碳量高
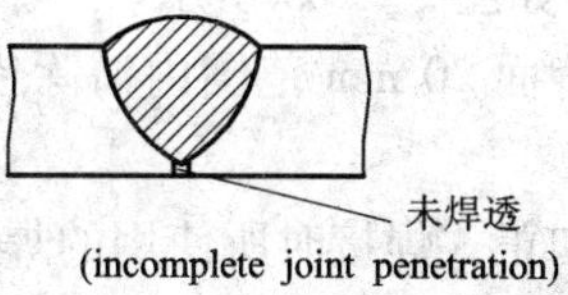 未焊透 (incomplete joint penetration)	熔敷金属和焊件之间在局部未熔透	装配间隙太小、坡口间隙太小；运条太快；电流过小；焊条未对准焊缝中心；电弧过长

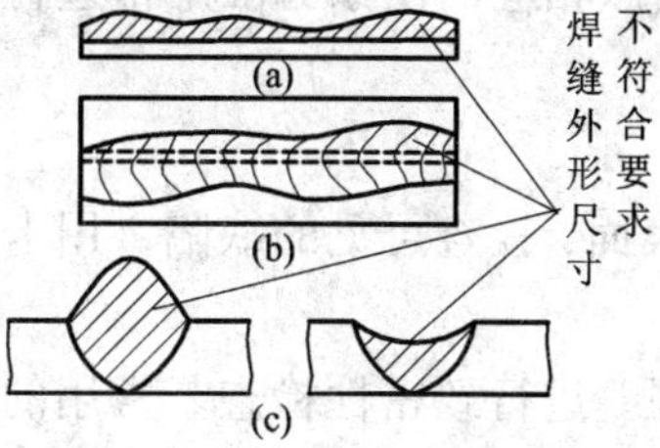

153

2. 焊缝的检验

对焊接接头进行检验是保证焊接质量的重要措施，尤其是锅炉、化工设备、压力容器以及重要的机械零件等焊接结构，必须根据产品的技术要求，按照相应的国家标准严格进行检验，以保证产品的力学性能和使用性能符合要求。

焊缝的质量检验方法常有以下几种：

①外观检查　外观检查是用肉眼或借助放大镜观察焊缝表面，检查可见的缺陷。用卡尺测量焊缝形状和尺寸是否符合有关标准以及图纸要求。

②致密性检查　为了保证受压容器和管道不渗漏，需对焊缝进行致密性检查。常用的方法有水压试验、气压试验和煤油试验。

③射线探伤　射线探伤是用穿透能力很强的 X 射线或 γ 射线，通过被检查的焊缝，有缺陷的焊缝比无缺陷的焊缝能量被吸收的少，因此使胶片受到不同程度的感光，显示焊缝的缺陷。

④超声波探伤　超声波在金属内进行传播，遇到不同介质的界面时会产生反射。当有缺陷的焊缝通入超声波后，根据发射波在示波器荧光屏上的反映，即可确定缺陷的大小、性质和位置。超声波适用于厚大工件的探伤，厚度几乎不受限制。

⑤磁粉探伤　磁粉探伤是用于探测铁磁性材料的表面和近表面缺陷的一种无损探伤方法。探测时，先将工件磁化，如果工件中没有缺陷，则磁力线分布均匀。若工件有缺陷，则缺陷中大都是空气和夹渣，其导磁率远小于工件金属的导磁率。由于缺陷的磁阻大，产生漏磁场吸附磁粉，使缺陷显示出来。

除上述检验方法之外，对于某些重要的焊件，还要进行化学分析、金相组织、力学性能等方面的取样检验。

2.3.9　焊接技能实训

平板对接焊

本实训欲采用焊条电弧焊方法，将尺寸为 400 mm × 150 mm，厚度为 10 mm 的 Q345 钢板对接焊。

1. 技术要求分析

焊件厚度大于 6 mm，为保证焊透，先要在焊件接头处加工出坡口，然后再进行焊接。

2. 操作实施

(1) 焊前准备

1) 焊件的加工　选用厚 10 mm 的 Q345 钢板，焊件尺寸为 400 mm × 150 mm。用剪板机或氧—乙炔切割下料，然后在刨床上加工坡口，焊件及坡口尺寸如图 2 - 163 所示。

2) 焊件的处理　用锉刀、砂布、钢丝刷等工具，在坡口正背面 20 mm 范围内清除铁锈、油质、氧化皮等污垢，使之露出金属的光泽。

3) 焊件的装配与点固　焊件在装配点固时，所使用的焊条和正式焊接时所使用的焊条相同。点固定位焊的位置在焊件背面的两端头 10 mm 处（图 2 - 164）。始焊端可适当少点焊，终焊端必须点焊牢固，以防止因焊接过程中的收缩，造成未焊段坡口间隙变小而影响焊接。

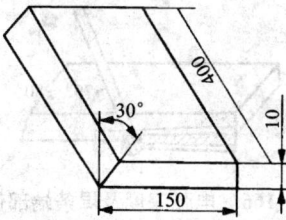

图 2 – 163　焊件的尺寸

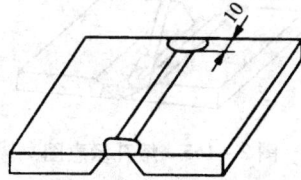

图 2 – 164　点固焊位置

在点固焊时，要留有收缩余量，即焊缝终焊端面间隙要大于始焊端面间隙约 0.5 mm。平焊位置始焊端的间隙为 2.7 mm，终焊端以 3.2 mm 为宜，反变形为 3°左右。

4）焊接材料和焊接电源　焊条选用 J507、φ3.2 mm 和 φ4 mm 两种规格。根部焊道选用 φ3.2 mm 焊条，填充、盖面选用 φ4 mm 焊条。焊条要求不得受潮变质，焊芯无锈，药皮不得开裂和脱落，使用前烘至 350 ~ 400℃，恒温 2 小时。焊接电源采用直流反接法。

（2）选择合适焊接工艺参数

焊接参数见表 2 – 29。

表 2 – 29　焊接参数

焊道分布	焊接层次	焊接电流/A	焊条直径/mm
	根部焊道（1）	70 ~ 80	3.2
	填充层（2，3）	160 ~ 180	4.0
	盖面层（4）	150 ~ 170	4.0

（3）焊接操作

1）根部焊道

a. 引弧　在点固焊处引弧，电弧稍作停顿，预热 1 ~ 2 s，然后作横向锯齿形向前运条，焊条角度与焊接方向夹角为 70° ~ 80°。当电弧击穿焊件背面，坡口底部每边被熔化约 2 mm 形成小圆洞时，将电弧提起 1.5 mm 左右，这时可以看到所形成的熔孔（图 2 – 165）。控制住同样大小的熔孔和熔池形状，并有节奏地按锯齿形短电弧连续向前运条。熔孔的大小直接影响到背面焊道的成形，因此，如果发现熔孔增大，焊条稍作提起，同时减少焊条与前进方向的角度。反之当熔孔缩小时，则压低电弧，同时增大焊条与前进方向的角度。只有控制住同样大小的熔孔和熔池形状，才能焊出均匀、密实、美观的根部焊道。正常运弧时，焊条端面离坡口底边约 2 mm，1/3 电弧将在背面燃烧（图 2 – 166）。

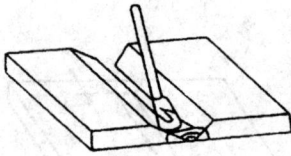

图 2 - 165　熔孔示意图

图 2 - 166　电弧深度及焊条端部位置

b. 收弧　根部焊道焊接时需要更换焊条或停弧,将焊条下压使熔孔稍有增大后,慢慢向右方侧带弧 10 mm 左右衰减熄弧,使之形成一个斜坡,为下一根焊条的引弧打下良好的焊接基础,同时可以把冷缩孔带到正面,以利重新熔化;否则将在背面形成缺陷,如图 2 - 167 所示。

c. 接头　在收弧熔池后 10 mm 左右处引弧,引燃电弧后作横向锯齿形向前运条。待电弧到达收弧熔池前端时,电弧下压(时间约 2 s)并稍作摆动。电弧击穿工件根部时,进行正常焊接,如图 2 - 168 所示。

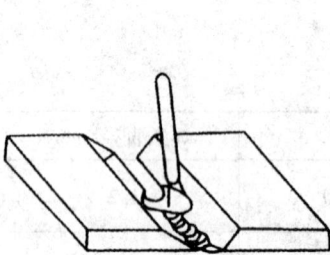

图 2 - 167　收弧方法

10 mm处引弧

熔池收弧

图 2 - 168　接头方法(根部焊道)

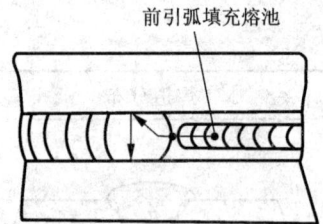

前引弧填充熔池

图 2 - 169　接头方法(盖面层)

要想得到良好的接头必须掌握以下两点:

一是换焊条速度要快,在收弧时熔池还没有完全冷却就立即引弧焊接,这样接头熔合得好且平滑。

二是要掌握好电弧下压的时间,时间过长接头过高,时间过短形成接头脱节,该时间长短可根据收弧时根部焊道的高度来选择。

2) 填充焊道

填充层焊接时在距焊缝 10 mm 左右处引弧,然后将电弧拉回开头处施焊,运条采用横向锯齿形摆动,焊条摆动幅度比根部焊接时的要大些,在坡口两侧停留时间稍长,应保证焊道平整并略下凹,第二道填充层焊缝厚度应低于母材表面 0.5 ~ 1.5 mm。

3) 盖面焊道

盖面层焊接时引弧要领与填充相同。运条作锯齿形横向摆动,摆动至坡口两侧时稍作停留,以防止咬边。摆动时以焊条芯到达坡口边缘为止,坡口边缘熔化 1 ~ 2 mm,运条速度要均匀一致,使焊缝高低平整。盖面层接头时在弧坑前 10 mm 处引弧至弧坑中心时先左后右,使焊缝与弧坑边缘接上,防止接头脱节或过高,如图 2 - 169 所示。

156

CO_2 焊平脚焊

本实训欲将两块厚度为 8 mm 的低碳钢板装配成 90°夹角,然后采用二氧气体保护焊接。

1. 技术要求分析

1)将焊件装配成 90°夹角的 T 形接头;

2)在立板正,反面的下端部共四点进行定位焊;

3)选择合适的工艺参数。

2. 操作实施

①焊前准备

焊件可采用两块 δ = 8 mm 的低碳钢板。

将焊件装配成 90°夹角的 T 形接头,不留间隙,采用焊条电弧焊进行正、反面端部共四点定位焊,定位焊的位置应在焊件两端的前后对称处,如图 2 - 170 所示。四条定位焊缝的长度为 10 ~ 15 mm。装配完毕须校正焊件,保证立板的垂直度。

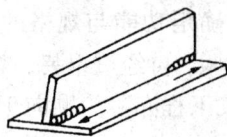

图 2 - 170　T 形接头定位焊

图 2 - 171　单道焊圆圈运条法

(2)焊接操作

根据表 2 - 30 中的焊接工艺参数采用左焊法进行焊接。焊接时,采用直线或直线往复运丝的方法,焊枪与下板的夹角为 40° ~ 45°,与焊接反方向的夹角为 65° ~ 80°。焊接时焊丝对准两板的交界处,注意观察熔池情况,保证两板熔合良好。电弧应始终处于熔池的前端的 1/3 处。

表 2 - 30　工艺参数的选择

组别	焊丝直径/mm	焊丝伸出长度/mm	焊接电流/A	电弧电压/V	气体流量/(L·min⁻¹)
第一组	1.2	10 ~ 15	180 ~ 200	21 ~ 24	10 ~ 15
其他层	1.2	10 ~ 15	160 ~ 180	21 ~ 24	10 ~ 15

清除第一层焊缝熔渣和周围飞溅,然后进行下一层焊接。

平脚焊为达到一定的焊脚尺寸,往往需要进行多层焊。在第二层以后的焊接,可以采用单道焊接法和多道焊接法两种焊接方法。

1)单道焊

采用左向焊斜圆圈运条法(图 2 - 171),其运丝方式可参照焊条电弧焊运条方式;单道焊一般适用于焊脚尺寸不大于 8 mm 的情况。

在使用斜圆圈运条法时,应注意保持整条焊缝焊脚尺寸的一致,同时,注意观察熔池中央铁水高度和两侧熔合的情况，如出现中间高出或两侧熔合不足，应加快焊枪横向运动，在两侧多做停顿。

2）多道焊

采用左向焊直线运条法，其运条方式以及各焊道间的搭配可参照焊条电弧焊的焊接方法。每道焊缝焊完后，注意清除熔渣和飞溅。

焊后将焊缝正、反面的飞溅清除干净，用钢丝刷刷净。检查焊缝质量，应无夹渣、焊瘤、气孔、咬边和未熔合等缺陷。在完成最后一层焊缝焊接后，在交专职焊接检验前不允许进行锤击、锉修和补焊等修补工作。

2.4 逆向工程与快速成形技术

2.4.1 逆向工程

1. 顺向工程与逆向工程

（1）顺向工程

传统的工业产品开发均是按照严谨的研究开发流程，从确定功能与规格的预期指标开始，构思产品的组件，然后进行各个组件的设计、制造以及检验，再经过组装、整机检验、性能测试等程序来完成。这种开发模式称为预定模式，此类开发工程亦称为顺向工程。对每个组件来说，其顺向工程的流程如图 2 - 172 所示。

```
规格确定  →  设计  →  制造  →  检验
```

图 2 - 172　组件的顺向工程开发图

随着工业技术的进步以及经济的发展，任何通用性产品在消费者高质量要求之下，功能上的需求已不再是赢得市场竞争力的唯一条件。在近代多功能 CAD 软件的带动下，产品设计已受到高度重视，任何产品不仅是功能上要求先进，在产品外观上也需要做造型设计，以吸引消费者的注意力。此造型设计多指产品的外形美观化处理，此项工作对传统的机械工程师来说并不能胜任。一些具有美工背景的设计师可利用 CAD 的技巧构思出创新的美观外形，再以手工方式塑造出模型，如木模、石膏模、黏土模、蜡模、工程塑料模、玻璃纤维模等，然后再通过三维尺寸测量来建立出自由曲面模型的 CAD 图形文件。这个程序已有逆向工程的观念，但仍属顺向工程。

（2）逆向工程

逆向工程（reverse engineering，缩写为 RE，也称为反求工程、反向工程）其定义目前并没有统一。一种观点认为，逆向工程是以实物（或样件）为依据的产品设计和制造过程，认为逆向工程是针对一现有工件（样品或模型）利用 3D 数字化测量仪器准确、快速地将轮廓坐标测得，由测量数据构成三维 CAD 模型，传至一般的 CAD/CAM 系统，再由 CAM 产生刀具轨迹送至 CNC 加工机床制作所需模具，或者送到快速成形机将样品模型制作出来，如图 2 - 173 所示，此一流程称为逆向工程。另一种观点认为，逆向工程是指由实际的零件反求出其设计

158

的概念和数据的过程。这种观点认为传统工程将产品的概念或(CAD)模型转变为实际的零件，而逆向工程则是将实际的零件转变为产品的(CAD)模型或概念，这是现在被普遍认同的一种观点。

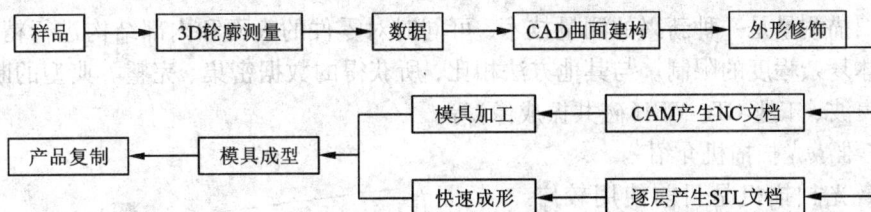

图 2-173　逆向工程流程图

2. 数据测量

在逆向工程中数据测量是通过特定的测量设备和测量方法获取样品表面离散点的几何坐标，将样品的几何外形数字化，它是逆向工程的重要环节。测量技术与众多学科都有着紧密的联系，如光学、机械、电子、计算机视觉、计算机图形学、图像处理、模式识别等。涉及领域极为广泛。

(1)数据测量方式

常用的数据测量方式可分为接触式的三坐标测量、非接触式激光扫描测量、非接触光栅式照相扫描及逐层扫描测量等方式。

1)接触式三坐标测量

三坐标测量机是目前广泛采用的接触式测量方法。按测量探头不同可分为硬式探头、触发式探头和模拟式探头等三种，可安装在 CNC 机床上，也可安装在专用的机台上。

接触式测量的优点是：准确性及可靠性高；对被测物体的材质和反射性无特殊要求，不受工件材质表面颜色及曲率的影响。缺点是：测量速度慢；接触头易磨损，故需经常校正探头直径；不能对软材质和超薄物体进行测量，而且对细微部分的扫描受到限制(当探头直径大于间隙宽度时)等。

2)非接触式激光扫描测量

激光扫描测量是近几年发展迅速的一种测量技术，它的最大特点是扫描速度快，测得的点阵数据非常大，可以充分表现零件的表面信息。此外，采用激光扫描测量方法扫描探头不直接接触样件表面，因而可测量高精密的软质、薄形零件，采用激光扫描测量方法不必做探头半径补正，很适合于测量大尺寸的具有复杂外部曲面的零件。

按每次发射的激光光源不同可将激光扫描器(机)分为点式激光扫描器、线状激光扫描器和区域式激光扫描器三种类型。

激光扫描测量的缺点是易受工件表面反射特性(如颜色、曲率、粗糙度)的影响，易受环境光及杂质的影响导致杂讯(noise)较高，对边线处理、凹孔处理及不连续形状的处理较困难。

3)非接触式光栅照相扫描

非接触式光栅照相扫描采用先进的光栅照相技术，在短时间内获取物体表面三维数据，单面扫描时间只需几秒钟。对物体进行多角度、数次拍摄可得到精确、完整的三维点云数据。为了使多次拍摄得到的数据能够精准拼接，扫描前需先在待扫物体上贴上用于数据拼接的标志点，数据拼接可自动完成。

4）断层扫描测量

断层扫描测量是一种新兴的测量技术，可同时对零件的表面和内部结构进行精确测量，不受测量体复杂程度的限制。与其他方法相比，所获得的数据密集、完整。典型的断层扫描方法有超声波、工业 CT、MRI（磁共振成像）等。

（2）三维激光扫描机介绍

三维激光扫描机是目前使用较广泛的数据测量设备。有多种型号规格，应用领域很宽。图 2 - 174 是 LSH400型激光扫描机（又称激光抄数机）。

1）激光扫描机组成

图 2 - 174 所示激光扫描机属于非接触式四轴 CNC 激光扫描系统，由CCD 激光扫描探头、四轴 CNC 电动床台、控制器（LSC）、电脑、影像撷取卡等部分组成，并配备有扫描操作软件Scan3DNow。

CCD 探头是一种数组式光电耦合检像器，称为"电荷耦合器件"，在摄取图像时，有类似传统相机底片的感光作用。

图 2 - 174 激光扫描示意图

图像摄取是利用摄像机将视频信号转换成模拟信号，经过信号线的传输送到插在计算机上的图像处理卡上，图像卡会把模拟信号转换成数字信号，并存储于图像卡的内存中。将摄像机所摄取的图像按像素作图像处理，便可将图像转换成三维轮廓图像。

四轴 CNC 电动床台中"四轴"是指扫描探头可作"X"、"Y"、"Z"三轴移动，同时，工作台转盘和转盘上的样品可沿"T"轴旋转。四轴 CNC 电动床台是指上述四轴能够以数控方式自动移动或旋转。

2）扫描操作软件 Scan3DNow

Scan3DNow 是三维激光扫描机操作执行软件，操作主界面如图 2 - 175 所示。

右侧为系统主控区，有"Table Control"、"Camera & Laser Control"和"System Parameters"三个控制项。

①"Table Control"扫描平台各轴控制：见图 2 - 175 右侧，其含义见表 2 - 33。

②"Camera & Laser Control"相对参数与激光强度控制：见图 2 - 176，其含义见表 2 - 34。

③"System Parameters"系统重要参数设定：分为两个子项，第一项是设定激光影像分析灵敏度参数，数值越大越能抵抗不良信号进入，见图 2 - 177。第二子项是设定激光扫描曲线平滑化参数。

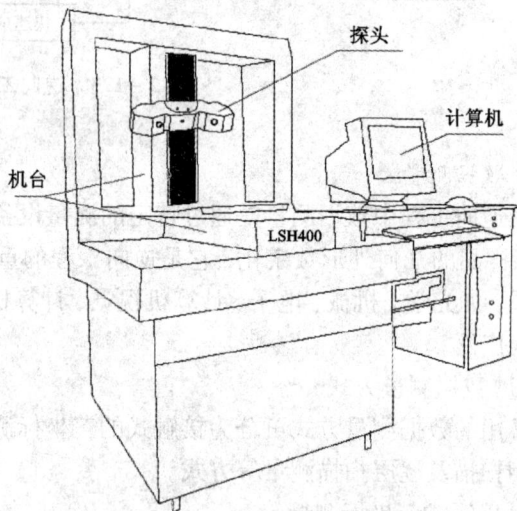

160

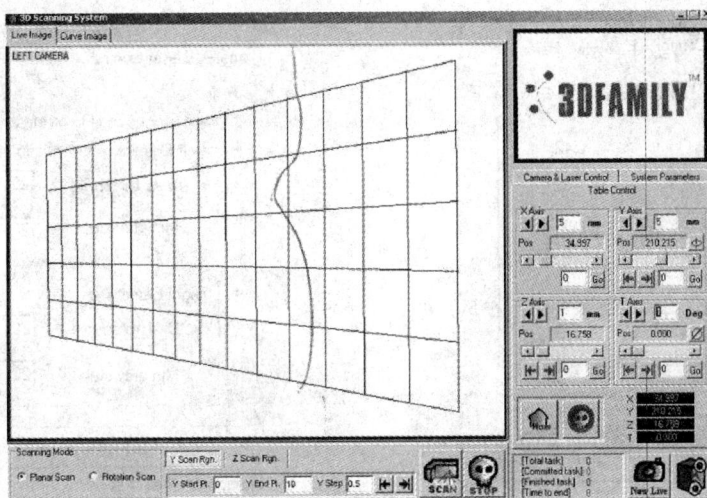

图 2 - 175　Scan3DNow 软件操作界面

表 2 - 33　"Table Control"图标含义

归零	急停	X、Y、Z 正向/负向相对移动	移动 Y 轴至旋转中心	T 轴立即归零	移动各轴至扫描起点/终点

表 2 - 34　"Camera & Laser Control"图标含义

	激光开关，红色为开启，灰色为关闭
	显示/关闭校正网格（动态影像显示区）
	预览激光束于待测物表面所形成的曲线
Brightness	调整 CCD Camera 影像亮度
Contrast	调整 CCD Camera 影像对比度
Laser	调整 CCD Camera 影像功率

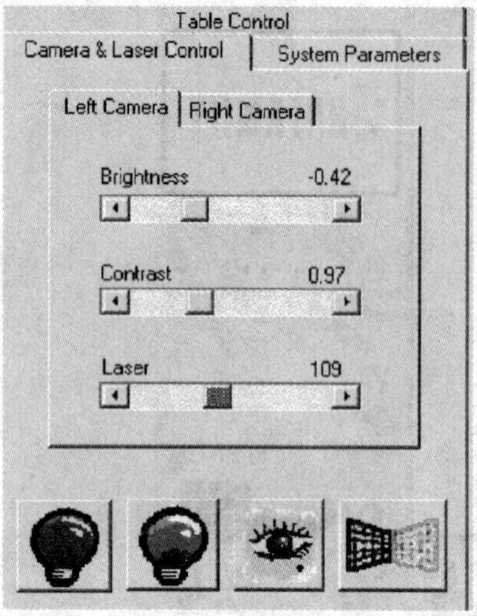

图2-176 相对参数与激光强度控制界面

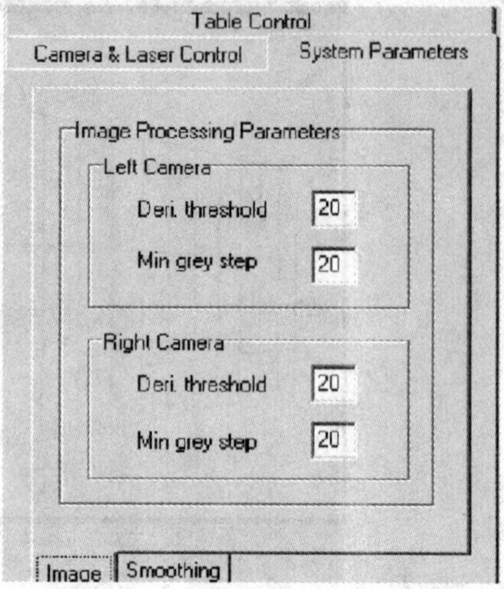

图2-177 激光影像分析灵敏度参数设定界面

右下角为扫描方式选择，扫描方式有平面扫描(planar scan)与旋转扫描(rotation scan)两种，其中平面扫描又包括单面扫描与多面扫描。扫描时应做出合理的选择。平面扫描用于较单纯或是只取单独特征面或用于较复杂的立体模型，可有效改善旋转扫描复杂曲面时所形成的死角。旋转扫描用于立体、曲面之类圆物体，不适合扫有死角的模型或四方体。

由于激光扫描仪探头靠接收工件表面的反射光获取数据信号，因此，扫描前必须使工件表面的颜色呈浅色，如白色、淡黄色等。如果工件表面为黑色或颜色较暗，应先在工件表面喷上白色油漆。此外，还要考虑工件该如何摆放，才能得到最佳的测量效果，要考虑是否有测量死角，如果有的话，将工件作适当倾斜是否会有所改善。扫描机的具体操作在操作实例中介绍。

利用三维激光扫描机扫描得到的是点阵数据，而不是曲面，还必须使用专用软件建构曲面模型。

3. 数据处理与模型重构

（1）数据处理

数据处理是逆向工程的一项重要的技术环节，它决定了后续CAD模型重建过程能否方便、正确地进行。数据处理工作主要包括：数据格式的转化、多视点阵的拼合、点阵过滤、数据精简和点阵分块等。在逆向工程实际过程中，受测量设备的测量范围限制，可能会出现无法在同一坐标系下将样品的几何数据一次完全测出的情况，分多次测量得到的是不同坐标系的数据，在模塑重建的时候又必须将这些不同坐标下的数据同一到一个坐标系里，这个数据处理过程就是多视数据定位对齐（多视点阵的拼合）。数据平滑的目的是消除测量数据的误差，以得到精确的数据和好的特征提取效果。

（2）模型重构

在整个逆向工程，产品几何模型CAD重建是最关键、最复杂的环节。由于只有获得了产品的CAD模型才能够在此基础上进行后续产品的加工制造、快速成形制造、虚拟仿真制造和进行产品的再设计等。在进行模型重建之前，设计者不仅需要了解产品的几何特征和数据的

162

特点等前期信息，而且需要了解结构分析、加工制作模具、快速成形等后续应用情况。目前使用的建模方法主要有：

1）曲线拟合建模　曲线是构成曲面的基础，在逆向工程中常用的模型重建方法为，首先将数据点通过插值或逼近拟合成样条曲线，然后采用造型软件完成曲面片的重构造型。优点是原理比较简单，只要多项式的次数足够高就可以得到满足要求的曲面，但也容易造成计算的不稳定，同时边界的处理能力也比较差。一般用于拟合比较简单的曲面。

2）曲面片直接拟合建模　直接对测量数据点进行曲面片拟合，获得曲面片经过过渡、混合、连接形成终极的曲面模型。曲面拟合建模既可以处理有序点，也可以处理散乱数据点。

3）点数据网格化　网络化实体模型通常是将数据点连接成三角面片，形成多面体实体模型。目前已经形成两种简化方法：基于给定数据点在保证初始几何外形的基础上，反复排除节点和面片，构建新的三角形，终极达到指定的节点数；寻找具有最小的节点和面片的最小多面体。

（3）数据处理与建构曲面应用软件介绍

数据处理与建构曲面所使用的应用软件主要有：Surfacer（Imageware）、Geomagic Studio、CopyCAD、Rapid Form 等，被称为四大逆向工程软件。

1）Surfacer

Surfacer 是应用最广泛的逆向工程软件，由美国 EDS 公司出品，现在的 Imageware 前身就是 Surfacer，或 Imageware 包含 Surfacer。Surfacer 的主要功能如下：

①点阵数据处理　Surfacer 在读入数据方面的功能有：读入点阵数据的能力强，几乎所有三坐标测量数据 Surfacer 都可以读入；可将分离的几组点阵数据合并，Surfacer 可以利用某些特征（如平面、圆柱面）将分离的点阵数据准确合并；受到测量工具及测量方式的限制，有时会出现一些杂点，Surfacer 有多种工具对点阵数据进行判断并去掉杂点，以保证测量结果的准确性；通过可视化点阵观察和判断，规划如何创建曲面，一个零件是由很多单独的曲面构成，对于每一个曲面，可根据特性判断用什么方式来构成。例如，如果曲面可以直接由点的网格生成，就可以考虑直接采用这一片点阵；如果曲面需要采用多段曲线蒙皮，就可以考虑截取点的分段。提前作出规划可以避免以后走弯路。根据需要创建点的网格或点的分段。Surfacer 能提供很多种生成点的网格和点的分段工具，这些工具使用起来灵活方便，还可以一次生成多个点的分段。

②创建曲线　根据需要创建曲线，可以改变控制点的数目来调整曲线。控制点增多则形状吻合度好，控制点减少则曲线较为光顺。

诊断和修改曲线。可以通过曲线的曲率来判断曲线的光顺性，可以检查曲线与点阵的吻合性，还可以改变曲线与其他曲线的连续性（连接、相切、曲率连续），Surfacer 提供很多工具来调整和修改曲线。

③创建曲面　创建曲面的方法很多，可以用点阵直接生成曲面，可以用曲线通过蒙皮、扫掠、四个边界线等方法生成曲面，也可以结合点阵和曲线的信息来创建曲面。还可以通过其他例如圆角、过桥面等生成曲面。

诊断及修改曲面。比较曲面与点阵的吻合程度，检查曲面的光顺性及与其他曲面的连续性，同时可以进行修改，例如可以让曲面与点阵对齐，可以调整曲面的控制点让曲面更光顺，或对曲面进行重构等处理。

Surfacer 用于处理一些质量要求非常高的曲面模型，如汽车模型等，目前广泛应用于汽车、航空、航天、消费家电、模具、计算机零部件等设计与制造领域。

Surfacer 操作界面如图 2 - 178，与其他几款软件相比，Surfacer 操作界面较复杂，初学者难以掌握。

图 2 - 178　Surfacer 操作界面

2）Geomagic studio

Geomagic studio 是由美国 Raindrop（雨滴）公司出品的逆向工程和三维检测软件。Geomagic studio 可轻易地从扫描所得的点阵数据创建出完美的多边形模型和网格，并可自动转换为 NURBS 曲面。该软件也是除了 Imageware 以外应用最为广泛的逆向工程软件。主要功能包括：

①数据处理　可进行随机取样、依曲率取样与均匀取样，删除杂点，减少跳点（顺滑化），轮廓线的勾画和边界选取等操作。

②多边形的处理　可根据点阵数据自动生成三角网格，进行多边形补洞，多边形网格相交运算，对多边形进行平滑化，改变多边形的内外向量，对多边形网格进行简化和细分，对边界进行平滑、贴合、剪裁、投影等。

③曲面创建　可自动创建曲面，自动特征检测，自动曲面分布，手动曲面编辑，自动参数化等。

Geomagic Studio 支持一般通用格式如 IGES、ASCILL、DXF、STL 等等。

Geomagic Studio 比较适合处理复杂的曲面造型，如动物之类。Geomagic Studio 软件操作较简单，容易掌握。操作界面如图 2 - 179。Geomagic Studio 的常用快捷图标及含义见表 2 - 35。

164

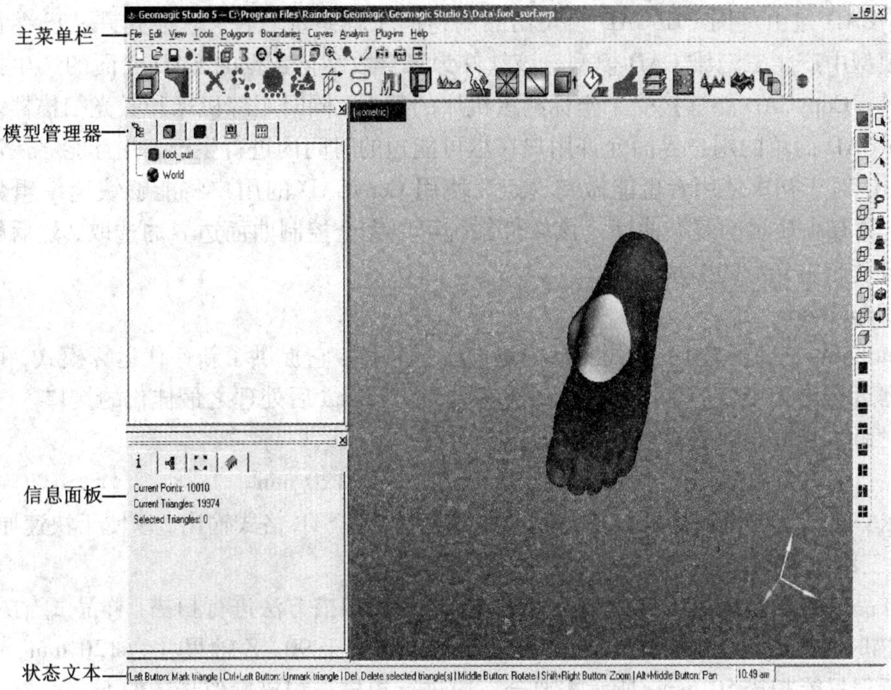

主菜单栏

模型管理器

信息面板

状态文本

图 2 - 179　Geomagic Studio 5 操作界面

表 2 - 35　Geomagic Studio 的常用快捷图标及含义

图标	名　称	说　明
	Select Disconnected	将距基体较远的点断开，以便删除
	Erase	删除
	Reduce Noise	减少跳点（网格面平滑化）
	Uniform Sample	随机取样（稀释点）
	Curvature Sample	曲率取样（稀释点）
	Wrap	建构曲面
	Create Features	创建特征
	Fill HoleS	补孔
	Edit Boundary	编辑边界

3）CopyCAD

CopyCAD 是由英国 DELCAD 公司出品的逆向工程系统软件，它能允许从已存在的零件或实体模型中产生二三维 CAD 模型。该软件为来自数字化数据的 CAD 曲面的产生提供了复杂的工具。CopyCAD 能够接受来坐标测量机床的数据，同时跟踪机床和激光扫描器。

CopyCAD 简单的用户界面允许用户在尽可能短的时间内进行生产，并且能够快速掌握其功能，即使对于初次使用者也能做到这点。使用 CopyCAD 的用户将能够快速编辑数字化数据，产生具有高质量的复杂曲面。该软件系统可以完全控制曲面边界的选取，然后根据设定的公差自动产生光滑的多块曲面。

4）RapidForm

RapidForm 是韩国 INUS 公司出品的逆向工程软件，它提供了新一代运算模式，可实时将点阵数据运算出无接缝的多边形曲面，使它成为 3D Scan 后处理之最佳化的接口。

4. 逆向工程综合训练实例

样品：小白兔模型。尺寸大约为 90 mm×90 mm×120 mm。

要求：用三维激光扫描机扫描并建构曲面模型，以 STL 格式输出，以便于快速原型制造。

（1）三维激光扫描

将样品放置到扫描机工作台中心待扫，采用平面扫描方法进行扫描，样品 Y 轴尺寸为 90 mm，扫描时必须设定 Y 轴的起点与终点之间间距稍大于 90，Z 轴尺寸为 120 mm，扫描时 Z 轴一个行程只能扫描 50 mm，所示需要分三段进行扫描。扫描操作步骤如下：

1）打开"Scan3DNow"操作软件，进入如图 2－175 所示的操作界面。

2）首先按下🖳图标，将系统各轴归零，归零完后，系统界面立即变成可使用状态。

3）选择扫描方式。扫描方式见图 2－175 左下角，有平面扫描（"Planar Scan"）与旋转扫描（"Rotation Scan"）两种。选中"Planar Scan"。

4）按下🖳图标，使激光头 CCD 呈现动态影像（左 CCD，如图 2－175 所示显示屏中长长的白色曲线），再利用"Table Control"处的 X、Y 及 Z 轴控制按键把激光头移到被测物处，接着进入"Camera & Laser Control"页，并按下🖳图标及🖳图标，开启激光并显示网格，此时屏幕上显示的为 CCD 所撷取的影像。

5）利用"Table Control"页 Y 轴 Z 轴控制按键，将激光移到被测物的最突出处，接着利用 X 轴控制按键，将被测物最突出处移至网格内，一般移至第三或第四格之间（左侧或右侧），如此得到的点阵数据较为清晰。

6）被测物确定在网格内后，利用"Camera & Laser Control"页调整激光功率及对比度等，来达到被测物所需要的影像质量，按下🖳图标，检查激光在被测物表面所形成的曲线是否良好，进一步调整影像质量，直到满意为止。

7）切换至右 CCD，同样来检测被测物在右 CCD 状态下是否在网格内，调动激光功率及对比度等。

8）影像质量调整好后，接下来设定扫描行程及范围，首先利用"Table Control"页 Y 轴及 Z 轴控制按键来调整被测物，使其最低处在网格内，位置确定后则按下扫描范围设定键以记忆该位置，设定 Z 轴起始位置。

9）利用"Table Control"页的 Z 轴控制键，每次向上移动 50 mm（最大），搭配移动 Y 轴调整被测物的高处落在网格内，并记录 Z 轴移动次数，将次数输入 Band No 内，50 mm 输入 Z

Step 内，见图 2 – 180。

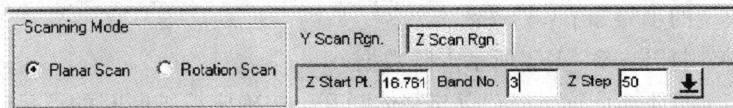

图 2 – 180　Z 轴控制键输入界面

10)确定 Z 轴行程后，再移动 Y 轴，找出待测物之 Y 轴扫描行程。其操作方法为利用 Y 轴之移动键将激光线移至待测物一边(扫描起始位置)，位置确定之后再按下扫描范围起始位置设定键以记忆该位置。然后再移动 Y 找出待测物的另一边(扫描终点位置)，位置确定之后再按下扫描范围终点位置设定键以记忆该位置，确定扫描行程。

11)扫描行程及范围设定完成后可利用 Y 轴的 ⫷⫸ 移动至起点及终点位置。见图 2 – 181。

图 2 – 181　Y 轴扫描行程及范围设定界面

12)Z 轴与 Y 轴之行程确定之后，于 Y Step 内输入扫描间距(Scan Step)，数据越小表示扫描后得到的点阵数据越密。

13)完成所有上述步骤后，按下 图标，将出现如图 2 – 182 所示画面，该画面用于设定扫描参数。在"Number of scanning planes"选项中填入欲扫描的平面数(1 ~ 4 个)。勾选"To divide into equal planer"项设定欲分割的角度，并按下 按键使之生效，也可于每一平面之角度栏指定所需旋转角度。多面扫描时，若需将每一平面所得数据分别存放，可勾选"Save as each plane"项。内定的档案格式为 SCN，若需将所得数据存储为 ASC 档案格式，可勾选"Save as ASC format"项。若需将所得数据存储为自行指定的档案名称，可勾选"Specify project name"项，并在目录及档案名称栏输入指定名称。为确保大尺寸物体分段扫描时各段数据皆能顺利接合，可勾选"Enable absolutez coordinate"项，以套用绝对坐标。

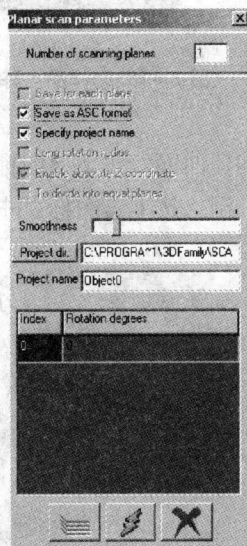

设定好参数后按下 图标开始扫描，若要放弃扫描则按下 图标。

图 2 – 182　扫描参数设定界面

14)扫描完成后屏幕上会出现"Scanning process finished"字样，按下"OK"完成扫描，得到点阵数据如图 2 – 183 所示。

注意：保存文档时不能用中文命名，否则在 Geomagic Studio 和 Surfacer 上均打不开。

（2）在 Geomagic Studio 内建构曲面模型

建构曲面模型的步骤如下：

1）打开文件　打开图 2 – 183 所示点阵数据。

2）断开杂点　按下 图标，将杂点与基体断开。按确定后被断开的点呈红色，即可进行下一步操作。

3）删除杂点　按下 图标，删除画面中呈红色的点。完成上述操作后发现下面还有部分杂点没有删除。可直接选中杂点进行删除。

4）优化点　按下 图标，减少跳点（平滑化）。

5）随机稀释点　按下 图标，进行随机取样（稀释点）。

6）按曲率稀释点　按下 图标，按曲率进行取样（稀释点）。完成上述步骤后的点阵数据见图 2 – 184。

图 2 – 183　样品点阵数据

图 2 – 184　稀释后的样品点阵数据

7）构建曲面　按下 图标，建构曲面（多边形）。按"确定"生成如图 2 – 185 所示曲面。

8）补洞　按下 图标，进行孔填充。补洞后的模型如图 2 – 186 所示。

图 2 – 185　构建曲面后得到的样品三维图

图 2 – 186　补洞后的模型

168

9)创建特征　该例特征是指方形小孔,按下⊞图标按要求输入孔的尺寸数据。

10)裁剪　可按下面两步对模型底面进行裁剪。按下⊟图标,建立一个垂直于Z轴的平面。见图2-187。按下▯图标,选定所建一平面。出现如图2-188所示对话窗,选择"Delete Selection"模型底部依平面所在位置被剪齐。剪齐后的模型见图2-189。若被裁剪的下部需要补充,可选择"Extend boundary"延伸边界。

图2-187　建立裁剪平面　　　　图2-188　裁剪命令对话框　　　　图2-189　裁剪后的模型

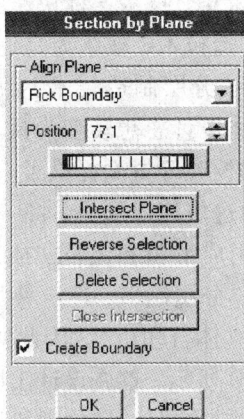

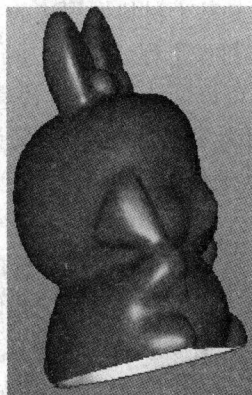

11)给模型曲面加上厚度。加厚度的方法是在主菜单下选择"Polygons→Thicken",在对话框中输入厚度值,然后确定。

完成上述步骤后即可存盘。用STL格式存盘后载入快速原型设备,即可复制出快速原型样品。

5.逆向工程的应用

逆向工程技术的应用非常广泛,主要有下列三个方面。

1)产品仿制　往往一件拟制作的产品没有原始设计图文件,而是根据样品或模型,如木鞋模、高尔夫球头,将产品复制出来。传统的方法是用立体雕刻机或三维靠模铣床制作出1:1呈等比例的模具,再进行成批生产。这种方式属模拟式复制,无法建立工件尺寸图档,因而无法用现有的CAD软件对其修改、改进,已渐渐为新型的数字化逆向工程系统所取代。

2)新产品的设计　随着工业技术的发展及经济环境的成长,消费者对产品的要求越来越高。为赢得市场竞争,不仅要求产品在功能上要先进,而且,在产品外观上也要美观。而在造型中针对产品外形的美观化设计已不是传统训练下的机械工程师所能胜任。一些具有美工背景的设计师们可利用CAD技术构想出创新的美观外形,再以手工方式制造出样件,如木材样件、石膏样件、黏土样件、橡胶样件、塑料样件、玻璃纤维样件等。然后再以三维尺寸测量的方式测量样件建立三维模型。

3)旧产品的改进(改型)　在工业设计中,很多新产品的设计都是从对旧产品的改进开始。为了用常用的CAD软件对原设计进行改进,首先要有原有产品的CAD模型,然后在原产品的基础上进行改进设计。

单件、小批量和用户对产品各不相同的要求,也需要根据模型制作产品,例如,具有个人特征的太空服、头盔、假肢等。此外，在计算机图形和动画、工艺美术和医疗康复工作等领域，也经常需要根据实物快速建立三维模型，即需要用到逆向工程技术。

2.4.2　快速成形技术

1.概述

（1）快速成形概念与工艺过程

快速成形（rapid prototyping，简称 RP）技术又称快速原型制造，诞生于20世纪80年代后期，是基于材料堆积法的一种高新制造技术，被认为是近20年来制造领域的一个重大成果。它集机械工程、CAD、逆向工程技术、分层制造技术、数控技术、材料科学、激光技术于一身，可以自动、直接、快速、精确地将设计思想转变为具有一定功能的原型或直接制造零件，从而为零件原型制作、新设计思想的校验等方面提供了一种高效低成本的实现手段。即快速成形技术就是利用三维模型数据，通过快速成形机，将一层层的材料堆积成实体原型。

不同种类的快速成形系统因所用成形材料不同，成形原理和系统特点也各有不同。但是，其基本原理都是一样的，那就是"分层制造，逐层叠加"，类似于数学上的积分过程。形象地讲，快速成形系统就像是一台"立体打印机"。因此快速成形又称为3D打印。

快速成形的基本过程如图2-190所示：首先设计出所需零件的计算机三维模型（数字化模型、CAD模型），然后根据工艺要求，按照一定的规律将该模型离散为一系列有序的单元，通常在 Z 向将其按一定厚度进行离散（习惯称为分层），把原来的三维 CAD 模型变成一系列的层片；再根据每个层片的轮廓信息，输入加工参数，自动生成数控代码；最后由成形系统成形一系列层片并自动将它们联接起来，得到一个三维物理实体。

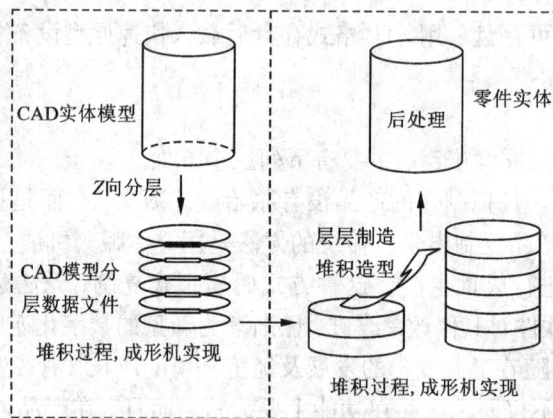

图2-190　快速成形基本过程示意图

（2）快速成形的特点与应用

与传统材料加工技术相比，快速成形具有如下的特点：

1）成形全过程的快速性，适合现代竞争激烈的产品市场；

2）可以制造任意复杂形状的三维实体；

3）直接 CAD 模型驱动，如同使用打印机一样方便快捷，实现设计与制造高度一体化，其直观性和易改性为产品的完美设计提供了优良的设计环境；

4）成形过程无须专用夹具、模具、刀具，既节省了费用，又缩短了制作周期。

5）技术的高度集成性，既是现代科学技术发展的必然产物，也是对它们的综合应用，带有鲜明的高新技术特征。

6）材料类型丰富多样，包括树脂、纸、工程蜡、工程塑料（ABS 等）、陶瓷粉、金属粉、砂等。

以上特点决定了快速成形主要适合于新产品开发，快速单件及小批量零件制造，复杂形状零件的制造，模具与模型设计与制造，也适合于难加工材料的制造、外形设计检查等。目前在机械、家电、建筑、医疗等各个领域都有应用。图 2 - 191 是用快速成形方法制造的模型及产品。

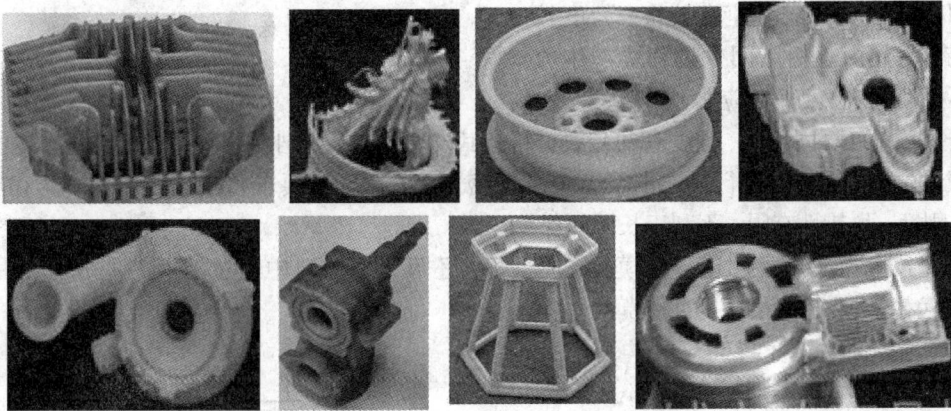

图 2 - 191　快速成形产品实例

2. 快速成形的工艺类型

自美国 3D System INC 公司 1988 年推出第一台商品立体光固化成形 SLA 快速成形机以来，已经有十几种不同的成形系统，其中比较成熟的有立体光固化成形、选择性激光烧结成形、熔融沉积成形、分层实体制造等方法。

（1）立体光固化成形

立体光固化成形（stereo lithography appearance，SLA）也称为光敏液相固化、立体光刻、立体印刷等，它是以液态光敏树脂的光聚合原理工作的。该技术以光敏树脂（如丙烯基树脂）为原料，这种液态材料在一定波长和功率的紫外光照射下能迅速发生光聚合反应，相对分子质量急剧增大，材料就从液态转变成固态。在制造过程中，数控系统控制紫外激光以预定原形各分层截面的轮廓为轨迹逐点扫描，使被扫描区的树脂固化后，向上（或下）移动工作台，在刚刚固化的树脂表面布放一层新的液态树脂，再进行新的一层扫描、固化。

图 2 - 192 是立体光固化成形工艺原理图。液槽中盛满液态光敏树脂，紫外激光束在偏转镜作用下，在液体表面上进行扫描，扫描的轨迹及激光的有无均按零件的各分层截面信息由计算机控制，光点扫描到的地方，液体就固化。成形开始时，工作平台在液面下一个确定的深度，聚焦后的光斑在液面上按计算机的指令逐点扫描，即逐点固化。当一层扫描完成

后，特定区域内的一层树脂固化后，就生成零件的一个截面，未被照射的地方仍是液态树脂。然后升降台带动工作台沿 Z 轴下降一层的高度，每层厚度在 0.076 ~ 0.381 mm 之间，已成形的层面上又布满一层液态树脂，再进行新一层的扫描，新固化的一层牢固地粘在前一层上，顺序逐层扫描固化，直至完成整个零件的成形。原型从树脂中取出后，进行最终固化，再经打光、电镀、喷漆或着色处理即得到要求的产品。

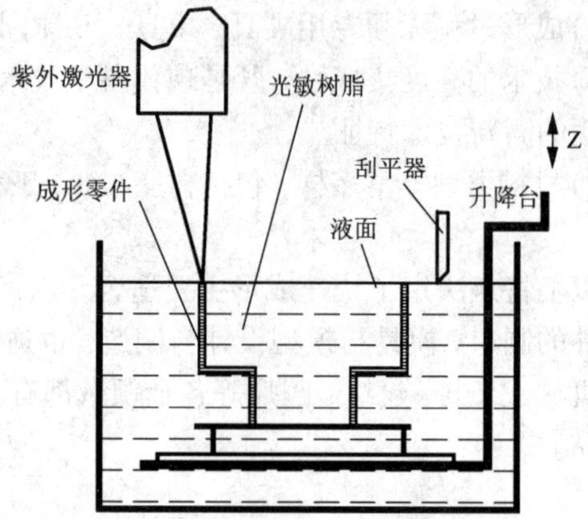

图 2-192　立体光固化成形工艺原理

SLA 技术具有成形速度较快，精度较高的特点，但由于树脂固化过程中产生收缩，不可避免地会产生应力或引起形变。因此开发收缩小、固化快、强度高的光敏材料是其发展趋势。此外，SLA 系统造价高昂，使用和维护成本过高；液体对进行操作的设备要求精密，对工作环境要求苛刻。成形件多为树脂类，强度、刚度、耐热性有限，不利于长时间保存。

SLA 技术主要用于制造多种模具、模型等；还可以在原料中通过加入其他成分，用 SLA 原型模代替熔模精密铸造中的蜡模。

（2）选择性激光烧结

选择性激光烧结（selective laser sintering, SLS）又称为选域激光烧结。最早是由美国得克萨斯大学奥汀分校的 C. R. Dechard 于 1989 年研制成功。

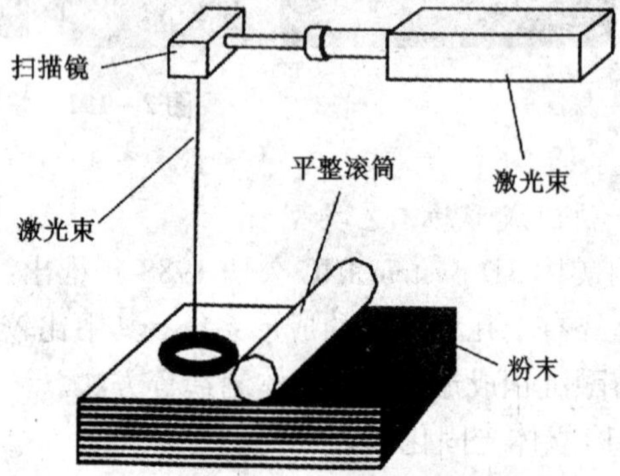

选择性激光烧结是采用激光有选择地分层烧结固体粉末，并使烧结成形的固化层层层叠加生成所需形状的零件。其整个工艺过程包括 CAD 模型的建立及数据处理、铺粉、烧结以及后处理等。图 2-193 是选择性激光烧结工艺原理图，成形机按照原形分层轮廓，采用激光束在指定的路

图 2-193　选择性激光烧结工艺原理

径上有选择性地扫描并熔融工作台上很薄（100 ~ 200 μm）且均匀铺层的材料粉末。由分层图形所选择的扫描区内的粉末被激光束熔融并连接在一起，而未在扫描区域内的粉末仍然是松散的。当一层扫描完毕，移动工作台，进行新的一层烧结。全部烧结后去掉多余的粉末，再进行打磨、烘干等处理便获得原形或零件。

选择性激光烧结（SLS）与立体光固化成形（SLA）工艺相同之处是都使用激光有选择性地固化成形材料，不同的是 SLS 工艺成形时物料是在极短时间内经历加热熔化后迅速冷却凝固固化，是一种物理变化，而 SLA 工艺成形时选用特殊物料在紫外光照射下迅速发生光聚合反应，分子增大变成固态，是一种化学变化；另外，SLA 和 SLS 所用的激光生成器也不相同，

172

SLS 工艺需要更大的激光功率，在材料选用范畴上 SLS 更为广泛。几乎任何能在激光下烧结的材料均可。

选择性激光烧结的原材料粉末配料不同，烧结方法有所不同。

1) 单一成分金属粉末的烧结　先将金属粉预热到一定温度，再用激光束扫描、烧结。烧结好的制件经热静压处理，可使零件的相对密度达到 99.9%。

2) 金属混合粉末的烧结　两种熔点不同的金属粉末，其中一种粉末熔点较低，另一种粉末熔点较高。例如青铜粉和镍粉的混合粉。先将两种熔点不同的粉末混合后预热到某一温度，再用激光束进行扫描，使低熔点青铜粉熔化，从而与难熔的镍粉粘结在一起。烧结好的制件再经液相烧结后处理。制件的相对密度达 82%。

3) 金属粉末与有机粘结剂粉末混合体的烧结　金属粉末与有机粘结剂粉末按一定比例均匀混合，激光扫描后使有机粘结剂粉末熔化，熔化的有机粘结剂将金属粉末粘结在一起，如铜粉和有机玻璃粉。烧结好的制件再经高温后续处理，一方面去除制件中的有机粘结剂，另一方面提高制件的受力强度和耐热强度，并提高制件内部组织和性能的均匀性。

4) 陶瓷粉末的烧结　陶瓷材料的烧结需要在材料中加入粘结剂，目前所用的纯陶瓷粉末原料主要有 Al_2O_3，和 SiC，而粘结剂有无机粘结剂、有机粘结剂和金属粘结剂等三种。

陶瓷粉末烧结的制件精度由激光烧结时的精度和后续处理精度决定。在激光烧结过程中，粉末烧结收缩率、烧结时间、强度、扫描点间距和扫描线行间距对陶瓷制件坯料的精度有很大影响。另外，光斑的大小和粉末粒的直径直接影响制件的精度和表面粗糙度。后续处理(焙烧)时产生的收缩和变形也会影响陶瓷制件的精度。

5) 塑料粉末的烧结　塑料粉末的烧结均为直接激光烧结，烧结好的制件一般不必进行后续处理。采用一次烧结成形，将粉末预热至稍低于熔点，然后控制激光束来加热粉末，使其达到烧结温度，从而将粉末材料烧结在一起，其他步骤和陶瓷粉末的烧结相同。

选择性激光烧结工艺具有如下特点：

1) 原型件机械性能好，强度高；

2) 可选材料种类多且利用率高。从理论上说，任何加热后能够形成原子间粘结的粉末材料都可以作为 SLS 的成形材料。目前成功进行 SLS 成形加工的材料有石蜡、高分子、金属、陶瓷粉末和它们的复合粉末材料。

3) 无须设计和构建支撑。

缺点是制件表面粗糙，疏松多孔，需要进行后处理，制造成本高。由于 SLS 成形材料品种多、用料节省、成形件性能分布广泛、适合多种用途。可直接制造金属型腔的模具，如：用陶瓷粉末直接烧结铸造用壳型来生产各类铸件。对于形状复杂的中小型零件(如叶轮、叶片、发动机转子泵体缸体)，批量小的情况下，采用 SLS 成形比用铸造方法生产更合适。采用各种不同成分的金属粉末进行烧结，经渗铜等后处理特别适合制作功能测试零件。

(3) 熔融沉积成形

熔积沉积成形(fused deposition modeling，FDM)是应用较成熟的快速成形制造技术。1993 年由 Stratasys 公司开发出第一台 FDM 机，随后北京殷华公司推出了与其工艺原理相近的熔融挤压制造(meltrd extrusion modeling，MEM)机型，上海富奇凡公司推出了 HTS 系列熔融挤压立式快速成形机等。

熔积沉积成形原理如图 2-194(a)所示。使用丝状材料(如塑料丝)为原料，利用电加热

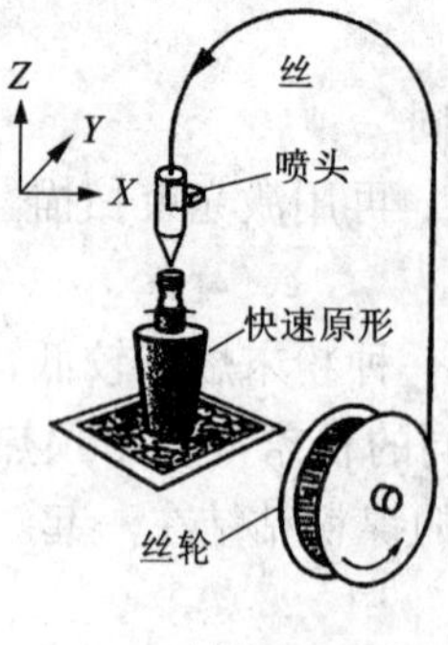

(a)熔积沉积成形工艺原理 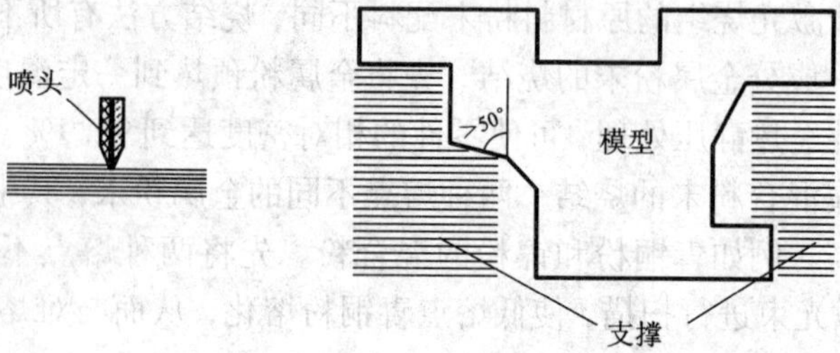   (b)原型与支撑示意

图2-194 熔积沉积成形工艺原理与支撑应用示意

方式将丝材加热至略高于熔化温度,在计算机的控制下,喷头作 $X-Y$ 平面运动,将熔融的材料涂覆在工作台台上,冷却后形成工件的一层截面,一层成形后,工作台下降一层高度(或喷头升高一层高度),进行下一层涂覆,这样逐层堆积形成三维工件。每一个层片都是在上一层上堆积而成,上一层对当前层起到定位和支撑的作用。随着高度的增加,层片轮廓的面积和形状都会发生变化,当形状发生较大的变化时,如图2-194(b)所示,会出现上层轮廓不能给当前层提供充分的定位和支撑作用的情况,这就需要设计一些辅助结构——"支撑",对后续层提供定位和支撑,以保证成形过程的顺利实现。如图2-194(b)所示在模型悬空表面增设了支撑(模型悬空斜面倾斜角度大于50°时需要设置支撑)。

最早的熔融挤压成形(MEM)机采用单喷头成形,但由于本体部分和支撑部分对材料性能的要求不同,本体部分要求材料粘接强度高,粘接牢固;支撑部分要求材料粘接强度要低,容易去除。单喷头成形时由一个喷头内喷出同一种成形材料完成零件的制造,成形材料和支撑材料完全相同,不能满足要求,而解决这一矛盾的方法就是采用双喷头技术。双喷头技术就是在熔融挤压快速成形(MEM)技术中采用两个喷头,其中一个喷头制作本体部分,另一个喷头制作支撑部分,两个喷头使用两种不同的材料,零件制造成形之后,既能使零件本体具有较高强度,又能比较方便地去除支撑材料。

熔积沉积成形的特点如下:

1)操作简单,工艺环境干净,安全;

2)可快速构建瓶状或中空零件;

3)可选用的材料较多,如染色的 ABS 和医用 ABD、PC、PPSF、人造橡胶、铸造用蜡。原材料以卷轴丝的形式提供,易于搬运和快速更换,且价格较便宜。

4)材料利用率高。

5)精度较低,难以构建结构复杂的零件;与截面垂直方向的强度小;成形速度相对较慢,不适合构建大型零件,主要用于中、小型塑料件、铸造用蜡模、样件或模型的成形。

(4)分层实体制造

分层实体制造(laminated object manufacturing,LOM)又称层叠法成形,它以片材(如纸片、塑料薄膜或复合材料)为原材料,其成形原理如图2-195所示,激光切割系统按照计算机提取的横截面轮廓线数据,将背面涂有热熔胶的纸用激光切割出工件的内外轮廓。切割完

174

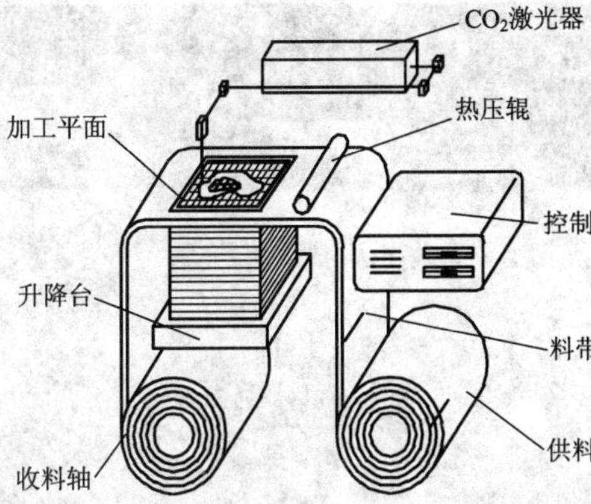

图 2－195　分层实体制造

一层后，送料机构将新的一层纸叠加上去，利用热粘压装置将已切割层粘合在一起，然后再进行切割，这样一层层地切割、粘合，最终成为工件。

LOM 常用材料是纸、金属箔、塑料膜、陶瓷膜等。

分层实体制造的特点是原材料价格便宜、成本低，制件性能相当于高级木材。主要用于快速制造新产品样件、模型、模具(如铸造用木模)，也可以直接制造结构件或功能件。

3. 熔融沉积成形设备及操作软件

①熔融沉积成形设备　经过几十年的发展，现在人们已习惯把快速成形设备称为 3D 打印机，3D 打印机有多种形式，就尺寸大小而言，大的 3D 打印机可以制造长宽尺寸 1 m 以上的实体，小的用于制造 1 mm 以内的实体。在 3D 打印机中，FDM 类打印机的机械结构最简单，设计也最容易，制造成本、维护成本和材料成本也最低，因此也是桌面级 3D 打印机中使用得最多的技术。图 2－196 就是 FDM 类打印机其中的一种(UP! 系列)，它适合于学生、爱好者以及中小企业或者设计师制作手板打样。

图 2－196　UP! 系列 3D 打印机

②UP! 系列 3D 打印机使用 UP! 系列操作软件作为驱动程序。操作界面如图 2－197 所示。

使用 UP! 系列操作软件，输入 STL 类型模型，进行分层等处理后输出到三维打印机系统，可以方便快捷地得到模型原型。UP! 系列操作软件处理三维模型方便、迅捷、准确，使用特别简单，实现了零件的"一键打印"。

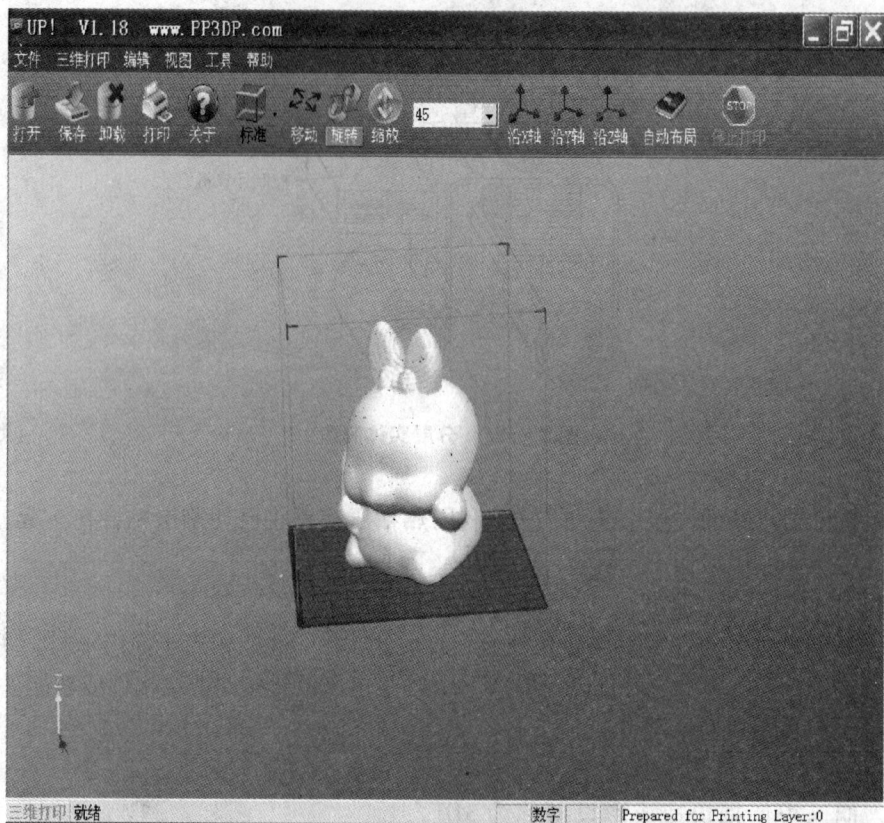

图 2 - 197　UP！系列 3D 打印机操作软件

4.熔融沉积成形综合训练实例

采用熔融沉积成形方法制造导向轮

图 2 - 198 是参加"工程训练综合能力竞赛"某学生设计的无碳小车导向轮 CAD 模型，下面介绍用熔融沉积成形方法制造成实物原型的操作过程。

图 2 - 198　导向轮 CAD 模型

176

设备型号：UP! 成形材料：ABS 丝

基本操作步骤如图 2-199 所示。

打开UP!操作系统 → 系统初始化 → 载入模型 → 模型布局 → 分层与打印

图 2-199 基本操作步骤

①打开 UP! 操作系统 点击 UP! 图标，打开 3D 打印机驱动程序。

②系统初始化 在系统正常及准备充分的情况下，直接在 UP! 系统菜单选项中选择[三维打印]→[初始化]后，稍等片刻打印机工作台开始移动，直到初始化完成需要几分钟的时间。

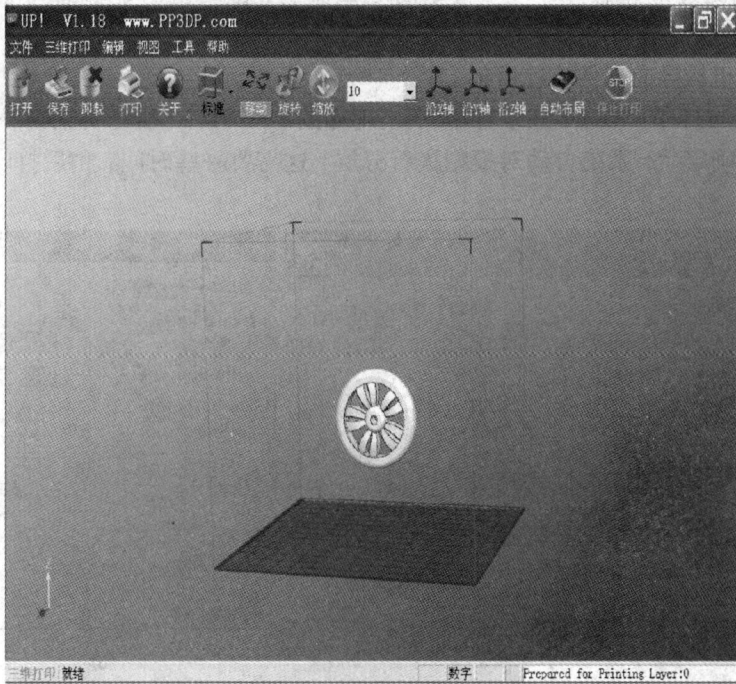

图 2-200 载入导向轮

③载入模型 点击 UP! 界面"▨"载入导向轮模型(STL 类型文件)。载入模型后可在系统主界面看到模型，如图 2-200 所示。(系统可以同时载入和打印多个模型)

④模型布局 模型布局是确定模型的摆放方向和空间位置，以便于成形。刚载入的模型其方向和位置是不确定的，需要指定合适的成形方向，将其布置到工作台上合适的位置(XYZ坐标)。模型布局分两步完成：

第一步：旋转模型方向，保证模型的成形方向使附加的支撑最少；移动模型使模型位于工作台的合适位置。旋转、移动模型的方法是：用系统操作界面上的[旋转]或[移动]图标，并指定[沿 X 轴]或[沿 Y 轴]或[沿 Z 轴]旋转的角度或移动的距离来完成。

第二步：点击"自动布局"图标完成自动布局。自动布局使模型处在工作台的 XYZ 坐标准确合适，特别是距工作台的高度应等于基础支撑层高度。

模型底表面不能直接打印在工作台面上，否则工件成形后粘在工作台上难以取出。工作台与工件底面之间需要设置基础支撑层，基础支撑层高度约为 3 mm。

此外还可以点击[缩放]图标对模型进行比例缩放，本例按系统默认比例 1∶1 打印。

选择成形方向时应考虑如下因素，并根据模型情况灵活确定。

同表面的成形质量不同，上表面好于下表面，水平面好于垂直面，垂直面好于斜面；水平方向精度好于垂直方向的精度，水平面上的圆孔、立柱质量、精度最好，垂直面上的较差；水平方向的强度高于垂直方向的强度，如果需保证强度，选择强度要求高的方向为水平方向；有平面的模型，以平行和垂直于大部分平面的方向摆放。选择重要的表面作为上表面。减少支撑面积，降低支撑高度，避免出现投影面积小、高度高的支撑面。

在模型布局时还应注意：a) 多个模型时尽量紧凑，但要留出足够的间隙(3 ~ 5 mm 即可)；b) 为保证底板充分利用，多次打印成形应选择不同的区域；c) 不要总在固定的位置成形，以免该部位机械导向部件快速磨损。

⑤模型分层与打印　点击[三维打印]，出现如图 2 - 201(a)所示对话窗，如果采用系统默认设置，点击确定后，系统自动对模型进行分层，这需要一些时间，稍后打印机开始打印。

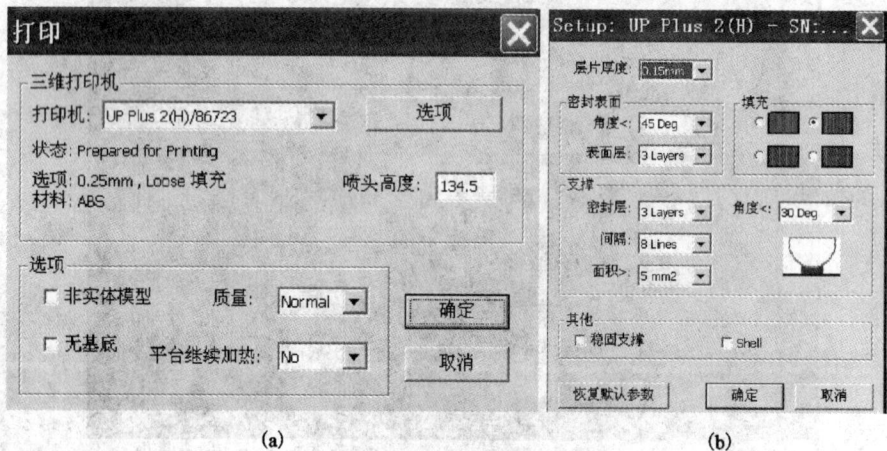

图 2 - 201　分层参数对话窗

如果需要改变分层厚度，点击对话窗中的[选项]后出现图 2 - 201(b)所示对话窗，选择分层厚度参数，进行分层。本例选择层片 0.15 mm 厚进行分层。

分层厚度一般在 0.10 ~ 0.4 mm 选择，层距越小，成形精度越高，但成形时间越长，效率越低；反之，则精度低效率高。密封表面、支撑等其他参数一般采用系统默认值。

分层后的层片包括三个部分，分别为原型的轮廓部分、内部填充部分和支撑部分。轮廓部分根据模型层片的边界获得，可以进行多次扫描。内部填充是用单向扫描线填充原型内部非轮廓部分，根据相邻填充线是否有间距，可以分为标准填充(无间隙)和孔隙填充(有间隙)两种模式。标准填充应用于原型的表面，孔隙填充应用于原型内部(该方式可以大大减小材料的用量)。支撑部分是在原型外部，对其进行固定和支撑的辅助结构。

178

　　三维打印完成后留有支撑的导向轮,如图 2 – 202(a)所示,初步去掉下面的支撑,得到的导向轮如图 2 – 202(b)所示。

(a)导向轮与支撑　　　　　　　(b)导向轮

图 2 – 202　快速成形制造的导向轮

2.5　陶瓷材料的成形

2.5.1　概述

　　陶瓷在我国有着悠久的生产、使用历史,有过辉煌的陶瓷加工技艺。传统上,"陶瓷"是指所有以黏土为主要原料与其他天然矿物原料经过粉碎、混炼、成形、烧结等过程而制成的各种制品。常见的日用陶瓷制品和建筑陶瓷、电瓷等都属于传统陶瓷。由于它的主要原料是取之于自然界的硅酸盐矿物(如黏土、长石、石英等),所以可归属于硅酸盐类材料和制品。陶瓷工业可与玻璃、水泥、搪瓷、耐火材料等工业同属"硅酸盐工业"的范畴。

　　随着近代科学技术的发展,出现了许多物理与化学性质更加优异的陶瓷新品种,如氧化物陶瓷、压电陶瓷、金属陶瓷等,它们的生产过程虽然基本上还是原料处理、成形、烧结这种传统的陶瓷生产方法,但原料已不再使用或很少使用黏土等传统陶瓷原料,而已扩大到化工原料和合成矿物,甚至是非硅酸盐、非氧化物原料,并且出现了许多新的工艺。因此,可以认为,广义的陶瓷概念已是用陶瓷生产方法制造的无机非金属固体材料和制品的通称。

　　陶瓷的分类方法有多种,按用途分类,陶瓷材料分为普通陶瓷、特种陶瓷和金属陶瓷三大类,见表 2 – 36。

表 2 – 36　常见工业陶瓷的分类、性能和用途

分类	主要性能	应用举例
普通陶瓷	质地坚硬,有良好的抗氧化性、耐蚀性、绝缘性;强度较低;耐一定高温	日用、电气、化工、建筑用陶瓷,如装饰陶瓷、餐具、绝缘子、耐蚀容器、管道等
特殊陶瓷	有自润滑性和良好的耐磨性、化学稳定性、绝缘性;耐腐蚀、耐高温;硬度高	切削工具、量具、高温轴承、拉丝模、高温炉零件、内燃机火花塞等
金属陶瓷	强度高、韧性好;耐腐蚀;高温强度好	刃具、模具、密封环、叶片、涡轮等

1. 普通陶瓷

普通陶瓷即陶瓷概念中的传统陶瓷,是人们生活和生产中最常见和使用的陶瓷制品。根据使用领域,普通陶瓷又可分为日用陶瓷(包括艺术陈列陶瓷)、建筑卫生陶瓷、化工陶瓷、化学瓷、电瓷及其他工业用陶瓷。这些陶瓷制品所用的原料基本相同,生产工艺技术亦相近,是典型的传统陶瓷生产工艺,只是根据需要制成适于不同使用要求的制品。

2. 特种陶瓷

特种陶瓷是用于各种现代工业和尖端科学技术所需的陶瓷制品,其所用的原料和所需的生产工艺技术已与普通陶瓷有较大的发展,有先进陶瓷、精细陶瓷、新型陶瓷、近代陶瓷、高技术陶瓷、高性能陶瓷、工程陶瓷等多个名称。

特种陶瓷又可根据其性能及用途的不同细分为结构材料用陶瓷和功能陶瓷。结构材料用陶瓷主要是用于耐磨损、高强度、耐热冲击、硬质、高刚性、低热膨胀性和隔热等结构陶瓷材料。

功能陶瓷中包括电磁功能、光学功能和生物—化学功能等陶瓷制品和材料,此外还有核能陶瓷和其他功能材料等。

3. 金属陶瓷

为了使陶瓷既可以耐高温又不容易破碎,人们在制作陶瓷的黏土里加了些金属粉,因此制成了金属陶瓷。金属陶瓷是在金属基体中加入氧化物细粉制得,又称弥散增强材料。主要有烧结铝(铝—氧化铝)、烧结铍(铍—氧化铍)、TD 镍(镍—氧化钍)等。

广义的金属陶瓷还包括难熔化合物合金、硬质合金、金属粘结的金刚石工具材料。金属陶瓷中的陶瓷相是具有高熔点、高硬度的氧化物或难熔化合物,金属相主要是过渡元素(铁、钴、镍、铬、钨、钼等)及其合金。

2.5.2 陶瓷制品成形技术

陶瓷制品的生产过程包括:原料处理、坯料准备、成形、干燥、施釉、烧结及后续处理等。陶瓷制品的成形,就是将坯料制成一定形状和规格的坯体。常用的成形方法有注浆成形、可塑成形和压制成形三大类。

1. 注浆成形

传统的注浆成形是指在石膏模的毛细管力作用下,含一定水分的黏土泥浆脱水硬化、成坯的过程。现在,一般将坯料具有一定液态流动性的成形方法统称为注浆成形法。

传统的注浆成形周期长、劳动强度大、不适合连续自动化生产。近年来,各种强化注浆方法快速发展,如自动化管道注浆、成组浇注等,缩短了生产周期,提高了坯体质量。

基本注浆方法有空心注浆(单面注浆)和实心注浆(双面注浆)两种。

空心注浆的石膏模没有型芯,泥浆注满模腔后放置一段时间,待模腔内壁粘附一定厚度的坯体后,多余的泥浆倒出,形成空心注件,然后带模干燥。待注件干燥收缩脱离模型后就可取出,如图 2 - 203 所示。模腔工作面的形状决定坯体的外形,坯体厚度取决于吸浆时间等。这种方法适合于小件、薄壁制品的成形。

实心注浆是将泥浆注入外模和型芯之间,石膏模从内外两个方向同时吸水。注浆过程中泥浆不断减少,需要不断补充,直至泥浆全部硬化成坯,如图 2 - 204 所示。实心注浆的坯体外形决定于外模的工作面,内形决定于模芯的工作面。坯体厚度由外模与模芯之间的空腔决定。实心注浆适合于坯体的内外表面形状、花纹不同,大型、壁厚制品的成形。

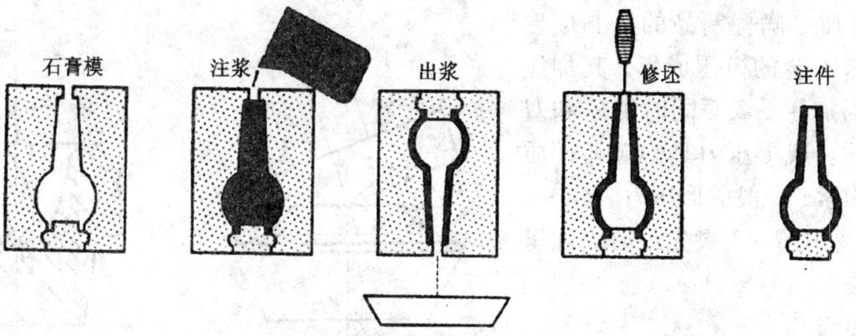

图 2 - 203　空心注浆法示意图

图 2 - 204　实心注浆法示意图

有时可采用强化注浆方法,即在注浆过程中施加外力,加速注浆过程的进行,使得吸浆速度和坯体强度得到明显改善。

热压铸成形是将含有石蜡的浆料在一定温度和压力下注入金属模具中,待坯体冷却凝固后再脱模的成形方法。其制品的尺寸准确,结构紧密,表面光洁。广泛应用于制造形状复杂、尺寸精度要求高的工业陶瓷制品。如电容器瓷件、氧化物陶瓷、金属陶瓷等。

2. 可塑成形

可塑成形是对具有一定塑性变形能力的泥料进行加工成形的方法。主要有滚压成形、塑压成形、注塑成形及轧模成形等。

滚压成形是在旋坯成形的基础上发展而来的。成形时,盛放着泥料的石膏模型和滚压头分别绕自己的轴线以一定的速度同方向旋转。滚压头在旋转的同时,逐渐靠近石膏模型,并对泥料进行滚压成形。滚压成形坯体致密均匀、强度较高。滚压机可以和其他设备配合组成流水线,生产率高。

滚压成形可以分为阳模滚压和阴模滚压,如图 2 - 205 所示。阳模滚压又称为外滚压,由滚压头决定坯体的外形和大小,适合成形扁平、宽口器皿。阴模滚压又称为内滚压,滚压头形成坯体的内表面,适合成形口径较小而深的制品。

3. 压制成形

压制成形是将含有一定水分的粒状粉料填充到模型中加压,粉料颗粒产生移动和变形而逐渐靠拢,所含气体被挤压排出,模腔内松散的粉料形成致密的坯体。压制成形过程简单、坯体收缩小、致密度高、制品尺寸精确,对坯料的可塑性要求不高。其缺点是难以成形形状复杂的制品,故多用来压制扁平状制品。粉料含水 3% ~ 7% 时为干压成形,8% ~ 15% 时为半干压成形，小于 3% 为特殊压制成形，如等静压。陶瓷制品的压制成形类似于粉末冶金的模压成形，其加压方式有单面加压、双面同时加压和双面先后加压。成形压力是影响坯件质量的主要因素，一般成形压力为(40～100)MPa，采用 2～3 次先小后大加压的操纵方法。

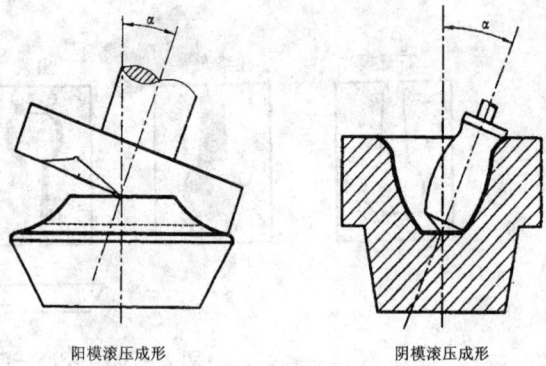

图 2 - 205　滚压成形示意图

4. 成形模具

石膏模具是陶瓷生产中应用最广泛的多孔模具。它的气孔率在 30%～50%，气孔直径在(1～6)μm。成形时坯料中的水分在毛细管力作用下迅速吸出，硬化成坯。

为了满足高压注浆、高温快速干燥及机械化、自动化的生产要求，而采用新型多孔模具。它除了具有类似石膏模具的吸水性能外，其强度和耐热性优于石膏模。如多孔塑料模、多孔金属模等。

滚压头、压制成形模具、热等静压模具等均采用金属模具。

冷等静压成形，一般采用耐油氯丁橡胶、硅橡胶等橡胶模具。

2.5.3　陶艺

陶艺是采用小型化拉坯烧成设备，通过简单工具或纯手工制作而成的陶瓷作品。陶艺是一种能充分体现个人艺术风格，训练人的动手能力、协调能力，作为一种寓教于乐的体验式教育方式，深受青少年和艺术工作者的青睐。

陶艺的制作过程与陶瓷的生产过程类似，同样分为原料炼制(包括釉料和坯料的炼制)成形、施釉和烧制几个阶段。最大区别之处在成形技法上，技法的多样化以及独具有个人技法特色的陶艺作品是陶艺创作的价值源泉。

陶艺的成形技法有：

(1)徒手捏制法

在陶艺成型技法中，最基本的方法。徒手捏制可以直接表达作者的想法和构思，有如儿时玩泥巴般原始、简单。通过手捏成形，可以感知陶土泥的干、湿性，为进一步学习其他造型方法打下基础。徒手捏制是最简单的练习做陶艺的方法，它可以感知陶土的特性，激发创作欲望和想像力。

徒手捏制要选用硬软适宜的泥料，干的泥料不易成形也容易龟裂；过湿太软的泥料不易成形，容易坍垮。徒手捏制成形的作品，壁厚不易控制，一般仅限于小型作品。

(2)拉坯成形法

将泥料置于快速转动的拉坯机上，用手探进柔软的黏土里，开洞、借助螺旋运动惯力，让黏土向外扩展，向上推升，形成回转体，这就是拉坯成形法。它适合回转体的造型，如盘、碗、罐、碟等，其特点：挺拔、规整，作品中有一面会留下一道道旋转的纹路。

182

（3）泥条盘制法

陶艺成形中最为方便，表现力最强的技法，可以制出其他任何成形方法所能制出的作品，如圆形、方形、异形乃至雕塑。用泥条盘制法制作陶艺，泥条可以自由弯曲与变化，方便制作一些比较复杂的、不太规整的、较随意的作品，能充分表达制作者的创意，同时，该技法能保留泥条在盘筑时留下的手工痕迹和一道道盘旋纹理。泥条盘制时需要使用泥条成形机和手工转盘。

（4）泥板成形法

利用陶土碾成、拍成或切割成板状，用镶、控法制作器物的方法。这种方法在陶艺制作中运用广泛，变化丰富，传统的紫砂器就是泥板成形来制作的，泥板成形的器物可随陶土的湿度加以变化，湿软泥板可扭曲、卷，自由变化，随意造型，稍干的泥板可以制成比较挺直的器物。

（5）手工雕塑成形

雕塑是雕、刻、塑三种制作方法所塑造的艺术作品。主要分为浮雕和圆雕两种。雕塑是三维实体，为照顾到各视角关系，要经常转动雕塑台，不断地进行观察比较，才能制作出作品来，采用刮、削、贴、挑、压、抹、泥塑等手法来造型。

第3章
金属切削加工

3.1 金属切削加工基础知识

3.1.1 金属切削加工概述

1. 金属切削加工的实质和分类

金属切削加工是用切削工具(包括刀具、磨具和磨料)把工件(铸件、锻件和型材)上多余的材料层切除,使工件获得尺寸精度、形状精度、位置精度和表面粗糙度等技术要求与图纸要求完全相符的机械零件的加工方法。

金属切削加工分为钳工和机械加工两大部分。一般所说的金属切削加工特指机械加工。

钳工是指通过工人借助钳工工具或设备,按照技术要求对工件进行加工、修整和装配的工种,其主要内容有錾削、锉削、锯切、划线、钻削、铰削、攻丝和套丝、刮削、研磨、矫正、弯曲、铆接、装配和修理等。钳工是机械制造中最古老的金属加工技术,其使用的工具简单、方便灵活,能完成机械加工不便完成的工作。随着生产的发展,钳工机械化的内容也逐步丰富起来。

机械加工是指通过工人操纵机床对工件进行切削加工的方法,其主要加工方式有车削、钻削、铣削、刨削、磨削等(如图 3-1 所示),所使用的机床相应为车床、钻床、铣床、刨床、磨床等。

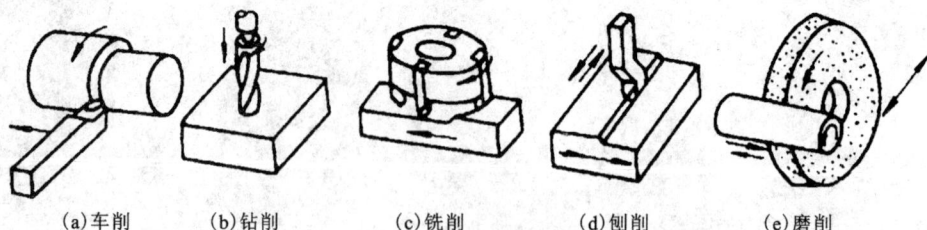

(a)车削   (b)钻削   (c)铣削   (d)刨削   (e)磨削

图 3-1 机械加工的主要方式

2. 切削加工运动

(1)切削运动

机床上的加工刀具与工件间的相对运动称为切削运动。按切削过程中所起的作用不同,可将切削运动分为主运动和进给运动,如图 3-2 所示。

a. 主运动　如图 3 - 1 中车削时的工件、铣削时的铣刀、钻削时的钻头、磨削时的砂轮的旋转运动，刨削时刨刀的往复直线运动都是主运动。

b. 进给运动(又称为走刀运动)　如图 3 - 1 中车刀、钻头及铣削时工件的运动，牛头刨刨削时工件的间歇运动，磨削外圆时工件的旋转和往复轴向运动及砂轮周期性横向运动，都是进给运动。

(2) 工件加工的三个表面

在切削加工过程中，工件上会产生三个不断变化的表面，如图 3 - 2 所示：

a. 待加工表面，工件上有待加工的表面。

b. 已加工表面，工件上经刀具切削后形成的表面。

图 3 - 2　车削加工的切削运动和切削表面

c. 过渡表面，又称为切削表面，是工件上由切削刃形成的表面。

图 3 - 3 所示为车外圆、镗孔和车端面时，在工件上形成的三个表面。

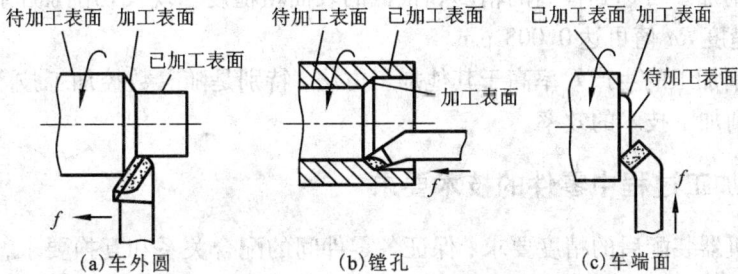

(a)车外圆　　　　(b)镗孔　　　　(c)车端面

图 3 - 3　车削加工的切削表面

(3) 切削用量三要素

切削用量三要素为切削速度 v、进给量 f 和背吃刀量 a_p。车削外圆、铣削平面和刨削平面时的切削用量三要素如图 3 - 4 所示。

a. 切削速度 v

切削速度是在切削加工过程中，刀具切削刃上的某一点相对于工件的待加工表面的主运动方向上的瞬间速度。它是衡量主运动大小的参数，单位是 m/s。其计算公式为：

$$v = \pi d_w n / 1000$$

式中，d_w 为工件待加工表面直径(mm)；n 为车床主轴每分钟转速(r/min)。

b. 进给量 f

进给量是在单位时间内刀具在进给运动方向上相对于工件的位移量。它是衡量进给运动大小的参数，单位是 mm/r 或 mm/min。

c. 背吃刀量 a_p(又称为切削深度或吃刀深度)

（a）车削用量三要素　　　　（b）铣削用量三要素　　　　（c）刨削用量三要素

图 3-4　切削用量三要素

切削速度是待加工表面和已加工表面间的垂直距离，是每次进给时车刀应切入工件的深度。它是衡量工件吃刀量大小的参数。单位是 mm。其计算公式为：

$$a_p = (d_w - d_m)/2$$

式中，d_w 为工件待加工表面直径（mm）；d_m 为工件已加工表面直径（mm）。

3. 金属切削加工的主要特点

1）金属切削加工的适应范围广，不仅适用于各种碳钢、合金钢、铸铁、有色金属及其合金等金属材料的加工，还可用于石材、木材、塑料和橡胶等非金属材料的加工。

2）金属切削加工可达到很高的精度和很低的表面粗糙度。现代切削加工技术可达到 IT5以上，表面粗糙度 Ra 值可达 0.008 μm。

3）金属切削加工的生产效率高于其他加工方法，特别是随着数控加工技术的发展，大大提高了金属切削加工技术的效率。

3.1.2　切削加工过程中零件的技术要求

为了保证机器装配后的精度要求、保证各零件间的配合关系和互换要求，应根据零件的不同作用，提出合理的技术要求，即零件的技术要求。主要包括尺寸精度、形状精度、位置精度和表面粗糙度等。

1. 尺寸精度

尺寸精度是指实际零件尺寸相对于理想零件尺寸的准确程度，即尺寸准确的程度。尺寸公差是在保证零件使用要求的情况下允许尺寸的变动范围。公差值的大小决定了零件的尺寸精度程度。公差值越小，零件尺寸允许的变动范围就越小，要求的加工精度就越高。如图 3-5 所示，尺寸公差等于最大极限尺寸与最小极限尺寸之差，或等于上偏差与下偏差之差，即

孔　$T_D = D_{max} - D_{min} = ES - EI$

轴　$T_d = d_{max} - d_{min} = es - ei$

尺寸精度通常用游标卡尺、千分尺等来检验。

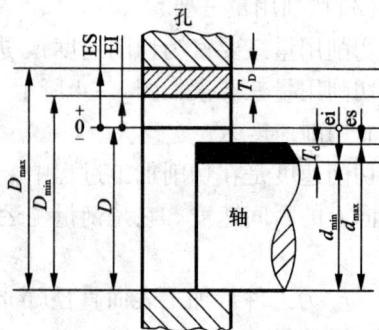

图 3-5　尺寸公差的概念

186

若检测尺寸位于最大极限尺寸与最小极限尺寸之间，则该零件合格；若检测尺寸大于最大实体尺寸，则该零件需进一步加工；若检查尺寸小于最小实体尺寸，则该零件报废。

2. 形状精度和位置精度

形状精度是指零件表面的实际形状相对于理想形状的准确程度。位置精度是指零件点、线、面要素的实际位置相对于理想位置的准确程度。用形状公差和位置公差（简称为形位公差）来表示形状精度和位置精度。形位公差的项目及其符号如表 3-1 所示。

表 3-1　形位公差的项目及其符合

分类	特征项目	符号	分类		特征项目	符号
形状公差	直线度	—	位置公差	定向	平行度	//
	平面度	▱			垂直度	⊥
	圆度	○			倾斜度	∠
	圆柱度	⌭		定位	同轴度	◎
	线轮廓度	⌒			对称度	=
					位置度	⊕
	面轮廓度	⌒		跳动	圆跳动	↗
					全跳动	⌰

3. 表面粗糙度

在切削加工中，由于刀痕及振动、摩擦等原因，都会在工件表面留下凹凸不平的波峰和波谷的现象，这些微小峰谷的高低程度和间距状况就是零件的表面粗糙度。

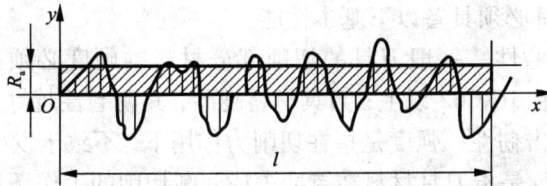

图 3-6　轮廓算术平均偏差

最常用的评定表面粗糙度的参数是轮廓算术平均偏差 Ra，其单位是 μm，如图 3-6 所示。Ra 值越小，加工越困难，成本就越高。如表 3-2 所示为表面粗糙度 Ra 允许值及其对应的表面特征。

表 3-2 不同表面特征的表面粗糙度

表面要求	表面特性	$Ra/\mu m$	旧国际光洁度代号	加工方法
不加工	毛坯表面清除毛刺	∨	~	钳工
粗加工	明显可见刀痕	50	▽1	钻孔、粗车、粗铣、粗刨、粗镗
	可见刀痕	25	▽2	
	微见刀痕	12.5	▽3	
半精加工	可见加工痕迹	6.3	▽4	半精车、精车、精铣、精刨、粗磨、精镗、铰孔、拉削
	微见加工痕迹	3.2	▽5	
	不见加工痕迹	1.6	▽6	
精加工	可辨加工痕迹的方向	0.8	▽7	精铰、刮削、精拉、精磨
	微辨加工痕迹的方向	0.4	▽8	
	不辨加工痕迹的方向	0.2	▽9	
精密加工或光整加工	暗光泽面	0.1	▽10	精密磨削、珩磨、研磨、抛光、超精加工、镜面磨削
	亮光泽面	0.05	▽11	
	镜状光泽面	0.025	▽12	
	雾状光泽面	0.012	▽13	
	镜面	<0.012	▽14	

在实际生产中,最常用的检测方法是标准样板比较法。用被测表面对照粗糙度样板,用肉眼判断或借助放大镜、显微镜进行比较的方法称为标准样板比较法。另外,也可以通过用手摸、指甲划动的感觉来判断表面粗糙度。值得注意的是,当选择表面粗糙度样板时,样板材料、表面形状及制造工艺应尽可能与被测工件相同。

3.1.3 刀具

1. 刀具的材料

作为刀具的材料,都必须具备以下基本性能:

1) 高硬度和好的耐磨性 一般刀具的切削部分材料的硬度必须高于工件材料的硬度。通常使用的刀具硬度应在 HRC62 以上;刀具材料越硬,其耐磨性越好。

2) 足够的强度和冲击韧性 强度是指在切削力作用下,不致于发生刀刃崩碎和刀杆折断所具备的性能。冲击韧性是指刀具材料在有冲击或间断切削的工作条件下,确保不崩刃所具备的能力。切削时刀具要能承受足够大的切削力和冲击力。

3) 高的热硬性 是指刀具在高温下保持高硬度的性能。热硬性愈高,刀具允许的切削速度愈高,它是衡量刀具材料性能的主要指标。

4) 良好的工艺性与经济性 为了便于刀具的制造和广泛使用,要求刀具材料还应具有良好的工艺性与经济性。例如,应有良好的热处理工艺性、可磨削加工性以及价格低廉等。

目前,刀具的常用材料有高速钢、硬质合金、陶瓷、人造金刚石和立方碳化硼等,其中最为常用的刀具材料是高速钢和硬质合金。常用刀具材料的主要性能和特点比较见表3－3。

表3－3　常用刀具材料主要性能比较

种类	硬度	抗弯强度 σ_b（GPa）	热硬性（℃）	允许切削速度（m/min）	特　点
高速钢	63～70HRC	1.96～4.41	600～700	50～60	制造简单，刃磨方便，容易刃磨得到锋利的刃口，且韧性较好，能承受较大的冲击力，但耐热性较差，不能用于高速切削。
硬质合金	78～82HRC	1.08～2.16	800～1000	100～300	硬度、耐磨性和耐热性均优于高速钢，有很好的热硬性，但韧性较差，抗弯强度较低，因此不能承受大的冲击力。
陶瓷材料	91～95HRA	0.44～1.15	1100～1200	100～750	硬度高，耐磨性好，耐热性高，化学稳定性好，允许用较高的切削速度，但其脆性大，怕冲击，切削时易崩刃，所以只适合于高速精车。
人造金刚石	10000HV	0.21～0.48	700～800	500～1500	硬度和耐磨性极高，刀刃锋利，刀面表面粗糙度很小，能进行精密加工，缺点是耐热性差，高温下金刚石的碳原子易扩散到铁中产生黏结作用而加快刀具磨损，因此不宜加工铁族金属。
立方碳化硼	7000～8000HV	0.12～0.44	1200～1400	500～1500	硬度仅次于金刚石，耐热性高，高温下不与铁金属发生化学反应，可加工钢铁，刀具耐用度是硬质合金和陶瓷刀具的几十倍，缺点是焊接性能差，抗弯强度略低于硬质合金。

2. 刀具的组成和几何形状

在切削加工中，不同的切削机床使用不同的刀具，各种刀具有不同的几何形状，其中车刀是最基本的一种刀具，各种刀具中的任何一齿都可以看作是车刀切削部分的演变及组合而成（如图3－7所示），所以刀具的结构要素和几个形状有很多共同的特征，正确理解车刀的几何形状及特征，是认识其他刀具的基础。

图3-7 各种刀具切削部分的形状

图3-8 车刀切削部分的构成

（1）刀具切削部分的构成

以最基本的车刀为例，刀具由刀体和切削部分组成，如图3-8所示。车刀刀体是用来将刀具夹固在车床方刀架上，切削部分是用来切削金属。切削部分主要由"一尖（刀尖）二刃（主切削刃和副切削刃）三面（前刀面、后刀面和副后刀面）五角（前角、后角、主偏角、副偏角和刃倾角）"组成。

刀尖　是主、副切削刃连接处的一小段圆弧过渡刃或直线刃，可以增加刀尖强度。

主切削刃　是前刀面与后刀面相交的部位，担任主要切削任务。

副切削刃　是前刀面与副后刀面相交的部位，协同主切削刃完成金属的切除工作，并起一定的修光作用。

前刀面　切屑流出时经过的刀面，也是车刀的上面。

主后刀面　与工件过渡（加工）表面相对的刀面。

副后刀面　与工件已加工表面相对的刀面。

（2）刀具的标注角度

为了确定车刀的角度，多采用正交平面参考系。正交平面参考系由以下三个平面组成，如图3-9所示。

基面　通过切削刃上选定点，垂直于该点切削速度的平面。对车刀，为平行于底平面的平面。基面是刀具制造、刃磨和测量时的基准面。

切削平面　通过切削刃上选定点，与切削刃相切，且垂直于基面平面。

正交平面　通过切削刃上选定点，并垂直于基面和切削平面的平面。

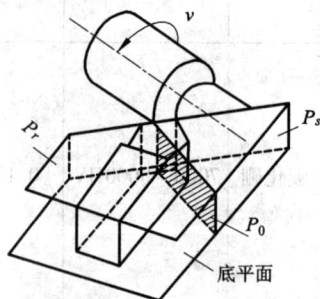

图3-9 正交平面参考坐标系

如图3-10所示，车刀切削部分的主要角度有前角 γ_0、后角 α_0、主偏角 K_r、副偏角 K_r' 和刃倾角 λ_s。

前角 γ_0　前角是在正交平面中测量的前刀面与基面间的夹角，其作用是使刃刃锋利，便于切削，故它对刀具的切削性能影响很大。前角可以是正值、负值或零。其正、负值规定如下：在正交平面中，前刀面与切削平面的夹角小于90°时为正，大于90°时为负。前刀面与基

190

面平行时,前角为零。较大的前角能减小切削力,降低切削温度,减小刀具的磨损。若前角过大,会削弱刀头的强度,容易使刀具磨损甚至崩口。车刀前角的大小与工件材料、刀具材料和加工要求有关。例如,加工塑性材料时选择较大前角,加工脆性材料时宜选择较小前角;高速钢车刀的前角应大些,而硬质合金车刀的前角宜稍小些。前角的取值范围为 $-5°\sim25°$。

后角 α_0　后角是在正交平面中测量的后刀面与切削平面间的夹角,其主要作用是减小后刀面与工件之间的摩擦。后角取值范围为 $6°\sim12°$。粗加工时,为保证刀头的强度,取较小值;精加工时,为减轻刀具磨损并保持锋利的刀刃,取较大值。

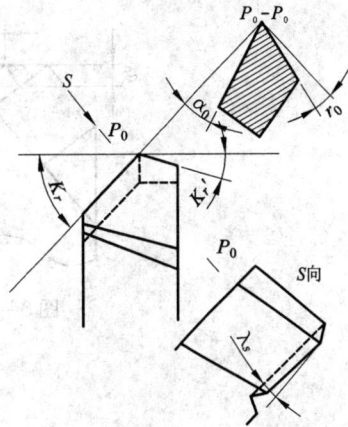

图 3 – 10　车刀的主要角度

主偏角 K_r　主偏角是在基面中测量主切削刃的投影与进给方向间的夹角,其大小主要影响刀具的耐用度和切削力的分配。如图 3 – 11(a)所示,在切削深度 a_p 和进给量 f 一定的条件下,减小主偏角可增加切削刃参加切削的长度,使切削层变得宽而薄,减小切削刃单位长度上的负荷,改善散热条件,有利于提高刀具耐用度。如图 3 – 11(b)所示,主偏角减小会使刀具作用于工件上的径向力 F_y 增大,使工件弹性变形增加,振动加剧,不利于提高加工精度和降低表面粗糙度。主偏角取值范围为 $45°\sim90°$。工件刚度好时,主偏角取小值,以提高刀具耐用度;刚度差时,例如车细长轴,为了减小振动,主偏角宜取大值。

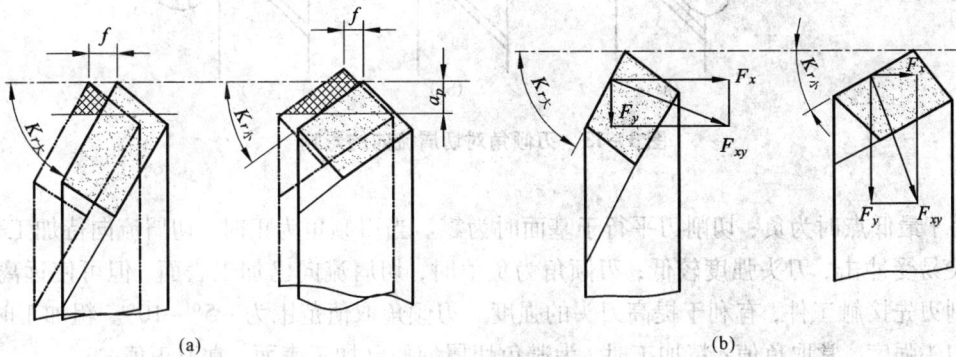

(a)　　　　　　　　　　　　　　　　　　(b)

图 3 – 11　主偏角的影响

副偏角 K_r'　副偏角是在基面中测量的副切削刃投影与进给反方向之间的夹角,其主要作用是减少副切削刃与已加工面的摩擦,同时控制残留面积的大小,以降低表面粗糙度。如图 3 – 12 所示,在同样切削深度、进给量和主偏角的情况下,减小副偏角可以减小车削后的残留面积,降低表面粗糙度。副偏角取值范围为 $5°\sim15°$。粗加工时,取较大值;精加工时,取较小值。

刃倾角 λ_s　刃倾角是主切削刃与基面在切削平面上的投影的夹角,其主要影响切屑流向和刀头强度。如图 3 – 13 所示,它可以是正值、负值或零。当刀尖处于切削刃上最高点时为

191

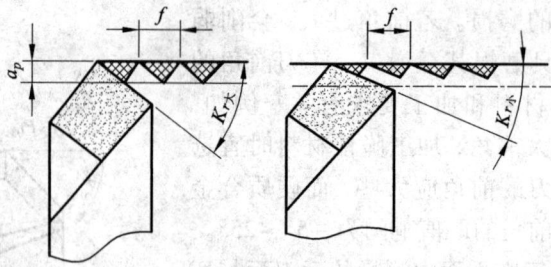

图 3 - 12　副偏角对表面粗糙度的影响

图 3 - 13　刃倾角对切屑流向的影响

正；处于最低点时为负；切削刃平行于基面时为零。当刃倾角为正时，切屑流向待加工表面，但刀尖易受冲击，刀头强度较低；刃倾角为负值时，切屑流向已加工表面，但可使远离刀尖的切削刃先接触工件，有利于提高刀头的强度。刃倾角取值范围为 -5°~10°。粗加工时，为增强刀头强度，常取负值；精加工时，为避免切屑划伤已加工表面，常取正值。

3.1.4　零件的结构工艺性分析

零件的结构工艺性是指在满足设计要求的前提下，零件进行切削加工的可行性和经济性，即在现有工艺条件下不仅能方便制造，还能以较低的成本制造。分析零件的结构工艺性时应该考虑以下因素：

（1）合理确定零件的技术要求

一般对零件的技术要求应尽量降低。对于无须加工的表面，不要设计为加工面；对于要求不高的表面，不要设计为高精度和表面粗糙度 Ra 值低的表面，否则会提高成本。

（2）零件结构设计的标准化

192

①尽量采用标准化参数

零件的孔径、锥度、螺纹孔径、螺距、齿轮模数、压力角、圆弧半径、沟槽等参数应尽量选用标准化推荐的数值，相应的可以使用标准化的刀具、夹具、量具等，从而可以减少专用工装的设计、制造周期和费用。

②尽量采用标准件

根据需要选用相应的标准件，如螺钉、螺母、轴承、垫圈、弹簧、密封圈等零件，不仅可缩短设计制造周期，降低加工成本，使用、维修还更加方便。

③尽量采用标准型材

在满足使用要求的前提下，零件毛坯应尽量采用标准型材，不仅可以减少毛坯制造的工作量，而且还可以减少切削加工的工时和节省材料。

（3）合理标注尺寸

1）按加工顺序标注尺寸，尽量减少尺寸换算，并能方便准确地进行测量。

2）标注实际存在的和易测量的表面尺寸，且在加工时应尽量使工艺基准与设计基准重合。

3）零件各非加工面的位置尺寸应直接标注，而非加工面与加工面之间只能有一个联系尺寸。

（4）零件结构要便于加工

1）车削加工类零件要有必要的退刀槽，孔加工公差不要太严格。

2）钻孔加工类零件尽量用通孔，避免盲孔，斜孔要有凸台和凹面。

3）铣削加工类零件尽量用平铣刀或组合铣刀，少用成形铣刀；尽量用盘状铣刀，少用指状铣刀。

4）磨削加工类零件尽量采用大直径圆周砂轮，注意留退刀槽。

5）各要素的形状应尽量简单，尽量减小加工面积，尽量统一规格。

6）尽量减少刀具种类和换刀次数，且便于进刀退刀。

（5）便于测量

1）便于尺寸误差测量。

2）便于形位误差测量。

如表3-4所示为部分零件切削加工结构工艺性改进前后的示例。

表3-4 零件结构工艺性的比较示例

序号	结构工艺性差（A）	结构工艺性好（B）	说　明
1	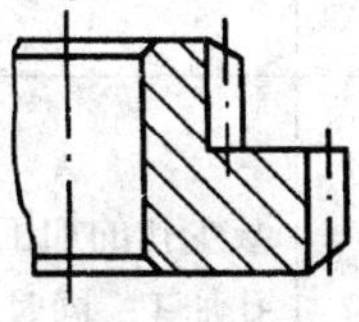	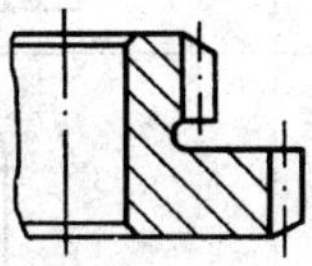	双联齿轮中间必须设计有越程槽，保证小齿轮可以插削

序号	结构工艺性差(A)	结构工艺性好(B)	说　明
2	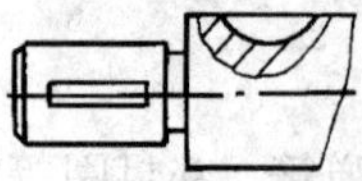	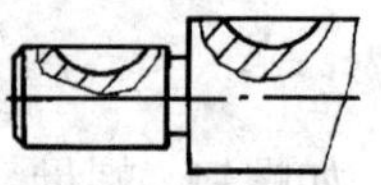	原设计的两个键槽，需要在轴用虎钳上装夹两次，改进后只需要装夹一次
3		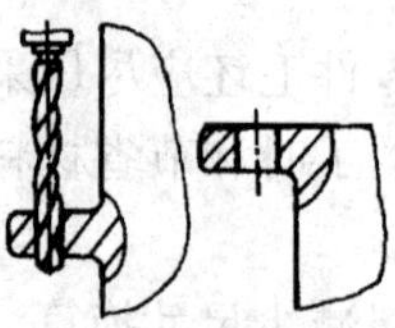	结构 A 底座上的小孔离箱壁太近，钻头向下引进时，钻床主轴碰到箱壁。改进后底板上的小孔与箱壁留有适当的距离
4	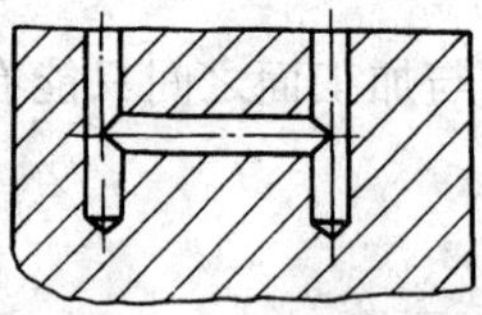	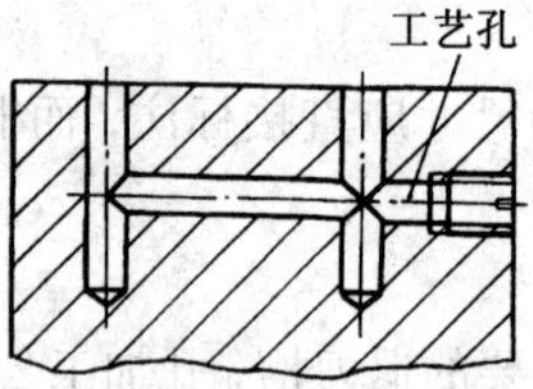 工艺孔	当从功能需要出发设计如图示的水平孔时，必须增加工艺孔才能加工，打通后再堵上
5	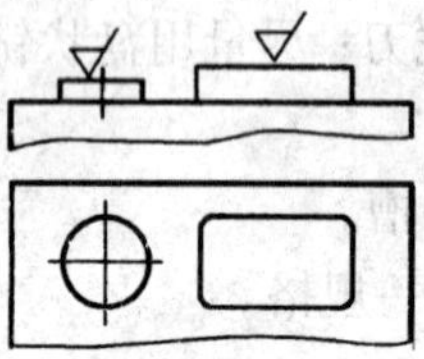	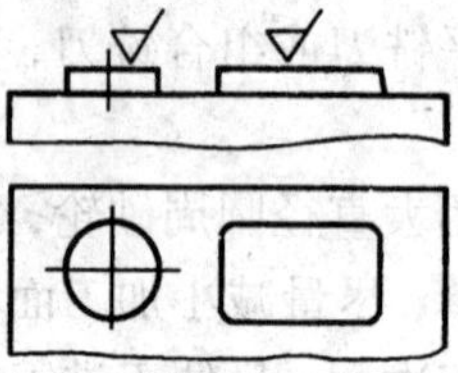	结构凸台表面尽可能在一次走刀中加工完毕，以减少机床的调整次数
6	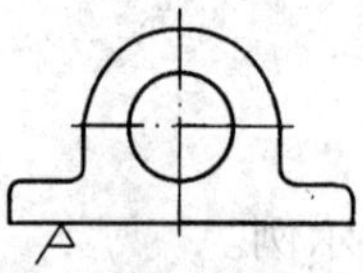	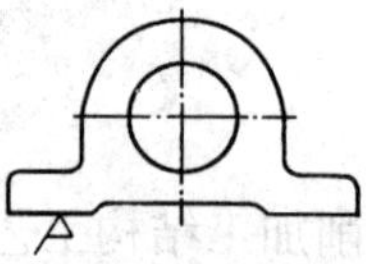	加工面减少，减少材料和切削刀具的消耗，节省工时，且易保证平面度要求
7	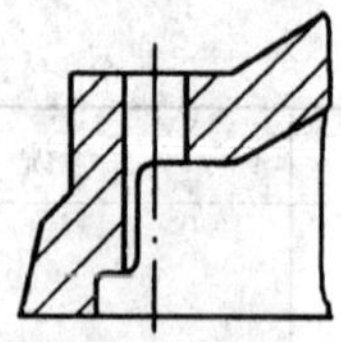	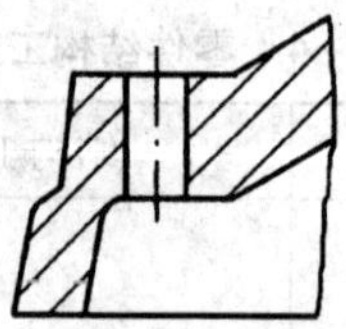	加工结构 A 上的孔时，钻头容易引偏
8	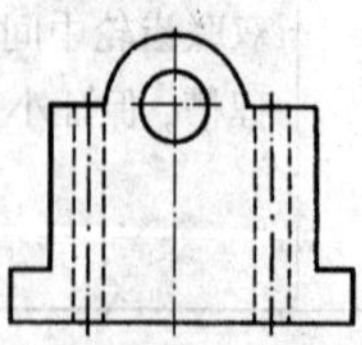	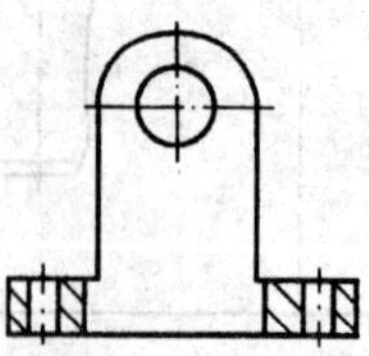	减少孔的加工深度，避免深孔加工，同时也节约了材料

续表

序号	结构工艺性差(A)	结构工艺性好(B)	说　明
9	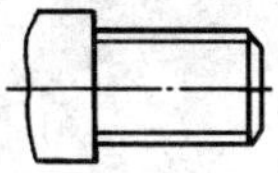	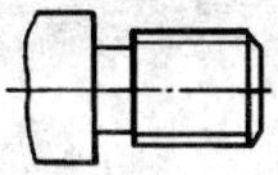	为方便加工,螺纹应有退刀槽
10	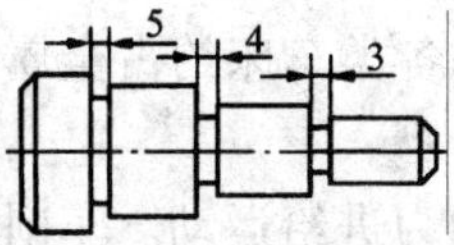	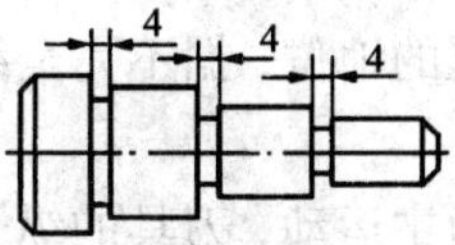	为了减少刀具种类,轴上的砂轮退刀槽宽度尽可能分别一致
11	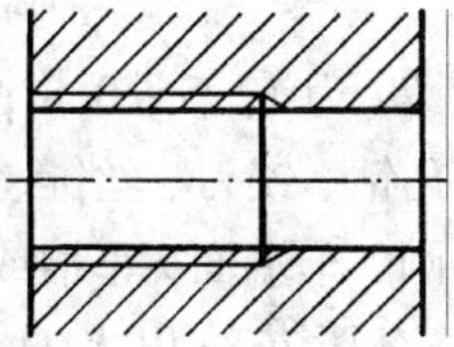	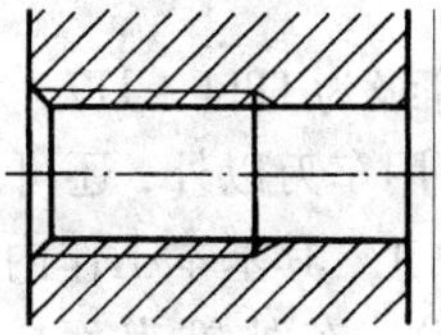	内螺纹的孔口应有倒角,以便顺利引入螺纹刀具
12	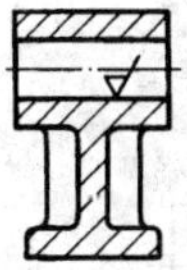	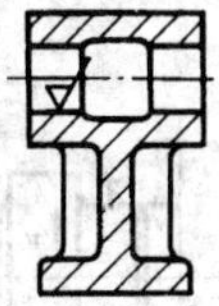	B 结构可以减少加工面积,同时也容易保证加工精度,而 A 结构则不行
13	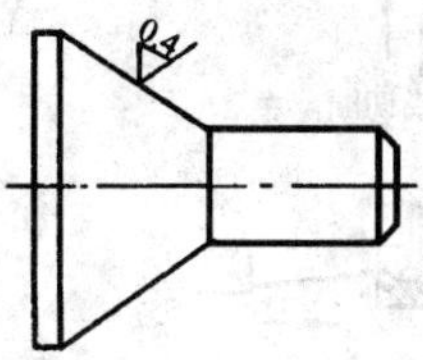	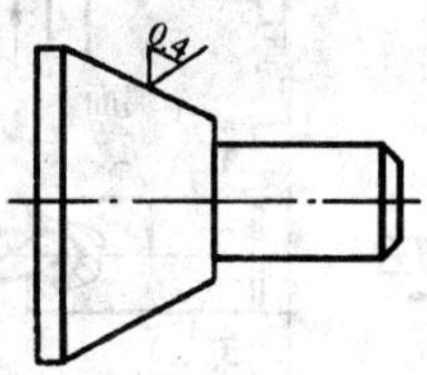	在磨削圆锥面时,A 结构容易有碰伤圆柱面,同时也不能对圆锥全长上进行磨削,B 结构则可方便磨削
14	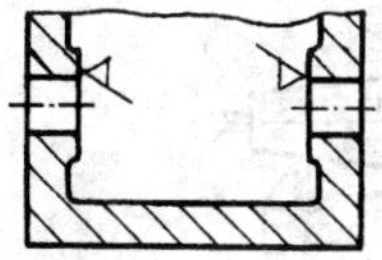	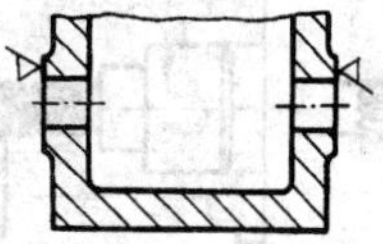	A 结构的加工表面设计在箱体里面,不易加工
15	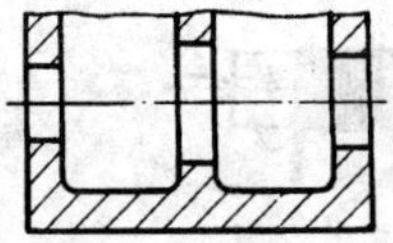	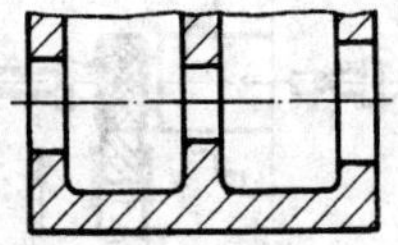	在同一轴线上的孔,孔径要两边大、中间小或依次递减,不能出现两边小、中间大的情况

3.2 车削加工

3.2.1 车削加工概述

1.车削加工的基本概念

车削加工是在车床上利用工件的旋转和刀具的移动来改变毛坯的形状和尺寸,将工件加工成合乎要求的零件的一种切削加工方法。车削加工是机械加工中最基本、最常用的切削加工方法,在生产中占有十分重要的地位,据不完全统计,目前各类车床约占金属切削机床总数的50%。

车削加工时,工件的旋转为主运动,刀具的纵、横向移动为进给运动。车削用量包括切削速度 v、进给量 f 和背吃刀量 a_p,详见 3.1.1 节。

2.车削加工的应用范围

车削加工零件的尺寸公差等级为 IT11 ~ IT7,表面粗糙度 Ra 为 12.5 ~ 0.8 μm。车削加工的范围很广,在车床上除了可用车刀以外,还可用钻头、扩孔钻、铰刀、丝锥、板牙和滚花工具等对旋转工件进行相应的加工,其基本工作内容是:车外圆,车端面,车槽或切断,钻中心孔、镗孔、铰孔,车各种螺纹,车外锥表面,车成形面,滚压花纹以及盘绕弹簧,如图 3 – 14 所示。

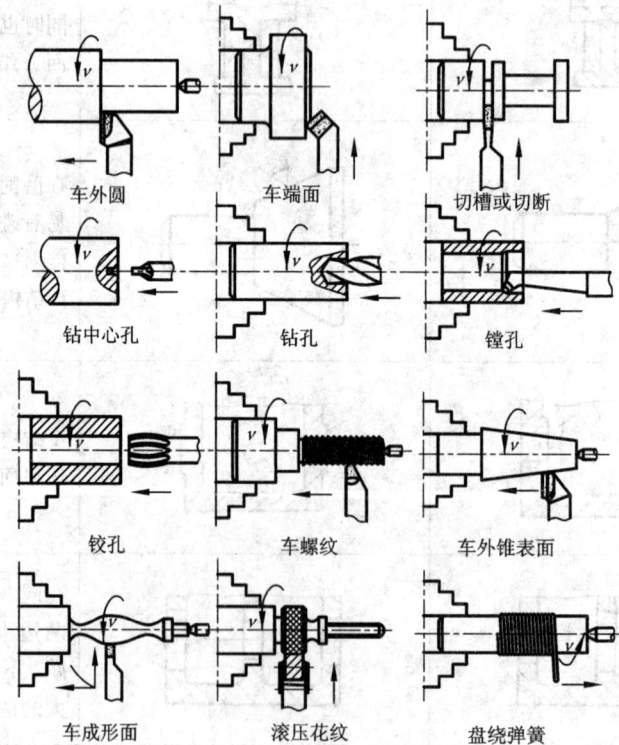

车外圆　　　　车端面　　　　切槽或切断

钻中心孔　　　　钻孔　　　　镗孔

铰孔　　　　车螺纹　　　　车外锥表面

车成形面　　　　滚压花纹　　　　盘绕弹簧

图 3 – 14　车削的加工范围

3. 车削加工的特点

车削加工与其他切削加工方法相比，有很多显著的特点：

1）车削加工范围很广，主要用于各种内、外旋转面及其端面的加工；

2）车削加工的主运动是工件的旋转运动，进给运动是刀具的纵、横向移动；

3）车削加工的切削力变化小，冲击轻微，稳定性好；

4）车削加工中所产生的切削热大部分被切屑带走，所以车削加工一般不使用切削液；

5）受刀具和机床性能的限制，车削加工多用于粗加工和半精加工。

3.2.2 普通车床

1. 普通车床的型号

普通车床的种类很多，其中由于普通卧式车床的加工对象广，主轴转速和进给量的调整范围大，能加工工件的内外表面、端面和内外螺纹，应用范围最广泛。

机床型号是机床产品的代号，用来简明地表示机床的类别、主要技术参数、结构特性等。我国目前实行的机床型号按 GB/T 15375—2008《金属切削机床型号编制方法》表示如下：

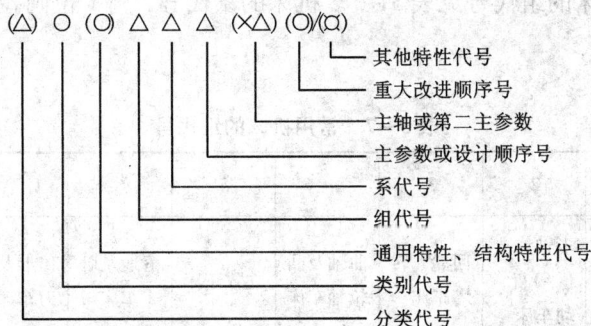

$$（△）○（○）△△△（×△）（○）/（¤）$$

其他特性代号
重大改进顺序号
主轴或第二主参数
主参数或设计顺序号
系代号
组代号
通用特性、结构特性代号
类别代号
分类代号

其中，①"（ ）"的代号或数字，当无内容时，不表示，若有内容则不带括号；

②有"○"者，为大写的汉语拼音字母；

③有"△"者，为阿拉伯数字；

④有"¤"者，为大写的汉语拼音字母或阿拉伯数字，或两者兼有。

（1）普通机床的类别代号 普通机床的类别代号用汉语拼音大写字母表示，如 C 是"车床"汉语拼音的第一个大写字母。普通机床的类别代号如表 3－5 所示。

表 3－5 普通机床类别代号

类别	车床	钻床	镗床	磨床			齿轮加工机床	螺纹加工机床	铣床	刨插床	拉床	锯床	其他机床
代号	C	Z	T	M	2M	3M	Y	S	X	B	L	G	Q
读音	车	钻	镗	磨	二磨	三磨	牙	丝	铣	刨	拉	割	其

（2）普通机床的特性代号 它表示了普通机床所具有的通用特性和结构特性，是为了区分主参数相同而结构不同的机床。例如，CA6140 型卧式车床在结构上与 C6140 型车床不同，

其中"A"便是这种型号车床的特性代号。根据各类机床的情况分别规定其结构特性的代号字母，其意义各不相同。如果某类型机床除有普通型外，还具有如表3-6所列出的某种通用特性，则应在类别代号之后加上相应的特性代号。例如"CK"表示数控机床。

表3-6 机床通用特性代号

通用特性	高精度	精密	自动	半自动	数控	加工中心	仿形	轻型	加重型	简式或经济型	柔性加工单元	高速
代号	G	M	Z	B	K	H	F	Q	C	J	R	S
读音	高	密	自	半	控	换	仿	轻	重	简	柔	速

（3）通用机床组、系的划分及其代号　将每类机床划分10个组，每个组又划分为10个系（系列）。在同一类机床中，主要布局或使用范围基本相同的机床，即为同一组。在同一组机床中，如果其主要参数相同、主要结构及其布局形式相同，即为同一系。

机床的组代号，用1位阿拉伯数字表示，位于类代号或通用特性代号、结构特征代号之后。车床、钻床和镗床的组代号见表3-7。机床的系代号，用1位阿拉伯数字表示，位于组代号之后。

表3-7 常用机床的组代号

组别\类别	0	1	2	3	4	5	6	7	8	9
车床C	仪表车床	单轴（半）自动车床	多轴（半）自动车床	回轮、转塔车床	曲轴及凸轮轴车床	立式车床	落地及卧式车床	仿形及多刀车床	轮轴辊、锭及铲齿车床	其他车床
钻床Z		坐标镗钻床	深孔钻床	摇臂钻床	台式钻床	立式钻床	卧式钻床	铣钻床	中心孔钻床	其他钻床
镗床T			深孔镗床		坐标镗床	立式镗床	卧式镗床	精镗床	汽车、拖拉机维修用镗床	其他镗床

（4）主参数和第二参数　主要参数一般用折算值表示，位于系代号之后。它反映车床的主要技术规格，主参数的尺寸单位为mm。如C6140车床，主参数的折算值为40，折算系数为1/10，即主参数（床身上最大工件回转直径）为400 mm。第二主参数一般是指主轴数、最大工件长度、最大加工模数等，除了多轴机床的主轴参数外，一般不予表示。

（5）普通机床的重大改进顺序号　当机床的结构、性能有更高的要求，并需按新产品重新设计、试制和鉴定时，才按改进的先后顺序选用A、B、C等字母（但"I、O"两个字母不得选用），加在型号基本部分的尾部，以区别原机床的型号。

综上所述普通机床型号的编制方法，以常用的CA6140型普通车床为例来说明型号中字母及数字含义：

198

C A 6 1 40　**(CA6140型普通卧式车床)**

主参数(最大车削直径400 mm)

系列代号(卧式车床系)

组别代号(落地及卧式车床组)

结构特性代号(结构不同)

类别代号(车床)

2. CA6140 型普通车床

（1）CA6140 型机床的主要部件名称

CA6140 型普通车床主要加工轴类零件和直径不太大的盘类零件，采用卧式结构，万能性大，但自动化程度低，适用于单件小批生产的机械加工车间、工具车间及维修车间。其主要组成部分，如图 3-15 所示。

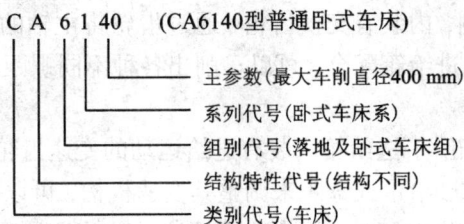

图 3-15　CA6140 型普通车床外形图

1）主轴部分

如图 3-16 所示，车床主轴为空心机构，内部有锥面孔，用来安装顶尖。

①主轴箱　也称"床头箱"，用来支承主轴并使之旋转，内装主轴和主轴变速机构。电动机的运动经三角皮带传动给主轴箱，通过变速机构使主轴得到不同的转速。主轴又通过其他齿轮传动带动挂轮箱的齿轮旋转，将运动传给进给箱。

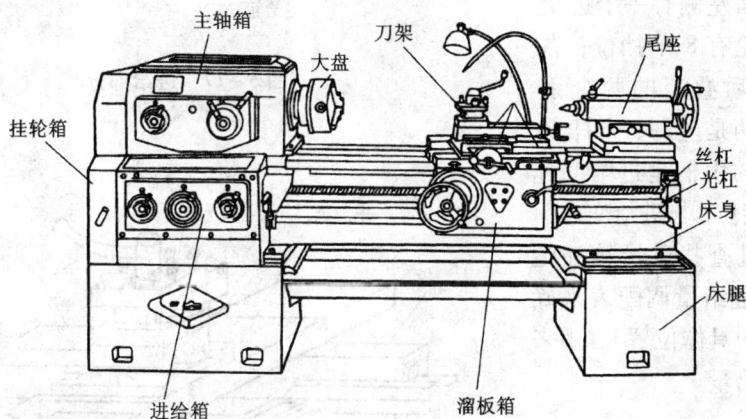

图 3-16　主轴部分

②卡盘　用以夹持工件，并带动工件一起旋转。

③叠套手柄　通过改变手柄的位置，使主轴获得不同的转速。

④螺纹转向变换手柄　用以传递力或者改变方向。

2）挂轮部分(也称变换齿轮箱)

挂轮箱在车床的最左侧，内装有交换齿轮，通过齿轮将主轴的旋转运动传给进给箱。调换挂轮箱内的齿轮组，并与进给箱配合，可以车削出各种不同螺距的螺纹。

3）进给部分

①进给箱　又称"走刀箱"，进给箱内装有进给运动的变速齿轮，用来将主轴的旋转运动传给丝杆或光杆；按所需的进给量或螺距来调整其变速机构，可以改变进给速度。

②丝杆　带动大滑板作纵向移动，用来车削螺纹。丝杠是车床中最精密件之一，一般不用丝杠自动进给，以便长期保持丝杠的精度。

③光杆　把进给箱的运动传递给溜板箱，使刀架作纵向或横向进给运动，用于一般车削的自动进给。

如图 3 - 17 所示，CA6140 型车床进给箱正面左侧有一个进给变速手轮，手轮有 8 个挡位；右侧有 1 个前、后叠装的两个手柄，前面的手柄是丝杆、光杆变换手柄，后面的手柄是进给变速手柄，有 4 个接位，与进给变速手轮配合(可通过查找进给箱油池盖上的螺距或进给量调配表来确定手轮与手柄的具体位置)，用来调整螺距或进给量。

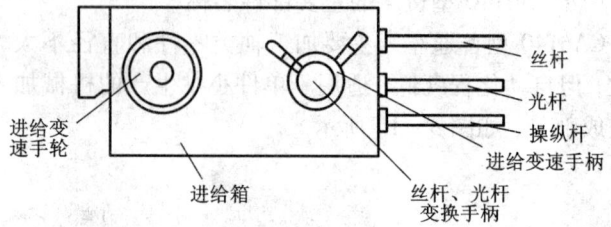

图 3 - 17　进给部分

4）刀架

如图 3 - 18 所示，刀架用来夹持车刀并使其作纵向、横向或斜向进给运动。它包括以下几部分：

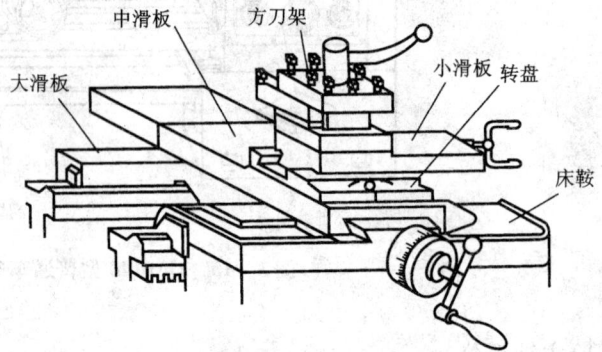

图 3 - 18　进给部分

①床鞍　作纵向移动，控制车削的长度。

②大滑板　又称"大刀架"、"大拖板"或"纵溜板"，与溜板箱连接，带动车刀沿床身导轨纵向移动，其上有横向导轨用来连接中滑板。

③中滑板　又称"横刀架"、"中拖板"或"横溜板"，它可沿大滑板上的导轨横向移动，用来横向车削工件及控制切削深度。

④小滑板　又称"小拖板"或"小刀架"，它控制长度方向的小位移切削，可沿转盘上面的导轨作短距离移动，将转盘偏转若干角度后，小刀架手动作纵向进给，用来车削圆锥体。

⑤转盘　与中滑板用螺钉紧固，松开螺钉，便可在水平面上旋转任意角度，其上有小刀架的导轨。

⑥方刀架　固定在小滑板上，可同时安装四把车刀，松开手柄即可转动方刀架，把所需

要的车刀转到工作位置上。

5）尾座

尾座又称"尾架"，安装在车身导轨上，在尾座的套筒内可以安装顶尖，用来支承工件；也可安装钻头、铰刀等刀具，在工件上进行孔的加工；将尾座偏移，还可用来车削圆锥体。

使用尾座时应注意以下几点：

①用顶尖装夹工件时，必须将固定位置的长扳手扳紧，锁紧尾座套筒；

②尾座套筒伸出长度，一般不超过100 mm；

③一般情况下尾座的位置与床身端部平齐，严防尾座从床身上落下，造成事故。

6）溜板箱

溜板箱又称"滑板箱"，与刀架相连，是车床进给运动的操作箱。它可将光杆传来的旋转运动变成床鞍及溜板箱作纵向移动或中滑板作横向进给运动；或操纵对开螺母手柄，将丝杆传来的旋转运动直接变为床鞍及溜板箱的纵向移动，以实现螺纹的加工。

7）床身

床身是车床的基础零件，用来支承和安装车床的各部件，如主轴箱、进给箱、溜板箱等。床身具有足够刚度和强度，其表面精度很高，以保证各部件之间有正确的相对位置。床身上有两组平行的导轨，用于引导刀架和尾座相对于主轴箱进行正确的移动。为了保持床身表面的精度，在操作车床中应注意维护和保养。

8）附件

①跟刀架　固定在床鞍上，随大滑板一起运动的机构。在车削细长轴时，它可以增加刚性，减少变形和振动。

②中心架　固定在车床床身上，以保持工件轴线位置，缩短工件的悬臂长度，增加工艺系统的刚度，较少切削力对车削精度的影响，不随大滑板一起运动的机构。在车削较长工件时，它可以支承工件，防止工件振动。

（2）CA6140 型车床的传动系统

车床的传动系统是指从电动机到主轴或刀架之间的运动传递路线。CA6140 型卧式车床的传动路线如图 3 – 19 所示。

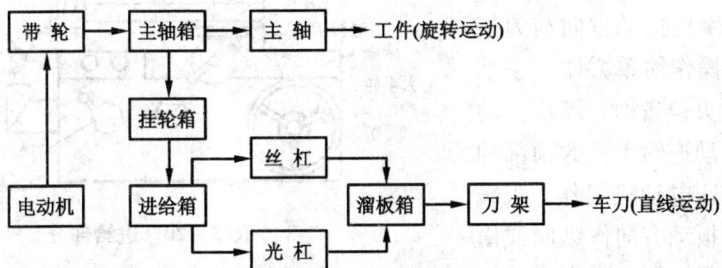

图 3 – 19　CA6140 型卧式车床传动路线示意图

3.普通车床的基本操作要点

（1）普通车床的基本操作

1）车床的启动/停止操作

①检查车床各变速手柄是否处于空挡位置，离合器是否处于正确位置，操纵杆是否处于停止状态，确定无误后方可启动车床电源。

②按下床鞍上的绿色启动按钮，使主电动机启动。

③向上提起溜板箱右侧面的操纵杆，主轴正转；操纵杆向下压，主轴反转；操纵杆手柄回到中间位置，主轴停止转动，但主电动机还在运转，称为"停车"。

④按下床鞍上的红色停止按钮，主电动机停止工作，称为"停机"。

2）主轴的变速操作

①转速的调整：主轴转速是通过调整主轴箱正面右侧的两个叠套手柄的位置来调整（见图3-15）。后面的那个手柄有6个挡位，其中有两个空挡和四个转速挡，分别对应两个空心圆和4种颜色的实心圆。前面的手柄用来选择具体的转速，它也有6个挡位，分别对应刻度盘数字标示的转速。即：当后面的手柄处于某种颜色的挡位时，前面的手柄可以选择对应颜色的6个挡位中的任意一个挡位来得到需要的主轴转速。

②螺纹旋向的调整变换：主轴箱正面左侧的手柄用以螺纹左右旋向的变换和加大螺距。总共有4个挡位，即右旋螺纹、右旋加大螺距螺纹、左旋螺纹和左旋加大螺纹。

进行主轴转速调整操作时应注意：

必须停车变速，以免打坏变速箱内的齿轮。

当手柄或手轮扳不到正常位置时，可以用手转动三爪卡盘再试。

3）进给量的调整

进给量的大小是通过更换挂轮箱内配换齿轮及改变进给箱上进给变速手轮、进给变速手柄位置来调整。变速箱左侧的进给变速手轮有8个挡位，其右侧的进给变速手柄则有4个挡位，因此当配换齿轮不变时，这两者配合使用就可以获得32种进给量。更换不同的配换齿轮，可获得多种进给量。

4）溜板部分的操作

①自动进给手柄的使用：如图3-20所示，车床的纵横向自动进给和快速移动是由溜板箱右侧的自动进给手柄控制的。自动进给手柄可沿十字槽纵横向扳动，手柄扳动方向与刀架运动方向一致，操作简单方便。手柄处于十字槽的中央位置时，停止自动进给。当按下自动进给手柄的顶部的快进按钮时，快速电动机工作，床鞍或中滑板按手柄扳动方向作纵向或横向快速移动，松开按钮，快速电动机停止工作，快速移动中止。

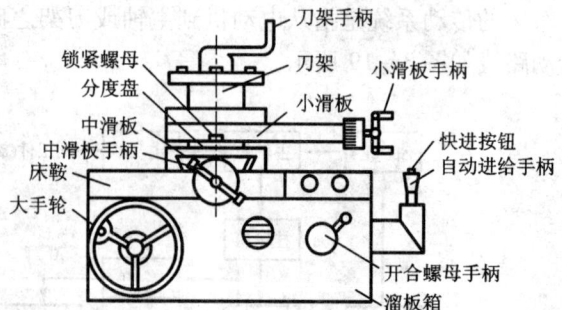

图3-20 进给部分

溜板箱正面右侧有一个开合螺母操作手柄，用于控制溜板箱与丝杆之间的运动联系。车削非螺纹表面时，开合螺母手柄位于上方；车削螺纹时，压下开合螺母手柄，使开合螺母闭合并与丝杆啮合，将丝杠的运动传递给溜板箱，使溜板箱、床鞍按照预定的螺距（或导程）作纵向进给运动。车完螺纹后应立即将开合螺母手柄扳回原位。

202

②手动手柄/手轮的使用：大、中、小滑板慢速均匀移动，双手须交替动作自如，并能分清中滑板的进退刀方向，反应要灵活，动作要准确。

③刀架操作：逆时针转动刀架手柄，刀架可作逆时针转动来调换车刀，顺时针转动刀架手柄，刀架则被锁紧。

5）刻度盘的操作

①床鞍手轮上刻度盘圆周等分 300 格，每一格为 1 mm，即手柄转动一格，床鞍及溜板箱纵向移动 1 mm。

②中滑板丝杠上的刻度盘圆周等分 100 格，每一格为 0.05 mm，即手轮转动一格，中滑板横向移动 0.05 mm。

③小滑板丝杠上的刻度盘圆周等分 100 格，每一格为 0.05 mm，即手轮转动一格，小滑板纵向移动 0.05 mm。

④由于中滑板丝杠和螺母间的配合有间隙，因而会产生空行程，即刻度盘转动而滑板未动，故当刻度盘转过所需刻度后，必须将刻度盘向相反方向返回全部空行程，再慢慢转至所需刻度，切不可直接退回几格，如图 3 - 21 所示。

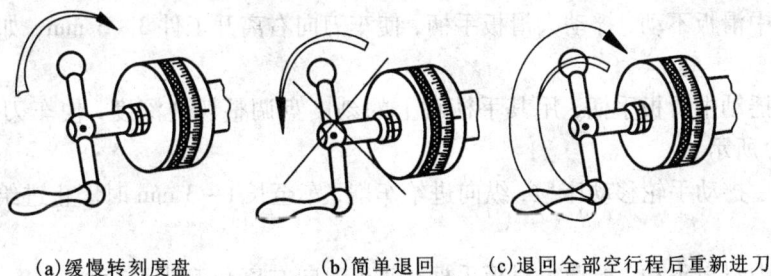

(a)缓慢转刻度盘　　　　(b)简单退回　　　(c)退回全部空行程后重新进刀

图 3 - 21　消除刻度盘空行程的方法

6）尾座的操作

①尾座可沿床身导轨移动，逆时针扳动尾座固定手柄，尾座锁紧固定。

②逆时针扳动套筒固定手柄，转动手轮，套筒作进退移动；顺时针扳动套筒固定手柄，套筒固定。

③套筒内能安装顶尖和其他刀具。

(2)粗车和精车

1）粗车的选择原则及切削用量

粗车的目的是在合理的时间内尽快车掉工件余量，留下一定的精车余量，使工件接近最后的形状和尺寸。因此，在车床动力条件允许下，按以下原则选择：

①优先选用较大的切削深度，最好一次进给加工完毕。

②根据可能，适当加大进给量。

③采用中等或中等偏低的切削速度。

粗车的切削用量推荐为：背吃刀量 a_p = 2 ~ 4 mm，进给量 f = 0.05 ~ 0.4 mm，切削速度 v_c = 50 ~ 70 m/min。

当选择切削用量时，还要综合考虑工件安装是否牢靠。若工件夹持部分长度较短或表面凹凸不平时,切削用量不宜过大。

2)精车的选择原则及切削用量

精车是工件车削过程的末道工序,其目的是要保证零件的尺寸精度和表面粗糙度的要求。它的选择原则为:

①合理选择较高的切削速度和较小的进给量。

②根据粗加工后留下的余量来确定背吃刀量以满足加工精度和表面粗糙度的要求。

精车的切削用量推荐为:背吃刀量 $a_p = 0.3 \sim 0.5$ mm,进给量 $f = 0.05 \sim 0.2$ mm,切削速度 $v_c = 100 \sim 200$ m/min。

有时根据需要,选取的切削参数介于此两者之间,称为半精车。

3)试切的方法和步骤

工件安装好后,根据工件的加工余量来确定吃刀次数和每次吃刀的切削深度。要保证工件的尺寸精度要求,仅仅靠刻度盘来进刀是不稳妥的,因为刻度盘和丝杠都有误差,所以需要进行试切,其步骤如下:

①对刀:启动车床,使工件转动,用手摇动大滑板和中滑板手柄,使车刀刀尖与工件右端外表面轻微接触,进行径向对刀,以此作为进刀起点,如图 3 - 22(a) 所示。

②退刀:中滑板不动,摇动大滑板手柄,使车刀向右离开工件 3 ~ 5 mm,如图 3 - 22(b) 所示。

③进刀:摇动中滑板手柄,用其手柄轴上的刻度盘调整切削深度,使车刀作横向进给,如图 3 - 22(c) 所示。

④试切削:摇动手轮移动床鞍,纵向进给车削,车至长 1 ~ 3 mm 时停止进给,如图 3 - 22(d) 所示。

⑤退刀:中滑板不动,摇动大滑板手柄,使车刀向右离开工件 3 ~ 5 mm。

⑥试测量:停车,进行试测量,尺寸合格,则可继续加工,如图 3 - 22(e) 所示。

⑦调整:若尺寸不合格,则需要重新进行试切削,再进刀,直至尺寸合格,如图 3 - 22(f) 所示。

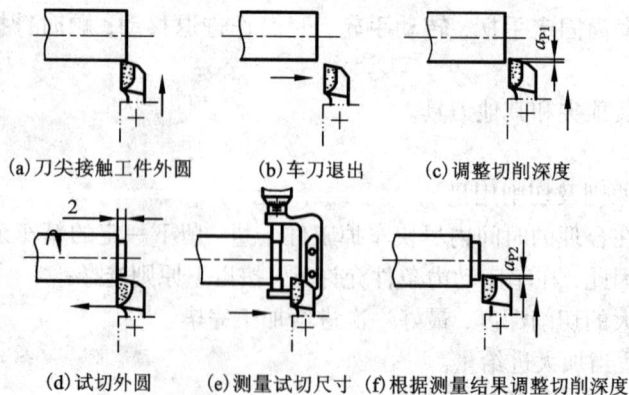

(a)刀尖接触工件外圆　(b)车刀退出　(c)调整切削深度

(d)试切外圆　(e)测量试切尺寸　(f)根据测量结果调整切削深度

图 3 - 22　车削的试切步骤

4）车床的安全操作规程

①启动车床前

检查机床结构外观（重点是变速手柄和防护装置）是否完好，若无异常，则使车床低速运转 1～2 min，试看机床运转是否正常。

适当进行加油润滑。

工具不允许摆放在车床上，而是摆在符合手的自然动作所能够得着的位置。

②安装工件

工件必须夹正、夹牢。

工件安装和拆卸完毕后应随手取下卡盘扳手。

安装和拆卸大工件时，需用木板保护床面。

③安装刀具

刀具必须垫好、放正和夹牢。

装卸刀具和切削加工时，切记要先锁紧方刀架。

工件和刀具安装好后，需要进行极限位置检查。

④启动车床后

切勿改变主轴转速。

切勿度量工件尺寸。

切勿用手触摸切屑和旋转的工件。

切削时须戴好防护眼镜。

切削时应当精力集中，切勿离开机床。

⑤工作结束后

擦净机床、清理场地、关闭电源。

擦拭机床时要防止刀尖、切削等物划伤身体，并防止溜板箱、刀架、卡盘、尾架等相碰撞。

⑥若发生事故

立即停车，关闭电源。

保护好现场。

及时向有关人员汇报，并分析原因、吸取教训。

4. 普通车床的润滑与保养

为保证车床的正常运转，减少磨损，延长设备使用寿命，应对车床的所有摩擦部位进行润滑，并注意车床的日常保养。

（1）车床的润滑

车床的正确润滑是决定其正常运转的重要条件之一，其作用是减少相对运动零件的磨损以延长车床使用期限，减少摩擦损失以提高机械效率，降低温度以改善车床的工作条件，防止生锈等。

车床润滑的方式主要有以下几种：

1）浇油润滑　常用于外表暴露的滑动表面，如：床身导轨面和滑板导轨面等。一般用油壶进行浇注。

2）溅油润滑　常用于密闭箱体中，如车床主轴箱中的传动齿轮将箱底的润滑油溅射到箱体上部的油槽中，然后经槽内油孔流到各润滑点进行润滑。

3）油绳润滑　常用于进给箱和溜板箱的油池中，如图3-23(a)所示，毛线的特性是既容易吸油又容易渗油，因此常用毛线进行油绳润滑。

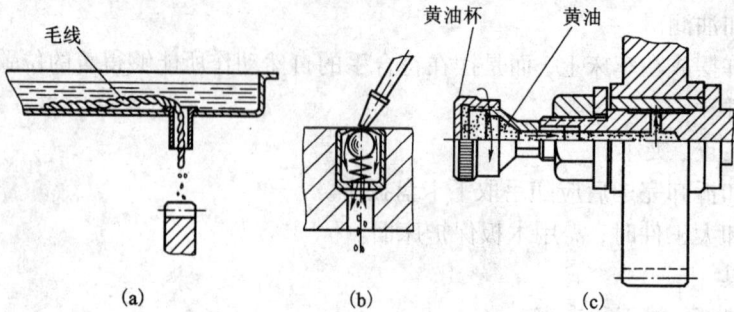

图3-23　车床润滑的几种方式

4）弹子油杯润滑　用于尾座和中、小滑板摇手柄转动轴承及三杆(丝杆、光杆、操作杆)支架的轴承处。如图3-23(b)所示，润滑时，用油嘴把弹子撖下，注入润滑油即可。

5）黄油(油脂)杯润滑　用于车床挂轮箱的交换齿轮的中间轴或不便于经常润滑处。如图3-23(c)所示，先在黄油杯中装满润滑脂，当拧进油杯盖时，润滑油就被挤进了轴承套内。

6）油泵循环润滑　用于高速、需要大量润滑油连续强制润滑的机构，如图3-24所示，主轴箱、进给箱便采用这种润滑方式。

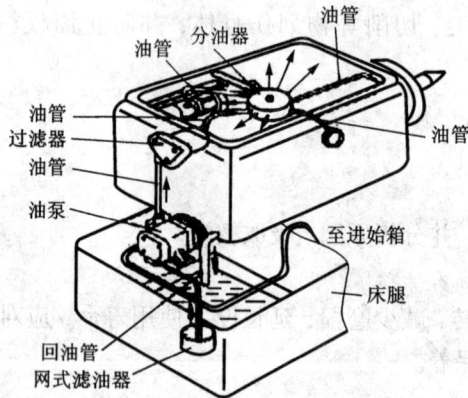

图3-24　主轴箱油泵循环润滑

图3-25所示是CA6140型车床的润滑系统位置示意图。润滑部位用数字标出，除了图中②与③处的润滑部位使用3号工业润滑油(黄油)进行润滑外，其余都使用30号机械油。

（2）车床的保养

每天工作完毕后，切断电源，对车床外观表面、各防护罩、导轨面、三杠及各操作手柄进行擦拭，做到无油污，无铁屑，使车床外观清洁。

206

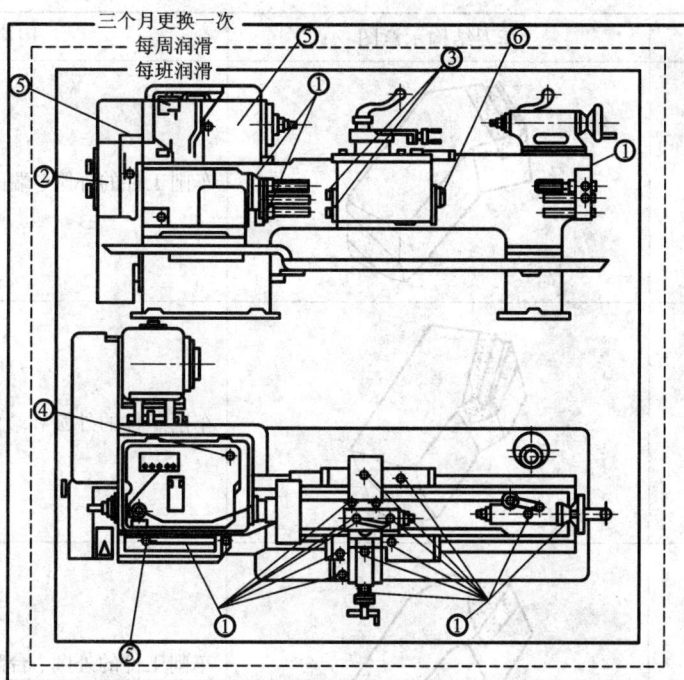

图 3 – 25　CA6140 型车床的润滑系统位置示意图

每周需要进行床身导轨面及中、小滑板导轨面及转动部位的润滑、清洁，要求油眼畅通，油标清晰，还需要清洗油绳和护床油毛毡，以保持车床外观清洁和工作场地的整洁。

车床运行 500 小时后需要进行一级保养，其具体要求如下：

1）外保养　清洗机床外表及各罩盖；清洗丝杠、光杠和操作杆；清洗机床附件。

2）主轴箱的保养　清洗滤油器和油箱，使其无杂物；检查主轴，并检查螺母有无松动；调整摩擦片间隙及制动器。

3）溜板和刀架的保养　清洗刀架，清洗并调整中、小滑板和丝杠的螺母间隙。

4）交换齿轮箱的保养　清洗齿轮、轴套并注入新油脂；调整齿轮啮合间隙；检查轴套有无晃动现象。

5）尾座的保养　清洗尾座，保持内、外清洁。

6）润滑系统的保养　清洗冷却泵、过滤器、盛液盘；清洗油绳、油毡，保证油孔、油路清洁畅通；检查油质是否良好，油杯要齐全，油窗应明亮。

7）电器部分的保养　清扫电动机、电器箱；电器装置应固定，并清洁整齐。

3.2.3　车刀

1. 车刀的种类

车刀的种类很多，分类方法也很多，常用车刀按功能分类如表 3 – 8 所示，按结构分类如表 3 – 9 所示。

分类	车刀结构示意图	用途
45°外圆车刀	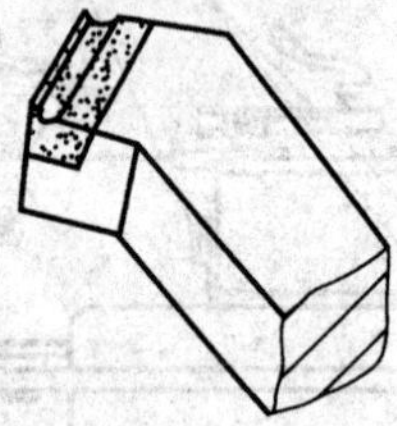	车削工件的外圆、端面及倒角
75°外圆车刀	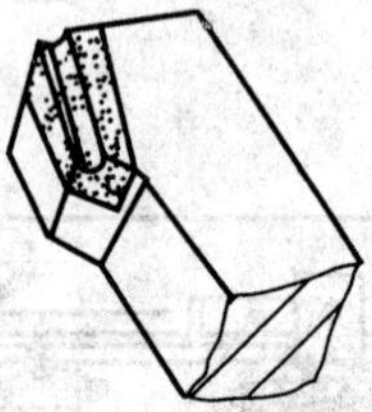	车削工件的外圆和端面
90°外圆车刀	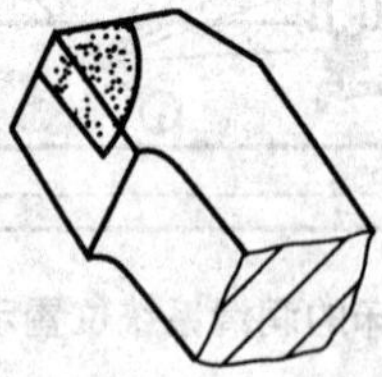	车削工件的外圆、台阶面和端面
内孔车刀	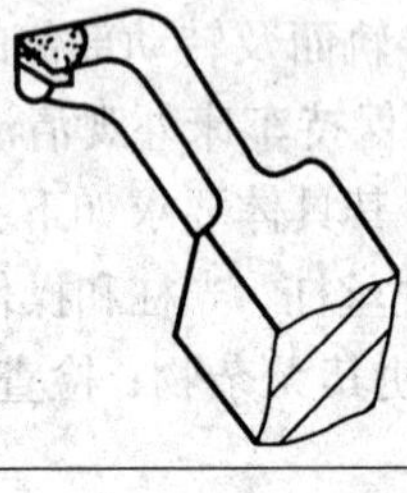	车削工件的内孔
切断车刀	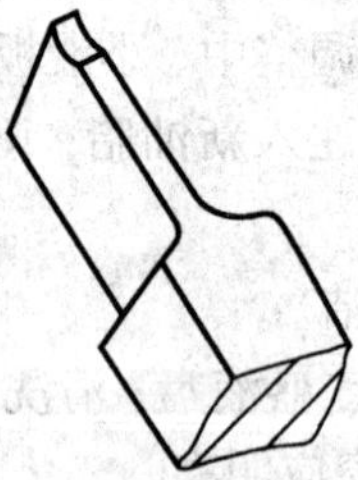	切断工件或在工件上切出沟槽
螺纹车刀		车削螺纹

表 3 – 9　常用车刀按结构分类

分类	车刀结构示意图	说明
整体式车刀	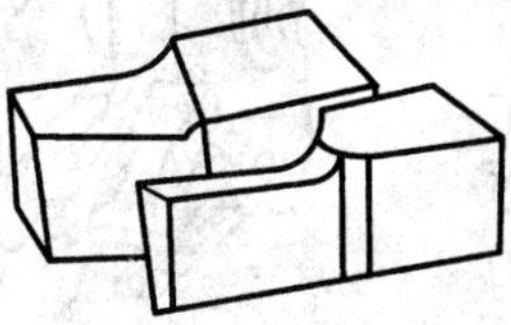	采用整体高速钢制造，刃口较锋利，一般用于小型车床或有色金属的低速切削。
焊接式车刀	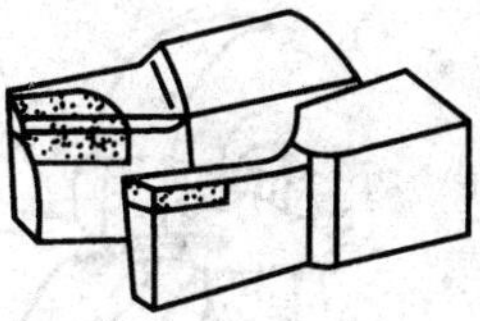	在碳钢刀杆上镶焊硬质合金刀片，再按要求刃磨的车刀，结构紧凑，刚度好，灵活性高，但硬质合金刀片经过高温焊接和刃磨后易产生内应力和裂纹，且刀杆不能重复使用。
机夹不可转位式车刀	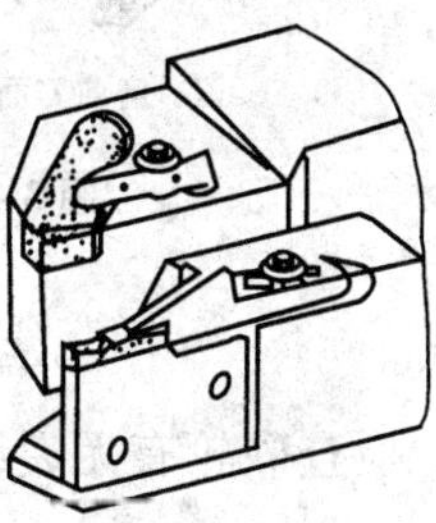	将硬质合金刀片用机械夹固方法安装到刀杆上，刀片磨损后可更换刀片，避免了焊接式车刀的缺陷，刀片可集中精确刃磨，刀杆利用率高，但刀具设计制造较复杂。
机夹可转位式车刀	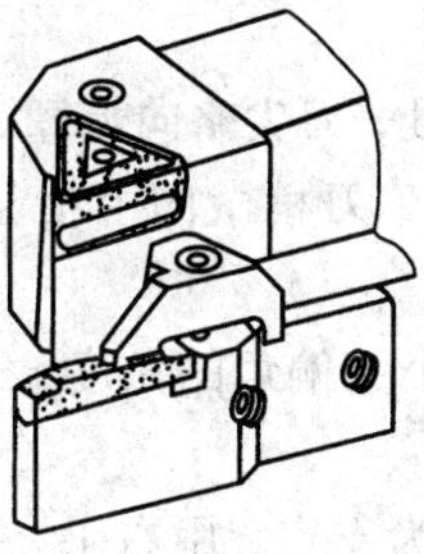	将具有多条切削刃的可转位硬质合金刀片用机械夹固方法安装到刀杆上，当某切削刃磨损后，只需松开夹紧元件将刀片转一个位置就可以继续使用，无须焊接、刃磨，刀片可快换转位，生产率高。
成形车刀	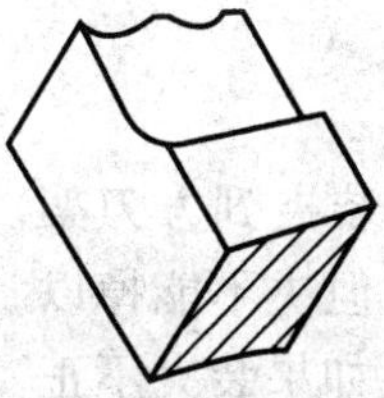	加工回转体成形表面时，根据工件轮廓设计制造车刀的刀刃形状，可一次加工出零件的整个成形表面，生产率高且零件形状一致性好，但成形车刀的成本较高，刀刃工作长度较宽，加工时容易产生振动。

2. 车刀的刃磨

整体式车刀和焊接式车刀用钝后，必须重新刃磨，以恢复车刀原来的形状和角度。车刀的刃磨分为机械刃磨和手工刃磨两种。机械刃磨效率高、质量好，一般需要专用工具和设备；而手工刃磨灵活，对磨刀设备要求较低，因而应用较为普遍。磨高速钢车刀或磨硬质合金车刀的刀体部分用白色的氧化铝砂轮，磨硬质合金刀头用绿色的碳化硅砂轮，手工刃磨步骤如图 3 – 26 所示：

1）磨主后刀面，以磨出车刀的主偏角 K_r 和后角 α_0。

2）磨副后刀面，以磨出车刀的副偏角 K'_r 和后角 α_0。

3）磨前刀面，以磨出车刀的前角 γ_0 及刃倾角 λ_s。

4）磨刀尖圆弧，以提高刀尖强度和改善散热条件。

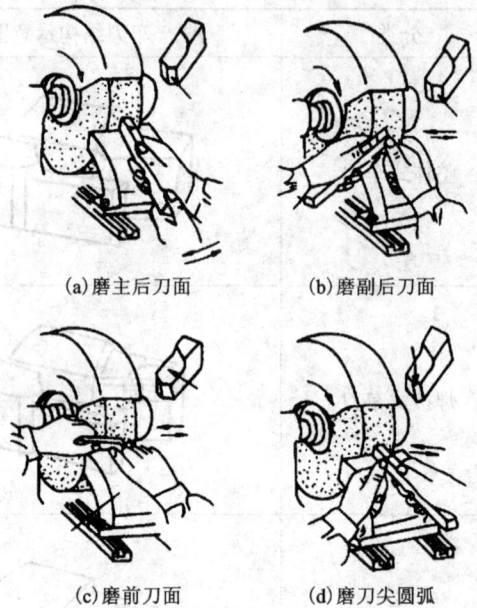

(a) 磨主后刀面　　　(b) 磨副后刀面

(c) 磨前刀面　　　(d) 磨刀尖圆弧

图 3 – 26　车刀的刃磨

刃磨刀具时应注意以下事项：

1）刃磨刀具前，人站立在砂轮机的侧面，检查砂轮有无裂纹，砂轮轴螺母是否拧紧，并经试转后使用，以免砂轮碎裂或飞出伤人。

2）刃磨刀具时，两手握刀的距离放开，双肘夹紧腰部，不能用力过大，否则会使手打滑或颤抖而触及砂轮面，造成工伤事故。

3）磨刀时，车刀应放在砂轮的水平中心处，刀尖略向上翘 $3° \sim 8°$，车刀接触砂轮后应作左右方向的水平运动。当车刀离开砂轮时，车刀稍微向上抬起，以防止磨好的刀刃被砂轮碰伤。

4）磨后刀面时，刀体尾部应向左偏过一个主偏角的角度；磨副后刀面时，刀体尾部应向右偏过一个副偏角的角度。

5）修磨刀尖圆弧时，以左手握车刀前端为支点，用右手转动车刀的尾部。

6）砂轮支架与砂轮的间隙不得大于 3 mm，若发现过大，应及时调整。

3. 车刀的安装

车刀的装夹是指将刃磨好的车刀正确地装夹到方刀架上，如图 3 – 27。这个操作过程虽然很简单，但决不能掉以轻心，因为即使是一把刃磨得很正确的车刀，如果装夹不正确的话，也会改变车刀的实际工作角度，继而影响到车削过程能否安全顺利地进行和加工件的表面质量。车刀装夹的基本要求如下：

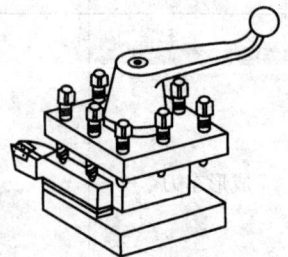

图 3 – 27　车刀的正确装夹

1）车刀的刀尖应与车床轴线等高，且与尾座顶尖对齐，刀体应与工件轴线垂直，其底面应平放在方刀架上。

2）车刀装夹在刀架上的伸出部分应尽量短些，伸出长度一般不超过刀杆厚度的 1.5~2 倍，以防止切削时减弱刀体刚度，产生振动，从而影响加工质量。

3）车刀刀体下面的垫片要求垫平、放正、夹牢，其数量要尽可能少（一般不超过 3 片），并与刀架边缘对齐。

4）车刀在刀架上装夹时应尽量靠左，一般用两个螺钉交替锁紧车刀，并锁紧方刀架。

5）车刀安装好后，还应检查当车刀处于工件的加工极限位置时，车床上有无相互干涉或碰撞的可能。

6）根据经验，精车外圆时常将车刀装得比工件中心略高一点；精车内孔时则常将车刀装得比工件中心略低一点。无论是装高还是装低，一般都不能超过工件直径的 1%。

3.2.5　车床常用附件及其使用

在车床上常用的装卡附件有三爪卡盘、四爪卡盘、顶尖、中心架、跟刀架、心轴和弯板等。

（1）三爪卡盘

三爪卡盘是车床上安装一般工件的通用夹具，适合于安装短棒料或盘类工件，是最常用的附件，其构造如图 3-28 所示。

当旋转小锥齿轮时，与之啮合的大锥齿轮随之转动，人锥齿轮背面的平面螺纹就使三个卡爪同时向中心靠近或退出，以夹紧不同直径的工件。三爪卡盘安装工件的优点是操作方便，能自动定心，但定位精度不高（对中精度约为 0.05~0.15 mm）。故三爪卡盘适用于装夹如圆柱形、正三边形、正六边形的工件等大批量加工、外形较规则的中小型回转体零件。

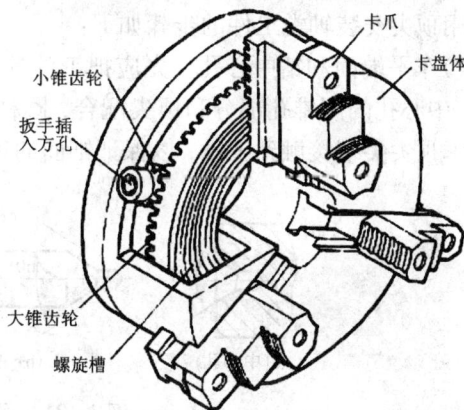

图 3-28　三爪卡盘

（2）四爪卡盘

四爪卡盘的每个卡爪后面有半瓣内螺纹跟螺杆啮合，当转动某一螺杆时，在这一方的卡爪就可沿槽移动，以适应工件大小的需要，其结构如图 3-29 所示。由于它的四个卡爪可以独立移动、灵活调节，因此能装夹形状如方形、长方形、椭圆或不规则图形的工件等较为复杂的非回转体零件。此外，与三爪卡盘相比，四爪卡盘的优点是夹紧力较大，还可用来安装尺寸较重的圆形截面工件。其缺点是不能自动定心，装夹效率较低。

用四爪卡盘安装工件时，必须进行仔细的找正工作，而找正的精度则取决于所使用的工具。用划针盘按预先在工件划出的加工线找正时，其定位精度较低，为 0.2~0.5 mm，如图 3-28 所示。用百分表按工件精加工表面找正时，其定位精度可达 0.02~0.01 mm。

（3）顶尖

在车床上加工轴类零件时，常用顶尖来安装工件，如图 3-30 所示。顶尖有前顶尖和后顶尖两种，是用来确定工件中心，并承受工件的重力和切削力。前顶尖安装在主轴锥孔内，同主轴一起运转，后顶尖装置尾架套筒内，前后顶尖便确定了轴的位置。前、后顶尖一般不能直接带动工件，必须配合使用拨盘和鸡心夹头才能带动工件旋转。拨盘安装在车床主轴上，卡箍的一端与卡盘连接，另一端装有方头螺钉用来紧固工件。

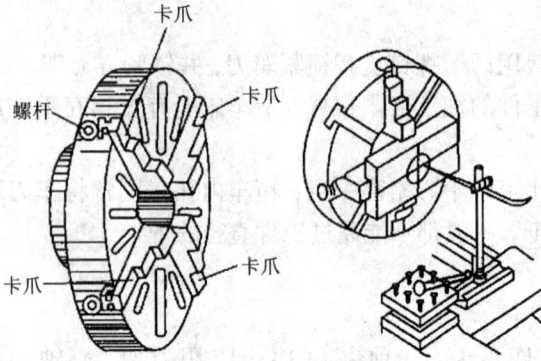

图 3-29 四爪卡盘

图 3-30 用前、后顶尖装夹工作

用顶尖安装轴类工件的步骤如下：

1) 车平端面和钻中心孔 先应把工件的两个端面车平，再用中心钻钻出中心孔 (图 3-31)。中心孔的圆锥孔部分和顶尖配合，圆柱孔部分一方面是用来容纳润滑油，另一方面又避免了顶尖尖端接触到工件，以保证锥面的正确配合。

(a) 中心孔   (b) 中心钻   (c) 钻中心孔

图 3-31 用中心钻钻中心孔

2) 顶尖的选用与安装。根据顶尖内部是否装有滚动轴承，顶尖又可分为固定顶尖和活动顶尖两种。固定顶尖与工件之间是滑动摩擦，磨损大，但定心准确且刚性好；活动顶尖由于内部装有滚动轴承，可和工件一起转动，避免了顶尖与工件中心孔的摩擦，能承受很高的转速，但支承刚性较差，故一般用于粗加工或半精加工。安装顶尖时，必须先擦净配合面，然后用力推紧，否则会安装不牢或不正。

3) 安装工件。在工件靠近主轴箱的一端应安装鸡心夹头。顶尖与工件的配合松紧应当适度，过松会导致定心不准，过紧会增大与固定顶尖的摩擦，并可能将细长轴顶弯。装夹过程如图 3-32 所示。

(4) 中心架与跟刀架

在加工细长轴时，常采用中心架或跟刀架来防止轴受切削力的作用而产生弯曲变形。

如图 3-33(a) 所示，中心架固定在床面上。在支承工件前先在工件毛坯上车出一段用

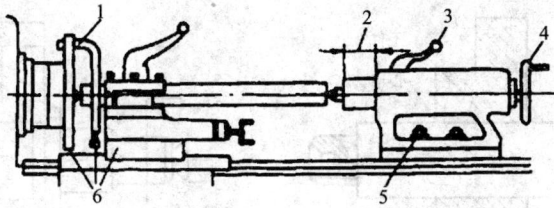

图 3 – 32　装夹工件

1—拧紧鸡心夹头；2—调整套筒伸出长度；3—锁紧套筒；4—调节工件顶尖松紧

5—将尾座固定；6—刀架移至车削行程左端，用手转动拨盘，检查是否会碰撞

来安装中心架卡爪的沟槽，沟槽加工是要记得留精加工余量（即槽的直径比图纸要求略大一些），以便精车。中心轴多用于加工台阶轴、长轴车端面、打中心孔及加工内孔等。

图 3 – 33　中心架、跟刀架的应用

如图 3 – 33(b)所示，跟刀架有两个可调节的卡爪来支承工件，使用时安装在中滑板上，可以跟随着车刀一起移动，起抵消径向切削抗力的作用，可以提高车削细长轴的形状精度和表面光洁度。

(5)心轴

当盘套类工件的内外圆同轴度和端面对轴线垂直度要求较高时，可采用心轴安装。内孔已精加工的工件装在心轴上，再把心轴安装在前后顶尖之间来加工外圆或端面。根据工件形状尺寸、精度要求和加工数量的不同，应采用锥度心轴或圆柱心轴。

当工件长度大于工件孔径时，可采用略带锥度（1∶1000～1∶2000）的心轴，如图 3 – 34(a)所示。工件压入后，靠摩擦力与心轴固紧。锥度心轴对中准确，装卸方便，但不能承受过大的扭矩。多用于盘套类零件外圆和端面的精车。

当工件长度比孔径小时，则应做成带螺母压紧的圆柱心轴，如图 3 – 34(b)所示。工件左端紧靠心轴台肩，由螺母及垫圈压紧在心轴上。其夹紧力较大，多用于较大直径盘类零件外圆的半精车和精车。

213

(a)锥度心轴　　　　　　　　　　　　　(b)圆柱心轴

图 3-34　心轴上安装工件

（6）花盘

花盘是一个直径较大的铸铁圆盘，花盘面上有很多长槽，用来穿压紧螺栓，以夹紧工件。花盘适用于形状不规则的工件安装。花盘安装如图 3-35 所示，图中所示工件需要加工外圆面 A 及端面 B，并要求端面 B 与端面 C 垂直。安装工件时，先将角铁用螺栓装在花盘上，并找正角铁安装基面与主轴轴线的相对位置，再将工件安装到角铁上，找正后用压板压紧。为了使花盘转动平稳不产生振动，应装配重块予以平衡。

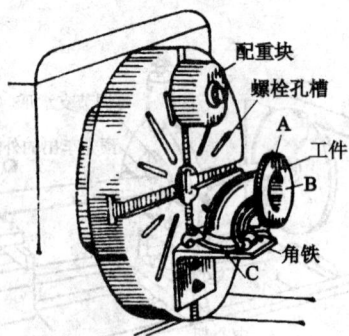

图 3-35　花盘安装

3.2.6　车削基本工序

1. 车外圆

将工件车削成圆柱形外表面的方法称为车外圆。

在车削加工中，外圆车削是最常见、最普遍的一种加工，几乎绝大部分的工件都少不了外圆车削这道工序。外圆车削时常见的方法如图 3-36 所示。

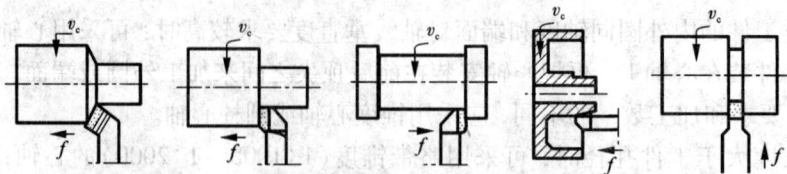

图 3-36　车外圆常见方法

尖头车刀强度较好，常用于粗车外圆和车没有台阶或台阶不大的外圆；45°弯头车刀适用于车削不带台阶的光滑轴、端面、倒角和带 45°斜面的外圆；90°偏刀车外圆时背向力很小，适用于加工细长轴和带有垂直台阶的外圆。

214

车外圆时，先装夹好工件和车刀，检查毛坯直径，根据加工余量确定进给次数和切削深度，并划线痕，确定车削长度，如图 3 - 37 所示。然后选择主轴转速和进给量，调整有关手柄位置，开动机床，使工件转动。用手摇动大滑板、中滑板手柄，使车刀刀尖接触工件右端外圆表面，进行径向对刀。接着进行试切，对背吃刀量进行调整，试切完成后记住此时的刻度，作为下一次调整背吃刀量的起点，全程进行纵向自动走刀。纵向进给到所需长度时，关停自动进给手柄，退出车刀，然后停车，检验。

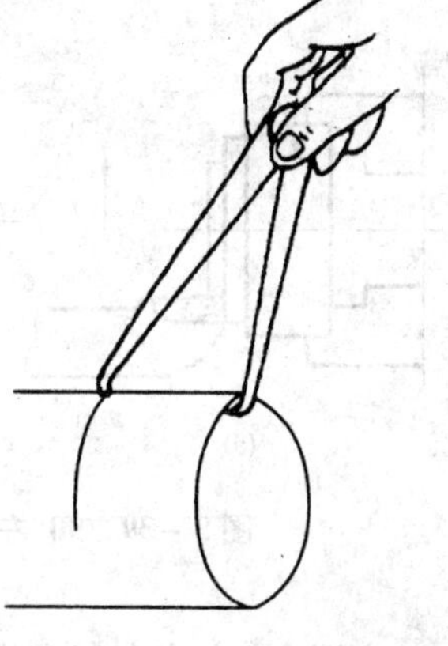

图 3 - 37   划线痕的方法

2. 车端面

（1）端面的车削方法

对工件端面进行车削的方法称为车端面。车端面是车削工件的首要工序，因为工件长度方向上的所有尺寸都是以端面作为基准进行定位的。常用的端面车削方法有用右偏刀粗车端面、用左偏刀车削端面和用 45°弯头车刀车端面三种方法：

1）用右偏刀车削端面　用右偏刀粗车端面时，如果由外圆向中心进给，则由副切削刃进行切削，一旦出现切削不顺利，或当切削深度较大，或刀具装夹不牢固时，向里的切削力会使车刀"扎入"工件而形成凹面，如图 3 - 38（a）所示。而由中心向外进给，如图 3 - 38（b）所示，由于是利用主切削刃进行切削，且切削力方向也改变，所以不会产生凹面。或者在车刀副切削刃上磨出前角（或断屑槽），使之变成主切削刃来车削，如图 3 - 38（c）所示，这种车刀的主偏角通常应小于 90°，因此可用刀尖损坏的废偏刀改磨而成。

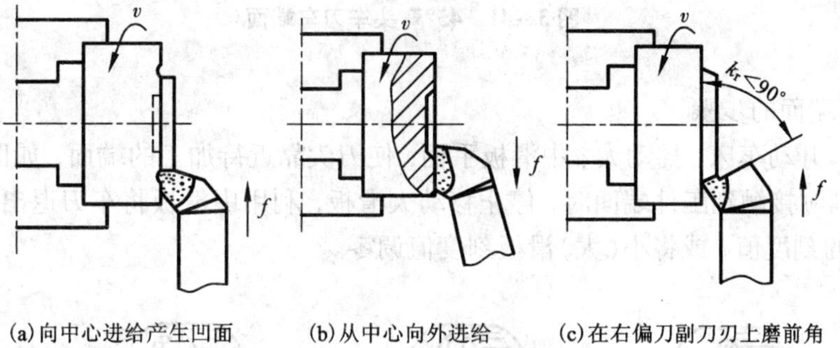

(a)向中心进给产生凹面　　　(b)从中心向外进给　　　(c)在右偏刀副刀刃上磨前角

图 3 - 38   用右偏刀车削端面

2）用左偏刀车削端面　用 90°左偏刀车削端面的情况如图 3 - 39（a）所示，这时，因为利用主切削刃进行切削，切削顺利，车出的表面粗糙度较小；这种车刀除了能车削端面外，还可以车削长度较短工件的台阶外圆，如图 3 - 39（b）所示，因此适用于车削有台阶的端面。或如图 3 - 40 所示用 75°左偏刀车削端面，这种车刀刀头强度较好，车刀耐用度高，又由于主偏角为 75°，开始切削时，车刀首先是主切削刃接触毛坯表面，从而避免碰伤刀具，因此 75°左偏刀适合粗车大平面。

图 3 - 39　90°左偏刀车削端面

图 3 - 40　75°左偏刀车削端面

3）用45°弯头车刀车端面　如图 3 - 41 所示，这种车刀用主切削刃切削，分为左、右两种，刀尖强度较好，适用于车削较大的平面，并能车削外圆和倒角，工件表面粗糙度较小。

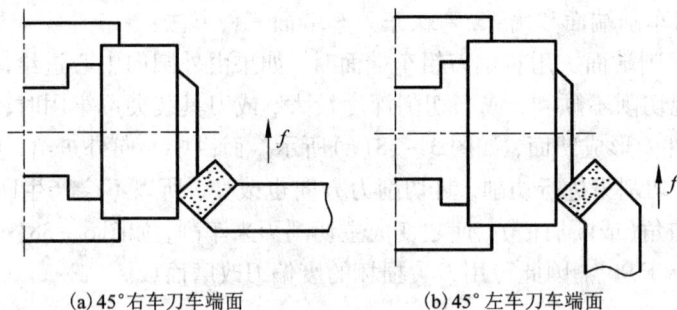

(a)45°右车刀车端面　　　　　　　(b)45°左车刀车端面

图 3 - 41　45°弯头车刀车端面

（2）车削端面的步骤

1）对刀　开动车床，摇动大、中滑板手柄，使刀尖靠近待加工的端面，如图 3 - 42（a）所示。当刀尖刚刚接触到工件端面时，停止移动大滑板，利用中滑板将车刀退出。这时应记下小（大）滑板的刻度值，或将小（大）滑板刻度值调零。

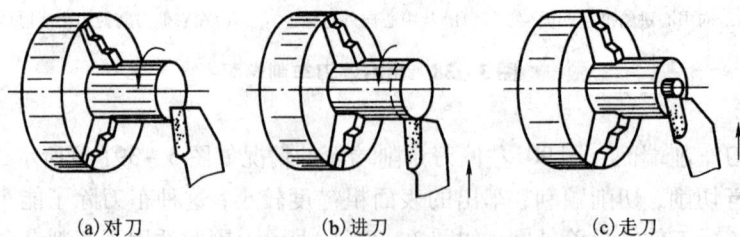

(a)对刀　　　　　　(b)进刀　　　　　　(c)走刀

图 3 - 42　车端面的步骤

2）进刀　利用小滑板，根据需要前进一个切削深度 a_p，如图 3 - 42（b）所示，即确定切削深度的大小。

216

3）走刀　手动或自动进给，使中滑板横向移动，当刀尖车削到工件轴心线处后退回中滑板。再次车端面，直到符合要求为止。如图 3 - 42(c)所示。

3. 车台阶

所谓台阶工件，是指几个直径大小不同的圆柱体连接在一起像台阶一样的工件。台阶工件的车削实际上是车外圆和车端面的组合，车削方法与车削外圆的方法基本相同，但在车削时需要兼顾外圆直径和台阶长度两个方向的尺寸要求，并且保证台阶端面与工件轴线垂直。

①车刀的选择

粗车时，由于余量大，为了增大切削深度和减少刀尖的压力，车刀可选取主偏角小于 90°，一般为 85°~90° 的外圆偏刀，如图 3 - 43(a)所示；精车时，为了保证台阶平面与工件轴线的垂直度，车刀应该选择主偏角大于 90°、一般为 93°~95° 的外圆偏刀，如图 3 - 43(b)所示。

②台阶的车削方法

高度小于 5 mm 的为低台阶，加工时可由 $K_r = 90°$ 偏刀在车外圆时一次车出，如图 3 - 44(a)所示；高度大于 5 mm 为高台阶，在车外圆几次后，用 $K_r > 90°$ 偏刀沿径向向外走刀车出高台阶，如图 3 - 44(b)所示。

图 3 - 43　车削台阶的车刀选择

图 3 - 44　台阶的车削方法

4. 孔加工

车床上可以用钻头、镗刀、扩孔钻、铰刀分别进行钻孔、镗孔、扩孔和铰孔。孔与工件外圆的同轴度精度较高，与端面的垂直度精度也较高。

(1)钻孔

用钻头在实体材料上加工孔的方法称为钻孔。在车床上加工内孔的刀具种类很多，其中麻花钻是钻孔的主要刀具，钻孔公差一般可达 IT11~IT12 级，钻头一般用高速钢制成，淬火后硬度为 HRC62~68，多用于粗加工孔。

在车床上钻孔与在钻床上钻孔的切削运动不同，在钻床上钻孔的主运动是钻头的旋转，进给运动是钻头的轴向进给。而在车床上钻孔时，工件的旋转是主运动，钻头装夹在尾座的套筒内，用手转动手轮使套筒带动钻头实现进给运动，如图 3 - 45 所示。

在车床上钻孔的过程：把工件装夹于卡盘上，钻头安装在尾座套筒锥孔内，钻孔前先车

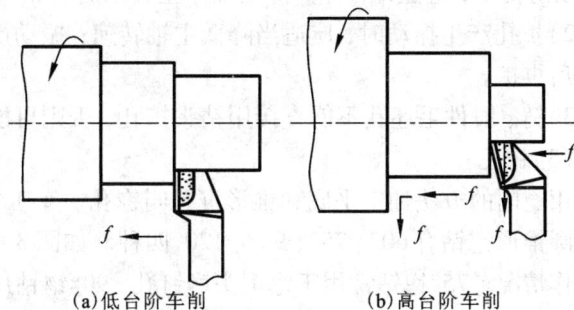

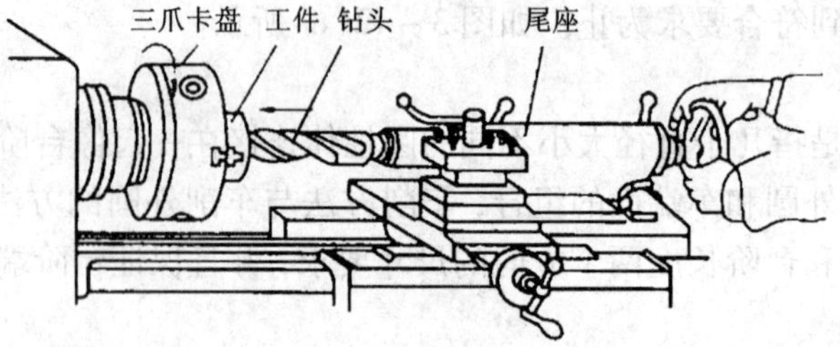

图 3 -45   在车床的钻孔

平端面，并预钻中心孔，调整尾座纵向位置并固定在床身上，然后开启车床，摇动尾架手柄使钻头慢慢进给，注意要经常退出钻头，排出切屑。在钻削钢料时，为了不使钻头发热，必须加注充分的切削液。钻孔进给不能过猛，以免折断钻头。一般而言，钻头越小，进给量也越小，但切削速度可加大。钻大孔时，进给量可以大些，但切削速度应放慢些。当孔即将钻穿时，应减小进给量，以免损坏钻头。当加工完毕后，应将钻头先退出，再停车。测量孔的各部尺寸合格后松开尾座锁紧螺母，将尾座退至车床尾端，从尾座上取下钻头。

（2）扩孔

用扩孔刀具将原有的孔径扩大的钻削加工方法称为扩孔。常用的扩孔刀具有麻花钻和扩孔钻等。精度要求低的孔一般用麻花钻，精度要求较高的孔的半精加工则需要用扩孔钻。扩孔常用于铰孔前或磨孔前的预加工，常使用扩孔钻作为钻孔后的预精加工。

扩孔时应注意以下事项：

1）扩孔时由于钻头边缘处的前角大，容易产生打滑，一旦钻头打滑后转动，不可用手去抓，以防伤手，应立即停车，待主轴停止转动后将钻头取出，重新装紧后再扩。

2）扩孔产生振动时，应适当降低主轴转速；振动严重时应更好新钻头或将钻头后角适当磨小后再扩。

3）铸、锻件毛坯孔不能直接用钻头扩孔，否则可能损坏钻头。

（3）锪孔

用锪削的方法加工平底和锥形沉孔叫锪孔。车工常用圆锥形锪钻在孔口锪出内圆锥。常用的圆锥形锪钻有60°、75°、90°、120°四种。如图 3 -46 所示为60°和120°锪钻的外形结构和工作情况。75°锪钻常用于锪沉头铆钉孔，90°锪钻用来锪沉头螺钉孔。

（4）铰孔

在半精加工（扩孔或半精车）的基础上对孔进行加工的方法称为铰孔。铰孔时，由于加工余量小、切削速度低、铰刀齿数多，刚性和导向好，制造精确，加之排屑润滑条件较好等，故加工质量较高，铰孔的精度可达 IT7 ~ IT6 级，甚至 IT5 级。表面粗糙度可达 $Ra1.6$ ~ $0.4~\mu m$。

根据实践经验，使用新铰刀铰削钢料时，可选择乳化液作为切削液，保证铰出的孔不易扩大；当铰刀磨损到一定程度后，可选择油类切削液，使孔径稍微扩大一点以补偿磨损量。

在车床上铰孔时，必须连续不断地注入切削液，以保证内孔表面光洁。

（5）镗孔

如图 3 -47 所示，镗孔是对工件上的铸造孔、锻造孔或用钻头钻出来的孔的进一步加工，

218

(a) 60°锪钻；

(b) 120°锪钻；　　　(c)锪钻工作情况

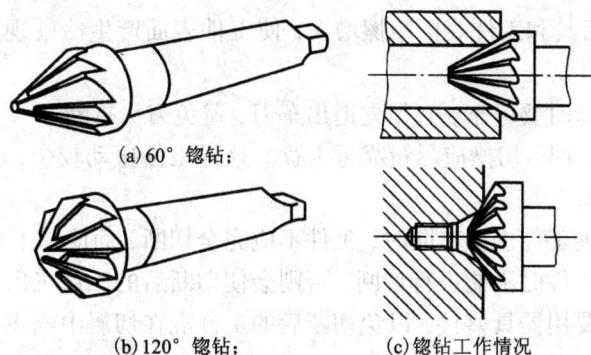

图 3 - 46　圆锥形锪钻

以达到所要求的精度和表面粗糙度。因为镗杆直径比外圆车刀要细得多，且伸出很长，往往因刚性不足而引起振动，所以在车床上镗孔要比车外圆困难，切削深度和进给量都要比车外圆时要小，切削速度也要小 10% ~ 20% 。镗不通孔时，由于排屑困难，故进给量也应更小些。

(a)气孔　　　(b)夹渣　　　(c)未熔合　　　(d)未焊透

图 3 - 47　镗孔

6. 切槽与切断

(1)切槽操作

切槽与切端面很相似，车槽刀如同左、右偏刀并在一起同时车左、右两个端面。切窄槽时，窄槽可直接用沟槽刀作横向进给切出，然后再用成形车刀成形。切宽槽时，可先镗出凹槽，再用内沟槽刀做轴向移动把两端台阶车垂直。

(2)切断操作

当工件毛坯为长棒料时，需事先按要求的长度切断，然后进行切削，或在车削完后把工件从棒料上切下，这种加工方法叫切断。

切断刀以横向进给为主，前端的刀刃为主切削刃，两侧刃为副切削刃。一般切断刀的主刀刃较狭，刀头较长，所以强度较低。在选择刀头几何形状和切削用量时应特别注意这一点。另外在切断时应注意以下几点：

1)切断切槽刀不要伸出过长，刀具中心线要垂直于工件中心线，保证两个副偏角对称相等。

2)切断实心工件时，主切削刃的刀尖要与主轴轴线等高，否则不能割到中心，刀头也容易折断。

3)切削毛坯工件前，先用外圆车刀把工件车圆，或尽量减小横向进给量，以免损坏切断切槽刀的刀刃。

4）机动切削时进给量要适当，切削快到规定尺寸前一般要改用手动进给。手动切削时进给要连续均匀，避免刀具和工件表面摩擦增大，使工件表面产生冷硬现象，从而加速刀具的磨损。

5）如果切削到中途时要停车，必须先退出车刀，避免刀头折断。

6）用卡盘装夹工件时，切槽应尽量靠近卡盘。这样工件振动较少，也可避免切削过程中工件抬起造成刀头折断。

7）用一夹一顶装夹工件进行车断时，工件不应完全切断，而应卸下后再敲断。

8）用两顶尖装夹工件时不能进行切断，否则会使切断后的工件飞出造成事故。

9）切断小工件时要用器具盛接，以免切断后的工件混在切屑中或飞出找不到。

6. 车成形面

如图 3 − 48 所示，一些机械零件的表面是由曲线组合而成，这些表面就称为成形面。在车床上加工成形面时，应根据工件的表面特征、精度和生产批量等情况采用不同的车削方法。这些加工方法主要有双手控制法、成形刀法、靠模法和专用工具法等。

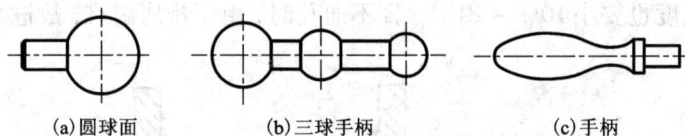

(a)圆球面　　　　(b)三球手柄　　　　(c)手柄

图 3 − 48　成形面零件

(1)双手控制法

先用普通尖刀按成形表面的大致轮廓粗车成多个台阶，然后用双手分别操纵小、中滑板带动车刀作纵、横向同时进给，用圆弧车刀车出工件上的多余部分并使之基本成形，用样板检验后需要再经过多次车削修整，如图 3 − 49 所示。形状合格后还需用砂纸打磨修光。此法适用于单件小批生产，对操作者的操作技术要求高，但不需要特殊的设备和专用的刀具。

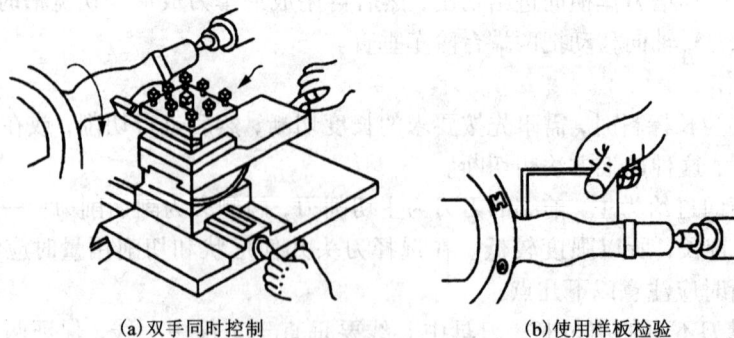

(a)双手同时控制　　　　(b)使用样板检验

图 3 − 49　双手控制法车削成形面

（2）成形刀法

车削不规则的成形面、大圆角、圆弧槽或曲面狭窄且变化幅度较大的成形面时，一般采用成形刀法。如图 3 - 50 所示，成形刀的刀刃形状与成形面的形状一致，只需用一次横向进给即可车出成形面；也可以先用尖刀按照成形面的大致轮廓粗车出诸多台阶，然后再用成形刀精车成形。此法生产效率高，但刀具刃磨困难，车削时易产生振动，故只适用于批量较大、刚性好的成形面零件。

图 3 - 50　成形刀法车削圆弧槽

（3）靠模法

靠模法的原理与生活中配钥匙的原理是一样的，此法操作简单、生产效率高、质量稳定，但需要制造专用靠模，故只适用于在大批大量生产中车削长度较大、形状较简单的成形面。采用的靠模法有尾座靠模仿形法和靠模板仿形法。

a. 尾座靠模仿形法

如图 3 - 51 所示，把一个标准的样板（即靠模）3 装在尾座套筒里。在方刀架上装一把长刀夹，刀夹上装有车刀 2 和靠模杆 4。车削时，用双手操纵中、小滑板或使用自动进给，使靠模杆 4 始终贴在靠模 3 上，并沿靠模 3 的表面移动。这样车刀 2 就在工件 1 表面上车出与靠模 3 形状、大小相同的成形面。

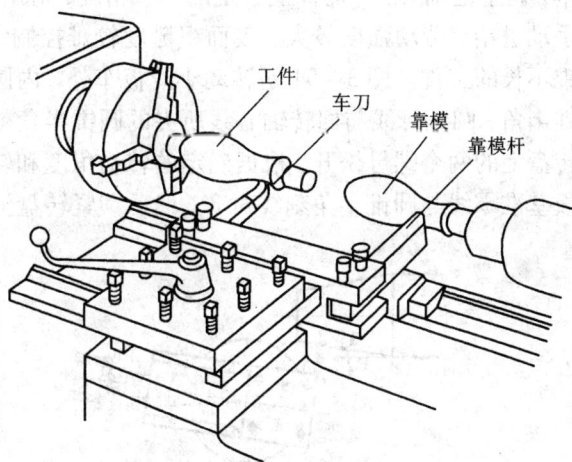

b. 靠模板仿形法

如图 3 - 52 所示，在车床上用靠模板仿形车成形面，首先要抽去中滑板丝杆，再在床鞍上用支架 5

图 3 - 51　尾座靠模仿形法

安装一个带曲线槽的靠模板 4，通过滚柱 3 和拉杆 2 控制刀架的纵、横向进给，从而在工件 1 表面上车出成形面。

（4）专用工具法

车削各种形状的规则成形表面时，还可采用不同的专用工具。如图 3 - 53 所示是一种用涡轮蜗杆机构做成的车内、外圆弧面的专用工件。这种工具使刀尖按照圆弧的轨迹运动，刀尖到回转中心的距离还可以调节，所以可以车削出不同半径的内、外圆弧。将刀尖位置调整超过回转中心，就可车出内圆弧。

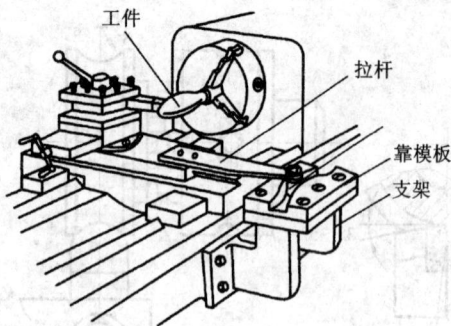

图 3-52　靠模板仿形法

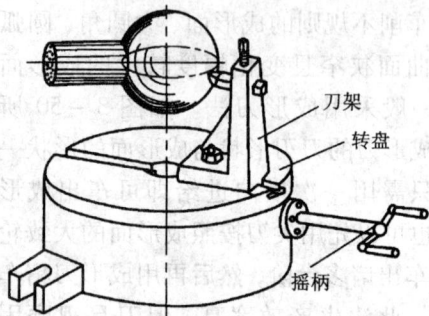

图 3-53　涡轮蜗杆机构的车圆弧工具

7. 车锥度

在普通车床上目前主要采用转动小滑板车削圆锥、偏移尾座车削圆锥、宽刃刀车削圆锥和靠模法车削圆锥等 4 种。这里仅介绍常用的转动小滑板车削圆锥和偏移尾座车削圆锥。

①转动小滑板车削圆锥

车削长度较短、锥度较大的圆锥体或圆锥孔时，常采用转动小滑板的方法，这种方法操作简单，调整范围大，并能保证一定的加工精度，适用于单件小批生产，应用广泛，但一般只能用手动进给，劳动强度较大，表面粗糙度较难控制，另外因受小滑板的行程限制，只能加工圆锥不长的工件。图 3-54 是转动小滑板车外、内圆锥面的方法。具体操作步骤是：先计算圆锥半角，圆锥母线与回转轴心线所夹的圆锥半角就是小滑板应转过的角度；用扳手将小滑板转盘上的两个螺母松开，根据确定的转动角度和转动方向转动小滑板至所需的角度，使小滑板基准零线与圆锥半角刻线对齐，然后锁紧转盘上的螺母。

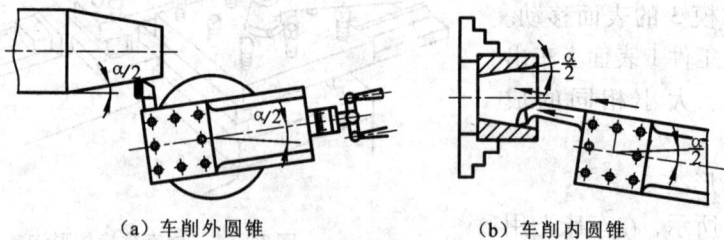

（a）车削外圆锥　　　　　（b）车削内圆锥

图 3-54　转动小滑板车圆锥法

②偏移尾座车削圆锥

对于较长而锥度较小的圆锥体工件，如果精度要求不高，可以采用偏移尾座的方法进行。将工件装在两个顶尖之间，把尾座横向移动一段距离 S，使工件回转轴线和车床主轴轴线相交成一个角度，其大小等于锥体的斜角，如图 3-55 所示。尾座偏移量 S 的近似计算公式为：

$$S \approx \frac{D-d}{2L}L_0 = \frac{C}{2}L_0$$

其中，C 为所需车削的圆锥锥度，L_0 为工件全长。

222

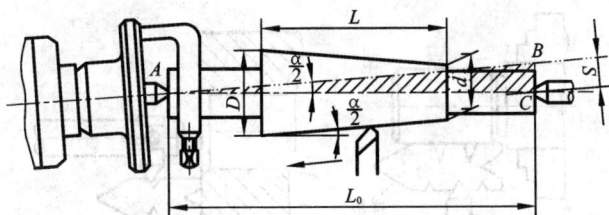

图 3 - 55　偏移尾座车圆锥面的方法

8. 车螺纹

将工件表面车削成螺纹的方法称为车螺纹。螺纹的种类也很多,有三角形螺纹、锯齿形螺纹、矩形螺纹及梯形螺纹,如图 3 - 56 所示。其中三角形螺纹应用最为广泛,下面介绍车削三角形螺纹。

(a)三角形螺纹　　　(b)锯齿形螺纹　　　(c)矩形螺纹　　　(d)梯形螺纹

图 3 - 56　螺纹的种类

①螺纹车刀及其安装

螺纹车刀按照加工性质属于成形刀具,其刀尖角等于螺纹牙型角。螺纹车刀有外螺纹车刀和内螺纹车刀两种。车削螺纹时,合理选择刀具材料,正确刃磨车刀,对加工质量和成本及生产效率都有影响。

螺纹车刀的刀尖角度必须与螺纹牙型角相等(刀尖角 $\varepsilon_r = 60°$)。高速钢螺纹车刀一般都磨有 5°~15° 的纵向前角,但在精车精度要求较高的螺纹时纵向前角取小一些,为 0°~5°,才能车出较准确的牙型角;硬质合金螺纹车刀的纵向前角一般为 0°。车刀刃磨时用车刀样板检查并修正刀尖角,最后用油石研磨前、后刀面。

螺纹车刀安装正确是否,对螺纹的牙型有很大的影响。如果装刀有偏差,即使车刀刀尖角磨得十分准确,加工后的牙型仍会产生误差。如果车刀装得左右歪斜,车出的牙型也会使牙型半角不对称,如车刀装得偏高或偏低,也将使螺纹牙型角产生误差。为减少装刀的偏差,可采用图 3 - 57 所示的方法。

②螺纹的车削操作

在加工螺纹时,不论是高速切削螺纹还是低速切削螺纹,一般都要分几次吃刀才能加工到所需要的尺寸精度。当一次吃刀完毕后,快速把车刀退出,迅速拉开开合螺母,使之脱离丝杠,并把车刀退回到原来位置,使车刀在下一次吃刀时能切入原来的螺旋槽内。在多次吃刀过程中,必须确保车刀每次都切入原来的螺旋槽内,若车刀刀尖偏左、偏右或在牙顶中间,就会把螺纹车成"乱扣"。当丝杠的螺距是零件螺距的整数倍时,采用打开开合螺母的方法,

223

(a)校正外螺纹车刀的安装位置　　(b)校正内螺纹车刀的安装位置

图 3 –57　用样板校正螺纹车刀的安装位置

车刀总会切入原来的螺旋槽内，不会出现乱扣现象。若不为整数时，进退刀时采用打开开合螺母的方法，就有可能发生乱扣。另外，造成乱扣的原因还有开合螺母松动，使得大滑板产生窜动，出现乱扣现象。刀具修磨后再安装时对刀不准，也会出现乱扣现象。

车外螺纹的操作步骤如图 3 –58 所示。

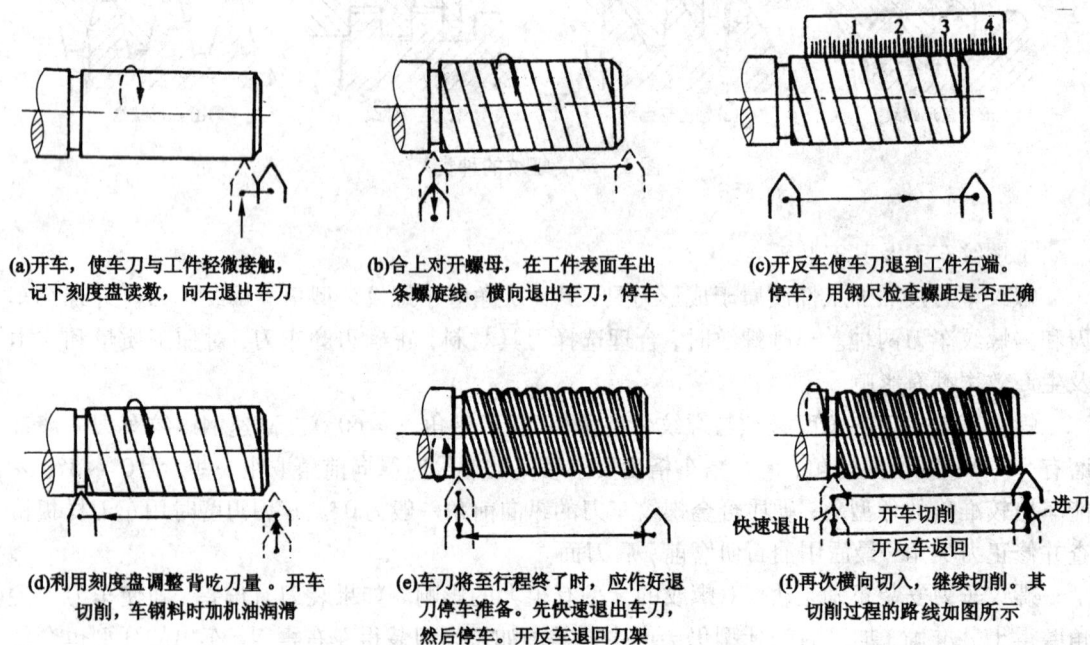

(a)开车，使车刀与工件轻微接触，记下刻度盘读数，向右退出车刀

(b)合上对开螺母，在工件表面车出一条螺旋线。横向退出车刀，停车

(c)开反车使车刀退到工件右端。停车，用钢尺检查螺距是否正确

(d)利用刻度盘调整背吃刀量。开车切削，车钢料时加机油润滑

(e)车刀将至行程终了时，应作好退刀停车准备。先快速退出车刀，然后停车。开反车退回刀架

(f)再次横向切入，继续切削。其切削过程的路线如图所示

图 3 –58　车外螺纹的操作步骤

9.滚花及抛光加工

①滚花

滚花(如图 3 –59 所示)是用滚花刀挤压零件，使其表面产生塑性变形而形成的花纹。滚花的花纹一般有直纹和网纹两种(如图 3 –60 所示)，滚花刀也分为直纹滚花刀和网纹滚花刀(如图 3 –61 所示)。

224

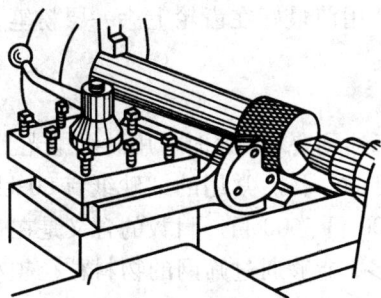

图 3-59　滚花

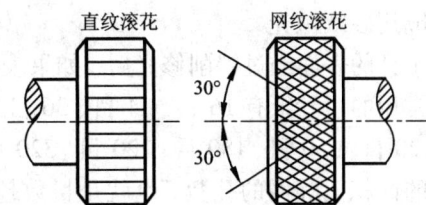

图 3-60　花纹的种类

滚花前，将滚花部分的直径车削得比工件所要求的尺寸大些，然后将滚花刀的表面与工件平行接触，并使滚花刀中心线与零件中心线等高。滚花刀开始进刀时，需要较大的压力，当进刀一定深度后，再纵向自动进给，如此往复滚压 1~2 次，直到滚好为止。加工时，工件的转速要低，还需要充分提供冷却液，不仅可以防止破坏滚花刀，还可以避免细屑滞塞在滚花刀内而产生乱纹。

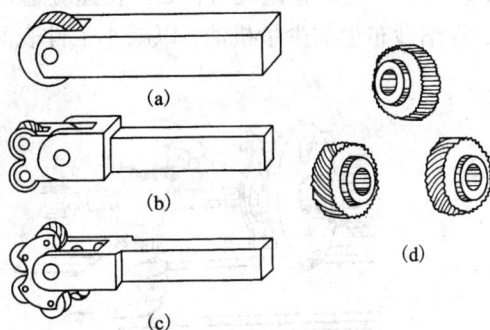

图 3-61　滚花刀

②抛光

粗糙度要求较小的零件，经过车削加工后，还要进行磨削加工。但有些零件因结构和形状的原因不便进行磨削，只能在精车以后用抛光加工的方法来达到规定的要求。在抛光加工之前要留有一定的余量，抛光加工余量的大小应根据工件大小及表面粗糙度的大小等情况来确定，一般为 0.01~0.30 mm 的抛光余量。抛光的常用方法一般有用锉刀修光和用砂纸抛光两种。

a.用锉刀修光

常用的锉刀按其断面形状不同，分为平挫（板锉）、半圆锉、圆锉、方锉及三角锉等。按其齿纹可分为粗锉、细锉和特细锉（油光锉）。应根据工件的形状选择锉刀的种类，修光时常用细锉和特细锉。

在车床上使用锉刀时，为了保证安全，应当用左手握锉刀柄，右手握锉刀的前端，如图 3-62 所示。锉削时，压力要均匀一致，不要压力过大，否则会将工件搓成椭圆形或锉成竹节形。锉削余量一般为 0.05~

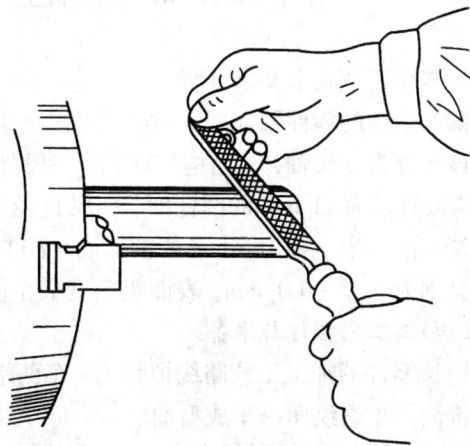

图 3-62　在车床上锉削工件

0.1 mm，工件转速不宜过高。

为了防止切屑嵌在锉刀齿缝中而损伤工件表面，使用前最好在齿轮上涂一层粉笔，使用后用钢刷刷去。

b.用砂纸抛光

工件的表面经过锉削修光后，如果表面粗糙度仍未达到要求，这时可用砂纸抛光。

常用的粗砂纸有16目、24目、36目、40目、50目、60目。常用的细砂纸有80目、100目、120目、150目、180目、220目、320目、400目、500目、600目。目数的含义是在1平方英尺的面积上筛网的孔数，也就是目数越大，筛孔越多，能够通过筛网的物料粒径越小，物料粒度越细。

用砂纸抛光时，一般把砂布垫在锉刀下面进行抛光，也可以用手直接捏住砂布，如图3－63(a)所示。为了安全，最好将砂布垫在木质夹板两凹圆弧内，用手捏牢进行抛光，如图3－63(b)所示。用砂布抛光时，工件转速应选得较高，并使砂布在工件表面上慢慢来回移动。最后，在细砂布上加少量机油，以减小工件表面粗糙度。

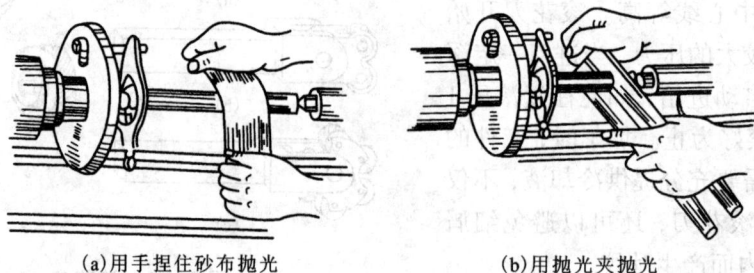

(a)用手捏住砂布抛光　　　　　　　　(b)用抛光夹抛光

图3－63　抛光方法

3.2.7　车削加工技能训练

使用CA6140车床加工一个轴类零件——榔头手柄

1.零件图纸技术要求分析

榔头手柄的零件图如图3－64所示。

该零件为细长轴，其结构特征是：一段外螺纹与榔头相连接，一段斜度为100:1的圆锥面，两段直径为11 mm的圆柱面，一段直径为12 mm的圆柱面要求滚花以增加手持的摩擦，另一端车削一个半径为6 mm的圆弧面。ϕ11 mm的两段圆柱面直径尺寸精度较高，其上、下偏差分别为0和－0.1 mm，表面粗糙度最小值为Ra6.3 μm，零件材料为45钢。

2.加工工艺拟订与准备

1)该零件的加工工艺路线拟订为：车两端面、打中心孔→粗车外圆→精车外圆→滚花→车圆锥面→车螺纹面→车成型面。

2)选择切削用量：本次任务车端面、打中心孔、车圆柱面和圆锥面所选用的切削用量相同，即：转速及削速度n=500 r/min，进给量f=0.3~0.5 mm/r(粗加工)、f=0.2~0.3 mm/r(精加

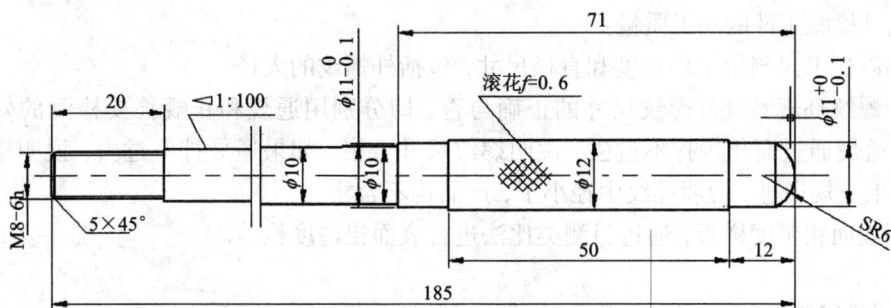

图 3 - 64 榔头手柄零件图

工),背吃刀量 $a_p = 1.5 \sim 2.5$ mm(粗加工)、$a_p = 0.2 \sim 0.5$ mm(精加工)。车螺纹和车成型面时为保证安全和质量,应将转速调低到 100 r/min,滚花时转速应调至更低。

3)确定工件的装夹方式:本次任务工件的装夹应根据不同的工序采用不同的装夹方法,如车端面、打中心孔时采用三爪卡盘装夹工件;其他工序则采用"一顶一夹"方式装夹工件。

4)车刀的准备:45°外圆车刀、90°外圆车刀、2.5 mm 中心钻、螺纹车刀及滚花刀。

5)毛坯的准备:$\phi 16 \times 200$ mm 的 45 钢棒料。

6)量具、工具的准备:0 ~ 150 mm 游标卡尺、螺纹环规、表面粗糙度样板;刀架扳手、卡盘扳手、加力套管等。

3. 车削加工工艺过程

1)车两端面、打中心孔;

2)车外圆至 $\phi 12 \times 100$ mm;调头装夹后再将剩余毛坯长度车至 $\phi 12$ mm;

4)划三条距离端面距离分别为 12 mm、62 mm、71 mm 的线,车 $\phi 11_{-0.1}^{0} \times 12$;

5)车 $\phi 10$ 圆锥面至长度位置;

6)车 $\phi 11_{-0.1}^{0}$ 至长度位置;

7)车 $\phi 8_{-0.2}^{-0.1} \times 20$;

8)滚花;

9)车斜度为 1:100 的圆锥面;

10)车 M8 螺纹;

11)调头车 R6 成型面;

12)成品检验。

4. 车削加工注意事项

为保证车削操作安全和加工质量,操作过程中必须注意以下几点:

1)粗车前应检查车床各部分的间隙和传动带的松紧并进行必要的调整,以避免由于车削负荷过大而发生闷车(主轴停转)现象。

2)机床的调整应首先调整主轴转速,然后调整进给箱手柄,使之到达正确位置。车螺纹时还要调整进给箱手柄使丝杠转动,并使开合螺母闭合,在低速下开车观察机床运动情况。

3)车削中如果发现车刀磨损,应及时刃磨或换刀,以免造成闷车或损坏车刀,影响加工质量。

5. 加工质量检验

用量具检验工件的加工质量：

1）用游标卡尺测量工件长度和直径尺寸，包括外螺纹的大径。

2）用螺纹环规测量外螺纹尺寸的正确与否，即分别用通规和止规往要检测的外螺纹上拧，如果通规通过而止规拧不过去，说明螺纹尺寸合格；如果通规拧不过去，说明螺纹中径大了；如果止规通过，说明螺纹中径小了，产品均不合格。

3）用表面粗糙度样板，通过目测类比法进行表面粗糙度检验。

3.3　刨削加工

3.3.1　概述

1. 刨削的基本概念

刨削是在刨床上用刨刀进行切削加工。常见的刨床有牛头刨床和龙门刨床等。

在牛头刨床上刨削时，刨刀的直线往复运动是主运动，工件在刨刀返回行程将结束时作横向进给运动。在龙门刨床上加工时，工件的直线往复运动是主运动，而刀具在工件返回行程将结束时作横向进给运动。刨削用量包括刨削速度、进给量、背吃刀量，如图3-65所示。

刨削速度 V 即刨削主运动的线速度（m/min）：

$$V = 2Ln_r/1000 \text{（m/min）}$$

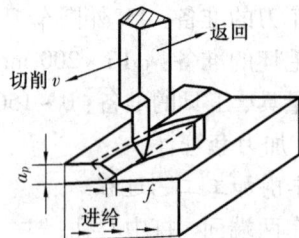

图3-65　牛头刨床刨削时的切削运动

式中：L 为刀具往复行程长度（mm）；n_r 为刀具每分钟往复行程次数（str/min）。

进给量 f 是刨刀每往复运动一次工件横向移动的距离（mm/str）。以 B6065 刨床为例，进给量 f 用下式计算：

$$f = k/3 \text{（mm/str）}$$

式中：k 为刨刀每往复一次，棘轮被拨过齿数。

背吃刀量（刨削深度）a_p 是指每次进给过程中，工件的已加工面与待加工表面之间的垂直距离（mm）。

2. 刨削加工的应用范围

刨削可分为粗、精加工，刨削加工的尺寸公差等级一般可达 IT9～IT8，表面粗糙度 Ra 值为 3.2～1.6 μm。

刨削可加工平面（水平面、垂直面、斜面）、沟槽（直槽、T形槽、V形槽、燕尾槽）及成形面等。刨削加工的应用范围如图3-66所示。

3. 刨削加工的特点

刨削加工具有以下特点：

①通用性好

刨床的结构比车床、铣床等简单，刨床的调整与操作比较简便。刨削所用的单刃刨刀与

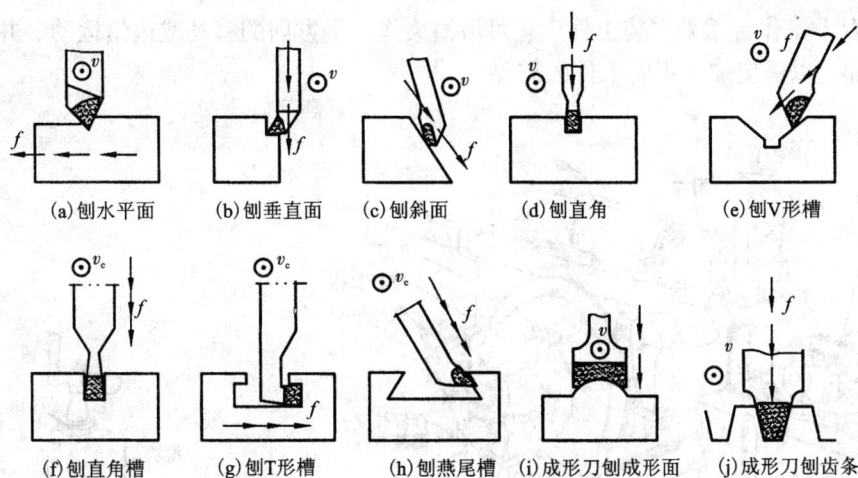

(a)刨水平面　　(b)刨垂直面　　(c)刨斜面　　(d)刨直角　　(e)刨V形槽

(f)刨直角槽　　(g)刨T形槽　　(h)刨燕尾槽　　(i)成形刀刨成形面　　(j)成形刀刨齿条

图 3 - 66　刨削的加工范围

车刀基本相同，形状简单，制造、刃磨和安装较方便。所以，刨削的通用性好。

②生产效率较低

刨削的主运动是为往复直线运动，反向时受惯性力的影响，而且刀具在切入和切出时有冲击，限制了刨削速度的提高。单刃刨刀实际参加切削的切削刃长度有限，一个表面要经过多次行程才能加工出来，加工时间长。刨刀返回行程时，不进行切削，增加了辅助时间。由于这些原因，刨削生产率较低。不过，对于导轨、长槽等狭长工件的刨削，以及在龙门刨床上进行多件或多刀刨削时，刨削加工效率也比较高。

③加工范围较小

刨削一般不能加工内凹平面、圆弧沟槽以及具有分度要求的小平面等，加工精度只能达到中等水平，故刨削加工应用范围受到一定的限制。

3.3.2　刨床

生产中常用刨床有牛头刨床和龙门刨床。

1. 牛头刨床

(1)牛头刨床的组成

如图 3 - 67 所示为 B6065 牛头刨床。其中：B—刨床；60—牛头刨床；65—最大刨削长度的 1/10，即最大刨削长度为 650 mm。其主要组成部分及其功能如下：

床身　床身用来支承和连接刨床各部件。床身顶面的燕尾导轨供滑枕作往复运动用，垂直面导轨供工作台升降用。床身内部装有传动机构。

滑枕　滑枕主要用于带动刨刀作直线往复运动。其前面有刀架。

刀架　刀架用来夹持刨刀(图 3 - 68)。转动刀架手柄时，滑板便可沿转盘上的导轨带动刨刀上下移动。松开转盘上的螺母，将转盘扳转一定的角度后，就可使刀架斜向进给。滑板上还装有可偏转的刀座，用来改变刨刀的切进角度。抬刀板可以围绕刀座上 A 轴向上转动，使安装在刀夹上的刨刀，在返回行程时自由上抬，以减少刨刀与工件的摩擦，防止刮伤已加工表面。

工作台 工作台用来安装工件。它可沿横梁作水平方向的移动或进给运动。并可随横梁作上下调整，以适应加工不同工件的需要。

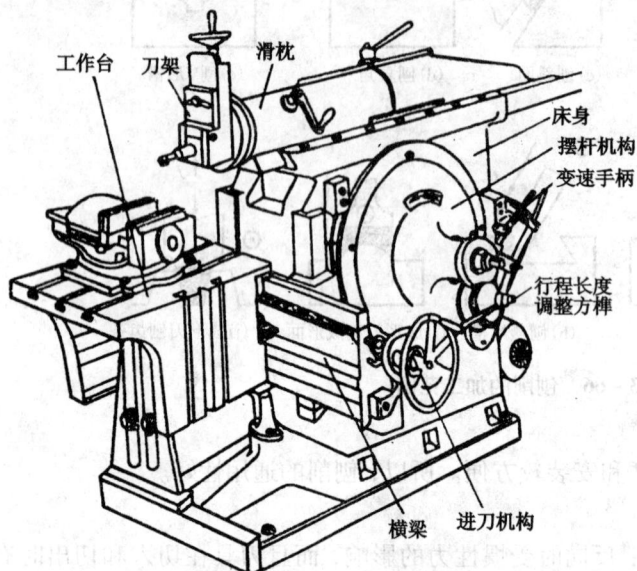

图 3 - 67 牛头刨床

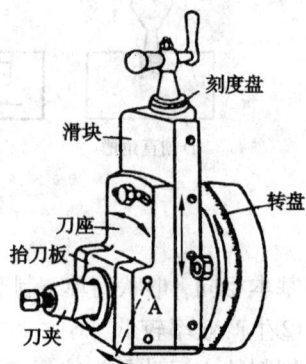

图 3 - 68 牛头刨床刀架

（2）摆杆机构及滑枕行程的调整

摆杆机构装在床身的内部，它的作用是把电动机传来的旋转运动变成滑枕的往复直线运动。摆杆机构由摆杆齿轮和摆杆等组成（图 3 - 69）。摆杆的下端与支架相联，上端与滑枕螺母相联。当摆杆齿轮由小齿轮带动旋转时，偏心滑块就带动摆杆绕支架中心左右摆动，从而使滑枕作往复直线运动。当摆杆齿轮逆时针匀速旋转时，滑枕走完工作行程，滑块需转过 α 角；而返回行程时，只需转过 β 角。由于 $\alpha > \beta$，则返回行程的平均速度较工作行程的平均速度快。这种运动特性有利于减少辅助时间，提高生产率。

滑枕的行程应略大于刨削表面的长度，所以，刨削前应调节滑枕行程的长度。调节的方法是改变摆杆齿轮上滑块的偏心位置。转动行程长度调整方头（见图 3 - 67），便可改变滑块的偏心距。偏心距愈大，则滑枕行程愈大。

（3）滑枕行程位置的调整

为了使刨刀有一个合适的切入和切出位置，刨削前，应根据工件的位置来调整滑枕行程的位置。如图 3 - 70 所示，调整时，松开锁紧手柄，用扳手转动方头轴，通过一对圆锥齿轮，使丝杠转动，由于螺母不动，因此丝杠转动时带动滑枕移动。扳手顺时针转动时，滑轨的起始位置向后移动；反之，滑轨向前移动。反复上述调整动作，即可将刨刀调整到加工所需的正确位置。

（4）进给量及进给方向的调整

牛头刨床的进给运动由棘轮机构来实现。B6065 型牛头刨床进给量有 12 级。横向进给

230

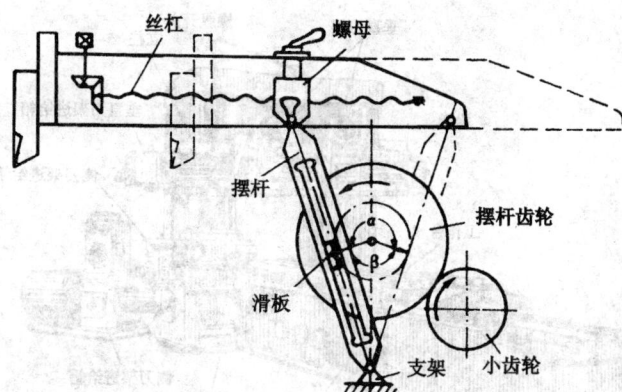

图 3 - 69　摆杆机构

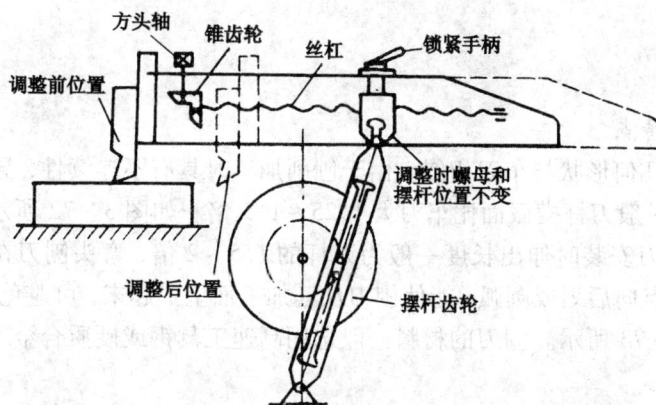

图 3 - 70　滑枕行程位置的调整

量为 0.2 ~ 2.5 mm/str，垂直进给量为 0.08 ~ 1.0 mm/str。进给量大小主要根据加工要求和加工条件选定。调整时，按选定的进给量，将手柄调整到规定位置即可。

调整进给方向，只需按规定方向扳动进给方向调节手柄，即可实现工作台(工件)按规定方向作进给运动。

2. 龙门刨床

龙门刨床(图 3 - 71)主要由床身、立柱、横梁、工作台、垂直刀架和侧刀架等组成。

加工时，工件装在工作台上，龙门刨床的主运动是工作台带动工件沿床身导轨作直线往复运动。横梁上的垂直刀架和立柱上的侧刀架都可作水平或垂直进给运动。刨削斜面时，可以将垂直刀架转动一定角度。当刨削高度不同的工件时，可调整横梁在立柱上的高低位置。

龙门刨床主要用于加工大型零件上的水平面、垂直面、沟槽等，也可用于中小型零件的加工。

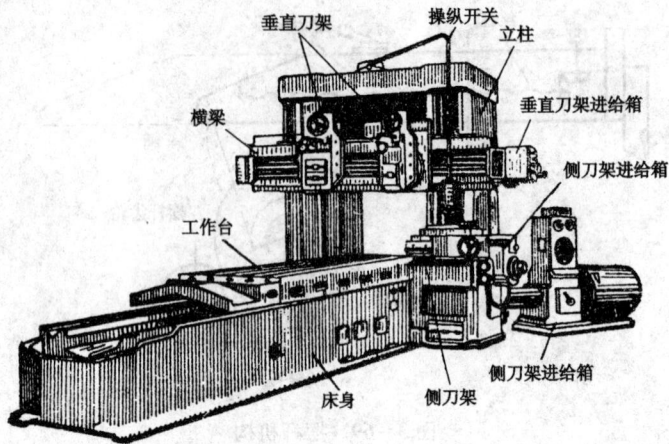

图 3 - 71　龙门刨床

3.3.3　刨刀

1. 刨刀的结构特点

刨刀的结构和几何形状与车刀相似。由于刨削加工时具有不连续性，导致刨刀要承受较大的冲击力，所以一般刀杆横截面比车刀大 1.25 ~ 1.5 倍。如图 3 - 72 所示，刨刀有直头和弯头两种。直头刨刀安装时伸出长度一般为刀杆的 1.5 ~ 2 倍，弯头刨刀在受到大的切削力作用时，刀尖绕 O 点向后划成圆弧，能使刨刀从已加工面上提起来，可避免啃伤工件或崩刃。刨刀的安装如图 3 - 73 所示。刨刀的材料一般选用高速工具钢或硬质合金等。

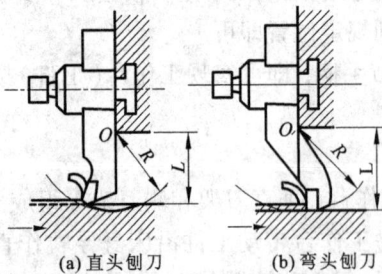

图 3 - 72　刨刀

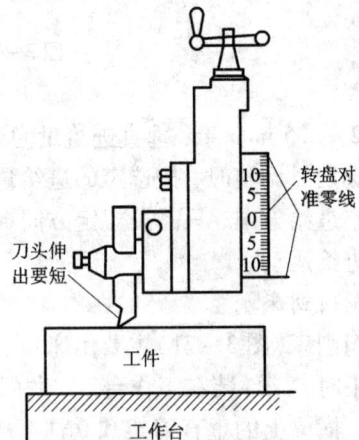

图 3 - 73　刨刀的安装

2. 刨刀的种类及其应用

刨刀的种类很多，按加工方法和用途的不同，可以分为平面刨刀、偏刀、切刀、角度刀与成形刀等几种，平面刨刀用来刨削平面、偏刀刨削垂直表面或斜面，切刀加工沟槽或切断，

232

角度刀刨削具有相互成一定角度的表面，成形刀刨削成形表面，见图 3 – 74。刨削时，应根据加工要求进行选择。

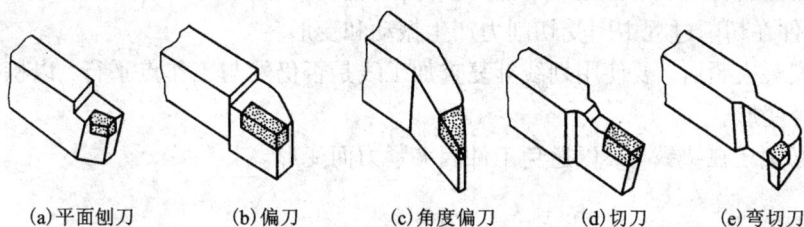

(a)平面刨刀　　(b)偏刀　　(c)角度偏刀　　(d)切刀　　(e)弯切刀

图 3 – 74　常用刨刀的形状

3.3.4　工件的安装

刨削时安装工件应根据工件的形状和大小，采用不同的安装方式。常用安装方法有以下几种：

1. 机用虎钳安装

机用虎钳是机床上常用的一种工具，适合于安装小型工件和形状规则的工件(图 3 – 75)。使用时先把机用虎钳钳口找正并固定在刨床工作台上，然后再安装工件。常用划线找正方法安装工件，虎钳底座上有刻度盘，能把虎钳转至任一角度。

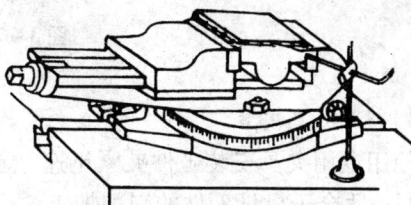

图 3 – 75　虎钳安装工件

使用机用虎钳安装工件要注意以下几点：

1)工件的待加工表面必须高于钳口表面。若工件的高度不够，可用平行垫铁垫高工件，以免刨刀碰着钳口，见图 3 – 75。

2)工件安装后，用铜锤或木锤轻轻敲击工件，使工件贴实垫铁。

3)为了保护钳口和已加工表面，在安装工件时可在钳口处垫上铜皮。

4)刚性较差的工件，应在工件的薄弱方向使用支撑或者垫实，防止工件在夹紧后产生变形。

2. 螺栓和压板安装

螺栓和压板把工件直接固定在工作台上进行刨削，如图 3 – 76 所示。此时应分几次按一定的顺序拧紧各螺栓，以减少夹紧变形。为了使工件在刨削时不致被推动，须在工件前端加挡铁。

用螺栓和压板安装工件时要注意以下几点：

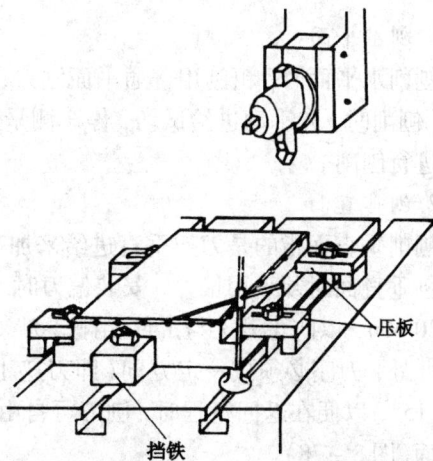

压板

挡铁

图 3 – 76　螺栓压板安装工件

1）合理布置压板位置　使压点靠近切削面，压力大小要合适，粗加工时，压紧力要大，以防止工件在切削过程中移动；精加工时，压紧力要合适，以防止工件变形。

2）安装薄壁工件时，在其空心位置上要使用辅助活动支撑以增加刚度（如图 3 - 77 所示），防止工件在切削过程中因受切削力产生振动和变形。

3）工件安装夹紧后，要使用划线针复查加工线是否仍然与工作点平行，以检查工件在安装过程中是否变形。

4）压板必须压在垫铁处，以避免工件因夹紧力而变形。

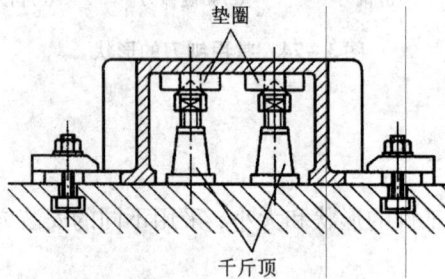

图 3 - 77　薄壁工件的安装

3．专用夹具安装

使用专用夹具安装工件夹紧迅速，定位准确，无需找正。这种方法需要预先设计制造专用夹具，适合于批量零件的刨削加工。

工件装夹后应检查装夹是否正确可靠。此时，可用划针盘沿划线移动来判断安装的准确性（见图 3 - 75 和图 3 - 76），也可用滑枕移动来检查。

3.3.5　刨削基本操作

1．刨水平面

刨削水平面时，粗刨用普通平面刨刀，精刨用圆头精刨刀（切削刃为 6 ~ 15 mm 半径的圆弧）。刨削时，先手动进给试切，停车测量尺寸。再利用刀架刻度盘调整好背吃刀量后，自动进给进行刨削。

2．刨垂直面

刨削垂直面指的是刀架垂直进给来加工平面的方法。

刨垂直面时须采用偏刀，安装偏刀时，刨刀伸出的长度应大于垂直面的高度或台阶深度 15 ~ 20 mm，以防止刀架与工件相碰。刀架转盘应对准零线，使刨刀能准确地沿垂直方向移动。此外，刀座必须按一定方向（即刀座上端偏离加工面的方向）偏转一定的角度，一般为 10° ~ 15°，以便在返回行程时，刨刀可自由地离开工件表面，减少刀具的磨损，避免擦伤已加工表面（图 3 - 78）。

精刨时，为降低表面粗糙度，可在副切削刃上接近刀尖处磨出 1 ~ 2 mm 的修光刃，装刀时，应使修光刃平行于加工面。

刨削垂直面只能用手转动刀架手柄作垂直方向进给，背吃刀量则借助工作台水平移动来调整，背吃刀量调整完后，应将工作台固紧，以免刨削时工作台移动。

234

3.刨斜面

刨削斜面最常用的是正夹斜刨法，也叫倾斜刀架法，如图 3 - 79 所示。倾斜的角度等于工件待加工斜面与机床纵向铅垂面的夹角。使小刀架的手动进给方向与所加工的斜面平行，且刀座上端要向偏离加工表面的方向转动 10°～15°，以减少回程时刀具和已加工表面之间的摩擦。

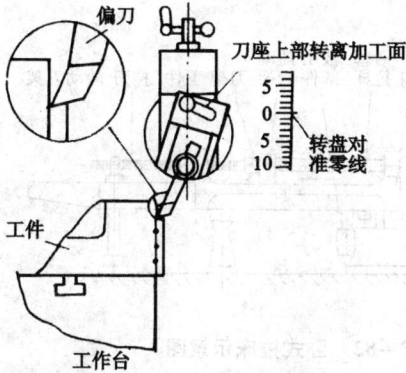

图 3 - 78 刨垂直面

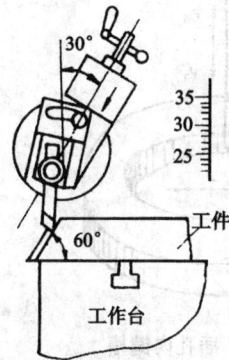

图 3 - 79 刨斜面

3.3.6 插削与拉削

1.插削加工

在插床上用插刀进行切削加工称为插削。图 3 - 80 为插床的外形图，其结构原理与牛头刨床类似，所以插床实际上是一种立式刨床。

插削加工时，插刀安装在垂直滑枕的刀架上，由滑枕带动作上下往复直线主运动。工件安装在工作台上，可作纵向、横向和圆周进给运动。插削加工的公差等级一般可达 IT9～IT8，表面粗糙度 Ra 值为 6.3～1.6 μm。

插床上除使用牛头刨床上所用的装夹工具以外，还常使用三爪卡盘、四爪卡盘和插床分度头等。

插削主要用于加工工件的内、外表面。如方孔、多边形孔及孔内键槽等。插削孔内键槽如图 3 - 81 所示。

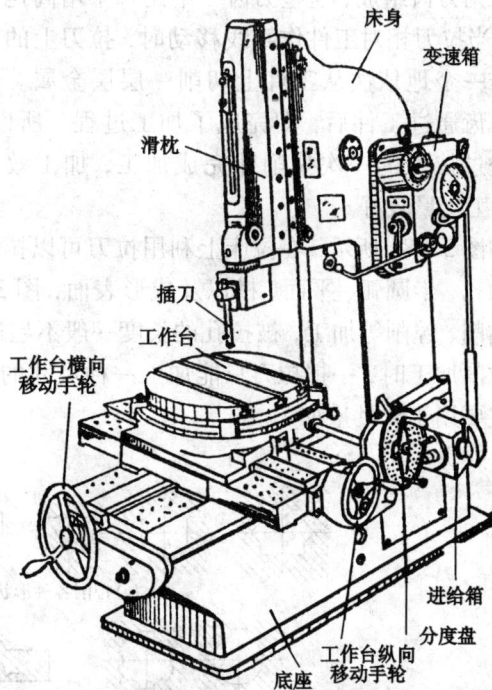

图 3 - 80 插床

插削与刨削一样，生产效率低，主要适合于单件小批量生产。

2. 拉削加工

在拉床上用拉刀进行切削加工称为拉削。图 3 - 82 为卧式拉床的示意图。从切削加工性质上来看，拉削加工近似于刨削，拉削时拉刀的直线移动为主运动，进给运动靠拉刀的结构来完成。拉削加工的公差等级一般可达 IT9 ~ IT7，表面粗糙度 Ra 值为 $1.6 ~ 0.8 \mu m$。

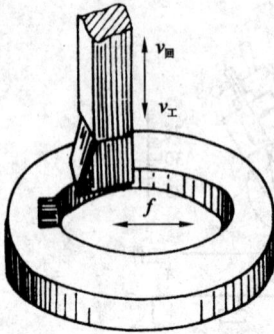

图 3 - 81　插孔内键槽

图 3 - 82　卧式拉床示意图

图 3 - 83 为拉削过程示意图，拉刀的切削部分由一系列刀齿组成，这些刀齿一个比一个增高地排列着，当拉刀相对工件作直线移动时，拉刀上的刀齿一个一个地依次从工件上切削一层层金属。当全部刀齿通过工件后，即完成了加工过程。所以，工件经过拉刀的一次拉削即完成加工，加工效率高，加工质量较好。

图 3 - 83　拉削过程

如图 3 - 84 所示，在拉床上利用拉刀可以拉削各种的孔、半圆弧、平面、槽以及成形表面，图 3 - 85 为圆孔拉刀。孔的拉削加工必须预先经过钻削、镗削等加工，被拉孔的长度一般不超过孔径的 3 倍。

拉削加工时，一把拉刀只能加工一种尺寸的表面，且拉刀较昂贵，所以，在生产中拉削加工主要用于大批量加工。

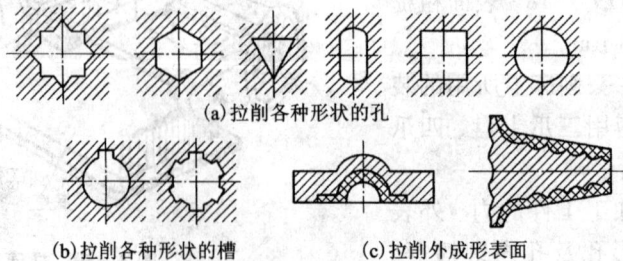

(a) 拉削各种形状的孔

(b) 拉削各种形状的槽　　　　(c) 拉削外成形表面

图 3 - 84　拉削加工各种形状的孔

236

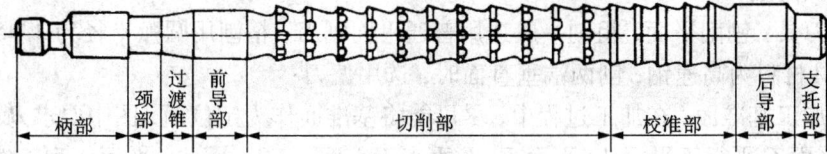

图 3-85 圆孔拉刀

3.3.7 刨削加工技能训练

使用 B6065 牛头刨床刨削一个矩形零件——垫块

1. 零件图纸技术要求分析

垫块零件如图 3-86 所示。

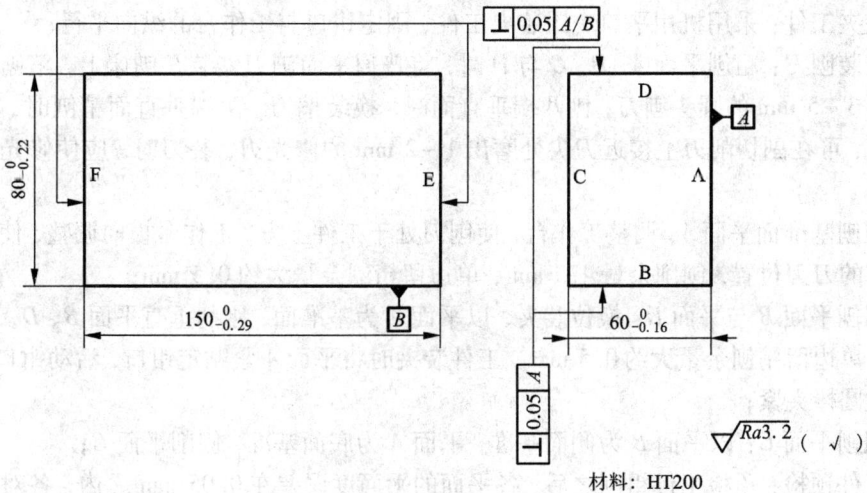

材料：HT200

图 3-86 垫块零件图

1）尺寸精度：垫块工件的尺寸精度为 $150_{-0.29}^{0}$ mm，$80_{-0.22}^{0}$ mm，$60_{-0.16}^{0}$ mm；

2）平行度：相对面的平行度公差为 0.05 mm；

3）垂直度：相邻面的垂直度公差为 0.05 mm；

4）表面粗糙度：各加工表面的粗糙度值均为 $Ra3.2$ μm；

5）工件材料：垫块的材料为灰口铸铁 HT200；

6）工件坯料：垫块坯料为铸件，坯料尺寸为 160 mm×90 mm×70 mm。

2. 加工工艺拟订与准备

1）工艺分析：所加工工件是长方体小型件，形状简单，工件的材料为灰口铸铁，切削加工性能较好，在刨床上进行加工，可以达到图纸技术要求；

237

2）确定工件装夹方式：采用机用平口虎钳装夹，选用 Q12160 型机用平口虎钳，钳口宽度 160 mm，钳口高度 50 mm；

3）选择刀具：刨削平面，粗刨一般选用普通平面刨刀，精刨用圆弧半径为 3～5 mm 的圆头刨刀，刀具材料为高速钢；刨两端垂直面时，选用偏刀；

4）确定加工基准面：在加工过程中，尽可能将基准面作为定位面，图中要求 B、D 面垂直于平面 A，平面 C 平行于平面 A，平面 E、F 垂直于平面 A、B。因此，平面 A 为工件主要基准 A，平面 B 为工件侧面基准 B；

5）选择刨削用量：刨削速度 $V = 12～30$ m/min，粗刨时可取较低速度，精刨时取较高速度；进给量 $f = 0.3～1$ mm/str，粗刨时可取较大值，精刨时取较低值；背吃刀量 $a_p = 0.5～2$ mm，粗刨时可取较大值，精刨时取较低值；

6）准备检验用量具：游标卡尺、刀口形直尺、直角尺、表面粗糙度样板。

3. 刨削加工工艺过程

1）坯料尺寸检验：用钢直尺检验坯料尺寸，根据工件各表面的垂直度、平行度的技术要求，检验坯料各表面加工余量情况；

2）安装机用平口虎钳：将机用平口虎钳安装在刨床工作台中间的 T 形槽内，安装时擦净虎钳底面与工作台面；

3）装夹工件：采用机用平口虎钳装夹工件，固定钳口与工作台的纵向平行；

4）安装刨刀：粗刨平面 A、B、C 与 D 时，将普通平面刨刀安装在刨床上，精刨时换装圆弧半径为 3～5 mm 的圆头刨刀；刨两端垂直面时，换装偏刀，两端垂直面精刨时，为降低表面粗糙度，可在副切削刃上接近刀尖处磨出 1～2 mm 的修光刃，装刀时，应使修光刃平行于加工面；

5）粗刨基准面平面 A：调整工作台，使刨刀处于工件上方，工作台横向调整，使工件边缘处于刨刀的刀刃位置，刨削余量 4.5 mm，单边留精刨余量大约 0.5 mm；

6）粗刨平面 B 与平面 D：换位装夹，以平面 A 为基准面，刨削垂直平面 B、D，刨削余量 4.5 mm，单边留精刨余量大约 0.5 mm。工件装夹时将平面 A 紧贴定钳口，活动钳口与平面 C 之间通过圆棒夹紧；

7）粗刨平面 C：以平面 B 为侧面基准，平面 A 为底面基准，刨削平面 C；

8）工件预检：预检工件粗刨之后，各平面的平面度误差在 0.05 mm 之内，各对应平面的平行度误差在 0.05 mm 之内，各相邻平面的垂直度误差在 0.05 mm 之内，并测量各平面的尺寸余量；

9）精刨平面 A～D：参照粗刨步骤与加工方法依次精刨平面 A、B、D 与 C，对应平面的第一面背吃刀量约为 0.4 mm，第二面刨削时以尺寸公差为依据，确定刨削余量；

10）换装刨刀并调整刨削用量：换装偏刀，刀座偏转 10°～15°，使其上端偏离加工面，保证刨刀在返回行程时，抬离工件的垂直面，以减少切削刃的磨损和避免擦伤已加工表面；

11）工件换向装夹：将工作台上的机用平口虎钳转 90°，使钳口与刨削方向垂直。工件装夹时要注意靠近刨刀的一端伸出部分尽可能少，只要能够刨除余量即可；

12）粗刨端面 E、F：粗刨端面 E 与端面 F，单面刨削余量约 4.5 mm；

13）端面预检：预检端面 E 与端面 F 的垂直度，保证垂直度在 0.05 mm 以内，并测量两端面的加工余量；

238

14）精刨端面 E、F：精刨第一端面，刨切 0.4 mm，第二端面刨削时以尺寸公差为依据，确定刨削余量；

15）成品检验：按照工件图纸要求进行成品质量检验。

4.刨削加工注意事项

为保证刨削后相邻表面相互垂直、相对表面平行，操作过程中必须注意以下几点：

1）装夹工件的平口钳、垫铁及工件必须擦干净，不能有杂物；

2）装夹工件之前应检查固定钳口平面与工作台面是否垂直；

3）装夹工件时，用力不宜太大，否则会造成工件基准面与工作台台面不垂直；

4）每一个表面刨完之后，都应把毛刺锉去，锉毛刺时不应伤及工件的已加工表面。

5.加工质量检验

用量具检验工件的刨削质量：

1）用千分尺检验相对表面的平行度；

2）用游标卡尺测量工件尺寸；

3）用直角尺检验相邻面的垂直度；

4）用表面粗糙度样板，通过目测类比法进行表面粗糙度检验。

3.4　铣削加工

3.4.1　概述

1.铣削的基本概念

铣削加工是在铣床上用铣刀进行切削加工。铣削加工可以在卧式铣床、立式铣床、工具铣床、龙门铣床以及各种专用铣床上进行。

铣削时，铣刀作旋转的主运动，工件一般作直线进给运动。铣削用量包括铣削速度、进给量、背吃刀量和侧吃刀量，如图 3 – 87 所示。

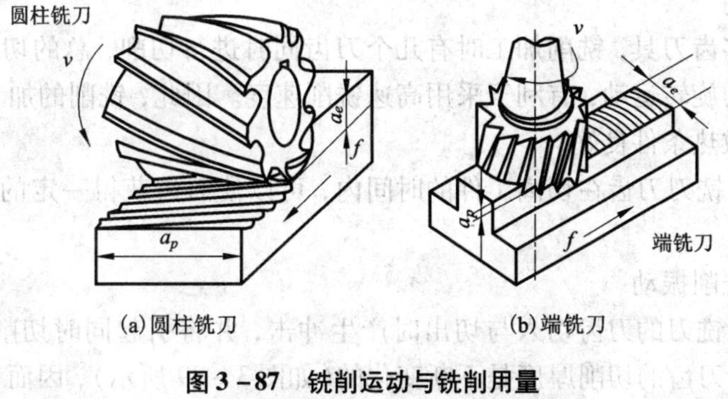

（a）圆柱铣刀　　　　　　　　（b）端铣刀

图 3 – 87　铣削运动与铣削用量

①铣削速度 v

铣削速度是指铣刀最大直径处切削刃的线速度，可用下式计算：

$$V = \pi \cdot d_t \cdot n_t / 1000\,(\mathrm{m/mm})$$

式中：d_t 为铣刀直径（mm），n_t 为铣刀每分钟转数（r/min）。

②进给量

进给量是指工件与铣刀沿进给方向的相对位移量。它有三种表示方式：

1）进给速度 v_f（mm/min），指工件对铣刀的每分钟进给量（即每分钟工件沿进给方向移动的距离）。

2）每转进给量 f（mm/r），指铣刀每转一转，工件对铣刀的进给量（即铣刀每转一转，工件沿进给方向移动的距离）。

3）每齿进给量 f_c（mm/每齿），指铣刀每转过一个刀齿时，工件对铣刀的进给量（即铣刀每转过一个刀齿，工件沿进给方向移动的距离）。

它们三者之间的关系式为：

$$f_c = f/z = v_f/(z \cdot n)_t$$

式中：n_t 为铣刀每分钟转数（r/min），z 为铣刀齿数。

③背吃刀量（铣削深度）a_p

背吃刀量 a_p 为沿铣刀轴线方向上测量的切削层尺寸（切削层是指工件上正被刀刃切削着的那层金属，mm）。

④侧吃刀量（铣削宽度）a_e

侧吃刀量 a_e 为垂直铣刀轴线方向上测量的切削层尺寸（mm）。

2. 铣削加工的应用范围

铣削可分为粗铣、半精铣和精铣，铣削加工的尺寸公差等级一般可以达到 IT9～IT8，表面粗糙度 Ra 值为 6.3～1.6 μm。

铣削的形式多样，生产效率高，在机械加工中应用很广泛。铣削可以加工各类平面、沟槽、成形面和进行切断等，也可进行钻孔、扩孔、铰孔和镗孔以及进行分度工作。常见的铣削加工如图 3-88 所示。

3. 铣削加工的特点

铣削加工是一种常用的加工方法，具有以下特点：

①加工效率高

铣刀是一种多齿刀具，铣削加工时有几个刀齿同时进行切削，总的切削宽度较大。铣削的主运动是铣刀的旋转运动，有利于采用高速铣削速度。因此，铣削的加工效率高。

②加工过程散热条件良好

铣削过程中，铣刀刀齿在切离工件的时间内，可以使刀齿获得一定的冷却，刀齿上的热量向外散失。

③容易产生铣削振动

铣削过程中，铣刀的刀齿切入与切出时产生冲击，并将引起同时切削的刀齿数的增减。而且，铣削时每个刀齿的切削厚度是不断变化的（如图 3-89 所示），因而，铣削过程不平稳，容易产生铣削振动。铣削过程的不平稳性，影响了铣削加工的质量和铣削效率的进一步提高。

此外，铣刀的刀齿切入与切出时热与力的冲击，将加速铣刀的磨损，甚至可能引起铣刀刀齿的碎裂。

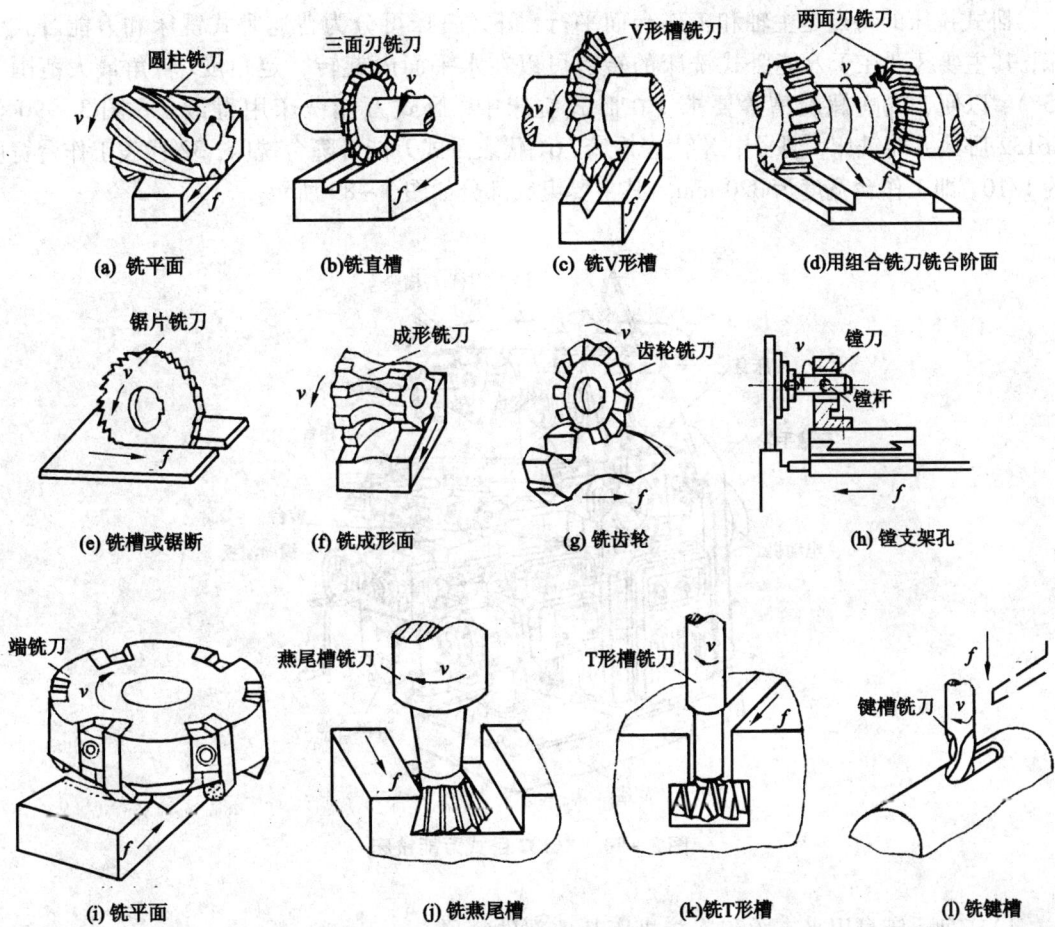

(a) 铣平面　　(b)铣直槽　　(c) 铣V形槽　　(d)用组合铣刀铣台阶面

(e) 铣槽或锯断　　(f) 铣成形面　　(g) 铣齿轮　　(h) 镗支架孔

(i) 铣平面　　(j) 铣燕尾槽　　(k)铣T形槽　　(l) 铣键槽

图 3-88　铣削的主要加工范围

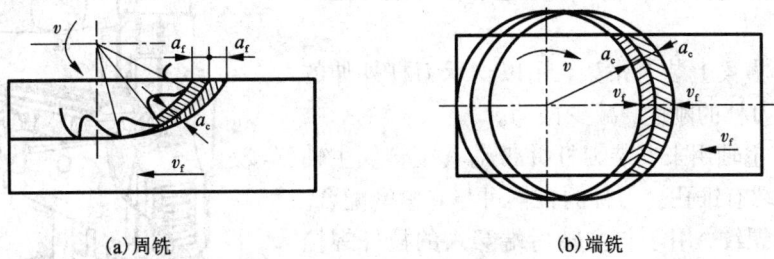

(a)周铣　　　　　　(b)端铣

图 3-89　铣削时刀齿切削厚度的变化

3.4.2　铣床

铣削加工中常用的铣床有卧式铣床、立式铣床、龙门铣床、工具铣床以及各种专用铣床。

241

1. 卧式万能铣床

卧式铣床的特点是主轴和工作台面平行，卧式铣床可分为普通卧式铣床和万能卧式铣床，其主要区别在于万能卧式铣床的转台可以在水平面内旋转一定角度（转角最大范围为45°），以便于铣削螺旋槽等要求。在卧式铣床中，卧式万能铣床用得最多，图 3-90 为 X6132 卧式万能铣床，型号中 X 代表铣床，61 代表卧式万能升降台铣床；32 代表工作台宽度的 1/10，即工作台宽度为 320 mm。其主要组成部分如图 3-89 所示。

图 3-90　X6132 卧式万能铣床

1）床身　床身用来支承和连接机床其他部件。顶面上有供横梁移动用的水平导轨。前壁有燕尾形的垂直导轨，供升降台上下移动用。床身后部装有电动机，内部装有主轴变速箱。通过操纵变速手轮可改变主轴的转速。

2）横梁　横梁上装有吊架，用以支承刀杆外伸的一端，以提高刀杆的刚度，减少振动。

3）主轴　主轴用来安装刀杆并带动其旋转。主轴是空心的，前端有锥孔。刀杆的锥柄可与它紧密配合。刀杆锥柄有内螺纹，用于与主轴后端穿入的拉杆螺栓连接，以固紧刀杆。

4）升降台　升降台可沿床身的导轨上下移动，以调整工作台面到铣刀的距离或垂直进给。升降台内部装有进给电动机和进给变速系统。操纵进给变速手轮可改变进给速度。

5）工作台　工作台用来安装工件、夹具或分度头

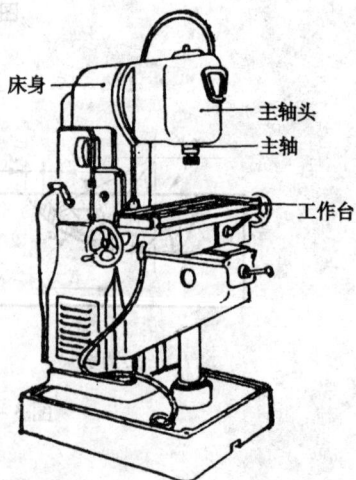

图 3-91　立式铣床

242

等。工作台下部分有一传动丝杠，通过它使工作台带动工件作纵向进给运动。工作台在纵向、横向的移动和升降可用手动操作，也可由进给电动机带动作自动进给运动。

6)横向溜板　横向溜板位于升降台上面，可带动工作台作横向运动。横向溜板上装有转台，可使工作台在水平面内旋转一定的角度(最大为±45°)。

2. 立式铣床

图 3-91 为立式铣床，立式铣床与卧式铣床的主要区别在于主轴与工作台台面垂直。有的立式铣床的主轴头还能转动一定的角度，从而扩大了铣床的加工范围。立式铣床没有横梁、调架和转台，其他部分及运动(主运动、进给运动)与万能卧式铣床基本相同。

3. 龙门铣床

龙门铣床的外形如图 3-92 所示。龙门铣床是一种大型铣床，框架两侧均有垂直导轨，其上安装有横梁及两个立铣头，在横梁上还有两个立铣头。所以，龙门铣床有四个独立的主轴，分别安装有铣刀。铣削加工时，工作台带动工件作纵向移动，几把刀具能够同时对工件的几个表面进行切削加工。龙门铣床的刚性好，可以进行高速切削，加工效率高，主要用于大、中型工件的铣削加工。

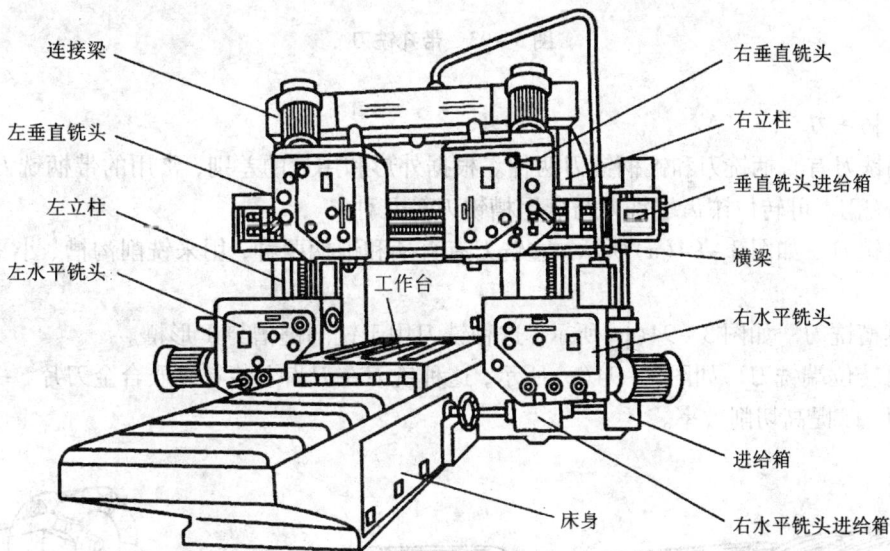

图 3-92　龙门铣床

3.4.3　铣刀及其安装

铣刀是一种多刃刀具，刀齿分布在圆柱铣刀的外回转表面或端铣刀的端面上。铣刀的刀具材料一般使用高速钢或硬质合金。

从铣刀的结构分类，可分为带孔铣刀和带柄铣刀，加工不同的工件，选用不同类型的铣刀，一般带孔铣刀用于卧式铣床，带柄铣刀用于立式铣床。

1. 带孔铣刀

根据外形和用途的差别，常用的带孔铣刀有圆柱铣刀、圆盘铣刀、角度铣刀、成形铣刀与锯片铣刀等几种。

1）圆柱铣刀　如图 3 - 93(a)所示，这种铣刀主要利用圆柱周围的刀刃铣削工件的平面。

2）圆盘铣刀　如图 3 - 93(b)所示为三面刃盘铣刀，这种铣刀主要用于铣削不同宽度的沟槽、小平面、台阶面等。

3）角度铣刀　如图 3 - 93(c)所示，这种铣刀具有不同的角度，用于铣削各种角度的沟槽以及斜面。

4）成形铣刀　如图 3 - 93(d)所示，这种铣刀用于铣削与切削刃相对应的成形面。根据用途不同，成形铣刀的切削刃可呈凸圆弧、凹圆弧、齿槽形等形状。

5）锯片铣刀　如图 3 - 93(e)所示，这种铣刀用于铣削窄槽、切断等。

(a)圆柱铣刀　　　(b)圆盘铣刀　　　(c)角度铣刀　　　(d)成形铣刀　　　(e)锯片铣刀

图 3 - 93　带孔铣刀

2.带柄铣刀

带柄铣刀有直柄铣刀和锥柄铣刀两种。根据外形和用途的差别，常用的带柄铣刀有立铣刀、键槽铣刀、可转位镶齿端铣刀与燕尾槽铣刀等几种。

1）立铣刀　如图 3 - 94(a)所示，立铣刀有直柄和锥柄两种，用来铣削沟槽、小平面、台阶面等。

2）键槽铣刀　如图 3 - 94(b)所示，这种铣刀用于铣削键槽与 T 形槽。

3）可转位端铣刀　如图 3 - 94(c)所示，这种铣刀在刀齿上装有硬质合金刀片，一般用于铣削平面，以提高切削效率。

(a)立铣刀　　　　　　　(b)键槽铣刀　　　　　　　(c)可转位端铣刀

图 3 - 94　带柄铣刀

3.铣刀的安装

铣刀安装是铣削加工中的重要工作内容，铣刀安装是否正确，直接影响铣削加工的质量和铣刀的使用寿命。因此，铣削加工开始之前，应该按照要求正确安装铣刀。

①带孔铣刀的安装

用于卧铣的带孔铣刀中，圆柱形铣刀与圆盘形铣刀一般用长刀杆安装（图 3 - 95），刀杆上的键槽用来安装键以便传递动力，常用的刀杆直径有 φ22、φ27、φ32、φ40 等几种可供

244

选择。

图 3 - 95　带孔铣刀的安装

在长刀杆上安装带孔铣刀的步骤如下：

1）根据铣刀孔径大小选择合适的刀杆；

2）根据铣削要求确定铣刀在刀杆上的位置，按顺序装上键、刀杆套筒、铣刀、刀杆套筒并拧上固紧螺母。安装时注意铣削旋转方向应为逆时针旋转；

3）调整横梁到合适位置，装到挂架上，使刀杆轴径进入挂架轴承孔内并固紧挂架（图 3 - 96）。注意轴承孔内应加润滑油。

4）首先初步拧紧螺母，开车观察铣刀已装正后，再用力拧紧螺母。

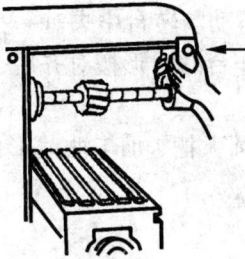

图 3 - 96　装上挂架

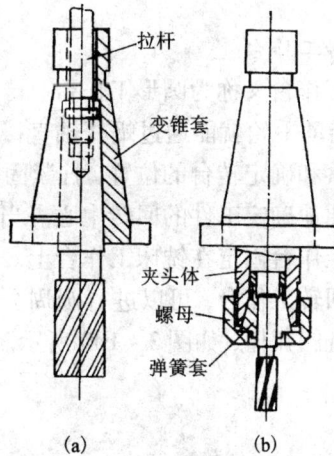

图 3 - 97　带柄铣刀的安装

②带柄铣刀的安装

直柄铣刀的直径较小，一般在 $\phi20$ 以内，多用弹簧夹头安装。如图 3 - 97 所示，安装时铣刀的柱柄插入弹簧套的孔内，用螺母压紧弹簧套的端面，使弹簧套的外锥面受压而孔径缩小，即能将铣刀柄抱紧。

锥柄铣刀是直径比较大的铣刀，一般使用过渡套进行安装。安装时根据铣刀锥柄的大小选择合适的过渡套，将过渡套内表面和锥柄外表面擦干净并套上，然后用拉杆把铣刀与过渡套一起拉紧在主轴上。

3.4.4　铣床的主要附件

铣床的主要附件有万能立铣头、回转工作台和分度头等。

1. 万能立铣头

万能立铣头是卧式铣床上的附件,其外形如图 3 - 98(a)所示。其底座用螺栓固定在卧式铣床的垂直导轨上,铣床的主轴的运动可以通过铣头内的两对锥齿轮传到铣头主轴上。铣头壳体可绕铣床主轴轴线偏转任意角度[图 3 - 98(b)]。铣头主轴壳体还能在铣头壳体上偏转任意角度[图 3 - 98(c)]。因而,万能立铣头的主轴能够在空间偏转任意角度。

在卧式铣床上装上万能立铣头,就可以进行立式铣床的各种铣削工作。

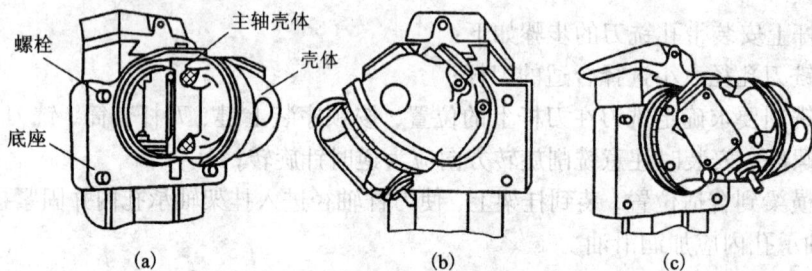

图 3 - 98　万能立铣头

2. 回转工作台

回转工作台又称为圆形工作台、转盘等,外形如图 3 - 99 所示。它的内部有一套蜗轮蜗杆机构,摇动手轮就能通过蜗杆轴直接带动与转台相连接的蜗轮转动。转台周围有刻度,可以用来观察和确定转台的位置,拧紧固定螺栓,转台就固定不动。转台中央有一孔,利用这个孔可方便地确定工件的回转中心。当底座上的槽与铣床工作台的 T 形槽对齐后,即可用螺栓把回转工作台固定在铣床工作台上。

利用回转工作台,可以进行圆周分度,周向进给可铣削圆弧槽、加工曲线形面工件等。在工件上铣圆弧槽,如图 3 - 100 所示。

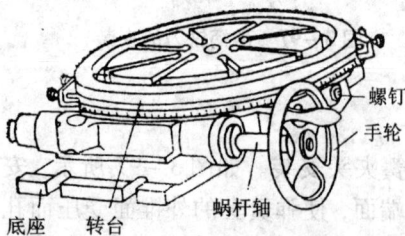

图 3 - 99　圆形工作台

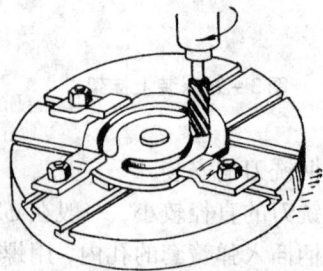

图 3 - 100　回转工作台上铣圆弧槽

3. 万能分度头

在铣削六方、齿轮、花键和刻线等加工中，工件每铣过一个面（或一个齿）之后，需要转过一定的角度，再铣第二个面（或第二个齿），这种工作叫做分度。分度头就是根据加工需要，对工件在水平、垂直和倾斜位置进行分度的附件。

① 分度头的组成

图 3－101 所示为常见的万能分度头。它由底座、转动体、主轴和分度盘等组成。工作时，它的底座用螺栓紧固在工作台上，并利用定向键与工作台中间的一条 T 形槽配合，使分度头主轴方向平行于工作台的纵向。分度头的主轴头部结构与车床主轴相似，其上可安装顶尖、拨盘或三爪卡盘等零部件来夹持工件。分度头转动体可使主轴转至一定的角度（转角范围为 $+90° \sim -6°$）。

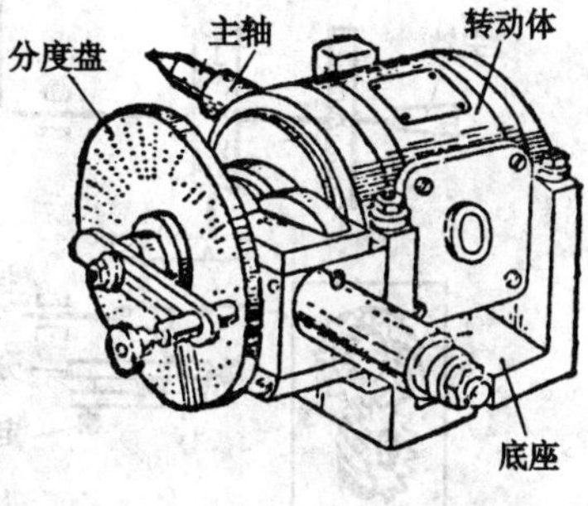

图 3－101　分度头

② 分度原理和分度方法

图 3－102（a）为分度头的传动系统图。主轴上固定有齿数为 40 的蜗轮，它与单头蜗杆相啮合。当拔出定位销，摇动分度手柄时，通过一对传动比为 1:1 的齿轮传动，使蜗杆带动蜗轮（主轴）转动而分度。手柄转动与主轴转动之间有如下关系：当分度手柄转一转的同时，主轴（工件）转动了 1/40 转。

即
$$\frac{\text{分度手柄转速 } n}{\text{主轴（工件）转速}} = \frac{1}{1/40} = 40$$

或
$$n = 40 \times \text{主轴（工件）转数}$$

设工件等分数为 z，则每次分度时，工件应转过 $1/z$ 转。

因此分度手柄每次转数
$$n = 40 \times \frac{1}{z} = \frac{40}{z}$$

例如：$z = 36$，$n = \frac{40}{36} = 1\frac{1}{9}$ 转。此时，分度手柄转 1 转再转 1/9 转，主轴（工件）即转过 1/36 转。分度时，手柄整转数可直接计数，分数部分则需利用分度盘上的等分孔距来确定 [图 3－101（b）]。

分度头一般备有两块分度盘。每块分度盘正反两面有若干等分孔数不同的孔圈，其各圈孔数如下：

第一块正面：24、25、28、30、34、37；

反面：38、39、41、42、43。

第二块正面：46、47、49、51、53、54；

反面：57、58、59、62、66。

当 $n = 1\frac{1}{9}$ 转时，则可用分度盘上孔数为 54 的孔圈（或孔数可被分母 9 除尽的其他孔圈），使分度手柄转 $1\frac{6}{54}$ 转。即将定位销调整至分度盘上 54 的孔圈上，转 1 转后再转过 6 个孔距（第 7 个孔）。这样，主轴（工件）每次就可准确地转 1/36 转。

为了避免分度时数孔的麻烦和引起差错，可利用分度盘上的一对分度叉 [如图 3－102

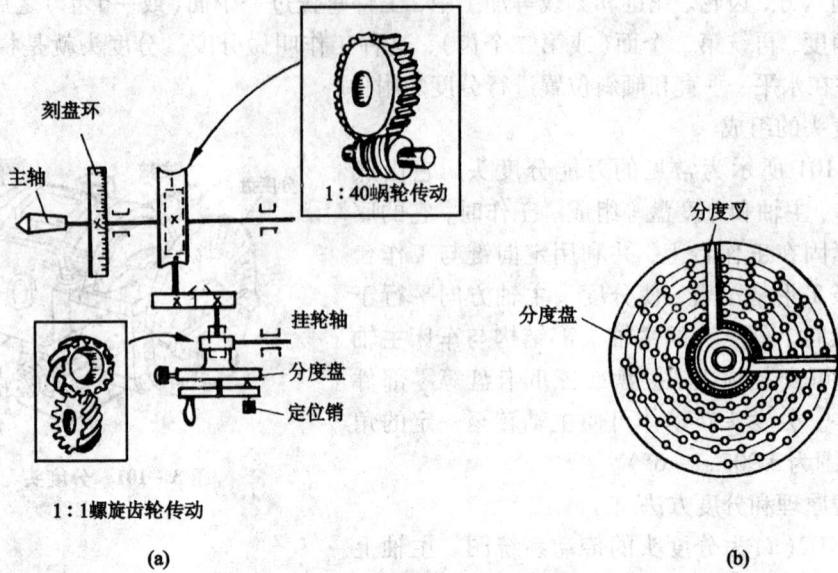

刻盘环

主轴

1:40蜗轮传动

分度叉

分度盘

挂轮轴

分度盘

分度盘

定位销

1:1螺旋齿轮传动

(a)

(b)

图 3 − 102　分度头传动系统及分度方法

(b)所示]。调整两叉之间的夹角,使其为所需要的孔距数,这样分度时可迅速无误。

3.4.5　铣削方式

在铣削加工中,选用的刀具不同以及铣削时工件与刀具的相对运动不同,铣削方式也不同。在选择铣削方式时,应充分考虑到铣削方式的特点和适应场合,以便保证加工质量和提高加工效率。

1. 周铣法

用圆柱铣刀(或立铣刀、三面刃铣刀等)圆周上的刀刃进行铣削称为周铣。

1)周铣的逆铣与顺铣

按照铣削时工件与刀具的相对运动不同,周铣可分为逆铣和顺铣(图 3 − 103)。铣削时铣刀刀齿的旋转方向与工件进给方向相反时,称为逆铣;两者方向相同时,称为顺铣。

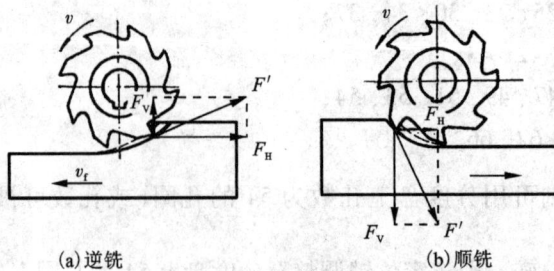

(a)逆铣　　　　　　　　(b)顺铣

图 3 − 103　逆铣与顺铣

248

逆铣时，每个刀齿的切削厚度是从零增大到最大值。由于铣刀刃口处总有圆弧存在，而不是绝对尖锐的，因此，在刀刃接触工件的初期，不能切入工件，而是在表面上挤压、滑行，使得刀齿与工件之间的摩擦增大，加速刀具的磨损，也使得工件表面质量下降。

顺铣时，每个刀齿的切削厚度是由最大减小到零，从而避免了逆铣时的上述问题。

逆铣时，铣削力上抬工件，产生切削振动；而顺铣时，铣削力将工件压向工作台，减少了工件振动的可能性，特别在铣削薄而长的工件时，更为有利。

由上述分析可知，从提高刀具耐用度和工件表面质量以及增强工件夹持的稳定性出发，一般以顺铣法较好。但由于工作台进给丝杆与固定螺母之间一般都存在间隙，间隙在进给方向的前方。顺铣时忽大忽小的水平切削分力与工件的进给方向是同方向的，这会使工件连同工作台和丝杆一起向前窜动，造成进给量突然增大，引起啃刀或打刀。

而逆铣时，水平切削分力与进给方向相反，铣削过程中工作台丝杆始终压向螺母，不会出现因为间隙的存在而引起工件的窜动。现在，一般还没有消除工作台丝杆与螺母之间间隙的机构，所以，实际生产中仍然多采用逆铣法。

②周铣的特点与应用

周铣可以使用多种形式的铣刀进行铣削，可以铣削平面，也可以铣削沟槽、齿形和成形面。所以，周铣在生产中经常被采用。但是，周铣法在铣削过程中同时进行切削的刀齿数仅有 $1 \sim 2$ 个，切入切出时对切削力的变化影响很大，既造成铣削的不均匀性，也使得切削过程不平稳，不利于提高切削加工质量；而且，周铣时铣刀安装在细长的刀杆上，刀具系统的刚性较差，加工表面较粗糙；周铣铣刀一般采用高速钢制造，其耐磨性不如硬质合金刀片，切削用量也受到限制。因而，周铣的应用不如端铣广泛。

2. 端铣法

用铣刀的端面刀刃进行切削称为端铣。

①端铣的对称铣与非对称铣

根据铣刀与工件相对位置的不同，端铣法可分为对称铣和非对称铣。

端铣时，沿进给方向铣刀轴线与工件上铣削宽度的中心线重合的铣削方式为对称铣削［如图 3 – 104（a）所示］。以铣刀轴线位置为界，铣刀先切入工件的一边称为切入边，切出工件的一边称为切出边。对称铣削时，切入边与切出边等宽。用对称铣削狭长工件时，工件易发生弯曲变形，导致让刀和铣削振动，影响加工质量，所以对称铣削只适用于加工短而宽的工件。

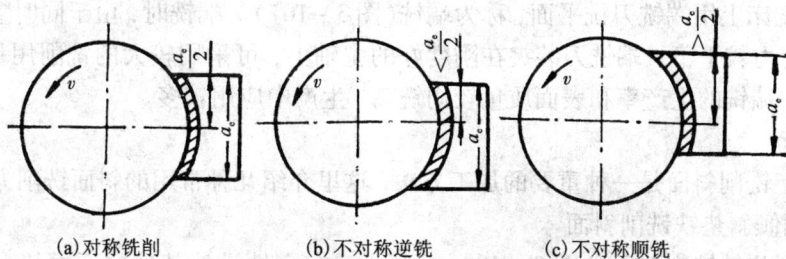

(a) 对称铣削　　　　　　(b) 不对称逆铣　　　　　　(c) 不对称顺铣

图 3 – 104　端铣的方式

端铣时沿进给方向铣刀轴线对铣削宽度不对称，即切入边不等于切出边的铣削方式称为非对称铣削。判断非对称铣的逆铣、顺铣可比较切入边和切出边的宽度，一般切入边大于切出边时为逆铣[如图 3 - 104(b)所示]，切入边小于切出边时为顺铣[如图 3 - 104(c)所示]。非对称顺铣时同样易拉动工作台，导致工作台间歇窜动，造成打刀等顺铣危害。所以，非对称铣削时，一般多采用逆铣。

②端铣的特点与应用

端铣法在铣削过程中同时参与切削的刀齿数较多，切削过程比周铣平稳；端铣铣刀一般直接安装在铣床的主轴端部，刀具系统刚性好；同时，端铣刀可方便地镶嵌硬质合金刀片，刀具耐磨性大大提高。所以，端铣可采用高速铣削，铣削宽度大，切削效率高，铣削表面质量好，故端铣在实际生产中被广泛采用。

3.4.6 铣削基本操作

1. 铣平面

在卧式铣床或立式铣床上都可以铣削平面。铣平面时，工件可夹紧在机用虎钳上，也可用压板螺栓直接压紧在工作台上。

(1) 卧式铣床上用周铣法铣平面

在卧式铣床上采用周铣法铣平面通常选用螺旋齿圆柱铣刀。铣削时，刀齿沿螺旋方向逐渐切入工件(图 3 - 105)。周铣平面的步骤如图 3 - 106 所示。

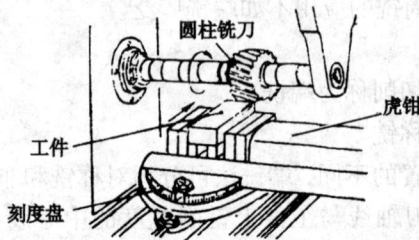

图 3 - 105　在卧式铣床上用周铣法铣平面

(2) 立式铣床上用端铣法铣平面

在立式铣床上用端铣刀铣平面，称为端铣(图 3 - 107)。端铣时，由于同时参加的切削刀齿较多，切削力较平稳。端铣刀装夹在刚度好的主轴上，可采用较大的铣削用量。因此，在一般情况下，端铣的生产率和表面质量较周铣高，生产中应用较多。

2. 铣斜面

在铣床上铣削斜面是一种重要的加工方法，这里介绍几种常用的斜面铣削方法。

(1) 利用倾斜垫铁铣削斜面

利用倾斜垫铁铣削斜面如图 3 - 108(a)所示，在零件设计基准的下面垫一块倾斜的垫铁，这样铣出的平面就与设计基准面成倾斜位置。只要改变垫铁的倾斜角度，就可以铣削出不同角度的斜面。

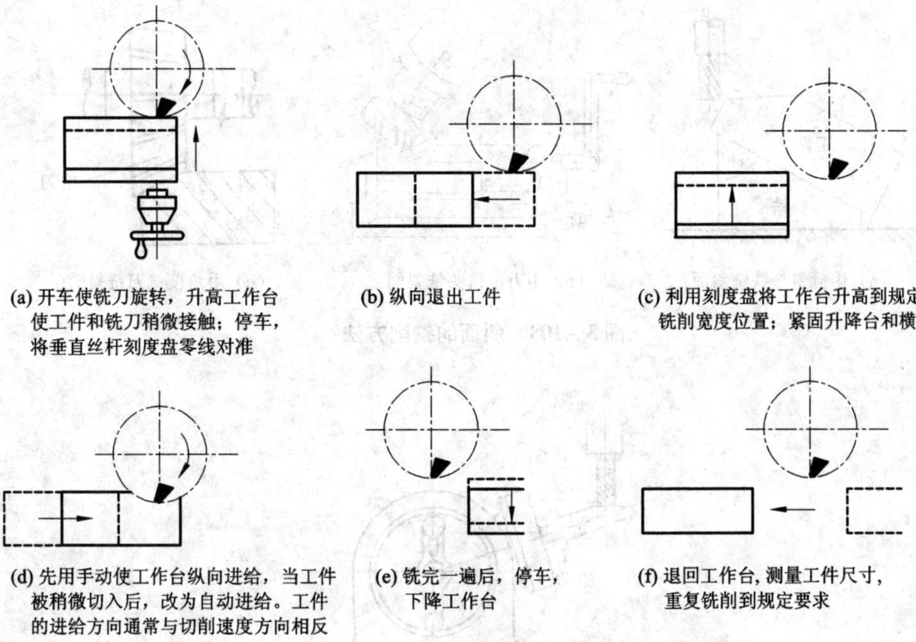

(a) 开车使铣刀旋转，升高工作台使工件和铣刀稍微接触；停车，将垂直丝杆刻度盘零线对准

(b) 纵向退出工件

(c) 利用刻度盘将工作台升高到规定的铣削宽度位置；紧固升降台和横溜板

(d) 先用手动使工作台纵向进给，当工件被稍微切入后，改为自动进给。工件的进给方向通常与切削速度方向相反

(e) 铣完一遍后，停车，下降工作台

(f) 退回工作台，测量工件尺寸，重复铣削到规定要求

图 3-106　周铣法铣平面的步骤

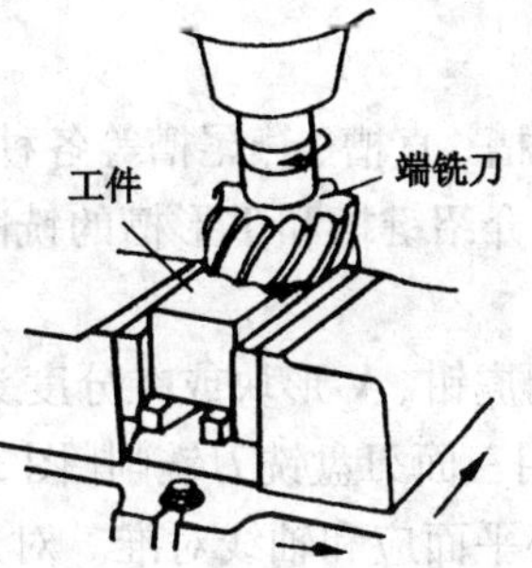

图 3-107　在立式铣床上铣平面

（2）利用万能铣头铣削斜面

由于万能铣头能够方便地偏转刀轴的空间位置，因此我们可以通过转动铣头的方法使刀具相对于工件倾斜一定的角度来铣削斜面，如图 3-108(b)所示。

（3）用角度铣刀铣削斜面

较小的斜面可利用合适的角度铣刀进行铣削，如图 3-108(c)所示。当工件生产批量较大时，通常设计专用夹具来铣削斜面。

（4）利用分度头铣削斜面

有一些圆形或特殊形状的零件上需要加工斜面，可以利用分度头将工件转到所需的位置来铣削斜面，如图 3-109 所示。

251

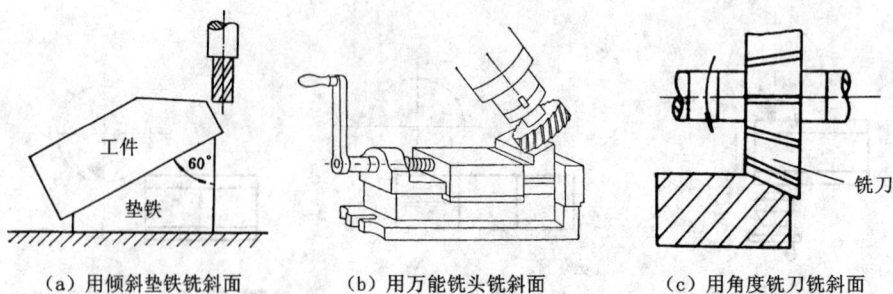

（a）用倾斜垫铁铣斜面　　　　（b）用万能铣头铣斜面　　　　（c）用角度铣刀铣斜面

图 3-108　斜面的铣削方法

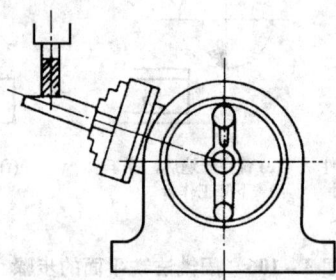

图 3-109　利用分度头铣削斜面

3. 铣沟槽

在铣床上可以铣削键槽、T 形槽、直槽、燕尾槽等各种沟槽。铣槽时，首先要根据所铣沟槽形状，选择相应的铣刀。这里，介绍键槽和 T 形槽的铣削方法。

（1）铣轴上键槽

铣轴上键槽时，工件可用机用虎钳、V 形块或在分度头上安装。

开口式键槽可在卧式铣床上用三面刃盘铣刀铣削［图 3-110（a）］。铣刀的宽度应根据铣槽宽度而定。安装时，铣刀的中心平面应和轴线对准。对刀方法如图 3-110（b）所示。铣刀

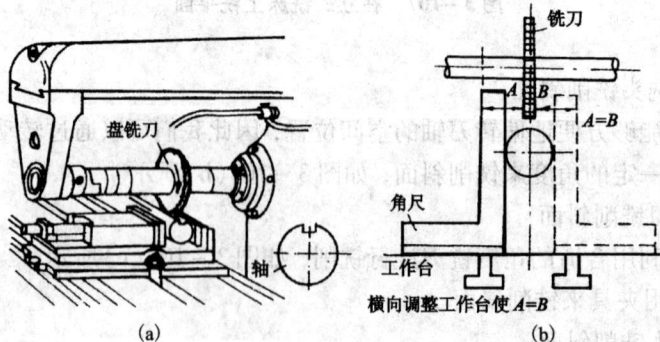

（a）　　　　　　　　　　　　（b）

图 3-110　铣开口键槽

252

对准后，将铣床横向溜板固紧。铣削时，应先试铣，检验槽宽，合格后再铣出键槽的全长。

封闭式键槽是在立式铣床上用键槽铣刀进行铣削(图 3 – 111)。

(2)铣 T 形槽

T 形槽应用广泛，例如铣床和刨床的工作台上均有 T 形槽，以便安放紧固螺栓压紧工件。加工 T 形槽的步骤如图 3 – 112 所示，首先用立铣刀或三面刃铣刀铣出直角槽，然后在立铣上用 T 形槽铣刀铣削 T 形槽。

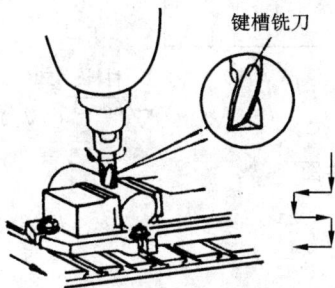

图 3 – 111　铣封闭键槽

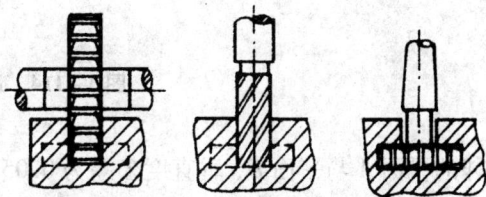

图 3 – 112　铣 T 形槽

4.铣成形面

在卧式铣床上利用成形铣刀，可以铣削各种成形面，如图 3 – 113 所示。

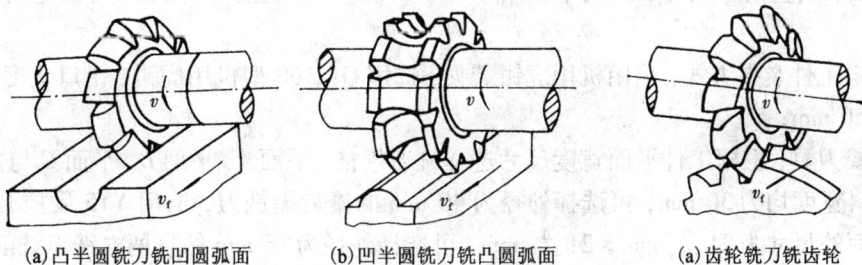

(a)凸半圆铣刀铣凹圆弧面　　(b)凹半圆铣刀铣凸圆弧面　　(a)齿轮铣刀铣齿轮

图 3 – 113　利用成形铣刀铣削成形面

3.4.7　铣削加工技能训练

使用 X5020 立式铣床铣削长方体零件——地质锤坯件

1.零件图纸技术要求分析

地质锤坯件的零件图如图 3 – 114 所示。

1)尺寸精度：地质锤工件的尺寸精度为 102 ± 0.20 mm、21 $_{-0.2}^{\ 0}$ mm 和 21 $_{-0.2}^{\ 0}$ mm；

2)平行度：要求平面 A 与平面 C 相互平行，平面 B 与平面 D 相互平行，相对面的平行度公差为 0.05 mm；

3)垂直度：平面 A、平面 B、平面 C 与平面 D 要求相邻面垂直，平面 F 与平面 E 垂直于

253

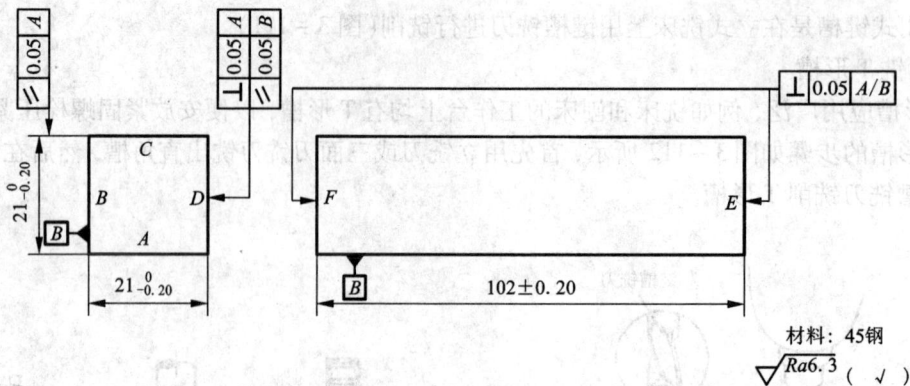

图 3 –114　地质锤坯件零件图

相邻的平面 A 与平面 B，垂直度公差为 0.05 mm；

4）表面粗糙度：各加工表面的粗糙度值均为 Ra6.3 μm；

5）工件材料：地质锤的材料为 45 钢；

2.加工工艺拟订与准备

1）工艺分析：所加工工件是长方体小型件，形状简单，工件的材料为 45 钢，切削加工性能较好，在立式铣床上用机夹可转位端铣刀加工四个 102 ± 0.20 mm $\times 21_{-0.2}^{0}$ mm 相互垂直的长方形平面，用直柄立铣刀加工两个 $21_{-0.2}^{0}$ mm $\times 21_{-0.2}^{0}$ mm 的正方形端面，可以达到图纸技术要求；

2）确定工件装夹方式：采用机用虎钳装夹，选用 Q12160 型机用虎钳，钳口宽度 160 mm，钳口高度 50 mm；

3）选择刀具：根据工件平面宽度尺寸选择铣刀规格，平面 A、平面 B、平面 C 与平面 D 四个表面坯料宽度均为 30 mm，可选择外径为 40 mm 的镶齿端铣刀，选用 YT5 硬质合金刀片；工件两端面的尺寸为 $21_{-0.2}^{0}$ mm $\times 21_{-0.2}^{0}$ mm，可选择外径为 16 mm 的直柄立铣刀铣削两端面，刀具材料为高速钢。

4）确定加工基准面：综合考虑加工平面的粗糙度、平行度及相邻面的垂直度要求，在首先加工的四个长方形加工面中确定一个加工基准面，可选择平面 A 为加工基准面；

5）选择铣削用量：

a.用端铣法铣削平面 A ~ D 时的铣削用量：

铣削速度：调整主轴转速 $V = 600$ r/min，

　　　　即铣削速度 $V = \pi \cdot d_t \cdot n_t / 1000 \, (\text{m/min}) = 75.36$ m/min；

进给速度：调整进给速度 $v_f = 95$ mm/min；

背吃刀量（铣削深度）a_p：粗铣取 $a_p = 2 \sim 3$ mm，精铣取 $a_p = 0.5$ mm；

b.用立铣刀铣削端面 E、端面 F 时的铣削用量：

铣削速度：调整主轴转速 $V = 300$ r/min，

　　　　即铣削速度 $V = \pi \cdot d_t \cdot n_t / 1000 \, (\text{m/min}) = 15.07$ m/min；

进给速度：调整进给速度 $v_f = 47.5$ mm/min；

254

背吃刀量(铣削深度)a_p：粗铣取 $a_p =2 \sim 3$ mm，精铣取 $a_p =0.5$ mm；

6)准备工件毛坯：采用锻件，毛坯尺寸为 110 mm×30 mm×30 mm。

7)准备检验用量具：外径千分尺、游标卡尺、刀口形直尺、直角尺、表面粗糙度样板。

3. 铣削加工工艺过程

1)坯料尺寸检验：用钢直尺检验坯料尺寸，根据工件各表面的垂直度、平行度的技术要求，检验坯料各表面加工余量情况；

2)安装机用虎钳：将机用虎钳安装在铣床工作台中间的 T 形槽内，安装时擦净虎钳底面与工作台面；

3)装夹工件：采用机用虎钳装夹工件，固定钳口与工作台的纵向平行，在工件下面垫长度大于 110 mm，宽度小于 20 mm 的平行垫块，垫块高度使工件上平面高于钳口 5 mm；

4)安装铣刀：铣削平面 A、平面 B、平面 C 与平面 D 时，将外径为 40 mm 的机夹可转位端铣刀安装在铣床主轴上；铣削端面 E、端面 F 时，将外径为 16 mm 的立铣刀安装在铣床主轴上；

5)粗铣基准面平面 A：调整工作台，使铣刀处于工件上方，工作台横向调整，使工件宽度处于镶齿端铣刀的中间位置，铣削余量 3.5 mm；

6)粗铣平面 B 与平面 D：换位装夹，以平面 A 为基准面，铣削垂直平面 B 与平面 D，铣削余量 3.5 mm，工件装夹时将平面 A 紧贴定钳口，活动钳口与平面 C 之间通过圆棒夹紧；

7)粗铣平面 C：以平面 B 为侧面基准，平面 A 为底面基准，铣削平面 C；

8)工件预检：预检工件粗铣之后，各平面的平面度误差在 0.05 mm 之内，各对应平面的平行度误差在 0.05 mm 之内，各相邻平面的垂直度误差在 0.05 mm 之内，并测量各平面的尺寸余量；

9)精铣平面 A~D：参照粗铣步骤与加工方法依次精铣平面 A、平面 B、平面 D 与平面 C，对应平面的第一面背吃刀量约为 0.3 mm，第二面铣削时以尺寸公差为依据，确定铣削余量；

10)换装铣刀并调整铣削用量：换装直柄立铣刀，按照精铣要求调整铣削用量；

11)粗铣端面 E 与端面 F：纵向调整工作台，使工件的待铣一端的待铣部位处于铣刀下方，要注意靠近铣刀的一端伸出部分尽可能少，只要能够铣除余量即可，粗铣端面 E 与端面 F，单面铣削余量约 3.5 mm；

12)端面预检：预检端面 E 与端面 F 的垂直度，保证垂直度在 0.05 mm 以内，并测量两端面的加工余量；

13)精铣端面 E 与端面 F：精铣第一端面，铣切 0.3 mm，纵向移动工作台，精铣第二端面，第二端面铣削时以尺寸公差为依据，确定铣削余量；

14)成品检验：按照工件图纸要求进行成品质量检验。

4. 铣削加工注意事项

为保证铣削后相邻表面相互垂直、相对表面平行，操作过程中必须注意以下几点：

1)装夹工件的平口钳、垫铁及工件必须擦干净，不能有杂物；

2)装夹工件之前应检查固定钳口平面与工作台面是否垂直；

3)装夹工件时，用力不宜太大，否则会造成工件基准面与工作台台面不垂直；

4)每一个表面铣完之后，都应把毛刺锉去，锉毛刺时不应伤及工件的已加工表面。

5. 加工质量检验

用量具检验工件的铣削质量：

1）用千分尺检验相对表面的平行度；

2）用游标卡尺测量工件尺寸；

3）用直角尺检验相邻面的垂直度；

4）用刀口形直尺测量各平面的平面度；

5）用表面粗糙度样板，通过目测类比法进行表面粗糙度检验。

3.5 磨削加工

3.5.1 概述

1. 磨削加工的基本概念

在磨床上用砂轮作为切削刀具对工件表面进行加工称为磨削加工。磨削加工是零件精加工的主要方法之一。

按照磨削零件的结构不同和需要磨削的表面形状差别，可以分为外圆磨削、内圆磨削、平面磨削与成形面磨削等（见图 3 – 115）。磨削的尺寸公差等级可达 IT6 ~ IT5，表面粗糙度 Ra 值可达 $0.8 ~ 0.1~\mu m$。

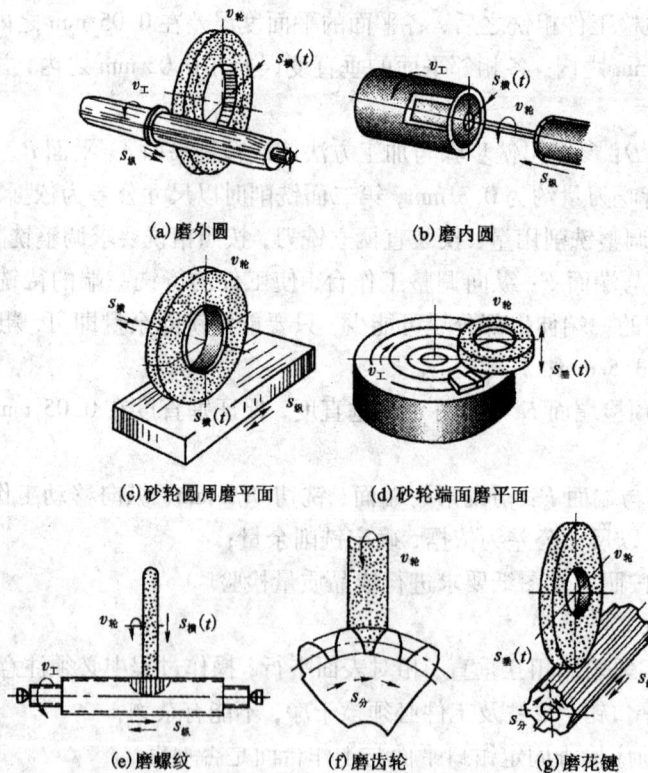

(a) 磨外圆　　　　　　　　　(b) 磨内圆

(c) 砂轮圆周磨平面　　　　　(d) 砂轮端面磨平面

(e) 磨螺纹　　　(f) 磨齿轮　　　(g) 磨花键

图 3 – 115　磨削加工方法

磨削用的砂轮由许多细小而且极硬的磨粒用结合剂粘接制成。图 3 - 116 是磨削过程示意图，将砂轮表面放大，可以看到在砂轮表面上杂乱地布满很多尖棱形多角的磨粒，在砂轮的高速旋转下，这些锋利的磨粒就像铣刀的刀刃一样切入工件表面。所以磨削的实质是一种多刃的超高速切削过程。

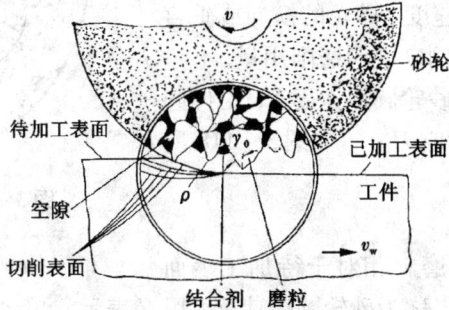

图 3 - 116　磨削过程示意图

磨削加工时速度很高，产生大量的磨削热，温度可达 1000℃ 以上。同时，剧热的磨屑在空气中发生氧化作用，产生火花，磨削热会使工件的性能发生改变而影响质量。为了降低磨削温度，减少摩擦和散热，及时冲走磨屑，保证工件质量，磨削时应使用冷却液进行冷却。

在磨削加工时，磨削运动与磨削用量是两个重要的概念。

（1）磨削运动

磨削运动包括磨削主运动和进给运动。

①主运动　磨削主运动是直接切除工件表层金属，使之变为切削而形成工件新表面的运动。图 3 - 117 中的运动 1 即砂轮的高速旋转运动是磨削的主运动。

②进给运动　进给运动是使新的金属层不断投入磨削的运动。图 3 - 117 中的运动 2、3、4 均为进给运动，根据磨削方式的不同，其运动方向有所区别：

a. 外圆磨削的进给运动　外圆磨削的进给运动为工件的圆周进给运动 2、工件的纵向进给运动 3 和砂轮的横向吃刀运动 4[图 3 - 117(a)]。

b. 内圆磨削的进给运动　内圆磨削的进给运动与外圆磨削相同[图 3 - 117(b)]。

c. 平面磨削的进给运动　平面磨削的进给运动为工件的纵向(往复)进给运动 2，或工件的横向进给运动 3 和砂轮的垂直吃刀运动 4[图 3 - 117(c)]。

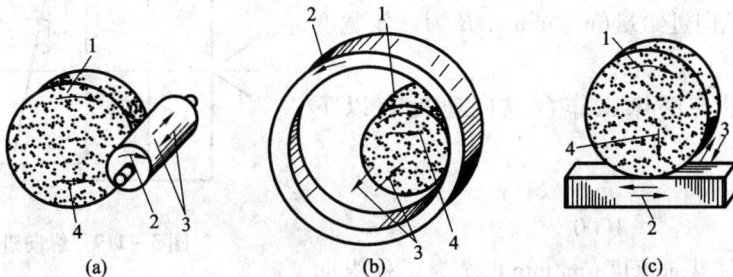

(a)　　　　(b)　　　　(c)

图 3 - 117　磨削的运动

1—主运动；2、3、4—进给运动

257

(2)磨削用量

磨削用量即磨削加工时的切削用量，是磨削过程中磨削速度和进给量的总称。磨削主运动的磨削用量为砂轮的圆周速度，磨削的进给量包括工件的圆周速度、工件的纵向进给速度、砂轮的横向或垂直进给量。下面以外圆磨削为例来说明磨削用量。

外圆磨削的磨削用量包砂轮圆周速度 V、工件圆周速度 V_w、纵向进给量 f、背吃刀 a_p，如图 3 – 118 所示。

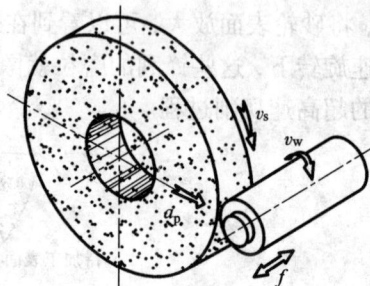

图 3 – 118　外圆磨削用量

a. 砂轮圆周速度

砂轮的外圆表面上任一磨料相对于待加工表面在主运动方向上的瞬时速度，称为砂轮圆周速度，用 V 表示。单位为 m/s。计算公式为：

$$V = \frac{\pi d_0 n_0}{1000 \times 60}$$

式中：V 为砂轮圆周速度（m/s）；d_0 为砂轮直径（mm）；n_0 为砂轮转速（r/min）。

外圆磨削和平面磨削的砂轮圆周速度一般为 30 ~ 35 m/s。内圆磨削的砂轮圆周速度一般为 18 ~ 30 m/s。

b. 工件圆周速度

工件被磨削圆周表面上任意一点单位时间内在进给运动方向上所产生的位移，称为工件圆周速度，用 V_w 表示，工件圆周速度比砂轮圆周速度低得多。计算公式为：

$$V_w = \frac{\pi d_w n_w}{1000}$$

式中：V_w 为工件的圆周速度（m/min）；d_w 为工件外圆直径（mm）；n_w 为工件转速（r/min）。

工件圆周速度一般为 13 ~ 20 m/min。实际生产中，按加工精度选择工件圆周速度，加工精度较高时取低值，加工精度较低时取高值。

c. 纵向进给量

工件每转一圈相对于砂轮在纵向的位移，称为纵向进给量（图 3 – 119），用 f 表示。由于纵向进给量受到砂轮宽度的约束，因而计算公式为：

$$f = (0.2 ~ 0.5)B$$

式中：f 为工件纵向进给量（m、min）；B 为砂轮宽度（mm）。

纵向进给量与磨床工作台纵向速度有以下关系：

$$v = \frac{f n_w}{1000}$$

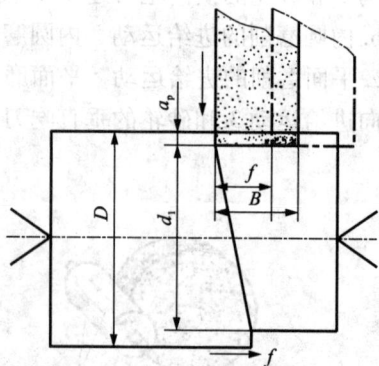

图 3 – 119　纵向进给量

式中：v 为工作台纵向速度（m/min）；f 为工件纵向进给量（mm/r）；n_w 为工件转速（r/min）。

在生产中，纵向进给量按加工精度和粗、精磨削要求选定。粗磨时选较大值，精磨时选较小值。实际操作时，可按纵向进给量来相应调节磨床工作台的速度即可。

d. 背吃刀量

外圆磨削时，在工作台每次行程终了时，砂轮在横向进给运动方向上的进给量叫背吃刀量，用 a_p 表示。背吃刀量按下式计算：

$$a_p = \frac{D - d}{2}$$

式中：a_p 为背吃刀量（mm）；D 为进给前工件的直径（mm）；d 为进给后工件的直径（mm）。

外圆磨削的背吃刀量很小，一般取 0.005 ~ 0.04 mm，精磨时选小值，粗磨时选大值。

磨削过程中，磨削用量的选择是一个很重要的工艺参数，合理选择磨削用量对于磨削质量和生产效率均有很大的影响。

2. 磨削加工的应用范围

在机械零件的加工制造过程中，磨削加工是提高零件精度和和降低表面粗糙度的重要工艺方法，能完成零件的内外圆柱面、内外圆锥面、平面以及成形表面等表面的精加工。特别是经过淬火硬化的高硬度零件要达到高精度和低粗糙度要求，一般都要采用磨削方法。磨削作为精密加工工艺已广泛地应用于机床、汽车、仪器仪表、轴承、工具、农机、航空及宇航等工业中。

随着科学技术的进步和现代工业的发展，对机械产品的要求越来越高，高质量、高精度的机械产品的零部件加工都需要经过磨削加工，磨削加工作为一种精加工方法在机械制造业中的作用越来越重要。

3. 磨削加工的特点

与车削、刨削、铣削等加工方法比较，磨削加工具有以下特点：

1）磨削能获得很高的尺寸精度（IT6 ~ IT5 级）和很低的表面粗糙度（$Ra\ 0.8 \sim 0.1\ \mu m$）；

2）磨削加工范围广，如外圆、内孔、平面、螺纹、齿轮、成形面和各种刀具等；

3）磨削不仅可以加工各种金属，包括硬度很高的金属材料，而且还能磨削各种非金属材料，如陶瓷材料、木材、塑料、玻璃等。

3.5.2　磨床

磨床种类很多，常用的磨床有外圆磨床、内圆磨床、平面磨床和工具磨床等。

1. 万能外圆磨床

外圆磨床中使用最多的是万能外圆磨床，它既可磨外圆又可磨内圆面、内外锥面及端面等。

（1）万能外圆磨床的组成

万能外圆磨床由床身、工作台、头架、尾架和砂轮架等主要部件组成，图 3 - 120 为 M1432A 万能外圆磨床。在型号 M1432A 中，M 代表磨床；14 代表万能外圆磨床；32 代表最大磨削直径的 1/10，即最大磨削直径为 320 mm；A 代表性能和结构上经过一次重大改进。

床身　床身用来支承和连接各部件，床身内部装有液压传动系统。床身上的纵向导轨供工作台移动用，横向导轨供砂轮架移动用。

工作台　工作台分上下两层。下工作台作纵向往复运动，上工作台可相对于下工作台在水平面上偏转一定角度（顺时针方向为 3°，逆时针方向为 9°），以便磨削锥面。

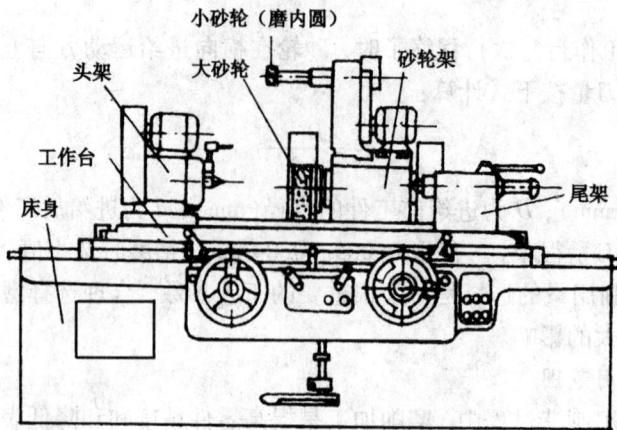

图 3 – 120　M1432A 万能外圆磨床外形图

头架　头架安装在上工作台左端。头架上有主轴，可用顶尖或卡盘安装工件。头架上的变速机构可使工件获得不同的转速。头架还可逆时针偏转 90°，以便磨削任意锥角的圆锥面。

尾架　尾架安装在工作台右端。尾架套筒内装有顶尖，可与主轴顶尖一起支承轴类零件。

砂轮架　砂轮架用以安装砂轮。砂轮由单独电动机经三角胶带带动旋转。砂轮架可沿床身后部的横向导轨前后移动，移动方式可作周期性的自动进给，也可手动进给，或快速引进和退出。

（2）工作台液压传动原理

磨床中广泛采用液压传动，因为液压传动具有传动平稳、操作简便，能在较大范围内实现无级变速和易于实现自动化等优点。下面仅介绍工作台纵向往复运动的液压传动原理。

磨床液压传动系统主要由油泵、油缸、换向阀、溢流阀、节流阀和开停阀等组成（图 3 – 121）。工作台的往复运动按下述循环进行：

a. 工作台向右移动（图示位置）

启动油泵，油液经滤油器吸入油泵。从油泵打出的高压油经开停阀、换向阀，流入油缸的左腔。由于活塞杆和工作台连结在一起，压力油便推动活塞连同工作台一起向右运动。这时，油缸右腔的油经换向阀和节流阀流回油箱。

节流阀用来调节工作台的往复运动速度。溢流阀用来调节液压系统的压力。开停阀用于控制液压系统的启动或停止。

b. 工作台向左移动

当工作台右移到行程终点时，固定在工作台上的左挡块（工作台侧边槽内装有两个挡块，其按工件磨削长度调整成一定的距离）碰撞换向杠杆使换向阀芯向左移动。高压油则进入油缸右腔，工作台则更换为向左运动。

继而右挡块又碰撞换向杠杆使换向阀芯右移，使工作台向右运动。这样周而复始，实现工作台自动往复运动。

260

图 3 – 121 工作台往复运动液压传动原理图

2. 内圆磨床

图 3 – 122 是 M2120 内圆磨床。在型号 M2120 中，M 代表是磨床的代号；2 代表表示内圆磨床的组别代号；1—表示内圆磨床的系别代号；20—表示磨削最大孔径的 1/10，即磨削最大孔径为 200 mm；A—表示在性能和结构上经过一次重大改进。

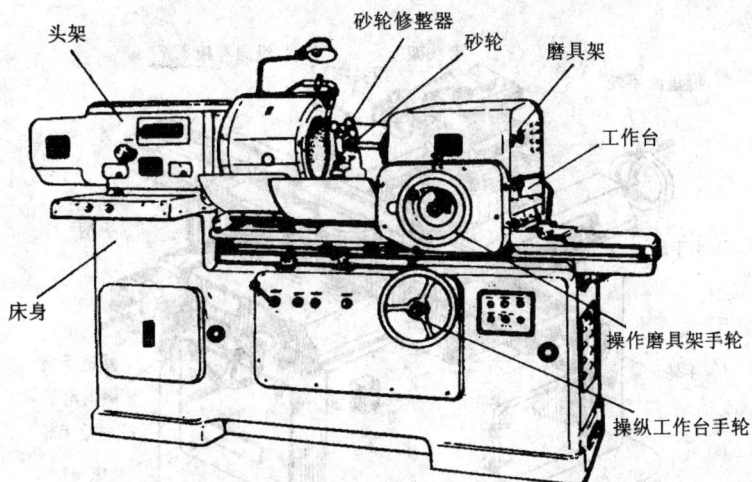

图 3 – 122 M2120 内圆磨床

内圆磨床由床身、工作台、头架、磨具架、砂轮修整器等部件组成。内圆磨床的液压传动系统与外圆床相似。

261

3. 平面磨床

平面磨床主要由床身、工作台、拖板、磨头等部件组成。图 3 - 123 为 M7120A 平面磨床，在型号 M7120A 中，M 代表磨床；71 代表卧轴矩台型；20 代表工作台宽的 1/10，即工作台宽为 200 mm，A 代表表示在性能和结构上进行过一次重大改进。

长方形工作台装在床身的水平导轨上，由液压驱动作往复运动。工作台上装有电磁吸盘或其他夹具，用来装夹工件。砂轮由电动机直接驱动，磨头可沿拖板的水平导轨作横向进给运动。拖板可沿立柱的垂直导轨上下移动，以调整磨头的高低及提供垂直进给运动。

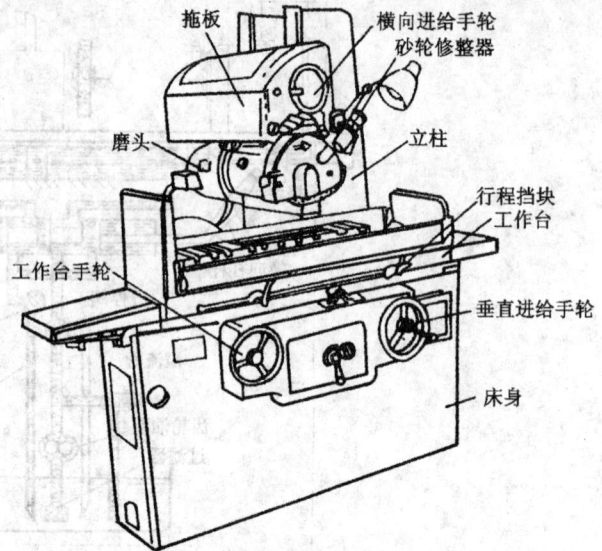

图 3 - 123　M7120A 平面磨床

4. 工具磨床

图 3 - 124 是 M6025 型万能工具磨床，它主要由床身，横向滑板，纵向滑板，立柱，磨头架，前、后顶尖座等组成。工作台纵向运动由小手轮操纵，需要慢速移动时，可通过减速手柄来实现。调节手柄可使工作台回转一定角度。横进给手轮可使横向滑板作横向进给。磨头架装在立柱的上端，可绕立柱轴线在 360° 范围内任意回转角度。

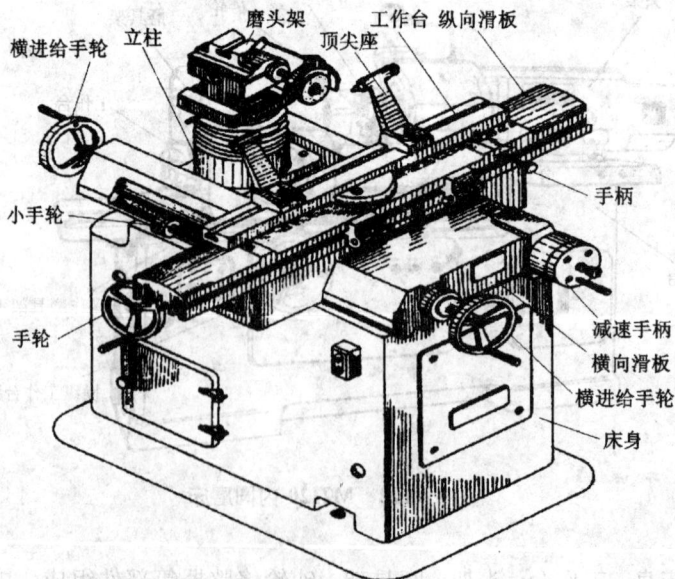

图 3 - 124　M6025 型万能工具磨床

262

转动手轮，磨头架可上下移动，以调节砂轮磨削位置。

工具磨床是刀具刃磨的基本设备。在切削金属过程中，刀具受到很大的切削抗力和较高的切削热的作用，随着切削时间的延长，锋利的切削刃会逐渐变钝或突然崩刃，使刀具失去切削能力，这种现象称为刀具的钝化。钝化了的刀具经过刃磨来恢复其切削能力，工具磨床主要用来对铣刀、铰刀、拉刀、滚刀等各种刀具进行刃磨。工具磨床也可以磨削小型零件。

3.5.3　砂轮

1. 砂轮的种类

砂轮是磨削的切削刀具，它由磨粒和结合剂按一定的比例混合，在模具中高压成形后，经烧结制成。它的特性取决于磨料、结合剂、粒度、硬度、组织、形状和尺寸等因素。

①砂轮的磨料

磨料直接担负磨削工作，应具有高硬度、高耐热性和一定的韧性，常用的磨料有三类：刚玉类（Al_2O_3），适用于磨削韧性材料，如各种钢料；碳化硅类（SiC），适用于磨削脆性材料，如铸铁、青铜和硬质合金等；超硬材料类（金刚石、立方氮化硼），其中金刚石主要用于磨削硬质合金、石材、陶瓷、光学玻璃等脆性材料，立方氮化硼主要用于磨削淬火硬化钢及镍基合金等硬而韧的材料。

磨料的大小用粒度表示。粒度号数愈大，颗粒愈细，尺寸愈小。粗磨或磨软金属时，选用号数小的磨料；精磨时，选用号数较大的磨料。一般磨削常用砂轮磨料的粒度为 46 ~ 60 号。

②砂轮的结合剂

制造砂轮时常用陶瓷结合剂、树脂结合剂和橡胶结合剂等。陶瓷结合剂的化学性质稳定，耐热，耐酸，成本低，但较脆。大多数砂轮都用陶瓷结合剂。树脂和橡胶结合剂粘结强度高，弹性和韧性好，但耐热和耐腐蚀性差，主要用于薄片砂轮。

③砂轮的硬度

砂轮的硬度是指磨料在磨削力的作用下脱落的难易程度，它与磨料本身的硬度无关。磨料粘结愈牢，砂轮的硬度愈硬。磨硬金属时，磨料易磨钝，希望磨钝的磨料及时脱落，应选较软的砂轮；反之，磨软金属时，选用较硬的砂轮。一般磨削时，常用中软硬度的砂轮。

④砂轮的组织

组织表示磨料、结合剂和空隙在体积上的比例关系，这三者的比例关系反映出砂轮结构的松紧程度。砂轮的组织号是用磨料所占砂轮体积的百分比来表示的。号数愈小，磨料所占的体积百分比愈大，组织愈紧密；反之，组织愈疏松。粗磨时，用组织疏松的砂轮；精磨时，用组织紧密的砂轮。常用的是 5 ~ 6 号中等的组织。

⑤常用的砂轮

砂轮通常制成不同的形状和尺寸，并已标准化，以适应于不同形状和尺寸工件的磨削加工。常用砂轮的形状如图 3 - 125 所示。

为了便于管理和选用砂轮，砂轮的特性按下列顺序表示，并印在砂轮的非工作表面上。例如：

平形　单面凹形　薄形　筒形　碗形　碟形　双斜边形

图 3－125　砂轮的形状

形状	尺寸	磨料	粒度	硬度	组织	结合剂	线速度
P	400×50×203	WA	60	K	5	V	35
平面	外形×厚度×孔径	白刚玉	粒度号	硬度（中软1）	组织号	陶瓷结合剂	最高线速度

2. 砂轮的检查、安装、平衡和修整

① 砂轮的检查与安装

磨削时，砂轮以高速度旋转。因此，砂轮使用前必须经过外观检查，不应有裂纹和破损。

安装砂轮时，要求将砂轮不松不紧地套在轴上，在砂轮和法兰盘之间垫上 1～2 mm 厚具有弹性的皮革或橡胶（图 3－126）。

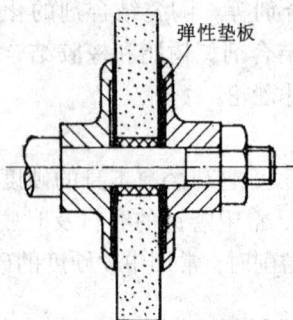

弹性垫板

图 3－126　砂轮的安装

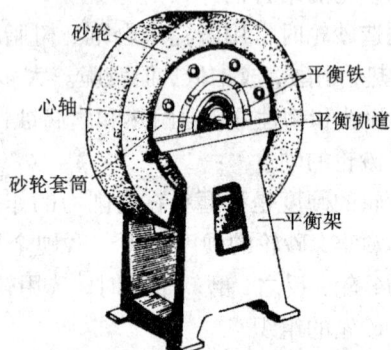

砂轮
心轴
砂轮套筒
平衡铁
平衡轨道
平衡架

图 3－127　砂轮的静平衡试验

② 砂轮的静平衡试验

为了使砂轮平稳、安全地工作，砂轮安装前应进行静平衡试验（图 3－127）：将砂轮装上心轴，安放在平衡架轨道的刀口上。如果砂轮不平衡，较重的部位总是转到下面。这时可移动法兰盘端面环槽内的平衡铁进行平衡。然后再进行平衡，这样反复进行，直到砂轮可以在刀口上任意位置都能静止，这就说明砂轮各部分质量均匀。实际工作中，直径大于 125 mm 的砂轮都需要进行静平衡试验。

③ 砂轮的修整

砂轮在使用过程中需要进行修整。因为砂轮工作一定时间以后，磨粒逐渐变钝，工作表

264

面空隙被堵塞。砂轮修整是使已磨钝的磨粒脱落，恢复砂轮的切削能力和外形精度，如图 3 –128 所示。砂轮常用金刚石进行修整，修整时必须使用冷却液进行冷却，以避免金刚石因温度急剧升高而破裂。

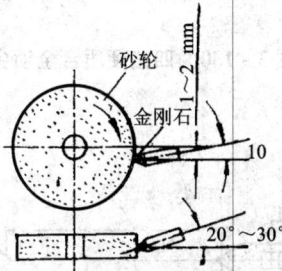

图 3 – 128　砂轮的修整方法

3.5.4　外圆磨削

1. 工件的安装

（1）顶尖安装

轴类零件磨削时一般使用顶尖安装。如图 3 – 129 所示，安装时工件支持在两顶尖之间。磨削使用顶尖安装方法与车削时的方法基本相同，但磨床所用的顶尖都是不随工件一起转动的，这样可以提高加工精度，避免了由于顶尖转动带来的误差。尾顶尖是靠弹簧推力顶紧工件的，这样可以自动控制松紧程度。

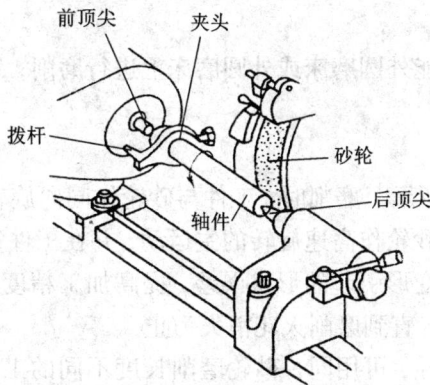

图 3 – 129　顶尖安装

为了提高工件的几何形状精度和降低表面粗糙度，磨削之前，工件两端的中心孔均要进行修研。通常情况下是用四棱硬质合金顶尖（图 3 – 130）在车床或钻床上进行挤研。当工件的中心孔较大、修研精度较高时，必须选用油石顶尖或铸铁顶尖作前顶尖，一般顶尖做后顶尖。修研时，头架旋转，工件不旋转（用手握住），如图 3 – 131 所示。

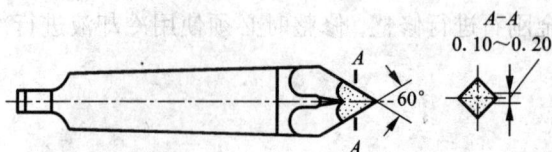

图 3 – 130　四棱硬质合金顶尖

图 3 – 131　用油石顶尖修研中心孔

（2）卡盘安装

磨削短工件的外圆时可用三爪或四爪卡盘安装工件。安装方法与车削基本相同。用四爪卡盘安装工件时，要用百分表找正。对形状不规则的工件还可采用花盘安装。

（3）心轴安装

盘套类空心工件一般以内孔定位磨削外圆，工件安装时一般使用心轴安装工件。常用的心轴种类与车床上使用的心轴相同，但磨削用心轴的精度要求更高。心轴在磨床上的安装方法与顶尖安装相同。

2. 磨削方法

工件的外圆面一般在万能外圆磨床或外圆磨床上进行磨削，外圆磨削方法有纵磨法和横磨法，纵磨法应用较多。

（1）纵磨法

纵磨法如图 3 – 132（a）所示。磨削时，工件与砂轮作同向旋转运动（周向进给运动），同时作纵向进给的往复运动。砂轮作高速旋转的主运动，并在工件每一纵向行程终了时进行一次横向进给。为了消除受力变形引起的形状误差，提高加工精度，当磨削到尺寸时，可采用几次无横向进给的光磨行程，直到磨削火花消失为止。

纵磨法具有很大的方便性，可用同一砂轮磨削长度不同的工件，且磨削力较小，散热条件好，磨削温度较低，因而可获得较好的加工质量，应用广泛，尤其是在单件小批生产和精磨时多采用这种方法。但纵磨法每次的横向进给量小，生产率较低。

（2）横磨法

横磨法如图 3 – 132（b）所示。磨削时，工件无纵向进给运动。砂轮在作高速旋转主运动的同时，以缓慢的速度连续或断续地作横向进给运动，直到符合图纸要求为止。

横磨法的特点是生产率较高。但工件与砂轮接触面大，切削力大，磨削温度高，因而磨削精度低，磨削后表面质量较差，一般用于大批量生产中磨削粗短轴的外圆面。

266

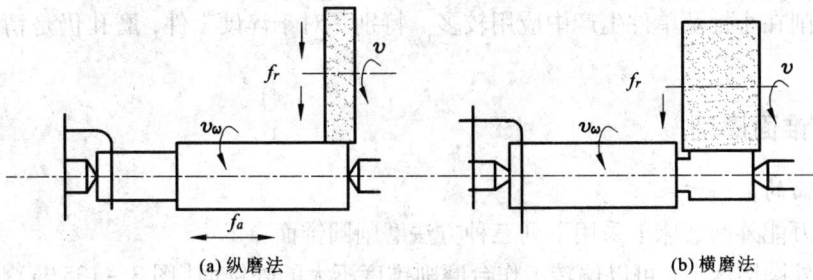

图 3 - 132　万能外圆磨床上磨外圆

3.5.5　内圆磨削

1. 工件的安装

内圆磨削时，一般情况下工件以外圆和端面作为定位基准。通常采用三爪卡盘、四爪卡盘、花盘及弯板等夹具安装工件。其中最常用的是用四爪卡盘通过找正安装工件（图 3 - 133）。

2. 磨削方法

工件内圆可以在内圆磨床上磨削，也可以在万能外圆磨床上磨削。

磨削内圆的运动与磨削外圆的运动基本相同，但砂轮的旋转方向与磨削外圆相反（图 3 - 133）。

磨削时砂轮与工件的接触方式有两种：一种是后面接触[图 3 - 134(a)]，另一种是前面接触[图 3 - 134(b)]。在内圆磨床上采用后面接触，在万能外圆磨床上采用前面接触。

内圆磨削的方法有纵磨法和横磨法，磨削时的操作方法和特点与外圆磨削相似。纵磨法应用最广泛。

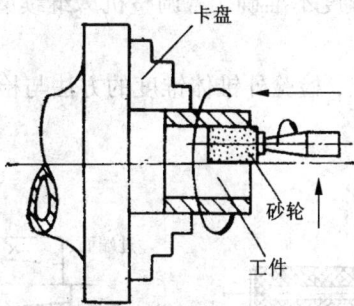

图 3 - 133　卡盘安装工件

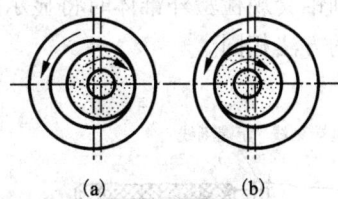

图 3 - 134　砂轮与工件的接触方式

内圆磨削与外圆磨削相比，由于受工件孔径的限制，磨削内圆的砂轮直径一般较小，悬伸长度较大，刚性差，磨削用量不能高，因而加工效率较低。而且，由于砂轮直径较小，砂轮的圆周速度较低，磨削过程中冷却排屑条件也不好，表面粗糙度值不易降低。所以，磨削内圆时，为了提高加工效率与加工精度，砂轮和砂轮轴应尽量选用较大直径，砂轮轴伸出长度应尽可能缩短。

内圆磨削在小批及单件生产中应用较多。特别是对于淬硬工件，磨孔仍是精加工孔的主要方法。

3.5.6 圆锥面磨削

1. 圆锥面的磨削方法

通常在万能外圆磨床上采用下列三种方法磨削圆锥面：

在万能外圆磨床上，可以偏转工作台磨削锥度不大的外锥面[图3-135(a)]；偏转砂轮架磨削大锥度的圆锥面[图3-135(b)]；偏转头架可磨削外锥面和内锥面[图3-135(c)]。

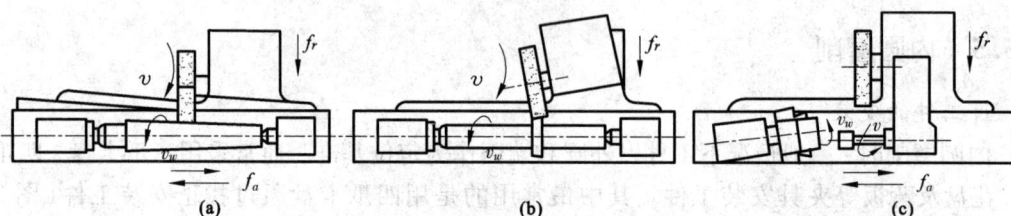

图3-135 万能外圆磨床上磨锥面

2. 圆锥面的检验

（1）锥度检验

检验锥度最常用的量具是圆锥量规。圆锥量规有两种：检验内锥孔用圆锥塞规[图3-136(a)、(b)]，检验外锥体用圆锥套规[图3-136(c)]。

用圆锥塞规检验内锥度时，用红丹粉和机油（或兰油）调制好显示剂，先在塞规的整个圆锥表面上或顺着锥体的三条母线上均匀地涂上极薄的显示剂；然后，把塞规放在锥孔中使锥面相互贴合，并在30°~60°范围轻轻来回转动几次，再取出塞规察看。如果整个圆锥表面上摩擦痕迹很均匀，说明工件锥度准确，如果不均匀则锥度不准确，需调整机床继续磨削，使锥度准确为止。

用圆锥套规检验外锥体时将显示剂均匀涂在工件上，检验外锥体锥度的方法与检验工件内锥度的方法相同。

图3-136 圆锥量规

（2）尺寸的检验

圆锥面的尺寸检验通常也是使用圆锥量规。外锥体检验一般通过检验小端直径来控制锥体的尺寸；内锥孔检验是通过检验大端直径来控制锥孔的尺寸。

268

如图 3 – 136 所示，根据圆锥的尺寸公差，在圆锥量规的大端或小端处刻有两条圆周线或作有小台阶，表示量规的止端和过端，分别控制圆锥的最大极限尺寸和最小极限尺寸。

如图 3 – 137 所示，使用圆锥塞规检验工件的内锥孔尺寸时，图 3 – 137(a)显示工件的锥孔尺寸符合要求；图 3 – 137(b)显示工件的锥孔尺寸太小，应继续磨削；图 3 – 137(c)显示工件的锥孔尺寸太大，已经超过公差范围。

如图 3 – 138 所示，使用圆锥套规检验工件的外锥体尺寸时，图 3 – 138(a)显示工件的外锥体尺寸符合要求；图 3 – 138(b)显示工件的外锥体尺寸太大，应继续磨削；图 3 – 138(c)显示工件外的锥体尺寸太小，已经超过公差范围。

图 3 – 137　内锥孔尺寸检验

图 3 – 138　外锥体尺寸检验

3.5.7　平面磨削

1. 工件的安装

中小型工件的平面磨削，一般采用电磁吸盘工作台安装工件。图 3 – 139 为电磁吸盘工作台，其工作原理为：图中 1 为钢制吸盘体，在它的中部凸起的芯体 A 上绕有线圈 2，钢制盖板 3 被绝磁层 4 隔成一些小块。当线圈 2 中通过直流电时，芯体 A 被磁化，磁力线回路如图中用虚线表示，由芯体 A 经过盖板 3→工件→盖板 3→吸盘体 1→芯体 A 而闭合，工件被吸住。绝磁层由铅、铜或巴氏合金等非磁性材料制成，其作

图 3 – 139　电磁吸盘工作台工作原理图

用是使绝大部分磁力线都能通过工件再回到吸盘体，而不会通过盖板直接回去，以保证工件牢固地被吸附在工作台上。

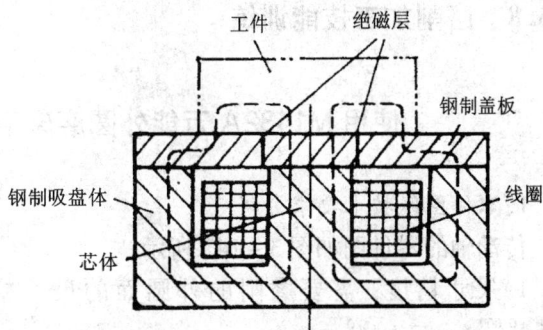

用电磁吸盘工作台安装键、垫圈、薄壁套等尺寸小而壁较薄的工件时，由于工件与工作台接触面积小，吸力不强，磨削时容易被磨削力拖动而造成事故。因此，这类工件的安装，必须在工件四周或左右两端用挡铁围住，以免工件在工作台上游动(图3－140)。

2. 磨削方法

平面磨削的方法有两种。一种是周磨法，在卧轴平面磨床上进行磨削[图3－141(a)]；一种是端磨法，在立轴平面磨床上进行磨削[图3－141(b)]。

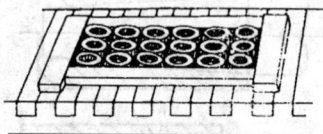

图3－140 采用挡铁围挡

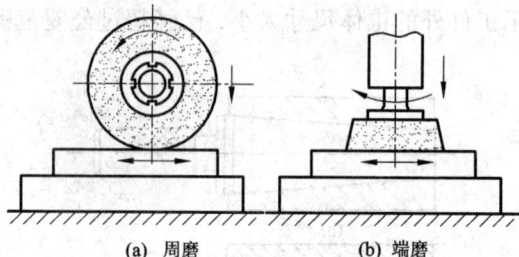

(a) 周磨　　　(b) 端磨

图3－141 平面磨削方法

用砂轮的圆周面磨削工件的平面称为周磨法。周磨法磨削加工中，砂轮与工件接触面积小，排屑和散热条件好，工件热变形小，砂轮周面磨损均匀，因此表面加工质量较好，但磨削生产率低，主要用于精磨。

用砂轮的端面磨削工件的平面称为端磨法。在端磨法磨削加工中，轮与工件接触面积大，发热大，切削液又不易浇注到磨削区内，磨削温度高，工件热变形大。且砂轮端面各点的切削速度不同，磨损不均匀。因此，端磨加工质量较低。但由于主轴刚度好，可采用较大的切削用量，磨削效率高。因而多用于平面的粗磨加工。

在平面磨削中，以工件的一个平面为基准来磨削另一个平面，若两个平面都要磨削且要求平行时，则两个平面互为基准，反复进行磨削，直至两个平面平行为止。

3.5.8　磨削加工技能训练

使用 M1432A 万能外圆磨床磨削轴类零件——传动轴

1. 零件图纸技术要求分析

传动轴的零件图如图3－142所示。

1)尺寸精度：需要磨削的外圆面的尺寸精度依次为 $\phi 20^{0}_{-0.013}$ mm、$\phi 25^{+0.009}_{-0.004}$ mm、$\phi 25^{+0.009}_{-0.004}$ mm 与 $\phi 16^{0}_{-0.011}$ mm；

2)表面粗糙度：需要磨削的外圆面的粗糙度值依次为 $Ra0.8$ μm、$Ra0.4$ μm、$Ra0.4$ μm 和 $Ra0.8$ μm；

3)圆度公差：$\phi 25^{+0.009}_{-0.004}$ mm 圆柱面的圆度公差为 0.005 mm；

4)径向跳动公差：$\phi 25^{+0.009}_{-0.004}$ mm 圆柱面的径向跳动公差为 0.01 mm；

5)工件材料：材料为 20CrMoTi 钢；

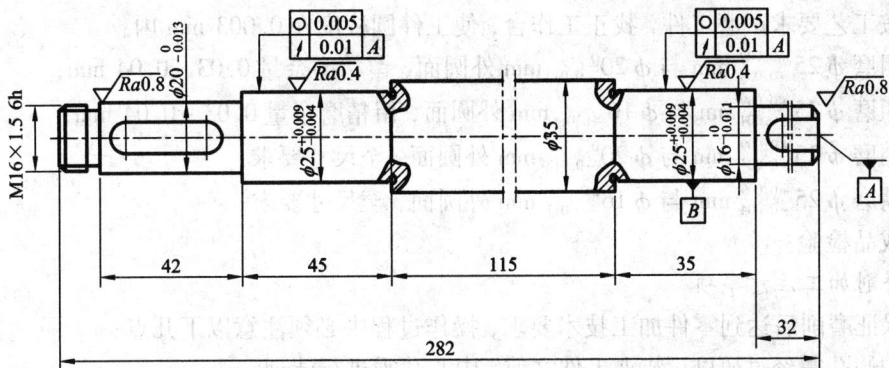

技术说明：①材料：20CrMnTi
　　　　　②热处理：渗碳淬火低温回火，HRC55～58

图 3 – 142　传动轴零件图

6）热处理状态：渗碳、淬火低温回火处理，表面硬度 HRC55～58；

7）磨削余量：外圆磨削余量 0.5 mm。

2. 加工工艺拟订与准备

1）工艺分析：传动轴长度 282 mm，最大直径 ϕ35 mm，最小直径 ϕ16 mm，表面硬度 HRC55～58，磨削性能良好，使用万能外圆磨床磨削，可以达到图纸技术要求；

2）确定磨削方法：传动轴磨削加工精度要求较高，表面粗糙度低，可采用横磨法先将工件分段进行粗磨，留精磨余量 0.03～0.04 mm，最后用纵磨法精磨至尺寸要求。这种磨削方法既利用了横磨法生产效率高的优点，又发挥了纵磨法精度高的长处。这种磨削方法适应于磨削余量较大和刚性较好的工件，分段磨削时，相邻两段之间应有 5～10 mm 的重叠；

3）选择磨削用量：

a. 用横磨法先分段进行粗磨时的磨削用量：

砂轮圆周速度：砂轮圆周速度 V_s = 35 m/s，

工件圆周速度：工件圆周速度 v_w = 100～180 r/min；

纵向进给量：纵向进给量 f = (0.4～0.8)B mm/r；

背吃刀量：背吃刀量 a_p = 0.01 mm；

b. 用纵磨法进行精磨时的磨削用量：砂轮圆周速度 V_s = 35 m/s，

工件圆周速度：工件圆周速度 v_w = 100～180 r/min；

纵向进给量：纵向进给量 f = (0.2～0.4)B mm/r；

背吃刀量：背吃刀量 a_p = 0.005 mm；

4）确定工件装夹方式：采用两顶尖装夹工件；

5）选择砂轮：根据磨削要求，可选择 PAF80M6V 砂轮；

6）准备检验用量具：外径千分尺、表式卡规、表面粗糙度样板。

3. 磨削工艺过程

1）工件尺寸检验：根据磨削的技术要求，用千分尺检验工件各磨削表面加工余量情况；

2）安装砂轮：将 PAF80M6V 砂轮安装到 MA14320 型万能外圆磨床上，修整砂轮；

3）装夹工件：用两顶尖将传动轴安装到磨床上；

4）按工艺要求试磨工件，找正工作台，使工件圆柱度在 0.003 mm 内；

5）粗磨 $\phi 25^{+0.009}_{-0.004}$ mm 与 $\phi 20^{0}_{-0.013}$ mm 外圆面，留精磨余量 0.03 ~ 0.04 mm；

6）粗磨 $\phi 25^{+0.009}_{-0.004}$ mm 与 $\phi 16^{0}_{-0.011}$ mm 外圆面，留精磨余量 0.03 ~ 0.04 mm；

7）精磨 $\phi 25^{+0.009}_{-0.004}$ mm 与 $\phi 20^{0}_{-0.013}$ mm 外圆面，至尺寸要求；

8）精磨 $\phi 25^{+0.009}_{-0.004}$ mm 与 $\phi 16^{0}_{-0.011}$ mm 外圆面，至尺寸要求；

9）成品检验。

4. 磨削加工注意事项

为保证磨削后达到零件加工技术要求，操作过程中必须注意以下几点：

1）中心孔需经过研磨，装夹工件之前，中心孔需进行清理；

2）装夹工件时，需精确对准头架和尾座的中心；

3）用横向法磨削时，应精细地修整砂轮。

5. 加工质量检验

1）用表式卡规测量轴的外径；

2）用外径千分尺测量轴同一截面内轮廓圆上 2 ~ 3 个位置的直径，取最大直径与最小直径之差的一半作为该截面的圆度误差。用同样的方法，分别测量 2 ~ 4 个不同截面圆度，取其中最大的值作为该轴的圆度误差；

3）用表面粗糙度样板，通过目测类比法进行表面粗糙度检验。

使用 M7120D 平面磨床磨削平行平面零件——垫块

1. 零件图纸技术要求分析

垫块的零件图如图 3 – 143 所示。

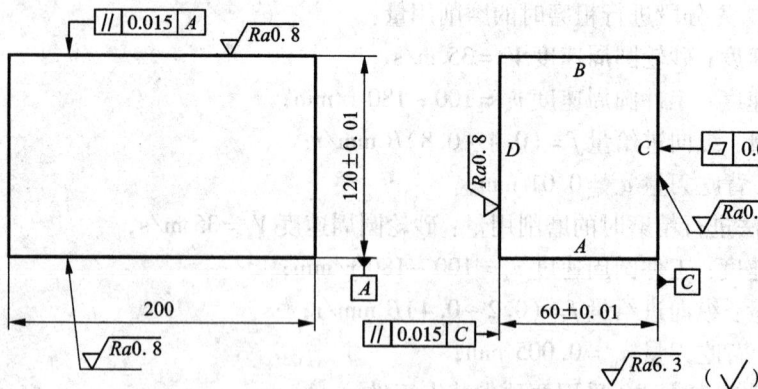

技术说明：①材料：45钢
②热处理：淬火回火，HRC45~48

图 3 – 143　垫块零件图

1）尺寸精度：需要磨削的平面的尺寸精度依次为 120 ± 0.01 mm、60 ± 0.01 mm；

2）平行度公差：相对磨削平面的平行度公差为 0.015 mm；

3）平面度公差：平面 C 的平面度公差为 0.01 mm；

4）表面粗糙度：需要磨削平面的表面粗糙度值均为 $Ra0.8\ \mu m$；

5）工件材料：材料为 45 钢；

6）热处理状态：淬火回火处理，表面硬度 HRC45 ~ 48；

7）磨削余量：磨削余量 0.5 mm。

2．加工工艺拟订与准备

1）工艺分析：垫块尺寸为 200 mm × 120 ± 0.01 mm × 60 ± 0.01 mm，表面硬度 HRC45 ~ 48，磨削性能良好，使用平面磨床磨削，用周磨法横向磨削方式，可以达到图纸技术要求。

2）确定磨削方法：在卧轴矩台平面磨床上磨削平面应采用周磨法进行磨削，平面磨削的操作方式可采用横向磨削方式（图 3 - 144）。横向磨削方式在磨削时，当工作台纵向行程终了时，砂轮主轴或工作台作一次横向进给，这时砂轮所磨削的金属层厚度就是实际背吃刀量，磨削宽度等于横向进给量，待工件上第一层金属磨去后，砂轮重新作垂向进给，磨头换向继续作横向进给，磨去工件第二层金属余量，如此往复

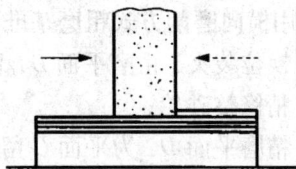

图 3 - 144　平面的横向磨削方式

多次磨削，直至磨削全部余量为止。横向磨削方式适宜于磨削长而宽的平面，因其磨削时接触面积小，排屑、冷却条件好，因而砂轮不易堵塞，磨削热小，工件变形小，有利于保证工件磨削质量。但横向磨削方式生产效率较低，砂轮磨损不均匀，必须在磨削时正确选择砂轮和磨削用量。

3）选择磨削用量：

a. 平面磨削周磨法粗磨的磨削用量：

砂轮圆周速度：砂轮圆周速度 V_s = 22 ~ 25 m/s，

工作台纵向进给量：矩形工作台纵向进给量 v_z = 1 ~ 12 m/min；

背吃刀量：砂轮垂向进给量 a_p = 0.015 ~ 0.05 mm；

砂轮横向进给量 a_h = (0.1 ~ 0.48)B/双行程（B 为砂轮宽度）；

b. 精磨的磨削用量：

砂轮圆周速度：砂轮圆周速度 V_s = 25 ~ 30 m/s，

工作台纵向进给量：矩形工作台纵向进给量 v_z = 1 ~ 12 m/min；

背吃刀量：砂轮垂向进给量 a_p = 0.005 ~ 0.01 mm；

砂轮横向进给量 a_h = (0.05 ~ 0.1)B/双行程（B 为砂轮宽度）；

4）确定工件装夹方式：采用电磁吸盘装夹工件；

5）选择砂轮：平面磨削一般应选用硬度软、粒度粗的砂轮。垫块为小尺寸工件，可选择 WA46K5V 平形砂轮；

6）选择基准面：在磨削大小不等的平行面时，一般应选择大面为基准面，以利于装夹稳固。所以，选择平面 C 为基准面。

7）准备检验用量具：外径千分尺、样板直尺、表面粗糙度样板。

3. 磨削加工工艺过程

1) 工件尺寸检验：根据磨削的技术要求，用千分尺检验工件各磨削表面加工余量情况；

2) 安装砂轮：将 WA46K5V 平形砂轮安装到 M7120D 型卧轴矩台平面磨床上修整砂轮；

3) 装夹工件：将待磨垫块安装到磨床的电磁吸盘上，接通电源；

4) 启动液压泵，移动工作台行程挡铁位置，调整工作台行程距离，使砂轮越出工件表面 20 ~30 mm（图 3 - 145）；

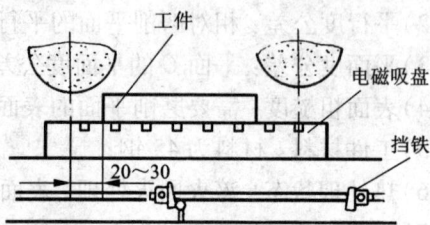

图 3 - 145　工作台行程距离调整

5) 降低磨头高度，使砂轮接近工件表面，然后启动砂轮作垂向进给，从工件尺寸较大处进刀，用横向磨削方式粗磨基准面 C，磨出即可；

6) 换位装夹，粗磨平面 D，留 0.06 ~0.08 mm 精磨余量；

7) 精修整砂轮；

8) 精磨平面 D，为平面 C 留 0.04 ~0.05 mm 精磨余量；

9) 换位装夹，精磨平面 C，平面 C 精磨时以尺寸公差为依据，磨至尺寸要求；

10) 换位装夹，粗磨平面 A，磨出即可；

11) 换位装夹，粗磨平面 B，留 0.06 ~0.08 mm 精磨余量；

12) 精修整砂轮；

13) 精磨平面 B，为平面 A 留 0.04 ~0.05 mm 精磨余量；

14) 换位装夹，精磨平面 A，平面 A 精磨时以尺寸公差为依据，磨至尺寸要求；

15) 成品检验。

4. 磨削加工注意事项

为保证磨削后达到零件加工技术要求，操作过程中必须注意以下几点：

1) 装夹工件之前，擦净电磁吸盘台面，清除工件毛刺、氧化皮；

2) 工件在换位装夹时，需清除工件毛刺；

3) 磨削工程中，应精细地修整砂轮；

4) 磨削平行面时，砂轮的横向进给应采用断续进给方式，不应采用连续方式；砂轮在工件边缘越出砂轮宽度的 1/2 距离时，应立即换向，不能在砂轮全部越出工件平面后换向，以避免工件崩角；

5) 粗磨第一面后需测量平面度误差，粗磨一对平行面后需测量平行度误差，以便能够及时掌握磨床精度与平行度误差数值；

6) 磨削过程中需经常测量工件尺寸，尺寸测量后工件重放台面时，必须将工件基准面和工作台面清理干净。

5. 加工质量检验

1) 用外径千分尺测量工件尺寸；用表式卡规测量轴的外径；

2) 用样板直尺测量平面度误差；

3) 用外径千分尺或指示表测量平行度误差；

4) 用表面粗糙度样板，通过目测类比法进行表面粗糙度检验。

274

3.6 钻削加工

3.6.1 概述

1. 钻削加工的基本概念

钻削加工是用来加工孔的方法，工件上直径较小、精度要求不很高的孔，都可以在钻床上钻削加工，钻削加工包括钻孔、扩孔、锪孔和铰孔等，其中钻孔的应用范围最广，多用于装备和修理，也是攻丝前的一项重要准备工作。

钻削加工时，钻头装夹在钻床主轴上，依靠钻头与工件之间的相对运动来完成钻削加工。钻头的切削运动如图3-146所示，钻头的旋转运动为主运动，钻头沿轴线方向的直线移动为进给运动。钻削加工时这两种运动是同时连续进行的，所以钻头的运动实际是一种螺旋运动。钻削切削用量包括切削速度 v、进给量 f 和背吃刀量 a_p，如图3-147所示。

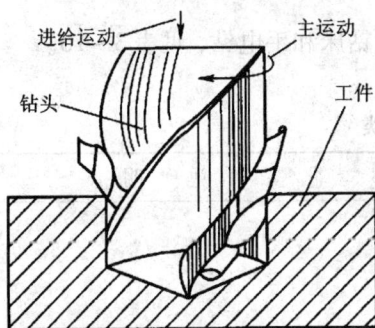

图 3-146 钻削运动

图 3-147 钻削切削用量

①切削速度 v_c。

切削速度是指钻削时钻头切削刃上最大直径处的线速度：

$$v_c = \frac{\pi D n}{1000}(\text{m/min})$$

式中：D 为钻头直径，mm；n 为钻头转速，r/min。

②进给量 f

进给量是指主轴每转一转，钻头对工件沿主轴轴线相对移动的距离，单位为 mm/r。

③背吃刀量 a_p

背吃刀量是指已加工表面与待加工表面之间的垂直距离，即一次进给所能切下的金属层厚度：

$$a_p = D/2(\text{mm})$$

2. 钻削加工的应用范围

(1) 钻孔

用钻头在实心材料上加工孔的方法称为钻孔。钻孔在生产中是一项很重要的工作，钻孔时钻头是在半封闭的状态下进行的，转速高，切削量大，排屑又困难，因此主要用来加工精度要求不高的孔或作为孔的粗加工，尺寸精度一般为 IT11～IT10，表面粗糙度 $Ra \geqslant 12.5 \ \mu m$。

（2）扩孔

扩孔是用扩孔钻对已加工孔进行孔径扩大、提高精度和降低表面粗糙度的加工方法。其尺寸公差等级可达 IT10～IT9，表面粗糙度 Ra 值可达 $6.3～3.2 \ \mu m$。扩孔可作为终加工，也可作为铰孔前的预加工。

（3）铰孔

用铰刀从工作壁上切除微量金属层，以提高孔的尺寸精度和降低表面粗糙度的方法称为铰孔。由于铰刀的刀齿数量多，切削余量小，导向性好，因此切削阻力小，加工精度高，一般可达到 IT7 级～IT9 级，表面粗糙度值达 $Ra0.8 \ \mu m$，属于孔的精加工。

（4）锪孔

锪孔是用锪钻对工件孔口加工出平底或锥形沉孔，能使连接螺栓的端面与连接件保持良好接触。

3.6.2 钻床分类及结构

钻削加工的主要设备有摇臂钻床、立式钻床、台式钻床和手电钻，见表 3－10。

表 3－10 钻床的分类

序号	设备名称	简 图	说 明
1	摇臂钻床		结构可靠，性能稳定，操作方便。适用于单件和中、小批量生产和加工大、中型零件
2	立式钻床		钻床主轴轴线在水平面内的位置是固定的，加工时为使刀具轴线与被加工工件轴线重合，必须移动工件。适用于加工中、小型工件上的孔。立式钻床最大钻孔直径有 25 mm、35 mm、40 mm 和 50 mm 等几种

续表

序号	设备名称	简　图	说　　明
3	台式钻床	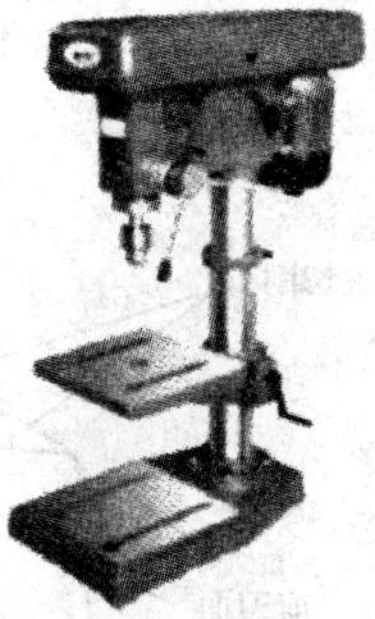	主要在机械加工车间对中、小型零件钻孔、扩孔、铰孔、攻螺纹、锪平面等，并可在机床修配车间使用，适用于加工小型工件，加工孔径一般小于 16 mm
4	手电钻	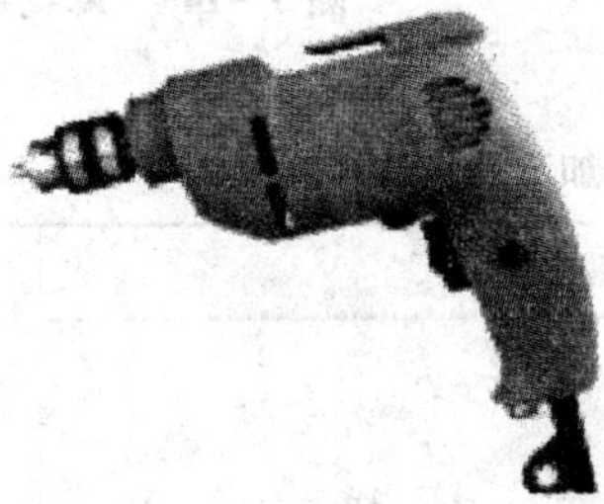	手电钻就是以交流电源或直流电源为动力的钻孔工具，可加工任意位置的孔，精度低

　　图 3–148 所示为摇臂钻床的结构，由立柱、摇臂、主轴箱、主轴、工作台和底座组成。型号如 Z3040，Z 代表钻床；30 代表摇臂钻床；40 代表最大钻孔直径，即最大钻孔直径为 40 mm。

3.6.3　钻削加工刀具

　　麻花钻是钻孔的常用刀具，由工作部分、颈部和柄部组成，柄部是夹持部分，颈部供磨制钻头时退刀用。工作部分又分为切削部分和导向部分。其切削部分由五刃（两条主切削刃、两条副切削刃和一条横刃）和六面（两个前刀面、两个主后刀面和两个副后刀面）组成，如图 3–149 所示。麻花钻及其装夹工具见表 3–11。

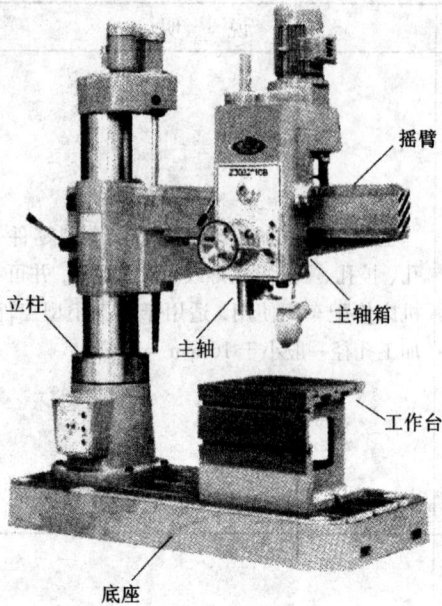

图 3 – 148　摇臂钻床的结构

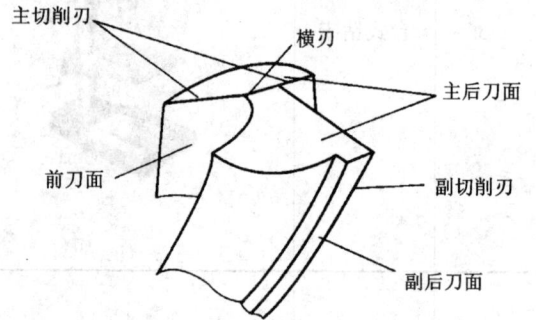

图 3 – 149　麻花钻切削部分的组成

表 3 – 11　钻削加工刀具及装夹工具

名称		图　解	说　明
钻头	直柄		柄部是夹持部分，用于定心和传递动力，分为锥柄和直柄两种。一般直径小于 13 mm 的钻头做成直柄，一般直径大于 13 mm 的钻头做成锥柄，锥柄可传递较大的转矩
	锥柄		

278

续表

名称	图解	说明
装夹工具	钻夹头 与钻床主轴锥孔配合 紧固扳手 自动定心卡爪	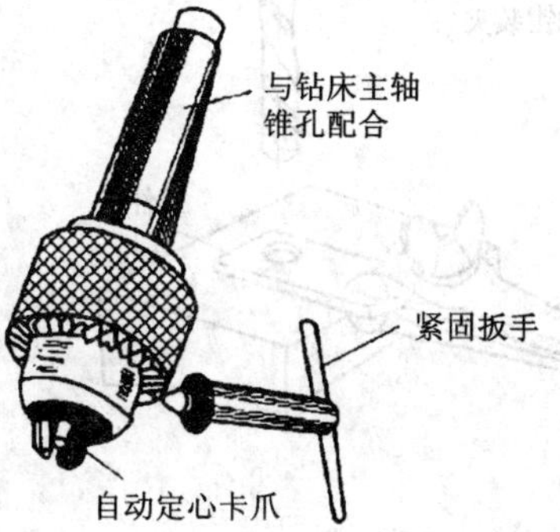 用于装夹直柄钻头，且钻头直径一般小于 13 mm。钻夹头的柄部为圆锥面，与钻床主轴锥孔配合安装 当转动带有小锥齿轮的紧固扳手时，直柄钻头被夹紧或松开
	过渡套筒 楔铁 过渡钻套 扁尾 钻轴 莫氏锥柄	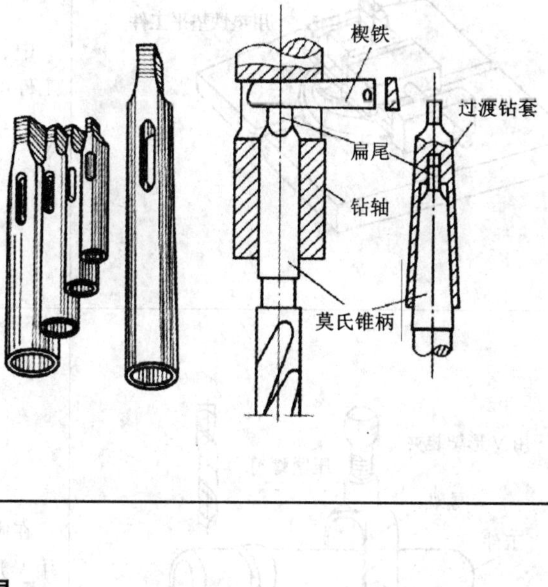 用于装夹大直径锥柄钻头。钻套均做成过渡连接式，由不同尺寸组成，并用编号以示区别

3.6.4　钻床夹具

钻削加工时待加工工件须装夹固定好后，再对其进行加工，常用的钻床夹具见表 3 – 12。

表 3-12 常用钻床夹具

夹具	简 图	说 明
手虎钳	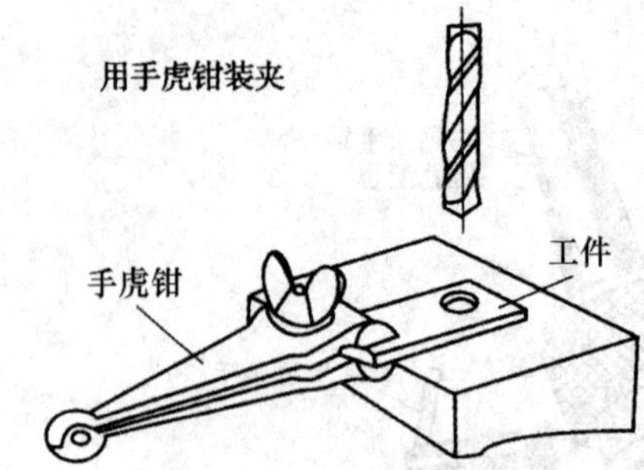 用手虎钳装夹 手虎钳 工件	在小型工件或薄板工件上钻直径小于 8 mm 的孔时可用手虎钳夹持工件
机床用平口虎钳	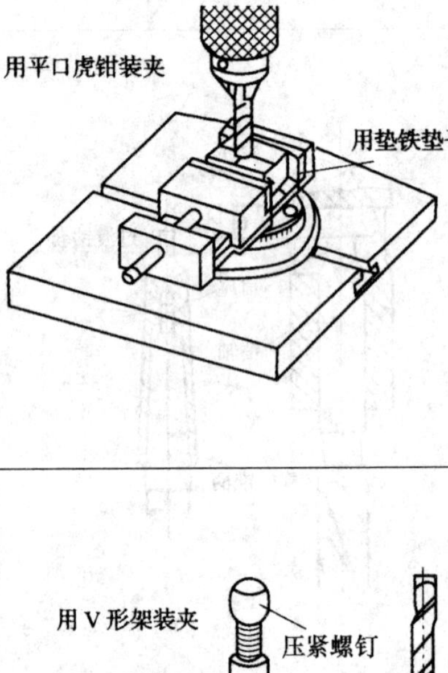 用平口虎钳装夹 用垫铁垫平工件	中、小型且形状规则的工件可用平口虎钳装夹
V 形架	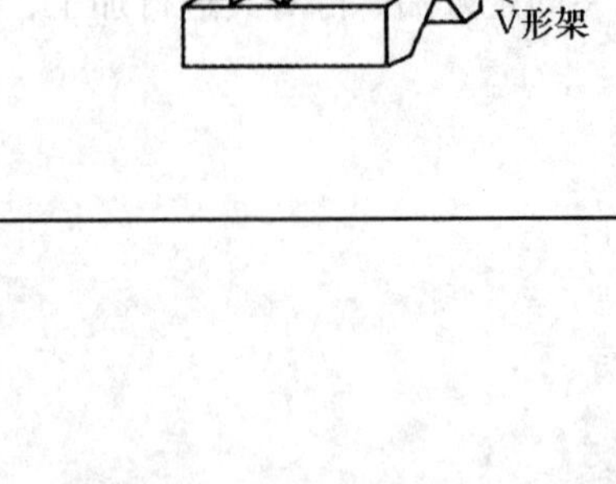 用 V 形架装夹 压紧螺钉 弓架 工件 V 形架	在圆柱面上钻孔时,可用 V 形架装夹工件

280

续表

夹具	简　图	说　明
压板	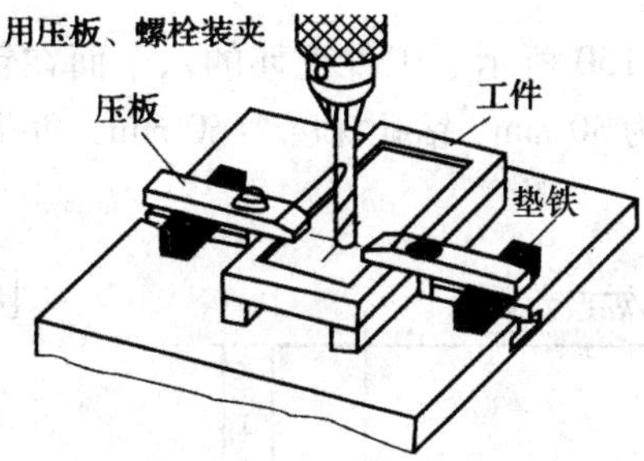 用压板、螺栓装夹 压板　　工件 垫铁	较大的工件或形状不规则的工件用压板、螺栓直接装夹在钻床工作台上，注意以下几点： 1. 压板应垫平，以免夹紧时工件移动 2. 螺栓应尽量靠近工件，以加大压紧力 3. 垫铁应高于工件的压紧面 4. 压紧精加工过的表面时应垫上铜皮等，以免压出印痕
角铁	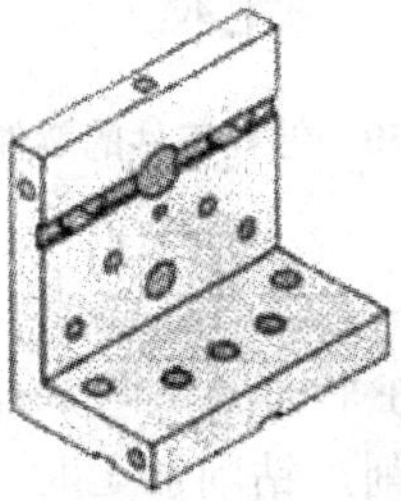	对于底面不平的工件或基准在侧面的工件，可采用角铁装夹，并且角铁必须用压板固定在钻床工作台上
卡盘		在圆柱形工件的端面钻孔时，用卡盘直接装夹

3.6.5 钻削加工技能实训

使用 Z3040 摇臂钻床在平板上钻两个孔

1. 零件图纸技术要求分析

钻孔工件的零件图如图 3-150 所示。工件毛坯的六个面在钻孔之前均已加工，工件硬度为 160~180HBW，钻孔直径为 30 mm，钻孔深度为 60 mm，两孔距离各自端面距离 40 mm。

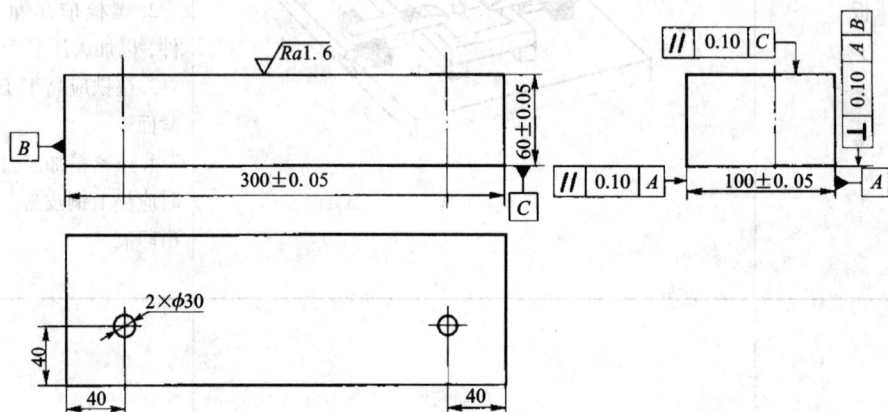

图 3-150　钻孔工件的零件图

2. 加工工艺拟订与准备

1）工艺分析：以平面为加工对象，在平面上钻两个孔。由于 $\phi30$ mm 的孔径较大，为了保证钻削质量及保护钻头，应分两次钻削。钻削加工时，要充分考虑钻削用量和钻削液的选用。钻孔加工工艺过程卡见表 3-13。

表 3-13　钻削加工工艺过程卡

工序号	工序名称	工序内容	工艺设备
1	下料	300 mm×100 mm×60 mm	
2	钳工	划线	
3	钻削	装夹工作	压板
		钻 $\phi20$ mm 孔	$\phi20$ mm 麻花钻
		钻 $\phi30$ mm 孔	$\phi30$ mm 麻花钻
4	钳工	检测	内径千分尺
5	入库		

282

2）确定工件装夹方式：由于工件较大，须采用压板装夹。

3）麻花钻的准备：φ20 mm 麻花钻、φ30 mm 麻花钻。

3）毛坯的准备：铸铁 HT190，尺寸 300 mm×100 mm×60 mm。

4）工具、量具的准备：样冲、锤子、划规；150 mm 游标卡尺、150 mm 钢直尺、90°角尺、塞尺、内径千分尺。

3. 钻削加工操作过程

1）在工件上划线、打样冲眼	钻孔前应把孔中心的样冲眼用样冲再冲大一些，使钻头的横刃预先落入样冲眼的锥坑中，这样钻孔时钻头不易偏离孔的中心	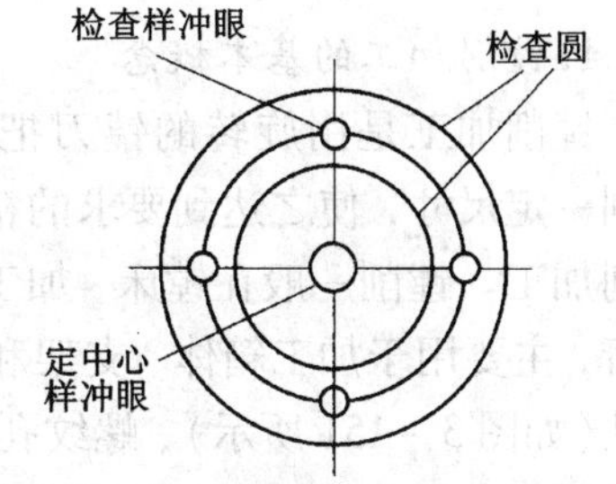 检查样冲眼　检查圆 定中心样冲眼 钻孔前
2）装夹工作	选用机床用平口虎钳装夹工件并找正	
3）选择并安装钻头	直径小于 30 mm 的孔一次钻出，直径为 30～80 mm 的孔可分两次钻削，先用直径为 (0.5～0.7)D（D 为要求加工的孔径）的钻头钻底孔，然后用直径为 D 的钻头将孔扩大	
4）打开电源	旋转红色按钮至打开位置	
5）开机、对刀、试钻	慢慢地起钻，钻出一个浅坑，观察钻孔位置是否正确，如钻出的锥坑与所划的钻孔圆周线不同心，应及时校正	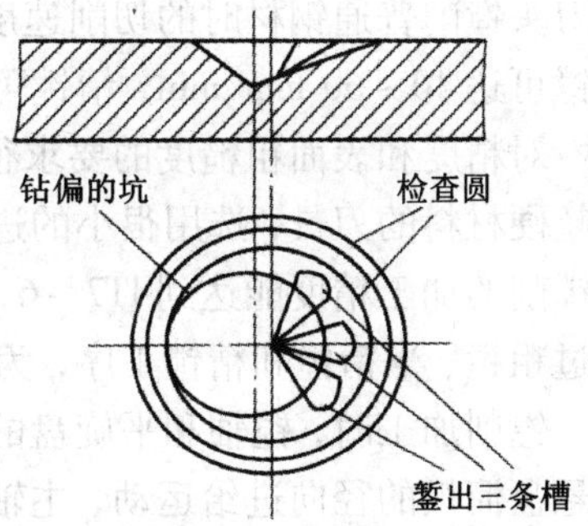 钻偏的坑　检查圆 錾出三条槽
6）正常钻削	钻深孔时，钻进深度达到直径的 3 倍时，退出钻头排屑一次；合理浇注切削液；通孔将要钻穿时应减小进给量，如果采用自动进给，则应改为手动进给	
7）关机、测量	松开摇臂，关机，测量	

4. 加工质量检验

1）用内径千分尺测量孔径。

2）用内径百分表测量零件上端截面一周上的最小、最大读数，按同样的方法测量零件中间、下端截面一周上的最大、最小读数，然后取各截面内所测得的所有读数中最大与最小读数差的一半作为该零件的圆柱度误差。

3）为了检测孔轴线相对于工件表面的垂直度误差，可用 φ30 mm 的圆柱销插入孔内，把

方箱放到工件表面上，并紧紧靠住圆柱销，把塞尺插在两者之间的缝隙中，从而测量孔轴线与工件上表面的垂直度误差

3.7 镗削加工

3.7.1 概述

1. 镗削加工的基本概念

镗削加工是用旋转的镗刀把工件上的预制孔扩大到一定尺寸，使之达到要求的精度和表面粗糙度的切削加工。镗削一般在镗床、加工中心和组合机床上进行，主要用于加工箱体、支架和机座等工件上的圆柱孔（如图 3 - 151 所示）、螺纹孔、孔内沟槽和端面；当采用特殊附件时，也可加工内外球面、锥孔等。对钢铁材料的镗孔精度一般可达到 IT9 ~ 7，表面粗糙度为 $Ra2.5 \sim 0.16$ μm。

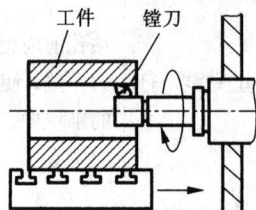

图 3 - 151 镗圆柱孔示意图

镗削时，工件安装在机床工作台或机床夹具上，镗刀装夹在镗杆上（也可与镗杆制成整体），由主轴驱动旋转。当采用镗模时，镗杆与主轴浮动连接，加工精度取决于镗模的精度；不采用镗模时，镗杆与主轴刚性连接，加工精度取决于机床的精度。由于镗杆的悬伸距离较大，易产生振动，选用的切削用量不宜很大。镗削加工分为粗镗、半精镗和精镗。采用高速钢刀头镗削普通钢材时的切削速度一般为 20 ~ 50 m/min；采用硬质合金刀头时的切削速度，粗镗可达 40 ~ 60 mm/min，精镗可达 150 mm/min 以上。

对精度和表面粗糙度的要求很高的精密镗削，一般采用硬质合金、金刚石和立方氮化硼等超硬材料的刀具，选用很小的进给量（0.02 ~ 0.08 mm/r）和切削深度（0.05 ~ 0.1 mm）。精密镗削的加工精度能达到 IT7 ~ 6，表面粗糙度为 $Ra0.63 \sim 0.08$ μm。精密镗孔前，预制孔要经过粗镗、半精镗和精镗工序，为精密镗孔留下很小很均匀的加工余量。

镗削加工时，镗轴和平旋盘的旋转运动为主运动，进给运动包括镗轴的轴向进给运动、平悬盘溜板的径向进给运动、主轴箱的垂直进给运动、工作台的纵向和横向进给运动，辅助运动有工作台的转位，后立柱的纵向调位，后支撑架的垂直方向调位，以及主轴箱沿垂直方向和工作台沿纵、横方向的快速调位运动。

2. 镗削加工的应用范围

在镗床上加工工件时，工件是安装在工作台上固定不动的，由刀具旋转实现切削主运动，其他部件的运动（工作台移动或主轴移动）来完成工件的校正、定位和各种切削加工。镗床主要是用来车、镗、铣削加工工件中的外圆、内孔及平面等。图 3 - 152 所示是卧式镗床的主要工作范围。

（1）孔加工

1）用钻头、铰刀等通用工具对工件进行钻孔、扩孔、铰孔等一般加工，如图 3 - 152（a）所示。

2）用镗刀进行较小孔的镗削加工，如图 3 - 152（b）所示。

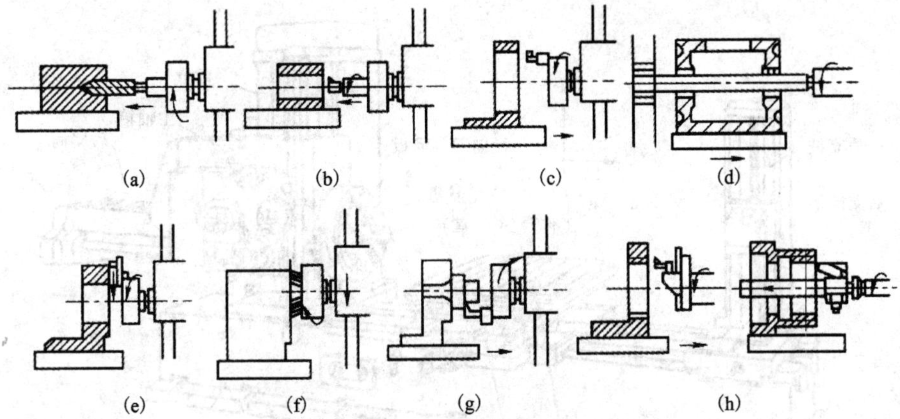

图 3 – 152　镗削加工的主要应用范围

3）用镗床平旋盘径向进给刀架，镗削工件的大孔，如图 3 – 152(c)所示。

4）用镗杆与镗床后立柱、主轴连接，加工工件深孔，如图 3 – 152(d)所示。

（2）平面加工

1）利用镗床平旋盘做径向进给，镗削加工工件的较大端面或槽，如图 3 – 152(e)所示。

2）利用铣刀盘或其他铣刀，对工件进行平面铣削或铣槽，如图 3 – 152(f)所示。

（3）外圆加工

利用平旋盘径向刀架可以对工件外圆进行车削加工，如图 3 – 152(g)所示。

（4）螺纹加工

利用镗床加工螺纹的附件，可在镗床上加工螺纹，如图 3 – 152(h)所示。

3.7.2　镗床分类及结构

镗床种类主要有卧式镗床、落地镗床和双面镗床。图 3 – 153 所示为 T611B 卧式镗床的结构，在型号 T611B 中，T 代表镗床；6 代表卧式镗床；11 代表主轴直径的 1/10，即主轴直径为 110 mm；B 代表性能和结构上经过两次重大改进。

3.7.3　镗削加工刀具

镗刀有三个基本元件：可转位刀片、刀杆和镗座。镗座用于夹持刀杆，夹持长度通常为刀杆直径的 4 倍。刀杆从镗座中伸出的长度称为悬伸量，其大小决定镗孔的最大深度。悬伸量过大会造成刀杆严重挠曲，引起振颤，甚至使刀片过早失效，从而降低加工效率和质量。

对于大多数加工应用，用户都应该选用静刚度和动刚度尽可能高的镗刀。静刚度反映镗刀承受因切削力而产生挠曲的能力，动刚度则反映镗刀抑制振动的能力。镗刀的挠曲取决于刀杆材料的机械性能、刀杆直径和切削条件。

镗刀的种类较多，分类也较复杂，按切削刃的数量来分，可分为单刃镗刀和双刃镗刀；按用途可分为内孔镗刀、端面镗刀；按镗刀的结构可分为整体式单刃镗刀、镗刀头、固定式镗刀块、浮动镗刀块等。下面按镗刀的结构分类来分别介绍有关镗刀。

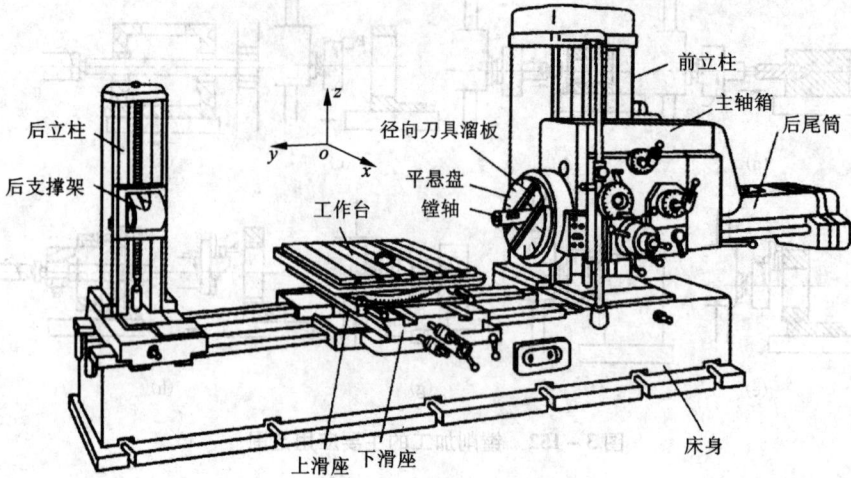

图 3 – 153　卧式镗床

（1）整体式单刃镗刀　这类镗刀的刀柄和切削部分做成一体，切削部分采用硬质合金焊接而成，其刀柄一般为圆柱直柄和锥柄两种，如图 3 – 154 所示。整体式单刃镗刀结构紧凑、体积小、应用较广，可以镗削各类小孔、不通孔和台阶孔。

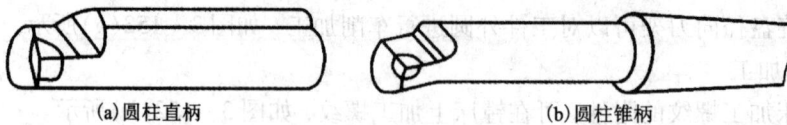

(a)圆柱直柄　　　　　　(b)圆柱锥柄

图 3 – 154　整体式单刃镗刀

（2）镗刀头　镗刀头采用整体合金钢材料或硬质合金刀片焊接而成，其截面形状有方形和圆形，插入镗杆的方孔或圆孔中进行镗削加工，应用很普遍，如图 3 – 155 所示

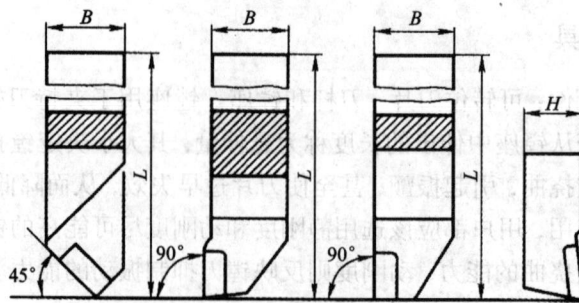

图 3 – 155　镗刀头

（3）镗刀块　镗刀块是定径刀具，其形式为一种矩形薄片刀块，采用整体合金钢材料或在切削部分用硬质合金刀片焊接而成，如图 3 - 156 所示。使用前，预先刃磨好各种镗刀块的直径尺寸，满足孔的各种尺寸公差要求。工作时，镗刀块安装于镗杆上，由于镗刀块和镗杆孔的配合及定位要求较高，故能获得良好的镗孔精度。但镗刀块的制造比较复杂，而且刃口磨损后无法调整，故使用有一定的局限性。

（4）浮动镗刀　这是一种直径尺寸可调的镗刀块，如图 3 - 157 所示，浮动镗刀和镗杆孔精确配合，并可以在镗杆中滑动。浮动镗刀有挤压和修光作用，一般用于精加工。

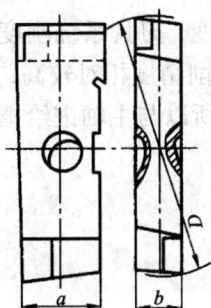

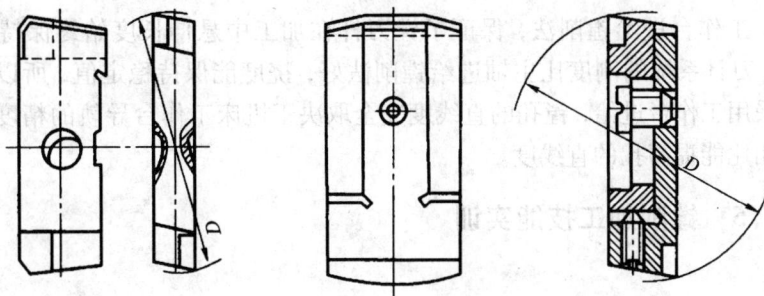

图 3 - 156　镗刀块　　　　　　　　　图 3 - 157　浮动镗刀

3.7.4　圆柱孔镗削加工方法

在卧式镗床上镗削孔，按其机床进给的方式来分，有主轴进给镗削法和工作台进给镗削法两种。这两种镗削方法各有特点，要根据工件的结构形状及工艺系统的刚性来选取镗削方法。

1. 主轴进给镗削法

图 3 - 158 所示为主轴进给镗削方法，主轴一方面做旋转主运动，另一方面沿轴线方向做进给运动。

主轴进给镗削法，由于随镗杆主轴的伸长，主轴刚度减小，变形将增加，所以会产生以下的不利情况。

①由于主轴悬伸长度增长，刚度下降，孔的尺寸精度、形状精度也随主轴刚度下降而降低；由于主轴悬伸长度增加，主轴挠度也增加，使孔和孔系轴线的直线度误差增大。

②由于主轴悬伸长度增加，降低和影响镗削精度，所以主轴进给镗削法只适用于精加工或精度要求不高的孔的镗削。

2. 工作台进给镗削法

图 3 - 159 所示为工作台进给镗削法，主轴只做旋转主运动，工作台连同工件沿轴线做进给运动。

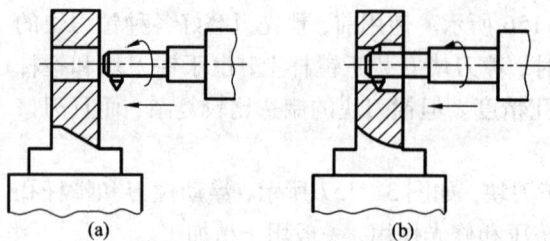

图3-158 主轴进给镗削法

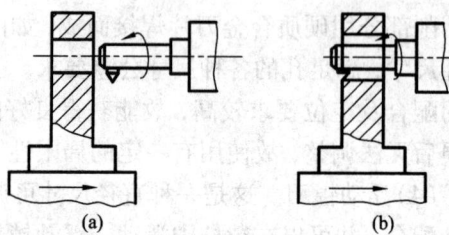

图3-159 工作台进给镗削法

工作台进给镗削法，保证了镗刀杆在加工中悬伸长度始终保持不变，刀具系统刚度不变，刀具系统的刚度比主轴进给镗削法好，挠度能保持稳定值，所以镗削精度相对较高，同时采用工作台进给，镗孔的直线度完全取决于机床工作台导轨的精度，所以与主轴进给镗削法相比能提高孔的直线度。

3.7.5 镗削加工技能实训

使用T611B卧式镗床加工支架通孔

1.技术要求分析

支架零件图如图3-160所示。

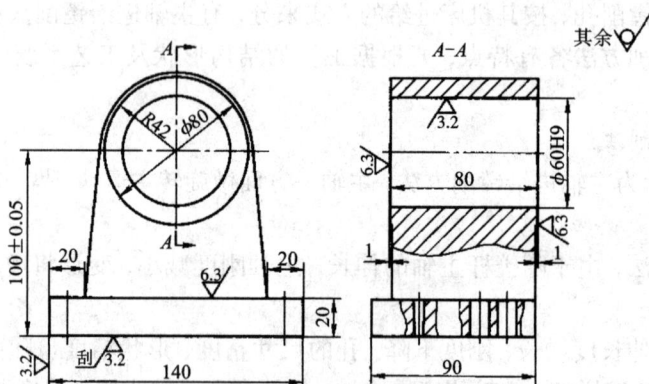

图3-160 支架零件图

该支架零件的一个主要孔的尺寸要求为 $\phi 60^{+0.062}_{0}$，孔的尺寸精度为H9，同时 $\phi 60$ H9 孔中心线与安装面的距离为(100±0.05)mm，安装面粗糙度 Ra 为 3.2 μm，孔的表面粗糙度 Ra 为 3.2 μm，工件材料为HT200。

2.加工工艺拟订与准备

1)支架通孔的镗削加工工艺路线拟订为：划线→粗镗→半精镗→孔口倒角→精镗→检验。

2）确定工件的装夹方式：采用压板方式装夹工件，工件的底面为安装面，左侧面为找正面。由于工件是单孔加工，所以选择装夹位置应该尽量靠近主轴，以利于工件的加工。如图 3－161 所示，利用工作台的 T 形槽安装挡铁块，安装时将工件侧面靠紧挡铁块，并在前后放入等厚纸条，靠紧后先不要抽出纸条，待预紧压紧装置后再拉出纸条，随后压紧工件。

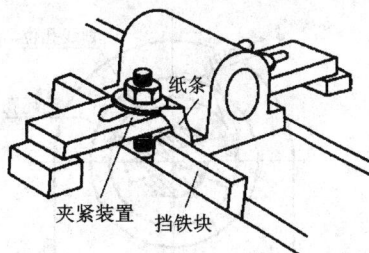

图 3－161　工件的装夹

1—纸条；2—挡铁块；3—夹紧装置

4）镗刀的准备：粗镗时粗镗杆要根据加工孔的孔径尺寸尽量选择粗大些，以提高刚性，有利于提高孔的加工精度，镗刀可以选择单刃镗刀并修磨其切削刃。半精镗所用刀具为固定尺寸双刃镗刀。精镗时选择浮动镗刀。

5）量具的准备：内径百分表、百分表、螺旋测微器等。

3. 实训操作过程

（1）划线

划出 $\phi60$ 孔的水平和垂直中心线。

（2）粗镗

1）加工孔位找正。被加工孔的横向尺寸无精度要求，通常以划线为基准，在主轴上安装中心定位轴，调节横向距离，使其尖端对准孔位横向中心线，根据划线找正横向中心，如图 3－162（a）所示。

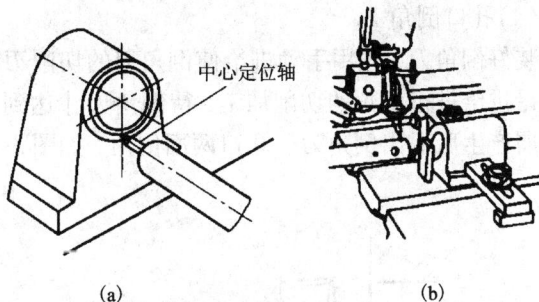

图 3－162　孔位找正

2）孔的高低尺寸找正。要用定位心轴、量规、百分表来进行，如图 3－162（b）所示。高低尺寸找正时，将已粘合的量块（量块高度为心轴半径加上孔距尺寸）放在定位心轴附近，用百分表测量出量块的读数（以百分表指针摆动 20 格为宜），并转动百分表刻度盘使大指针对零位。机动主轴箱使定位心轴停留在量块低处附近，并移动百分表至定位心轴上方，微量进给主轴箱上升，当百分表开始读数时，主轴箱停止移动，百分表做测量定位心轴最高点的径向移动并在最高点处停留。做主轴箱的夹紧试验，测出变化数值，以便精找正时作修正用。松开并微量进给上升移动主轴箱，当百分表出现所需零位读数时，再次夹紧主轴箱，则孔位垂向尺寸已找正好。

3）进行粗镗加工。以切除余量为主，分多次镗削，每次切削的背吃刀量，一般可以由下述方法控制：将单刃镗刀装入镗刀杆后缩至最小尺寸，伸出主轴使镗刀贴近加工表面，并使镗刀在毛坯孔径最小处停止，轻敲刀柄尾部，使切削刃向外延伸，直到刀尖超过孔径 3～4 mm 时收回主轴，并紧固镗刀，如图 3－163 所示。根据切削用量选择原则调整转速与进给量，启动机床进行镗削加工，开始时用手动微量进给加工，在切削至 5 mm 左右后，改用机动进给加工，如图 3－164 所示，粗镗后留 2 mm 余量做精加工。

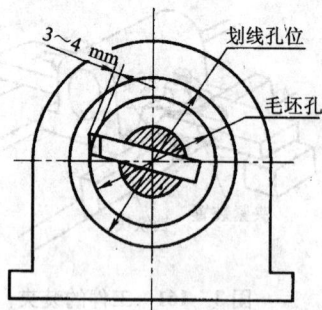

图 3 - 163　粗镗背吃刀量的控制

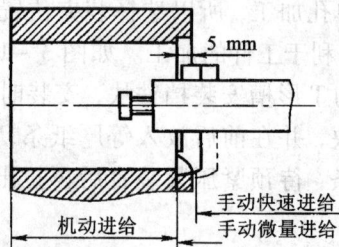

图 3 - 164　切削时进给方式

（3）半精镗

半精镗以控制尺寸精度为主，用准备好的固定尺寸双刃镗刀装在有中心定位的镗刀杆方孔内，然后进行切削加工，如图 3 - 165 所示。

（4）孔口倒角

装好倒角刀，先用手动进给使倒角刀的切削刃接近孔口，然后启动机床主轴旋转，用手动微量进给进行倒角的切削加工，待倒角尺寸达到图样要求时，停止进给并继续切削，直至无切屑产生后退出倒角刀。孔口两面倒角，如图 3 - 166 所示。

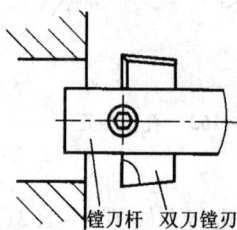

图 3 - 165　半精镗

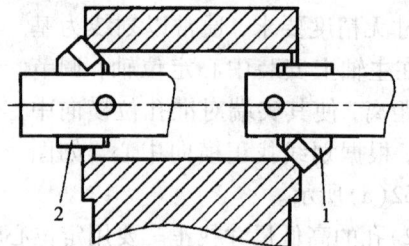

图 3 - 166　孔口倒角

精镗前的孔口倒角加工很重要，它会直接影响精加工质量的好坏。用浮动镗刀做精加工，由于浮动镗刀在镗削时自动定中心，所以经倒角后的孔口能使浮动镗刀的两片刀刃同时接触，从而保证它的中心位置和加工质量。若孔口不倒角而有高低现象，则浮动镗刀无法找到中心位置，也就无法加工。

（5）精镗

精镗时选择浮动镗刀，并用千分尺检测浮动镗刀的镗削直径，调整刀具镗削直径为被加工孔的最小极限尺寸。精镗加工时，除正确安装浮动镗刀外，还应该注意切削前浮动镗刀的位置，切削前，浮动镗刀应随主轴伸长，渐渐接近并到达孔口，直至镗刀的切削刃到达孔口，刀体不能移动为止，如图 3 - 167 所示。然后，点动使刀具转动几圈后，才可进行镗削加工。在镗至 8～10 mm 深时，应停车并将镗刀转至水平位置退出，待检查孔径尺寸符合要求后继续进行镗削，如图 3 - 168（a）所示。用浮动镗刀进行镗削，浮动镗刀不能全部镗出孔位，如图 3 - 168（b）所示。

290

4.镗削加工注意事项

1)开机前，应注意检查机床各部件机构是否完好，各手柄的位置是否正确。启动后，应使主轴低速运转几分钟，使传动件得到良好的润滑，每次移动机床部件时，要注意刀具、工具等的相对位置，快速移动前，应观察移动方向和部位是否正确。

2)孔的高低尺寸找正时宜使主轴箱向上移动。这是因为卧式镗床主轴箱的质量一般都比机床平衡锤的质量大，主轴箱会产生向下的作用力，当主轴箱随着丝杠旋转上升后，丝杠产生的向上作用力正好与主轴箱产生的向下作用力抵消，所以主轴箱夹紧后就不易移动。

图3-167　浮动镗刀切削前的位置

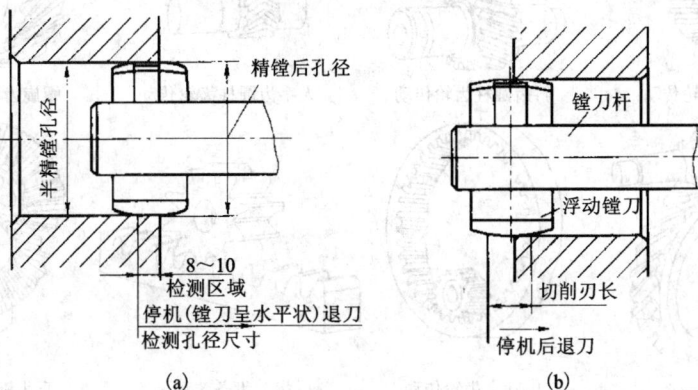

3)浮动镗刀精镗加工时，将镗刀杆装上主轴后要测量刀杆的径向跳动，误差应该在0.03 mm以内，否则会形成孔径尺寸超差。

(a)　　　　　　　　　　　(b)

图3-168　浮动镗刀镗削

5.加工质量检验

①孔内径尺寸检测。测量时，内径百分表应该与被测孔径垂直放置，百分表上反应的最小数值就是孔的实际尺寸。

②孔距尺寸检测。将工件放在平板上，孔内装入检验心轴，移动装在磁性表架上的百分表，将百分表测得心轴两端的读数与标准量块处测得的读数比较就可知孔距的实际尺寸。

③平行度检测。利用测量孔距的方法，移动百分表检测孔外两端检验棒，两处测得的数值之差若在图样规定的平行度要求之内就合格。

3.8 齿形齿面加工

3.8.1 概述

(1)齿轮加工的技术要求

齿轮是机械传动机构中非常重要的零件，广泛应用于现代机械和各种仪表中，其主要作用是传递动力、传递并改变运动的速度和方向。齿轮的结构形式很多，常见的有圆柱齿轮、圆锥齿轮及蜗杆蜗轮等(图3-169)。圆柱齿轮中，齿向平行于轴线的称为直齿轮，齿向呈螺旋线形状的称为斜齿轮(或称螺旋齿轮)。其齿廓曲线通常采用渐开线。

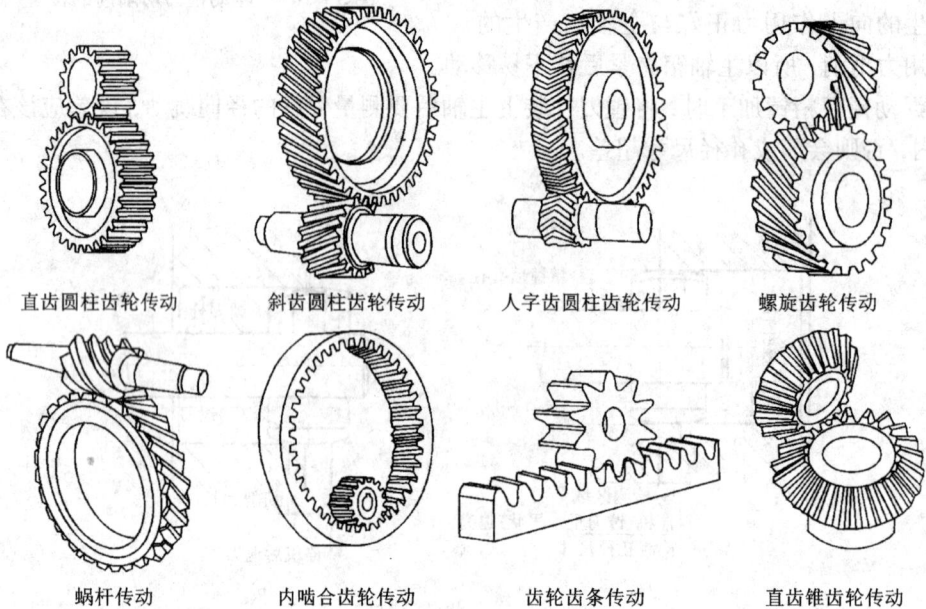

| 直齿圆柱齿轮传动 | 斜齿圆柱齿轮传动 | 人字齿圆柱齿轮传动 | 螺旋齿轮传动 |

| 蜗杆传动 | 内啮合齿轮传动 | 齿轮齿条传动 | 直齿锥齿轮传动 |

图3-169 齿轮传动的基本方式

齿轮传动质量对机械产品的工作性能、承载能力及寿命有很大的影响。为了保证齿轮的传动质量，对齿轮加工提出下列要求：

1)传递运动的准确性 为保证齿轮传动速比的准确性，应要求齿轮在一转范围内，转角误差不超过允许值。所以，在齿轮加工中，分齿应均匀。

2)传动的平稳性 传动平稳即齿轮传动冲击和振动小、噪音低。因此，应限制局部齿形的制造误差，以限制瞬时速比的变动量。

3)载荷分布的均匀性 为减少齿面应力集中、局部磨损，影响使用寿命，应要求齿轮啮合时，齿面接触良好，承载均匀。

4)齿侧间隙 指齿轮副在工作状态下，非工作齿面间应有一定的间隙，以补偿齿轮的加工和安装误差，补偿热变形，保证齿轮能自由回转和贮存润滑油。齿侧间隙是由工作条件确定的。制造时，通过控制齿轮齿厚来获得。

292

为了适应机械产品不同的需要,我国将渐开线圆柱齿轮分为 12 个精度等级(GB 10095—88),精度由高至低依次为 1 ~ 12 级。在一般机械中,以 7、8 级的齿轮应用最广。

2.齿轮加工方法分类

齿面加工按其加工原理分为成形法和展成法(滚切法)两类。若刀刃形状与被切齿轮齿槽的形状相符,齿面由成形刀具直接切出时,称为成形法,例如铣齿、拉齿等。若齿面是根据齿轮的啮合原理来形成的,称为展成法,例如滚齿、插齿等。

齿轮加工由齿坯加工、齿面加工两个阶段来完成,而齿面加工是整个齿轮加工的关键。本章主要介绍渐开线齿面的切削加工。

3.8.2　铣齿

1.铣齿方法

1)用成形法铣直齿轮　这种方法一般在卧式万能铣床上进行(图 3 – 170)。齿坯安装在铣床的分度头上,铣刀旋转作主运动,工作台带动齿坯作直线进给运动。每铣完一个齿槽后,应使工件退回,进行分度,再铣下一个齿槽。重复进行上述过程,直至铣出全部齿面为止。

2)用成形法铣斜齿轮　铣斜齿轮时,应使齿坯随工作台作直线运动的同时,通过分度头附加一确定的旋转运动,以形成所需要的斜齿轮螺旋角。为使铣出的齿槽与铣刀的刃形相吻合,工作台还应旋转一个斜齿轮的螺旋角 β。

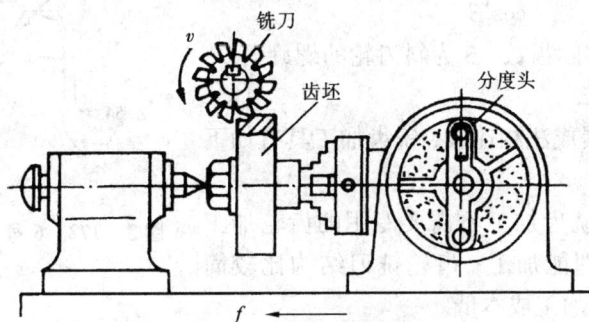

图 3 – 170　铣直齿轮

2.齿轮铣刀的选用

齿轮铣刀有两种结构形式。一种是盘状齿轮铣刀[图 3 – 171(a)],它适于在卧式铣床上加工模数 $m < 8$ 的齿轮;一种是指状模数铣刀[图 3 – 169(b)],它适用于在立式铣床或滚齿机等机床上加工模数 $m \geqslant 8$ 的齿轮。

从理论上讲,齿轮铣刀的齿廓形状与被加工齿形应完全相同。由于模数和齿数不同的齿轮,其渐开线齿形也不相同,因此,要获得准确的齿

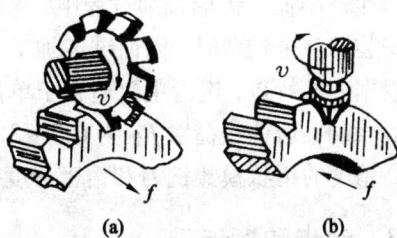

图 3 – 171　齿轮铣刀

形，每一种模数和每一种齿数的齿轮需要相应地用一把铣刀。显然，制造和使用这样多的铣刀是极不经济的，在实际生产中，某一模数的铣刀一般做成 8 把，分成 8 个刀号（见表 3 - 14），分别铣削齿形相近的一定齿数范围的齿轮。

表 3 - 14　齿轮铣刀刀号及其加工齿数范围

刀　号	1	2	3	4	5	6	7	8
加工齿数范围	12~13	14~16	17~20	21~25	26~34	35~54	55~134	135以上
齿　形								

为了保证铣出的齿数在啮合传动中不被卡住，每号齿轮铣刀的齿形按所铣齿数范围内最小齿数的齿形制造（图 3 - 172）。因此，除了最小齿数外，其他齿数的齿轮都只能获得近似的齿形。

铣直齿轮时，在模数确定后，即可根据齿轮齿数选取刀号。而在铣斜齿轮时，则必须按其当量齿数来选取，当量齿数 Z_e 的计算公式如下：

$$Z_e = \frac{Z}{\cos^3 \beta}$$

式中：Z 为斜齿轮的实际齿数；β 为斜齿轮的螺旋角。

3. 铣齿加工的特点

与滚齿、插齿等展成法相比较，铣齿加工具有如下特点：

1）加工成本低　铣齿加工不需要专用的齿轮加工机床，在普通铣床上即能加工；齿轮铣刀结构比较简单，容易制造，所以，加工成本低。

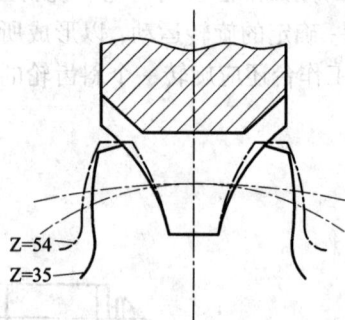

图 3 - 172　6 号齿轮铣刀的刀齿齿形

2）加工精度低　铣齿加工时，齿形的准确性取决于齿轮铣刀，而一个刀号的铣刀要加工一定范围齿数的齿形，致使齿形误差较大。此外，在铣床上采用分度头分齿，分齿误差也较大。其精度一般为 11 ~ 9 级。

3）生产率低　齿形铣削过程中，每铣一齿都要重复耗费切入、切出、退刀和分度的时间，同时安装调整也较费时，因而铣齿加工生产率低。

根据上述特点，铣齿主要适合于单件小批生产，也常用于机修工作中加工精度低于 9 级（包括 9 级）、齿面粗糙度 Ra 为 6.3 ~ 3.2 μm 的齿轮。重型机械中一些要求较高的齿轮，也可用高精度的指状模数铣刀和精密分度夹具进行铣削加工。

3.8.3　滚齿和插齿

1. 滚齿

（1）滚齿加工原理

294

　　滚齿是根据齿轮的啮合原理，利用齿轮刀具与被切削齿轮的啮合运动来形成齿轮齿面，称之为展成法。滚齿加工在滚齿机上进行。滚齿机主要由床身、工作台、刀架、支撑架和立柱组成，如图 3－173 所示。

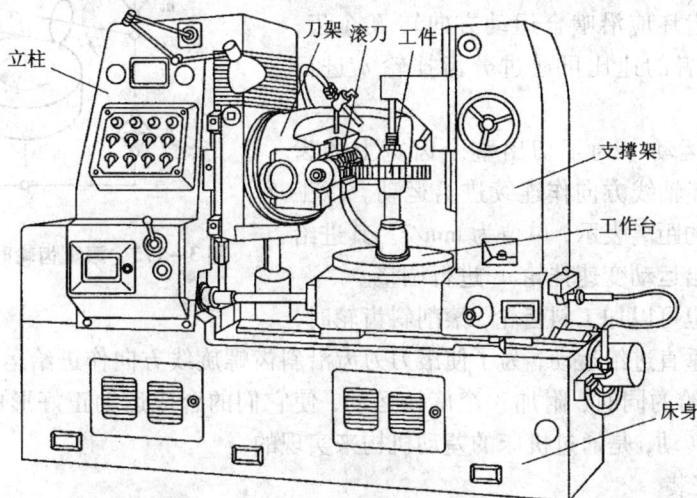

图 3－173　滚齿机

　　图 3－174 为展成法滚削加工齿面的原理，滚刀形状类似蜗杆，其加工过程与蜗轮蜗杆的啮合过程相似。为了形成切削刃和容屑槽，滚刀在垂直螺旋线方向等分地开出若干刀槽，刀刃近似于齿条齿形。滚齿时，每个齿形都是由滚刀在旋转中依次对齿坯切削的若干条切削刃包络而成的［图 3－174（b）］。当滚刀与齿坯进行强制啮合运动时，就在齿坯上切出了渐开线齿形。

图 3－174　滚齿加工原理

（2）滚齿运动

如图 3－175 所示，在滚齿机上加工直齿轮时，需要如下基本运动：

a. 主运动　即滚刀的旋转运动，主运动的转速 $n_刀$（r/min）可根据选定的切削速度 v（m/s）及滚刀直径 $D_刀$（mm）按照下式计算：

$$n_刀 = \frac{60 \times 1000V}{\pi D_刀}(\text{r/min})$$

295

式中，$n_刀$ 可通过变速挂轮 u_v 进行调整。

b. 展成运动　即滚刀与齿坯之间的啮合运动，两者应准确地保持齿轮啮合传动比关系。设滚刀的头数为 K（通常 $K=1$），被加工齿轮的齿数为 Z，则滚刀每转一转，齿坯应沿啮合运动方向转 K 个齿，即转 K/Z 转。两者的速比可通过分齿挂轮 u_f 进行调整。

c. 垂直进给运动　为了切出整个齿宽上的齿形，滚刀须沿齿坯轴线方向作连续进给运动。以工件每转滚刀移动的距离表示，单位为 mm/r。其进给量可通过垂直进给运动变速挂轮 u_s 进行调整。

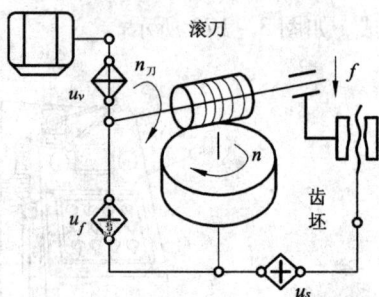

图 3-175　滚直齿轮时传动原理图

在滚齿机上也可以加工斜齿轮，滚削斜齿轮时，由于滚刀只能作垂直进给运动，为了使滚刀刀齿沿斜齿螺旋线方向作进给运动，就必须使齿坯在滚刀垂直进给的同时，附加一个旋转运动，使它们的合成运动正好形成斜齿轮的螺旋线。这个附加的转动，是通过机床的差动机构来实现的。

（3）滚刀的安装

为了使滚刀刀齿的运动方向和齿轮的齿向一致，滚刀轴线应斜置一个安装角 δ。当加工直齿轮时，δ 等于滚刀的螺旋升角 λ [图 3-176(a)]；当加工斜齿轮时，δ 由齿轮的螺旋角 β 和滚刀的螺旋升角 λ 按下式确定：

$$\delta = \beta \mp \lambda$$

式中，当滚刀与齿轮的螺旋方向相同时，取负号 [图 3-176(b)]；相反时，取正号 [图 3-176(c)]。加工时，为了减小安装角，有利于提高机床运动的平稳性和加工精度，应尽量采用与被切齿轮螺旋方向相同的滚刀。

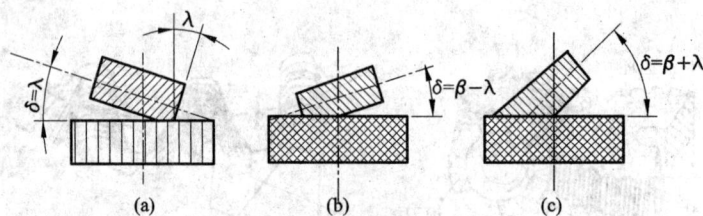

图 3-176　滚刀的安装角

（4）滚齿加工的特点

a. 加工精度较高　齿形按展成法形成，机床分度精度高，所以能获得 8～7 级精度。

b. 滚刀数量较少　某一模数的滚刀，可加工相同模数而齿数不同的齿轮，可大大减少刀具的数量。

c. 加工效率高　滚齿加工是一种连续切削过程，因而加工效率高。

d. 加工范围较广　滚齿可加工直齿轮、斜齿轮和蜗轮；既适合于单件小批生产，也适合于成批和大量生产。但滚齿难于加工内齿轮和相距很近的多联齿轮。

296

2. 插齿

(1) 插齿原理

插齿加工在插齿机上进行，插齿机主要由床身、工作台、刀架和横梁等组成（图 3 – 177）。

插齿也是应用展成法加工齿轮，根据齿轮的啮合原理，利用齿轮刀具与被切削齿轮的啮合运动来形成齿轮齿面，如图 3 – 178（a）所示。插齿刀实质上是一个端面磨有前角，齿顶和齿侧均铲磨有后角的高精度变位齿轮。插齿刀与齿坯之间严格按照一对齿轮的啮合关系强制转动，同时插齿刀一边转动，一边上下往复运动，刀具每往复一次切出齿形的一小部分，刀齿侧面运动轨迹所形成的包络线，即为渐开线齿形［图 3 – 178（b）］。

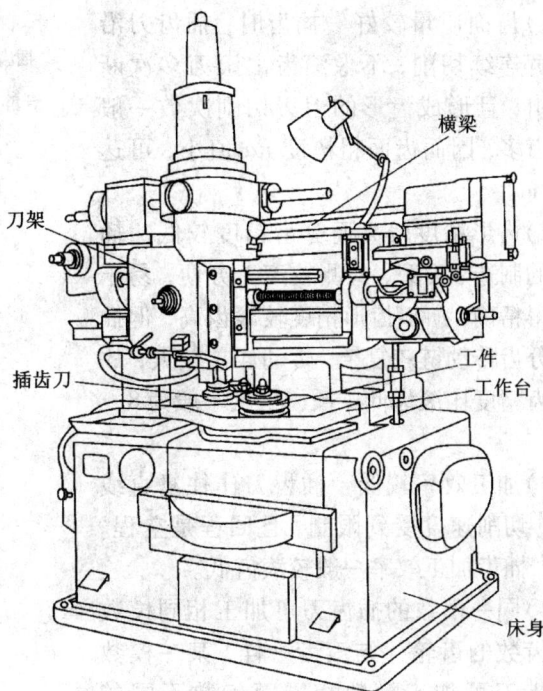

(2) 插齿运动

插齿需要具备五种运动：

a. 主运动　主运动是插齿刀沿其轴向的直线往复运动。在立式插齿机上，插齿刀向卜为工作行程，向上为回程。若切削速度 v(m/s) 及行程长度 l(mm) 已确定，其每分钟的往复行程数 n_r 按下式计算：

$$n_r = \frac{60 \times 1000v}{2l}(\text{str/min})$$

b. 分齿运动　分齿运动是插齿刀和齿坯之间严格保持一对齿轮的啮合速比关系的运动，即：

$$\frac{n}{n_刀} = \frac{Z_刀}{Z}$$

式中：n、$n_刀$ 分别为齿坯和插齿刀的转速；Z、$Z_刀$ 分别为被切齿轮和插齿刀的齿数。

c. 周进给运动　指插齿刀的转动。圆周进给量是插齿刀每往复一次时，在分度圆上转过的弧长，单位为 mm/str。插齿刀转速的快慢影响加工精度和生产率。降低圆周进给可增加形成齿形的刀刃的切削次数，有利于提高齿形加工精度，但将会降低加工效率。

d. 径向进给运动　插齿刀逐渐向齿坯中心移动的运动，以切出全齿深。径向进给量是插齿刀每往复一次在径向移动的距离，单位为 mm/str。

e. 让刀运动　为了避免插齿刀在回程时与齿坯已加工面摩擦而擦伤已加工表面和减少刀具磨损，要求刀具回程时，齿坯应让开插齿刀，当工作行程开始时，又要求齿坯恢复原来的位置。齿坯所作的这种往复运动称为让刀运动。

图 3 – 177　插齿机

③插齿加工的特点

1）齿面质量较好　插齿时，插齿刀沿全齿宽连续切削，不像滚齿由滚刀多次断续切出，且形成齿形的刀刃切削次数一般比滚齿多，因而齿面粗糙度 Ra 值小，可达 $1.6~\mu m$。

2）齿形精度较高而分齿精度较低　插齿刀的制造、刃磨、检测较滚刀方便，易于制造得精确，所以齿形精度较滚齿高，但插齿机分齿传动链较复杂，传动误差较大，故其分齿精度比滚齿低。插齿精度一般为8～7级。

3）加工效率较低　插齿刀作往复直线运动，切削速度受到限制，且回程是空程。所以，插齿加工效率一般较滚齿低。

4）同一模数的插齿刀可加工相同模数不同齿数的齿轮　与滚齿一样，某一模数的插齿刀可加工模数相同而齿数不同的齿轮。

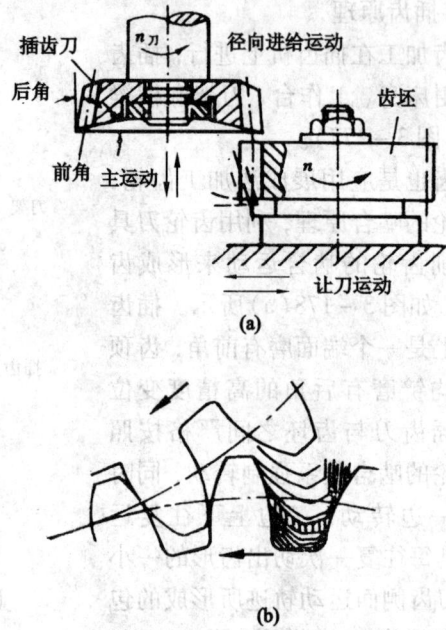

图 3-178　插齿原理

5）加工范围较广　插齿除能加工一般圆柱直齿轮外，还能加工滚齿难于加工的内齿轮和相距很近的多联齿轮。但加工斜齿轮不如滚齿方便。

图 3-179 是插齿加工的应用范围。

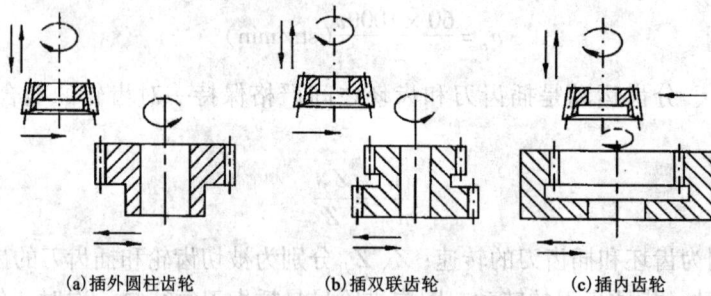

(a)插外圆柱齿轮　　　(b)插双联齿轮　　　(c)插内齿轮

图 3-179　插齿加工的应用范围

3.8.4　齿面精加工

某些圆柱齿轮及精密齿轮要求精度高，表面粗糙度低，在滚齿、插齿或铣齿之后，需要进一步进行精加工。常用的齿轮精加工方法有剃齿、珩齿和磨齿。

1. 剃齿

（1）剃齿原理

298

剃齿加工在剃齿机上进行，它是利用一对螺旋齿轮啮合原理来加工齿形。剃齿刀相当于一个高精度的变位螺旋齿轮，每个齿的齿侧沿渐开线方向开出许多小槽以形成切削刃（图 3 – 180）。

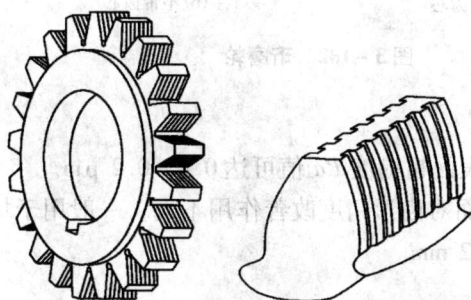

图 3 – 180　剃齿刀

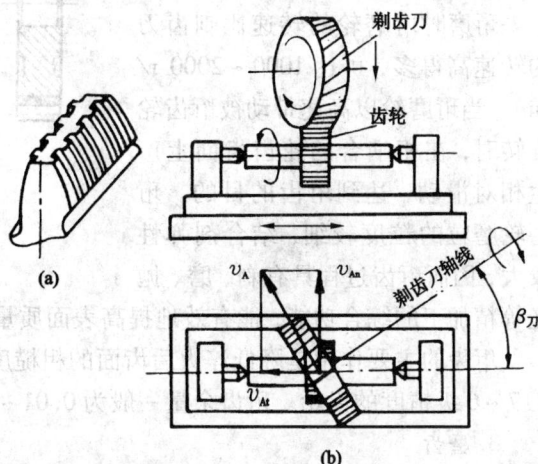

图 3 – 181　剃齿原理

直齿轮的剃削如图 3 – 179 所示。齿轮安装在心轴上，由剃齿刀带动作旋转运动。为了使剃齿刀和齿轮的齿向一致，剃齿刀轴线应与工件轴线相交一个角度 β，其数值等于剃齿刀螺旋角 $\beta_{刀}$ 与齿轮螺旋角 $\beta_{工}$ 之代数和（对直齿轮 $\beta_{工} = 0°$，故 $\beta = \beta_{刀}$）。当剃齿刀旋转时，其啮合点 A 的圆周速度 V_A 可分解为两个分速度：一个是沿工件圆周切线方向的 V_{An}，它使工件作旋转运动；一个是沿齿向的滑动速度 V_{At}，剃齿正是利用这种相对滑移从齿面上切下微细的切屑。为了剃出全齿宽，工作台需带动工件作纵向往复运动。在工作台每往复行程终了时，剃齿刀需作径向进给运动，以便进行多次剃削直至达到规定尺寸。其进给量一般为 $0.02 \sim 0.04$ mm/str。

（2）剃齿加工的特点

1）可提高加工精度，但不能修正分齿误差　剃齿主要是提高齿形精度和齿向精度，减小齿面粗糙度。但剃齿是"自由啮合"，不能修正分齿误差；由于滚齿的分齿精度比插齿好，故剃齿的齿形多用滚齿加工。剃齿精度一般达 7 ～ 6 级，齿面粗糙度 Ra 值为 $0.8 \sim 0.4$ μm。

2）加工效率高　剃齿是多刀多刃连续切削，剃削余量一般只有 $0.08 \sim 0.2$ mm，故加工效率高。但若剃削余量过大，则加工效率明显降低。

3）剃齿适宜于大批量生产　剃齿刀制造成本高，所以剃齿适宜于大批量的齿轮精加工，主要用于大批量未淬硬齿轮（软齿面）的精加工。

2. 珩齿

珩齿也是齿轮精加工的一种方法，它是用珩磨轮在珩齿机上对淬硬齿轮的硬齿面进行精加工。珩齿与剃齿的原理相同。

珩磨轮是具有较高齿形精度的螺旋齿轮，用金刚砂或白刚玉磨料和环氧树脂等材料浇铸或热压而成，在珩磨轮的齿面上密布着高硬度的磨粒，结构和砂轮相似。珩磨轮有带齿芯和不带齿芯两种，当模数 $m > 4$ 时，采用带心的珩磨轮[图 3 – 182(a)]；当模数 $m < 4$ 时，采用不带齿心的珩磨轮[图 3 – 182(b)]。

珩磨时珩磨轮的转速比剃齿刀的转速高得多，可达 1000 ~ 2000 r/min。当珩磨轮以高速带动被珩齿轮旋转时，在相啮合的轮齿齿面上产生相对滑动，达到珩齿的目的。珩磨轮磨粒的粒度较细，结合剂弹性较大，因而珩齿过程具有剃、磨、抛

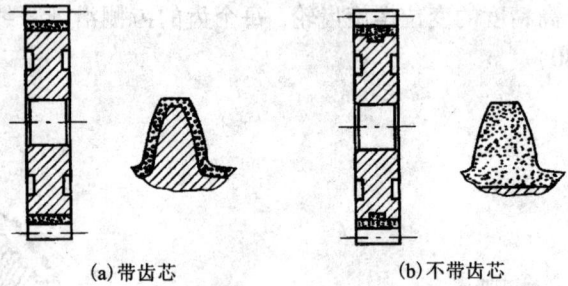

(a)带齿芯　　　　　(b)不带齿芯

图 3 – 182　珩磨轮

光等精加工的综合功能，能有效地提高表面质量，表面粗糙度 Ra 值可达 0.4 ~ 0.2 μm。

珩齿的主要作用是降低淬火后齿面的粗糙度，而对齿形精度改善作用不大。一般用于加工 7 ~ 6 级精度的齿轮。珩齿余量一般为 0.01 ~ 0.02 mm。

3. 磨齿

磨齿是现有齿轮加工方法中加工精度最高的一种方法。磨齿精度可达 6 ~ 3 级，表面粗糙度 Ra 值可达 0.4 ~ 0.2 μm。磨齿对磨前齿轮误差或热处理变形具有较强的修正能力，故多用于硬齿面的高精度齿轮，还常用于插齿刀和剃齿刀的精加工。

磨齿方法有成形法和展成法两种。

①成形法磨齿

成形法是一种用成形砂轮磨齿的方法，如图 3 – 183 所示。成形砂轮要修整成与被磨齿轮的齿槽相吻合的渐开线齿形。用这种方法磨齿加工效率高，但砂轮的修整较复杂，磨齿过程中砂轮磨损不均匀，会产生一定的齿形误差，磨齿精度一般为 6 ~ 3 级。

②展成法磨齿

展成法主要是利用齿轮与齿条啮合原理来进行磨齿的方法。展成法磨齿应用较多的是锥形砂轮和碟形砂轮磨齿两种。

a.锥形砂轮磨齿

锥形砂轮磨齿如图 3 – 184 所示，该法所用的锥形砂轮，其截面修整成齿条齿形。磨齿时，砂轮一面高速旋转，一面沿齿轮轴向作往复运动，这就构成了假想齿条的一个齿。与此同时，齿轮边转动边移动，其转动和直线移动应严格保持齿轮齿条的啮合关系。在齿轮的一个往复运动中，先后磨出齿槽的两个侧面。磨完一个齿槽后，砂轮快速退离，齿轮自动进行分度，再磨削下一个齿槽。如此重复进行，直至把全部齿槽磨完为止。

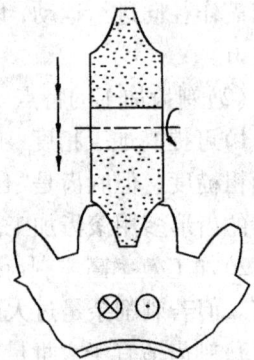

图 3 – 183　成形法磨齿

锥形砂轮磨齿时，砂轮刚性较好，可采用较大的切削用量，因而加工效率较高。但因砂轮直径小，磨损快且不均匀，导致加工精度较低，一般为 6 ~ 5 级。生产中多用来磨削 6 级精度的淬硬齿轮。

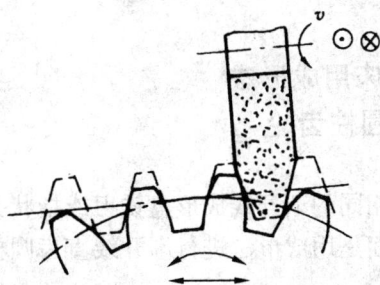

图 3 – 184　锥形砂轮磨齿

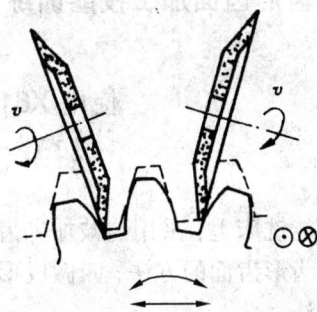

图 3 – 185　双碟形砂轮

b. 双碟形砂轮磨齿

双碟形砂轮磨齿的原理与锥形砂轮磨齿相同。如图 3 – 185 所示，两片碟形砂轮倾斜一定的角度，以构成假想齿条的两个齿面。磨齿时，砂轮作快速旋转运动，齿轮边转动，边作直线移动，完成展成运动。为了磨削全齿宽，齿轮还要沿齿向作往复运动。

碟形砂轮磨齿时，由于实现展成运动的传动环节少，传动误差小。同时砂轮修整精度高，磨损后又可通过自动补偿装置进行补偿。故加工精度高，可达 4 级。但碟形砂轮刚性较差，切削用量较小，加工效率低。因此，这种方法主要适用于单件、小批生产中磨削高精度的齿轮。

3.8.5　齿面加工方案的选择

齿面加工方案的选择主要取决于机械传动的要求、齿轮的精度等级、热处理状态和生产批量等因素。表 3 – 15 列出的加工方案可供选择时参考。

表 3 – 15　齿面加工方案

齿轮精度等级	表面粗糙度 $Ra(\mu m)$	热处理	齿面加工方案	生产批量
9 级以下	6.3 ~ 3.2	不淬火	铣齿	单件小批及维修
8 ~ 7 级	3.2 ~ 1.6	不淬火	滚齿或插齿	各种批量
		齿面淬火	滚(插)齿—淬火—珩齿	
7 级或 7 ~ 6 级	0.8 ~ 0.4	不淬火	滚齿—剃齿	各种批量
		齿面淬火	滚(插)齿—淬火—磨齿	单件小批生产
		齿面淬火	滚齿—剃齿—淬火—珩齿	大批量生产
6 ~ 3 级	0.4 ~ 0.2	不淬火	滚(插)齿—磨齿	各种批量
		齿面淬火	滚(插)齿—淬火—磨齿	

3.8.6 齿形齿面加工技能训练

使用 X6132 卧式万能铣床用成形法
加工一个渐开线直齿圆柱齿轮

在万能铣床上，采用与被加工齿轮齿槽形状完全相同的渐开线成形盘铣刀或指状铣刀直接切削出齿形齿面的方法，叫做成形法加工齿轮。下面是用成形法进行渐开线直齿圆柱齿轮加工的方法。

1. 零件图纸技术要求分析

渐开线直齿圆柱齿轮的零件图如图 3-186 所示。

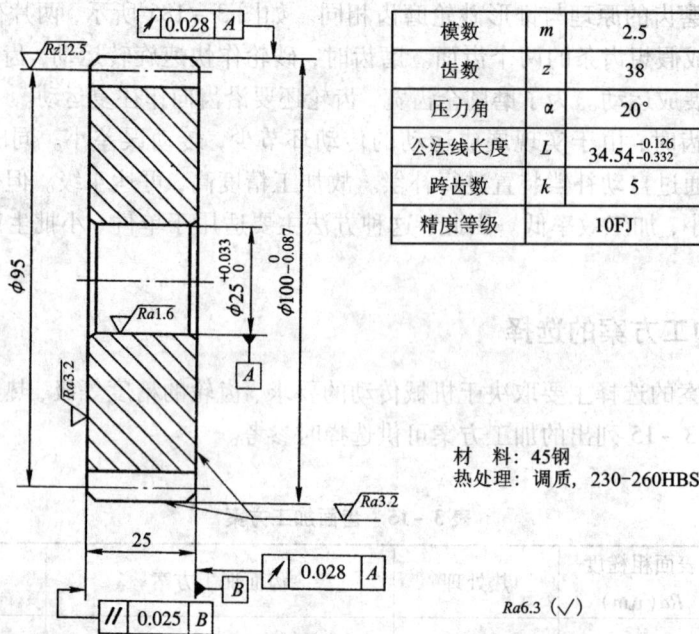

模数	m	2.5
齿数	z	38
压力角	α	20°
公法线长度	L	$34.54^{-0.126}_{-0.332}$
跨齿数	k	5
精度等级		10FJ

材料：45钢
热处理：调质，230-260HBS

图 3-186 直齿轮圆柱齿轮零件图

1）齿轮尺寸：齿轮的最大外径为 $100^{\ 0}_{-0.087}$，齿厚为 25 mm，模数 $m = 2.5$ mm，$z = 38$；

2）齿轮精度等级：齿轮的精度等级为 10FJ；

3）表面粗糙度：齿面粗糙度为 Ra 值 3.2 μm；

4）齿轮材料与热处理：齿轮的材料为 45 钢，热处理调质，硬度 240~260HBS；

2. 加工工艺拟订与准备

1）工艺分析：所加工齿轮为一小齿轮，齿轮的精度等级为 10FJ，齿面粗糙度为 Ra 值 3.2 μm，齿轮的材料为 45 钢，热处理调质后硬度为 230~260HBS，切削加工性能较好，在万能铣床上采用成形法进行齿形齿面加工，可以达到图纸技术要求。

2）确定工件装夹方式：对于这种带孔齿轮，一般以孔和一个端面作为定位基准，使用分度头进行装夹,使其在加工齿形齿面时进行分度操作。齿轮的轮齿数为 $z = 38$,即在圆周上的等分数为38,查阅分度盘的孔圈数规格,选择有38孔的分度盘即可。

3)选择刀具:铣削模数小于16 mm 的齿轮,一般使用齿轮盘铣刀。查阅表 3 – 15,所加工齿轮的模数 $m = 2.5$ mm,齿数为 $z = 38$,应选用模数 $m = 2.5$ mm 的 6 号齿轮盘铣刀。

4)选择铣削用量:

a. 铣削速度:铣削速度的大小与齿轮的材料有关,当用高速钢齿轮铣刀切削齿轮时,可参考表 3 – 16。

表 3 – 16　铣削直齿轮的铣削速度

齿轮材料	45	40Cr	20Cr	铸铁及硬青铜
切削速度 v（m/min）	粗　　铣			
	32	30	22	25
	精　　铣			
	40	37.5	27	31

选取速度 v 之后,算出转速 $n = \dfrac{1000v}{\pi D_t}$ r/min,由铣床转数选取与计算转数相近的转速(D_t 为刀具直径)。

b. 进给量:进给量的大小与齿轮模数及粗、精加工有关,粗加工应取大值,精加工应取小值。

c. 背吃刀量(铣削深度)a_p:对于模数 $m \leqslant 3$ 时,粗铣的铣削深度可考虑一次铣出;对于大模数齿轮则需要分 2 次或 2 次以上铣削。本齿轮粗加工可一次完成,精加工余量留大约 0.5 mm。

5)准备检验用量具:准备齿轮百分尺或精度较高的游标卡尺。

3. 铣削加工齿面的工艺过程

1)坯料尺寸检验:根据齿轮零件图检验齿轮坯料的外径、基准孔和端面的技术要求符合情况;

2)安装分度头:安装时擦净工作台面、分度头底面与定位销的侧面,将分度头安装在铣床工作台中间的 T 形槽内,用 M16 的 T 形螺栓压紧分度头,在压紧过程中,注意使分度头向操作者一边拉紧,以使底面定位键侧面与 T 形槽定位直槽一侧紧贴,以保证分度头主轴与工作台纵向平行。

3)装夹工件:以齿轮孔和一个端面作为定位基准,使用分度头进行装夹,用带有台阶的心轴,一端用螺母压紧(参见图 3 – 168)。

4)计算分度手柄转数:

$$n = \frac{40}{z} = \frac{40}{38} = 1\frac{1}{19}(\text{转})$$

5)安装铣刀:将模数 $m = 2.5$ mm 的 6 号齿轮盘铣刀安装在铣床主轴上。

6)对中:按刀痕对中的方法,使齿轮坯的中心对准铣刀截形中心。

7）试铣：在齿轮坯圆周上每个齿槽的位置切出一点刀痕，共切38个刀痕。

8）粗铣第一个齿槽：粗铣第一个齿槽时，一次完成齿槽粗铣，留0.5 mm作为精加工余量。

9）分度：第一个齿槽铣削完成之后，退回齿坯，进行分度操作，准备粗铣第二个齿槽。

10）粗铣第2~38个齿槽：重复步骤7与步骤8，每铣削完成一个齿槽，退回齿坯，进行分度操作。每个齿槽同样是一次完成粗铣，留0.5 mm作为精加工余量。

11）测量粗铣后的公法线长度：粗铣之后，测量公法线长度L'。

12）计算精铣时铣床工作台的升高量：$\Delta H = K\Delta L = 1.245(L' - L)$（mm）。

13）升高铣床工作台：将铣床工作台升高ΔH，工作台的升高量ΔH即精铣时的切削深度。

14）精铣齿槽：依次精铣38个齿槽，精铣时每个齿槽均一次切削完成。

15）成品检验：按照齿轮图纸要求，进行公法线长度测量检验。

4. 铣削操作提示

用成形法加工齿形齿面时，操作过程中应注意以下几点：

1）装夹齿轮坯时注意：齿轮坯的轴心线应当与工作台面平行、与铣床纵进给方向平行、与分度头的主轴轴心线重合，以保证齿轮的加工质量。

2）为了保证铣削的齿形齿面对称，不偏斜，必须使齿轮坯的中心对准铣刀截形中心，常用的有按划线对中心和按刀痕对中心两种方法。

3）铣削开始时，最好在齿轮坯圆周上每个齿槽的位置切出一点刀痕，以检查刀痕数是否与要求的齿数相等。

5. 加工质量检验

1）齿轮的公法线长度L的测量：渐开线齿轮的基圆齿厚$s_{基}$和基圆齿距$t_{基}$可以用公法线长度L来综合反映，跨测齿数为3的公法线长度L如图3-187所示。

图3-187　跨测齿数为3的公法线

按照直齿轮圆柱齿轮零件图的检验要求，齿轮的公法线长度为必检项目，用齿轮百分尺或精度较高的游标卡尺检验齿轮的公法线长度L，跨测齿数为5的公法线的测量方法如图3-188所示。

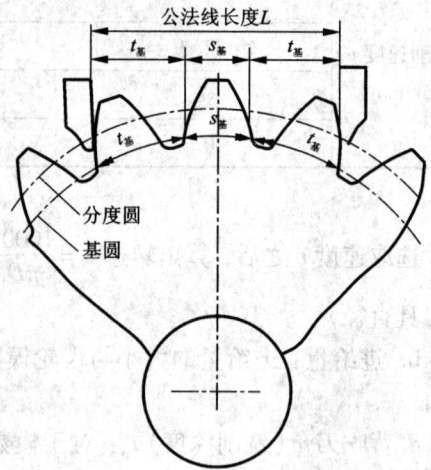

图3-188　跨测齿数为5的公法线的测量

2）精铣时铣床工作台升高量 ΔH 的计算：齿轮粗铣之后，精加工余量为 0.5 mm。那么，精铣时如何确定切到全齿深的切削深度呢？如图 3－189 所示，以跨测齿数 3 为例，虚线表示粗铣后的齿槽切深位置，粗实线表示切到全齿深时齿槽的切深位置。图中 L' 为粗铣后的公法线长度，L 长度为切到全齿深时的公法线长度。可知，$L' = L + \Delta L$。上述两次公法线测量后的径向距离，即图中直角三角形斜边的长度 $ab = \Delta H$，就是欲求的切到全齿深的切削深度，也即铣床工作台的升高量 ΔH。经过图中三角关系的计算整理，可得到关系式

$$\Delta H = K\Delta L = K(L' - L)$$

式中系数 K 与齿轮的齿数和跨测齿数有关，可查阅有关手册。当齿数 $z = 38$，跨测齿数为 5 时，$K = 1.245$。齿轮的公法线长度 L 由零件的图纸给定或查表求得，只要测量出 L'，就可以计算出工作台的升高量 ΔH。

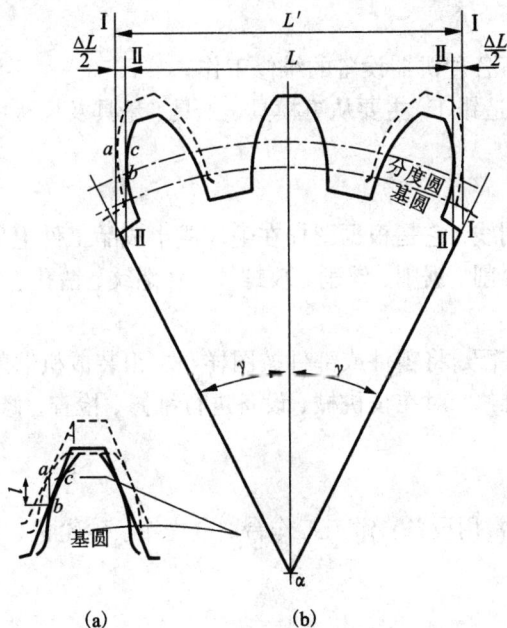

图 3－189　工作台升高量的计算

3.9　钳工

3.9.1　钳工基础知识

1. 钳工基本概念

钳工是以手工操作为主，使用钳工工具或机械设备，按照技术要求，完成零件的制造、装配和修理的工种。

2. 钳工的主要工作任务

钳工的主要工作任务包括：零部件的划线、产品加工、装配、检查、调试、维修以及制造

工具、夹具、量具、模具等。

1)在切削加工之前对毛坯进行的清理和划线等工作。

2)零件装配之前进行的钻孔、铰孔、攻螺纹和套螺纹等加工。

3)机器设备装配中进行的修配、组装、调试和试车等。

4)设备在使用过程中的维护和修理工作。

5)完成易于制作的单件或小批零件。

6)完成不太适合或难以进行机械加工的零件的加工。

3.钳工种类

钳工种类随着机械工业的发展，钳工的工作范围日益扩大，专业分工更细，因此钳工分成了普通钳工(装配钳工)、修理钳工、模具钳工(工具制造钳工)等等。

1)普通钳工(装配钳工)主要从事机器或部件的装配和调整工作以及一些零件的加工工作。

2)修理钳工主要从事各种机器设备的维修工作。

3)模具钳工(工具制造钳工)主要从事模具、工具、量具及样板的制作。

4.钳工的基本操作

钳工的基本操作有：

1)辅助性操作　即划线，它是根据图样在毛坯或半成品工件上划出加工界线的操作。

2)切削性操作　有錾削、锯削、锉削、攻螺纹、套螺纹、钻孔、扩孔、铰孔、锪孔、弯曲、矫正、刮削、研磨和黏接。

3)装配性操作　即装配，将零件或部件按图样要求组装成机器的工艺过程。

4)维修性操作　即维修，对在役机械、设备进行维修、检查、修理的操作。

5.钳工常用设备

钳工常用设备有：

(1)钳工工作场地内常用设备：钳工工作台、台虎钳、砂轮机、台式钻床、立式钻床、摇臂钻床等。

①钳工工作台

钳工工作台，也称钳台或钳桌，是钳工专用的工作台，台面上装有台虎钳、安全网，也可以放置平板、钳工工具、量具、工件和图样等，如图3-190所示。

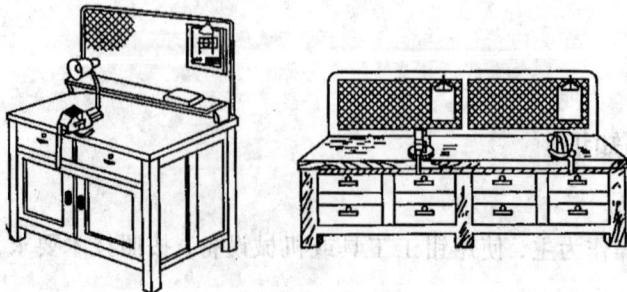

图3-190　钳工工作台

钳台多为铁木结构，台面上铺有一层软橡皮，其高度一般为 800～900 mm，长度和宽度可根据需要而定，装上台虎钳后，操作者工作时的高度应比较合适，一般多以钳口高度恰好等于人的手肘高度为宜。

②台虎钳

台虎钳由三个坚固螺栓固定在钳台上，用来夹持工件。其规格用钳口的宽度来表示，常用的有 100 mm、125 mm、150 mm 等。

台虎钳有固定式和回转式两种，如图 3－191(a)和图 3－191(b)所示。后者使用较方便，应用较广，它由活动钳身 2、固定钳身 5、丝杠 1、螺母 6、夹紧盘 8 和转盘座 9 等主要部分组成。

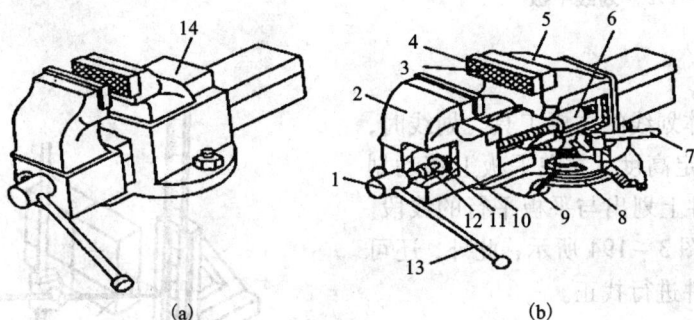

图 3－191　台虎钳

1—丝杠；2—活动钳身；3—螺钉；4—钳口；5—固定钳身；6—螺母；7—手柄
8—夹紧盘；9—转盘座；10—销钉；11—挡圈；12—弹簧；13—长手柄；14—砧板

(2)钳工常用电动工具：手电钻、电磨头、电剪刀、型材切割机等。

(3)钳工常用气动工具：气钻、气动铆钉机、气动砂轮机等。

3.9.2　划线

1．划线基本概念

划线是根据图纸的要求在毛坯或工件上，用划线工具准确地划出加工界线，或划出作为基准的点、线的操作过程。由于划出的线条有一定宽度，划线误差约为 0.25～0.5 mm，故通常不能以划线来确定最后尺寸，而要在加工过程中通过测量来控制尺寸精度。

划线的作用是：

1)确定工件加工余量，使加工有明显的尺寸界限。

2)为便于复杂工件在机床上的装夹，可按划线找正和定位。

3)能及时发现和处理不合格的毛坯。

4)当毛坯误差不大时，可通过借料划线的方法进行补救，提高产品合格率。

2．划线工具

(1)划线平板

划线平板(如图 3－192 所示)是经过精细加工的铸铁件。其作用是用来安放工件和划线工具，并在其平面上完成划线过程。

划线平板各处要均匀使用，不准碰撞和敲击，用完后应涂防锈油并用木板护盖。

(2)划针

划针是用来在工件表面上划线的工具，其用法如图3-193所示。

(a)正面　　(b)背面

图3-192　划线平板

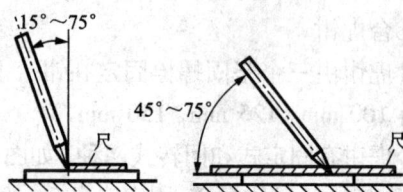

图3-193　划针的用法

(3)划线盘

划线盘是立体划线的主要工具。划线时，调节划线针到一定高度，并在平板上移动划线盘，即可在工件上划出与平板平行的线段。用划线盘划线如图3-194所示，此外，还可利用划线盘对工件进行找正。

(4)划规

划规是用来划圆或弧线、等分线段及量取尺寸的工具。它的用法与制图的圆规相似，钳加工用的划规有普通划规、弹簧划规和长划规等，见表3-17。使用时，划规的脚尖必须坚硬，才能在工件表面划出清晰的线条。

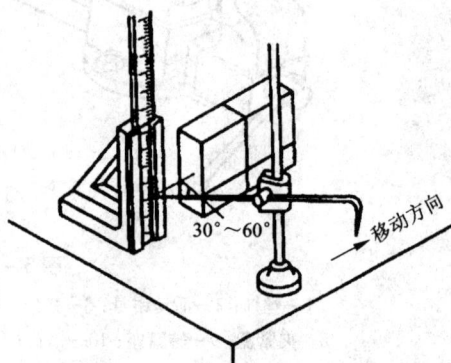

图3-194　用划线盘划线

表3-17　划规种类

名称	示意图	特点
普通划规		结构简单
弹簧划规		使用时，旋转调节螺母来调节尺寸，此划规适合在光滑面上划线
长划规		用来划大尺寸的圆。使用时在滑杆上滑动划规脚可以得到所需要的尺寸

308

（5）钢直尺

钢直尺是一种简单的测量和划线的导向工具。尺身上有尺寸刻线，最小刻线距离为 0.5 mm。

（6）直角尺

直角尺是划线过程中的主要量具，用来检查零件的直线度、垂直度等，其使用方法如图 3-195 所示。

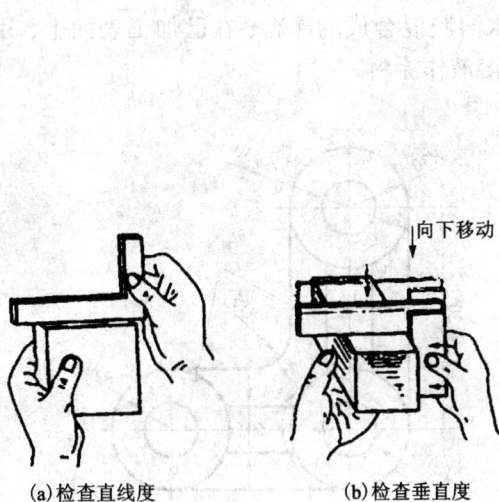

(a)检查直线度　　　　(b)检查垂直度

图 3-195　直角尺的使用方法

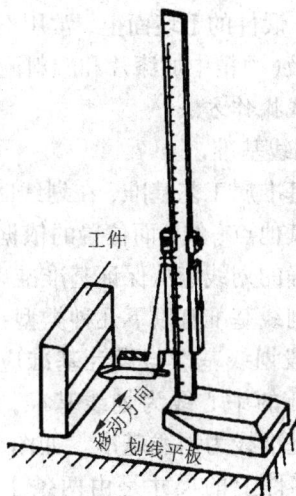

图 3-196　高度游标卡尺

（7）高度游标卡尺

高度游标卡尺除用来测量工件的高度外，还可用来作半成品划线（如图 3-196 所示）。其读数精度一般为 0.02 mm。

（8）千斤顶和 V 形铁

千斤顶和 V 形铁都是用来在平板上支承工件的。被支承工件的面是平面时用千斤顶支承，其高度可以调整，以便找正工件位置，通常用三个千斤顶支承工件（如图 3-197 所示）。工件的被支承面是圆柱面时用 V 形铁支承，目的是使工件轴线与底板平行（如图 3-198 所示）。

图 3-197　用千斤顶支承工件

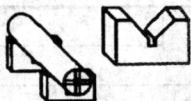

图 3-198　用 V 形铁支承工件

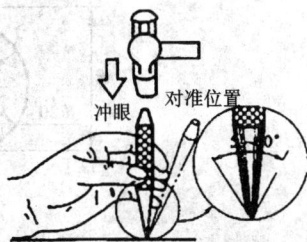

图 3-199　中心冲及其用法

（9）中心冲

中心冲一般用于在工件划好的线条上打出小而均匀的冲眼，以便在所划的线模糊后，仍能找到加工界线。中心冲及其用法如图 3 – 199 所示。另外，还用于圆弧中心或钻孔时的定位中心打眼。

（10）划线用涂料

为便工件表面上划出的线条清晰，一般要在工件表面的划线部位涂上一层薄而均匀的涂料。在铸、锻件的毛坯面上，常用石灰水加少量水溶胶混合成的涂料；在已加工表面上，用酒精色溶液（酒精中加漆片和颜料配成）或硫酸铜溶液作涂料。

3. 划线操作方法

（1）划线基准

划线基准属工艺基准，在划线时，用来确定零件上其他点、线、面位置的依据称为划线基准。正确的划线应从保证基准准确开始。

常见划线基准有以下几种类型：

1）一般划线基准与设计基准应一致。常选用重要孔的中心线为划线基准，或零件上尺寸标注基准线为划线基准。如图 3 – 200 所示，曲臂零件上的尺寸是由两条主中心线确定的。因此就选择这两条中心线为该工件的划线基准。

2）如果工件上个别平面已加工过，则以加工过的平面为划线基准。

3）以两个相互垂直的平面为基准。如图 3 – 201 所示，该零件上有垂直和水平两个方向的尺寸。可以看出，这些尺寸都是依照工件下方表面和右方表面来确定的。因此选择下方表面和右方表面为每一方向的划线基准。

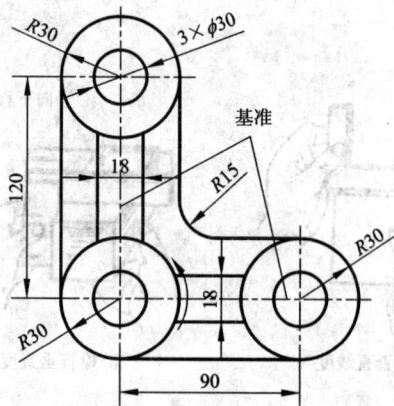

图 3 – 200　选用中心线为划线基准

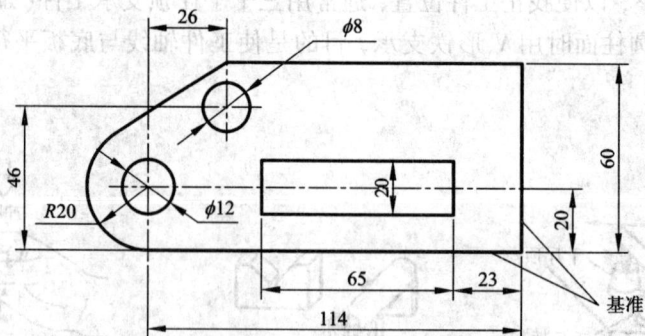

图 3 – 201　以两个相互垂直的平面为基准

4）以一个平面与一条中心线为基准。如图 3 – 202 所示，该零件高度方向的尺寸是以底面为基准的，应选择此底面为高度方向的划线基准。宽度方向的尺寸又是以中心线为基准

310

的，应选择中心线为宽度方向的划线基准。

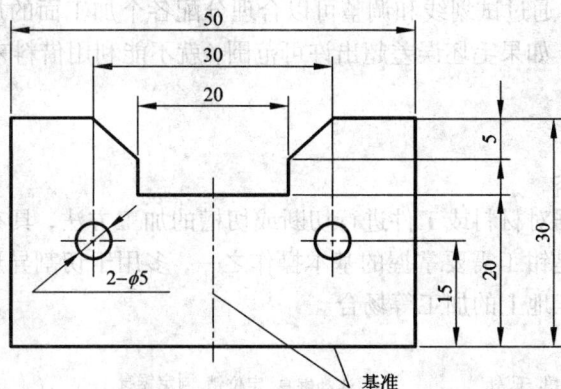

图 3 - 202　以一个平面与一条中心线为基准

（2）平面划线和立体划线

划线可分为平面划线和立体划线两种。划线时一般应先划水平线，再划垂直线、斜线，最后划圆、圆弧和曲线等。

1）平面划线是在工件的一个平面上划线后即能明确表示加工界限，如图 3 - 203 所示。平面划线与机械制图相似，所不同的是前者使用划线工具。

2）立体划线即平面划线的复合，是在工件的几个相互成不同角度的表面（通常是相互垂直的表面）上划线，即在长、宽、高三个方向上划线，如图 3 - 204 所示。

（3）找正和借料

立体划线在很多情况下是针对铸、锻件毛坯划线。各种铸、锻件毛坯由于种种原因，会形成歪斜、偏心、各部分壁厚不均匀等缺陷。当形位误差不大时，可以通过划线找正和借料的方法补救。

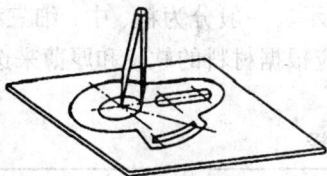

图 3 - 203　平面划线

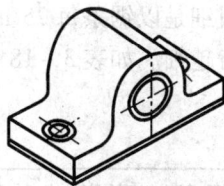

图 3 - 204　立体划线

1）找正

对于毛坯件，划线前一般要先做好找正工作。找正就是利用划线工具使工件上有关的表面处于合适的位置。找正的目的如下：

①当毛坯上有不加工表面时，通过找正后再划线，可使待加工表面与已加工表面之间保持尺寸均匀。

②当毛坯上没有不加工面时，找正后划线能使加工余量均匀合理分布。

2)借料

一些铸、锻件毛坯在尺寸、形状和位置上的误差缺陷用找正后的划线方法不能补救时，可采用借料的方法，通过试划线和调整可以合理分配各个加工面的加工余量，加工后缺陷和误差都会得到排除。如果毛坯误差超出许可范围，就不能利用借料来补救了。

3.9.3 锯削

1. 锯削基本概念

锯削是利用手锯对材料或工件进行切断或切槽的加工方法，具有简单、方便和灵活等特点。因此手工锯削是钳工需要掌握的基本操作之一，多用于切割异形工件、开槽以及单件小批量生产和在临时工地上的加工等场合。

2. 锯削工具

锯削工具主要是手锯，手锯是由锯弓和锯条两部分组成的。

(1)锯弓

锯弓的作用是张紧锯条，且便于双手操持。锯弓分固定式和可调节式两种，如图 3 - 205 所示。一般来说都选用可调节式的锯弓，

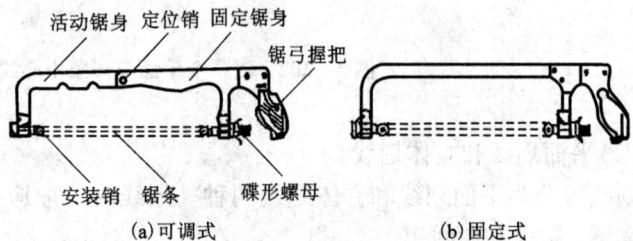

图 3 - 205　锯弓的形式

因为固定式锯弓只能安装一种长度的锯条，而可调节式锯弓的安装距离可以调节，能安装几种长度的锯条。

(2)锯条

锯条在锯削时起切削作用，是用来直接锯削材料或工件的工具。锯条一般是由渗碳钢冷轧制成的，也有用碳素钢或合金钢制成的，经热处理淬硬后才能使用。锯条的长度以两端安装孔中心距来表示，常用的锯条长度为 300 mm。

锯齿的粗细是以锯条每 25 mm 长度内的锯齿数来表示。一般分为粗、中、细三种，齿数越多表示锯齿越细。如表 3 - 18 所示，锯齿粗细的选择应根据材料的软硬和厚薄来选用。

表 3 - 18　锯齿的粗细选择

规格	每 25 mm 长度内齿数	应　　用
粗	14～18	锯削软钢、铜、铝、铸铁、人造胶质材料
中	22～24	锯削中等硬度钢、厚壁的钢管、铜管
细	32	锯削薄片金属、薄壁管子
细变中	32～20	一般工厂使用，易于起锯

粗齿锯条的容屑槽较大，适用于锯削软材料或截面较大的工件，因为这种情况下每锯一次，都会产生较多的切屑，容屑槽大就不致发生堵塞而影响锯削的效率。

312

　　锯削硬材料或截面较小的工件应该用细齿锯条，因为硬材料不易被锯入，每锯一次切屑较少，不易堵塞容屑槽，同时，细齿锯条参加切削的齿数增多，可使每齿担负的锯削量较小，锯削的阻力小，材料易于切除，推锯省力，锯齿不易磨损。

　　锯削管子和薄板时，必须用细齿锯条，否则会因为锯齿大于板厚，使锯齿被钩住而崩断，锯削工件时，截面上至少要有两个以上的锯齿同时参加切削，才能避免锯齿被钩住而崩断的现象。

　　3.锯削操作方法

　　(1)锯条的安装

　　1)手锯是在向前推进时进行切削的，安装锯条时，锯齿必须向前，如图 3 - 206 所示。

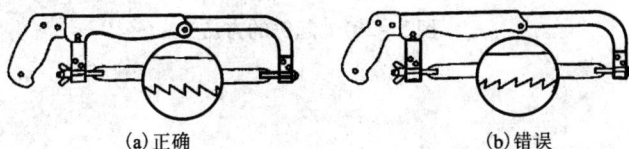

(a)正确　　　　　　　　　　　(b)错误

图 3 - 206　锯条的安装

　　2)锯条平面要保持与锯弓中心平面平行，以防锯削时锯缝歪斜。一般使锯条靠死在挂勾定位面即可。

　　3)锯弓上的蝶形螺母可调节锯条的松紧。锯条调得过紧，锯削时容易折断；调得过松，锯缝容易歪斜，可调整至用手扳锯条感觉硬实不弯即可。

　　(2)工件的夹持

　　工件一般应夹持在台虎钳的左面，以便操作。工件伸出钳口不应过长，防止工件在锯削时产生振动，一般锯缝离开钳口侧面为 20 mm 左右，且锯缝保持与钳口侧面平行，便于控制锯缝不偏离划线线条。夹紧要牢靠，避免锯削时工件移动或使锯条折断，同时要避免将工件夹变形和夹坏已加工面。

　　(3)起锯方法

　　起锯是锯削运动的开始，起锯的质量的好与坏，直接影响锯削的质量。如果起锯不当，常会出现锯条跳出锯缝将工件拉毛或者引起锯齿崩裂，或是起锯后锯缝与划线位置不一致，而使锯削尺寸出现较大的偏差。

　　起锯的方法有远起锯和近起锯两种(如图 3 - 207 所示)。起锯时，用左手拇指靠住锯条，使锯条能够正确地锯在所需要的位置上，起锯行程要短，压力要小，速度要慢。

　　无论采用哪一种起锯方法，起锯角度 θ 都要小，一般应在 15° 左右。如果起锯角度太大，则起锯不易平稳，锯齿容易被棱边卡住，而引起崩齿，尤其是在近起锯时。但起锯角度也不宜过小，否则，因为同时与工件接触的齿数多而不易切入材料，锯条还可能打滑而使锯缝发生偏离，在工件表面锯出许多锯痕，影响表面质量。

　　(4)锯弓的运动方式

　　锯弓的运动方式有两种：一种是直线往复运动，它适用于锯缝底面要求平直的沟槽和薄型工件的锯削；另一种是摆动式，前进时右手下压而左手上提，操作自然，适用于锯断。

(a)远起锯　　　(b)起锯角过大　　　(c)近起锯

图 3 - 207　起锯的方法

3.9.4　锉削

1. 锉削基本概念

用锉刀对工件表面进行切削加工,使其尺寸、形状、位置和表面粗糙度等都达到零件图纸要求,这种加工方法叫锉削。锉削加工的精确度可达到 0.01 mm,表面粗糙度 Ra 值可达到 0.8 μm。锉削可以加工工件的内外平面、内外曲面、内外角、沟槽和各种复杂形状的表面。

2. 锉削工具

锉刀是锉削的必备工具,锉刀用高碳工具钢 T13 或 T12 等材料制成,经热处理淬硬后切削部分硬度可达 HRC62 ~ 72。

(1)锉刀的构造

锉刀由锉身和锉柄组成。锉身部分制有锉齿,用于切削;锉柄为木质手柄。锉刀的长度是指锉身的长度。锉刀面是锉削的主要工作面。锉刀边是指锉刀的两个侧面。锉刀舌用来装锉刀柄,如图 3 - 208 所示。

(2)锉刀的种类

锉刀按每 10 mm 长的锉面上齿数多少划分为粗锉刀(4 ~ 12 齿)、细锉刀(13 ~ 24 齿)、油光锉刀(30 ~ 60 齿)。锉刀按其用途不同,可分为普通锉、异形锉和整形锉。

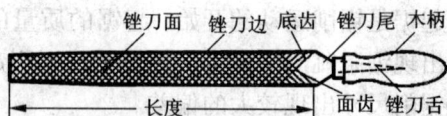

图 3 - 208　锉刀的构造

1)普通锉

按其断面形状可分为平锉、方锉、三角锉、半圆锉和圆锉等,其中以平锉最常用。

2)异形锉

异形锉是用来加工零件上特殊表面用的,有弯头和直头两种,如图 3 - 209 所示。

3)整形锉

整形锉用于修整工件上的细小部分,它可由 5 把、6 把、8 把、10 把或 12 把不同断面形状的锉刀组成一组。如图 3 - 210 所示。

314

(a)断面不同的直头异形锉

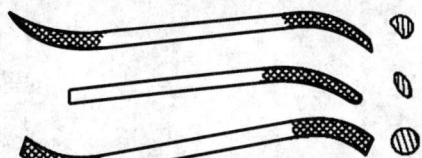

(b)断面不同的弯头异形锉

图 3-209 异形锉

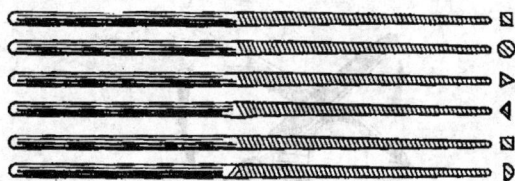

图 3-210 整形锉

3.锉削操作方法

（1）平面锉削方法

平面锉削是最基本的锉削方法。常用的方法有以下三种：

1）顺向锉法　锉刀运动方向与工件夹持方向始终一致。在锉宽平面时，每次退回锉刀时应在横向作适当的移动。顺向锉法的锉纹整齐一致，比较美观，这是最基本的一种锉削方法，不大的平面和最后精锉都用这种方法，如图 3-211 所示。

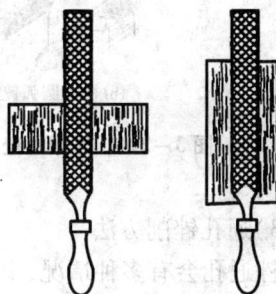

图 3-211 顺向锉法

2）交叉锉法　锉刀运动方向与工件夹持方向约成 30° ~ 40°，且锉纹交叉。由于锉刀与工件的接触面大，锉刀容易掌握平稳，同时从刀痕上可以判断出锉削面的高低情况，表面容易锉平，一般适于粗锉，如图 3-212 所示。

3）推锉法　用两手对称横握锉刀，用大拇指推动锉刀顺着工件长度方向进行锉削。这种方法一般用来锉削狭长平面，如图 3-213 所示。

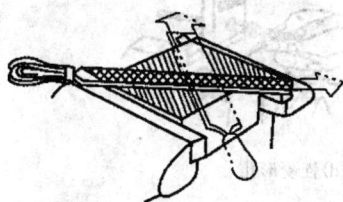

图 3-212 交叉锉法

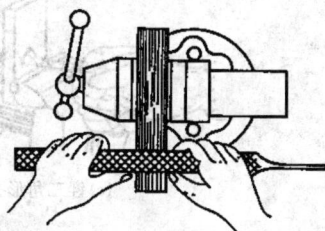

图 3-213 推锉法

（2）曲面锉削方法

1）外圆弧面锉法

外圆弧面有两种锉削方法，即顺着圆弧锉和横着圆弧锉（如图 3-214 所示）。顺着圆弧锉适用于余量较小或精锉圆弧的场合，横着圆弧锉适用于圆面的粗加工阶段。

2)内圆弧面锉法

锉内圆弧面时,锉刀同时要完成三个运动(如图3-215所示):前进运动、向左或向右做微小移动、绕锉刀中心线转动(即按顺时针或逆时针方向90°左右)。

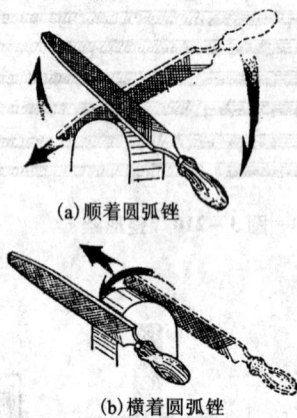
(a)顺着圆弧锉

(b)横着圆弧锉

图3-214 外圆弧锉削方法

图3-215 内圆弧锉削方法

3)通孔锉削方法

锉通孔会有多种情况,因此要根据通孔的形状、余量和精度选择相应的锉刀。通孔通常有正方形孔、长方形孔、三角形孔和菱形孔,如图3-216所示。

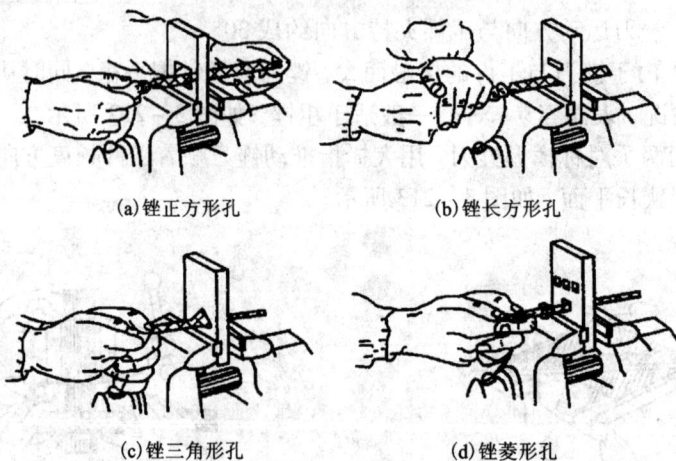
(a)锉正方形孔

(b)锉长方形孔

(c)锉三角形孔

(d)锉菱形孔

图3-216 通孔锉削方法

3.9.5 刮削

1.刮削基本概念

刮削是刮刀从工件表面上刮去一层很薄的金属,从而提高加工精度,以满足使用要求的加工方法。刮削一般均在机械加工(车、铣、刨)以后进行,刮后表面的粗糙度 Ra 值可达0.8

316

~0.4 μm，且表面平直，因此属于精密加工。刮削常用于零件上相互配合的重要滑动表面的加工，以便使两配合表面能均匀接触。

刮削生产效率低，劳动强度大，常用于某些不便于磨削的零件表面的加工。

2.刮削工具

(1)刮刀

刮刀的材料一般用碳素工具制成。常用的刮刀有平面刮刀(图 3 - 217)和曲面刮刀(图 3 - 218)两种。

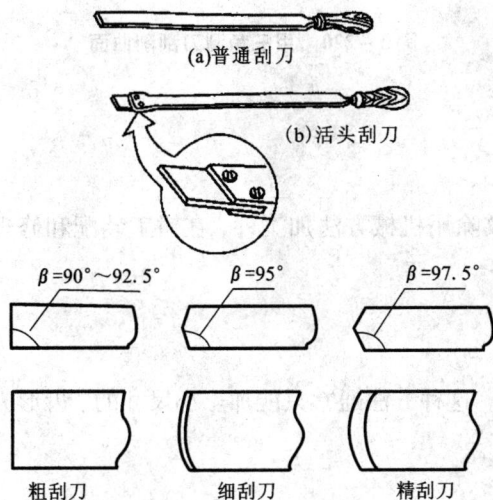

(a)普通刮刀

(b)活头刮刀

$\beta = 90° \sim 92.5°$　　$\beta = 95°$　　$\beta = 97.5°$

粗刮刀　　细刮刀　　精刮刀

图 3 - 217　平面刮刀

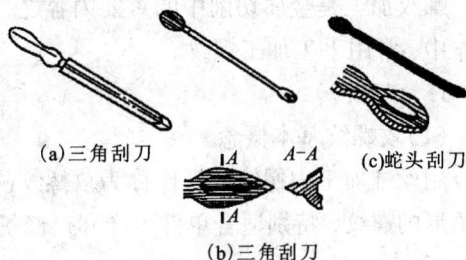

(a)三角刮刀

1A　A—A

(b)三角刮刀

(c)蛇头刮刀

图 3 - 218　曲面刮刀

平面刮刀用来刮削平面或刮花纹。曲面刮刀用来刮削滑动轴承的轴瓦等曲面，以得到良好的配合。

(2)校准工具

校准工具是用来检验研磨接触点和刮削面准确性的工具，常用的有以下几种：

1)标准平板　用来检查较宽的平面，它有多种规格，选用时，它的面积应大于刮削面的 3/4。

2)检验平尺　用来检验狭长的平面。

3)角度平尺　是用来检验两个刮削面成角度的组合平面，如燕尾轨面。

(3)显示剂

显示剂主要用于工件与校研工具的对研表面之间，其作用是清晰地显示出工件表面上的高点。常用的显示剂有红丹粉和普鲁士蓝油。

3.刮削的操作方法

平面刮刀的握法如图 3 - 219 所示，右手握刀柄，推动刮刀；左手放在靠近端部的刀体上，引导刮刀刮削方向及加压。刮削时，用力要均匀，刮刀要拿稳。刮刀作前后直线运动，推出去是切削，收回为空行程。

三角刮刀刮削曲面时的操作方法如图 3 - 220 所示。

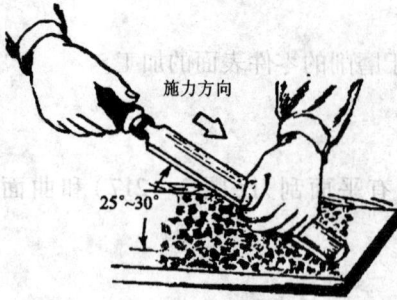

图 3-219　用平面刮刀刮削平面

施力方向

25°~30°

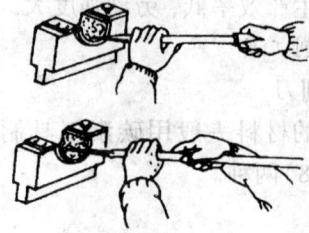

图 3-220　用三角刮刀刮削曲面

3.9.6　螺纹加工

螺纹加工是金属切削中的重要内容之一，螺纹除用机械方法加工外，在钳工装配和修理工作中，常用手工加工螺纹。

1. 攻螺纹

（1）攻螺纹基本概念

用丝锥加工内螺纹的操作称为攻螺纹（攻丝）。这种方法通常只能加工小尺寸的、齿形为三角形的螺纹，特别适合单件生产和机修场合。

（2）攻螺纹工具

1）丝锥

丝锥是用来加工内螺纹的工具。按加工方法分有手用和机用丝锥两种；按加工螺纹的种类不同分有普通三角螺纹丝锥、圆柱管螺纹丝锥和圆锥管螺纹丝锥三种。手用丝锥由合金工具钢或轴承钢制成，手用丝锥切削部分长些，机用丝锥用高速钢制成，切削部分要短些。

如图 3-221 所示，丝锥由工作部分和柄部组成，工作部分包括切削部分和校准部分。切削部分磨出锥角，使切削负荷分布在几个刀齿上，这样不仅工作省力、丝锥不易崩刃或折断，而且攻螺纹时的导向性好，也保证了螺纹的质量。校准部分有完整的牙型，用来校准、修光

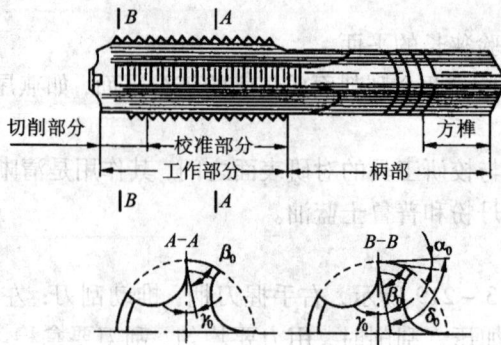

图 3-221　丝锥的构造

318

已切出的螺纹，并引导丝锥沿轴向前进。丝锥的柄部有方榫，用以夹持并传递切削转矩。

2）铰杠

铰杠是用来夹持锥柄部的方榫、带动丝锥旋转切削的工具。如图 3 - 222 和图 3 - 223 所示，铰杠分普通铰杠和丁字形铰杠两类，而普通铰杠和丁字形铰杠又分别有固定式铰杠和可调式铰杠两种。

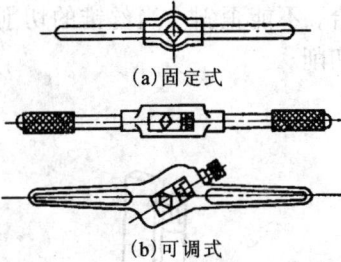

(a)固定式
(b)可调式

图 3 - 222　普通铰杠

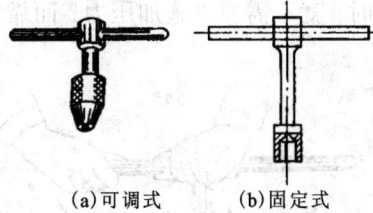

(a)可调式　(b)固定式

图 3 - 223　丁字形铰杠

3）保险夹头

当螺纹批量生产时，为提高生产效率，可在钻床上攻螺纹，此时，要用保险夹头来夹持丝锥，以避免丝锥折断损坏工件或丝锥负荷过大等现象，如图 3 - 224 所示。

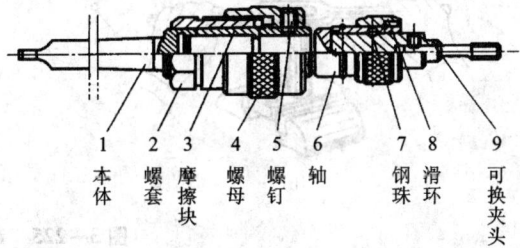

1 本体　2 螺套　3 摩擦块　4 螺母　5 螺钉　6 轴　7 钢珠　8 滑环　9 可换夹头

图 3 - 224　保险夹头

（3）攻螺纹前底孔直径与深度的计算

1）攻螺纹前底孔直径的计算

用丝锥攻螺纹时，每一个切削刃在切削金属的同时，也在挤压金属，因此会将金属挤到螺纹牙尖，这种现象对于韧性材料尤为突出。若攻螺纹前底孔直径与螺纹小径相等，被挤出的材料就会卡住丝锥甚至使丝锥折断，并且材料的塑性越大，挤压作用越明显。因此，攻螺纹前底孔直径应略大于螺纹小径。这样挤出的金属正好形成完整的螺纹，且不易卡住丝锥。但底孔尺寸也不宜过大，否则会使螺纹牙型高度不够，降低螺纹强度。对普通螺纹来说，底孔直径可根据下列公式计算：

脆性材料　$D_底 = D - 1.05P$

韧性材料　$D_底 = D - P$

式中，$D_底$ 为底孔直径，mm；D 为螺纹外径，mm；P 为螺距，mm。

2）攻螺纹前底孔深度的计算

攻不通孔螺纹时，由于丝锥切削部分有锥角，前端不能切出完整的牙型，所以钻孔深度应大于螺纹的有效深度，可按下面公式计算：

$$H_钻 = h_{有效} + 0.7D$$

式中：$H_钻$ 为底孔深度，mm；$h_{有效}$ 为螺纹有效深度，mm；D 为螺纹外径，mm。

（4）攻螺纹的操作方法

1）划线，计算底孔直径，然后选择合适的钻头钻出底孔。

2）在螺纹底孔的孔口倒角，通孔螺纹两端都要求倒角，倒角直径可略大于螺孔直径，这样可以使丝锥开始切削时容易切入，并防止孔口出现挤压出的凸边。

3）起攻时用头锥，可用手掌按住铰杠中部沿丝锥轴线用力加压，另一手配合作顺向旋进〔如图3-225（a）所示〕，也可以用两手握住铰杠两端均匀施加压力，并将丝锥顺向旋进〔如图3-225（b）所示〕，应保证丝锥中心线与孔中心线重合，不能歪斜。当丝锥的切削部分进入工件时，就不需要再施加压力，而靠丝锥作自然旋进切削。

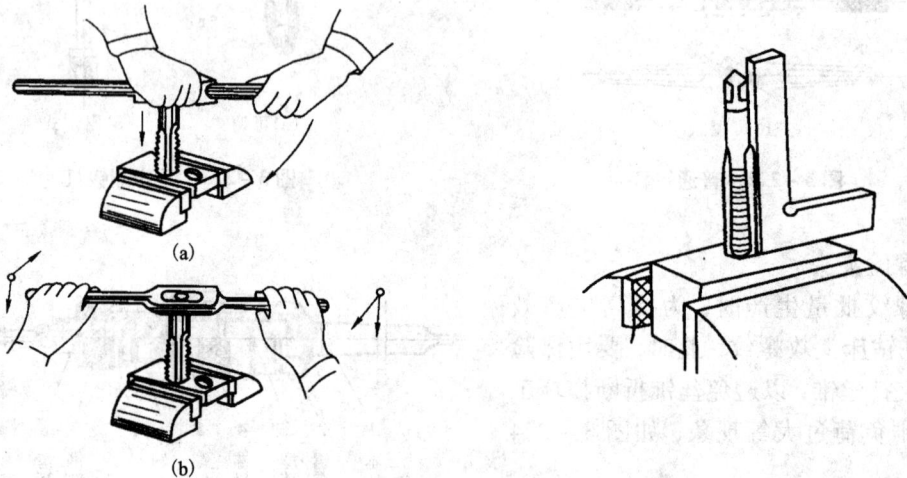

图3-225 起攻方法

4）攻螺纹时必须按头锥、二锥、三锥的顺序攻削，以减少切削负荷，防止丝锥折断。

5）攻韧性材料的螺孔时要加切削液，以减小加工螺孔的表面粗糙度和延长丝锥寿命。攻钢件时用机油；螺纹质量要求高时，可用工业植物油；攻铸件可用柴油。

2．套螺纹

（1）套螺纹基本概念

利用板牙在圆柱（锥）表面上加工出外螺纹的操作方法，称为套螺纹（套扣）。通常用于小尺寸的外螺纹加工，特别适合单件生产和机修场合。

（2）套螺纹工具

1）板牙

板牙是用来加工外螺纹的工具，板牙的类型主要有六方板牙、管形板牙、圆板牙、方板牙和管螺纹板牙等。

六方板牙多用于工作位置狭窄的现场修理工作，如图3-226所示。

管形板牙一般用于自动车床和六角车床上，如图3-227所示

圆板牙多用于加工锥形螺纹和普通螺纹，就像一个大螺母，在它上面分布几个排屑孔而形成刀口，如图3-228所示。

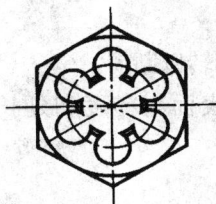

图 3 – 226　六方板牙

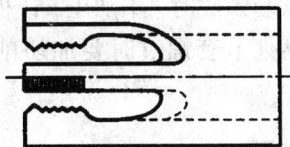

图 3 – 227　管形板牙

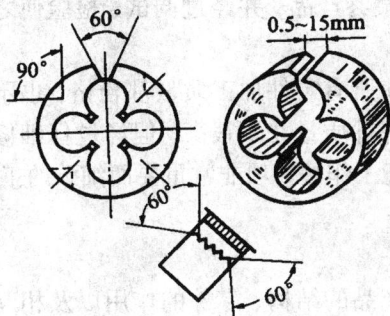

图 3 – 228　圆板牙

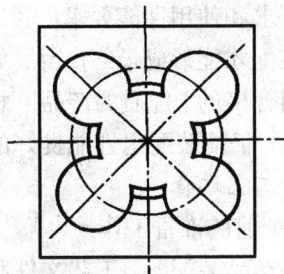

图 3 – 229　方板牙

方板牙的用途同六方板牙，如图 3 – 229 所示。

管螺纹板牙可分为圆柱管螺纹板牙和圆锥管螺纹板牙，其结构与圆板牙相仿。但圆锥管螺纹板牙只是在单面制成切削锥，故圆锥管螺纹板牙只能单面使用。

2）板牙架

板牙架是装夹板牙的工具，如图 3 – 230 所示。板牙放入相应规格的板牙架孔中，通过紧定螺钉将板牙固定，并传递套螺纹的切削扭矩。

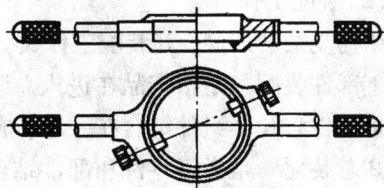

图 3 – 230　板牙架

（3）套螺纹前圆杆直径的确定

套螺纹时，板牙在切削材料的过程中会产生挤压作用，使材料产生塑性变形。因此，套螺纹前的圆杆直径 D 要大于螺纹公称直径 d，可参照下式计算：

$$D = d - 0.13P$$

式中，P 为螺距，mm。

为了使板牙起套时容易切入工件并作正确的引导，圆杆的端部应倒角为 $15° \sim 20°$ 的锥体，其倒角处的最小直径应该略小于螺纹小径，避免螺纹端部出现锋口和卷边。

（4）套螺纹的操作方法

1）套螺纹时一般要用 V 形块或厚铜衬作衬垫，才能保证可靠夹紧。

2）起套与攻螺纹起攻方法一样，一手用手掌按住板牙架中部，沿圆杆轴向施压，另一手配合作顺向切进,转动要慢,压力要大,并保证不歪斜。在板牙切入圆杆 2~3 牙时,应及时检查垂直度。

3)正常套螺纹时,不加压,让板牙自然旋进,并要经常倒转以断屑。

4)在钢件上套螺纹时要加切削液,以减小加工螺纹的表面粗糙度和延长板牙的使用寿命。

3.9.7 装配

1. 装配的基本概念

任何一台机器都是由许多零件组成的,这些零件以一定的方式连接在一起。按照一定的装配关系和一定的技术要求,将若干个零部件结合成最终产品,并经过调试、检验使之达到规定精度要求和使用性能要求的过程称为装配。

通过装配才能形成最终产品,如果装配不当,即使所有零件加工质量都合格,也不一定能够装配出合格的、优质的产品。相反,虽然某些零部件质量并不很高,但经过仔细修配和精确调整后,仍能装配出性能良好的产品。因此,装配工作是一项非常重要而细致的工作。

2. 装配工艺过程

(1)装配前的准备工作

①熟悉产品装配图、工艺文件和技术要求,了解产品的结构、零件的作用以及相互连接关系。

②确定装配方法、装配顺序和准备所需要的工具。

③对某些零件进行刮削等修配工作,有的还要进行平衡试验、密封性试验等。

(2)装配工作

结构复杂的产品,其装配工作常分为部件装配和总装配。

①部件装配　是指产品在进入总装配以前的装配工作。凡是将两个以上的零件组合在一起或将零件与几个组件结合在一起,成为一个装配单元的工作,均称为部件装配。

②总装配　是指将零件和部件结合成一台完整产品的过程。

(3)调整、精度检验和试车

①调整　是指调节零件或机构的相互位置、配合间隙、结合程度等,目的是指使机构或机器工作协调,如轴承间隙、蜗轮轴向位置的调整等。

②精度检验　包括几何精度检验和工作精度检验等。

③试机　是试验机构或机器运转的灵活性、振动、工作温升、密封性、噪声、转速和功率等性能参数是否符合要求。

(4)喷漆、涂油和装箱

机器装配之后,为了使其美观、防锈和便于运输,还要做好喷漆、涂油、装箱工作。

3. 装配单元系统图

装配单元系统图能简明直观地反映出产品的装配顺序,清楚地看出成品装配过程。

装配单元系统图的绘制:

①先画一条横线;

②横线左端画出代表基准件的长方格,在格中注明装配单元编号、名称和数量;

③横线右端画出代表装配成品的长方格;

④按装配顺序，将直接装到成品上的零件画在横线上面，组件画在横线下面。

装配单元系统图可起到指导和组织装配工艺的作用。

图3-231为某减速器低速轴的装配示意图。它的装配过程可用装配单元系统图3-232表示。

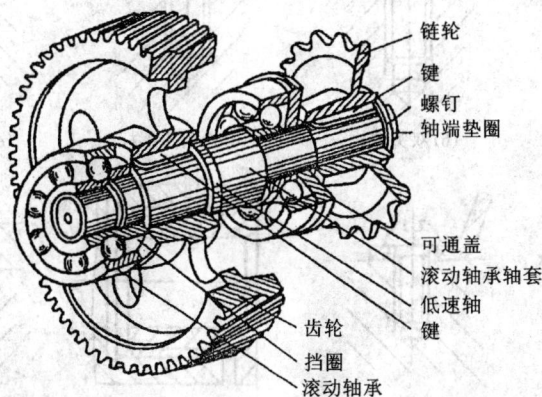

图3-231　某减速器低速轴组件装配示意图

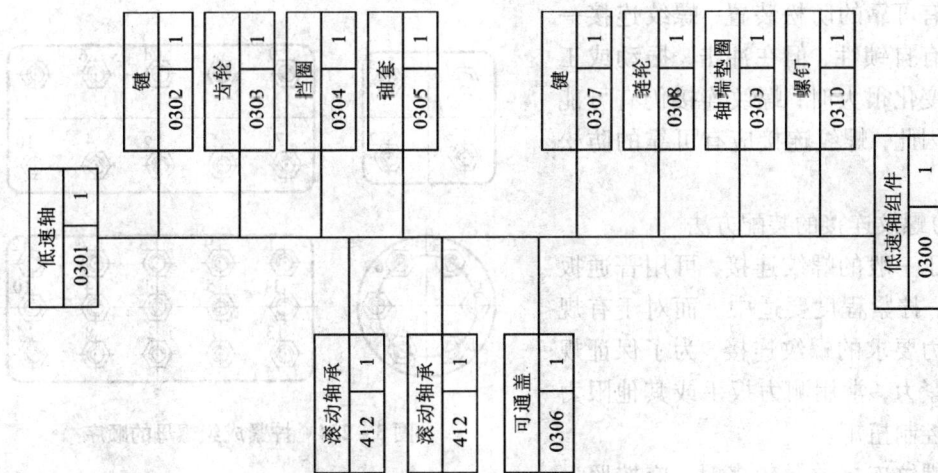

图3-232　装配单元系统图

4.螺纹连接的装配

螺纹连接是一种可拆的固定联接，具有结构简单、联接可靠、装拆、调整、更换方便等优点，在机械产品中应用广泛。螺纹连接可分为两类：由螺栓、螺柱或螺钉构成的联接形式称为普通螺纹连接，除此以外的螺纹连接形式称为特殊螺纹连接(见图2-233)。

(1)螺纹连接装配的技术要求

①保证一定的拧紧力矩，为达到联接可靠和坚固的目的，装配时应有一定的拧紧力矩，使螺纹间产生足够的预紧力及相应的摩擦力矩，预紧力的大小是根据使用要求确定的。

323

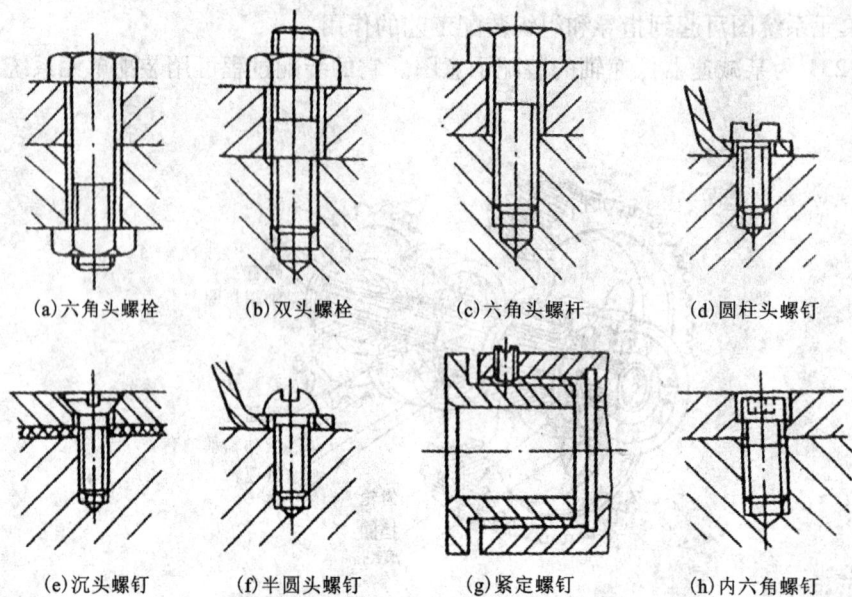

(a)六角头螺栓　　(b)双头螺栓　　　(c)六角头螺杆　　(d)圆柱头螺钉

(e)沉头螺钉　　(f)半圆头螺钉　　　(g)紧定螺钉　　　(h)内六角螺钉

图 3 –233　螺纹连接形式

②有可靠的防松装置，螺纹连接一般都具有自锁性，但在冲击、振动或工作温度变化很大时，螺纹连接仍有可能松动。因此，螺纹连接应有可靠的防松装置。

（2）螺纹连接的装配方法

对于一般的螺纹连接，可用普通扳手拧紧，拧紧程度要适中。而对于有规定预紧力要求的螺纹连接，为了保证规定的预紧力，常用测力扳手或其他限力扳手以控制扭矩。

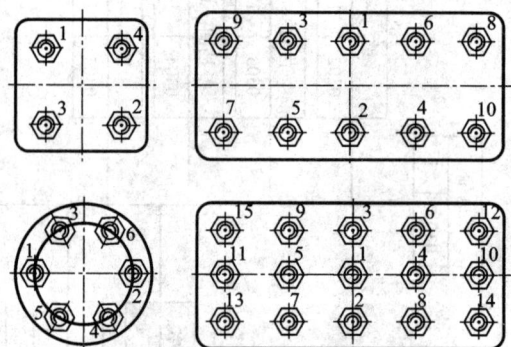

图 3 –234　拧紧成组螺母的顺序

当螺纹连接数量较多时，应按照一定的顺序来拧紧。如图 3 –234 所示为几种拧紧顺序的实例。按图中数字顺序拧紧，可避免被联接件的偏斜、翘曲和受力不均。此外对每个螺母应分两至三次拧紧。

5.滚动轴承的装配

滚动轴承一般由外圈、内圈、滚动体和保持架组成。内圈和轴颈为基孔制配合，外圈和轴承座孔为基轴制配合。工作时，滚动体在内、外圈的滚道上滚动，形成滚动摩擦。滚动轴承具有摩擦力小、轴向尺寸小、更换方便和维护容易等优点，所以在机械制造中应用十分广泛。

（1）滚动轴承装配的技术要求

①滚动轴承上带有标记代号的端面应装在可见方向，以便更换时查对。

324

②轴承装在轴上或装入轴承座孔后，不允许有歪斜现象。

③同轴的两个轴承中，必须有一个轴承在轴受热膨胀时有轴向移动的余地。

④装配轴承时，压力(或冲击力)应直接加在待配合的套圈端面上，不允许通过滚动体传递压力。为了使轴承圈受力均匀，应采用垫套加压。

⑤装配过程中应保持清洁，防止异物进入轴承内。

⑥装配后的轴承应运转灵活，噪声小，工作温度不超过50℃。

(2)滚动轴承的装配方法

滚动轴承的装配方法应视轴承尺寸大小和过盈量来选择。一般滚动轴承的装配方法有锤击法(如图3-235所示)，用螺旋或杠杆压力机压入法(如图3-236所示)及热装法等。

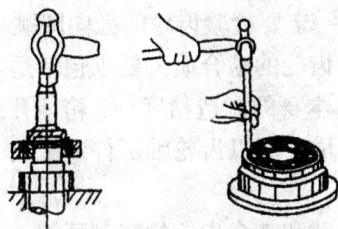

图 3-235　锤击法装配滚动轴承

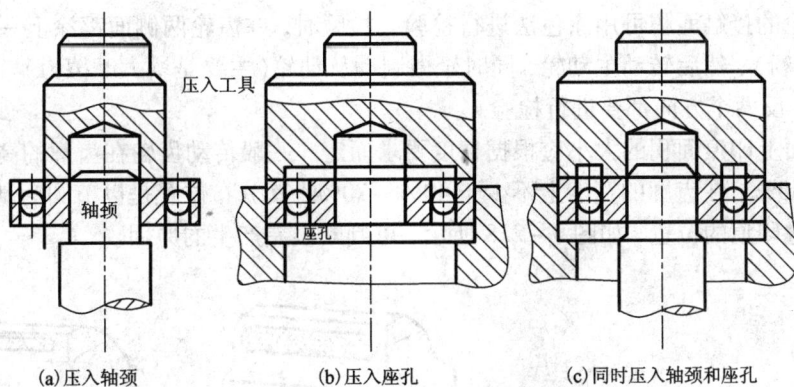

(a)压入轴颈　　(b)压入座孔　　(c)同时压入轴颈和座孔

图 3-236　压入法装配滚动轴承

6.圆柱齿轮机构的装配

齿轮传动是最常见的传动方式之一，它具有传动比恒定、变速工范围大、传动效率高、传递功率大、结构紧凑和使用寿命长等优点。但它的制造及装配要求高，若质量不良，不仅影响使用寿命，而且还会产生较大的噪声。

(1)齿轮传动机构装配的技术要求

①要保证齿轮与轴的同轴度精度要求，严格控制齿轮的径向圆跳动和轴向窜动。

②保证滑动齿轮在轴上滑移的灵活性和准确的定位位置。

③保证齿轮有准确的安装中心距和适当的齿侧间隙。侧隙过小，齿轮转动不灵活，热胀

时易卡齿，加剧磨损；侧隙过大，则易产生冲击振动。

④保证齿面有一定的接触面积和正确的接触位置。

⑤对转速高、直径大的齿轮，装配前应进行动平衡。

（2）圆柱齿轮机构的装配方法

圆柱齿轮装配一般分两步进行：先把齿轮装在轴上，再把齿轮部件装入箱体。

①齿轮与轴的装配　齿轮与轴的装配形式有：齿轮在轴上空转、齿轮在轴上滑移和齿轮在轴上固定三种形式。

齿轮在轴上空转或滑移时，其配合精度取决于零件本身的制造精度，装配简单。

当齿轮在轴上固定时，通常为过渡配合，装配时需要一定的压力。若过盈量不大，可用铜棒敲入；若过盈量较大，可用压力机压入。压装齿轮时要尽量避免齿轮偏心、歪斜和端面未紧贴轴肩等安装误差，装好后一定要检验齿轮的径向圆跳动和端面圆跳动。

②齿轮轴组与箱体的装配　齿轮的啮合质量要求包括适当的齿侧间隙和一定的接触面积以及正确的接触位置。除了齿轮本身的制造精度外，箱体孔的尺寸精度、形状精度及位置精度，也会直接影响齿轮的啮合质量。所以齿轮轴部件装配前一定要认真对箱体进行检查，装配后应对啮合质量进行检验。

齿轮的啮合质量包括齿侧间隙和啮合齿轮的接触面积。

压铅丝法是检验齿侧间隙最直观、最简单的方法，如图3-238所示。在齿宽两端的齿面上，平行放置两段直径不小于齿侧间隙4倍的铅丝，转动啮合齿轮挤压铅丝，铅丝被挤压后最薄部分的厚度尺寸就是齿侧间隙。

啮合齿轮的接触面积可用涂色法进行检验。检验时，在齿轮两侧面都涂上一层均匀的显示剂（如红丹粉），然后转动主动轮，同时轻微制动从动轮（主要是增大摩擦力）。对于双向工作的齿轮，正反两个方向都要进行检验。

齿轮侧面上印痕面积的大小应根据精度要求而定。一般传动齿轮在齿廓的高度上接触不少于30%～50%，在齿廓的宽度上不少于40%～70%，其分布位置是以节圆为基准，上下对称分布。通过印痕的位置，如图3-238所示，可判断误差产生的原因。

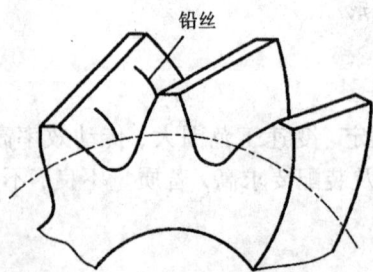

铅丝

图3-237　用铅丝检查齿侧间隙

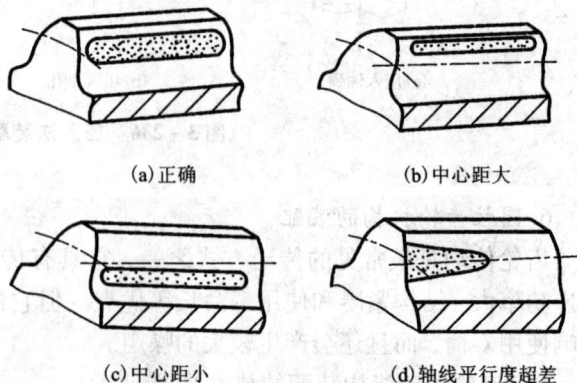

(a)正确　　　　　　　(b)中心距大

(c)中心距小　　　　　(d)轴线平行度超差

图3-238　圆柱齿轮的接触印痕及其原因

3.9.8　钳工技能实训

地质锤的制作

1. 技术要求分析

地质锤零件图如图 3 – 239 所示。

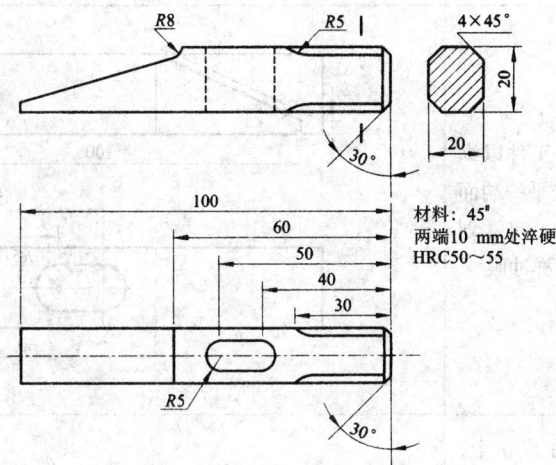

图 3 – 239　地质锤零件图

该零件制作首先要将六个面锉削平直并互相垂直。然后再进行划线、锯削、锉削、钻孔和修光、尺寸精度为自由公差、表面粗糙度 Ra 值为 3.2 μm。

2. 钳工操作过程

地质锤的钳工操作过程如表 3 –20 所示。

表 3 –20　地质锤的钳工操作过程

操作序号	加工内容	简　　图
1. 锯切	用 45#钢锻坯件，锯 $L = 102$ mm 长	
2. 锉四面	锉四面 20 × 20 mm ± 0.5 mm，四面要求平直，相互垂直。用角尺检查	

操作序号	加工内容	简　图
3. 锉平端面	将一端面锉平，要求与相邻的平面垂直，用角尺检查	
4. 划线	在平台上，工件以纵向平面和锉平的端面定位，按图上尺寸划线，并打出样冲眼	
5. 锯斜面	将工件夹在虎钳上，按所划的斜面线，留1 mm 左右余量，锯下多余部分	
6. 锉斜面	锉平斜面，在斜面与平面交接处用 R8 圆锉锉出过渡圆弧，把斜面端部锉至总长尺寸100 mm	
7. 钻孔	按划线在两中心钻两孔 φ10，用圆锉锉通，用小平锉锉平	
8. 锉长形孔	用小圆锉修整长形孔并倒角	

328

续表

操作序号	加工内容	简　图
9. 锉 2×30° 和 4×45° 倒角	锉 2×30° 倒角，倒角交接处用 R3 圆锉锉出过渡圆弧，锉 4×45° 倒角，交接处用 R5 圆锉锉出过渡圆弧	
10. 修光	用细锉和砂布修光	
11. 热处理	两端进行局部淬火	

六角螺母的制作

1. 技术要求分析

六角螺母零件图如图 3－240 所示。

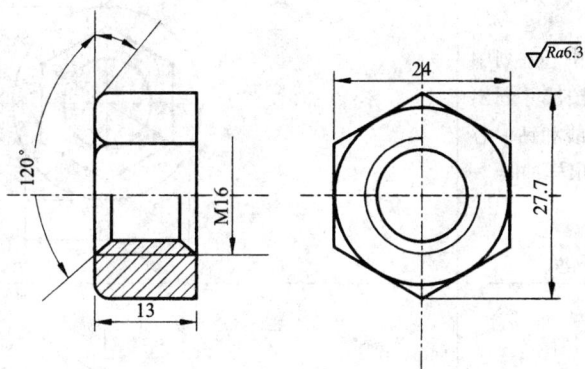

图 3－240　六角螺母零件图

首先通过经验公式计算出螺纹底孔直径 $\phi14$，再按照攻螺纹的步骤加工出螺纹 M16。

2. 钳工操作过程

六角螺母的钳工操作过程如表 3－21 所示。

表 3-21　六角螺母的钳工操作过程

操作序号	加工内容	简　　　图
1. 下料	用 $\phi30$ 的 45 钢长棒料，锯下 15 mm 长的坯料	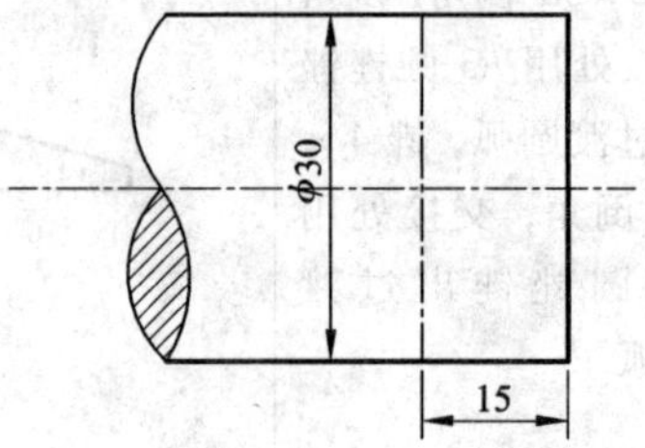 $\phi30$　15
2. 锉两平行面	锉两端平面至厚度 H = 13 mm，要求平直并两面平行	 13
3. 划线	定出端面中心并划中心线，并按尺寸划出六边形边线和钻中心孔线，打出样冲眼	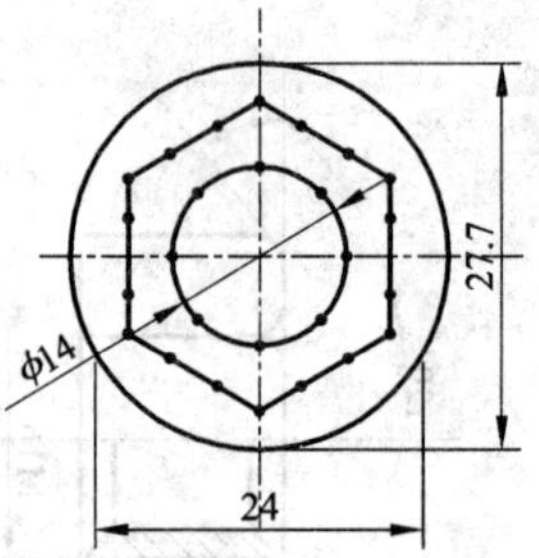 $\phi14$　27.7　24
4. 钻孔	用 $\phi14$ mm 的钻头钻孔，并用 $\phi20$ mm 的钻头对孔口倒角，用游标卡尺检查孔径	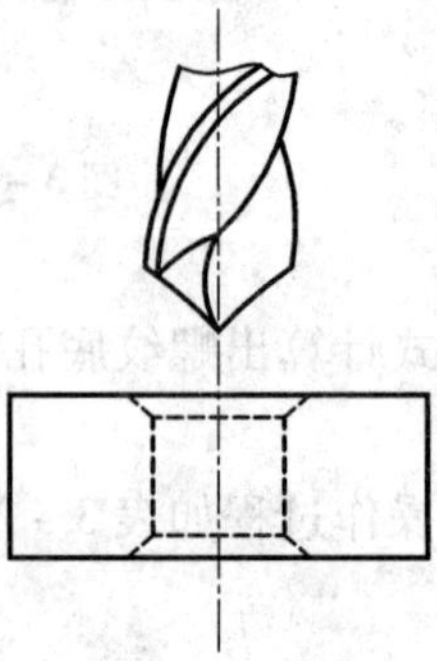

续表

操作序号	加工内容	简　　　图
5. 攻丝	用 M16 丝锥攻丝，用螺纹塞规检查	
6. 锉六面并倒角	先锉平一面，再锉其相平行的对面，然后锉平其余四面并倒角。在此过程中，既可参照划的线，还可用 120° 角尺检查相邻两平面的夹角，并用游标卡尺测量平面至孔的距离。六边形要对称，两对面要平行，用刀口尺检查平面度。用游标尺检查两对面的尺寸和平行度	

第4章
先进制造技术

4.1 概述

4.1.1 先进制造技术的概念与特点

1. 先进制造技术的概念

先进制造技术 AMT(advanced manufacturing technology)是集机械工程、电子、自动控制、信息等多种技术为一体而产生的技术、设备和系统的总称。主要包括：计算机辅助设计、计算机辅助制造、集成制造系统等，是研究产品设计、生产、制造、销售、使用、维修、回收再生的全过程的工程学科。企业以提高产品质量、生产效益、市场竞争为目标，随着社会的发展，人们对产品的要求越来越高，品种多样化、更新要快捷、质量高档可靠、使用方便、价格合理、外形美观、自动化程度高、售后服务好，要满足人们越来越高的要求，就必须采用先进的机械制造技术。AMT 是制造业企业取得竞争优势的必要条件之一，但并非充分条件，AMT 的优势还有赖于企业技术优势能否充分发挥，依赖于技术、管理和人力资源的有机融合。

2. 先进制造技术的特点

1)面向 21 世纪的技术　先进制造技术是制造技术新的发展阶段，它是在传统的制造技术基础上发展起来的，既保持了制造技术中的有效要素，又不断吸收各种高新技术成果，并渗透到产品生产的所有领域及其全过程。先进制造技术与现代高新技术相结合而产生了一个完整的技术群，它是具有明确范畴的新的技术领域，是面向 21 世纪的技术。

2)面向工业应用的技术　先进制造技术并不仅局限于制造过程本身，它还涉及产品开发、生命周期的全过程。涵盖从市场调研、产品开发、工艺设计、生产准备、加工制造、售后服务等产品生命周期的所有内容，并将它们结合成一个有机的整体。先进制造技术的发展往往是针对某一具体的制造业(如汽车工业、电子工业)的需求发展起来，且适用该行业的先进制造技术，有明显的需求导向的特征。先进制造技术不是以追求技术的高新度为目的，而是注重产生最好的实践效果，目标是为了提高企业竞争力，目的是提高制造业的综合经济效益和社会效益。

3)驾驭生产过程的系统工程　先进制造技术特别强调计算机技术、信息技术、传感技术、自动化技术、新材料技术和现代系统管理在产品设计、制造和生产组织管理、销售及售后服务等方面的应用。它要不断吸收各种高新技术成果，与传统制造技术相结合，使制造技术成为能驾驭生产过程的物质流、能量流和信息流的系统工程。

4)面向全球竞争的技术　市场的全球化在 20 世纪末有了进一步的发展，目前任何国家都处于全球化市场中，一个国家的先进制造技术应能支持该国制造业在全球范围内市场的竞争力。发达国家通过科技、经济、金融等手段争夺市场，倾销产品，输出资本，使得市场竞争变得越来越激烈，先进制造技术正是为了适应这种激烈的市场竞争而出现的。因此，一个国家的先进制造技术应该具有世界先进水平，应能支持该国制造业在全球市场的竞争力。

4.1.2　先进制造技术方法与关键技术

1. 成组技术

成组技术是利用产品制造中的相似性，按照一定的准则进行成组分类，同组事物采用同一方法进行处理，以提高效益的技术。在机械制造工程中，成组技术是计算机辅助制造的基础，将成组原理用于设计、制造和管理等整个生产系统，改变多品种小批量生产模式，获得最大的经济效益。

成组技术的核心是成组工艺，它是将结构、材料、工艺相近似的零件组成一个零件族（组），按零件族（组）制定工艺进行加工，扩大批量、减少品种，便于采用高效方法组织制造，以提高劳动生产率。

2. 敏捷制造

敏捷制造是指企业实现市场快速反应的生产经营的一种生产模式。敏捷制造包括产品制造机械系统的柔性、员工授权，制造商和供应商关系、品质管理及企业重构。敏捷制造是借助于计算机网络和信息集成的基础结构，构造有多个企业参加的"虚拟"环境，以竞争合作为原则，在虚拟制造环境下动态选择合作伙伴，组成面向任务的虚拟公司，进行快速和最佳生产。

3. 并行工程

并行工程是对产品及其相关过程（包括营销、设计、制造、安装、调试、售后服务等过程）进行并行、一体化设计的一种系统化的工作模式。在传统的串行开发过程中，设计中的问题或不足，要分别在生产、装配或售后服务中才能被发现，然后再修改设计，改进生产、装配或售后服务（包括维修服务）。而并行工程就是将设计、工艺和制造结合在一起，利用计算机互联网并行作业，大大缩短生产周期。

4. 快速成形技术

快速成形技术是集 CAD/CAM 技术、激光加工技术、数控技术和新材料等技术领域的最新成果于一体的零件原型制造技术。它不同于传统的采用材料去除方式制造零件，而是用材料一层一层叠加的方式构造零件模型。快速成形利用所要制造零件的三维模型直接生成产品原型，如果不满意，可以很方便地修改三维模型后重新制造产品原型。由于该技术不像传统的零件制造方法需要制作模具、各工序间流转等，可以把零件原型的制造时间减少为几天甚至几小时，大大缩短了产品开发周期，节约了开发成本。随着计算机技术的快速发展和三维CAD 软件应用，越来越多的产品基于三维 CAD 设计开发，使得快速成形技术的广泛应用成为可能。快速成形技术已广泛应用于宇航、航空、汽车、通信、医疗、电子、家电、玩具、军事装备、工业造型（雕刻）、建筑模型、机械行业等领域。

快速成形技术应用较为广泛的有以下几种：立体光刻、薄材叠层成形、激光粉末烧结成形、熔融沉积成形。

5.虚拟制造技术

虚拟制造技术是以计算机建模、仿真技术为前提，对设计、制造、装配等全过程进行统一建模。在产品设计阶段，就实时并行模拟出产品未来制造过程及其对产品设计的影响，预测出产品的性能、产品的可制造性与可装配性、产品的制造方式，从而更经济、高效、灵活地组织生产，使工厂和车间的设计布局更合理，以达到产品开发周期和成本最小化、产品设计质量最优化、生产效率最高化。虚拟制造技术填补了 CAD/CAM 技术与生产过程、企业管理之间的技术缺口，把产品的工艺设计、作业计划、生产调度、制造过程、库存管理、成本核算、零部件采购等企业生产经营活动在产品投入之前就在计算机上加以显示和评价，使设计人员和工程技术人员在产品真实制造之前，通过计算机虚拟产品来预见可能发生的问题和后果。虚拟制造系统的关键是建模，即将现实环境下的物理系统映射为计算机环境下的虚拟系统。虚拟制造系统生产的产品是虚拟产品，但具有真实产品所具有的一切特征。

6.智能制造

智能制造是制造技术、自动化技术、系统工程与人工智能等学科互相渗透、互相交织而形成的一门综合技术。其具体表现为：智能设计、智能加工、机器人操作、智能控制、智能工艺规划、智能调度与管理、智能装配、智能测量与诊断等。它强调通过"智能设备"和"自动控制"来构造新一代的智能制造系统模式。

智能制造系统具有以下特点：人机一体化、自律能力强、自组织与超柔性、自学习能力与自我维护能力，因而适应性极强，而且由于采用 VR 技术，人机界面更加友好。因此，智能制造技术的研究开发对于提高生产效率与产品品质、降低成本，提高制造业市场应变能力、国家经济实力和国民生活水准，具有重要意义。

4.1.3　先进制造技术现状和发展趋势

制造技术是制造业所使用的一切生产技术的总称，是将原材料、设备、劳动力生产三要素经济、合理地转化为可直接使用的具有较高附加值的成品/半成品的技术群。从工业革命近两百年来，在市场需求不断变化的驱动下，制造业的生产规模沿着"小批量→少品种、大批量→多品种、变批量"的方向发展。在科学技术高速发展的推动下，制造业的资源配置沿着"劳动密集→设备密集→信息密集→知识密集"的方向发展。与之相适应，制造技术的生产方式沿着"手工→机械化→单机自动化→刚性流水自动化→柔性自动化→智能自动化"的方向发展，从而推动了制造业的不断发展，促进了制造业的不断进步。

1.先进机械制造技术的发展现状

近年来，我国的制造业虽不断采用先进制造技术，但与工业发达国家相比，仍然存在一个阶段性的整体上的差距。

1)管理方面　工业发达国家广泛采用 ERP(生产自动管理系统)系统管理生产，重视生产组织和管理体制、生产模式的更新发展，推出了准时生产(JIT)、敏捷制造(AM)、精益生产(LP)、并行工程(CE)等新的管理思路和技术。我国只有少数大型企业局部采用了 ERP 系统进行管理，多数中小企业仍处于经验管理阶段。

2)设计方面　工业发达国家不断更新设计数据和准则，采用新的设计方法，广泛采用计算机辅助设计/制造技术(CAD/CAM)，大型企业开始采用无纸化的设计和生产模式(PDM/PLM 等)。我国采用 CAD/CAM、PDM/PLM 技术的比例较低。

3)制造工艺方面 工业发达国家较广泛地采用高精密加工、精细加工、微细加工、微型机械和微米/纳米技术、激光加工技术、电磁加工技术、超塑加工技术以及复合加工技术等新型加工方法。而这些方法在国内普及率不高，尚在开发、学习之中。

4)自动化技术方面 工业发达国家普遍采用数控机床、加工中心及柔性制造单元(FMC)、柔性制造系统(FMS)、计算机集成制造系统(CIMS)，实现了柔性自动化、知识智能化、集成化。我国尚处在单机自动化、刚性自动化阶段，柔性制造单元和系统仅在少数企业少量地使用。

2. 先进机械制造技术的发展趋势

1)全球化 一方面由于市场竞争越来越激烈，国内外已有不少企业，甚至是知名度很高的企业，在这种无情的竞争中纷纷落败，有的倒闭，有的被兼并。不少在国内外市场上占有一定份额的企业，不得不扩展新的市场；另一方面，网络通信技术的快速发展推动了企业向着既竞争又合作的方向发展，这种发展进一步激化了国际间市场的竞争。这两方面原因的相互作用，已成为全球化制造业发展的动力，全球化制造的技术基础是网络化，网络通信技术使制造的全球化得以实现。

2)网络化 网络通信技术的迅速发展和普及，给企业的生产和经营活动带来了革命性的变革。产品设计、物料选择、零件制造、市场开拓与产品销售都可以异地或跨越国界进行。此外，网络通信技术的快速发展，加速技术信息的交流、加强产品开发的合作和经营管理的学习，推动了企业向着既竞争又合作的方向发展。

3)精密(细)化 随着航空航天、深海勘探、现代战争的要求，对机械加工精度的要求越来越高，超精密加工误差在 20 世纪初是 $10~\mu m$，70—80 年代是 $0.01~\mu m$，现在达到 $0.001~\mu m$（即 1 纳米）。基因操作机械的移动距离为纳米级，移动精度为 0.1 纳米。细微加工、纳米加工技术可达纳米以下的要求，如果借助于扫描隧道显微镜与原子力显微镜的加工，则可达 0.1 纳米。

4)虚拟化 制造过程中的虚拟技术是指面向产品生产过程的模拟和检验，检验产品的可加工性、加工方法和工艺的合理性。以优化产品的制造工艺、保证产品质量、生产周期和最低成本为目标，进行生产过程计划、组织管理、车间调度、供应链及物流设计的建模和仿真。虚拟化的核心是计算机仿真，通过仿真软件来模拟真实的制造系统，保证产品设计和产品工艺的合理性，产品制造的成功和生产周期，同时在虚拟环境下发现设计、生产中不可避免的缺陷和错误并加以改进，避免真实生产中出现问题。

5)自动化 自动化的研究主要表现在制造系统中的集成技术和系统技术、人机一体化制造系统、制造单元技术、制造过程的计划和调度、柔性制造技术和适应现代化生产模式的制造环境等方面。

6)绿色化 绿色制造是人们对环境保护要求的反应，通过绿色设计、使用绿色材料、采用绿色装备、工艺、包装、管理等生产出绿色产品，产品使用完以后再通过绿色处理后加以回收利用。采用绿色制造能最大限度地减少制造对环境的负面影响，同时使原材料和能源的利用效率达到最高。

4.2 数控加工

4.2.1 数控加工概述

1. 数控加工的定义与特点

（1）数控加工的定义

数控加工是指在数控机床上用数字信息控制机床的运动及其加工过程，即：在数控机床上加工零件时，操作者根据零件图纸及工艺要求等编制零件数控加工程序，输入数控系统，控制机床主运动的启停与变速、进给运动的速度、方向和进给量，以及其他诸如自动换刀、冷却润滑液的启停等动作，使刀具与工件及其他辅助装置严格按照数控程序规定的顺序、路径和参数进行工作，从而加工出形状、尺寸与精度符合要求的零件。

数控加工技术是现代先进制造技术的核心。随着科学技术的发展，机械产品的结构越来越复杂，对产品的性能、精度和生产效率的要求越来越高，并且更新换代频繁。为了缩短生产周期，满足市场上不断变化的需求，机械制造业正经历着从大批量到小批量及单件生产的转变过程，传统的制造手段已满足不了当前技术的发展和市场经济的要求，而数控加工技术的应用和发展则可有效地解决上述问题，给机械制造业的生产方式、产品结构和产业结构都带来了深刻的变化，是现代制造业实现自动化、柔性化和集成化生产的基础。

（2）数控加工的特点

与普通机床加工相比，数控加工具有如下特点：

1）生产效率高　数控加工可以采用较大的切削速度和进给量，有效地节省了加工时间；同时设备还具备自动换刀、不停车自动变速和快速空行程等功能，无须工序间的检验与测量，使得辅助时间也大为缩短。因此，数控加工的生产效率一般是普通机床的 3～7 倍。

2）加工精度高、产品质量稳定　数控机床本身的精度较高，还可以利用软件进行精度校正和补偿，加工尺寸精度在 0.005～0.01 mm 之间，不受零件复杂程度的影响。由于大部分操作都由机床自动完成，基本消除了人为误差，提高了批量零件尺寸的一致性，同时精密控制的数控机床上还采用了位置检测装置，更加提高了数控加工的精度。

3）加工能力强、适应性好　数控机床可以准确地加工出曲线、曲面、圆弧等形状复杂的零件；改变加工对象时，除了更换刀具和解决毛坯装夹方式外，只需重新编程即可，不需要作其他任何复杂的调整，从而缩短了生产准备周期。

4）减轻劳动强度、改善劳动条件　由于数控加工是按照数控程序自动完成，许多动作不需要操作者进行，因此劳动强度和劳动条件大为改善。

5）有利于生产管理　由于机床采用数字信息控制，易于与计算机辅助设计系统连接，形成 CAD/CAM 一体化系统，且可建立各机床间的联系，容易实现群控。

2. 数控机床的产生与发展

数控机床的研制始于 20 世纪 40 年代末。1952 年，美国 PARSONS 公司与麻省理工学院（MIT）合作研制了世界上第一台立式数控铣床，使机械制造业的发展进入了一个崭新的阶段。

随着计算机和微电子技术的迅猛发展，数控机床中的核心部件——数控系统也在不断地更新换代，先后经历了电子管（1952 年）、晶体管和印刷电路板（1960 年）、小规模集成电路（1965 年）、小型计算机（1970 年）、微处理器/微型计算机（1974 年）和基于 PC – NC 的智能数控系统（20 世纪 90 年代后）等六代数控系统。前三代数控系统是属于采用专用控制计算机的硬逻辑数控系统，简称 NC（numerical control），目前已被淘汰。第四代数控系统采用小型计算机取代专用控制计算机，数控的许多功能由软件控制，因此又称为计算机数控系统（简称 CNC，computer numerical control）。1974 年采用以微处理器为核心的数控系统，形成目前应用较广泛的第五代微机数控系统（简称 MNC，micro – computer numerical control）。由于 CNC 和 MNC 数控系统生产厂家各自设计其硬件和软件，各个公司开发的数控系统具有不同的软硬件模块、编程语言、人机界面和实时操作系统非标准化的接口，不仅给操作者带来了使用和维修的复杂性，还给车间物流层的集成带来了困难。因此，现在发展了一种基于 PC – NC 的第六代数控系统，它充分利用现有 PC 机的软硬件资源，提供了开放式的基础，使数控机床进入了广泛应用的 PC 阶段。

我国数控技术的发展起步于 20 世纪 50 年代，通过引进数控技术、实施发展自主知识产权为目标的数控技术攻关，我国的数控机床及数控技术有了长足的发展。但是，国内数控机床制造企业在中高档与大型数控机床的研发方面与国外的差距比较明显，70% 以上的此类设备和绝大多数的功能部件均依赖进口。由此可以看出，国产数控机床特别是中高档数控机床仍然缺乏市场竞争力，究其原因主要在于国产数控机床的研发深度不够、制造水平依然落后、服务意识与能力欠缺、数控系统生产应用推广不力及数控人才缺乏等。我们应充分认识到国产数控机床的不足，努力发展先进技术，加大技术创新与培训服务力度，以缩短与发达国家之间的差距。

3. 数控机床的工作原理与系统组成

（1）数控加工原理

当使用机床加工零件时，通常都需要对机床的各种动作进行控制，一是控制动作的先后次序，二是控制机床各运动部件的位移量。采用普通机床加工时，这种启动、停车、走刀、换向、主轴变速和开关切削液等操作都是由人工直接控制的。采用数控机床加工零件时，只需要将零件图形和工艺参数、加工步骤等以数字信息的形式，编成程序代码输入到机床控制系统中，再由其进行运算处理后转换成驱动伺服机构的指令信号，从而控制机床各部件协调动作，自动地加工出零件来。当更换加工对象时，只需要重新编写程序代码，输入给机床，即可由数控装置代替人的大脑和双手的大部分功能，控制加工的全过程，制造出复杂的零件。

数控加工过程总体上可分为数控程序编制和机床加工控制两大部分。

（2）数控机床的组成与功能

一般由输入装置、数控装置、伺服系统、位置测量与反馈系统、辅助控制单元和机床本体组成，图 4 – 1 为数控机床组成示意图。

①程序编制及程序载体

数控程序是数控机床自动加工零件的工作指令。在对加工零件进行工艺分析的基础上，首先确定零件坐标系在机床坐标系上的相对位置（即零件在机床上的安装位置）、刀具与零件相对运动的尺寸参数、零件加工的工艺路线、切削加工的工艺参数以及辅助装置的动作等，得到零件的所有运动、尺寸、工艺参数等加工信息，然后用由字母、数字和符号组成的标准数控代码，按规定的方法和格式，编制零件加工的数控程序单。对于形状相对简单的零件控

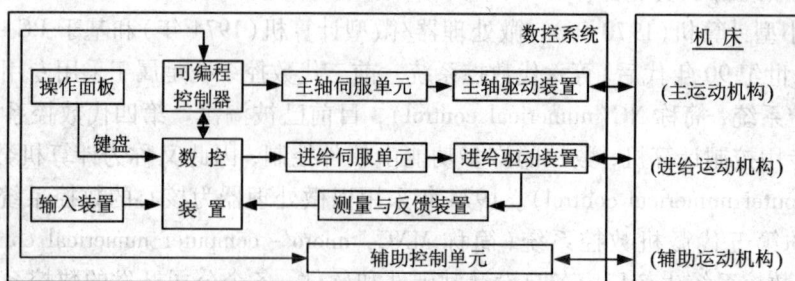

图4-1 数控机床组成示意图

制程序的工作可由人工进行；对于形状复杂的零件，则要在专用的编程机或通用计算机上进行自动编程(APT)或进行 CAD/CAM 设计。

编好的数控程序，存放在便于输入到数控装置的一种存储载体上，它可以是穿孔纸带、磁盘、硬盘和 USB 盘等，采用哪一种存储载体，取决于数控装置的设计类型。

②输入装置

输入装置的作用是将程序载体(信息载体)上的数控代码传递并存入数控系统。根据控制存储介质的不同，输入装置可以是光电阅读机、磁带机或软盘驱动器等。数控机床的加工程序也可通过键盘用手工方式直接输入数控系统；数控加工程序还可由编程计算机用 RS232C 或采用网络通信方式传送到数控系统中。

零件加工程序输入过程有两种不同的方式：一种是边读入边加工(数控系统内存较小时)，另一种是一次将零件加工程序全部读入数控装置内部的存储器，加工时再从内部存储器中逐段调出进行加工。

③数控装置

数控装置是数控机床的核心。数控装置从内部存储器中取出或接受输入装置送来的一段或几段数控加工程序，经过数控装置的逻辑电路或系统软件进行编译、运算和逻辑处理后，输出各种控制信息和指令，控制机床各部分的工作，使其进行规定的有序运动和动作。

零件的轮廓图形往往由直线、圆弧或其他非圆弧曲线组成，刀具在加工过程中必须按零件形状和尺寸的要求进行运动，即按图形轨迹移动。但输入的零件加工程序只能是各线段轨迹的起点和终点坐标值等数据，不能满足要求，因此要进行轨迹插补，也就是在线段的起点和终点坐标值之间进行"数据点的密化"，求出一系列中间点的坐标值，并向相应坐标输出脉冲信号，控制各坐标轴(即进给运动的各执行元件)的进给速度、进给方向和进给位移量等。

④伺服系统和位置检测装置

伺服系统接受来自数控装置的指令信息，经功率放大后，严格按照指令信息的要求驱动机床移动部件，以加工出符合图样要求的零件。因此，它的伺服精度和动态响应性能是影响数控机床加工精度、表面质量和生产率的重要因素之一。伺服系统包括控制器(含功率放大器)和执行机构两大部分。目前大都采用直流或交流伺服电动机作为执行机构。

位置检测装置将数控机床各坐标轴的实际位移量检测出来，经反馈系统输入到机床的数控装置之后，数控装置将反馈回来的实际位移量值与设定值进行比较，控制驱动装置按照指令设定值运动。

338

⑤控制装置

辅助控制装置的主要作用是接收数控装置输出的开关量指令信号，经过编译、逻辑判别和运动，再经功率放大后驱动相应的电器，带动机床的机械、液压、气动等辅助装置完成指令规定的开关量动作。这些控制包括主轴运动部件的变速、换向和启停指令，刀具的选择和交换指令，冷却、润滑装置的启动停止，工件和机床部件的松开、夹紧，分度工作台转位分度等开关辅助动作。

由于可编程逻辑控制器(PLC)具有响应快、性能可靠、程序编制与修改方便，并可直接启动机床开关等特点，现已广泛用于数控机床的辅助控制装置。

⑥机床

数控机床的机床本体与传统机床相似，由主轴传动装置、进给传动装置、床身、工作台以及辅助运动装置、液压气动系统、润滑系统、冷却装置等组成。但数控机床在整体布局、外观造型、传动系统、刀具系统的结构以及操作机构等方面都已发生了很大的变化。这种变化的目的是为了满足数控机床的要求和充分发挥数控机床的特点。

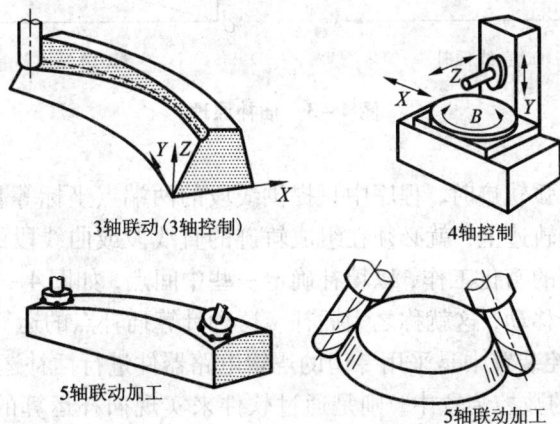

3轴联动(3轴控制)　　　　4轴控制

5轴联动加工　　　　5轴联动加工

图 4 - 2　多轴联动加工

4. 数控加工常用术语

(1)坐标联动加工

数控机床加工时的横向、纵向等进给量都是以坐标数据来进行控制的。像数控车床是属于两坐标控制的[如图 4 - 7(a)]，数控铣床则是三坐标控制的[如图 4 - 7(b)]，还有四坐标轴、五坐标轴甚至更多的坐标轴控制的加工中心等。坐标联动加工是指数控机床的几个坐标轴能够同时进行移动，从而获得平面直线、平面圆弧、空间直线和空间螺旋线等复杂加工轨迹的能力，如图 4 - 2 所示。有一些数控机床尽管具有三个坐标轴，但能够同时进行联动控制的只是其中两个坐标轴，那就属于两坐标联动的三坐标机床。这类机床要想加工复杂的曲面，只能采用在某平面内进行联动控制，第三轴作单独周期性进给的"2.5 坐标加工"方式。

(2)脉冲当量、进给速度与速度修调

数控机床各轴采用步进电机、伺服电机或直线电机驱动，是用数字脉冲信号进行控制的。每发送一个脉冲，电机就转过一个特定的角度，通过传动系统或直接带动丝杠，从而驱动与螺母副连结的工作台移动一个微小的距离。单位脉冲作用下工作台移动的距离就称之为脉冲当量。手动操作时数控坐标轴的移动通常是采用按键触发或采用手摇脉冲发生器（手轮方式）产生脉冲的，采用倍频技术可以使触发一次的移动量分别为 0.001 mm、0.01 mm、0.1 mm、1 mm 等多种控制方式，相当于触发一次分别产生 1、10、100、1000 个脉冲。

数控加工的进给速度由程序代码中的 F 指令控制，但实际进给速度还可以根据需要作适当调整，这就是进给速度修调。修调是按倍率来进行计算的，如程序中指令为 F80，修调倍率调在 80% 挡上，则实际进给速度为 $80 \times 80\% = 64$ mm/min。同样地，有些数控机床的主轴转速也可以根据需要进行调整，那就是主轴转速修调。

（3）插补与刀补

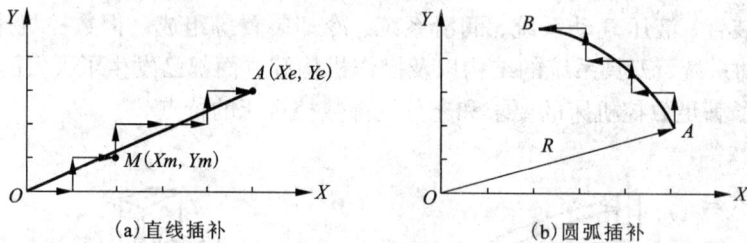

图 4-3　插补原理

数控加工直线或圆弧轨迹时，程序中只提供线段的两端点坐标等基本数据，为了控制刀具相对于工件走在这些轨迹上，就必须在组成轨迹的直线段或曲线段的起点和终点之间，按一定的算法进行数据点的密化工作，以填补确定一些中间点，如图 4-3 所示，各轴就以趋近这些点为目标实施配合移动，这就称之为插补。这种计算插补点的运算称为插补运算。早期 NC 硬线数控机床的数控装置中是采用专门的逻辑电路器件进行插补运算的，称之为插补器。在现代 CNC 数控机床的数控装置中，则是通过软件来实现插补运算的。现代数控机床大多都具有直线插补和平面圆弧插补的功能，有的机床还具有一些非圆曲线的插补功能。

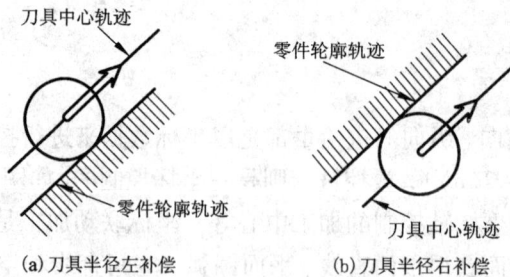

图 4-4　刀具半径补偿图

刀补是指数控加工中的刀具半径补偿和刀具长度补偿功能。具有刀具半径补偿功能的机床数控装置，能使刀具中心自动地相对于零件实际轮廓向外或向内偏离一个指定的刀具半径值，并使刀具中心在这偏离后的补偿轨迹上运动，刀具刃口正好切出所需的轮廓形状，如图 4-4 所示。编程时直接按照零件图纸的实际轮廓大小编写，再添加上刀补指令代码，然后在

340

机床刀具补偿寄存器对应的地址中输入刀具半径值即可。刀具长度补偿则主要是用于补偿由于刀具长度发生变化的情况。

5. 数控加工的过程

零件数控加工的过程如图4-5所示，主要包括以下几个方面的内容：

1）分析图纸。确定加工方案根据零件加工图纸及其技术要求进行工艺分析，确定零件的数控加工方案，选择合适的数控加工机床。

2）工件的定位与装夹。根据零件的加工要求选择合理的定位基准，并根据零件批量、精度要求及加工成本来选择合适的夹具，完成工件的装夹和找正。

3）刀具的选择与安装。根据零件的加工工艺性与结构工艺性，选择合适的刀具材料和刀具类型，并完成刀具的安装与对刀，并将对刀所得的参数正确地设定在数控系统中。

4）数控加工程序的编制。用规定的程序代码和格式编写零件加工程序单，或用自动编程软件进行 CAD/CAM 设计工作，直接生成零件的加工程序文件。经过初步校验后，将数控程序通过数控装置或手动方式输入机床的数控单元。

5）试切削、试运行并校验数控程序。对所输入的数控程序进行空走刀试运行，刀具轨迹正确后进行首件的试切削，校验工件的加工精度。

6）数控加工。当试切的首件检验合格并确定加工程序正确无误后，便可进入数控加工阶段。

7）工件的验收与质量误差分析。工件入库前，先进行工件的检验，并通过质量分析，找出误差产生的原因，得到纠正误差的方法。

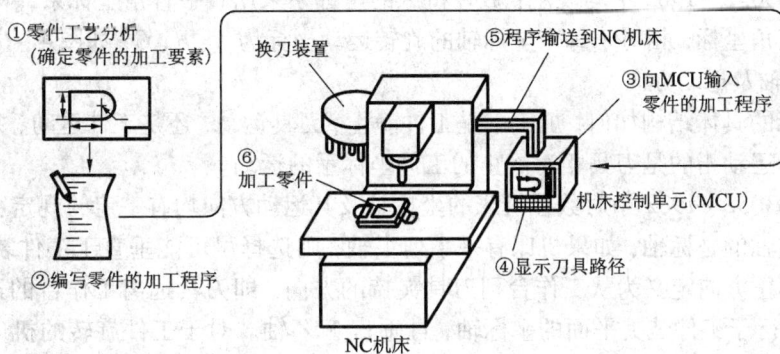

图 4-5 数控加工过程示意图

4.2.2 数控加工编程基础

1. 数控编程定义

生成用数控机床进行零件加工的数控程序的过程，称为数控编程。数控编程可以手工完成，即手工编程，也可以由计算机辅助完成，即计算机辅助数控编程。采用计算机辅助数控编程需要一套专用的数控编程软件，现代数控编程软件主要分为以批处理命令方式为主的APT 语言和以 CAD 软件为基础的交互式 CAD/CAM—NC 编程集成系统。

2.机床坐标系及运动方向

数控机床的坐标系统，包括坐标系、坐标原点和运动方向，对于数控加工及编程，是一个十分重要的概念。每一个数控编程员和数控机床的操作者，都必须对数控机床的坐标系统有一个完整且正确的理解，否则程序编制将发生混乱，加工中会发生事故。手工编程主要针对于一些结构简单的零件，熟悉了解手工编程对于掌握加工中心的加工工艺过程、各运动轴的运动轨迹有极大的帮助，同时还可以提高阅读自动编译的 CNC 程序的能力。在动手编制程序前必须熟悉了解机床坐标系和一些基本数控指令。

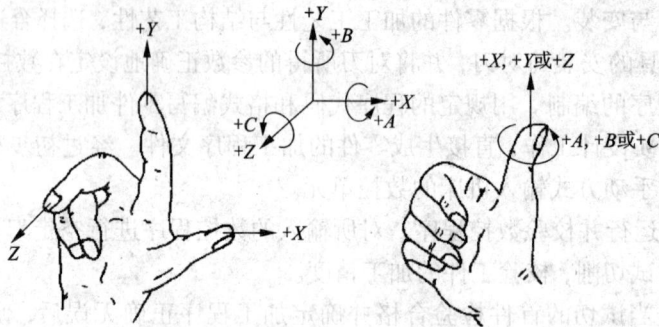

图 4－6　数控机床坐标系

（1）坐标系

ISO 和 JB3052—1982 中均规定：数控机床的坐标系采用右手直角坐标系，其基本坐标轴为 X、Y、Z 直角坐标，相对于每个坐标轴的旋转运动坐标为 A、B、C，如图 4－6 所示。

（2）坐标轴及运动方向

不论机床的具体结构如何，加工中是工件静止、刀具运动，还是工件运动、刀具静止，数控机床的坐标运动指的是刀具相对静止的工件坐标系的运动。

ISO 和 JB3052—1982 中对数控机床的坐标轴及其运动方向均有一定的规定：Z 轴定义为平行于机床主轴的坐标轴，如果机床有一系列主轴，则选择尽可能垂直于工件装夹面的主要轴为 Z 轴，其正方向定义为从工作台到刀具夹持的方向，即刀具远离工作台的运动方向。X 轴为水平、平行于工件装夹平面的坐标轴，且垂直于 Z 轴。对于工件旋转的机床，X 轴的方向是在工件的直径方向上，且平行于横滑座，刀具离开工件旋转轴线的方向为 X 轴的正方向。对于刀具旋转的立式机床，规定从刀具（主轴）向立柱看朝右的水平方向为 X 轴正方向；对于刀具旋转的卧式机床，规定从刀具（主轴）尾端向工件看朝右的水平方向为 X 轴正方向。Y 轴的运动方向则根据 X 轴和 Z 轴按右手法则确定。旋转坐标轴 A、B、C 相应地在 X、Y、Z 坐标轴正方向上，按右手螺旋前进方向来确定。

图 4－7（a）为数控车床的坐标系，装夹车刀的溜板可沿两个方向运动：溜板的纵向运动，平行于主轴，定之为 Z 轴，而溜板垂直于 Z 轴方向的水平运动，定为 X 轴，由于车刀刀尖安装于工件中心平面上，不需要作竖直方向的运动，所以不需要规定 Y 轴。

图 4－7（b）为三轴联动立式铣床的坐标系，图中安装刀具的主轴方向定为 Z 轴，主轴可以上下移动，机床工作台纵向移动方向定为 Z 轴；与轴垂直的方向定为 Y 轴。

（3）坐标原点

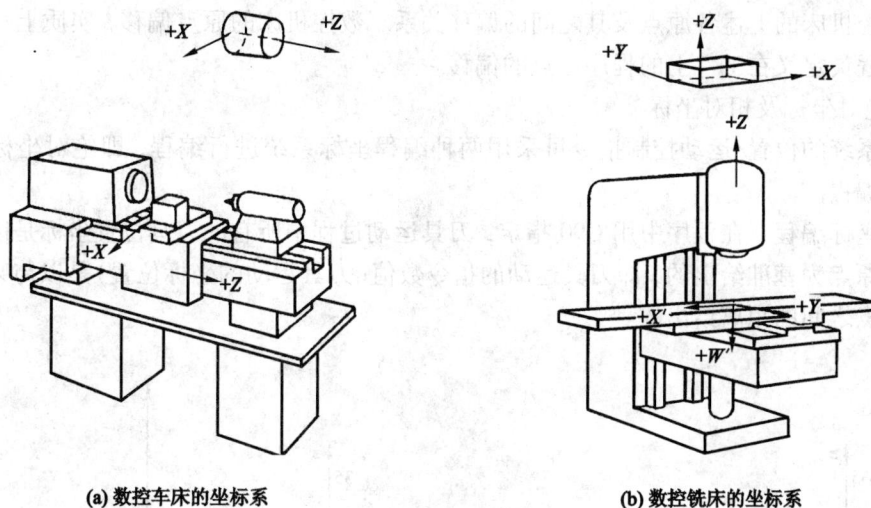

(a) 数控车床的坐标系　　　　　　　　**(b) 数控铣床的坐标系**

图 4-7　数控机床的坐标系统

　　机床原点　数控机床一般都有一个基准位置，称为机床原点，是机床制造商设置在机床上的一个物理位置，其作用是使机床与控制系统同步，建立测量机床运动坐标的起始点。机床原点一般位于机床行程的极限位置。机床原点的具体位置须参考具体型号机床的随机手册，如数控车的机床原点一般位于主轴装夹卡盘的端面中心点上。

　　机床参考点　机床参考点是相对于机床原点的一个特定点，它由机床厂家在硬件上设定，厂家测量出位置后输入至 CNC 中，用户不能随意改动，机床参考点的坐标值小于机床的行程极限，设定机床参考点的主要意义在于建立机床坐标系。为了让 CNC 系统识别机床坐标系，就必须执行回参考点的操作，通常称为回零操作，或者叫返参操作，但并非所有的 CNC 机床都设有机床参考点。一般来说，加工中心的参考点为机床的自动换刀位置。

　　程序原点　对于数控编程和数控加工来说，还有一个重要的原点就是程序原点，是编程人员在数控编程过程中定义在工件上的几何基准点，也可称为工件原点。它是编程人员在编程前设定的，为了编程方便，选择工件原点时，应尽可能将工件原点选择在工艺定位基准上，这样对保证加工精度有利，如数控车一般将工件原点选择在工件右端面的中心。程序原点一般用 G92 或 G54~G59（对于数控镗铣床）和 G50（对于数控车床）指定。

　　装夹原点　除了上述三个基本原点以外，有的机床还有一个重要的原点，即装夹原点。装夹原点常见于带回转（或摆动）工作台的数控机床或加工中心，一般是机床工作台上的一个固定点，比如回转中心，与机床参考点的偏移量可通过测量存入 CNC 系统的原点偏移寄存器中，供 CNC 系统原点偏移计算用。

　　原点偏移　现代 CNC 系统一般都要求机床回零操作，即使机床回到机床原点或机床参考点之后，通过手动或程序命令（比如 G92 X0 Y0 Z0）初始化控制系统后，才能启动。机床参考点和机床原点之间的偏移值存放在机床常数中。初始化控制系统是指设置机床运动坐标 X，Y，Z，A，B 等的显示为零。

　　对于程序员而言，一般只要知道工件上的程序原点就够了，与机床原点、机床参考点及装夹原点无关，也与所选用的数控机床型号无关。但对于机床操作者来说，必须十分清楚所选用的数控机床的上述各原点及其之间的偏移关系。数控机床的原点偏移，实质上是机床参考点向编程员定义在工件上的程序原点的偏移。

（4）绝对坐标及相对坐标

数控系统的位置/运动控制指令可采用两种编程坐标系统进行编程，即绝对坐标编程和相对坐标编程。

绝对坐标编程　在程序中用 G90 指定，刀具运动过程中所有的刀具位置坐标是以一个固定的编程原点为基准给出的，即刀具运动的指令数值（刀具运动的坐标位置）是以与某一固定的编程原点之间的距离给出的。

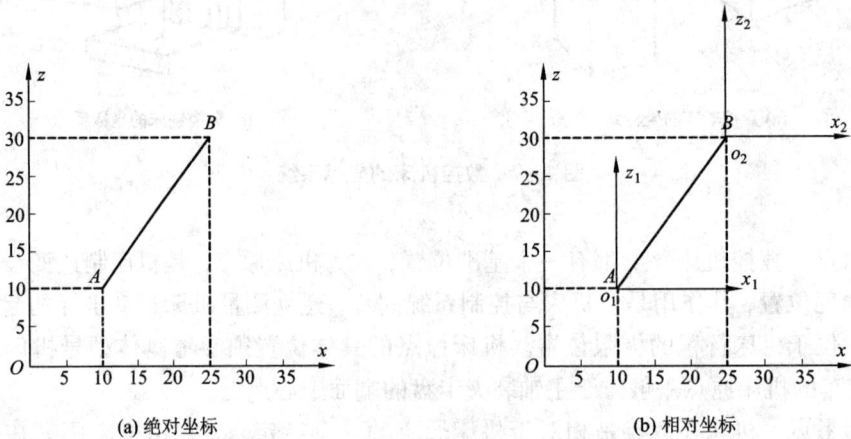

(a) 绝对坐标　　　　(b) 相对坐标

图 4 - 8　数控机床坐标指令表示示意图

相对坐标编程　在程序中用 G91 指定，刀具运动的指令数值是按刀具当前所在位置到下一个位置之间的增量（相对坐标）给出的。

在加工过程中，工件和刀具的位置变化关系由坐标指令来指定，坐标指令的值的大小是与工件原点带符号的距离值。坐标指令包括：X、Y、Z、U、V、W、I、J、K、R 等。其中，通常来说 X、Y、Z 是绝对坐标方式；U、V、W 是相对坐标方式，但在三坐标以上系统中，有相应的 G 指令来表示是绝对坐标方式还是相对坐标方式，不使用 U、V、W 来表示相对坐标方式；I、J、K 或 R 是表示圆弧的参数的两种方法，I、J、K 表示圆心与圆弧起点的相对坐标值，R 表示圆弧的半径。

如图 4 - 8(a)，其中 A 点(10，10)用绝对坐标指令表示为 X10 Z10；B 点(25，30)用绝对坐标指令表示为 X25 Z30；B 点用相对坐标方式表示为（U + 15　W + 20），其中 + 号可以省略，则写成（U15　W20）。

3.数控编程常用指令及其格式

（1）程序段的一般格式

一个程序段中各指令的格式为：

N35 G01 X26 Y32 Z15 F152

其中 N35 为程序段号，现代 CNC 系统中很多都不要求程序段号，即程序段号可有可无；

344

G 代码为准备功能；X、Y、Z 为刀具运动的终点坐标位置；F 为进给速度代码。在一个程度段中，可能出现的编码字符还有 S、T、M、I、J、K、A、B、C、D、H、R 等。

（2）常用的编程指令

①准备功能指令

准备功能指令由字符 G 和其后的 1～3 位数字组成，常用的从 G00～G99，很多现代 CNC 系统的准备功能已扩大到 G150。准备功能的主要作用是指定机床的运动方式，为数控系统的插补运算做好准备。所以 G 指令一般位于坐标指令的前面。G 指令有模态指令和非模态指令之分，模态指令一旦被执行就一直有效，直到同一组的 G 指令出现或被取消为止，非模态指令只在出现的程序段有效。不同的 G 指令可以放在同一程序段中，且与顺序无关。常用的 G 代码见表 4-1。

表 4-1　G 指令代码功能表

G 代码	组别	用于数控车的功能	用于数控铣的功能	附注
G00	01	快速点定位	相同	模态
G01	01	直线插补	相同	模态
G02	01	顺时针方向圆弧插补	相同	模态
G03	01	逆时针方向圆弧插补	相同	模态
G04	00	暂停	相同	非模态
G10	00	数据设置	相同	模态
G11	00	数据设置取消	相同	模态
G17	16	XY 平面选择	相同	模态
G18	16	ZX 平面选择	相同	模态
G19	16	YZ 平面选择	相同	模态
G20	06	英制	相同	模态
G21	06	米制	相同	模态
G22	09	行程检查开关打开	相同	模态
G23	09	行程检查开关关闭	相同	模态
G25	08	主轴速度波动检查打开	相同	模态
G26	08	主轴速度波动检查关闭	相同	模态
G27	00	参考点返回检查	相同	非模态
G28	00	参考点返回	相同	非模态
G30	00	第二参考点返回	×	非模态
G31	00	跳步功能	相同	非模态
G32	00	螺纹切削	×	模态
G36	00	X 向自动刀具补偿	×	非模态

续表

G 代码	组别	用于数控车的功能	用于数控铣的功能	附注
G37	00	Z 向自动刀具补偿	×	非模态
G40	07	刀尖补偿取消	刀具半径补偿取消	模态
G41	07	刀尖左补偿	刀具半径左补偿	模态
G42	07	刀尖右补偿	刀具半径右补偿	模态
G43	17	×	刀具长度正补偿	模态
G44	17	×	刀具长度负补偿	模态
G49	17	×	刀具长度补偿取消	模态
G50	00	工件坐标原点设定，最大主轴速度设置	×	非模态
G52	00	局部坐标系设置	相同	非模态
G53	00	机床坐标系设置	相同	非模态
G54	14	第一工件坐标系设置	相同	模态
G55	14	第二工件坐标系设置	相同	模态
G56	14	第三工件坐标系设置	相同	模态
G57	14	第四工件坐标系设置	相同	模态
G58	14	第五工件坐标系设置	相同	模态
G59	14	第六工件坐标系设置	相同	模态
G65	00	宏程序调用	相同	非模态
G66	12	宏程序调用模态	相同	模态
G67	12	宏程序调用取消	相同	模态
G68	04	双刀架镜像打开	×	非模态
G69	04	双刀架镜像关闭	×	非模态
G70	01	精车循环	×	非模态
G71	01	外圆/内孔粗车循环	×	非模态
G72	01	模型粗车循环	×	非模态
G73	01	端面粗车循环	高速深孔钻孔循环	非模态
G74	01	端面啄式钻孔循环	左旋攻螺纹循环	非模态
G75	01	外径/内径啄式钻孔循环	×	非模态
G76	01	螺纹车削多次循环	精镗循环	非模态
G80	01	固定循环注销	相同	模态
G81	01	×	钻孔循环	模态
G82	01	×	钻孔循环	模态

续表

G 代码	组别	用于数控车的功能	用于数控铣的功能	附注
G83	01	端面钻孔循环	深孔钻孔循环	模态
G84	01	端面攻螺纹循环	攻螺纹循环	模态
G85	01	×	粗镗循环	模态
G86	01	端面镗孔循环	镗孔循环	模态
G87	01	侧面钻孔循环	背镗孔循环	模态
G88	01	侧面攻螺纹循环	×	模态
G89	01	侧面镗孔循环	镗孔循环	模态
G90	01	外径/内径车削循环	绝对尺寸	模态
G91	01	×	增量尺寸	模态
G92	01	单次螺纹车削循环	工件坐标原点设置	模态
G94	01	端面车削循环	×	模态
G96	02	恒表面速度设置	×	模态
G97	02	恒表面速度设置	×	模态
G98	05	每分钟进给	×	模态
G99	05	每转进给	×	模态

注：模态指令是指具有自保性的指令，即后面的程序段与前面程序段代码相同时，可以不必重复指定，G 指令有部分是模态指令，F 指令也是模态指令。

②辅助功能指令

辅助功能指令由字母 M 和其后的两位数字组成，从 M00 ~ M99 共 100 种，所以又称为 M 指令。它规定了机床的一些辅助设备的启用，如主轴旋转和旋转方向、停止；冷却液、压缩空气开关；是否排屑等等。常用的 M 代码见表 4 - 2。

表 4 - 2　M 代码功能表

M 代码	用于数控车的功能	用于数控铣的功能	附注
M00	程序停止	相同	非模态
M01	计划停止	相同	非模态
M02	程序结束	相同	非模态
M03	主轴顺时针旋转	相同	模态
M04	主轴逆时针旋转	相同	模态
M05	主轴停止	相同	模态
M06	×	换刀	非模态
M08	切削液开	相同	模态

续表

M 代码	用于数控车的功能	用于数控铣的功能	附注
M09	切削液关	相同	模态
M10	接料器前进	×	模态
M11	接料器退回	×	模态
M13	1 号压缩空气吹管打开	×	模态
M14	2 号压缩空气吹管关闭	×	模态
M15	压缩空气吹管关闭	×	模态
M17	2 轴变换	×	模态
M18	3 轴变换	×	模态
M19	主轴定向	×	模态
M20	自动上料器工作	×	模态
M30	程序结束并返回	相同	非模态
M31	互锁旁路	相同	非模态
M38	右中心架夹紧	×	模态
M39	右中心架松开	×	模态
M50	棒料送料器夹紧并前进		模态
M51	棒料送料器夹松开并退回	×	模态
M52	自动门打开	相同	模态
M53	自动门关闭	相同	模态
M58	左中心架夹紧	×	模态
M59	左中心架松开	×	模态
M68	液压卡盘夹紧	×	模态
M69	液压卡盘松开	×	模态
M74	错误检查功能打开	相同	模态
M75	错误检查功能关闭	相同	模态
M78	尾架套筒送进	×	模态
M79	尾架套筒退回	×	模态
M88	主轴低压夹紧	×	模态
M89	主轴高压夹紧	×	模态
M90	主轴松开	×	模态
M98	子程序调用	相同	模态
M99	子程序调用返回	相同	模态

③其他功能指令

主轴功能指令(S 指令)

主轴功能指令也称主轴旋转功能指令或 S 指令。它是用来指定主轴的转速(切削速度),由字母 S 和其后的数字组成,数字表示主轴的转速(rpm)。编程时除用 S 指令指定主轴转速外,还要用 M 指令指定主轴的旋转方向。S 是模态指令,S 功能只有在主轴速度可调节时有效。

★ 刀具功能指令(T 指令)

刀具功能指令由字母 T 和其后的两位数字表示,它是用来指定加工所选用的刀具,T 后面的数字表示选用的刀具在刀库中的位置。

★ 进给功能指令(F 指令)

进给指令也称为 F 指令,它是用来指定切削进给运动的速度,由字母 F 和后面的数字表示,F 为模态指令。F 的单位取决于 G94(每分钟进给量 mm/min)或 G95(每转进给量 mm/r)。当工作在 G01、G02 或 G03 方式下,编程的 F 一直有效,直到被新的 F 值所取代。而工作在 G00、G60 方式下,快速定位的速度是各轴的最高速度,由 CNC 参数设定,与所用 F 值无关。

★ 第二辅助功能指令(B 指令)

第二辅助功能是用来指定工作台分度的功能,用字母 B 和其后的数字表示。

4. 数控加工程序格式

数控加工程序一般由程序名、程序段、子程序等组成。

(1)程序名

程序名是数控程序必不可少的第一行,由一个地址符后接四位数字组成,第一个字符或字母是由具体的数控系统规定的(参看机床说明书),后接的四位数字(可以小于四位)是用户根据加工零件特性命名或任意取的。根据具体数控系统要求,程序名的第一个字符或字母一般为%或字母 O。

例:%123,%7788,O1111 都是合法的程序名。

子程序也有程序名,其程序名是主程序调用的入口。子程序的命名规则与主程序一样,不同的数控系统有不同的规则。

(2)程序字

程序字由地址符及其后面的数字组成,在数字前可以加上 +、- 号。程序字是构成程序段的基本单位,也称指令字。+ 号在程序字中通常可以省略不写。

例:X - 100.0,前面字母 X 为地址,必须是大写,地址规定其后数值的意义。- 100.0 为数值。合在一起称程序字。根据程序中 G 指令的不同,同一个地址也许会有不同的含义。

(3)程序段

程序段由多个程序字组成,在程序段的结尾有结束符号,一般是";"或" * ",ISO 为"LF",显示为" * ",EIA 为"CR",显示为";"。

程序段的格式为:

N×××　G××　X±×××.××　Z±×××.××　F××　S××　T××M××　*

数控系统一般采用一行为一个程序段,也有的采用多行为一段。

例:N10　G01　X - 100.0　Z20.0;是一个合法程序段(适用于 MV - 5 数控铣床)。

N10　G1　X - 100.0　Z20.0 *　是一个合法程序段(适用于 CJK6236A2 数控车床)。

（4）小数点与子程序

小数点用于距离、时间作单位的数，但有的地址不能用小数点输入。

如 F10　表示 10 mm/min 或 10 mm/r，速度不能用小数点输入。

而有的地址必须用小数点输入。

如 G04　X1.0 暂停 1 秒。

要用小数点输入的地址如下：

X，Y，Z，A，B，C，U，V，W，I，J，K，R，Q

通常情况下 NC 按主程序的指令进行移动，当程序中有调用子程序指令时，以后 NC 就按子程序移动，当在子程序中有返回主程序指令时，NC 就返回主程序，继续按照主程序指令移动。调用子程序使用如下格式：

例：M98　P×××　L××;

└────── 调用次数

└────── 子程序名

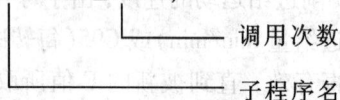

在编写程序时，采用表格形式可以提高编程效率，减少差错，如表 4-3 所示。

表 4-3　试验零件程序单

名称													日期		页	
试验程序	（零件图形或工艺说明）												20××.×		1	1
程序名													编写者		审核	
%123													张三		李四	
N	G	X	Z	U	W	R/C	F	S	T	M	P	Q	*			
N10	G00	X20	Z99										*			
N20									T01	M03			*			
N30	G00	X18	Z0										*			
N40	G02	Z-10				150							*			
N50	G01			W-10									*			
N60										M02			*			

4.2.3　数控车削

1. 数控车床及其系统简介

（1）数控车床

数控车床的外形与普通车床相似，由床身、主轴箱、刀架、进给系统、冷却与润滑系统等部分组成。数控车床的进给系统与普通车床有本质上的区别，传统普通车床有进给箱和交换齿轮组，而数控车床是直接用伺服电机通过滚珠丝杠驱动溜板和刀架实现进给运动，因此，其进给系统的结构较普通车床而言是大为简化。

（2）数控车床的分类

数控车床品种繁多，规格不一，可按如下方法进行分类。

①按车床主轴位置分类可分为卧式数控车床(如图 4 – 9 所示,其车床主轴平行于水平面)和立式数控车床(如图 4 – 10 所示,其车床主轴平行于水平面)两类。

图 4 – 9 卧式数控车床   图 4 – 10 立式数控车床

②按功能分类可分为以下三类:a.经济型数控车床,是采用步进电动机和单片机对普通车床的进给系统进行改造后形成的简易型数控车床,成本较低,但自动化程度和功能都比较差,车削加工精度也不高,适用于要求不高的回转类零件的车削加工。b. 普通数控车床,即根据车削加工要求在结构上进行专门设计并配备通用数控系统而形成的数控车床,数控系统功能强,自动化程度和加工精度较高,适用于一般回转类零件的车削加工。c. 车削加工中心,是在普通数控车床的基础上,增加了 C 轴和铣削动力头,更高级的数控车床带有刀库,可控制 X、Z 和 C 三个坐标轴,联动控制轴可以是(X、Z)、(X、C)或(Z、C)。由于增加了 C 轴和铣削动力头,这种数控车床的加工能力大大增强,除可以进行一般车削外,还可以进行径向和轴向铣削、曲面铣削、中心线不在零件回转中心的孔和径向孔的钻削等加工。

③其他分类方式:除以上的分类方式外,数控车床还可以根据加工零件的基本类型、刀架数量、数控系统的不同控制方式等指标进行分类。

(3)数控车床的加工范围

数控车床能完成端面、内外圆、倒角、锥面、球面及成形面、螺纹等的车削加工,其主切削运动是工件的旋转,工件的成形则由刀具在 ZX 平面内的插补运动保证。因此,与传统车床相比,数控车床比较适合于车削精度要求高、表面粗糙度好、轮廓形状复杂或带一些特殊类型螺纹的回转体零件。

(4)数控系统

目前,数控车床使用的主流数控系统有 FANUC(法那科)、SIEMENS(西门子)、三菱、广数、华中等。这些数控系统的编程方法及指令格式基本类似,本书以常用的 FANUC 0i 数控系统的规范进行编程。

(5)数控车床的结构特点

与传统车床相比,数控车床的结构有以下特点:

①由于数控车床刀架的两个方向运动分别由两台伺服电动机驱动,所以它的传动链短,不必使用挂轮、光杠等传动部件,用伺服电动机直接与丝杠联结带动刀架运动。

②多功能数控车床是采用直流或交流主轴控制单元来驱动主轴,按控制指令作无级变速,主轴之间不必用多级齿轮副来进行变速,床头箱内的结构也比传统车床大为简化,且其

刚度大，与控制系统的高精度控制相匹配实现零件的高精度加工。

③数控车床刀架是轻拖动。刀架移动一般采用滚珠丝杠副，丝杠两端安装专用的滚动轴承，它的压力角比常用的向心推力球轴承要大得多。

④为了拖动轻便，数控车床的润滑都比较充分，大部分采用油雾自动润滑。

⑤数控车床一般采用镶钢导轨，这样机床精度保持的时间就比较长，其使用寿命也可延长许多。

⑥数控车床还具有加工冷却充分、防护较严密等特点，自动运转时一般都处于全封闭或半封闭状态。

⑦数控车床一般还配有自动排屑装置。

2. 数控车削编程基础

(1)数控车床坐标系与工件坐标系

数控车床坐标系以水平径向为 Z 轴方向，使刀具离开工件的方向为 Z 轴正方向；纵向为 Z 轴方向，指向尾座的方向为 Z 轴正方向；数控车床的坐标系原点为机床上的一个固定点，一般以主轴旋转中心与卡盘的端面之交点，即图 4 – 11 中的 B 点。图中的 O' 点为机床的参考点，是刀具退离到一个固定不变的极限点。数控车床的坐标系是机床固有的坐标系，在出厂前就已经调整好，一般情况下不允许用户随意变动。

工件坐标系是编程时使用的坐标系，故又称为编程坐标系。在编程时，应首先确定工件坐标系，工件坐标系的原点也称为工件原点。从理论上讲，工件原点可以选择工件的任意位置，但为了编程方便和尺寸直观性，应尽量将工件原点选得合理些，一般选择主轴旋转中心与工件的右端面之交点，如图 4 – 11 所示的 O 点。

(2)对刀

在数控车床上加工时，工件坐标系确定好后，还需确定刀尖点在工件坐标系中的位置，即对刀。常见的对刀方法为试切对刀。如图 4 – 11 所示，将工件安装好后，先用手动方式加步进方式或手动数据输入(MDI)方式操作机床，用已装好的刀具将工件端面车一刀，然后保持刀具在 Z 向尺寸不变沿 X 向退刀，对刀输入 $Z0$；再用同样的方法将工件外圆表面车一刀，然后保持刀具在 X 向尺寸不变沿 Z 向退刀，停止主轴转动，测量工件车削后的直径值 ϕd，对刀输入 Xd，即可确定该刀具在工件坐标系中的位置。加工中需使用的所有刀具都要进行以上操作，以确定每把刀具在工件坐标系中的位置。

(3)数控车削常用的各种指令

a. 快速定位指令 G00

指令格式　G00　X××(U××)　Z××(W××)

X、Z 后的数字为刀具目标点坐标，当使用增量方式时，U、W 后的数字为目标点相对于起始点的增量坐标，不运动的坐标可以省略不写。在一个零件的程序中或一个程序段中，既可以按绝对坐标编程或增量坐标编程，也可用绝对坐标与增量坐标混合编程。

需要特别说明的是，由于车削加工图样上的径向尺寸及测量的径向尺寸使用的是直径值，因此在数控车削加工的程序中输入的 X 及 U 坐标值也是"直径值"，即按绝对坐标编程时，X 为直径值，按增量坐标编程时，U 为径向实际位移值的二倍，并附上方向符号(正向省略)。

该指令使刀具以点定位控制方式从刀具所在点快速移动到指定点，是模态指令。

b. 直线插补指令 G01

352

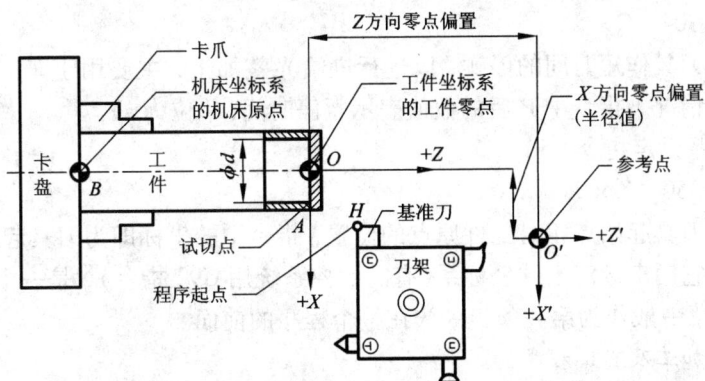

图 4 – 11　数控车床坐标系与工件坐标系

指令格式　G01　X××(U××)　Z××(W××)　F××

X、Z 后的数字刀具目标点坐标，当使用增量方式时，U、W 后的数字为目标点相对于起始点的增量坐标，不运动的坐标可以省略不写；F 为刀具切削进给速度。

该指令命令刀具在两坐标轴间以插补联动方式按照指定的进给速度作任意斜率的直线运动，也是模态指令。

c. 圆弧插补指令 G02/G03

指令格式　G02(03)　X××(U××)　Z××(W××)　R××　F××

　　　　　　G02(03)　X××(U××)　Z××(W××)　I××　K××　F××

采用绝对值编程时，圆弧终点坐标为圆弧终点在工件坐标系中的坐标值，用 X、Z 表示；当采用增量值编程时，圆弧终点坐标为圆弧终点相对于圆弧起点的增量值，用 U、W 表示。R 为圆弧半径。当用半径值指定圆心位置时，由于在同一半径值的情况下，从圆弧的起点到终点有两个圆弧的可能性，为区别二者，规定圆弧圆心角≤180°时，用"+R"表示；若圆弧圆心角＞180°时，用"-R"表示。用半径指定圆心位置时，不能描述整圆。

圆心坐标 I、K 为圆弧起点到圆心在 X、Z 坐标轴上的矢量(方向指向圆心)。I、K 为增量值，并带有"±"号，当矢量的方向与坐标轴的方向不一致时取"-"号。

圆弧插补指令分为顺时针圆弧插补指令 G02 和逆时针圆弧插补指令 G03。圆弧插补的顺逆方向判断原则为：沿圆弧所在平面(如 XZ 平面)的垂直坐标轴的负方向(-Y)看去，顺时针方向为 G02，逆时针方向为 G03。由于数控车床是两坐标的机床，只有 X 轴和 Z 轴，按右手定则的方法将 Y 轴也加上去来考虑。观察者让 Y 轴的正向指向自己(即沿 Y 轴的负方向看去)，站在这样的位置上就可正确判断 X-Z 平面上圆弧的顺逆时针了。当然，我们在实际生产过程中，可以不考虑右手笛卡尔坐标系，直接看零件图就知道圆弧加工该用什么指令。圆弧插补的顺逆判断的简便方法是：在圆弧编程时，只分析零件图轴线上半部分圆弧形状，当沿该段圆弧形状从起点画向终点为顺时针方向时用 G02，反之用 G03。

d. 螺纹切削指令 G32

指令格式　G32　X××　Z××　F××

该指令用于切削圆柱螺纹、圆锥螺纹和端面螺纹。其中 F 值为螺纹的螺距。

e.暂停指令 G04

指令格式　G04　P××

该指令可使刀具作短时间的停顿,以进行进给光整加工,主要用于车削环槽、不通孔和自动加工螺纹等情况。指令中 P 后的数值表示暂停时间(单位为 s)。

f.工件坐标系设定指令 G50

指令格式　G50　X××　Z××

该指令设定刀具起始点相对工件原点的位置,指令中的坐标即为刀具起始点在工作坐标系下的坐标值。它用来设定工件坐标系(有的数控系统用 G92 指令),是一个非运动指令,只起预置寄存作用,一般作为第一条指令放在整个程序的前面。

3.数控车削加工及其编程举例

(1)数控车床操作面板简介

图 4-12 为浙江某厂生产的 CK6140S 机床的控制面板,其数控系统采用的 FANUC Series Oi Mate-TC。表 4-4 是其数控面板上主要按键的功能表。

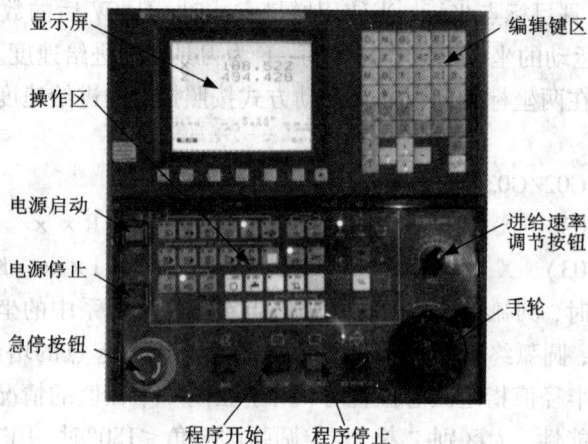

图 4-12　CK6140S 数控车床控制面板图

(2)数控车床操作规程

①开机前要检查润滑油是否充裕、冷却液是否充足,发现不足应及时补充。

②检查机床导轨以及各主要滑动面,如有障碍物、工具、铁屑、杂物等,必须清理、擦拭干净、上油。

③打开数控车床电器柜上的电器总开关。

④启动数控机床。

⑤手动返回数控车床参考点。首先返回 +X 方向,然后返回 +Z 方向。

⑥车刀安装不宜伸出过长,车刀垫片要平整,宽度要与车刀底面宽度一致。

⑦对刀操作时应选取合适的主轴转速、背吃刀量及进给速度。

⑧在自动运行程序前,必须认真检查程序,确保程序的正确性。在操作过程中必须集中注意力,谨慎操作,运行前关闭防护门。运行过程中,一旦发生问题,及时按下复位按钮或紧急停止按钮。

354

表 4 – 4　CK6140S 面板按键功能简表

序号	所在区域	图　符	名　称	功　能　说　明
1	编辑键区	RESET	复位键	按此键可使 CNC 复位,用以消除报警等。
2		HELP	帮助键	按此键用来显示如何操作机床,在 CNC 发生报警时提供帮助(帮助功能)。
3		N₀ 4↑ …	地址和数字键	按这些键可以输入字母、数字及其他字符。
4		SHIFT	切换键	在有些键的顶部有两个字符,按此键来选择字符。当屏幕上显示特殊字符$\hat{E}$时,表示键面右下角的字符可以输入。
5		INPUT	输入键	当按了地址键或数字键后,数据被输入到缓冲器,按此键将键入到输入缓冲器的数据拷贝到存储器中,即将显示器底行的语句存入存储器。
6		CAN	取消键	按此键可删除已输入到输入缓冲器的最后一个字符或符号。
7		ALTER INSERT DELETE	程序编辑键	当编辑程序时按这些键。ALTER:替换　INSERT:插入　DELETE:删除
8		POS PROG …	功能键	按这些键用于切换各种功能显示画面。POS:位置画面　PROG:程序画面　OFS/SET:刀偏/设定画面　SYSTEM:系统画面　MESSAGE:信息画面　CSTM/GR:用户宏画面或图形画面
9		← ↑ → ↓	光标移动键	这是四个不同方向的光标移动键。
10		PAGE↑ PAGE↓	翻页键	两个翻页(向前/向后)键。
11			软键	根据其使用场合,软键有各种功能。软键功能显示在 CRT 屏幕的底部。
12	模式选择	EDIT	编辑模式	选择该模式,再按 PROG 键,可以输入及编辑加工程序。
13		AUTO	自动模式	与辅助开关配合,按不同方式来自动执行加工程序,详细情况见"辅助开关选择"。
14		MDI	手动数据输入	手动数据输入方式,适用于简单的测试操作。

355

序号	所在区域	图符	名称	功能说明
15			手轮模式	手摇脉冲发生器进给方式移动机床。
16	模式选择		手动模式	点动进给方式移动机床。
17			回参考点	按下此键待指示灯亮之后,按"+X"键及"+Z"键,刀架移动回到机床参考点。
18			单程序段执行按钮	每按一次"程序启动"执行一条程序指令。
19			空运行功能按钮	自动或MDI方式时,此按钮接通,机床按空运行方式执行程序。
20	辅助开关选择		程序段跳步功能按钮	自动操作时此按钮接通,程序中有"\"的程序段将不执行。
21			程序段选择停功能按钮	此按钮接通,所执行的程序在遇有M01指令处,自动停止执行。
22			机床锁定按钮	自动,MDI或JOG操作时,此按钮接通,即禁止所有轴向运动已(进给的轴将减速停止)但位置显示仍将更新,M、S、T功能不受影响。
23			进给速率修调开关	以给定的F指令进给时,可在0～150%的范围内修改进给率。JOG方式时,亦可用其改变JOG速率。

⑨出现报警时,要先进入主菜单的诊断界面,根据报警号和提示文本,查找原因,及时排除警报。

⑩加工完毕后,应把刀架停放在远离工件的换刀位置。

⑪实习学生在操作时,旁观的同学禁止按控制面板的任何按钮、旋钮,以免发生意外及事故。

⑫严禁任意修改、删除机床参数。

⑬关机前,刀架应移动到距离主轴较远处,清除铁屑,清扫工作现场,认真擦净机床,导轨面处加油保养,将进给速度修调置零。

⑭关闭电器总开关。

(3)数控车床编程实例

已知毛坯为 $\phi32$ mm 的棒料,材料为45钢,切槽刀宽度4 mm,试编制图4-13所示工件的数控加工程序。

①首先根据图纸要求按先主后次的加工

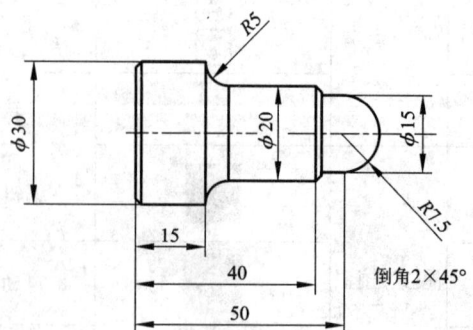

图4-13 实例零件图

356

原则，确定工艺路线

其工步顺序为：粗加工外圆与端面→精加工外圆与端面→切断。

②选择刀具，对刀，确定工件原点

根据加工要求需选用 2 把刀具，T01 号刀车外圆与端面，T02 号刀切断。用碰刀法对刀以确定工件原点，此例中工件原点位于工件最左面与旋转中心的交点。

③确定切削用量

a. 加工外圆与端面，主轴转速 630 rpm，进给速度 150 mm/min。

b. 切断，主轴转速 315 rpm，进给速度 150 mm/min。

（4）编制加工程序

O1234	取程序名为 O1234
N10 G50 X50 Z150	设置工件坐标系，确定起刀点
N20 M03 S630	主轴正转，转速为 630 rpm
N30 T11	选用 1 号刀，1 号刀补
N40 G00 X35 Z57.5	准备加工右端面
N50 G01 X－1 F150	加工右端面
N60 G00 X32 Z60	准备开始进行外圆循环
N70 G90 X28 Z20 F150	开始进行外圆循环
N80 X26	
N90 X24	
N100 X22	
N110 X21	$\phi 20$ 圆先车削至 $\phi 21$
N120 G01 X0 Z57.5 F150	结束外圆循环并定位至半圆 $R7.5$ 的起切点
N130 G02 X15 Z50 I0 K－7.5 F150	车削半圆 $R7.5$
N140 G01 X15 Z42 F150	车削 $\phi 15$ 圆
N150 X16	倒角起点
N160 X20 Z40	倒角
N170 Z20	车削 $\phi 20$ 圆
N180 G03 X30 Z15 I10 K0 F150	车削圆弧 $R5$
N190 G01 X30 Z2 F150	车削 $\phi 30$ 圆
N200 X26 Z0	倒角
N210 G0 X50 Z150	回起刀点
N220 T10	取消 1 号刀补
N230 T22	换 2 号刀
N235 M03 S315	主轴转速为 630 rpm

O1234	取程序名为 O1234
N240 G0 X33 Z – 4	定位至切断点
N250 G01 X – 1 F150	切断
N260 G0 X50 Z150	回起刀点
N270 T20	取消 2 号刀补
N280 M05	主轴停止
N290 M02	程序结束

4.2.4　数控铣削

1. 数控铣床的特点

（1）数控铣床的分类

数控铣床一般按主轴部件的角度，可分为数控立式铣床和数控卧式铣床。按数控系统控制的坐标轴数量，又可将数控铣床分为两轴半联动铣床，三轴联动铣床，四轴联动铣床及五轴联动铣床等。从机床数控系统控制的坐标数量来看，目前三坐标数控立式铣床占大多数。

小型数控立式铣床一般采用工作台移动、升降及主轴旋转方式，与普通立式铣床结构相似。中型数控立式铣床一般采用工作台纵向和横向移动，且主轴沿垂直溜板上下移动的方式，大型数控立式铣床因要考虑到扩大行程、缩小占地面积及刚性等技术问题，往往采用龙门式结构，其主轴可以在龙门架的横向与垂直溜板上运动，龙门架固定不动，工作台沿床身作纵向运动。

（2）数控铣床的结构特点

数控铣床的主轴开启与停止，主轴正、反转与主轴变速等，都可以按程序自动执行，自动化程度较数控车床要高，因此，数控铣床配置的数控系统档次一般都比其他数控机床要高。为了适应数控铣床加工范围广、工艺适应性强和自动化程度高的特点，要求主传动装置具有很宽的变速范围，并能无级变速，随着全数字化交流调速技术的日趋完善，齿轮分级变速传动逐渐减少，大多数数控铣床采用电动机直接驱动主轴的结构。

数控铣床的进给传动装置、灵敏度和稳定性，将直接影响到工件的加工质量，因此常采用不同于普通机床的进给机构，例如采用线性导轨、塑料导轨或静压导轨代替普通滑动导轨，用滚珠丝杠螺母机构代替普通的滑动丝杠螺母机构，以及采用可以消除间隙的齿轮传动副和可以消除间隙的键连接等。

图 4 – 14 是典型的滚珠丝杠螺母机构，在丝杠 1 和螺母 4 上各加工有圆弧，当螺母 4 旋转时，丝杠 1 的旋转面经滚珠 2 推动螺母 4 轴向移动，同时滚珠 2 沿螺旋形滚道滚动，使丝杠 1 和螺母 4 之间的滑动摩擦转为滚珠与丝杠 1、螺母 4 之间的滚动摩擦。螺母螺旋槽的两端用回珠管 3 连接起来，使滚珠 2 能够从一端重新回到另一端，构成一个闭合的循环回路。

各类中小型数控机床普遍采用滚珠丝杠。

2. 数控铣床的程序简介

作为数控加工程序的代码体系，ISO（国际标准化组织）在 20 世纪 70 年代已将其标准化，

358

现代的数控系统均遵守该体系。由于数控铣床的联动轴增加,增加了 Y 坐标等,以下介绍其 NC 程序特点;举例如下。

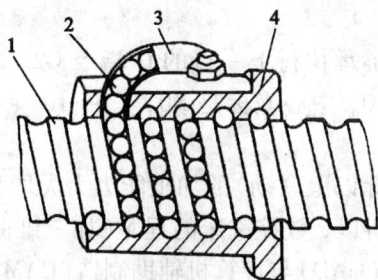

图 4 – 14　滚珠丝杠螺母机构

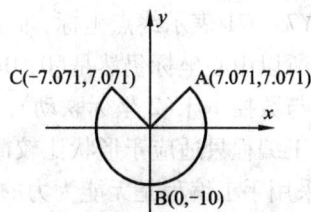

图 4 – 15　编程例图

O1234;

N1 G92 X0. Y0. Z5. ;

N2 M3 S1000;

N3 G0 Z20. ;

N4 X7.071 Y7.071;

N5 Z1. ;

N6 G1 Z – 1. F800;

N7 G2 X0. Y – 10. I – 7.071 J – 7.071 ;

N8 X – 7.071 Y7.071 J10. ;

N9 G1 X0. Y0. ;

N10 X7.071 Y7.071 ;

N11 G0 Z20. ;

N12 G0 X0. Y0. ;

N13 M02;

程序说明:

1)O1234 为程序名,程序名的命名规则是:以 O 开头,外加一串数字,程序的扩展名为. CNC,并遵循 DOS 环境下的 8.3 规则。

2)程序的每行结束标记为“;”。

3)G92 表示绝对值坐标编程方式。

4)程序按书写顺序执行,N 代表行号,后面的数字不代表执行顺序,指令与指令之间用空格隔开。

5)如果指令字后的数字为整数,后面仍然带小数点,但小数点后可以没有数字。

6)圆弧指令的坐标表达方式改变;如程序行 N7:

N7 G2 X0. Y – 10. I – 7.071 J – 7.071 ;

其中 G2 表示顺时针圆弧插补,X0. Y – 10.表示终点坐标,I – 7.071 J – 7.071 表示由起点到中心点的 X、Y 方向带符号距离,试观察 N4、N5、N6,可得出起点坐标为(X7.071、Y7.

071），有如下运算表达式：

中心坐标 $X = X_起 + L_X = 7.071 + (-7.071) = 0$

$Y = Y_起 + L_Y = 7.071 + (-7.071) = 0$

所以中心点的坐标为(0，0)。

7)在 N8 程序行中，没有 G 指令，说明本程序行继承执行上一行的 G 指令 G2，X-7. 071 Y7. 071 表示终点坐标，而起点坐标是 X0，Y-10，中心坐标是 X0，Y-10+10 = Y0，所以中心坐标仍然是(0，0)。

与数控车床(2 坐标联动)的相比，数控铣床(3 坐标以上联动)的加工能力大大增强，由于手工编程只适应于形状比较简单的二维加工编程，所以，数控铣床的程序(如三维曲面零件)采用手工编程是无能为力的，随着计算机辅助设计(CAD)与计算机辅助制造(CAM)技术的发展，交互式图形系统与 NC 编程集成在一起，编程人员可在 CAM 软件里直接建立零件的几何模型(当然也可以从其他 CAD 软件数据库中提取零件几何模型，如由 AutoCAD 生成的. dxf 文件)。然后再在 CAM 软件中定义刀具运动参数、CAM 软件对刀位数据文件进行后置处理，并由其生成 NC 程序，利用计算机接口将数据传送到机床的 NC 装置中，实现整个加工过程的无纸化和高度自动化。

目前市场上有多种 CAD/CAM 系统，典型的系统有 MasterCAM、AlphaCAM 等，它们的基本工作内容为：1)几何造型；2)刀具运动定义；3)数据处理；4)后置处理。

3. 数控铣床的操作方法

MV-5 数控铣床是一种典型的三坐标数控铣床，其操作方法如下：

数控铣床操作的内容包括：机床面板按钮和机床控制软件。其中，机床面板按钮的功能包括主轴正反转、主轴停止，冷却泵启停、机床工作与锁住、紧急停止、超行程复位。机床控制软件的功能包括调入和运行 NC 程序、仿真加工、原点设定、手动功能等等。

(1)开机：打开机床总电源开关，将钥匙插入面板开关，顺时针旋转打开计算机电源，此时计算机自动引导 DOS 操作系统，由于已经将机床控制软件的可执行程序放入 autoexec. bat 中，系统引导完毕自动运行机床控制软件，进入机床操作界面。按下"机床工作"按钮，电机通电，机床进入准备状态。

(2)机床控制软件简介：机床控制软件菜单结构如图 4-16。

软件运行后，默认进入自动方式，屏幕下方有 8 个亮条，对应自动方式的 8 个子菜单；

按[F1]~[F5]键可实现从"自动方式"到"管理方式"五种工作方式的切换。

按[1]~[8]键可以实现每个方式下的子菜单的切换。

其余程序执行附加功能：

按[F6] NC 程序运行；

按[F8] NC 程序单步运行；

按[9]程序暂停；

按[Enter](回车键)，执行当前输入的指令；

进给速度微调：

按[PageUp]每按一次，进给速度 F 按 5%向上增加。

按[PageDown]每按一次，进给速度 F 按 5%向下减少。

按[Home]每按一次，进给速度 F 返回编程速度。

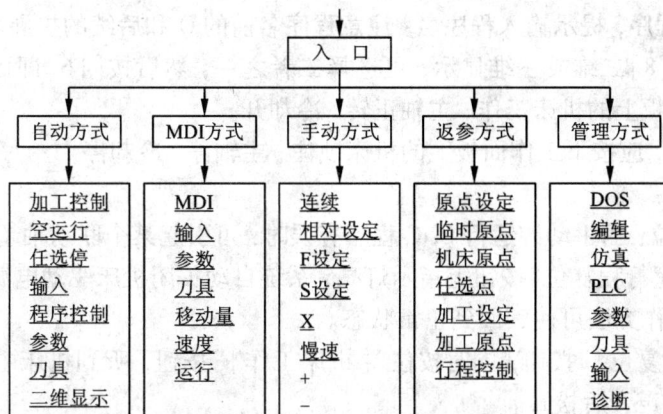

图4-16 铣床控制软件菜单

主轴速度微调：

按[Inset]每按一次，主轴速度按编程速度5%向上增加。

按[Delete]每按一次，主轴速度按编程速度5%向下减少。

(3)调入CNC程序并仿真加工：

将存有CNC程序文件(设文件名为01234.CNC)的磁盘插入软驱中；

按[F5]进入管理方式，按数字1回到DOS状态；

用DOS命令将A盘NC程序文件拷贝到C：\CNC目录卜；copy a：\01234.cnc c：\cnc\键入exit回到管理方式。

C：\CNC\exit

按数字键3选择仿真功能，提示输入程序名，输入1234并回车。(注意文件名前导字母O和扩展文件名.CNC可省略)，再提示二维或三维显示。选二维三维均可，再次回车后即可执行仿真加工；

执行仿真加工的目的是检验CNC程序的正确性，以便在工件加工前发现程序错误而及时修正，避免造成不必要的损失。

(4)对刀：对刀的目的是设定工件的原点，工件的原点应与编程时设定的原点应该大致相符。

首先应在仿真时观察机床下刀点，得到下刀点的大致位置，然后调出CNC程序仔细查看，在程序的开头一段，应该有这样一句：

N＊＊＊G0 Z－XX ；

其中N＊＊＊表示程序行号，G0是快速点定位指令，Z－XX表示Z方向下移的长度为XX，记下XX的数值备用，分号表示程序行结束标志。

然后进入手动方式(按F3)，用手动方式移动X、Y、Z三个坐标轴，启动主轴，使铣刀在下刀点附近轻轻接触工件表面，停止机床。

再按[F4]进入返参方式，按[4](任选点)，X、Y均为0，Z为刚才记下的长度XX，回车并按F6，将主轴向上抬高XX mm，按1(原点设定)，输入密码refret，并回车。

（5）运行 CNC 程序：运行 CNC 程序应在自动方式下进行（按［F1］），在自动方式下，再按［1］，选择运行程序，提示输入程序名：注意程序名前的 O 和后续的扩展名可不要，输入程序名后回车，再按［8］二维或三维显示，可选择二者之一，然后按［F6］即可运行程序，注意此前应按下工作面板上的机床工作、主轴正转、冷却开。

程序运行完毕，应按下工作面板上的机床锁住、主轴停、冷却停。

特殊情况处理：

（6）超行程复位：当手动或运行 CNC 程序有误时，可引起某个联动轴超出其行程，这时，铣床面板上绿色"超行程复位"按钮上指示灯亮，系统自动关闭机床驱动电源。不能执行任何动作。按照以下操作方法可使其回到正常状态。

按住"［超行程复位］"按钮，同时按住"［机床工作］"按钮，听到机床主机上发出轻微的"啪"继电器吸合的声音后松开。

按 F3 进入手动工作方式，按数字［5］一次或多次选择已超程的联动轴。

再次按住"超行程复位"按钮，同时按住"［＋］"或者"［－］"其中之一，使其朝超程的反方向运动，直至其退回到正常位置。

在自动或手动运行时，系统要检测 XYZ 轴的实际位置是否与发出的指令相符，若不符，则显示相应的轴报警。

这时，按［F4］进入返参方式，可见到：

$Xg = * * * . * * *$ $Yg = * * * . * * *$ $Zg = * * * . * * *$

$Xf = * * * . * * *$ $Yf = * * * . * * *$ $Zf = * * * . * * *$

若还显示 X SERVO ALARM，表示 X 轴报警，观察 Xg 和 Xf，可发现二者之间数值不相等。按照以下操作方法消除：

按"机床锁住"按钮，使伺服驱动电源断电；

按［F4］进入返参方式，按数字［4］（任选点），将 XYZ 分别按 Xf、Yf、Zf 的数值输入计算机，并回车，然后按下 F6 键，系统将在不打开驱动电源的情况下开始运行，待 Xg、Yg、Zg 与 Xf、Yf、Zf 相等后，再按"机床工作"按钮，即可进行其他正常操作了。

（7）关机：关机应在当前零件加工完后，或按下暂停键使系统暂停运行后进行。按"机床锁住"，使伺服系统和机床断电，然后用钥匙关断计算机电源，系统和机床即可全部停止运行。

4.2.5　数控加工中心

1. 数控加工中心概述

数控加工中心（machining center, MC）是由普通机床与数控系统组成的用于加工形状复杂、精度要求高的零件的高效率自动化机床。数控加工中心是从数控铣床发展而来的，与数控铣床相比，它们的相同点都是由机床主机、数控系统、位置测量与反馈系统、辅助控制单元、伺服系统、液压系统等部分组成的；它们的最大区别在于，数控加工中心具有自动换刀功能，扩大了加工中心的加工范围。数控加工中心通过安装在刀库上不同用途的刀具，可以实现在一次装夹中通过自动换刀装置改变主轴上的加工刀具，实现铣、钻、铰、镗、攻丝等多种加工。

（1）数控加工中心分类

数控加工中心一般按机床形态或换刀方式分类。

1）按机床形态分类

卧式数控加工中心 卧式数控加工中心的主轴轴线与工作台成水平布置（如图 4 - 17 所示），一般具有 3~5 个运动，常见的有沿 X、Y、Z 三个直线运动坐标和一个工作台回转坐标，它能够使零件在一次装夹中完成除安装面和顶面外的四个面的加工。卧式数控加工中心较立式数控加工中心的应用范围广，适合复杂的箱体、泵体、阀体类零件的加工，且排屑容易，对加工有利。但它的结构复杂，体积、重量大，安装时占地面积大，价格较高。

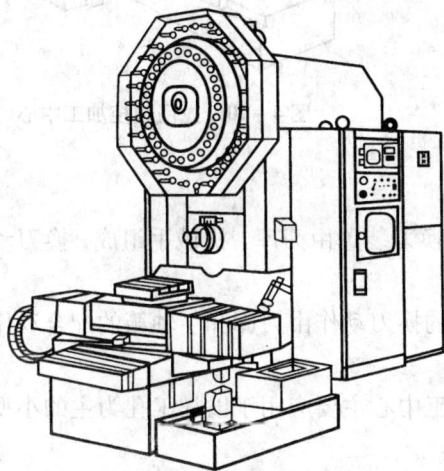

图 4 - 17 卧式数控加工中心

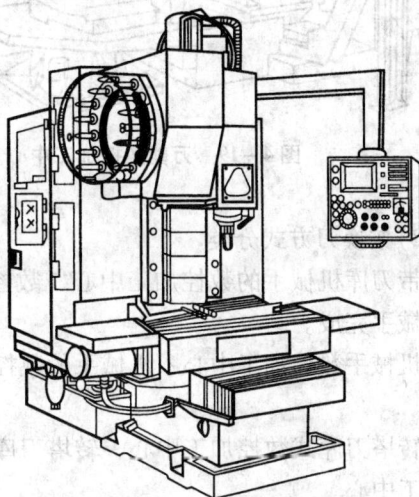

图 4 - 18 立式数控加工中心

①立式数控加工中心 立式数控加工中心的主轴轴线与工作台垂直（如图 4 - 18 所示），其结构形式为固定立柱，长方形工作台。一般具有沿 X、Y、Z 三个直线运动坐标，多用于简单的箱体、箱盖、板类零件等的加工。另外有的立式数控加工中心的工作台上可以安装一个水平轴的数控转台，可以完成螺旋线类零件的加工。立式数控加工中心工件装夹方便，便于操作，易于观察加工情况，但受到立柱高度及换刀装置的影响，不能加工高度太高的零件，在加工型腔和下凹的型面时切屑不易排出，严重时会损坏刀具，破坏已加工表面。立式数控加工中心的结构简单，体积、重量小，安装时占地面积小，价格低。

②万能数控加工中心 万能数控加工中心（如图 4 - 19 所示）集合了卧式、立式数控加工中心的特点，也称五轴加工中心，在零件的一次装夹中可以完成除安装面外的五个面上的所有加工。常见的万能数控加工中心有两种形式：一种是主轴可以旋转 90°；另一种是主轴不旋转，由工作台带动零件旋转；一次装夹可以完成多个面的加工，从而减少了由于重复安装带来的安装误差，加工效率和加工精度高。但万能数控加工中心结构复杂，造价高。

③数控龙门加工中心 与龙门刨床类似（如图 4 - 20 所示），其主轴多为垂直布置，除带有刀库外，还带有可更换的主轴头附件。数控装置的功能也较齐全，能够一机多用，特别适合于加工大型或形状复杂的零件。

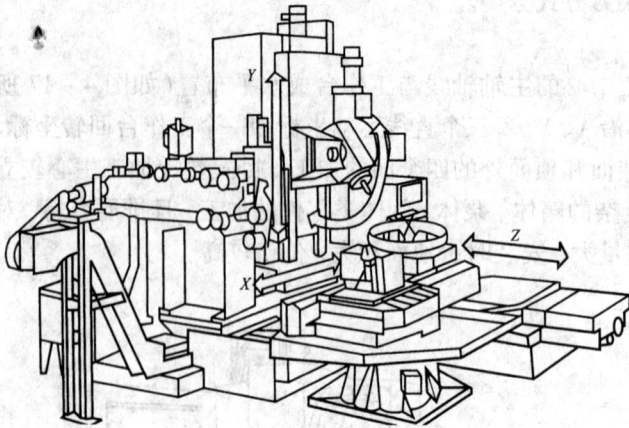

图4-19 万能数控加工中心

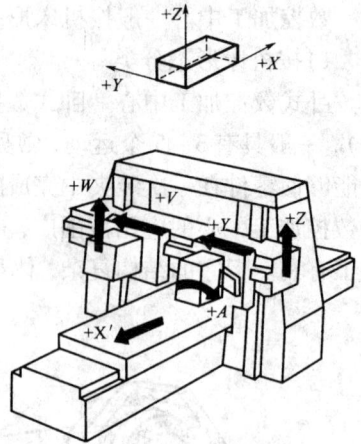

图4-20 龙门数控加工中心

2)按换刀方式分类

带刀库机械手的数控加工中心 数控加工中心换刀装置由刀库、机械手组成,换刀动作由机械手完成。

机械手数控加工中心 机械手的数控加工中心的换刀动作由刀库和主轴箱的配合动作来完成。

转塔刀库式数控加工中心 转塔刀库式数控加工中心主要应用于以加工孔为主的小型数控加工中心。

（2）数控加工中心的组成

数控加工中心有各种类型,外形结构各异,但总体结构基本相同,主要组成部分如图4-21所示。

1)基础部分

基础部分是数控加工中心的基本结构,它不仅要承受机床的静载荷,还要承受切削加工时的产生的动载荷,所以要求基础部分有足够强度和刚度。基础部分主要由床身、工作台、立柱三大部分组成,一般采用铸铁制造。

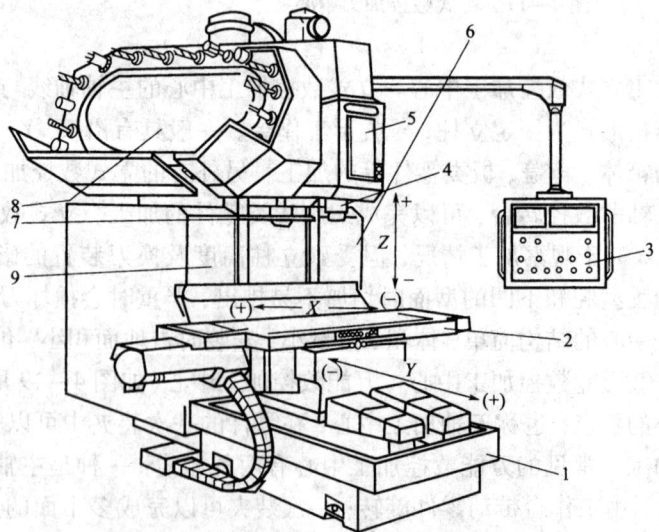

图4-21 加工中心的结构

1—床身;2—工作台;3—操作面板;4—主轴;5—主轴箱;
6—数控装置;7—机械手;8—刀库;9—立柱

364

2）主轴部件

主轴部件由主轴箱、主轴电机、主轴、主轴轴承等零部件组成。它是数控加工中心切削运动和切削力的输出部件，主轴的启动、停止；进给、变速、变向等动作均由数控系统控制。主轴的定位精度、进给精度、旋转精度是影响数控加工中心加工零件精度的主要因素。

3）数控系统

数控系统由数控装置（CNC）、可编程控制器、面板操作系统、伺服系统、位置测量与反馈系统等组成。数控装置是数控机床的核心，结合可编程控制器、面板操作系统可以完成信息的输入、存储、变换、插补运算以及实现各种功能；伺服系统是接受数控装置的指令，驱动机床执行机构运动的驱动部件，它包括主轴驱动单元（主要是速度控制）、进给驱动单元（主要是速度控制和位置控制）、主轴电机和进给电机等；位置测量与反馈系统由检测元件和相应电路组成，其作用是检测速度与位移，并将信息反馈给数控装置。

4）自动换刀系统

自动换刀系统由刀库、机械手等部件组成。数控系统发出换刀指令后，机械手从机床主轴上取下刀具，送回刀库；然后从刀库中取出所需的刀具，装到主轴孔内，完成换刀过程。

5）辅助装置

辅助装置包括润滑、冷却、排屑、防护、液压、气动、报警等系统组成。这些系统虽然不直接参与切削加工，但是对保障数控加工可靠运行起到不可或缺的作用，同时对提高数控加工中心的加工精度、加工效率起到重要的作用。

（3）数控加工中心的适应范围

数控加工中心适合加工形状复杂、工序要求多、精度要求高的零件。它的适应范围：

1）箱体类零件　如发动机缸体、变速箱箱体类零件上有很多孔系需要加工，且孔与孔之间或孔系与孔系之间都有同轴度、平行度、垂直度或位置度方面的要求，因此要求进行多工位孔系和平面的加工，定位精度要求高。在数控加工中心上加工时，一次装夹可以完成在普通机床上加工 60% ~95% 的工序内容，而且易于保证加工精度和位置精度。

2）复杂曲面类零件　如飞机、汽车外形，叶轮、螺旋桨、各种成型模具等由复杂曲面组成的零件，在数控加工中心上可以用球头刀具进行三坐标联动加工，加工精度高，但效率低。如果零件存在加工干涉或加工盲区时，就需要考虑采用四轴或五轴联动加工中心进行加工。

3）异形件　如手机外壳等外形不规则的零件，大多需要点、线、面多工位混合加工。异形件加工越复杂，精度要求越高，使用数控加工中心越能显示其优越性。

4）盘、套，板类零件　这类零件一般带有键槽和径向孔、安装止口等，端面分布有孔系；曲面的盘套类零件如带法兰的轴套，带有键槽或方头的轴类零件等；具有较多孔加工的板类或方形零件如阀体等。这类零件加工工序多，需要频繁更换刀具，在数控加工中心上加工就方便得多。

（4）数控加工中心工艺特点

1）加工工序集中，生产效率高，由于数控加工中心加工过程是自动进行的，且机床具有自动换刀、不停车自动变速和快速空行程等功能，一次装夹可完成多道工序的加工和多个面的加工，使加工时间大大减少。特别适合于周期性重复投产的零件的加工。有些产品的市场需求具有周期性和季节性，如果采用专门的生产线代价太高，采用普通机床加工效率太低，质量不稳定，交货期也难以保证。而采用数控加工中心加工，只要首件产品第一次试切后所有的加工程序和相关的生产信息度可以保留下来，下次再生产时只需很少的准备时间就可以开始生产。

2)能稳定地获得高精度，数控加工时人工干预减少，可以避免人为误差，且机床重复精度高。在一些设备中的某些关键零件，要求精度高，采用普通设备加工需多台机床协调工作，不仅周期长、效率低，而且各种机床间的协调需人工干预，难免造成安装误差，甚至产生废品，造成重大经济损失，影响生产。

3)加工能力提高，使用数控加工中心可以很准确地加工出曲线、曲面、圆弧等形状非常复杂的零件，因此，可以通过编写复杂的程序来实现常规加工方法难以加工的零件。四轴、五轴联动的数控加工中心的应用以及 CAD/CAM 技术的成熟发展，使加工零件的复杂程度大大提高，DNC 的使用使同一程序的加工内容足以满足各种加工要求，复杂零件的自动加工变得很容易。

4)便于生产管理现代化，用数控加工中心加工零件，能够准确计算出零件的加工工时，并能有效地简化检验、工装夹具和半成品的管理，这些特点有利于使生产管理现代化。而且现在运用的许多 CAD/CAM 集成软件都已开发了生产管理模块，实现了计算机辅助生产管理。

5)操作者劳动强度低，在数控加工中心上加工零件都是按照事先编好的程序自动完成的，工人除了操作键盘、装卸零件、关键工序的中间测量以及观察机床的运动外，不需要进行繁重的重复性手工劳动，劳动强度和紧张程度都可大为减轻，劳动条件也得到极大的改善。

2.数控加工中心数控系统简介

数控加工中心数控系统主要由数控(CNC)装置和控制面板组成。

如图 4-22 所示，数控装置是数控加工中心的控制核心，是一台专用的计算机，它配置的操作系统是控制各执行部件(运动轴)的位移量并使之协调运动，而不是普通意义上进行文档处理和科学计算的计算机。在数控装置的专用计算机中，除了与普通计算机一样配置了CPU、存储器、总线、输入/输出接口外，还配置了专门适合机床各执行部件运动位置控制的位置控制器；数控装置的存储器一般由 ROM、RAM 构成，而普通计算机则由内存和外存构成；在数控装置中一般将显示器(CRT)和机床的操作面板设计在一起，便于实现手动输入(MDI)；将 CPU、存储器、位置控制器、输出接口等设计在一起，构成数控(CNC)装置。

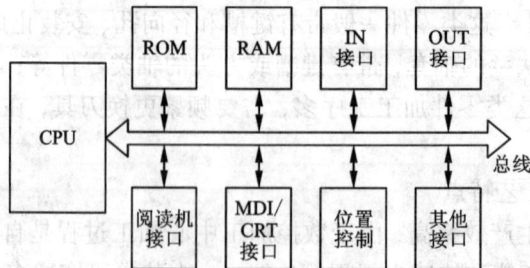

图 4-22　CNC 装置的硬件构成

目前世界上比较通用的数控加工中心的数控系统主要有 FANUC、FAGOR、SIEMENS、三菱等。

MVP – 8、OMINIS1270 数控加工中心是采用三菱数控系统的数控加工机床。其外形如图 4 – 23 所示。

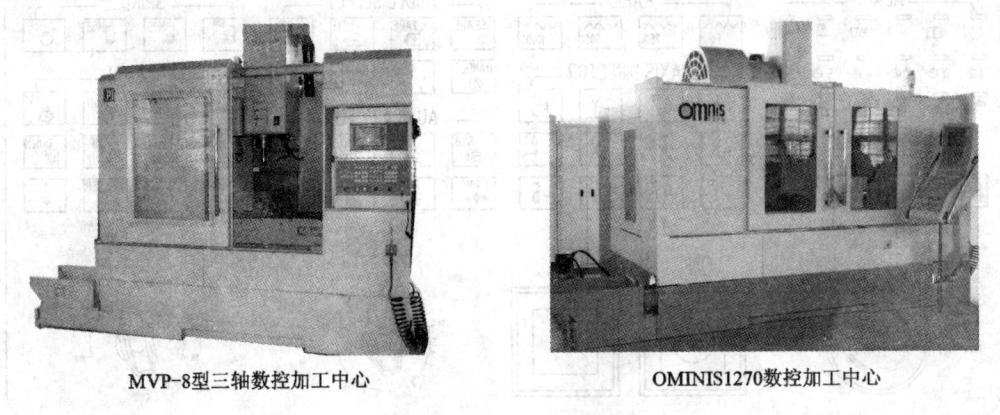

MVP-8型三轴数控加工中心　　　　　　OMINIS1270数控加工中心

图 4 – 23　数控加工中心

　　数控系统中的控制面板是操作人员控制、操作数控加工中心的主要界面。数控系统控制面板一般由 MDI 面板(Manual data – input)和机床操作面板(Operator Panel)两部分组成。其中 MDI 面板由键盘和显示器组成，主要用于手工程序的输入、编辑等；机床操作面板主要用于手动方式下对机床的操作以及自动方式下对机床的控制。各种数控系统的控制面板是不相同的，但都有其共性和相似之处，下面我们以 MVP – 8 数控加工中心为例介绍三菱数控系统的控制面板。

　　MVP – 8 机床主机控制面板如图 4 – 24 所示，面板上包括 CRT 显示屏，NC 程序输入、编

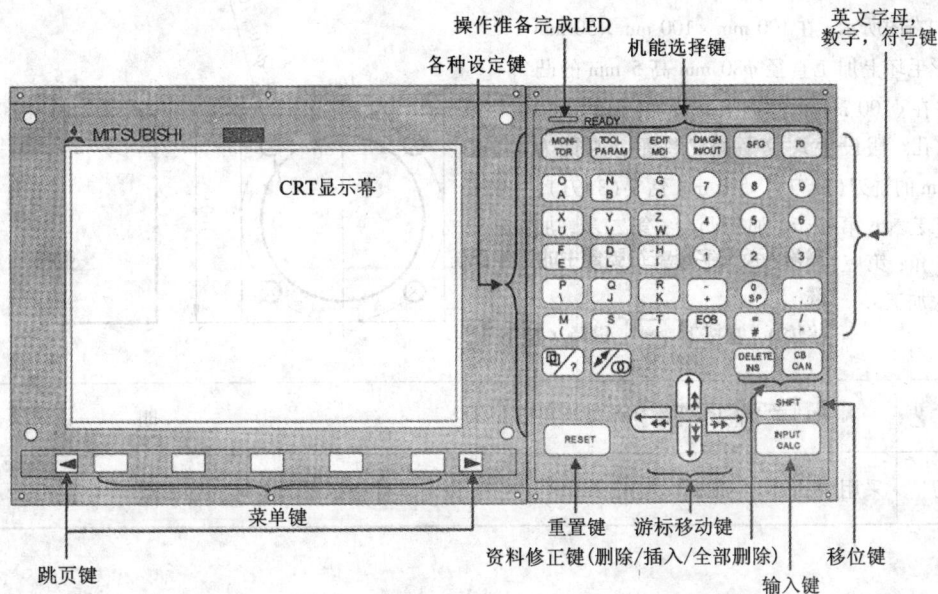

图 4 – 24　数控加工中心机床主机控制面板

辑区、各种设定、机能选择键等等。

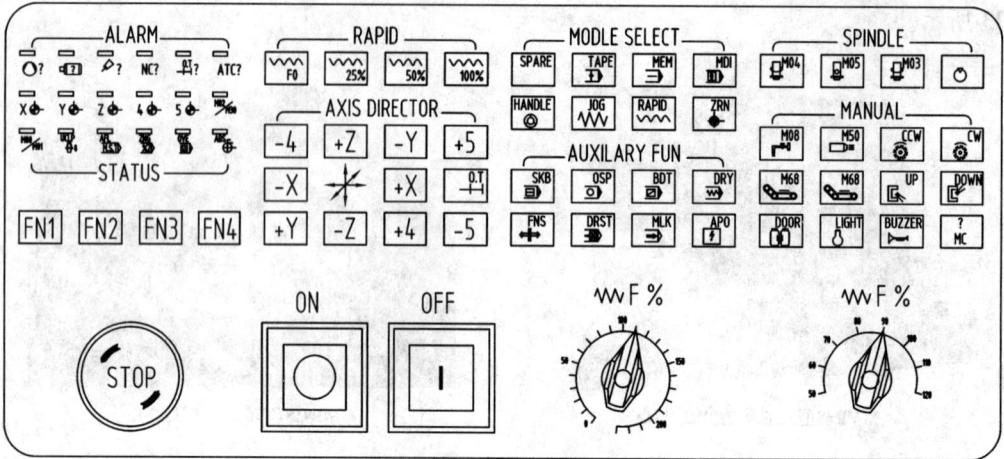

图 4 – 25　数控加工中心机床控制面板

MVP – 8 机床操作面板如图 4 – 25 所示，面板上包括开关、报警指示灯、机床状态指示、机器控制、模式开关、循环控制等。主要控制加工过程中机器的一些辅助动作，如冷却液、吹气、排屑等。

OMINIS1270 数控加工中心的控制面板与 MVP – 8 数控加工中心的控制面板的内容相同，只是个别功能区域的布置有所差别。

3. 手动编程实例

如右图所示，在 100 mm × 100 mm × 50 mm 的方形毛坯上加工直径 φ80 mm 高 5 mm 的凸台，并在 φ100 mm 的圆周上加工 4 – φ10 深 10 mm 的孔。假设毛坯上平面已铣平，刀具为 φ10 mm 的铣刀（1#刀），φ10 mm 钻头（3#刀），加工工艺为：第一步，加工凸台；第二步，加工四个角；第三步，钻孔。其中第一、第二步分两次加工。

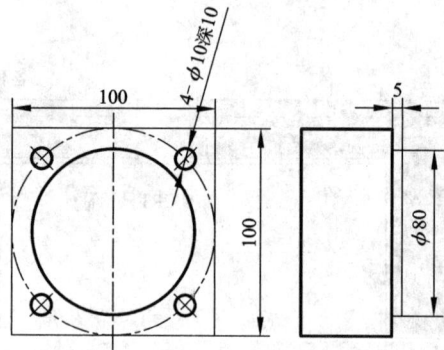

加工工艺	程　　序	说　　明
对刀	采用手动对刀（演示）	设定工件坐标系为毛坯的中心点

368

加工凸台	G90 G40 G80； G54 X0 Y0； M06 T1； M03 S1500； G43 H01 Z10.； G41 D01； G00 X－52.　Y－52.；Z－2.5 G01 X－40 F1000； G02 I40.； G00 Z5.；X－52.　Y－52.；Z－5； G01 X－40. F1000； G02 I40； G00 Z5.；X－46.　Y－56.； G40；	使用绝对坐标方式，取消刀补，取消固定循环 将工作台移到工件坐标系原点 换取 1# 铣刀 启动主轴正转，转速 1500 r/min 刀具长度补偿，将主轴定位至离工件 10 mm 高度处 设定刀具半径补偿 将工作台移动到加工起始点 直线加工至 ϕ80 圆的起点 加工 ϕ80 的圆 返回加工起始点，并定位到第二次加工起点 直线加工至 ϕ80 圆的起点 加工 ϕ80 的圆， 凸台加工完成，定位至清角加工的起始点 取消刀补
清角	G01 Z－2.5；Y56.；Y46.；X56.；X46.； 　　Y－56.；X－48.； G00 Z5.；X－46. Y－56.；Z－5.； G01 Z－2.5；Y56.；Y46.；X56.；X46.； 　　Y－56.；X－48.； G00 Z5.；X－48. Z－2.5； G02 I48.； G01 Z－5.； G02 I48.； G00 Z5.；X0 Y0 Z0； M05；	沿毛坯周边第一次加工 退刀，定位至第二次加工起始点 沿毛坯周边第二次加工 退刀，定位至第一次加工余下角上起始点 沿 ϕ96 圆周切削 定位至第二次加工余下角上起始点 沿 ϕ96 圆周切削 清角完成，返回原点 主轴停止
钻孔	M06 T3； M03 S500； G43 H03 Z10； G91 G81 Z－20 F100； G90 G34 X0 Y0 I50. J45. K4 M30；	换 3# 刀（钻头） 主轴正转 500 r/min 刀具长度补偿，将主轴定位至离工件 10 mm 高度处 钻孔固定循环 ϕ100 圆周钻 4 个孔，起始孔与 X 轴成 45° 程序结束，自动关机

4. 数控加工中心自动编程

在实际生产过程中，要求根据零件和毛坯的技术要求以及加工工艺要求，编译好 CNC 加工程序，对于简单结构的零件，可以采用手动编程的方式编制 NC 加工程序，但对于结构形状复杂的零件，特别是一些带有曲线、曲面的零件编程过程就必须进行大量的坐标运算，采用手工编程就不现实，这时就需要采用有关的 CAM 软件来编译 CNC 程序。

随着计算机辅助设计（CAD），计算机辅助制造（CAM）技术的发展，现在可用于自动编程的 CAM 软件主要有 AutoCAD、Solidworks、ProE、UG、MasterCAM、Cimatron。其中 AutoCAD、Solidworks、ProE、UG 等主要以造型为主，而 MasterCAM、Cimatron 等是基于模具和机械制造开发的，所以我国加工制造采用 MasterCAM、Cimatron 的比较多。下面简单介绍 Cimatron 自动编程的方法。

（1）CNC 程序的产生

用 CAM 软件进行数控编程时，首先是根据零件模型设置加工参数，包括刀具参数、刀路参数、加工工艺、机床参数等，然后计算出刀具路径轨迹，通过后处理器将刀具路径轨迹转换成 G/M 代码的数控程序，即 NC 程序。

从数控编程过程可以看出，刀具路径轨迹的产生过程与特定的数控机床无关，所以特定的数控机床并不能识别 CAM 软件生成的 NC 程序。这就需要把由 CAM 软件生成的 NC 程序转变为数控机床能够识别的 NC 程序，这个转换过程称为后处理。后处理实际上是一个文本编辑处理的过程，就是将计算出的刀具路径轨迹以规定的标准格式生成 NC 代码并保存。不同的后处理器生成的 NC 程序都会有所不同，而且不同的数控机床所接受的 G/M 代码也有所区别，一般用 CAM 软件生成的 NC 程序都不能直接进行加工，还需要根据特定的数控机床作适当的修改。

（2）Cimatron E8.0 编程基础

Cimatron E8.0 NC 编程的工作界面比较直观和人性化，NC 编程模块的工作界面和零件模块的工作界面可以自由互相切换进行操作，灵活性非常强，极大地提高了模型修改和编程加工的效率。

1）进入编程加工界面

Cimatron E8.0 进入 NC 编程的工作界面有三种方法：新建文档法，输出法，转换法。其中新建文档法是传统的进入编程加工界面，下面就新建文档法进入 Cimatron E8.0 NC 编程的工作界面简单介绍。

在 Cimatron E8.0 软件的初始界面双击【新建】图标，进入【新建文档】对话框，选择编程选项，就进入到编程加工的工作界面（如图 4 - 26 所示）。

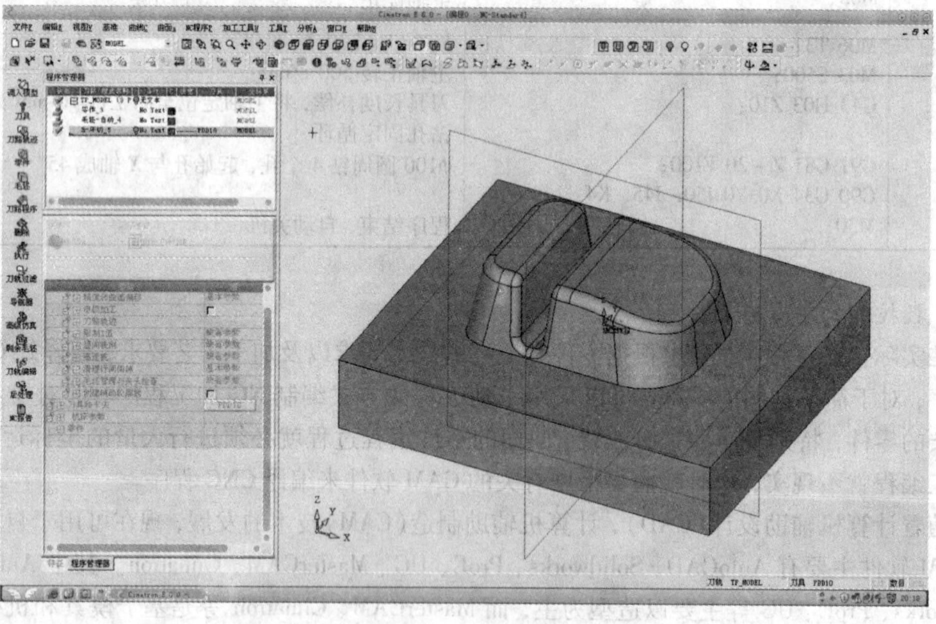

图 4 -26　Cimatron NC 编程加工工作界面

新建文档法有两种创建加工模型的方法，一种是将现有的三维模型通过导入模型功能调入到当前文档创建刀具路径，使用该方法必须事先建立好模型。另一种是切换到 CAD 模式中创建模型，再返回到 CAM 模式中创建刀具路径，使用该方法可以完全没有模型，直接用

370

CAD 模块创建模型后进行加工。

　　2）CNC 编程的操作流程

　　①导入模型

　　将一个已完成的 CAD 零件模型调入到 CAM 编程加工环境中进行编程加工，在图 4 - 26 中左边工具条上点选第一个图标，按照弹出的对话框，选取要编程的文件打开即可。

　　②定义刀具

　　刀具是进行数控编程加工的工具，定义刀具就是定义一些在加工中必须使用到的刀具。定义刀具可以设置刀具的名称、编号、类型以及刀具的参数值，还可以设置刀具卡头参数，借以检验刀具卡头是否与工件发生干涉。在定义刀具时应充分考虑被加工工件的结构大小，合理地选用刀具类型和大小，数控加工中心常用的刀具类型有球刀、环形刀、平底刀、钻头等几种类型。

　　③创建刀路

　　创建刀路用于创建一个刀具路径程序组，一个刀路可以包含一个或多个加工程序，这些程序都在同一个指定的加工坐标系下，也就是说刀具路径程序组实际上相当于一个用来放置加工程序的文件夹。在实际加工中，刀具路径程序组一般会以加工工艺及刀具大小进行划分，即创建一个刀具路径程序组作为粗加工的刀路，然后将所有粗加工的刀路程序放在该刀具路径程序组。继续创建另一个刀具路径程序组作为精加工的刀路，然后将所有精加工的刀路程序放在该刀具路径程序组。在图 4 - 26 上点选创建刀路后，左边工具条所有项目变成亮显。

　　④创建零件

　　创建零件是创建与参考模型一致的零件，表示加工后理想状态下的最终产品，主要用于零件实际加工结果与理想状态的比较，分析是否有余量或过切。创建零件是我们可以选择导入的整个模型，也可以选择导入模型某个或几个几何要素，如果选择的是整个模型，则创建的刀路对整个零件进行加工，如果选择的是几何要素，则创建的刀路只对选择的几何要素进行加工。

　　⑤创建毛坯

　　创建毛坯是创建一个用于加工的原始毛坯，它在加工中起到限制刀具运动的范围作用。原始毛坯可以定义得与零件实际毛坯一致，但必须建立毛坯模型；也可以直接使用 Cimatron E 中的限制盒虚拟毛坯。Cimatron E 自动默认前一个刀路加工完成后的形状为下一个刀路加工的毛坯形状。即在一个加工中只要定义一次毛坯，粗加工后的零件自动作为精加工的毛坯。

　　⑥创建程序

　　创建程序是 CAM 编程加工的核心内容，生成加工程序以及对加工程序各种参数的设置都在这一步内完成。创建程序中包含了实际加工中所需的各种加工方式，即确定零件加工的工艺。主选择有体积铣、曲面铣、局部精细加工、流线铣、轮廓铣、2.5 轴、钻孔、连刀程序、5 轴航空铣等等，子选择根据主选择的选项不同其下拉式菜单随之变化，包含了数控加工所有的切削方式。创建程序时可以根据实际加工工艺的需要在上述方式中任意选用，也可以重复选用，最终加工出符合要求的零件。

　　设置刀路参数是数控编程加工程序中的重要内容，刀路参数是指刀具路径的各种细节参数，主要包括进刀和退刀、安全平面、进刀和退刀点、边界设置、精度、曲面偏移以及刀路轨迹等。刀路参数对话框如图4-27所示。刀路参数设置得合理与否将会影响到工件加工质量的好坏，包括加工后的表面质量、加工效率、刀具寿命、程序的安全性等，所以编程人员一定要掌握其设置方法和技巧。

创建程序时还需要设置机床参数，机床参数包括主轴转向和转速、进给速度、刀具直径补偿、切削液控制等。机床参数对话框如图4-28所示。合理的机床参数是保证加工效率的有效的途径之一，其设置的依据是根据被加工件材料和选用的刀具综合考虑。在Cimatron E中，几乎所有的加工方式机床参数设置都是相同的，只是某些加工方式的机床参数不包含部分选项。

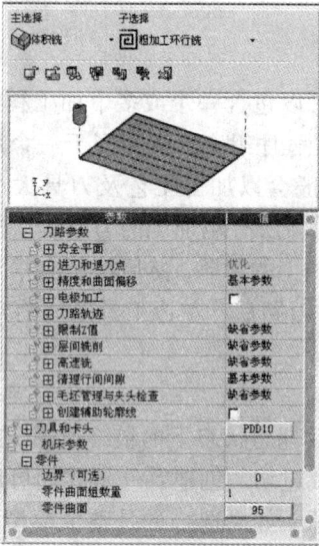

图4-27　设置刀路参数界面

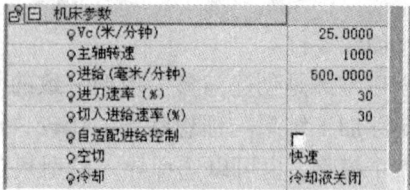

图4-28　设置机床参数界面

⑦执行程序

执行程序是对已有的刀路程序重新计算，用于一些编程时只保存还没有计算以及一些修改了刀路参数和工艺参数的刀路程序的计算。

⑧模拟仿真

模拟仿真是对编制好的刀路程序进行刀路轨迹的模拟，检验刀路轨迹是否符合实际加工的要求，是否发生过切现象等。通过模拟仿真可以提高程序的安全性和合理性，模拟仿真以不到实际加工1%的时间且不造成任何损失的情况下检查零件加工的状况，从而减少出现错误，提高加工效率。

⑨后置处理

后置处理即后处理配置文件，主要用来将由CAM软件生成的NC程序转换成数控机床能够识别的NC程序。后置处理根据特定的数控机床和数控系统的具体情况进行修改，从而制定出符合特定数控机床专用的后处理文件。

372

5.数控加工中心的操作

①DNC 在线加工

DNC 在线加工是利用计算机中现有的 DNC 程序,在数控机床主机上调用来加工零件。其操作步骤如下:

在计算机上,双击"CIMOOEDIT"软件,在图标栏中选择文件菜单,打开所需加工的 DNC 文件,再选择机床通信,选择机床后确定。计算机上操作完成。

在机床上,先将进给速度调到"0",选择"TAPE"模式,再将机床显示屏切换到"MONITOR"以便观察加工进程,按"CYCLE START"按钮开始执行程序,调节进给速度观察机床动作。

②以太网络加工

以太网络加工是利用远程计算机控制数控机床加工零件的方法,其操作步骤如下:

在计算机上,打开 SERV – U32.EXE 软件(运行 FPT 软件)。

在数控机床上,选择"DIAGN IN/OUT",在主机显示屏上按菜单键找到并选择"HOST",在显示屏上找到并选择"A CHOICE",选择要运行的文件,在主机控制面板上按"INPUT"键,显示屏上按"返回键",输入"7",按"INPUT"键,按"返回"键,选择"IC CARD",输入"4 + 程序名",按"INPUT"键,待显示屏显示"呼叫完成",就已经实现了远程程序调入。再将机床显示屏切换到"MONITOR"以便观察加工进程,按"CYCLE START"按钮开始执行程序,调接进给速度观察机床动作。

4.2.6　数控雕铣

1.数控雕铣简介

数控雕铣机(CNC engraving and milling machine)是数控机床的一种,它是一种既可以完成雕刻,又可以完成铣削的加工设备。特别适合于加工一些形状复杂、立体感强烈的工件,如字体、雕像等。与数控铣床和加工中心比较,雕刻机的优势在雕,是使用小刀具、高速主轴电机的数控机床,在加工硬度比较小的软金属和非金属材料方面具有比数控铣床和加工中心更大的优势。

数控雕铣机的工作原理是:工作过程时,由扫描头中的光源通过透镜照射到原稿的扫描滚筒上,其不同的反射光量通过光电倍增管转换为电信号和虚光蒙版信号,经混合与机器的标准信号比较后输出。再经过信号参数转换、串并联交换、层次选择和磁芯储存器及通道选择,作层次修正、参数转换,进入图像处理和信号输出放大后驱动电子雕刻头,对凹版滚筒进行雕刻,形成与原稿相对应的凹印版面。电子雕刻机工作时,原稿滚筒和雕刻滚筒同步运转,同时,雕刻系统沿着滚筒轴向移动,用尖锐的钻石刀在雕刻滚筒上按信号雕刻出网穴。雕刻系统由扫描系统通过计算机来控制,铜滚筒上形成的穴网,是计算机中附加信号生成的,该信号能使刻刀连续有规则地振动。网穴的大小及深度由原稿的密度来决定,被扫描原稿的密度和被刻出的网穴深度之间的数量关系,可以在计算机上调整。

2.数控雕铣的工艺特点

1)数控雕铣机适合于加工形状极为复杂、层次分明、立体感强烈的零件,如汉字、浮雕等加工,比采用数控中心加工具有无可比拟的优势。在招牌制作、字体雕刻、浮雕造像等行业有广泛的应用。

2）数控雕铣机使用小刀具。一般小刀具的刀头都是针状，刀具直径可以到毫米级以下，在浮雕雕刻中一些细小的纹路都可以清晰地体现。

3）数控雕铣机主轴速度高。数控加工中心主轴转速一般为 0 ~ 8000 r/min，数控雕铣机最常见的主轴转速为 0 ~ 24000 r/min，高速数控雕铣机最低 30000 r/min。雕刻机主轴速度一般与雕铣机相同，用于高光处理的雕刻机可以达到 80000 r/min。高速数控雕铣机的主轴采用气浮主轴而不是一般的电主轴。

4）数控雕铣机适合于加工余量少、硬度比较小的软金属和非金属材料的工件加工。加工中心用于完成较大铣削量大的工件的加工，大型的模具，硬度比较高的材料，也适合普通模具的粗加工。雕铣机用于完成较小铣削量、小型模具的精加工，适合铜材、石墨等的加工。低端的数控雕刻机则偏向于木材、双色板、亚克力板等硬度不高的非金属板材的加工，高端的数控雕刻机适合晶片、金属外壳等抛光打磨等加工。

5）数控雕铣机加工精度高，能稳定地获得高精度。

3. 数控雕铣机的结构

数控雕铣机由控制系统和雕铣机主机组成。数控雕铣机的控制系统一般有两种类型，工业控制计算机（上位机）和嵌入式 DSP 控制系统（下位机）。工业控制计算机具有良好的扩充性（可与其他的雕刻机和计算机联网）、强大的计算处理能力等优点；而嵌入式 DSP 控制系统具有体积小、操作简便等特点。雕铣机主机一般采用龙门卧式结构，如图 4-29 所示。

图 4-29 OMS-30-25 型双曲面 CNC 精密雕铣机

4. OMS-30-25 型双曲面 CNC 精密雕铣机使用简介

（1）OMS-30-25 型双曲面 CNC 精密雕铣机主要技术参数

XYZ 轴工作行程： 2.5 m × 1.3 m × 0.16 m

主轴转数： 3000 ~ 24000 rpm

刀具直径： $\phi 3.175 ~ 12$ mm

最大运行速度： 伺服 25 m/min

最大雕刻速度： 伺服 8 m/min

冷却方式： 主轴精确恒功率变频风冷

特点：工作台采用六分区真空吸附平台，可吸附材料，无须装卡，六分区既可独立工作，又可组合工作。本机具有断点、断刀、续雕功能，支持多点任意位置进行雕刻。

（2）精雕编程

OMS－30－25 型双曲面 CNC 精密雕铣机曲面雕刻机使用 JDPaint5.19 自动数控编程系统，可以使用 3D 图像、照片等电子文档，经软件处理成灰度图。再经过工艺路径、参数设置自动生成 CNC 程序。运行相应的 CNC 程序即可进行相关的雕铣加工。

灰度图是可生成 CNC 程序的一种图形文件，它是把白色和黑色之间按对数关系分为若干个等级（一般为 256 阶），由不同阶灰度组成的图形就称为灰度图。不同的灰度在数控处理中处理成不同的高度，这就形成了雕铣中的立体图像。

精雕编程流程：

打开 JDPaint5.19 程序，在其界面上按表4－5所示的步骤进行选择和参数设置。其中表格的第二列在界面左侧工具栏选取，第三列在界面上方工具栏选取，第四列为下拉菜单选项和参数设置弹出菜单选项或设置选项。

表 4－5　精雕编程流程

序号	工具栏选项	工具栏选项	选项和参数设置
1	选择工具	文件	输入点阵图像→从我的电脑 D 盘中选择精雕灰度图
2		变换	设置缩放比例→确定尺寸（即加工区域）
3		艺术曲面	图像纹理→位图转换网格→选取图→白（黑）色最高→曲面高度→确定（注：如选择白色最高为凸雕，黑色最高为凹雕，设置曲面高度即最大雕刻深度，实习设置为 3 mm）
4		显示模式（几何曲面下方）	渲染→显示→选取图
	虚拟雕塑工具	模型	截取模型→划图→右键重复命令→截取模型→删除原始图形→选取画图的线条
	选择工具		选取图
		变换	设置尺寸大小→确定
	选择工具	艺术曲面	网格重构→选择曲面→边界余量→确定
5	虚拟雕塑工具	效果	磨光→整体磨光
6	选择工具	变换	3D 变换平移→选取图 Dz(－2.99)→删除原始图形→确定→选取图像
7	虚拟雕塑工具	模型	调整步长(0.05)→确定
8	选择工具		选取图
9		刀具路径	曲面雕刻→曲面雕刻路径参数确定→计算曲面雕刻路径→选取图
10		刀具路径	输出刀具路径→保存桌面→文件版本 EN3D4X→拾取二维点（零件左下方角点）→确定

续表

序号	工具栏选项	工具栏选项	选项和参数设置
11		Ncsevver	CNC 文件头尾设置删除→生成→将粗加工和精加工 CNC 程序分开保存并命名
12	选择工具	变换	缩放→切割尺寸大小
		刀具路径	轮廓雕刻
		刀具路径	输出刀具路径

（3）雕刻加工

RZNC0501 DSP 控制器面板如图 4 – 30 所示，分为菜单显示区和按键区。显示区显示设置参数、运行数据、功能选项等，按键区可以控制机床运行，调用程序，输入设置参数和调整运行参数。各键功能见表 4 – 6。

图 4 – 30 RZNC0501 DSP 控制器面板

表 4 – 6 RZNC0501 DSP 控制器按键功能

X+ 1▲	X 轴正向移动、菜单的上移动选择、数字 1 的输入
X- 5▼	X 轴负向移动、菜单的下移动选择、数字 5 的输入
Y+ 2∧	Y 轴正向移动、加工倍率的调整、数字 2 的输入，菜单中不同选项属性的选择、向下翻页
Y- 6∨	Y 轴负向移动、雕刻速度减速调节、数字 6 的输入，菜单中不同选项属性的选择、向上翻页
Z+ 3	Z 轴正向移动、数字 3 的输入、加工过程中增加主轴转速

续表

Z - 7	Z 轴负向移动、数字 7 的输入、加工过程中降低主轴转速
XY-0 4	设定 X 轴、Y 轴的工作零点、数字 4 的输入
Z-0 8	设定 Z 轴的工作零点、数字 8 的输入
回零 HOME 9	手动状态时各轴回机床零点、数字 9 的输入
归零 ORIGIN 锁定 OK	各轴回工作零点和各种选择、输入、操作的确定
高速/低速 HIGH/LOW 0	手动状态时主轴高速/低速移动的选择、数字 0 的输入
手动模式 MODE	手动移动，连续、步进方式选择
轴启/轴停 ON/OFF ·	手动状态时主轴启动或停止、小数点的输入
运行/暂停 RUN/PAUSE 删除 DELETE	运行雕刻加工、暂停加工、对输入数字进行删除
STOP 取消 CANCEL	进入手动高低速的调整，加工过程中终止加工和各种选择、输入、操作的取消

雕刻加工操作：

a. 安装工件　将被加工工件（一般为板材）放置于机床工作平台上，打开对应工件放置区域的阀门，工件将会被吸附在工作平台上。

b. 对刀　X、Y 轴原点设置，将 X 轴、Y 轴分别移动到加工工件的起始加工位置，将显示区 X、Y 后的数值归零；Z 轴自动对刀，将 Z 轴移动控制在离工件上平面约 20 mm 高度，同时按住菜单＋轴启/轴停键约 2 s，这时主轴缓慢向下移动，放置对刀块（对刀块高度 15 mm），当刀具接触到对刀块后主轴自动回位，对刀块的高度在加工时机床会自动消除。

c. 启动机床　按轴启/轴停键，主轴旋转。主轴转速分为 7 挡，起始加工时一般处于低挡，在加工完一个循环后可通过 Z ＋、Z － 键调整主轴速度。

e. 选择文件　有两种方式可以进行选择，读取 U 盘中的 CNC 文件和 DSP 控制器内部文件。选择文件后按确认键。

d. 进入加工

注意雕刻加工时一般须把粗加工和精加工分开进行，粗、精加工时使用不同的刀具。加工完成后还要运行一次切割程序，将加工好的零件切割下来。

（4）区域加工

区域加工是指在 CNC 程序中可以实现从任意行号开始，到任意行号结束的加工方式。在加工过程中，如果发生断刀、断电等非正常情况，为了节省加工时间，等换好刀具或来电后，可以设定从事故发生时的行号开始进行加工。对于有些零件，如只需要对某一部分进行加工，可以使用区域加工功能只对需要的部分进行加工。

具体操作如下：按轴启键—高速/低速＋运行键，选择区域加工；

确定需加工的文件；

按删除键，跳转到开始加工的行号；

按确定键，跳转到结束加工的行号；

按确定键，开始加工。

（5）阵列循环加工

在同一个零件加工数量较多时可以采用阵列循环加工方式，将零件分成多行多列排列，在一次操作中成批加工。

具体操作如下：在 RZNC0501 DSP 控制器菜单中选择高级加工配置，在以下选项中配置相应参数：

阵列行数；

阵列列数；

行距；

列距；

按轴启键，同时按高速/低速＋运行键；

选择阵列重复加工，开始加工零件。

（6）切割

零件加工完成后，需将加工后的零件从板材上切割下来，零件切割下来的形状可根据要求设计成各种形状，如方形、圆形、椭圆形等。

切割时保持原加工件的 X、Y 轴原点不变，重新设置 Z 轴原点。Z 轴原点可根据板材厚度，以切割到工作台表面退出工件的厚度为原点。采用前面介绍的对刀方法重设 Z 轴原点，按照表 4－4 介绍进行切割加工。

4.3 特种加工

4.3.1 概述

特种加工是直接利用电能、电化学能、声能、光能或热能等能量，或选择几种能量的复合形式对材料进行加工的一类方法的总称。其加工的实质与传统的切削加工完全不同。它的产生和发展解决了一些特殊性能材料及某些复杂结构零件、超小型零件、超精密零件的加工问题。

特种加工是切削加工方法的发展和补充，是近几十年发展起来的机械加工领域的新技术、新工艺。

1. 特种加工技术的发展及工艺特点

自 20 世纪中叶以来，由于材料科学和高新技术的迅猛发展、激烈的市场竞争、国防及尖端科学研究的需要，不仅产品更新换代日益加快，而且要求具有很高的强度重量比，并正朝着高速度、高精度、高可靠性、耐腐蚀、高温高压、大功率及尺寸大小两极分化的方向发展。因此，各种新材料、新结构、形状复杂的高精密机械零件大量涌现，给制造业提出了一系列迫切需要解决的新问题。当材料的硬度高，零件的精度要求高，零件的结构过于复杂或零件的刚度较差时，传统的切削加工就显得难以适应。生产中一旦提出了需要解决的新问题，就必然有人进行研究和探索。直到 1943 年，前苏联的拉扎连柯夫妇在研究开关触点遭受火花放电时的腐蚀损坏的现象和原因时，从火花放电时的瞬时高温可使局部金属熔化、汽化而蚀除的现象，顿悟到创造一种全新的加工方法的可能性，继而深入进行研究，最终发明了电火花加工的新方法，采用较软的工具即可加工高硬度的金属材料，从而首次摆脱了常规的切削加工，直接利用电能和热能去除金属，达到了"以柔克刚"的效果。继发明电火花加工之后，人们又不停顿地进行研究和探索，相继发展了一系列的特种加工新方法，如电解加工、电铸加工、超声波加工和激光加工、电子束和离子束加工等，迄今为止已有 20 多种，从而开创了特种加工的广阔领域。

与传统的切削加工相比，特种加工具有下列特点：

1）工具材料的硬度可以大大低于工件材料的硬度；

2）可直接利用电能、电化学能、声能或光能等能量对材料进行加工；

3）加工过程中的机械力不明显；

4）各种加工方法可以有选择地复合成新的工艺方法，使生产效率成倍地增长，加工精度也相应提高；

5）几乎每产生一种新的能源，就有可能导致一种新的特种加工方法的产生。

2. 特种加工技术在工业制造中的应用

由于特种加工方法具有上述特点，因此可以用于解决下列工艺难题：

1）解决各种难切削材料的加工问题，如耐热钢、不锈钢、钛合金、淬火钢、硬质合金、陶瓷、宝石、金刚石以及锗和硅等各种高强度、高硬度、高韧性、高脆性以及高纯度的金属和非金属的加工。

2）解决各种复杂零件表面的加工问题，如各种热锻模、冲裁模和冷拔模的模腔和型孔、整体涡轮、喷气涡轮机叶片、炮管内腔以及喷油嘴和喷丝头的微小异形孔的加工问题。

3）解决各种精密的、有特殊要求的零件加工问题，如航空航天、国防工业中表面质量和精度要求都很高的陀螺仪、伺服阀以及低刚度的细长轴、薄壁筒和弹性元件等的加工。

特种加工自问世以来，由于其突出的工艺特点和日益广泛的应用，逐步深化了人们对制造工艺技术的认识，同时也引起了制造工艺技术的一系列变革。

1）改变了对材料可加工性的认识　对切削加工而言，淬火钢、硬质合金、陶瓷、立方氮化硼和金刚石一直被认为是难切削材料。而现在已较广泛使用的由陶瓷、立方氮化硼和人造聚晶金刚石制成的刀具、工具和拉丝模等，都可以采用电火花、电解、超声波和激光等多种方法进行加工；对于淬火钢和硬质合金，采用电火花成形加工和电火花线切割加工已不再是难事。这样，材料的可加工性就不再仅仅以材料的强度、硬度、韧性和脆性进行衡量，而只与所选择的加工方法有关。

2)重新衡量设计结构工艺性的优劣问题 在传统的结构设计中,常认为方孔、小孔、弯孔和窄缝的结构工艺性很差。而对特种加工来说,利用电火花穿孔和电火花线切割加工孔时,方孔和圆孔在加工难度上是没有差别的。有了高速电火花小孔加工专用机床后,各种导电材料的小孔加工变得更为容易;喷丝头上的各种异形孔由以往的不能加工变为可以加工;过去因一时疏忽在淬火前没有钻的定位销孔,没有铣的槽,淬火后因难于切削加工只能报废,现在可用电加工方法予以补救;攻螺纹因无法取出孔内折断的丝锥,而使工件报废的现象已不复存在。有了特种加工,设计和工艺人员在设计零件结构、安排工艺过程时有了更大的灵活性和选择余地。

3)对零件的结构设计带来重大变革 喷气发动机的叶轮由于形状复杂,过去只能在做好一个个的叶片后组装而成。有了电解加工,设计人员就可以设计整体涡轮了。又如山形硅钢片冲模,结构复杂,不易制造,以前往往采用拼镶结构,有了电火花线切割,就可以设计成整体结构。

4)可以进一步优化零件的加工工艺过程 按传统切削加工,除磨削外,其他切削加工一般需要安排在淬火工序之前。按照常规,这是工艺人员必须遵循的工艺准则之一。有了特种加工,为了避免淬火工序中引起已加工部分的变形甚至开裂,工艺人员可以先安排淬火再加工孔槽。采用电火花成形加工、电火花线切割加工或电解加工的零件常先安排淬火,这已成为比较典型的工艺过程。

总之,各种特种加工方法不仅给设计师提供了更广阔的结构设计的新天地,而且给工艺师提供了解决各种工艺难题的新手段。

4.3.2 电火花成形加工

电火花加工是利用两个电极间隙脉冲放电的腐蚀原理进行的。电火花加工的实质是"电蚀"。所谓电蚀是带电两极间的绝缘介质被瞬时击穿产生火花放电,并瞬时产生大量的热能,使工件的放电部分熔化甚至气化,电极金属放电局部被蚀除的过程。电火花加工也被称做放电加工或电蚀加工。

电火花加工是应用最广泛的一种特种加工方法。电火花加工有电火花成形加工、电火花线切割加工、电火花穿孔加工、电火花磨削加工、电火花展成加工和电火花表面强化等多种形式,其中电火花成形加工与电火花线切割加工是应用较多的两种。

1.电火花成形加工的原理与基本条件

(1)电火花成形加工的原理

如图4-31所示,工件与工具电极分别接在脉冲电源的两个输出端。在工具电极与工件之间充满绝缘的工作介质(煤油或变压器油)。自动进给调节装置使工具电极和工件间经常保持一很小的放电间隙(0.01~0.05 mm)。当脉冲电压加到两个电极(工件与工具)上,便将当时条件下极间最近点的液体介质击穿,形成放电通道。由于放电通道的截面积很小,放电时间极短(0.0001~0.1 s),致使能量密度高度集中(10^6~10^7 W/mm^2),放电区域产生的瞬时高温(中心温度可达10000℃),致使放电处局部金属迅速熔化甚至蒸发,以致形成一个小凹坑,如图4-32所示。其中图4-32(a)表示单个脉冲放电后的电蚀坑,图4-32(b)表示多次脉冲放电后的电极表面。第一次脉冲放电结束之后,经过很短的间隔时间使工作介质恢复绝缘后,第二个脉冲又在另一极间距离最近点处击穿放电。如此周而复始高频率地循环下

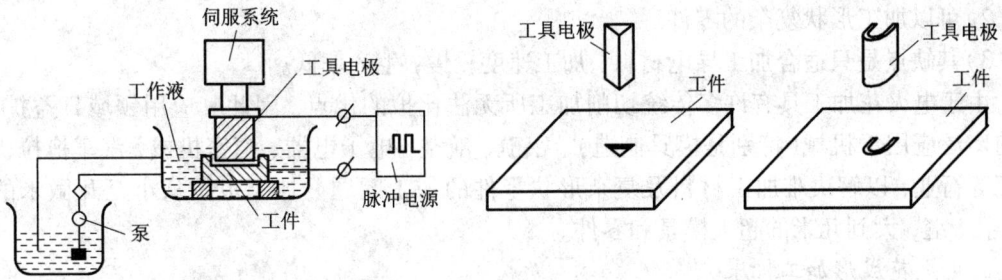

图 4-31 电火花加工原理图

去,工具电极不断地向工件进给,它的形状最终就复制在工件上,形成所需要的加工表面。与此同时,总能量的一小部分也释放到工具电极上,从而造成工具损耗。

(2)电火花加工的条件

进行电火花加工必须具备以下几个条件:

1)必须采用脉冲电源,以形成瞬时脉冲放电。每次脉冲放电延续一段时间($10^{-7} \sim 10^{-3}$ s)后,需停歇一段时间(图 4-33)。这样才能使能量集中于微小区域,而不致扩散到邻近的材料中去。如果形成连续放电,就会形成像电焊一样的电弧,使工件表面烧伤而不能保证零件的尺寸和表面质量。

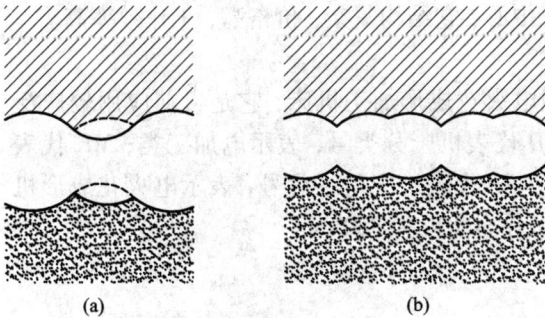

图 4-32 电蚀过程

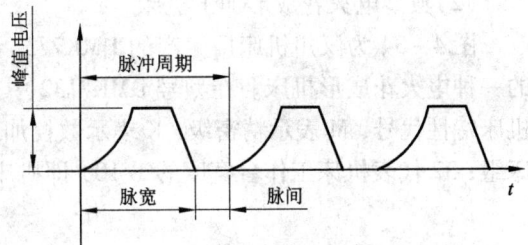

图 4-33 脉冲电源电压波形

2)必须采用自动进给调节装置,以保持工件与工具电极间微小的放电间隙。间隙过大,极间电压难以击穿极间的液体介质,不能产生火花放电;间隙过小,容易产生短路,也不能产生火花放电。电参数对放电间隙的影响很大,精加工时单边间隙仅有 0.01 mm,而粗加工则可达 0.5 mm,甚至更大。

3)火花放电必须在具有一定绝缘强度($10^3 \sim 10^7 \Omega \cdot cm$)的液体介质中进行。常用的绝缘液体介质有煤油、皂化液和去离子水等。液体介质又称工作液,它除有利于产生脉冲式的火花放电外,而且有利于排除放电过程中产生的电蚀产物和冷却电极及工件表面。

2. 电火花成形加工的特点与应用

1)适合于难加工材料的加工。由于加工中材料的去除是靠放电时的电热作用实现的,材料的可加工性主要取决于导电性及热学特性,而几乎与力学性能(硬度、强度、韧性等)无关。这样可以突破传统切削加工对刀具的限制，实现用软的工具加工硬、韧的工件。

2）可以加工形状复杂的零件。

3）其缺点是只适合加工导电材料，加工速度较慢，生产率低。

由于电火花加工具有许多传统切削加工所无法比拟的优点，因此其应用领域日益扩大，目前广泛应用于机械（特别是模具制造）、宇航、航空、电子电器、精密机械、汽车拖拉机和轻工等行业，以解决难加工材料及复杂形状零件的加工问题。加工范围从小至几微米的小轴、孔、缝，大到几米的超大模具和零件。

3. 电火花成形加工机床

（1）电火花成形加工机床的分类

电火花成形机床有多种形式：

1）按控制方式不同有普通数显电火花成形机床、单轴数控电火花成形机床和多轴数控电火花成形机床。普通数显电火花成形机床是在普通机床上加以改进而来，它只能显示运动部件的位置，而不能控制运动。单轴数控电火花成形机床只能控制单个轴的运动，精度低，加工范围小。多轴数控电火花成形机床能同时控制多轴运动，精度高，加工范围广。

2）按机床结构可分为固定立柱式、滑枕式、龙门式数控电火花成形机床。固定立柱式数控电火花成形机床结构简单，一般用于中小型零件加工。滑枕式数控电火花成形机床结构紧凑，刚性好，一般只用于小型零件加工。龙门式数控电火花成形机床结构较复杂，应用范围广，常用于大中型零件加工。

3）按电极交换方式有手动式和自动式。手动式即普通数控电火花成形机床，它结构简单，价格低，工作效率低。自动式即电火花加工中心，它结构复杂，价格高，工作效率高。

（2）典型电火花成形加工机床

图 4-34 为汉川机床厂生产的 DMK7732 型电火花成形加工机床，它是目前应用较广泛的一种电火花成形机床。在型号 DMK7132 中，D 代表机床分类号，表示电加工类；MK 代表机床特性代号，M 表示精密级，K 表示数控加工；71 代表机床组系代号，表示电火花成形机床组；32 代表机床工作台宽度的 1/10，即机床工作台宽度为 320 mm。

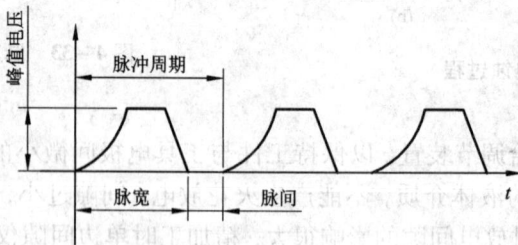

图 4-34　电火花成形机床外观图

1）机床的组成

机床由主机、工作液系统、脉冲电源柜三大部分组成。

①主机　主机由床身、立柱、工作台、工作液槽、主轴箱、主轴头、机床端子箱等部件组成。

床身　机床的基础，用来安装机床各部件并保证各部件之间相对位置。

立柱　立柱的前端安装和支承主轴箱，右侧安装和支承端子箱。

工作台　用于装夹工件，在工作台上有工作液槽，加工时工作液槽内必须充满工作液。

主轴箱　箱内为主轴伺服机构，主轴箱内主轴与下面的主轴头相联，工具电极装在主轴头通用电极夹具上，通过主轴伺服运动来实现工具电极的自动进给。

机床端子箱　主机操作的所有信号都汇集在端子箱内，来自脉冲电源的信号通过端子控制主轴、油泵等部件的动作，机床信号（液面高度、限位、报警等信号）又通过端子箱驱使电柜作出不同的反应。

②脉冲电源柜　脉冲电源柜包括控制系统和脉冲电源两部分，控制系统是完成系统控制、加工操作的部分，是机床的中枢神经系统。脉冲电源产生所需的重复脉冲并加到工具电极和工件上，形成脉冲放电的部分。

③工作液系统　工作液系统包括工作液箱、油泵、电动机、过滤器、管道、阀等。工作液系统的作用是保证工作液能够在工作液箱与工作液槽之间进行循环流动。加工前，工作液箱内的液体介质过滤后通过油泵输送到工作液槽内，加工时，通过油泵可对工作液进行强制循环，加工后，工作液槽内的液体介质返回工作液箱内贮存。电火花成形加工的工作液多为煤油。

2）电火花成形机床的传动

DMK7732 型电火花成形机床主轴伺服系统采用步进电动机拖动，通过滚珠丝杠副传动，驱动主轴作上下伺服运动。伺服主回路通电后，电机制动器松开，电机旋转，通过联轴节带动滚珠丝杠转动，使主轴上下运动，从而实现放电加工。在任何位置切断回路电源时，电机制动器同时断电，靠制动器内的弹簧力进行机械制动，使主轴停止运动。步进电机的开停由机床控制系统控制，伺服系统按给定要求自动调节工具电极的进给速度并使之与工件间保持一定的放电间隙。

工作台的纵向、横向运动同样采用步进电机通过联轴节直接驱动滚珠丝杠来完成。

3）电火花成形机床控制系统的基本功能

DMK7732 型电火花成形机床控制系统利用人机交互界面能够进行加工、编程等各种操作。图 4-35 为系统的几种基本功能示意图。能够进行单轴移动加工，或一轴移动加工的同时另两轴平动加工；具有接触感知、自动找正定位、火花找正定位、快速移动、拉弧与短路自适应处理等辅助功能；还能够适时跟踪加工轨迹显示当前坐标位置。

平动加工是指在单轴加工时，其他两轴进行特定轨迹合成动作的加工方式。其作用是：①修光表面和精确控制尺寸精度；②补偿因电极损耗而引起的加工偏差；③利于排屑。

4. 电火花成形机床的操作

现以汉川机床厂生产的 DMK7732 型电火花成形加工机床为例介绍机床操作方法。机床的控制系统为 MD21NC 系统，并配备有手控盒。机床的操作主要由 MD21NC 系统操作界面和手控盒来实现。

（1）基本操作

机床的开机、关机及手控盒的操作是最基本的操作。

1）开机　合上电控柜右侧空气开关，拔出面板上红色蘑菇头急停按钮后，按下面板上绿色启动按钮，总电源启动。稍等片刻液晶屏上出现系统操作主画面，进入主画面后，根据菜单选择操作。

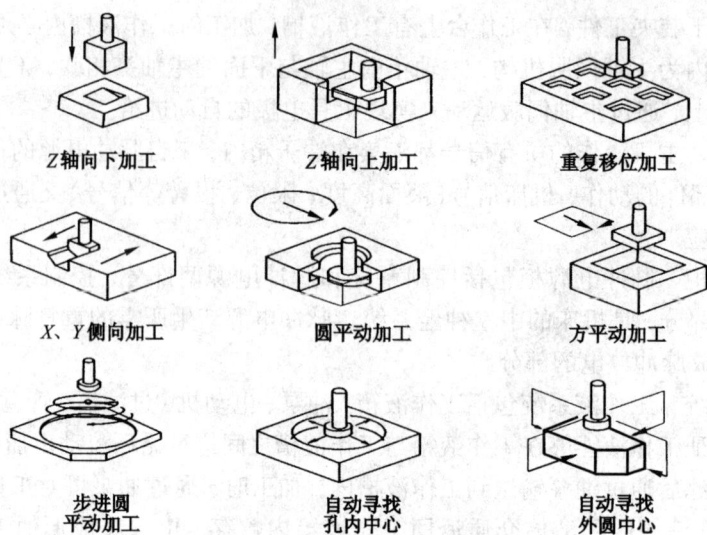

Z轴向下加工　　　　Z轴向上加工　　　　重复移位加工

X、Y 侧向加工　　　　圆平动加工　　　　方平动加工

步进圆　　　　　　自动寻找　　　　　自动寻找
平动加工　　　　　孔内中心　　　　　外圆中心

图 4-35　电火花机床的基本功能示意图

2)加工　开机后如果准备工作已完成，并已设置好各项加工参数，即可进行手动或程序加工，显示屏进入正常加工画面。

安全注意事项：在加工过程中，严禁将手或身体其他部位触及卡头、电极、工件和导体的裸露部位，以防发生触电事故。安装工件时，当工作电流小于 50 A 时，工件顶部离液面的高度应大于 50 mm；如果工作电流增大，液面高度相应增加。

3)关机　按下面板上的红色蘑菇头按钮，关闭总电源。

4)手控盒及操作说明　进入主画面后，也可使用手控盒进行操作，手控盒的面板如图 4-36所示。

[油泵]上油时，同时按[运行]和[油泵]键。停止时，同样操作。

[停止]终止正在执行的加工指令。

[暂停]暂停正在执行的加工指令，按[运行]键可恢复。

[解除]解除当前指令或界面提示。

[接触感知]按此键机床将在忽略接触感知状态下移动。主要用于找正工件和电极。

当使用手控盒移动机床时，电极和工件相接触后，主画面报警显示[接触感知]，按[解除]键解除，然后用忽略接触感知的方法，即一手按住[接触感知]键，一手按住方向键使工件与电极脱开。

[X+]、[X-]、[Y+]、[Y-]、[Z+]、[Z-]，指定轴向移动方向。

[速度]-选择移动速度。

[运行]-输入指令开始执行或与[油泵]键配合控制油泵工作和停止；在暂停时用此键恢复运行。

手控盒上方为 X、Y、Z 轴坐标显示窗口，与 MD21NC 系统主界面共同显示当前的坐标值。

384

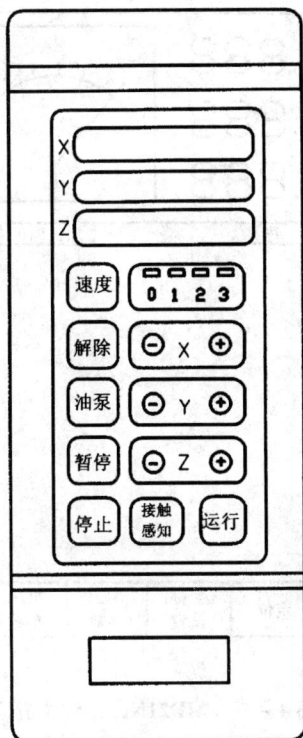

图 4 – 36　手控盒

（2）MD21NC 系统运行操作界面

操作界面如图 4 – 37 所示，可分为五个区域，各区域的功能如下：

左上区显示 X、Y、Z 三轴的当前坐标值。右上区为电压、电流表，显示加工时的电压、电流值。右边是加工状态显示区。显示油泵状态、指令方式等状态。下部为操作引导区，引导操作者进行各项操作。中部为程序编辑区，可进行全界面编辑。

系统的操作引导区引导操者进行［手动加工］、［程序加工］、［文件］、［定位］、［坐标设置］、［加工参数］、［机床参数］等操作。

4.3.3　电火花数控线切割加工

1.电火花线切割加工的工作原理和工艺特点

（1）电火花线切割加工的工作原理

电火花线切割简称线切割。它是在电火花穿孔、成形加工的基础上发展起来的。它不仅使电火花加工的应用得到了发展，而且某些方面已取代了电火花穿孔、成形加工。线切割机床已占电火花加工机床的大半。其工作原理如图 4 – 38 所示。绕在运丝筒 4 上的电极丝 1 沿轴线方向以一定的速度移动，装在机床工作台上的工件 3 由工作台按预定控制轨迹相对于电极丝做成形运动。脉冲电源的一极接工件，另一极接电极丝。在工件与电极丝之间总是保持

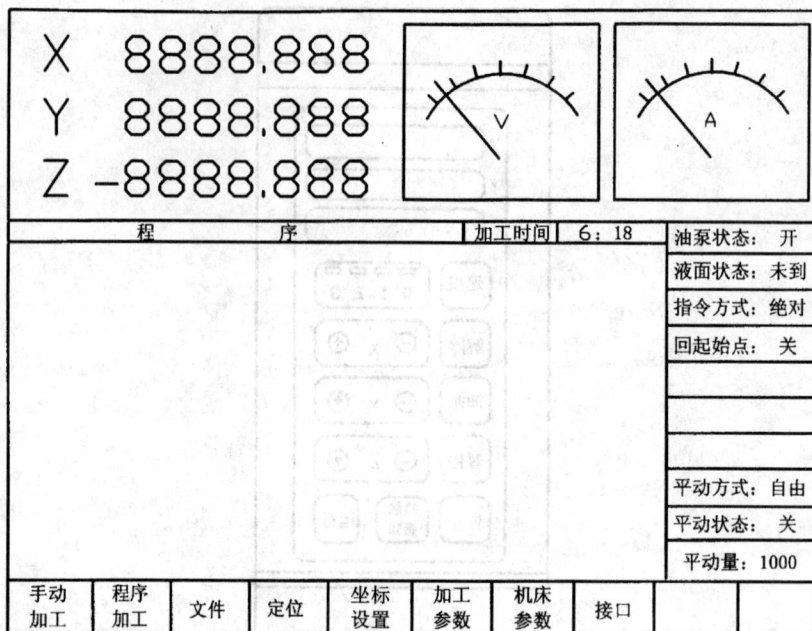

图 4 – 37 MD21NC 系统主界面

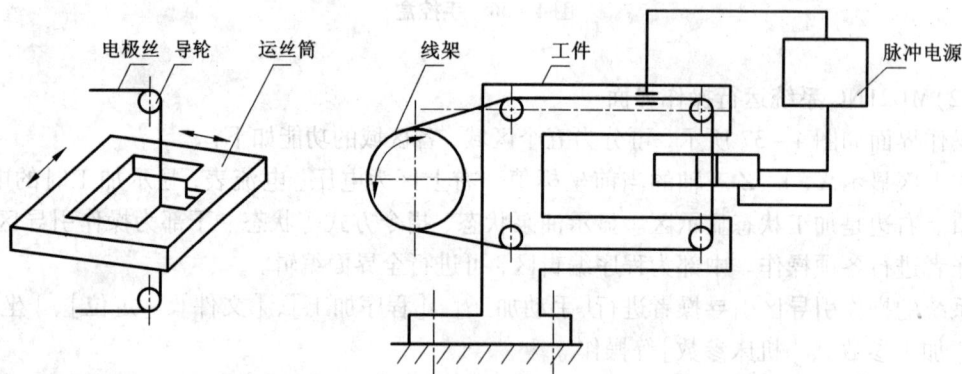

图 4 – 38 电火花线切割的工作原理

一定的放电间隙且喷洒工作液,电极之间的火花放电蚀出一定的缝隙,连续不断的脉冲放电就切出了所需形状和尺寸的工件。

电极丝的粗细影响切割缝隙的宽窄,电极丝直径越细,切缝越小。电极丝直径最小的可达 $\phi 0.05$ mm,但太小时,电极丝强度太低容易折断。一般采用直径为 $0.1 \sim 0.3$ mm 的电极丝。

电极丝与工件之间的相对运动一般采用自动控制,现在已全部采用数字程序控制,即电

386

火花数控线切割。

　　工作液起绝缘、冷却和冲走屑末的作用。工作液一般为皂化液。

　　目前，越来越多的学者认为：线切割加工的原理并非像电火花成形加工一样是由于两电极之间存在间隙引起火花放电，而是"线电极在切割时，只有当电极丝和工件之间保持一定的轻微接触压力，才形成火花放电"。由此可以推断，在电极丝和工件间必然存在某种电化学作用产生的绝缘薄膜介质。当电极丝相对工件移动摩擦和被顶弯所造成的压力使绝缘薄膜减薄到可以被击穿的程度，才发生火花放电。放电产生的爆炸力使钼丝或铜丝局部振动而暂时脱离接触，但宏观上仍属轻压放电。

　　（2）电火花线切割加工的特点和应用

　　1）电火花线切割能切割加工传统方法难于加工或无法加工的高硬度、高强度、高脆性、高韧性等导电材料及半导体材料。

　　2）由于电极丝极细，可以加工细微异形孔、窄缝和复杂形状零件。

　　3）工件被加工表面受热影响小，适合于加工热敏感性材料。同时，由于脉冲能量集中在很小的范围内，加工精度较高，线切割加工精度可达 0.02～0.01 mm，表面粗糙度 Ra 值可达 1.6 μm。

　　4）加工过程中，工具与工件不直接接触，不存在显著的切削力，有利于加工低刚度工件。

　　5）由于切缝很细，而且只对工件进行轮廓切割加工，实际金属蚀除量很少，材料利用率高，对于贵重金属加工更具有重要意义。

　　6）与电火花成形相比，以线电极代替成形电极，省去了成形工具电极的设计和制造费用，缩短了生产准备时间。

　　电火花线切割加工的缺点是生产率低，且不能加工盲孔类零件和阶梯表面。

　　电火花线切割主要用于各种冲模、塑料模、粉末冶金模等二维及三维直纹面组成的模具及零件。也可切割各种样板、磁钢、硅钢片、半导体材料或贵重金属，还可进行微细加工，异形槽和试件上标准缺陷的加工。广泛用于电子仪器、精密机床、轻工、军工等部门。

　　2. 线切割机床

　　①线切割机床的分类

　　电火花数控线切割机床有多种形式。按电极丝运动速度分为高速（快）走丝、低速（慢）走丝、中速（中）走丝线切割机床。快走丝线切割机床线电极采用高强度钼丝，钼丝以 6～10 m/s 的速度作轴向往复运动，加工过程中钼丝可重复使用。慢走丝线切割机床线电极多采用铜丝，铜丝以 0.001～0.25 m/s 的速度作单方向低速移动，电极丝只能一次性使用。慢走丝线切割机床加工质量高，但设备费用、加工成本也高。中走丝线切割机床是近几年在快走丝线切割机床的基础上发展起来的。目前中走丝线切割机床的发展还不完善，好的中走丝机床与速快走丝机床相比有了质的飞跃，但有的效果不理想。按电极丝位置不同也可将线切割机床分为立式和卧式、按工作液供给方式不同分为冲液式和浸液式。

　　②典型线切割机床

　　快走丝线切割机床是目前广泛应用的线切割机床，国产线切割机床也主要是快走丝的。快速走丝线切割机床的结构形式大同小异。以下介绍长风机床厂生产的 DK7732 型电火花数控线切割机床。在型号 DK7732 中，D 代表电加工类，K 代表数控加工，77 代表快走丝电火花线切割加工机床，32 代表机床工作台宽度的 1/10。DK7732 型电火花数控线切割机床外形

如图 4-39 所示。（防水罩和夹具位于工作台上，图中未画出）

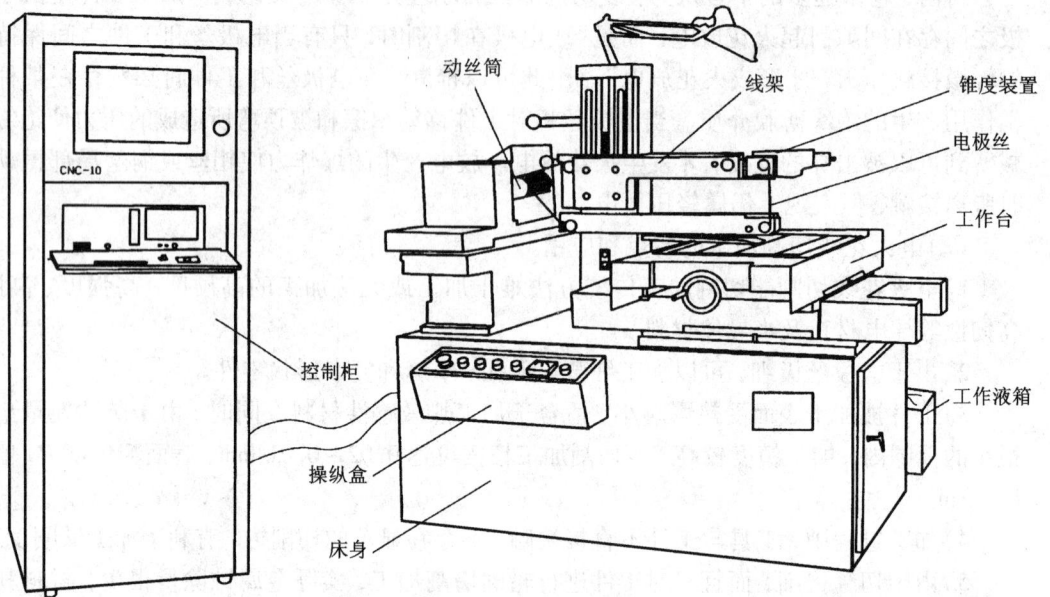

图 4-39　线切割机床外观图

a. 机床的组成

电火花数控线切割机床由主机、控制台、脉冲电源柜和工作液系统等四部分组成。

主机部分由床身、工作台、运丝装置、丝架、锥度装置、夹具、操纵盒、防水罩等部分组成。床身为箱式结构，是提供各部件的安装平台。工作台由十字拖板、滚动导轨、丝杆运动副、齿轮传动机构等部分组成。工作台与电极丝之间作相对运动，来完成对工件的加工。运丝机构是由储丝筒、电动机、齿轮副、传动机构、换向装置和绝缘件等部分组成，电动机和储丝筒连轴连接转动，用来带动电极丝按一定线速度移动，并将电极丝整齐地排绕在储丝筒上。丝架的主要作用是支撑电极丝和安装锥度装置。锥度装置用于切割带锥度工件。锥度装置通过两个小功率步进电机控制也可在水平面内移动。通常把工作台的移动轴称为 X 轴、Y 轴，锥度装置的移动轴称为 U 轴、V 轴。切割带锥度工件时，工作台和锥度装置必须同时移动，从而使电极丝相对于工件有一定的倾斜。把 X、Y、U、V 四轴同时移动称作四轴联动。切割普通工件时，将电极丝工作部分与工作台之间保持垂直，锥度装置不运动。主机上还设有操纵盒，操纵盒即电气操作面板，面板上设有机床启动、运丝等常用开关。

机床控制台配备有 CNC-10 或 CNC-10A 数控系统，（CNC-10A 是在 CNC-10 基础上改进了的系统），CNC-10 线切割控制系统是目前较先进的快走丝编程控制系统，它采用了先进的计算机图形和数控技术，控制、编程集为一体。具有以下功能特点：上下异形面，大锥度工件加工；双 CPL 结构，编程控制一体化，加工时可以同机编程；放电状态波形显示，自动跟踪无须变频调节；国际标准 ISO 代码方式控制；加工轨迹实时跟踪显示，工件轮廓三维造型；屏幕控制台方式，全部操作均用鼠标轨迹球实现，方便直观；现场数据停电记忆，上电恢复。控制台操作软件为"YH"。

脉冲电源柜为线切割机床提供符合要求的高频脉冲电源。

工作液系统由工作液箱、工作液泵、进液管、回液管、流量控制阀等组成。工作液系统的作用是提供具有绝缘、冷却和排除电蚀产物作用的工作液——皂化液。

b. 机床的传动

传动系统采用步进电机带动滚珠丝杠传动，控制系统每发出一个脉冲，工作台就移动0.001 mm。通过 X、Y 向两个摇手柄也可以使工作台实现 X、Y 向移动。

运丝装置带动电极丝按一定的速度运行，并将电极丝整齐地绕在运丝筒上，行程开关控制运丝筒的正反转。

3. 线切割机床的操作方法

电火花数控线切割机床的操作内容包括主机操作、编程控制、脉冲电源选择等几个部分。

(1)主机操作

主机的操作分为机械和电气两部分，机械部分主要有调整线架、绕装电极丝、装夹工件等操作，电气部分的操作主要指操纵盒上各种开关按钮的使用。

a. 绕装电极丝 绕装电极丝是指将一定长度的电极丝通过线架上各导轮后整齐排列在运丝筒上，以保证电极丝能在线架上作往复运动。上丝前应根据工件高度调整好线架高度，电极丝的松紧应当合适，且要保证电极丝与工作台垂直。

b. 装夹工件 装夹工件时应根据图纸要求用百分表等量具找正基准面，使其与工作台的 X 向或 Y 向平行；装夹位置应使工件的切割范围控制在机床的允许行程之内；工件及夹具等在切割过程中不应碰到线架的任何部分；工件装夹完毕，要清除干净工作台面上的一切杂物。

c. 操纵盒的使用方法 操纵盒如图 4−40 所示。

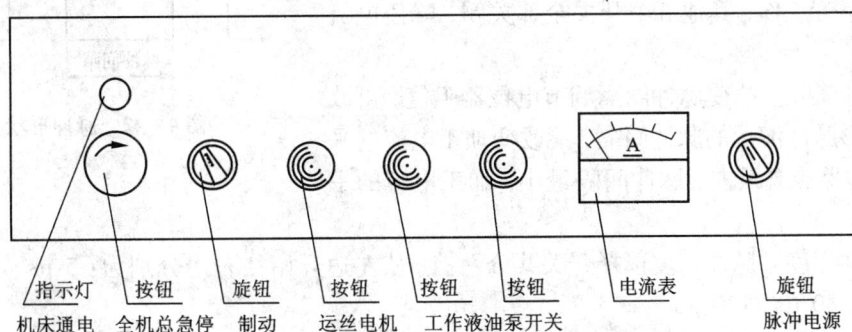

图 4−40 操纵盒(电气操作面板)示意图

全机总急停 按下全机总停按钮全机总停。再次起动机床时，必须顺时针旋转全机总停按钮使之弹出。

制动旋钮 安装电极丝时，顺时针旋转制动旋钮。起动机床时，逆时针旋转制动旋钮。

运丝电机工作按钮　按下运丝电机工作按钮运丝电机工作。

工作液泵开关按钮　工作液泵只有在运丝电机工作时才能启、停。

脉冲电源输出控制旋钮　顺时针旋转为接通脉冲电源。逆时针旋转为切断脉冲电源输出。（自动找中心时，必须逆时针旋转）

（2）脉冲电源参数的选择

脉冲电源参数包括功率管个数、脉冲宽度、脉冲间隙及脉冲电压等。脉冲电源参数操作面板如图4－41所示，图4－42为脉冲波形。

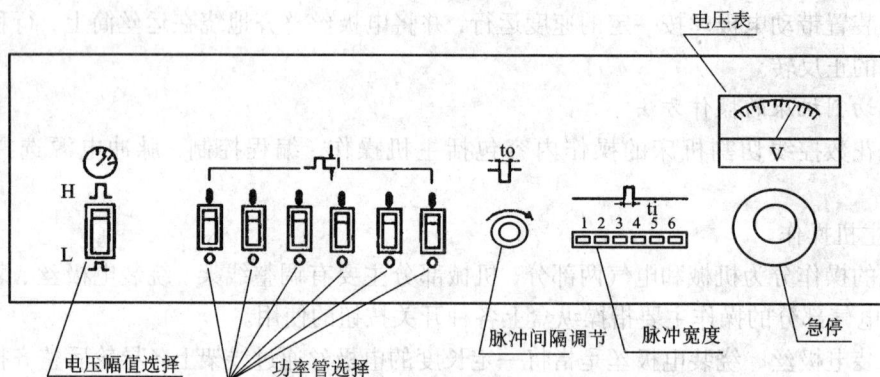

图4－41　线切割机床脉冲电源操作面板

a. 幅值电压　幅值电压选择开关用于选择空载脉冲电压幅值，开关按至"L"位置，电压为75 V左右，按至"H"位置，则电压为100 V左右。

b. 功率管个数　功率管个数开关共6个，每个开关控制一个功率管。选用个数越多，峰值电流越大。如只有一个功率管工作，其他五个开关全部关闭，峰值电流最小。

c. 脉冲间隙　改变脉冲间隔调节电位器阻值，可改变输出矩形脉冲波形的脉冲间隔，能改变加工电流的平均值，电位器旋置最左，脉冲间隔最小，加工电流的平均值最大。

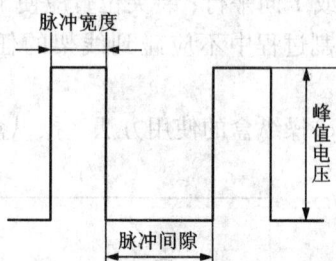

图4－42　脉冲形状

d. 脉冲宽度　脉冲宽度选择开关共分六挡，从左边开始往右边分别为：5 μs、15 μs、30 μs、50 μs、80 μs、120 μs。

脉冲间隔大小与功率管个数多少决定了加工电流（通过加工区的平均电流）的大小，功率管个数越多，峰值电流越大，加工电流越大；脉冲间隔越小，加工电流越大。正确选择脉冲电规准，可以提高加工工艺指标和加工的稳定性。粗加工时应选用较大的加工电流和大的单个脉冲能量（单个脉冲能量大小是由脉冲宽度、峰值电流、峰值电压等决定），可获得较高的材料去除率。精加工时，应选用较小的加工电流和小的单个脉冲能量，可以获得较好的表面粗糙度。

390

要求获得较高的切割速度时，可选用大一些的脉冲参数，但应注意所选电极丝的截面积对加工电流的限制，以免引起断丝。工件厚度大时（>300 mm），应选用较高的单个脉冲能量，以增大放电间隙，改善排屑条件。加工薄工件时，应选择较小的幅值电压、较少的峰值电流和较小的加工电流。

在容易断丝的场合，如工件材料含非导电杂质多、工作液中脏污程度较严重等，应减小电流、增大脉冲间隔时间。

（3）CNC－10（A）控制系统

CNC－10（A）控制系统的操作软件为"YH"，"YH"内有系统控制与自动编程两个主界面。图 4－43 为系统控制主界面形式。系统所有的操作按钮、状态、图形显示全部在界面上实现。各种操作命令均可用鼠标轨迹球或相应的按键完成。编程屏的形式将在编程方法中介绍。

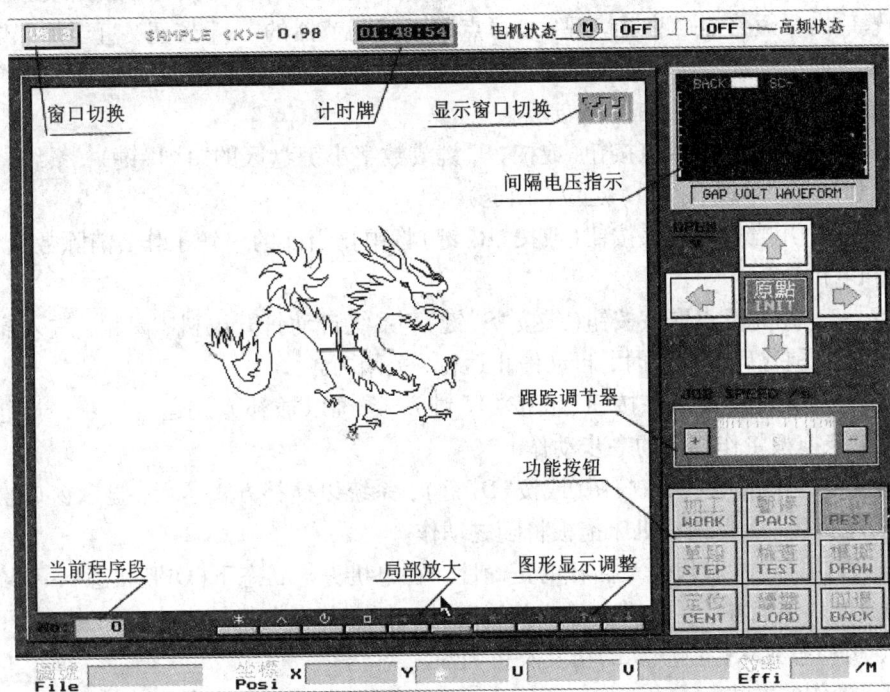

图 4－43　CNC－10（A）控制系统主界面

[窗口切换]——用光标点取该标志（或按 ESC 键），可切换成绘图窗口。

[间隙电压指示]——显示放电间隙的平均电压波形。在波形显示方式下，指示器两边各有一条 10 等分线段，空载间隙电压定为 100%（即满幅值），等分线段下端的黄色线段指示间隙短路电压的位置。波形显示的上方有两个指示标志：短路回退标志"BACK"，该标志变红色，表示短路；短路率指示，表示间隙电压在设定短路值以下的百分比。

[电机开关状态]——电机开关状态标志（ON—电机通电锁定，OFF—电机关机）。用光标点取该标志可改变电机状态。

[高频开关状态]——高频脉冲开关状态标志（ON—高频脉冲电压开启，OFF—高频关

闭）。用光标点取该标志可改变高频状态。在高频开启状态下，间隙电压指示将显示间隙电压波形。

［拖板点动按钮］——界面右中部有上下左右向四个箭标按钮可用来控制机床点动运行。每次点动时，机床的运行步数可以预先设定。在电机为 ON 的状态下，点取以上四个按钮，可控制机床拖板的点动运行；上下左右四个方向分别代置 + Y/ + V、– Y/ – V/、– X/ – U、+ X/ + U。

［原点］——用光标点取该按钮（或按"I"键）进入回原点功能。若电机为 ON 状态，系统将控制拖板和丝架回到加工起点（包括 U – V 坐标），返回时取最短路径；若电机为 OFF 状态，光标返回坐标系原点。

［加工］——进行自动加工按钮。按下［加工］钮（或"W"键），系统自动打开高频和驱动电源，开始插补加工。此时应注意界面上间隙电压指示器的间隙电压波形（平均波形）和加工电流。若加工电流过小且不稳定，可用光标点取跟踪调节器的"+"按钮，加强跟踪效果。反之，若频繁地出现短路等跟踪过快现象，可点取跟踪调节器的"–"按钮，直至加工电流、间隙电压波形、加工速度平稳。加工状态下，界面下方显示当前插补的 X – Y，U – V 绝对坐标值，显示窗口绘出加工工件的插补轨迹。

［暂停］——用光标点取该按钮（或按"P"键或数字小键盘区的"Del"键），系统将中止当前的功能（如加工、单段、控制、定位、回退）。

［复位］——用光标点取该按钮（或按"R"键）将中止当前的一切工作，消除数据和图形，关闭高频和电机。

［单段］——用光标点取该按钮（或按"S"键），系统自动打开电机、高频，进入插补工作状态，加工至当前代码段结束时，自动停止运行，关闭高频。

［检查］——用光标点取该按钮（或按"T"键），系统以插补方式运行一步，若电机处于 ON 状态，机床拖板将作相应的一步动作。

［模似］——用光标点取该按钮（或按"D"键），系统以插补方式运行，显示窗口绘出其运行轨迹；若电机为 ON 状态，机床拖板将随之动作。

模拟检查功能可检验代码及插补的正确性。在电机失电状态下（OFF 状态），系统以每秒2500 步的速度快插插补，在界面上显示其轨迹及坐标。若在电机锁定态（ON 状态）下，机床空走插补，可检查机床控制联动的精度及正确性。

"模拟"操作的方法：①读入加工程序，②根据需要选择电机状态后，点击［模拟］钮（或"D"键），即进入模拟检查状态。

界面下方显示当前插补的 X – Y、U – V 坐标值（绝对坐标），若需要观察相对坐标，可用光标点取显示窗右上角的［YH］（或"F10"键），系统将以大号字体显示当前插补的相对坐标值，显示窗口下方将显示当前插补代码及其段号。若需中止模拟过程，可按［暂停］钮。

［定位］——用光标点取该按钮（或按"C"键），系统可作定位操作用于确定加工起点的位置。

［读盘］——用光标点取该按钮（或按"L"键），可读入数据盘上的 ISO 代码文件，快速画出图形。

［回退］——用光标点取该按钮（或按"B"键），系统作回退运行，至当前段走完时停止；若再按该键，继续前一段的回退。该功能不会自动开启电机和高频，可根据需要设置。

[跟踪调节器]——该调节器用来调节跟踪的速度和稳定性,调节器中间红色指针表示调节量的大小;表针向左移动为跟踪加强(加速),向右移动为跟踪减弱(减速)。指示表两侧有两个按钮,"＋"按钮(或"End"键)加速,"－"按钮(或"PgDn"键)减速;调节器上方英文字母 JOB SPEED/S 后面的数字量表示加工的瞬时速度。单位为:步数/秒。

[段号显示]——此处显示当前加工的代码段号,也可用光标点取该处,在弹出界面小键盘后,键入需要起割的段号。(注:锥度切割时,不能任意设置段号)

[局部观察窗]——该按钮(或 F1 键)可在显示窗口的左上方打开一局部窗外,其中将显示放大十倍的当前插补轨迹;再按该按钮时,局部窗关闭。

[图形显示调整按钮]——共有"＋"、"－"、"←"、"↑"、"→"、"↓"等六个按钮,利用上述按钮可对显示图形进行放大、缩小、上、下、左、右等操作。

[坐标显示]——界面下方,坐标,部分显示 X、Y、U、V 的绝对坐标值。

[效率]——此处显示加工的效率,单位:毫米/秒;系统每加工完一条代码,即自动统计所用的时间,并求出效率。

[YH]——光标点取该标志或按"F10"键,可改变显示窗口的内容,其显示顺序依次为:"相对坐标"、"加工代码"、"图形"……。

[计时牌]——系统在[加工]、[模拟]、[单段]工作时,自动打开计时牌。中止插补运行,计时自动停止。用光标点取计时牌,或按"O"键可将计时牌清零。

[OPEN]——系统参数设置窗,所有参数均由机床生产厂家设定,不能随便改动参数(定位除外)。

若系统处于加工、单段或模拟状态,则控制与编程的切换,不影响控制系统本身的工作。

(4) CNC – 10(A)控制系统操作步骤

1)操作准备

①启动电源开关,让机床空载运行,观察其工作状态是否正常。

②按机床加工要求注油;添加或更换工作液,一般以每隔 10～15 天更换一次为宜;决定是否调换电极丝。

③调整线架,根据工件的厚度选择相应的切割跨距。

④校正电极丝与夹具垂直。

2)操作步骤

①开机。

②工件装夹。

③定位。此步只用于工件有定位要求的情况下。

④编程及加工程序送控制台。

⑤确定脉冲电源参数(当需要调整参数时,必须先关断高频脉冲输出)。

⑥启动运丝电机,启动工作液泵。

⑦开启高频脉冲电源。

⑧手摇工作台手柄,使电极丝与工件接近直到出现火花(已进行定位操作时此步必须省略)。

⑨按"W"或点击"加工"启动程序运行,进行加工。切割时观察机床电流表,使指针稳定(允许电流表指针略有晃动),将加工速度调至适当。

⑩加工结束后应先关闭水泵电机，然后关闭运丝电机，检查 X、Y 坐标是否到终点。到终点时拆下工件清洗并检查质量；未到终点时应检查程序是否有错或控制台有否故障。

注：机床操纵盒和控制柜控制面板上都有红色急停按钮开关，工作中如有意外情况，按下此开关即可断电停机。

4.线切割加工的编程方法

目前线切割编程软件有 YH、HF、CAXA 线切割、AutoP 线切割、KS 等多种。YH 自动编程软件简单易学，其编程方法是先将图形绘出，再自动编程，也可将 CAD – DXF 文档转入 YH 软件内自动编程，能够识别用 CAXA 线切割等编程软件编成的 3B 代码或 ISO 代码，还可用指令直接输入，扫描数据转换等方式。数据交换可以通过 U 盘、网络等接口进行。以下分别介绍用 YH 软件和用 Auto CAD 绘图、再用 YH 自动编程软件编程的方法。

(1)用 YH 软件绘图

启动"YH"软件进入绘图编程主界面，如图 4 – 44 所示(进入编程界面的方法：用光标点控制界面左上角窗口切换标志或按"ESC"键，即可切换成绘图编程窗口)。绘图编程系统的全部操作集中在 20 个工具图标和 4 个弹出式菜单内。它们构成了系统的基本工作平台。20 个工具中 16 个为绘图工具，其功能分别为(自上而下)：点、线、圆、切圆(线)、椭圆、抛物线、双曲线、渐开线、摆线、螺线、列表曲表、函数方程、齿轮、过渡圆、辅助圆、辅助线。另外 4 个为编辑工具，分别为剪除、询问、清理、重画工具。常用的工具有：直线、圆、切圆(线)、椭圆、齿轮、过渡圆、辅助圆、辅助线等 8 种。剪除、询问、清理、重画 4 种编辑工具也是常用的。4 个菜单分别为文件、编辑、编程和杂项。在每个菜单下，均可弹出一个子功能菜单。

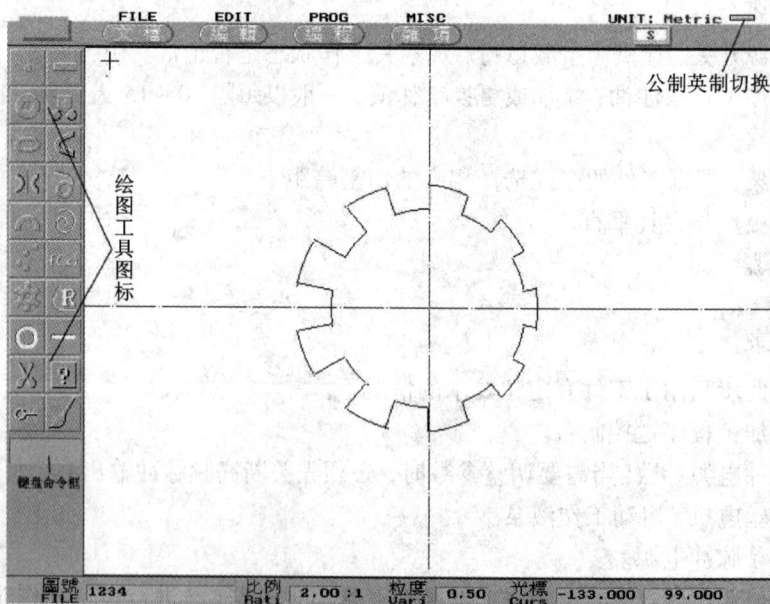

图 4 –44 绘图编程系统主界面

394

在编程系统主界面下方有一行提示行用来显示输入图号、比例系数、粒度和光标位置。

下面通过实例介绍用"YH"软件绘图的方法。如图 4 - 45 所示工件，该工件由 9 个同形的槽和 2 个圆组成。圆（C1）的圆心在坐标原点，半径 40 mm，圆（C2）的圆心偏离原点，圆心坐标（- 5,0），半径 50 mm。

1）首先输入圆 C1　光标点击⊚（圆）图标后移至绘图窗内坐标原点（有些误差无妨，稍后可以修改）按下命令键（注意命令键不能释放），界面上将弹出一参数窗（见图 4 -

图 4 - 45　绘图编程实例

46）。圆心栏显示的是当前圆心坐标（X, Y），半径的两个框分别为半径和允许误差，夹角指的是圆心与坐标原点间连接的角度。移动光标屏幕上将画出半径随着光标移动而变化的圆。参数窗的半径框内同时显示当前的半径值。移动光标直至显示为 40 时，释放命令键，该圆参数就输入完毕。参数窗右边的方形小按钮为放弃控制钮。若由于移动位置不正确，参数有误，可将光标移至需要修改的数据框内，按一下命令键，输入正确参数进行修改。参数全部正确无误后，可用光标点一下［YES］，该圆就输入完成。

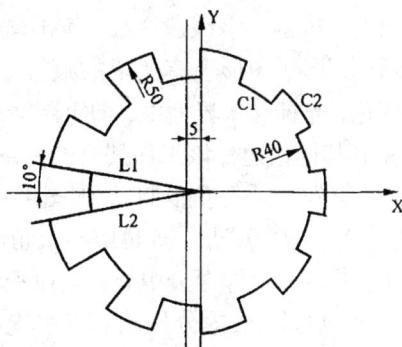

图 4 - 46　圆参数窗

图 4 - 47　直线参数窗

2）画槽的轮廓直线 L1　光标点击▬（直线）图标后移至坐标原点，此时光标变成"X"状，表示此点已与第一个圆的圆心重合，按下命令键（不能放，屏幕上将弹出参数窗，见图 4 - 47），移动光标，屏幕将画出一条随光标移动而变化的直线，参数的变化反应在参数窗的各对应框内。该例的直线 L1 关键尺寸是斜角 = 170°（斜角指的是直线与 X 轴正方向的夹角，逆时针方向为正，顺时针为负），只要拉出一条角度等于 170°、长度（即线程）大于 55 的直线就可以了（长度大于 55，是为了保证直线能与外圆相交），释放命令键，直线输入完成。同理，可用光标对需要进一步修改的参数作修改，角度长度确认后，点击［YES］退出。

3）画槽的轮廓直线 L2　L2 是 L1 相对于水平轴的镜像线，可以利用系统的镜像变换来作出。光标依次选择［编辑］→［镜像］→［水平轴］屏幕上将画出直线 L1 的水平镜像线 L2。

画出的这两条直线被圆分隔，圆内的两段直线是无效线段，因此可以先将其删出。光标

点击剪除图标 ✂，图标窗的左下角将出现工具包图符。从图标内取出一把剪刀形光标，移至需要删出的线段上。该线段变红，按下命令键，就可将该一段删去。删除两段直线后，由于界面显示的误差，图形上有遗留的痕迹，可能有些模糊。此时，可用光标选择重画图标 ✐，图标变深色，光标移入界面中，即重新清理界面。

4）复制其他槽边　该工件其余的 8 条槽轮廓实际是第一条槽的等角复制，光标依次选择［编辑］→［等分］→［等角复制］，如图4－48，再选择图段（因为这时等分复制的不是一条线段）。光标将变成"田"形，屏幕的右上角出现提示［等分中心］，意指需要确定等分中心。移动光标至坐标原点，即等分中心，按命令键。界面上弹出参数窗，如图4－49所示，用光标在［等分］和［份数］框内分别输入 9 和 9（［等分］指在 360°的范围内，对图形进行几等分；［份数］指实际的图形上有几个等份）。参数确认无误后，按［认可］退出。界面的右上角将出现［等分体］提示。提示用户选定需等分处理的图段，将光标移到已画图形的任意处，光标变成手指形时，按命令键，界面上将自动画出其余的 8 条槽廓。

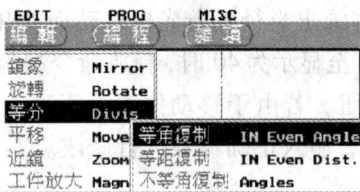

図 4 － 48　等角复制　　　　　　　　　図 4 － 49　等分参数

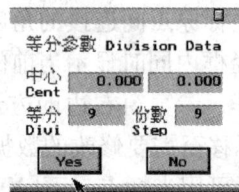

5）输入偏心圆 C2　输入的方法同第一个圆 C1（注：若在等分处理前作 C2，界面上将复制出 9 个与 C2 同形的圆）。

6）整理　图形全部输入完毕后，图中上有不少无效的线段需要删除，对圆弧上的无效线段，将剪刀形光标 ✂ 移至欲删去的任一圆弧段上，圆弧段变红，按键确认后即删除。余下的无效直线段，可以用清理图标 ⌐ 功能解决。在此功能下，系统能自动将非闭合的线段一次性除去。光标点击图标 ⌐，图标变色，把光标移入界面即可。（用清理图标时，所需要的图形一定要闭合。）用 ⌐ 清理后，界面上将显示完整的工件图形（见图4－47）。图形画好后就可进入自动编程环节。

7）存盘与读盘　如果图形以后还要用到，可将其存盘。方法：先将光标移至图号框内，按命令键，输入图号——不超过 8 个符号，以回车符结束。该图就以指定的图号自动存盘。

已保存在数据盘内的图形文件可通过［读盘］调出来。方法：光标点击［文件］→［读盘］→［图形 graph］，输入文件名，即可将已存盘的图形文件打开。

（2）用 Auto CAD 绘图

进行线切割实习时，为了便于学生快速设计绘制自己喜欢的作品，因此将绘图内容安排在装有 Auto CAD（或 CAXA）绘图软件的机房内进行。使用 Auto CAD 绘图软件进行图形设计要注意以下几个问题：

1）绘图之前必须先设置好绘图界线　打开 Auto CAD 时，如果不设置绘图界线，看似相同的绘图屏幕实际大小可能相差很大，屏幕尺寸有的是（420，297），有的是（12，9）。如果在尺寸很小的绘图屏幕画图又没有给图形规定尺寸，所绘画形的尺寸很小。如果在大绘图屏幕绘图，图形位置可能离坐标原点较远。这两种情况在机床 YH 软件内读取图形文件时，都可能产生误会。太小的图形看起来只是一个小点，离坐标原点远的图形可能超出当前显示屏看不到，上述两种情况易误会为图形传送不成功或出错。因此，必须统一规定绘图界线。

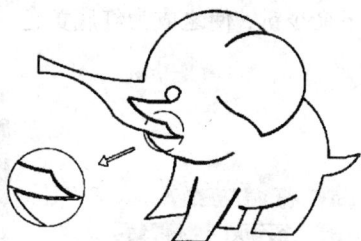

图 4 - 50　由闭合回路组成的图形

2）图形必须由一闭合回路组成　图形线段为直线、圆弧两种形式。线段之间要连成一闭合回路(类似于一笔画图形)。这是线切割加工工艺的基本要求。如图 4 - 50，图中有几处设有工艺回路(相互靠得很近的往复线段)。

3）线段与线段连接处无微观断点　线段与线段相互连接处必须有准确无误的连接点即线段与线段连接处不存在微观断点。如果有断点，自动编程时将停在断点处不能通过。

4）文件保存　用 Auto CAD 绘图后，必须将文件保存为"DXF"类型。这是因为机床数控系统能识别"dXF"类文件，不能识别用其他格式保存下来的 Auto CAD 图形文件。

（3）自动编程

确认所绘图形准确无误后，用光标点击[编程]→[切割编程]，界面左下角出现工具包图符，从工具包图符中可取出丝架状光标，界面右上方显示"丝孔"，提示选择穿孔位置。位置选定后，按下命令键，再移动光标(命令键不能释放)，拉出　条连线至切割的首条线段上(移到交点处光标变成"X"形，在线段上为手指形)，释放命令键。该点处出现一指示牌"▼"，界面上出现如图 4 - 51 所示加工参数设定窗。此时，可对孔位及补偿量(补偿量 = 钼丝半径 + 放电间隙，如钼丝直径 0.18，放电间隔 0.02，补偿量就是 0.11)、平滑(尖角处过渡圆半径)作相应的修改。加工参数设定后点[YES]认可后，参数窗消失，出现如图 4 - 52 所示"路径选择放大窗"。"路径选择放大窗"中的红色标示牌处是起割点，左右线段是工件图形上起割点处的左右各一线段，分别在窗边用序号代表(C 表示圆，L 表示直线，数字表示该线段作出时的序号：0～n)。窗中" + "表示放大，" - "表示缩小，根据需要用光标每点一下就放大或缩小一次。选择路径时，可直接用光标在序号上轻点命令键，变黑色，光标轻点"认可"即完成路径选择。或当无法辨别序号表示哪一线段时，可用光标直接放在窗中图形的线段上，光标是手指形，同时出现该线段的序号，轻点命令键，它所对应的线段的序号自动变黑色。

路径选定后光标轻点"认可"，"路径选择放大窗"即消失，同时火花沿着所选择的路径方向进行模拟切割，到"OK"结束。如工件图形上有什么差错，火花自动停在差错路口处，出现"路径选择放大窗"，同时选择正确的路径直至"OK"。系统自动把没切割的线段删除，成一完整的闭合图形。

火花图符走遍全路径后，界面右上角出现[加工方向]、[锥度设定]、[旋转跳步]、[平移跳步]和[特殊补偿]等五项加工参数设定子菜单，其中有：加工方向有左右向两个三角形，分别代表逆/顺时针方向。红底黄色三角为系统自动判断方向。(特别注意：系统自动判断方向一定要和模拟走丝的方向一致，否则得到的程序代码上所加的补偿量正负相反)若系统自动判断方向与火花模拟切割的方向相反,可用命令键重新设定(将光标移到正确的方向位,点一下命令键,使之成为红底黄色三角。这样得到的代码是正确的)。

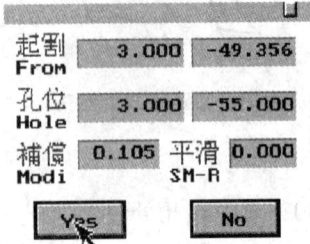

图4-51 加工参数设定窗　　　　图4-52 路途选择放大窗　　　　图4-53 程序送控制台

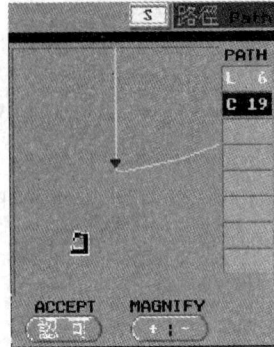

若需加工有锥度的工件,则点击[锥度设定]的[ON],将弹出锥度参数窗。参数窗中有斜度、标度、基面三项参数输入框,分别输入相应的数据。

若无其他参数需要设定,可按菜单右上角的小方块,退出,并将丝架形光标直接放回界面左下角的工具包,完成编程。

退出切割编程阶段,系统即把生成的输出代码反编译成白色的直线和圆,并在界面上绘出对应线段。若编码无误,二种绘图的线段应重合(或错开补偿量)同时出现输入选择菜单。菜单中有[代码打印]、[代码显示]、[代码存盘]、[送控制台]、[三维造型]和[退出]等,如图4-53所示。

[代码显示]　在弹出的参数窗中显示自动生成的ISO代码,以便核对。

[送控制台]　光标按此功能,系统自动把当前编好程序的图形送入"控制系统"中,进行控制加工等操作。同时编程系统自动把图形"挂起"保存。若控制系统正处于加工或模拟状态时,将出现提示"控制台忙",重新选择。

[退出]　退出编程状态。若控制台忙,或其他原因不想将所编程序送控制台,可选择[退出]。

到程序送入控制台为止,一个完整的编程过程结束。

(4)切割编程起始位置与切割路线的选择

切割编程起始位置与切割路线要合理选择。选择切割编程起始位置与切割路线应以工件装夹位置为依据,再考虑工件切割过程中刚性的变化以及工件内是否存在残余应力等。

图4-54是切割路线与工件刚性变化的实例。加工过程中,随着切割的进行,工件上需要切离的部分和夹持部分的连接也越来越少,工件刚度也大为降低,容易产生变形,影响加工精度。这种情形是比较普遍的,应采用合理的切割路线,使其得到改善。一般应将工件与其夹持部分相分割的路线,安排在切割总程序的末端,图4-54(a)是不合理的切割路线,图4-54(b)是合理的切割路线。

(5)编程代码含义

为了能够读懂程序代码以及个别场合需要对程序进行修改时能够进行手动修改。以下介

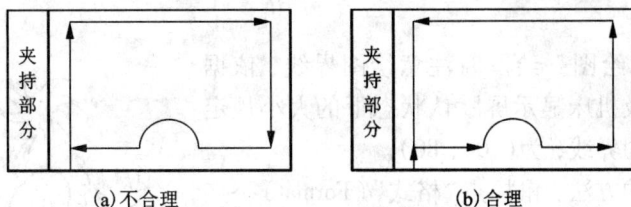

(a)不合理　　　　　　　　　　　(b)合理

图 4 - 54　线切割路线的选择

绍编程代码含义。

目前,线切割机床控制系统有的采用国际通用的 ISO 代码、也有的采用 3B 或 4B 代码,为了便于国际交流和标准化,国产线切割机床控制系统正逐步采用 ISO 代码。

ISO 代码的编程格式如下:

G92 X ＿＿＿Y＿＿＿:以相对坐标方式设定加工坐标起点

G27:设定 XY/UV 平面联动方式

G01 X＿＿＿Y＿＿＿(U＿＿＿V＿＿＿):直线插补指令

　　　　X、Y 表示在 XY 平面中以直线起点为坐标原点的终点坐标

　　　　U、V 表示在 UV 平面中以直线起点为坐标原点的终点坐标

G02 X＿＿＿Y＿＿I＿＿J＿＿　或 GO2 U＿＿＿V＿＿I＿＿J＿＿:顺圆插补指令

　　　　以圆弧起点为坐标原点,X、Y(U、V)表示终点坐标,I、J 表示圆心坐标

G03 X　　　Y＿＿I＿＿J＿＿:逆圆插补指令

M00:暂停指令

M02:加工结束指令

例如:线切割如图 4 - 55 所示工件,可编程如下:

加工起点(0, 30),顺时针方向切割。

G92 X0 Y30000

G01 X0 Y10000

G02 X10000 Y - 10000 I0 J - 10000

G01 X0 Y - 20000

G01 X20000 Y0

G02 X0 Y - 20000 I0 J - 10000

G01 X - 40000 Y0

G01 X0 Y40000

G02 X10000 Y10000 I10000 J0

G01 X0 Y - 10000

M00

M02

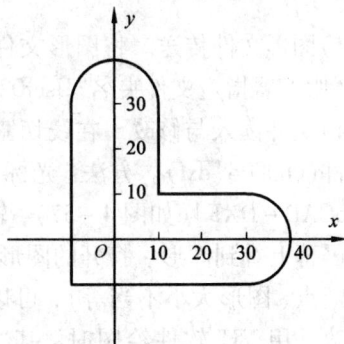

图 4 - 55　线切割编程实例

5. 电火花数控线切割实习操作实例

要求:在尺寸大小为 80 mm×60 mm 范围内设计一幅个性化图案(如:图 4 - 56 所示图案

399

为某学生作品），用电火花数控线切割机床加工得到实物作品并将作品清洗封塑保存。

操作步骤如下：

1）用 Auto CAD 绘图 绘图时注意绘图界线、依据作品的实际大小以及机床显示屏默认状态下的大小规定了一个非标准的绘图界线，为(100，80)。

设置绘图界线的方法：鼠标点"格式"（Format）→点"绘图界线"（Drawing Limits），注意：左下角命令行出现"指定左下角或开/关/ <0.000，0.000>："，即左下角坐标为(0，0)，回车（默认系统设置）；命令行再出现"指定右上角 <×，×>："（<×，×>为右上角坐标），键入100，80回车，其含义为设置右上角坐标(100，80)。

图 4-56 线切割加工实例

完成上述绘图界线设置后，还需要对当前显示屏作出相应调整。键入"Z"回车，"A"回车，此时，当前显示屏以新设定的绘图界线显示。

线段之间必须准确连接。要使线段之间准确连接，绘图时必须使用"目标捕获"（Object Snap）命令。另外图形画得差不多后要仔细检查已画好线段之间是否有断点。查找断点的方法有：（a）局部放大法。即各连接处多次局部放大直至用肉眼可观察到；（b）查看交叉标志法。给出某一绘图命令（如：直线命令）紧接着给予"交叉点捕获"命令，再移动鼠标到各连接点处，如果出现黄色的交点标志"×"，说明未断开。否则，即为断点，找到了断点，对其进行修改即可。

2）用 DXF 格式保存图形文件 存盘方法1：图形作完后，鼠标点 [文件]→[存储副本] 将弹出存盘对话窗，完成窗口中"保存地点"、"文件名"和"文件类型"对话后，点击"保存"。（如文件名为060808.dxf，表示该图于6月8日由编号为8号的学生所设计）

方法2：在命令行键入"dxfout"回车，将出现"创建 DXF 文件"对话窗，完成窗口对话后，点击"保存"。

3）图形文件传送 将图形文件保存到服务器指定文件夹内（服务器指定文件夹名"User02"）。

4）文件读入与修改 在线切割机床绘图编程主界面打开文件(060808.dxf)。方法：光标点击 [文件]→[读盘]→[AutoCAD - DXF]（如图4-57），输入文件名(060808)，即可在屏幕上看到图形。打开的图形如果发现有问题（如：图上有断点、图形大小不当等），可以直接用 YH 绘图工具进行修改。用 YH 软件绘图时，其"目标捕获"功能比 Auto CAD 方便。若需修改尺寸大小，用光标点击 [编辑]→[工件放大]，输入缩放比例即可。在线切割机床上用"YH"软件读取该文件，并在"YH"软件的绘图窗对图形做最后调整与修改。

图 4-57 读入 dxf 文件

5）自动编程 选择合适的穿孔位置与切割方向进行自动编程，没有加工精度要求时"补偿"项可忽略。程序编后直接送控制台。

6）加工 程序送控制台后操作界面自动转为系统控制界面。在工作台上合适的位置上装夹板料后，依次打开运丝开关、工作液开关并调节水量、开启高频脉冲电源、手摇工作台

手柄使工件与电极丝接触直到出现火花,点击控制界面[加工]或按"W"即启动程序加工。加工结束后关工作液泵,关运丝开关。

7)作品清洗及表面处理。

8)作品标识并封塑。

从上述实习操作步骤可以知道:实习时需要用 Auto CAD(或 CAXA)完成图形,再通过局域网将图形传送至数控线切割机床进行自动编程与切割加工。实习内容涉及计算机辅助设计(CAD)和计算机辅助制造(CAM)内容,因此又将数控线切割实习称为 CAD/CAM 实习。

图 4-58 是实习学生所设计并切割加工的作品选集。

图 4-58　学生作品选集

4.3.4　其他特种加工介绍

1. 激光加工

激光加工(Laser beam machining)是 20 世纪 60 年代发展起来的一种新兴技术。激光加工是利用高功率密度的激光束照射工件,使材料熔化气化的一种特种加工方法。

（1）基本原理

利用能量密度极高的激光束照射工件的被加工部位，使其材料瞬间熔化或蒸发，并在冲击波作用下，将熔融物质喷射出去，从而对工件进行穿孔、蚀刻、切割，或采用较小能量密度，使加工区域材料熔融黏合或改性，对工件进行焊接或热处理。早期的激光加工由于功率较小，大多用于打小孔和微型焊接。到 20 世纪 70 年代，随着大功率二氧化碳激光器、高重复频率钇铝石榴石激光器的出现，以及对激光加工机理和工艺的深入研究，激光加工技术有了很大进展，使用范围随之扩大。数千瓦的激光加工机已用于各种材料的高速切割、深熔焊接和材料热处理等方面。各种专用的激光加工设备竞相出现，并与光电跟踪、计算机数字控制、工业机器人等技术相结合，大大提高了激光加工机的自动化水平和使用功能。

图 4-59 是固体激光器中激光的产生和工作原理图。当激光的工作物质钇铝石榴石受到光泵（激励脉冲氙灯）的激发后，吸收具有特定波长的光，在一定条件下可导致工作物质中的亚稳态粒子数大于低能级粒子数，这种现象称为粒子数反转。此时一旦有少量激发粒子产生受激辐射跃迁，造成光放大，再通过谐振腔内的全反射镜和部分反射镜的反馈作用产生振荡，此时由谐振腔的一端输出激光。再通过透镜聚焦形成高能光束；照射在工件表面上，即可进行加工。固体激光器中常用的工作物质除了钇铝石榴石外；还有红宝石和钕玻璃等材料。

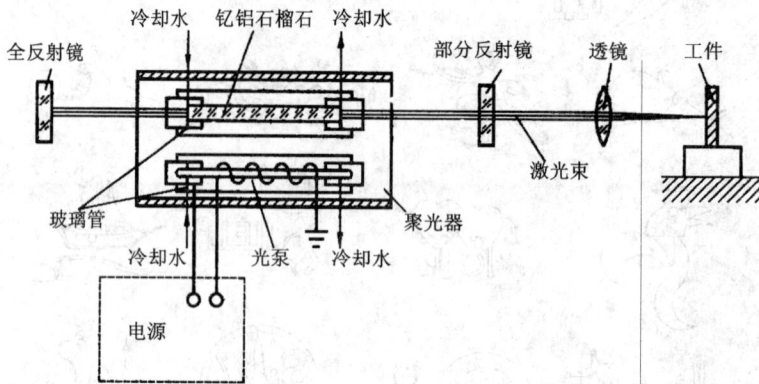

图 4-59　固体激光器中激光的产生与工作原理

第三代光纤激光器更具有高效率、高功率、宽波长、无须冷却等优点。所谓光纤激光器就是将激光介质做成细长的光纤形状。光纤是以 SiO_2 为基质材料拉成的玻璃实体纤维，其导光原理是利用光的全反射原理，即当光以大于临界角的角度由折射率大的光密介质入射到折射率小的光疏介质时，将发生全反射，入射光全部反射到折射率大的光密介质，折射率小的光疏介质内将没有光透过。普通裸光纤一般由中心高折射率玻璃芯、中间低折射率硅玻璃包层和最外部的加强树脂涂层组成。

（2）激光加工的分类

激光加工主要包括激光焊接、激光切割、激光热处理、激光打标、激光打孔、微加工及光化学沉积、立体光刻、激光刻蚀等。

①激光焊接　激光焊接是激光材料加工技术应用的重要方面之一，焊接过程属热传导型，即激光辐射加热工件表面，表面热量通过热传导向内部扩散，通过控制激光脉冲的宽度、

能量、峰功率和重复频率等参数，使工件熔化，形成特定的熔池。由于其独特的优点，已成功地应用于微、小型零件焊接中。与其他焊接技术比较，激光焊接的主要优点是：激光焊接速度快、深度大、变形小。能在室温或特殊的条件下进行焊接，焊接设备装置简单。

②激光切割　激光切割技术广泛应用于金属和非金属材料的加工中，可大大减少加工时间，降低加工成本，提高工件质量。激光切割是应用激光聚焦后产生的高功率密度能量来实现的。与传统的板材加工方法相比，激光切割其具有高的切割质量、高的切割速度、高的柔性（可随意切割任意形状）、广泛的材料适应性等优点。

③激光热处理　用激光照射材料，选择适当的波长和控制照射时间、功率密度，可使材料表面熔化和再结晶，达到淬火、表面热处理等目的。激光热处理的优点是可以控制热处理的深度，可以选择和控制热处理部位，工件变形小，可处理形状复杂的零件和部件，可对盲孔和深孔的内壁进行处理。例如，汽缸活塞经激光热处理后可延长寿命；用激光热处理可恢复离子轰击所引起损伤的硅材料。

④激光打孔　激光打孔是最早达到实用化的激光加工技术，也是激光加工的重要应用领域之一。随着现代工业和科学技术的迅速发展，使用的高熔点高硬度材料越来越多，传统的加工方法已无法满足对这些材料的加工要求。例如，在高熔点的钼板上加工微米量级的孔；在硬质合金（碳化钨）上加工几十微米的小孔；在红蓝宝石上加工几百微米的深孔以及金刚石拉丝模、化学纤维喷丝头等。激光打孔正是适应这些要求发展起来的。激光打孔速度快。如：在尺寸 105 mm × 110 mm，厚 0.2 mm 的不锈钢筛孔板上打 25000 个孔径为 0.2 mm 的通孔，加工时间仅 20 分钟，比机械加工方法有明显优势。

⑤激光打标　激光打标技术是激光加工最大的应用领域之一。激光打标是利用高能量密度的激光对工件进行局部照射，使表层材料汽化或发生颜色变化的化学反应，从而留下永久性标记的一种打标方法。激光打标可以打出各种文字、符号和图案等，字符大小可以从毫米到微米量级，这对产品的防伪有特殊的意义。聚焦后的极细的激光光束如同刀具，可将物体表面材料逐点去除，其先进性在于标记过程为非接触性加工，不产生机械挤压或机械应力，因此不会损坏被加工物品；由于激光聚焦后的尺寸很小，热影响区域小，加工精细，因此，可以完成一些常规方法无法实现的工艺。

激光加工使用的"刀具"是聚焦后的光点，不需要额外增添其他设备和材料，只要激光器能正常工作，就可以长时间连续加工。激光加工速度快，成本低廉。激光加工由计算机自动控制，生产时不需人为干预。激光能标记何种信息，仅与计算机里设计的内容相关，只要计算机里设计出的图稿打标系统能够识别，那么打标机就可以将设计信息精确地还原在合适的载体上。因此激光打标软件的功能实际上很大程度上决定了激光打标系统的功能。

（3）光纤激光打标设备及操作软件介绍

图 4 – 60 为某公司生产的 ZT – Q – 20W 光纤激光打标机外观图。

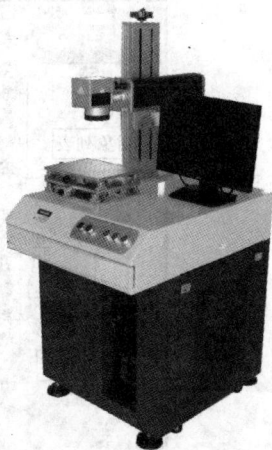

图 4 – 60　光纤激光打标机

①光纤激光打标机的组成及工作系统介绍

激光打标机一般由激光器、扫描振镜、移动平台、冷却系统等组成。其光纤激光器输出波长为 1064 nm 的激光，振镜系统将激光适当偏转聚焦到工件表面，计算机专用打标软件用来控制振镜的偏转达到标刻的目的。

光纤激光器由开关电源供电，通过控制卡输出的控制信号直接控制激光器的激光输出。输出激光通过光纤头射到振镜上。振镜是使激光按照预定轨迹运行的执行机构，它主要由高精度伺服电机、电机驱动板、反射镜、F-θ 透镜及直流供给电源组成。图 4-61 振镜系统光路示意图。由光纤激光器输出的激光束经反射镜反射到反射镜上，再由反射镜反射到 F-θ 透镜上，最后由 F-θ 透镜聚焦到焦平面的打标区域上。反射镜由振镜电机控制其偏转角度，而振镜电机的偏转则由计算机通过打标控制卡来控制，使聚光斑按照计算机设定的图案、文字轨迹运行。

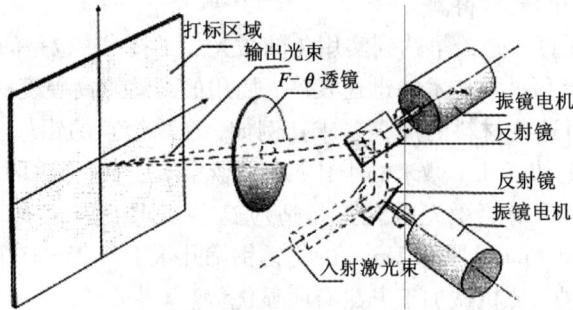

图 4-61　振镜系统光路示意图

光纤激光器具有光电转换率高、光束质量好、体积小、安装使用方便、高稳定性等特点。

②操作软件

光纤激光打标机操作软件为 EzCad2，其主界面如图 4-62 所示。

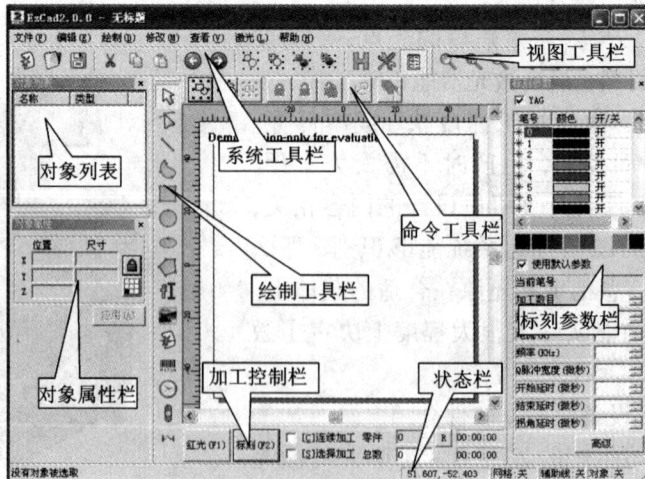

图 4-62　EzCad2 主界面

EzCad2 软件具有以下主要功能：自由设计所要加工的图形图案；支持 TrueType 字体，单线字体(JSF)，SHX 字体，点阵字体(DMF)，一维条形码和二维条形码；灵活的变量文本处理，加工过程中实时改变文字，可以直接动态读写文本文件和 Excel 文件；可以通过串口直接读取文本数据；可以通过网口直接读取文本数据；还有自动分割文本功能，可以适应复杂的加工情况。支持多图层，可以为不同对象设置不同的加工参数；兼容常用图像格式(bmp，jpg，gif，tga，png，tif 等)；兼容常用的矢量图形(ai，dxf，dst，plt 等)；具有常用的图像处理功能(灰度转换，黑白图转换，网点处理等)，可以进行 256 级灰度图片加工等。

(4)激光加工的特点

激光加工有如下特点：

①激光加工属高能束流加工，其功率密度可高达 $10^8 \sim 10^{10}$ W/cm^2，几乎可以加工任何金属与非金属材料。

②激光加工无明显机械力，也不存在工具损耗问题。加工速度快，热影响区小，易实现加工过程自动化。

③激光能通过玻璃等透明材料对隔离室或真实室内的零件进行加工，如对真空管内部进行焊接等。

④激光可以通过聚焦，形成微米级的光斑，输出功率的大小又可以调节，因此可用于精密微细加工。

⑤可以达到 0.01 mm 的平均加工精度和 0.001 mm 的最高加工精度；表面粗糙度 Ra 值可达 $0.4 \sim 0.1$ μm。

激光加工作为先进制造技术已广泛应用于汽车、电子、电器、航空、冶金、机械制造等国民经济重要部门，对提高产品质量、劳动生产率、自动化、无污染、减少材料消耗等起到愈来愈重要的作用。

2. 超声波加工

人耳能感受到的声波频率在 $16 \sim 16000$ Hz 范围内。当声波频率超过 16000 Hz 时，就是超声波。前节所介绍的电火花加工，只能加工导电材料，而利用超声波振动则不但能加工像淬火钢、硬质合金等硬脆的导电材料，而且更适合加工像玻璃、陶瓷、宝石和金刚石等硬脆非金属材料。

(1)超声波加工的工作原理

超声波加工是利用工具端面的超声频振动，或借助于磨料悬浮液加工硬脆材料的一种工艺方法。其加工原理如图 4 - 63 所示。超声波发生器产生的超声频电振荡，通过换能器转变为超声频的机械振动。变幅杆将振幅放大到 $0.01 \sim 0.15$ mm，再传给工具，并驱动工具端面作超声振动。在加工过程中，由于工具与工件间不断注入磨料悬浮液，当工具端面以超声频冲击磨料时，磨料再冲击工件，迫使加工区域内的工件材料不断被粉碎成很细的微粒脱落下来。当工具端面以很大的加速度离开工件表面时，加工间隙中的工作液内可能由于负压和局部真空形成许多微空腔。当工具端面再以很大的加速度接近工件表面时，空腔闭合，从而形成可以强化加工过程的液压冲击波，这种现象称为"超声空化"。因此，超声波加工过程是磨粒在工具端面的超声振动下，以机械锤击和研抛为主，以超声空化为辅的综合作用过程。

(2)超声波加工的特点与应用

①超声波加工特别适用于各种不导电的硬脆材料，如玻璃、石英、陶瓷、硅、玛瑙、宝

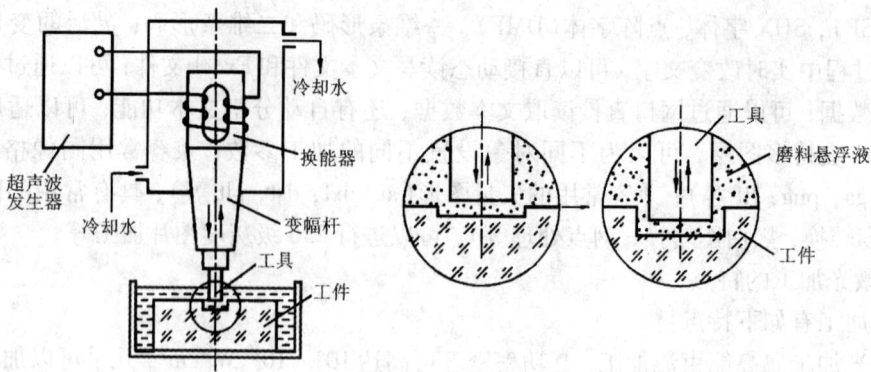

图 4 – 63 超声波加工原理

石、金刚石等的加工。对于硬质金属材料,也能加工,但生产率低。

②工具可用软金属材料制作(如 45 钢),故易于制造复杂形状的工具。但磨粒硬度一般应比加工材料高。

③加工过程中,工具对工件的作用力和热影响小,可用于加工薄壁、窄缝、低刚度的零件。

④去除被加工材料是靠极小的磨料作用,故加工精度高,一般可达 0.02 mm,表面粗糙度 Ra 值可达 $0.4 \sim 0.1$ μm,被加工表面的组织应力、残余应力及烧伤等均很小。

⑤超声波机床结构简单,使用维修方便。

⑥超声波加工的主要缺点是生产率低,比电火花加工还要低。

目前超声波加工主要用于加工硬脆材料的圆孔、异形孔和各种型腔,以及进行套料、雕刻和研抛等(见图 4 – 65);切割加工硬脆材料(如锗、硅等半导体材料图 4 – 64);超声波清洗、超声波焊接;超声波的应用范围十分广泛,利用其定向发射、反射等特性,可以用于测距和无损检测,还可以利用超声振动制作医疗用的超声手术刀。

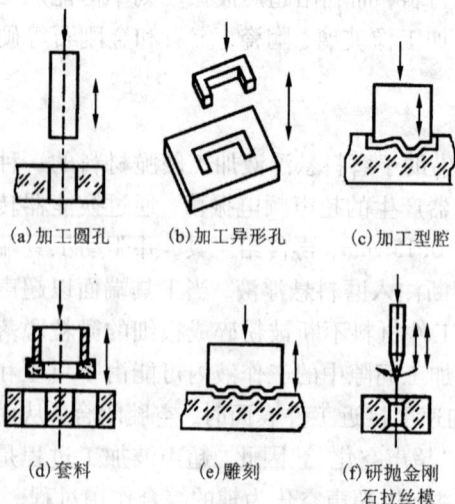

图 4 – 64 型孔与型腔加工

(a)加工圆孔 (b)加工异形孔 (c)加工型腔
(d)套料 (e)雕刻 (f)研抛金刚石拉丝模

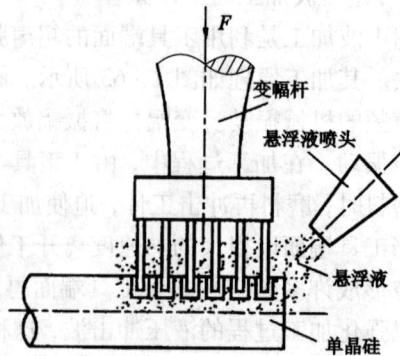

图 4 – 65 切割单晶硅片

4.4　先进生产管理技术

现代产品的开发过程实际上是先进设计技术、先进制造技术与先进管理技术的有机集成。生产管理是管理的重要组成部分，是指对生产进行计划、组织与控制，以生产计划为主线，使各种资源按计划所规定的流程，时间和地点进行合理的配置与管理，通过生产管理，可使客户的合同项目要求与企业资源有机地结合，既满足客户合同要求，又使企业资源得以合理利用，准时、高效、高质、低耗完成合同项目，使企业效益最优化。

随着先进制造技术的发展，不断涌现出新的管理技术，以下对当前使用较多、比较成熟的生产管理技术作简单介绍。

4.4.1　物料需求计划 MRP

物料需求计划 MRP(material requrement planning，MRP) 的基本原理是，将企业产品中的各种物料分为独立物料和相关物料，并按照时间段确定不同时期的物料需求，从而解决库存物料订货与组织生产问题。MRP 按照基于产品结构的物料需求组织生产，根据产品完工日期和产品结构规定生产计划；即根据产品结构层次从属关系，以产品零件为计划对象，以完工日期为计划基准倒排计划，按各种零件与部件的生产周期反推出它们的生产与投入时间和数量，按提前期长短区别各个物料下达订单的优先级，从而保证在生产需要时刻所有物料都能配套齐备，不到需要的时刻不要过早积压，达到减少库存量和资金占用的目的。

MRP 以物料为中心的组织生产模式体现了为顾客服务、按需定产的宗旨，计划统一且可行，比较经济和集约化；一改过去的粗放盲目协调性不好的缺点。

按照 MRP 的基本原理，企业从产品销售到原材料采购，从自制零件的加工到外协零件的供应，从工具和工艺的准备到设备的维修，从人员的安排到资金的筹措与运用等，都要围绕 MRP 的基本思想进行，从而形成一整套新的生产管理方法体系。因此，MRP 也可以称为是一种新的生产方式。

在 MRP 系统中，主生产计划(master production scheme，MPS)、物料清单(bill of material，BOM) 表和库存信息被称为三项基本要素。整个 MRP 系统就是在 MPS 的驱动下，基于 BOM 表与库存信息等基本数据实现生产计划与控制。MRP 作为企业生产计划与控制系统主要包括：主生产计划、物料需求计划、能力需求计划、执行物料计划和执行能力计划等部分。图 4 –66 给出了典型的 MRP 逻辑流程。

4.4.2　制造资源计划 MRP Ⅱ

企业的生产计划要与其经营目标和规划紧密联系，企业的经济效益也最终要用资金形式表示。物料需求计划 MRP 经过进一步发展和扩充逐步形成了制造资源计划 MRP Ⅱ (Manufacturing Resource Planning，MRP Ⅱ) 的生产管理方式。

在 MRP Ⅱ 中，一切制造资源，包括人工、物料、设备、能源、市场、资金、技术、空间、时间等，都被包括进来。MRP Ⅱ 是一种以 MRP 为核心的企业生产管理计划系统；它代表了一种新的生产管理模式和组织生产的方式。MRP Ⅱ 的基本思想是：基于企业经营目标制订生产计划，围绕物料转化组织制造资源，实现按需、按时生产。从一定意义上讲，MRP Ⅱ 系统实现

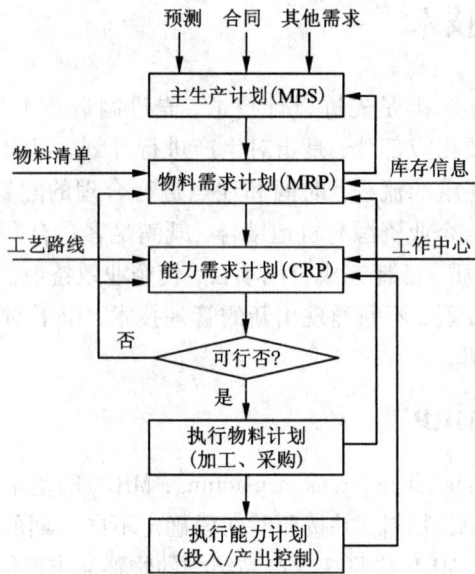

图 4 – 66　典型的 MRP 逻辑流程

了物质流、信息流与资金流在企业管理方面的集成，并能够有效地对企业各种有限制造资源进行周密计划，合理利用，提高企业的竞争力。

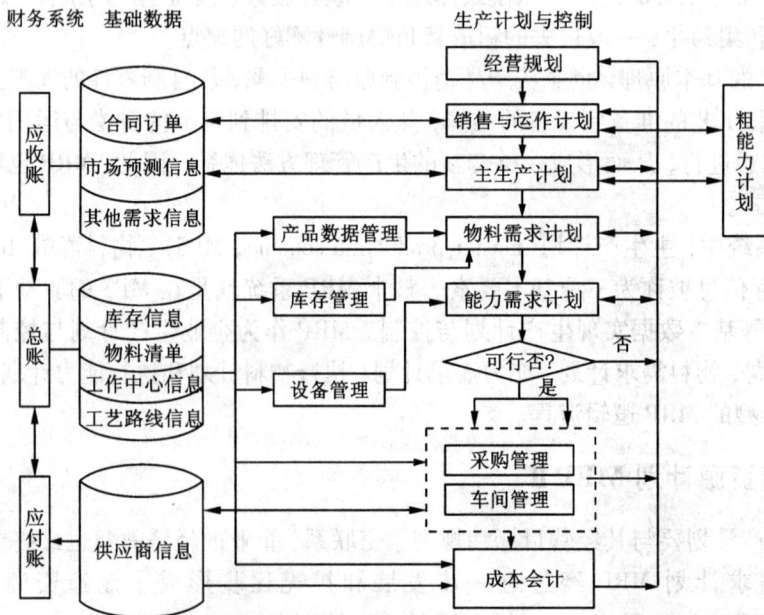

图 4 – 67　MRPⅡ 的逻辑流程图

MRPⅡ 系统有五个计划层次：经营规划（business planning，BP）、销售与运用计划（sales and operations planning，SOP）、主生产计划（MPS）、物料需求计划（MRP）和生产作业控制

408

(production activity control，PAC)。MRPⅡ计划层次体现了由宏观到微观，由战略到战术，从粗到细的深化过程。图 4 - 67 给出了 MRPⅡ的逻辑流程图。

4.4.3　企业资源规划 ERP

随着信息技术尤其是计算机网络技术的迅猛发展，统一的世界市场正在形成；国内市场也将逐步成为国际市场的一部分。在日益激烈的竞争压力下，面对国际化的销售与采购市场及逐步形成的全球供应链环境，现代企业的生产经营管理模式也不断发展。MRPⅡ管理系统经过扩充与进一步完善，从而发展成为企业资源规划 ERP(enterprise resource planning，ERP)。与 MRPⅡ相比，ERP 更加面向全球市场，功能更为强大，所管理的企业资源更多，覆盖面更宽。它是站在全球市场环境下，从企业全局角度对经营与生产进行的计划方式，是制造企业的综合集成经营系统。图 4 - 68 所示为 ERP 的基本思想。

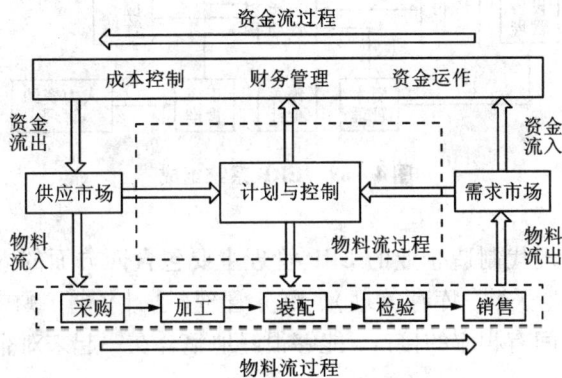

图 4 - 68　ERP 基本思想

ERP 是一种以市场和客户需求为导向，以实行企业内外资源优化配置，消除生产经营过程中一切无效的劳动和资源，实现信息流、物流、资金流、价值流和业务流的有机集成和提高企业竞争力为目的，以计划与控制为主线，以网络和信息技术为平台，集客户、市场、销售、计划、采购、生产、财务、质量、服务、信息集成和经营过程重组等功能为一体，面向供应链管理的现代企业管理思想和方法。

ERP 是信息时代的现代企业向国际化发展的更高层管理模式，也体现了当前集成化企业管理软件系统的发展水平。ERP 技术及系统的特点如下。

1)ERP 更加面向市场，面向经营，面向销售，能够对市场快速响应；它将供应链管理功能包含了进来，强调了供应商、制造商与分销商间的新的伙伴关系；并且支持企业后勤管理。

2)ERP 更强调企业流程与工作流，通过工作流来实现企业的人员、财务、制造与销售之间的集成，支持企业过程重组。

3)ERP 更多地强调财务，具有较完善的企业财务管理体系；这使得价值管理概念得以实施，资金流与物流、信息流更加有机地结合。

4)ERP 较多地考虑人因素作为资源在生产经营规划中的作用，也考虑了人的培训成本等。

5）在生产制造计划中，ERP 支持 MRPⅡ与 JIT（准时制生产方式 just in time）的混合生产管理模式，也支持多种生产方式（离散制造、连续流程制造等）的管理模式。

6）ERP 采用了最新的计算机技术，如客户、服务器分布式结构、面向对象技术、电子数据交换（electronic data interchange，EDI）、多数据库集成、图形用户界面、第四代语言及辅助工具等。

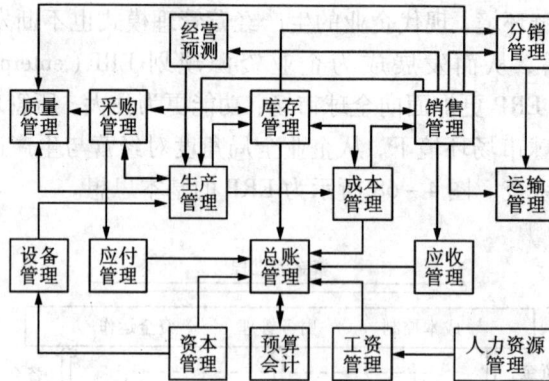

图 4 – 69　ERP 系统组成

如图 4 – 69 所示，现代制造企业的 ERP 管理主要包含四方面的内容：生产控制（计划、制造）、物流管理（分销、采购、库存管理）、财务管理（会计核算、财务管理）和人力资源管理。这四大系统互相之间有相应的接口，能够很好地整合在一起来对企业进行有效管理。

4.4.4　精益生产 LP

20 世纪 80 年代初，日本的汽车、家电等产品占领了美国和西方发达国家的市场，为了剖析日本经济腾飞的奥秘，美国麻省理工学院负责实施了一项关于国际汽车工业的研究计划，该研究表明，造成日本与世界各国在汽车工业发展上的差距的根本原因在于采用了由丰田汽车公司创造的新生产方式，这种生产方式被称为"精益生产"LP（lean production）。精益生产方式引起了欧美等发达国家以及许多发展中国家的极大兴趣。精益生产的核心内容是准时制生产方式（JIT），该种方式通过看板管理，成功地制止了过量生产，从而彻底消除产品制造过程中的浪费，实现生产过程的合理性、高效性和灵活性。

如图 4 – 70 所示，精益生产是在 JIT 生产方式、成组技术 GT 以及全面质量管理 TQM 的基础上逐步完善的，构成了一个以 LP 为屋顶，以 JIT、GT、TQM 为支柱，以并行工程 CE 和小组化工作方式为基础的模式，其主要特征有：

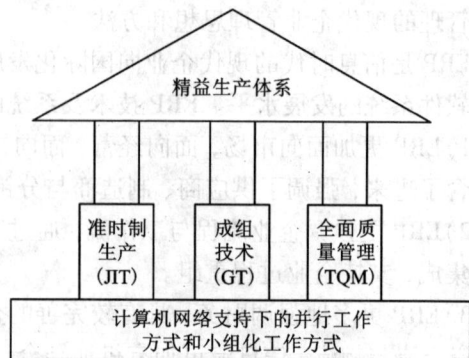

图 4 – 70　精益生产的体系结构

1）以用户为"上帝"。主动与用户保持密切联系，面向用户、通过分析用户的消费需求开发新产品——产品适销，价格合理，质量优良，供货及时，售后服务到位等。

2）以人为中心。大力推行以班组为单位的生产组织形式，班组具有独立自主的工作能力，发挥职工在企业一切活动中的主体作用，培养奋发向上的企业精神，赋予职工在自己工作范围内解决生产问题的权利。

3）以"精简"为手段。精简组织机构，精简岗位与人员，降低加工设备的投入总量，简化生产制造过程，采用准时和看板方式管理物料，减少物料的库存量。

4）项目组和并行设计。项目组由不同部门的专业人员组成，以并行设计方式开展工作，该小组全面负责一个产品的开发和生产，包括生产设计、工艺设计、编写预算、生产准备及投产等，并根据实际情况调整原有设计和计划。

5）准时供货方式。某道工序在必要时向上工序提出供货要求，准时供货使外购件的库存量和在制品数达到最小。保证准时供货能够实施，必须与供货企业建立良好的合作关系。

6）"零缺陷"工作目标。精益生产所追求的目标不是"尽可能好一些"，而是"零缺陷"，即最低的成本、最好的质量，无废品、零库存与产品的多样性。

4.4.5 并行工程 CE

传统产品制造是"产品设计→工艺设计→计划调度→生产调适"顺序进行的，设计与制造脱节，一旦制造出现问题，就要修改设计。如图4－71所示，这种串行（即顺序）制造方式使整个产品开发周期长，新产品上市慢。面对激烈的市场竞争，1986年美国提出了"并行工程"（concurrent enginerring）的概念，即："并行工程"是集成地，并行地设计产品及其相关的各种过程（包括制造过程和支付过程）的系统方法。如图4－72所示，这种方法要求产品开发人员在设计一开始就考虑产品整个生命周期中从概念形成到产品报废处理的所有因素，包括质量、成本、进度计划和用户要求。并行设计将产品开发周期分解成多个阶段，各个阶段间有

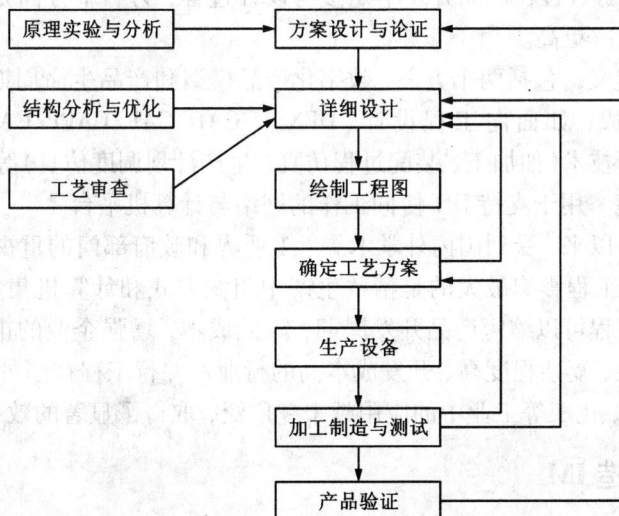

图4－71 产品串行开发流程

部分相互重叠。

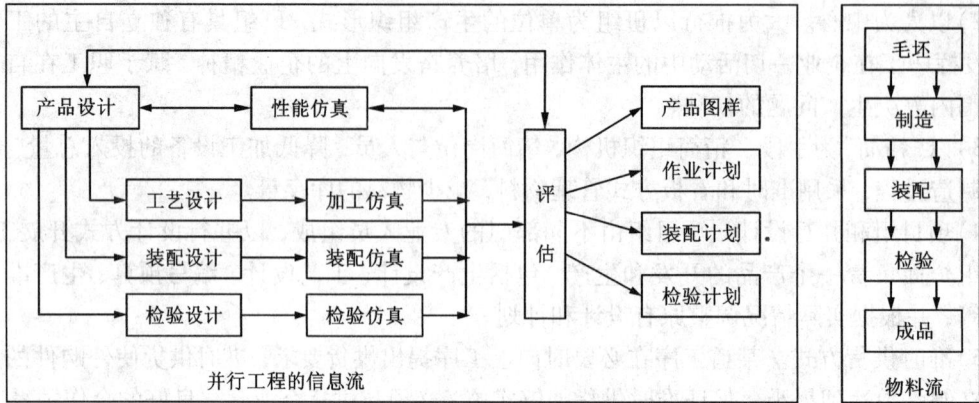

图4-72 并行工程的内涵

并行工程是充分利用现代计算机技术、现代通信技术和现代管理技术来辅助产品设计的一种工作方法。它站在产品全生命周期的高度，打破传统的部门分割，封闭的组织模式，强调参与者的协同工作，重视产品开发过程的重组、重构。如图4-72所示，并行工程又是一种集成产品开发全过程的系统化方法。

并行工程的关键有以下4点：

1) 产品开发队伍重构　将传统的部门制或专业组转变成以产品为主线的多功能集成产品开发团队(IPT)。IPT被赋予相应的职责权利，对所开发的产品对象负责。

2) 过程重构　从传统的串行产品开发流程转变集成的、并行的产品开发过程，并强调企业在产品生命周期的全过程中实现信息集成、功能集成和过程集成。并行过程不仅是活动的并行，更主要的是下游过程在产品开发早期参与设计过程；另一个方面则是过程的改进，使信息流动与共享的效率更高。

3) 数字化产品定义　包括两个方面：数字化产品模型和产品生命周期数据管理；数字化工具定义和信息集成，如面向工程设计(DFX)、CAD/CAE/CAPP/CAM、产品数据管理(PDM)、计算机仿真技术(如加工、装配过程仿真、生产计划调度仿真)等。

4) 协同工作环境　用于支持IPT协同工作的网络与计算机平台。

并行工程自提出以来，受到国内外学术界、工业界和政府部门的重视。它是一种新的产品开发模式，对并行工程影响最大的是精益生产中组织方式和计算机集成制造系统(CIMS)的信息集成。并行工程可以缩短产品开发周期，降低成本，增强企业的市场竞争能力，它适用于产品开发周期长、复杂程度高、开发成本高的行业。并行工程在国外航空、航天、机械、计算机、电子、汽车、化工等工业中的应用越来越广泛，取得了显著的效益。

4.4.6　网络化制造IM

网络化制造IM(Internet-based manufacturing)指的是：面对市场机遇，针对某一市场需要，利用以互联网(Internet)为标志的信息高速公路，灵活而迅速地组织社会制造资源，把分散在不同地区的现有生产设备资源、智力资源和各种核心能力，按资源优势互补的原则，迅速地组合成一种没有围墙的、超越空间约束的、靠电子手段联系的、统一指挥的经营实体——网络联盟企业，以便快速推出高质量、低成本的新产品。采用网络化制造能提高我国制造资源的利用率，实现我国制造资源的共享，提高企业对市场的反应速度，增强我国制造业的国际竞争力。

实施网络化制造(IM)技术的行为主体是网络联盟，网络联盟企业必须以客户为中心。网络联盟的生命周期按时序大致划分为：面对市场机遇时的市场分析、资源重组分析、网络联盟组建设计、网络联盟组建实施、网络联盟运营、网络联盟终止。

网络化制造(IM)的关键技术包括：制造企业信息网络；快速产品设计和开发网络；由独立制造岛组成的产品制造网络；全面质量管理和用户服务网络；电子商务网络；制造工程信息的通信。

在网络联盟全寿命周期内，所涉及的实施技术涵盖了以下几方面：组织管理与运营管理技术；资源重组技术；网络与通信技术；信息传输、处理与转换技术等。由于网络化制造是建立在以互联网为标志的信息高速公路的基础上，因此必须建立和完善相应的法律、法律框架与电子商务环境，建立国家制造资源信息网，形成信息支持环境。国家制造资源信息网应具有：企业开发能力、设备能力、技术财富、智力资源和业务经验等核心能力的信息，以及对这些核心能力的评价功能，使得全国制造企业都可访问该信息网，并通过评价功能，协助企业更容易地选择和确定合作伙伴，实现高效地组建网络联盟，快速地响应市场。

信息技术正在推动制造业技术的，组织的变革。广大企业已逐渐认识到，面对信息时代的到来，企业结构将发生变化，采用网络化制造模式将有助于提高企业的竞争力。对传统企业，迎接并拥抱互联网，是企业转型升级的不二选择。

参考文献

[1] 张世昌. 机械制造技术基础. 第二版. 北京：高等教育出版社，2007
[2] 刘舜尧等. 制造工程工艺基础. 长沙：中南大学出版社，2010
[3] 汤酞则等. 材料成形工艺基础. 长沙：中南大学出版社，2003
[4] 傅水根等. 机械制造工艺基础. 北京：清华大学出版社，1998
[5] 贺小涛等. 机械制造工程训练. 长沙：中南大学出版社，2003
[6] 柳吉荣等. 铸造工. 北京：机械工业出版社，2005
[7] 何国旗等. 机械制造工程训练. 长沙：中南大学出版社，2012
[8] 刘舜尧等. 制造工程实践教学指导书. 长沙：中南大学出版社，2011
[9] 张泉等. 机械制造技术. 北京：中国劳动与社会保障出版社，2012
[10] 王宜君. 机械制造技术. 北京：清华大学出版社，2011
[11] 王建勋. 焊接结构生产. 长沙：中南大学出版社，2010
[12] 宋金虎. 焊接方法与设备. 大连：大连理工大学出版社，2010
[13] 刘绍忠. 金工实训. 长沙：中南大学出版社，2008
[14] 寿兵等. 金工实习. 哈尔滨：哈尔滨工程大学出版社，2009
[15] 何玉辉等. 车工快速入门. 长沙：中南大学出版社，2011
[16] 蔡小华等. 钳工快速入门. 长沙：中南大学出版社，2011
[17] 郑英华等. Cimatron E8.0 数控加工入门一点通. 北京：清华大学出版社，2007
[18] 台湾三菱电机股份有限公司出品. MELDAS 60/60S 系列程式说明书，2003
[19] 台湾三菱电机股份有限公司出品. MELDAS 60/60S 系列操作说明书，2003